ሳይንስና ኢቮሉሽን

ክፍል 1

ኢቮሉሽናዊ ቲዎሪዎችን ውድቅ
የሚያደርጉ ሳይንሳዊ መረጃዎች

The Ultimate and Complete Reference of
Evidences Against Evolutionary Theories

Copyright © 2021 ``ሳይንስና ኢቮሉሽን - ክፍል 1''

All rights reserved. No part of this publication may be reproduced, distributed, or transmitted in any form or by any means, including photocopying, recording, or other electronic or mechanical methods, without the prior written permission of the publisher, except in the case of brief quotations embodied in critical reviews and certain other noncommercial uses permitted by copyright law.

የመጀመሪያ እትም ጥር 2008 ዓ.ም (Paperback)
ሁለተኛ እትም መስከረም 2014 ዓ.ም (ebook/paperback Amazon)

Zeleke Behailu (MSc. Physics)
maranathhaa@gmail.com
zelekebehailugeb@gmail.com

+251 967 31 64 72   /   +251 941 15 38 41
Visit: **www.wongelonline.net**

መታሰቢያነቱ

ለውድ እናቴ ወ/ሮ ታየች ባሩዳ (1928-1983)

ለውድ አባቴ አቶ በኃይሉ ገቢሶ (1916-2013)

ለወንድሜ ፈለቀ በኃይሉ (1948-1969)

ማውጫ

መቅድም i

መግቢያ iii

1 - የዩኒቨርስ አመጣጥና ዕድገት ቲዎሪዎችና ችግሮቻቸው 1

    አፔንዲክስ 47

2 - የከዋክብትና የፕላኔቶች ኢቮሉሽናዊ
ቲዎሪዎችና ችግሮቻቸው 70

    አፔንዲክስ 100

3 – አስደናቂ የእግዚአብሔር የእጅ ስራ፤ ከዋክብት 107

    አፔንዲክስ 125

4 - የዕድሜ መለኪያ ዘዴዎችና ችግሮቻቸው 130

    አፔንዲክስ 177

5 - የወጣት መሬት ማስረጃዎች 202

    አፔንዲክስ 249

6 - የሩቅ ከዋክብት ብርሃን በጥቂት ሺህ ዓመታት ጊዜ
ውስጥ እንዴት መሬት ሊደርስ እንደሚችል 252

****

መቅድም

ይህ መጽሐፍ፥ኢቮሉሽናዊ ቲዎሪዎች ከሳይንሳዊ እውነታዎች ጋር የማይጣጣሙ መሆናቸውን የሚያሳዩ በርካታ ሳይንሳዊ መረጃዎችን በስፋት የሚያቀርብ መጽሐፍ ነው። የኢቮሉሽናዊ ቲዎሪዎች ማረጋገጫ ተደርገው የሚቀርቡ ማስረጃዎች ጠንካራ መሠረት የሌላቸው መሆኑን የሚያሳዩና፥ ማስረጃዎቹ ያለ ኢቮሉሽናዊ ቲዎሪ እንዴት በቀላሉ በሌላ ዓይነት መንገድ መገለጽ እንደሚቻሉ የሚያሳዩ፥እንዲሁም የፍጥረተኝነትን አመለካከት የሚደግፉ በርካታ ሳይንሳዊ መረጃዎች በመጽሐፉ ውስጥ በስፋት ቀርበዋል።

መጽሐፉ፥ ዕውቀት ብቻ ሆነው የሚቀሩ የጠቅላላ ዕውቀት መረጃዎችን የያዘ ሳይሆን፥ ባልተሟሉና በተዛቡ መረጃዎች ምክንያት ብዙዎች እንደተረጋገጠ ሳይንስ አድርገው የሚቆጥሯቸው ኢቮሉሽናዊ ቲዎሪዎች ለምን ሊሰሩ እንደማይችሉ የሚያሳዩ በርካታና ጠንካራ ሳይንሳዊ ማስረጃዎችን በማቅረብ፥ አንድ ሰው ኢቮሉሽናዊ ቲዎሪዎችን እንዴት መገምገምና መመዘን እንዳለበት የሚያሳይ መጽሐፍ ነው።

በመጽሐፉ ውስጥ ያሉ ሳይንሳዊ ትንታኔዎች ለሁሉም አንባቢ የሚገቡ እንዲሆኑ ለማድረግ፥በተቻለ መጠን ቀላልና ቀጥተኛ ገለጻ እንዲሆኑ ለማድረግ ተሞክሯል። ይሁንና አንዳንዴ የጉዳዩን ፍሬ ሃሳብ በትክክል ለመጨበጥና የተወሰኑ እውነታዎችን በሙላት ለማወቅ ቴክኒካዊና ውስብስብ ገለጻዎችን መጠቀም የግድ አስፈላጊ የሚሆንባቸው ጊዜያት አሉ።

ከሳይንሳዊ ትንታኔዎች ውጭ የሆኑ ገለጻዎችን በተመለከተ፥ቀላልና ግልጽ በሆኑ በአላስፈላጊ ዝርዝር ገለጻዎች አንባቢን ላለማሰልቸትና የቀረቡ ፍሬ ነጥቦችን አንባቢው ራሱ እያያያዘና እያገናዘበ በመረዳት ንቁ ተሳታፊ እንዲሆን ለማድረግ፥ዋና ዋና ነጥቦችን ብቻ ባጫጭር ገለጻ በማስቀመጥ ንባቡ ፈጠን ባለ ፍሰት እንዲሄድ ለማድረግ ተሞክሯል።

በመጽሐፉ ውስጥ ያሉ አብዛኞቹ ጽሑፎችና ሃሳቦች፥ በተለያዩ የሳይንስ ዘርፎች ውስጥ ያሉ ፍጥረተኛ ሳይንቲስቶች፣ተመራማሪዎችና የዩኒቨርስቲ ምሁራን ከጻፏቸው ጽሑፎች የተተረጎሙና አንድ ላይ ተቀናጅተው የተዘጋጁ ናቸው። ከእነዚህ መካከል፥ ዶ/ር ስቴቨን አውስቲን (ፒኤችዲ ጂኦሎጂ)፣ዶ/ር ጆን ባውምጋርድነር (ፒኤችዲ ጂኦፊዚክስ እና ሕዋ ሳይንስ)፣ ዶ/ር ፒሪ ጀርሌስትሮም (ፒኤችዲ ሞሎኪውላር ባዮሎጂ)፣ዶ/ር ጃሰን ሊስሊ (ፒኤችዲ አስትሮፊዚክስ)፣ ዶ/ር ጆን ሐርትኔት (ፒኤችዲ ፊዚክስ)፣ዶ/ር ዶን ባተን (ፒኤችዲ በእጽዋት ፊዚዮሎጂ)፣ዶ/ር ዮናታን ሳርፋቲ (ፒ.ኤች.ዲ ፊዚካል ኬሚስትሪ)፣ዶ/ር ኤልሳቤት ሚቼል፤ዶ/ር ታር ዎከር (ፒኤችዲ ኢንጂነሪንግና የክብር ዲግሪ በጂኦሎጂ)፣ ዶ/ር ሮበርት ካርተር (ፒኤችዲ ማሪን ባዮሎጂ)፣ዶ/ር አንድሪው ስኔሊንግ (ፒኤችዲ ጂኦሎጂ)፣ ዶ/ር ላሪ ቫርዲማን (ፒኤችዲ አትሞስፌሪክ ሳይንስ)፣ዶ/ር ኢያን ማክሪዲ (ፒኤችዲ ሞሎኪውላር ባዮሎጂስትና ማይክሮባዮሎጂስት)፣ዶ/ር ሩሴል ሐምፍሬይስ (ፒኤችዲ ፊዚክስ)፣ ዶ/ር ዳኒ ፋልክነር (ፒኤችዲ አስትሮኖሚ)፣ዶ/ር ዮናታን ሔኔሪ (ፒኤችዲ ኬሚካል ኢንጂነሪንግ)፣ዶ/ር ጆርጂያ ፑርዶም (ፒኤችዲ ሞሎኪውላር ጄኔቲሲስት)፣ ዶ/ር ዶናልድ ዴ ያንግ (ፒኤችዲ ፊዚክስ)፣ ሩሴል ግሪግ (ማስተርስ

ኬሚስትሪ)፣ ሚካኤል አርድ (ማስተርስ አትሞስፌሪክ ሳይንስ)፣ዶ/ር ከርት ዋይስ (ፒኤችዲ ፓሊዮንቶሎጂ)፣ ዶ/ር ጂም ማሶን (ፒኤችዲ ኑክለር ፊዚክስ)፣ዶ/ር ዴቪድ ካችፖል (ፒኤችዲ የእጽዋት ፊዚዮሎጂ)፣ቫንሲ ፌራል፣ዶሚኒክ ስታተም (ቻርተርድ ኢንጂነር)፣ አሌክስ ዊሊያም (ማስተርስ ሬዲዮኢኮሎጂና ቦታኒ)፣ዶ/ር ካርል ዊላንድ (የህክምና ዶክተር)፣ዶ/ር ዴቪድ ዲ ዊት (ፒኤችዲ ኒሮሳይንስ እና ባዮኬሚስት)፣. .ወዘተ። ተጨማሪ የመረጃ ምንጮች Wikipepdia, Encyclopedia Britanica, Science magazen, New Scientist, Nature, BBC News ወዘተ ናቸው።

በአንዳንድ ምዕራፎች መጨረሻ ላይ ተጨማሪ ማብራሪያ ገለጻዎች (አፔንዲክስ) ይገኛሉ። እነዚህ፥ብዙውን ጊዜ ወይ የምዕራፉ ተጨማሪ ማብራሪያዎች፣ ወይም ደግሞ የምዕራፉን ሃሳብ የሚያጠናክሩ ተጨማሪ መረጃዎች፣ ወይም ተጨማሪ ጥቅሶች፣ ወይም ዋናው ምዕራፍ ውስጥ ያሉ የአንዳንድ ሃሳቦች ዘርዘር ያሉ ቴክኒካል ገለጻዎች ስለሆኑ፥እንደ አንባቢው ሁኔታ አስፈላጊነታቸው እየታየና ምናልባት ብዙም የማያስፈልጉ ከሆኑ፥ አንባቢው ሙሉ በሙሉ አፔንዲክሶችን እየዘለለ በቀጥታ ወደሚቀጥለው ምዕራፍ መሄድ ይቻላል።

(በመጽሐፉ ውስጥ የተጠቀሱ ዓመተ ምህረቶች በሙሉ በአውሮፓውያን አቆጣጠር ናቸው።)

*****

መግቢያ

ሳይንሳዊ ዳታዎችና ምልከታዎች በራሳቸው አይናገሩም፤ ነገር ግን ሁልጊዜም እንደ ሰዉ ፍልስፍናዊ አመለካከት ወይም እምነት ይተረጎማሉ። ሁልጊዜም፥ስለ የዩኒቨርስና ስለ ሕይወት አጀማመር ለማወቅ የምንጠቀምባቸው በሳይንሳዊ ዘዴዎች የሚሰበሰቡ መረጃዎች የሚተረጎሙት አንድ ሰው አስቀድሞ የነበረውን እመንታ ወይም እምነት በመጠቀም ነው። ዩኒቨርስና የምድር ላይ ሕይወት እንዴት እንደጀመሩ ለመግለጽ፥ ኢ-አማንያን ኢቮሉሽኒስቶችና በፈጣሪ መኖር የሚያምኑ ፍጥረተኞች ሁለቱም፥የተወሰኑ ፍልስፍናዊ እመንታዎችን ይጠቀማሉ።

ኢቮሉሽናዊ ቲዎሪ፥ከተፈጥሮ ውጭ የሆነ ነገር ወይም ክስተት የሌለ መሆኑንና፥ ጠቅላላ ያለው ነገር ተፈጥሮ ወይም ቁስአካልና ኢነርጂ ብቻ እንደሆነ በሚገልጸው በናቹራሊዝም - Naturalism (ወይም ማቴሪያሊዝም - Materialism) ፍልስፍናዊ አመለካከት ወይም እምነት ላይ የተመሰረተ ነው። ፍጥረተኝነት ደግሞ፥ዩኒቨርስንና የምድር ላይ ሕይወትን የፈጠረ ከተፈጥሮ በላይ የሆነ ፈጣሪ አለ የሚል አመለካከት ወይም እምነት ላይ የተመሰረተ ነው።

ከተፈጥሮ በላይ የሆነ ነገር የሌለ መሆኑን የሚገልጸው የናቹራሊዝምን ሃሳብ፥ በሳይንሳዊ መንገድ ልታረጋግጠው የምትችለው ነገር ሳይሆን፥ነገር ግን እንደዛ እንደሆነ ቆጥረህ በእምነት ብቻ የምትቀበለው ነገር ነው - ወይም በሌላ አባባል የእምነት ዶክትሪን ነው። ስለዚህ የናቹራሊዝም መሰረታዊ እመንታዎች፥ከመጽሐፍ ቅዱሳዊ ክርስትና እምነት በተለየ "ሳይንሳዊ" አይደሉም።

ሰዎች ከእነዚህ ሁለት ተቃራኒ እምነቶች በአንዱ በመጀመር፥ አንድ ዓይነት መረጃን በተለያየ ዓይነት ይተረጉሙታል። በፈጣሪ የሚያምኑ ፍጥረተኞች እና ኢ-አማንያን ኢቮሉሽኒስቶች ሁለቱም አንድ ዓይነት ሳይንሳዊ ዳታዎችና ምልከታዎች አሏቸው - የሚለያዩት አተረጓገም ላይ ነው። የተለያየ የመነሻ እመንታዎች ስላሏቸው ዳታዎቹንና ምልከታዎቹን በተለያየ ዓይነት ይተረጉሟቸዋል።

መጽሐፍ ቅዱሳዊው የፍጥረት ሥራ መደገም፣መሞከርና በቀጥታ መታየት እንደማይቻል ሁሉ፥ ኢቮሉሽናዊ የሕይወት ጅማሬም መታየት፣መሞከርና መደገም የሚቻል አይደለም። በስድስቱ የፍጥረት ቀኖች ጠቅላላው ዩኒቨርስ ሲፈጠር፥ ክስተቶችን ያየ ሰው እንዳልነበሩ ሁሉ፥ለበርካታ ቢሊዮኖች ዓመታት የኢቮሉሽን ሂደት ሲፈጸም ለማየት እዚያ የነበረ ማንም የለም። የኢቮሉሽኒስቶቹ ቢግባንግ፣ የመጀመሪያዋ ህዋስ አጀማመር፣ ከሞሎኪውል-ወደ-ሰው የተደረገ ዝግመተ-ለውጥ ወዘተ. . እነዚህ ሁሉ በአሁኑ ጊዜ መደገም፣ መሞከርና መታየት የሚቻሉ አይደሉም። እነዚህን አንድ ሰው በትልቅ እምነት ሊቀበላቸው የሚችላቸው ብቻ ናቸው - በሌላ አባባል ኢቮሉሽኒስቶች ቲዎሪዎቻቸውን የሚቀበሉት በእምነት ነው።

በፈጣሪ የሚያምኑ ሳይንቲስቶች፥ከጥቂት ሁኔታዎች በስተቀር ብዙውን ጊዜ

ኢቮሉሽኒስት ሳይንቲስቶች በሚጠቀሙባቸው ዳታዎችና ምልከታዎች ትክክለኛነት ላይ ችግር የለባቸውም፤ነገር ግን ሁልጊዜም ልዩነቱ የሚመጣው የዳታዎቹ ትርጉም ላይ ነው። ፍጥረተኞች፥ ኢቮሉሽኒስቶች የሚጠቀሙበትን ያንኑ ዳታና ምልከታ በመጽሐፍ ቅዱሳዊ እይታ ተርጉመውት፥ከኢቮሉሽኒስቶች ተቃራኒ የሆነ ድምዳሜ ላይ ይደርሳሉ።

እዚህ ጋ ዋናው ነጥብ፥ከሳይንስ ጋር በምርጥ ሁኔታ የሚገጥመው የትኛው ነው? የሚለው ነው። ኢቮሉሽናዊ ትርጉሞች፥ ከሳይንስ፣ከሎጂክና ከገሃዱ ዓለም እውነታ ጋር የሚጋጩ መሆናቸውን የሚያሳዩ በርካታ ሳይንሳዊ ማስረጃዎች አሉ።

መጽሐፍ ቅዱሳዊ እምነትና ሳይንስ ለከፍለ ዘመናት ጠላቶች እንደሆኑ አድርገው የሚያስቡ በርካታ ሰዎች አሉ፤ነገር ግን ይህ ከእውነታው ተቃራኒ የሆነ ሃሳብ ነው። የዘመናዊ ሳይንስ ጠቅላላ መሠረት ያረፈው፥ሥርዓት ያላት ዩኒቨርስ በፈጣሪ ተፈጥራለች በሚል እሳቤ ላይ ነው። ከ 17ኛው እስከ 19ኛው ዘመን የነበሩ አብዛኞቹ የዘመናዊ ሳይንስ መስራቾች፥ዩኒቨርስ ልዕለ-ተፈጥሮ በሆነ ፈጣሪ የተሰጧት ሕጎች ስላሏት ልትጠና ትችላለች በሚል መነሻ የተነሱ በእግዚአብሔር መኖር የሚያምኑ ሳይንቲስቶች ነበሩ።

ለምሳሌ *ከፊዚክስ* - ኒውተን፣ ፋራዳይ፣ ማክዌል፣ ኬልቪን፤ *ከኬሚስትሪ* - ቦይል፣ ዳልተን፣ ራምሳይ፤ *ከባዮሎጂ* - ሬይ፣ ሊናውስ፣ ሜንድል፣ ፓስተር፣ ቪርቾው፤ *ከጂኦሎጂ* - ስቲኖ፣ ዉድዋርድ፣ ብሪውስተር፣ ቡክላንድ፣ ኩቪየር፤ *ከአስትሮኖሚ* - ኮፐርኒከስ፣ ጋሊሊዮ፣ ኬፐለር፣ ሄርስችል፣ ማውንደር፤ *ከማቲማቲክስ* - ፓስካል፣ሌብንትዝ ወዘተ በፈጣሪ የሚያምኑ የሳይንስ ሰዎች ነበሩ።

> “ሳይንስ የምዕራባዊ ዓለማውያኖች ወይም የኢ-አማኒያን ሥራ አልነበረም፤ ሙሉ በሙሉ ሕልውና ባላውና ንቁ በሆነ ፈጣሪ እግዚአብሔር የሚያምኑ የትጉህ አማኞች ሥራ ነበር።” *- Stark, R., For the Glory of God: How monotheism led to reformations, science, witch-hunts and the end of slavery, Princeton University Press, 2003;*

እነዚህ የዘመናዊ ሳይንስ መሥራቾች ሳይንስን ያዩ የነበረው፥ የእግዚአብሔርን ፈቃድ መፈጸሚያ መንገድ አድርገው ነበር። ለምሳሌ ታዋቂው አስትሮኖመርና ማቲማቲሽያን ዮሐንስ ኬፐለር (1571–1630) ሳይንሳዊ ሃሳቦቹን “የእግዚአብሔርን ሃሳብ ማሰብ” በማለት ገልፆታል። ሌሎችም በርካታ የዘመናዊ ሳይንስ መስራቾች ሳይንሳዊ ምርምሮቻቸው የእግዚአብሔርን ክብር እንደሚያመጣ ያምኑ ነበር።

የሁልጊዜም ታላቁ ሳይንቲስት ተብሎ ሊጠራ የሚችለው ሰር አይዛክ ኒውተን እንዲህ ብሎ ነበር፤

> “ይህ እጅግ ውብ የሆነ የጸሐይ የፕላኔቶችና የኮሜቶች ሥርዓት ከመለኮታዊ ምክርና ቁጥጥር ብቻ ሊመጣ የሚችል ነው።” *- Principia, Book III; cited in; Newton’s Philosophy of Nature: Selections from his writings, ed. Thayer, H.S., Hafner Library of Classics, New York, USA, p.*

42, 1953.

በተጨማሪም ኒውተን እንዲህም ብሏል፤

> “[ለፕላኔቶች መሽከርከርና በጸሐይ ዙሪያ መዞር] የሲስተሙ ዲዛይነር ተስማሚ መሆኑን ከማሰቡ ውጭ ሌላ ምንም ምክንያት አላውቅም።” - *Isaac Newton, Four Letters to Richard Bentley, in Milton K. Munitz (ed.), Theories of the Universe (1957), p. 212.*

ዛሬ በትምህርቱ ዓለም (እንዲሁም በሚዲያዎች) ስለ ኢቮሉሽናዊ ቲዎሪዎች የሚቀርቡ ገለጻዎች አንዱ ችግር፥ቲዎሪው ፍልስፍናዊ እምነት ላይ የተመሰረቱ የምልከታዎችና የዳታዎች ትርጉም ብቻ መሆኑን የማይገልጹ መሆናቸው ነው። በተጨማሪም ኢቮሉሽናዊ ቲዎሪዎችን የሚቃረኑ ሳይንሳዊ መረጃዎች ብዙውን ጊዜ የማይጠቀሱ መሆናቸውና በተቃራኒው ኢቮሉሽናዊ ቲዎሪዎች እንደተረጋገጠ ሳይንስ ተደርገው የሚያቀርቡ መሆናቸው ነው።

በናቹራላዊ የሳይንስ ትርጉም ውስጥ ያለው አንዱ ችግር፥ከተፈጥሮ በላይ የሆነ ነገር መኖሩን የሚጠቁም በተጨባጭ ማስረጃዎች የሚገኝ ዕውቀት እንዲጣል ወይም ከሳይንስ እንዲወጣ የሚያደርግ መሆኑ ነው። ይህን ዶ/ር ስኮት ዶት እንዲህ ሲል ይገልጽልናል፤

> “ጠቅላላ ዳታዎች ባለ አእምሮ ዲዛይነርን የሚያመለክቱ ቢሆንም እንኳን፥ እንዲህ ዓይነት መላምት ከሳይንስ ይወገዳል፥ምክንያቱም ተፈጥሯዊ አይደለም።”- *Todd, S.C., correspondence to Nature 401(6752):423, 30 Sept. 1999.*

ነገር ግን ይህ፥ሳይንስ ዳታዎችን መከተል እንዳለበት የሚጠይቀውን የሳይንስን መርህ የሚቃረን መሆኑን አግራዲ እንዲህ ይገልጸዋል፤

> “የዩኒቨርስን ዲዛይን መቀበል በመጨረሻ የዲዛይነርን አስፈላጊነት ጥያቄ የሚያስነሳ ቢሆንም እንኳን፥ነገር ግን ዩኒቨርስ፣ ሕይወትና ሰው በዲዛይን ላይ የተመሰረቱ መሆናቸውን የሚጠቁሙንን ዳታዎች እንድንጥላቸው ሳይንሳዊ ዘዴዎች አይፈቅዱልንም። በዩኒቨርስ ውስጥ ያለ እያንዳንዱ ነገር የመጣው በእድል ነው የሚለውን አንድን ድምዳሜ ብቻ እንድናምን መገደድ የራሱን የሳይንስን ዋነኛውን ዓላማ መጣስ ነው።” - *O'Grady "Evolutionary Theory and Teleology," Journal Theoretical Biology (1984), p. 567*

ሳይንሳዊ ማስረጃዎች የልዕለ-ተፈጥሮ (supernatural) መኖርን እየጠቆሙ እያለ፥ልዕለ-ተፈጥሮ የሆነን ነገር ውድቅ ማድረግ፥ሎጂካዊና ምክንያታዊ ያልሆነና ማስረጃን የማይከተል ኢ-ሳይንሳዊ መሆን ነው።

እዚህ ጋ ሳይንስ ከግኡዝ ተፈጥሮ ውጭ የሆነ ነገርን ወይም ልዕለ-ተፈጥሮን ያጥና እየተባለ አይደለም፤ይህ ሳይንስ ውስጥ መታቀፍ የሚቻል አይደለም። ምክንያቱም ሳይንስ ግኡዙ ዩኒቨርስ ላይ ብቻ የሚወሰን የተፈጥሮ ጥናት ነው። ሳይንስን ከአጉል እምነቶች የጸዳ ማድረግና በተጨባጭ ማስረጃዎች ላይ የሚደገፍና በፊዚካላዊ ዩኒቨርስ ላይ ብቻ የሚወሰን እንዲሆን ማድረግ ተገቢና አስፈላጊ ነው።

ይህንንም በማየት ሳይንስን ከማስረጃ አልባ አጉል እምነት አላቆ በተጨባጭ ማስረጃዎችና ምልከታዎች ላይ እንዲመሰረት ከፍተኛውን ሚና የተጫወቱት ቀደምቶቹ የዘመናዊ ሳይንስ መስራች ሳይንቲስቶች፥ አብዛኞቹ ከላይ የጠቀስናቸው በፈጣሪ የሚያምኑ ፍጥረተኞች ናቸው። ለዚህም በግምባር ቀደምትነት ሊጠቀስ የሚችለው በምዕራፍ አንድ አፔንዲክስ ውስጥ የሕይወት ታሪኩን ባጭሩ የምናየው ዮሐንስ ኬፐለር ነው።

ከላይ እየተባለ ያለው ግን፥ልዕለ ተፈጥሮ የሚጠቁሙ በሳይንሳዊ ዘዴዎች (በሙከራዎችና በምልከታዎች) በግዑዙ ዩኒቨርስ ውስጥ የሚገኙ ተጨባጭ ማስረጃዎች መጣል የለባቸውም ነው፤የሚያዙበት መንገድ መኖር አለበት ነው።

የፍጥረት ሳይንስ (Creation science) የሚመጣው እዚህ ጋ ነው። የፍጥረት ሳይንስ ምንድነው?

የፍጥረት ሳይንስ፥መጽሐፍ ቅዱሳዊውን የዘፍጥረት ገለጻ የሚደግፉና የሚያረጋግጡ የግኡዙ ዓለም ሳይንሳዊ ማስረጃዎችን በሳይንሳዊ ዘዴዎች እየፈተሸና እየመረመረ የሚያቀርብ የጠቅላላ ተፈጥሮ ሳይንሳዊ ጥናት ነው። የፍጥረት ሳይንስ፥ ለዩኒቨርስና ለምድር ላይ ሕይወት ጅማሬዎች መነሻውን መጽሐፍ ቅዱሳዊውን የዘፍጥረት ገለጻ የሚያደርግ ቢሆንም፥ነገር ግን ያን ለማረጋገጥ ሙሉ በሙሉ የሚጠቀመው ተጨባጭ ሳይንሳዊ መረጃዎችንና ዘዴዎችን ነው።

የፍጥረት ሳይንስ (Creation science) ቲዎሪዎች፥ሂ ደቶችን ለመግለጽ ልዕለ-ተፈጥሮን (supernatural) አይጠቀሙም፤ ነገር ግን የሚታወቁ የሳይንስ ህጎችንና ተፈጥሯዊና ፊዚካላዊ መካኒዝሞችን ይጠቀማሉ። ልዕለ-ተፈጥሮን ለማረጋገጥ የተፈጥሯዊ ዓለም ፊዚካላዊ ባህሪያት ላይ በጥብቅ የተወሰኑ ናቸው - ስለዚህ ምንም እንኳን መጽሐፍ ቅዱሳዊው የፍጥረት ሥራ መደገም፣መሞከርና በቀጥታ መታየት የማይቻል ቢሆንም፥ የፍጥረት ሳይንስ ቲዎሪዎች ግን ሊፈተሹ የሚቻሉ ናቸው። የፍጥረት ሳይንስ፥የዩኒቨርስና የምድር ላይ ሕይወት ጅማሬን በተመለከተ መጽሐፍ ቅዱሳዊ ስር ያለው ከመሆኑ ውጭ፥ ፍጥረተኛ ሳይንቲስቶች የሚያወጧቸው ቲዎሪዎች ሊሞከሩ የሚችሉ፣ ውሸት/እውነታቸው ሊፈተሽ፣ ሊሻሻሉ ወይም ሊለወጡ የሚችሉ ናቸው። ቲዎሪዎቻቸው የሳይንስን መሠረታዊ ባህሪያት በጥብቅ የሚከተሉ ናቸው። የሚያወጧቸው ቲዎሪዎችም ለአቻ ግምገማ ታትመነው ይፋ ይወጡና ይፈተሻሉ፣ ይተቻሉ፣ ይሻሻላሉ ወይም ውድቅ ተደርገው በሌላ በተሻለ ይተካሉ።

በፈጣሪ የሚያምኑ ሳይንቲስቶች በአዳዲስ ዳታዎች ያስተካከሏቸው፣ የጣሏቸው፣ ያሻሻሏቸውና በሌላ የተኳቸው ቲዎሪዎች አሏቸው። እንዲሁም አንድ ተመሳሳይ ሁኔታን የሚገልጹ የተለያዩ ዓይነት ተፎካካሪ ቲዎሪዎች አሏቸው፤ለምሳሌ የጥፋት ውኃ ሞዴሎችና የሩቅ ኮከቦች ብርሃን ቲዎሪዎች። እንዲሁም የከባቢ-ጸዳል (radiohalos) እና የሬዲዮሜትሪክ የእድሜ መለኪያ ቲዎሪዎች (የተፋጠነ የኑክለር ፍርሰት)፣ የሃምፍሬይስ ፕላኔታዊ ማግኔቲክ ፊልድ እነዚህ በዓመታት ውስጥ በከፍተኛ ሁኔታ ተሻሽለዋል። እነዚህ ለውጦችና ማሻሻያዎች የተደረጉት በአዳዲስ ሳይንሳዊ ዳታዎችና ግኝቶች ነው።

የፍጥረት ሳይንስ ከሚያተኩርባቸው ነጥቦች መካከል፥ ሳይንሳዊ ግኝቶችን በፍጥረተኝነት ገላጻ ትርጉም መረዳትና፥ ሳይንሳዊ ግኝቶች ከፍጥረተኝነት አመለካከት ጋር እንዴት እንደሚስማሙና ከኢቮሉሽናዊ ቲዎሪ ጋር እንዴት እንደማይጣጣሙ መመርመርና ማሳየትን ይጨምራል።

የፍጥረት ሳይንስ (Creation science) ማስረጃዎች፥ መጽሐፍ ቅዱስ ላይ ወይም ሃይማኖታዊ አስተምህሮት ላይ የተመሰረቱ አይደሉም። የፍጥረት ሳይንስ ማስረጃዎች የተመሰረቱት፥በሬዲዮአክቲቪቲ፣ በጂኦሎጂ፣ በአለት-ንብብራት፣ በአስትሮፊዚክስ፣ በዲኤንኤ፣ በጄኔቲክስ፣ በቅሪተ-አካላት፣ በቅይርታ፣ በዝርየት፣ በሥነ-እንስሳት፣ በሥነ-ዕጽዋት፣ በቴርሞዳይናሚክስ፣ በፊዚክስ፣ በኬሚስትሪ፣ በባዮሎጂ፣ በአርኪኦሎጂ (Archaeology) እና በሌሎች የሳይንስ ዘርፎች ላይ ባለን ዕውቀት ላይ ነው። የፍጥረት ሳይንስ፥በእነዚህ ዘርፎች በ ፒ.ኤች.ዲ ደረጃ በተመረቁ ተመራማሪዎችና ሳይንቲስቶች የሚጠና ሳይንስ ነው።

የፍጥረት ሳይንስ፥ ሕይወት በዲዛይን የተፈጠረች መሆኑን ማመን 'ኢ-ሳይንሳዊ' እንዳልሆነና ሳይንስ ማለት፥ ዩኒቨርስን ለመረዳትና ከርሷ ለመጠቀም የሚደረግ በተጨባጭ ማስረጃዎች የተደገፈ የሰው ምርምርና ጥናት መሆኑን ያያል። በቀድሞ ዘመን በሰዎች ዲዛይን ተደርገው የተፈጠሩ ፒራሚዶችን ማጥናት ሳይንሳዊ እንደሆነ ሁሉ፥በቀድሞ ዘመን በፈጣሪ ዲዛይን ተደርጎ የተፈጠረ ሕይወትንና ተፈጥሮን ማጥናት ሳይንሳዊ እንደሆነ ያምናል።

የእግዚአብሔር የፍጥረት ተዓምራዊ ሥራ በስድስተኛው ቀን የተጠናቀቀ ስለሆነ፥ ከዚያ ጊዜ ጀምሮ እግዚአብሔር ባብዛኛው በተፈጥሮ ህጎች በኩል እየሰራ መሆኑን መጽሐፍ ቅዱሳዊ ፍጥረተኞች ያምናሉ። ስለዚህም ለእያንዳንዱ የሳይንስ ገጽታ የተፈጥሮ ሕጎችን ለማግኘት ይሞክራሉ - በተፈጥሮ ውስጥ የሚደጋገሙ ክስተቶችን ለመግለጽ የልዕለ ተፈጥሮ ተዓምርን አይጠቀሙም። ፍጥረተኞች ተዓምራዊ ሥራን የሚጠይቁት ሊደገም ለማይቻል ለዩኒቨርስና ለምድር ላይ ሕይወት ጅማሬ ብቻ ነው። ከነዚህ ውጭ በፈጣሪ የሚያምኑ ሳይንቲስቶች ለሚያወጧቸው ቲዎሪዎቻቸው፥ የተለመዱትን መደበኛ ሳይንሳዊ ዘዴዎችን ይጠቀማሉ።

አንዳንድ የሳይንስ ዘርፎች (በተለይ ፊዚክስ) የሚያጠኗቸው አንዳንድ ክስተቶች፥

ላቦራቶሪዎች ውስጥ ሊፈተሹና በኤክስፐርመንት ሊደገሙ የማይቻሉ ናቸው። በእንዲህ ዓይነት ሁኔታ፥በተፈጥሮ ውስጥ የሚታዩ ምልከታዎች፥ ኤክስፐርመንቶችን ይተካሉ። በተመሳሳይ በፈጣሪ የሚያምኑ ሳይንቲስቶችም ቲዎሪያቸውን ኤክስፐርመንቶችና ምልከታዎች ላይ ይመሰርታሉ - ለምሳሌ 8 ሳይንቲስቶች ያቀፈው የ RATE የምርምር ቡድን በዕድሜ መለኪያ ዘዴዎች (radiometric dating) ላይ ያደረገውን ምርምር መጥቀስ ይቻላል።

ፍጥረተኞች ሳይንቲስቶች፥ሳይንስ ስለ እግዚአብሔር ማጥናት እንደማይችልና እንደሌለበት የሚያምኑ ቢሆንም፣ ነገር ግን ሳይንስና እግዚአብሔር የሚያገናኛቸው ነገር እንደሌለ አድርገው አያስቡም። ነገር ግን ሳይንስ ማለት ተፈጥሮን ማጥናት ስለሆነ፥ሳይንስና እግዚአብሔር አይገናኙም ማለት፥ተፈጥሮና እግዚአብሔር አይገናኙም እንደ ማለት ያህል ትክክል እንዳልሆነ ያያሉ።

ፍጥረተኝነት (creationism) እና የፍጥረት ሳይንስ (creation science) የተለያዩ ነገሮች ናቸው። ፍጥረተኝነት፥ የፍጥረት ሳይንስ ፍልስፍናዊ መሠረት እንጂ፥ በራሱ የፍጥረት ሳይንስ አይደለም። ከላይ እንዳየነው የፍጥረት ሳይንስ፥ የሳይንስ መስፈርቶች የሚያሟላና የፍጥረት ሳይንቲስቶችም ሳይንሳዊ ዘዴዎችን የሚጠቀሙ ናቸው።

በፍጥረት ሳይንስ (Creation science) ሥር የሚሰሩ ሳይንቲስቶች ቁጥር ካለፉት ጥቂት ዐሥርት ዓመታት ጀምሮ በከፍተኛ መጠን እየጨመረ በመሄድ ላይ ነው። ስለዚህም በዚህ መጽሐፍ ውስጥ የምናገኛቸውን የፍጥረተኝነት አመለካከትን የሚያረጋግጡና በዚያኑ ሰዓት የኢቮሉሽናዊ ቲዎሪን ዋጋቢስነት የሚያሳዩ እጅግ በርካታ ሳይንሳዊ መረጃዎች እየወጡ ነው። እነዚህ የፍጥረተኛ ሳይንቲስቶች ምርምሮችና ጥናቶች በዓለምአቀፍ ደረጃ ለኢቮሉሽኒስቶችና ለአለማውያን ከፍተኛ ሥጋት እየፈጠረባቸው ነው። ለምሳሌ ታዋቂው ኢቮሉሽኒስት ሪቻርድ ዳውኪንግስ አፕሪል 2008 ዓ.ም በተከበረው በ Edinburgh International Science Festival 20ኛ ዓመት ክብረ በዓል ላይ፥ በብሪቲሽ ትምህርት ቤቶች ውስጥ የፍጥረተኝነት መነሳት ለሳይንስ አስተማሪዎች አሳሳቢ ችግር እየፈጠረ መሆኑን ገልጾ ነበር[1]።

የፍጥረት ሳይንስ ጅማሬን ለማረጋገጥ የሚሠራ ትክክለኛ ሳይንስ መሆኑን የሚገልጽ ለፍርድ ቤት የቀረበ አንድ ምስክርነት እንዲህ ይላል፤

> "በእኔ ማጠቃለያ የፍጥረት ሳይንስ ሃይማኖታዊ ሳይሆን ሳይንሳዊ ነው፤ ከኢቮሉሽን ጋር ሲነጻጸር ለትምህርት እጅግ ጠቃሚ ነው። ያለ ምንም ሃይማኖታዊ ይዘት በመማሪያ መጽሐፎች ውስጥ ሊካተትና ትምህርት ሊሰጥበት ይችላል። የፍጥረት ሳይንስን የሚደግፉ ማስረጃዎች የተረጋገጡ ሳይንሳዊ ማስረጃዎች ናቸው፤ ኢቮሉሽንን የሚደግፉ ማስረጃዎች ግን ብዙም

---

[1] http://creation.com/growth-of-creation-science-in- k-worries-prof-dawkins

መግቢያ

አሳማኝ አይደሉም።

“. . . ፍጥረተኛ ሳይንቲስቶች በበርካታ ቦታዎች ላይ የተረጋገጡና የተተነተኑ ተብለው ሊጠሩ የሚችሉ ማስረጃዎችን አቅርበዋል. . . እነዚህ ሃይማኖታዊ ኃሳቦች ሳይሆኑ ሳይንሳዊ ዳታዎች ናቸው።” - *W. Morrow, Affidavit in court case Edwards v. Aguillard U.S. 482 (1987), p. 510*

“. . ሕጉ የፍጥረት ሳይንስን እንደ ‘ሳይንሳዊ ማስረጃ’ አድርጎ የሚተረጉመው ሲሆን፥ ሴናተር ኬዝና ምስክሮቹ ትምህርቱ [የፍጥረት ሳይንስ] ያለ ሃይማኖታዊ ይዘት መስጠት እንደሚችልና እንዳለበት በተደጋጋሚ ገልጸዋል . . . የፍጥረት ሳይንስን፥ [የተሟሉና የተጠናቀቁ] የሕይወት ዓይነቶች በምድር ላይ ድንገት መገኘታቸውን ከሚደግፉ ከሳይንሳዊ ማስረጃዎች ስብስብ ውጭ ሌላ ምንም ነገር አድርገን ልናየው የምንችልበት ምንም ዓይነት መሠረት የለንም. . . የፍጥረት ሳይንስ - ይላሉ አራማጆቹ - ሕይወት ከየት እንደመጣና ሕይወት የመጣበት ማቴሪያል ከየት እንደተገኘ ኢቮሉሽን የሚገልጸውን ዓይነት ገለጻ ከመስጠት አልፎ ሌላ መግለጽ እንደሌለበት ይናገራሉ።” - *U.S. Supreme Court, Edwards v. Aguillard U.S. 482 (1987), p. 549.*

መልካም ንባብ!

ምዕራፍ 1

የዩኒቨርስ አመጣጥና ዕድገት
ኢቮሉሽናዊ ቲዎሪዎችና ችግሮቻቸው

በዚህ ምዕራፍ፥ የዩኒቨርስን አመጣጥና እድገት የሚገልጹ ኢቮሉሽናዊ ቲዎሪዎች (ኮስሞሎጂያዊ ቲዎሪዎች) ምን እንደሚሉና ለምን ትክክል ሊሆኑ እንደማይችሉ የሚያሳዩ ሳይንሳዊ ማስረጃዎች እናያለን። በተለይ ከተለያዩ ዓይነት ኢቮሉሽናዊ ቲዎሪዎች መካከል ዋነኛና በኢ-አማንያን በሰፊው የሚራመደው የቢግባንግ ቲዎሪ (Big Bang Theory) ያሉበትን ችግሮችና ቲዎሪው ለምን ሊሰራ እንደማይችል የሚያሳዩ በርካታ ሳይንሳዊ እውነቶችን ሰፋ ያለ ቦታ ሰጥተን እናያለን። በተጨማሪም ሌሎች የቢግ ባንግ ተፎካካሪ ኮስሞሎጂያዊ ቲዎሪዎችና ችግሮቻቸውንም፣ የ 2016 ዓ.ም የ LIGO የምርምር ቡድን የሰበት ሞገድ (gravitational wave) ግኝት ለኢቮሉሽናዊ ቲዎሪዎች የሚረዳው ነገር የሌለ ስለመሆኑ፣ የ'ጽልመታዊ ቁስአካል' (Dark Matter) አለመገኘት ለቢግ ባንግ ችግር ሆኖ መቀጠሉ ወዘተ በአፔንዲክስ ውስጥ እናያለን።

የዩኒቨርስንና የቁስአካላትን አመጣጥና እድገት የሚገልጹ ሁለት ተቃራኒ የሆኑ አመለካከቶች አሉ - ኢቮሉሽናዊው የናቹራሊዝም (Naturalism) አመለካከትና የፍጥረተኝነት (creationism) አመለካከት። በናቹራሊዝም (Naturali sm) /ኢቮሉሽናዊ/ አመለካከት፥ ዩኒቨርስ ራሷን የቻለች ነጻ (self-contained) ነች። ዩኒቨርስ ውስጥ ያሉት ጠቅላላ ቁስአካላትና ኢነርጂ ወደ መኖር የመጡት ያለምንም ውጫዊ ልዕለ-ተፈጥሮ (supernatural) ጣልቃ ገብነት ከ "ምንም ባዶነት" በራሳቸውና በተፈጥሯዊ ሂደቶች ነው።

የዚህ አመለካከት አራማጆች ይህን እንዲህ ይገልጹታል፤

> "ዩኒቨርሳችን ምናልባት ወደ መኖር የመጣችው ከምንም ነገር ብቻ ሳይሆን ከየትም ነው።" - *Big Bang by Heather Couper & Nigel Henbest (DK Publishing, 1997) p.9*

ይህ አመለካከት፥የዩኒቨርስና የጠቅላላ ሲስተሟ አመጣጥና እድገት ሙሉ በሙሉ በጊዜ፣ በእድል፣ በኢነርጂና በቁስአካላት መዋቅር ውስጥ በሚወለዱ ተፈጥሯዊ ሂደቶች ብቻ ሊገለጽ እንደሚችል ይገልጻል።

ሁለተኛው የዚህ ተቃራኒ አመለካከት፥ የፍጥረተኝነት (creationism) አመለካከት ነው። በዚህ ሞዴል፥ ዩኒቨርስና በውስጧ ያሉ አካላት በራሳቸው የመጡ አይደሉም። ዩኒቨርስና በውስጧ የያዘችው ጠቅላላ ቁስአካላትና ኢነርጂ ወደ መኖር የመጡት፥ ልዕለ-ተፈጥሮ በሆነ ፈጣሪ በዓላማና በእቅድ ዲዛይን ተደርገው ተፈጥረው ነው።

አብዛኞቹ ኢቮሉሽኒስቶች እና ፍጥረተኞች (ሁለቱም) እንደሚስማሙበት፥ የዩኒቨርስ አመጣጥና እድገትን የተመለከቱ ተቀናቃኝ አመለካከቶች ወይም ገለጻዎች፥ እነዚህ ከላይ ያየናቸው ሁለቱ ዓይነት ብቻ ናቸው። ከእነዚህ ከሁለቱ ተቃራኒ አመለካከቶች አንዱ ብቻ እውነት መሆን አለበት። ወይ ሁሉም ነገር በራሱ መጥቷል፥ ወይም ደግሞ ከተፈጥሮ በላይ በሆነ ኃይል ተፈጥሯል። በሌላ አባባል፥ዩኒቨርስ ውስጥ ሁሉንም ነገር በተፈጥሯዊ ሂደቶች ብቻ መግለጽ ይቻላል፥ ወይም ደግሞ በነዚህ ላይ ተጨማሪ ልዕለ-ተፈጥሮ የሆነ ሂደትም ያስፈልጋል።

እነዚህን ሁለት ተቃራኒ አመለካከቶች (ፍጥረተኝነትን እና ኢቮሉሽኒዝምን) በማዋሀድ፥ "አማኝ ኢቮሉሽኒዝም" (Theistic evolutionism)[1] በመባል የሚታወቅ ሶስተኛ አማራጭ (የፍጥረትና የኢቮሉሽ ውህድ) ገለጻ ለማቅረብ የሚሞክሩ አሉ። ይሁንና ይህ ሶስተኛ አማራጭ፥ የጅማሬን መሠረታዊ ጥያቄዎች ከላይ ካየናቸው ከሁለቱ በተለየ የራሱን መልስ የሚሰጥ አይደለም።

> "ይሁንና እውነታው ሊሆኑ የሚችሉ ሁለት ሞዴሎች ብቻ መሆናቸው ነው፤ ኢቮሉሽን ወይም ፍጥረት . . . ያሉት ሁለት አማራጮች ብቻ ናቸው፤በቀላሉ ለማስቀመጥ ወይ በአጋጣሚ (በእድል) ሆኗል ወይም አልሆነም (ዲዛይን ተደርጓል) . . . በርካታ የኢቮሉሽን ንኡስ ሞዴሎች ይኖሩ ይሆናል . . . እንዲሁም የተለያዩ የፍጥረት ንኡስ ሞዴሎች. . . ነገር ግን ሊኖሩ የሚችሉት ሁለት መሠረታዊ ሞዴሎች ብቻ ናቸው - ኢቮሉሽን ወይም ፍጥረት።" - *Henry Morris and Gary Parker What Is Creation Science? 1987, p. 190, emp.in orig.*

[1] በተጨማሪም 'የምሪት ኢቮሉሽን' - directed evolution ወይም 'ኃይማኖታዊ ኢቮሉሽን' - religious evolution በመባልም ይታወቃል። ይህ አመለካከት በትክክል ምን እንደሚልና ያሉበትን ችግሮች *"ቻው ቻው ሉሲ"* በሚለው ሌላ መጽሐፍ ውስጥ ታገኛለህ።

1- <u>የቢግባንግ ቲዎሪና ችግሮቹ</u>
<u>(The Big Bang theory)</u>

የቢግባንግ ቲዎሪ፥ዩኒቨርስ ከ 13.7 ቢሊዮን ዓመታት ግድም በፊት፥ እጅግ ከፍተኛ ቴምፐሬቸርና ከፍተኛ እፍጋት ከነበረው ከአነስተኛ መጠን ድንገት በራሷ ተነስታ መስፋት የጀመረች መሆኗን የሚገልጽ ቲዎሪ ነው። ቢግባንግ አስቀድሞም በነበረ ሕዋ ውስጥ የተፈጸመ የቁስ አካልና የኢነርጂ ፍንዳታ ሳይሆን፥የራሱ የሕዋ/ጊዜ (space-time) በፍጥነት መስፋት ነው።

እንደ ቲዎሪው፥ከቢግባንግ በኋላ እየሰፋችና እየቀዘቀዘች ባለች ዩኒቨርስ ውስጥ ከቦታ ቦታ የተፈጠረ የእፍጋት ልዩነት የሃይድሮጂንና የሂሊየም ጋዞች በየቦታው እንዲከማቹ አድርጓል። ቀስ በቀስም በርካታ የሃይድሮጂንና የሂሊየም ጋዝ ክምችቶች አንድ ላይ በመሰባሰብ ክዋክብትንና ጋላኪሲዎችን (የክዋክብት ክምችቶችን) አስገኝተዋል፤ቆየት ብሎ በክዋክብት ውስጥ የተከሰቱ ፍንዳታዎችም ወደ 90 የሚሆኑ ከባባድ ኤሌመንቶችን[2] አስገኝተዋል፤ በመጨረሻም ፕላኔቶች ተፈጥረዋል። የቢግባንግ ቲዎሪ በአጭሩ ይህ ነው!

<u>የቢግባንግ ቲዎሪ 11 ችግሮች</u>

የቢግባንግ ቲዎሪ፥ ከአስትሮኖሚ ምልከታዎች ጋር የማይጣጣሙና የሚጋጩ በርካታ ሃሳቦች አሉት። ቲዎሪውን ዋጋ የሚያሳጡ አንዳንድ ሳይንሳዊ እውነታዎችን ከዚህ በታች እናያለን፤

(1) <u>ቲዎሪው የጅማሬን ምንጭ አይገልጽም፤</u> የቲዎሪው የመጀመሪያውና ዋነኛው ችግር የመጀመሪያዎቹን የኢነርጂ/መጠነቁስ ምንጭ የማይገልጽ መሆኑ ነው። አብዛኞቹ የቢግባንግ ሞዴሎች (የተለያዩ ዓይነት የቢግባንግ ሞዴሎች አሉ) ገለጻ የሚጀምሩት አስቀድሞም ከነበረ ከፍተኛ ኢነርጂ/ቁስአካል በመነሳት ነው። ነገር ግን እነዚህ ከየት እንደመጡና እንዴት እዚያ ሊቀመጡ እንደቻሉ አይገልጹም።

ክራውስኮፍ - በመጀመሪያ ቁስአካል እንዴት በተዓምር ሊመጣ እንደቻለ ይጠይቃል፤

> "በርካታ ሳይንቲስቶች በአንድ ነገር በቢግባንግ ቲዎሪ ደስተኞች አይደሉም. .ዩኒቨርስ የተፈጠረችበት ትክክለኛው ዘመን ይሰጥና፥ ነገር ግን ሁልጊዜ የሚነሱ ጥያቄዎች ያለመልስ ይዘላል። በመጀመሪያ ደረጃ ቁስአካል የመጣው ከየት ነው?" *- A. Krauskopf and A. Beiser, The Physical Universe (1973), p. 645.*

ይሁንና አንዳንዶቹ የሚሰጡት ሁለት ዓይነት መልስ አለ፤

---

[2] ኬሚስትሪ ውስጥ ፒሬዲክ ቴብል ላይ የሚገኙትን

(ሀ) የመጀመሪያው፥ የቢግባንግ ቲዎሪ ስለጅማሬ መግለጽ አያስፈልገውም የሚል ነው። ለዚህም እንደ ማስረጃ የሚጠቅሱት፥ የግራቪቲ ቲዎሪ ክብደት ከየት እንደመጣ የማይገልጽ መሆኑን ነው። ነገር ግን ዩኒቨርስ ስላካሄደቻቸው ሂቶች ከመገለጹ በፊት፥በመጀመሪያ ከየት እንደመጣች መግለጽ አለመቻል፥ቲዎሪው የተሟላ እንዳይሆን ያደርገዋል።

(ለ) ሁለተኛው፥ይህ ጥያቄ ከቢግባንግ በተለዩ በሌሎች ቲዎሪዎች ሊመለሱ እንደሚችሉ የሚገልጽ ነው። ለዚህም የሚያቀርቡት <u>የኳንተም ውዥቀት (Quantum fluctuat ion)</u> እና <u>የዘላለማዊ ዩኒቨርስ</u> ሃሳቦችን ነው። ነገር ግን እነዚህ ሁለቱም ጥያቄውን ፈጽሞ እንደማይመልሱ እንይ፤

<u>**የኳንተም ውዥቀት (Quantum fluctuation)**</u> - የኳንተም ውዥቀት (Quantum fluctuation) ፥ የፓርቲክልና የጸረ-ፓርቲክል ጥንዶች ከኳንተም ዎና (Quantum vacuum) ውስጥ ለቅስበት ያህል ጊዜ እየዘለሉ እንደሚወጡና ነገር ግን ወዲያውኑ ተመልሰው እንደሚጠፉ የሚገልጽ የዘመናዊው የኳንተም መካኒክስ (ፊዚክስ) ሃሳብ ነው። ኢነርጂና ጊዜ በፍጹም ትክክለኝነት ሁለቱም በአንድ ጊዜ ሊለኩ እንደማይቻሉ የሚገልጸው የኳንተም መካኒክስ የ ኢ-ርግጠኝነት መርህ (uncertainty principle) ፥ ኳንተም ዎና ውስጥ ያሉ እውን ያልሆኑ ፓርቲክሎች (virtual particles) የፓርቲክልና የጸረ-ፓርቲክል ጥንዶች እንደሚፈጠሩ ይገልጻል።

በዚህ የኳንተም መካኒክስ (Quantum Mechanics) ሃሳብ ላይ ችግር የለም። በኳንተም ዎና (quantum vacuum) ውስጥ እውን ያልሆኑ ፓርቲክሎች (virtual particles) ስለመኖራቸው የኤክስፐርመንት ማረጋገጫዎች አሉ። እዚህ ጋ ግን ችግሩ፥ ይህን የኳንተም መካኒክስ ሃሳብ ለዩኒቨርስና ለጠቅላላ ቁስአካላትና ኢነርጂ መገኛ ምንጭነት ለማዋል መሞከር ሎጂካው ስህተት ያለው መሆኑ ነው።

አንደኛ፥ የኳንተም ውዥቀት ቲዎሪ የወጣውና የሚሰራው በዩኒቨርስ ውስጥ ባለ በኳንተም ዎና ውስጥ እንጂ፥ ከዩኒቨርስ መገኘት በፊት በነበረ ፍጹም ባዶነት (emptiness) ውስጥ አይደለም። የኳንተም ዎና (Quantum vacuum) ፍጹም ባዶነት ሳይሆን፥ በውስጥ ገና ያተገለጡ ፓርቲክሎች በኢነርጂ መልክ የሞሉበት የዩኒቨርስ ክፍል የሆነ ዎና ነው። የዩኒቨርስን አመጣጥ ለመግለጽ የራሱን የዩኒቨርስን ክፍል እንደ ምንጭ አድርጎ መጠቀም ሎጂካዊ ስህተት ነው።

ህዋ-ጊዜ (space-time) የዩኒቨርስ ክፍል እንደመሆናቸው ከዩኒቨርስ መፈጠር በፊት ሊኖሩ አይችሉም። ከዩኒቨርስ ተነጥሎ አስቀድሞ የነበረ ህዋና ጊዜ የለም። እነዚህ ከዩኒቨርስ ጋር ወደ መኖር የመጡ ናቸው። ይህ ማለት ከዩኒቨርስ መገኘት በፊት የኳንተም ውዥቀት የሚፈጸምበት ህዋ-ጊዜ (space-time) ሊኖር አይችልም።

ፊዚስቱ ዶ/ር ሐርትኔትና ባልደረባው እንዲህ ይላሉ፤

> "ዛሬ እውን ያልሆኑ ፓርቲክሎች (virtual particles) የሚታዩት በዎና ቦታ ውስጥ ነው። በቀደምቱ ሲንጉላሪቲ ውስጥ ግን ቦታ አልነበረም፤ [የኳንተም] ዎናም እንዲሁ።" - *Williams, A., and Hartnett J., Dismantling the Big Bang, Master Books, Arizona, 2005, p. 120.*

ታዋቂው ኢቮሉሽናዊ ፊዚስት ፓውል ዴቪስም በተመሳሳይ እንዲህ ይላል፤

> "ቢግባንግ የህዋንና የጊዜ እንዲሁም የቁስአካልና የኢነርጂ መገኛን የሚወክል ነው። ይህ ማለት ጊዜ ራሱ ወደመኖር የመጣው ከቢግባንግ ጋር ነው [ህዋም እንዲሁ]። " - *Paul Davies, 'Science, God and the Laws of the Universe', ABC Radio 24 Hours, August 1992, p. 36–39. (ቅንፉ ተጨማሪ ነው።)*

የኳንተም ዎና በውስጡ ከያዛቸው እውን ያልሆኑ ፓርቲክሎች (virtual particles) ጋር ከዩኒቨርስ ጋር አብሮ የመጣ ስለሆነ፥ከዩኒቨርስ መገኘት በፊት እውን ያልሆኑ ፓርቲክሎችም (virtual particles) ሆኑ የኳንተም ውዥቀት (Quantum fluctuation) የሚያደርጉበት ቦታና ጊዜ ሊኖሩ አይችሉም።

ዴቪድ ዳርሊንግ በ New Scientist መጽሔት ላይ፥ቁስ-አካላት እና ኢነርጂ ያለምንም ነገር ከምንም ነገር ራሳቸውን ፈጥረው ሊመጡ እንደማይችሉ እንዲህ ሲል ይገልፃል፤

> "ትልቁ ጥያቄ ምንድነው? ትልቁ ጥያቄ፥የሆነን ነገር ከምንም ነገር እንዴት አገኘህ? የሚለው ነው። እዚህ ላይ ኮስሞሎጂስቶች እንዲያሞኙህ አትፍቀድ። ራሳቸውንና ሌሎቹን ለማሳመን ጥሩ ሥራ እስከሰሩ ድረስ ምንም ፍንጭ ያላገኙ መሆናቸው በእውነት ያ ምንም ችግር አይደለም (ለነሱ)። በመጀመሪያ ምንም ነገር አልነበረም ይላሉ፤ ጊዜም የለም፤ህዋም የለም፤ቁስአካል ወይም ኢነርጂም የለም። ከዚያ የኳንተም ውዥቀት (quantum fluctuation) ነበር። ከዚያም. . . ዋው! በትክክል እዚህ ጋ አቁም። ምን እንዳልኩ ገብቶሃል? . . . ከዚያ ምንም ሳታውቀው በመቶ ቢሊዮን የሚቆጠሩ ጋላክሲዎችን ከኳንተም ባርኔጣቸው ውስጥ መዘው ያወጡልሃል።" - *David Darling, On Creating Something from Nothing, New Scientist 151 (1996): 49.*

በሁለተኛም፥ ጠቅላላ የዩኒቨርስ ህጎች (የኳንተምንም ጨምሮ) ከዩኒቨርስ ጋር አብረው የመጡ እንደመሆናቸው ከዩኒቨርስ መገኘት በፊት የኳንተም ህጎች ሊኖሩ አይችሉም። ይህን ተከትሎም፥ ከዩኒቨርስ በፊት የኳንተም ውዥቀት (Quantum fluctuation)

ሊኖር አይችልም - የኳንተም ውዥቀት የሚኖረው የኳንተም ህግ ሲኖር ብቻ ስለሆነ።

የምዕራብ አውስትራሊያ ዩኒቨርስቲ የፊዚክስ ዲፓርትመንት ዶክተር ጆን ሃርትነት እና ባልደረባው ሳይንቲስት አሌክስ ዊሊያም እንዲህ ይላሉ፤

> ". . . ዩኒቨርስ ከኳንተም ውዥቀት ባልበለጠ ነገር ከባዶ ዎና ውስጥ ፈንድታ ወደ መኖር መምጣት ትችላለች ማለት ነው? አንዳንድ ሰዎች እንደዛ እንደሆነ ያስባሉ፤ ምንም እንኳን [ይህ እንዲሆን] የኳንተም መካኒክስ ህጎች አስቀድመውም የነበሩ መሆን እንደሚገባቸው የረሱት ቢመስልም፤በዚህ ማንም ሰው ዩኒቨርስ ራሷን 'ከምንም ነገር' ፈጥራለች ብሎ መናገር አይችልም።" - *Williams, A., and Hartnett J., Dismantling the Big Bang, Master Books, Arizona, 2005, p. 120.*

ከምንም ባዶነት ውስጥ ሕዋና ኢነርጂ/ቁስአካላት ራሳቸውን በራሳቸው ፈጥረው በድንገት እንደተገኙ የሚገልጽ ቲዎሪ፥ከመጽሐፍ ቅዱሱ የዘፍጥረት ገለጻ ይበልጥ ትልቅ እምነትን የሚሻ ሃሳብ ነው።

<u>ዘላለማዊ ዩኒቨርስ</u> - ኢቮሉሽናዊ ኮስሞሎጂስቶች የጅማሬን ችግር ለመፍታት የሚያቀርቡት ሁለተኛው ገለጻ፥ ዩኒቨርስ ዘላለማዊ መሆኗንና ጅማሬ የሌላት መሆኗን የሚገልጽ ነው። ነገር ግን ሁለተኛው የቴርሞዳይናሚክስ ሕግና የኳንተም ሕግ የዩኒቨርስ ዘላለማዊነት የማይቻል መሆኑንና ጅማሬ ሊኖራት እንደሚገባ ያሳዩናል። ይህን በዚህ ምዕራፍ መጨረሻ አካባቢ "ሌሎች ተፎካካሪ ኮስሞሎጂያዊ ሞዴሎች" በሚለው ቁጥር ውስጥ "የዘላለማዊ ዩኒቨርስ ሞዴሎች" በሚለው ርእስ ውስጥ ዘርዘር አርገን እናየዋለን።

(2) <u>ግዙፍ መዋቅሮች (ጋላክሲዎችና ልዕለ-ክምችቶች) መኖር አልነበረባቸውም</u> - ዩኒቨርስ በግዙፍ ልዕለ-ክምችቶች (superclusters) እና በሰፋፊ ባዶ ቦታዎች የተሞላች ናት። በርካታ ጋላክሲዎች በቡድን እየሆኑ የጋላክሲዎች ክምችት (clusters) ሰርተው ይታያሉ፤ በርካታ ክምችቶችም አንድ ላይ በግዙፍ ልዕለ-ክምችቶች (super-clusters) ተደራጅተው ይገኛሉ። ለምሳሌ በ 1989 ዓ.ም የተገኙት "Great Wall" በመባል የሚታወቁት ልዕለ-ክምችቶች (super-clusters) አንደኞቹ ናቸው። እነዚህ በጋላክሲዎች የተገነቡ ግድግዳዎች 500 ሚሊዮን የብርሃን-ዓመት ርዝመት፣300 ሚሊዮን የብርሃን-ዓመት ውርድና 16 ሚሊዮን የብርሃን-ዓመት ውፍረት ያላቸው እጅግ ግዙፎች ናቸው። በአንጻሩም ምንም ነገር የሌለባቸው እጅግ ሰፋፊ ባዶ ቦታዎች በነዚህ መካከል ይታያሉ።

የቢግባንግ ሞዴል፥በጥንቷ ዩኒቨርስ ውስጥ በአንዳንድ ቦታዎች ላይ የተፈጠሩ የእፍጋት ልዩነቶች ለኮከቦችና ለጋላክሲዎች መፈጠር ዘር እንደሆኑ ይገልጻል። ነገር ግን በቀድሞ ጊዜ የእፍጋት ውዥቀት (density fluctuations) እንደነበር የሚያሳይ ማስረጃ ተደርጎ

የቀረበው የማይክሮዌቭ ዳራ ጨረር ልዩነት በዩኒቨርስ ውስጥ የምናያቸውን እጅግ ግዙፍ መዋቅሮች ማስገኘት የማይችል እጅግ አነስተኛ ሆኖ ተገኝቷል።

በሳተላይት የተለካው የእፍጋት ልዩነትን የሚጠቁመው የዳራ ጨረር የቴምፕሬቸር ውኅርቀት /ልዩነት/ ከመቶ ሺህዎች ውስጥ አንድ ክፍል ላይ የሚያታይ የአንድ ዲግሪ 70 ሚሊየነኛ ኬልቪን (0.00007 ኬልቪን) የቴምፕሬቸር ልዩነት ነው። ይህ በ 100,000 ክፍሎች ውስጥ አንድ ክፍል ላይ የሚታየው 70 ሚሊየነኛ ኬልቪን (70 μK) የቴምፕሬቸር ልዩነት ለከዋክብትና ለጋላክሲዎች ምስረታ በቂ የሆነ የእፍጋት ውኅርቀት የሚያስገኝ እንዳልሆነ ወይም ማስረጃ ሆኖ ሊቀርብ የሚችል እንዳልሆነ ብዙዎች ይገልጻሉ።

> “በኮስማዊ ማይክሮዌቭ ዳራ ጨረር የእፍጋት ውኅርቀት ላይ በቅርቡ የተደረገ ምርምራ ከ 100,000 ውስጥ ከ 2.5 የበለጠ ውኅርቀት ሊገኝ አልተቻለም። በዚህ ዝቅተኛ ውኅርቀት በ 15 ቢሊዮን ዓመታት ሊያድግ የሚችል ጋላክሲ አይኖርም።” - *William R. Corliss, Stars, Galaxies, Cosmos, p.185.*

በሌላ አባባል፥ቢግባንግ እነዚህን የተደራጁ ግዙፍ መዋቅሮች ሊያስገኝ አይችልም።

ሆርጋንም ይህን በአጭሩ አስቀምጦታል፤

> “ቲዎሪስቶቹ በተለይ ከኮስማዊ ዳራ ጨረር ዓይነተ አንድነት (uniformity) ጋር በሚጋጩት - እየጨመሩ በመጡት የዩኒቨርስን የግዙፍ አካላት መዋቅር ዓይነተ ልይዩነትን በሚያሳዩ መረጃዎች ተረብሸዋል።” - *Horgan,"Big-Bang Bashers,"in Scientific American, September 1987, pp. 22.*

(ስለ ኮስማዊ ዳራ ጨረር ወደታች ለብቻው እናያለን።)

በተጨማሪም ዘመናዊው ኮስሞሎጂ ካስቀመጠው ገደብ በላይ የገዘፉ፥በቅርብ የተገኙ መዋቅሮችም አሉ። ኢቮሉሽኒስት ኮስሞሎጂስቶች፥ በዘመናዊው ኮስሞሎጂ ቲዎሪያቸው ላይ በመመስረት ራሳቸው ያወጡት ሊሆን የሚችል የግዙፍ አካላት መጠን አለ። ይህም 1.2 ቢሊዮን የብርሃን ዓመት ርዝመት ነው። ነገር ግን ከዚህ ገደብ በላይ የገዘፉ መዋቅሮች በቅርቡ ተገኝተዋል። ሪከርድ የሰበረ እጅግ ግዙፍ መዋቅር በጃንዋሪ 2013 ዓ.ም በአንድ ዓለም አቀፍ የምርምር ቡድን ተገኝቷል። ይህ 4 ቢሊዮን የብርሃን-ዓመት ርዝመት ያለው የዩኒቨርሳችን እጅግ ግዙፉ መዋቅር፥የኲዋሳሮች[3] (quasars) ክምችት ነው። ይህ ግዙፍ መዋቅር፥ይህን ዓይነት ግዝፈት መኖር እንደሌለበት የሚገልጸውን ዘመናዊው ኮስሞሎጂ ውድቅ የሚያደርግ ነው። በኮስሞሎጂያዊ መርህና (cosmological principle)

---

[3] ኲዋሳር (quasar) - ከፍተኛ ድምቀት ያለውና ከፍተኛ ኢነርጂ የሚለቅ ከባድ ብላክሆልን የከበበ ጥቅጥቅ ያለ የጋላክሲ ማእከል እንደሆነ ይታሰባል።

በዘመናዊው ኮስሞሎጂያዊ ቲዎሪ መሰረት የማቲማቲክስ ስሌቶች ከ 370 Mpc[4] (ከ 1.2 ቢሊዮን የብርሃን ዓመት) በላይ የረዘሙ መዋቅሮች መኖር እንደሌለባቸው ያሳያሉ፤ ይህ አዲስ የተገኘው ግዙፍ መዋቅር ግን ከዚህ ከ ሶስት ጊዜ እጥፍ በላይ የገዘፈ ነው። እንደዚህ ዓይነት እጅግ ግዙፍ የቁስአካላት ክምችት በዩኒቨርስ ውስጥ የመገኘታቸው እውነት፥ ዩኒቨርስ ይህን ያህል ያበጠ ክፍል ሊኖራት እንደማይገባ የሚገልጸውን የዘመናዊውን ቢግባንግ ኮስሞሎጂን የሚቃረን ነው።

National Geographic ዜናውን እንዲህ በሚል ርእስ ነበር ያወጣው "በአጽናፈዓለም ውስጥ የተገኘው ትልቁ ነገር፥ሳይንሳዊ ቲዎሪን አላከብር ብሏል" (Biggest Thing in Universe Found—Defies Scientific Theory.)

(እዚህ ጋ National Geographic ሳይንሳዊ ቲዎሪ ብሎ የጠቀሰው ቢግባንግ ቲዎሪን ነው - ሌሎች ሳይንሳዊ ቲዎሪዎችን አይደለም።)

የእንግሊዙ የሴንትራል ላንካሻየር ዩኒቨርስቲ አስትሮኖመር ሮገር ክሎውስ እንዲህ ብሏል፤

> "ይህ በአሁኑ ጊዜ ላለን መረዳት፥ ፈተና የሚጋርጥ ነው፤አሁን ከመፍትሄ ይልቅ ሚስጥርን ፈጥሮብናል።" - *Roger Clowes, National Geographic January 11, 2013*

የሎስቫይል ዩኒቨርስቲ አስትሮኖመር ጄራርድ ዊልገር እንዲህ ሲል አምኗል፤

> "ይህ መዋቅር ከቢግባንግ በኋላ በዩኒቨርስ ውስጥ እንደተመሰረቱ ከጠበቅነው የሚበልጥ ትልቅ ነው።" - *Gerard Williger, National Geographic January 11, 2013*

እነዚህ አገላለጾች በግልጽ ቋንቋ ስናውቀምጣቸው እንዲህ ነው የሚሉት - ቢግባንግ እነዚህን መዋቅሮች መሥራት አይችልም!

ይህ ግዙፍ የ 73 ኩዋሳሮች ክምችት መዋቅር በአነስታይን አጠቃላይ ንጽጽራዊነት ቲዎሪ ላይ የተመሰረተውን - ዩኒቨርስን በትልቅ ደረጃ ከየትም ስፍራ ሆነን ብናያት፥ አንድ ዓይነት ሆና እንደምትታየን የሚገልጸውን ኮስሞሎጂያዊ መርህን (cosmological principle) የሚቃረን ነው።

ቢግባንግ በእርግጥ ተፈጽሞ ቢሆን ኖሮና፥ ፓርቲክሎች ራሳቸውን ፈጥረው መጥተዋል ብለን ብንወስድ እንኳን፥በፍጥነት በምትሰፋዋ የቢግባንጓ ዩኒቨርስ ውስጥ ከሞቃት ጋዞች ልንጠብቅ የምንችላው፥ እየተራራቁና እየተበታተኑ የሚሄዱ ፓርቲክሎችን ነው፤ ግዙፍ

---

[4] አንድ Mpc ማለት 3.26 ሚሊዮን የብርሃን-ዓመት ርቀት ነው።

መዋቅሮችን አይደለም።

የቨርጂኒያ የጆርጅ ማሶን ዩኒቨርሰቲው የፊዚክስ ፕሮፌሰር ዶ/ር ጀምስ ትሪፍል የቢግባንግ ሞዴልን ይቀበላል፤ነገር ግን መሠረታዊ ችግር መኖሩን አምኗል፤

> "እዚያ ጋላክሲዎች ፈጽሞ መኖር አልነበረባቸውም፤ ጋላክሲዎች ቢኖሩ እንኳን አሁን እንደሆኑት አንድ ላይ በቡድን መሰባሰብ አልነበረባቸውም . . . የጋላክሲዎች መኖር ገለጻ ችግር ኮስሞሎጂው ውስጥ እጅግ እሾኻማ የሆነው ችግር ነው። በሁሉም መንገድ እዚያ ፈጽሞ መኖር አልነበረባቸውም፤ነገር ግን እዚያ ቁጭ ብለው አሉ።" - *J. Trefil, The Dark Side of the Universe (New York: Macmillan Publishing Company, 1988), p. 3 and 55;*

(3) <u>የፀረ-ቁስአካላት አለመኖር፤</u> - ኢነርጂ ወደ ቁስአካል መለወጥ እንደሚችል በፊዚክስ ይታወቃል። ይሁንና ማንኛውም ከከፍተኛ ኢነርጂ ቁስአካላትን (matter) የሚያስገኝ ሂደት፥ እኩል ቁጥር ያላቸው ጸረ-ቁስአካላትንም (anti-matter) አብሮ ያስገኛል። ዛሬ በትላልቅ የፊዚክስ ላቦራቶሪዎች ውስጥ እየሆነ ያለው ይህ ነው፤ሁልጊዜም ከከፍተኛ ኢነርጂ የሚፈጠሩት፥እኩል ብዛት ያላቸው ፓርቲክሎችና ጸረ-ፓርቲክሎች ናቸው። ለእያንዳንዱ ከኢነርጂ ለሚፈጠር ፓርቲክል፥ አብሮ የሚፈጠር አንድ ጸረ-ፓርቲክል አለ።

እንደ ቢግባንግ ቲዎሪ፥ የዩኒቨርስ ቁስአካላት ከኢነርጂ የተገኙ ከሆነ፥በሚታወቀው በዚህ ሳይንስ መሠረት በቢግባንግ ወቅት እኩል ቁጥር ያላቸው ቁስአካላትና ጸረ-ቁስአካላት መገኘት አለባቸው። ከዚያም፥ወይ ወዲያውኑ እርስ በርስ ተጠፋፍተው ምንም የሚተርፍ ቁስአካል መኖር የለበትም፤ ወይም ደግሞ እኩል ቁጥር ያላቸው ጸረ-ቁስአካላት ዛሬ የሆነ ቦታ መኖር አለባቸው። ነገር ግን በዩኒቨርስ ውስጥ እስካሁን ሊገኙ የቻሉት እጅግ እጅግ ጥቂት ጸረ-ቁስአካላት ብቻ ናቸው[5]። የቢግባንግ ቲዎሪ አንዱ ችግር፥ዩኒቨርስ ለምን በቁስአካላት ልትሞላ እንደቻለች በአጥጋቢ ሁኔታ መግለጽ አለመቻሉ ነው።

በ 1928 ዓ.ም የካምብሬጁ ማቲማቲሺያንና ኳንተም ፊዚስት ፓውል ዳይራክ፥ በሁሉ ነገሩ ከኤሌክትሮን ጋር ተመሳሳይ የሆነ፥ነገር ግን ቻርጁ ፖዘቲቭ የሆነ አዲስ ዓይነት አቶሚክ ፓርቲክል ሳይኖር እንደማይቀር ከኳንተም ማቲማቲክስ ስሌት በመነሳት ተንብዮ ነበር። በ 1932 ዓ.ም የካሊፎርኒያ ቴክኖሎጂ ኢንስቲትዩት (Caltech) ፊዚስት ካርል ዲ. አንደርሰን፥በከላውድ ቻምበር ውስጥ ኮስሚክ ጨረርን ሲፈልግ ይህን የተባለውን አዲስ

---

[5] በአሁኑ ጊዜ በህዋ ውስጥ የባለ ከፍተኛ ኢነርጂ ፓርቲክሎች (high-energy particle collisions) ግጭት ባለበት ስፍራ ሁሉ ጸረ-ፓርቲክሎች እንደሚፈጠሩ ይታወቃል። ለምሳሌ ባለ ከፍተኛ ኢነርጂ ኮስሚክ ጨረር ከመሬት አትሞስፌር ጋር ሲጋጭ አነስተኛ መጠን ያላቸው ጸረ-ፓርቲክሎች እንደሚፈጠሩና ነገር ግን ወዲያውኑ አጠገባቸው ካለ ቁስአካል ጋር እየተነካኩ እንደሚጠፋፉ ይታወቃል። በተመሳሳይ የሚልኪዌይና የሌሎች ጋላክሲዎች ማዕከል ላይም ሳይፈጠሩ እንደማይቀር ይገመታል።

ምዕራፍ 1 የዩኒቨርስ አመጣጥና እድገት ቲዎሪ ችግሮች

ፓርቲክል ለመጀመሪያ ጊዜ አገኘው። አንደርሰን "positron" የሚል ስያሜ አወጣለት። ይህ ለመጀመሪያ ጊዜ የተገኘ ጸረ-ቁስአካል ሲሆን፥ ከዚያ ጊዜ ጀምሮ ተመራማሪዎች በፓርቲክሎች (ኤሌክትሮን፣ፕሩቶን...ወዘተ) ማሽምጠጫ አክስሌተሮች ውስጥ አተሞችን እየከፈሉ ፓርቲክሎችን ባገኙ ቁጥር፥እኩል ቁጥር ያላቸው ጸረ-ፓርቲክሎችም አብረው እንደሚገኙ ተረዱ። ምንም እንኳን በላቦራቶሪዎች ውስጥ ሁልጊዜም እኩል ቁጥር ያላቸው ቁስአካላትና ጸረ-ቁስአካላት አብረው የሚገኙ ቢሆንም፥ ከላቦራቶሪዎች ውጭ ግን - በምድራችንና በዩኒቨርስ ውስጥ የምናገኘው ከሞላ ጎደል ቁስአካላት ብቻ የመሆኑ ሚስጥር የኒውኩለር ተመራማሪዎችን አስደንቋል።

> "ቁስአካላትና ጸረ-ቁስአካላት ኤሌክትሮማግኔቲክ ቻርጃቸው ተቃራኒ ከመሆኑ በቀር ሁለቱም አንድ ዓይነት አካላት በመሆናቸው አንደኛቸውን የሚያስገኝ ማንኛውም ኃይል [ቢግባንግ] ሌላኛውንም በእኩል ቁጥር ማስገኘት አለበት፤ዩኒቨርስም እኩል ቁጥር ባላቸው በሁለቱም የተገነባች መሆን አለባት። ሁኔታው አስቸጋሪ ነው፤ ቲዎሪው እዚያ ጸረ-ቁስአካላት [በእኩል ቁጥር] መኖር እንዳለባቸው ይነግረናል፤ ምልከታዎች ግን ይህን ለመደገፍ እምቢይ ብለዋል።" - *Isaac Asimov, Asimov's New Guide to Science, p. 343.*

ጸረ-ፓርቲክል፥የሹረት (spin) አቅጣጫው የተገለበጠ መደበኛ ፓርቲክል ነው። በዚህም ምክንያት የደቡቡ ማግኔታዊ ዋልታው ወደታች ሳይሆን ወደ ላይ ነው - ማለትም ቻርጁ ከመደበኛው ፓርቲክል ተቃራኒ ነው። ለምሳሌ ፕሩቶን (proton) ፖዘቲቭ ቻርጅ ያለው ሲሆን፥ጸረ-ፕሩቶን (antiproton) ግን ቻርጁ ኔጋቲቭ ነው። በተመሳሳይ ኤሌክትሮን (electron) ኔጋቲቭ ቻርጅ ሲሆን፥ positron (ጸረ-ኤሌክትሮን) ግን ፖዘቲቭ ቻርጅ ነው። ጸረ-ሃይድሮጂን ኑክለሱ ውስጥ ጸረ-ፕሩቶን (ኔጋቲቭ ቻርጅ) እና ዙሪያውን የሚሽከረከር ፖሲትሮን (ፖዘቲቭ ቻርጅ) አለ።

ፓርቲክሎችና ጸረ-ፓርቲክሎች በላቦራቶሪ ውስጥ ሲፈጠሩ፥ወዲያውኑ ወደ አንድ ቦታ በመምጣት ይገናኝና ሁለቱም እርስ በርስ ተጠፋፍተው በምትካቸው ከፍተኛ መጠን ያለው የጨረር ኢነርጂ (γ-ray) ይለቀቃል። ጄኔቭ በሚገኘው CERN/LHC ላቦራቶሪ ውስጥ በአፕሪል 2011 ዓ.ም በተደረገበት ሙከራ፥ሳይንቲስቶች በልዩ ዓይነት ዘዴ የፓርቲክል/ጸረ-ፓርቲክል ጥንዶች ለ 17 ደቂቃ ያህል ሳይጠፉፉ ሊያቆዩ የቻሉ ሲሆን፥ይህም ሪከርድ የሰበረ ረጅም ቆይታ መሆኑ ተገልጿል። በቲዎሪያዊው ቢግባንግ ወቅት ግን፥ይህን ያህል ጊዜ እንኳን ሳይጠፉፉ ሊያቆያቸው የሚችል ልዩ ዓይነት ዘዴ የሚያዘጋጅ ሰው የለም።

"በመጨረሻ ወሳኝ የሚመስለው ነገር፤በዩኒቨርስ ጅማሬ ወቅት ቁስአካላት

> ከጸረ-ቁስአካላት እንዴት ራሳቸውን ለይተው በተለያየ ቦታ ሊሆኑ እንደቻሉ መገመት አስቸጋሪ መሆኑ ነው። ይልቁንም የሚመስለው በየቦታው ወዲያውኑ እርስ በርስ መጠፋፋት ያለባቸው መሆኑ ነው።" - *F. Wilczek, "The Cosmic Asymmetry between Matter and Antimatter," in Scientific American, December 1980, pp. 82-83.*

የፓርቲክል ፊዚክስ መደበኛውም ሞዴል (standard model) እና አጠቃላይ ንጽጽራዊነት ቲዎሪ (general relativity)፥ ለዚህ ችግር በቂ ገለጻ ማቅረብ አልቻሉም። የቢግባንግ ቲዎሪስቶች ይህን ችግር ለመፍታት፥ በሆነ ዓይነት ኢሚዛናዊነት (asymmetry) አብዛኞቹ ጸረ-ፓርቲክሎች ጠፍተው አብዛኞቹ ቁስአካላት ሳይተርፉ እንዳልቀረ የሚገልጹ የተለያዩ ዓይነት የመፍትሄ ሃሳቦች አውጥተዋል።

ነገር ግን ይህ ኢሚዛናዊነት (asymmetry) በእርግጥ ተከስቶ የነበረ ለመሆኑ ሳይንሳዊ ማረጋገጫ የለም። በተጨማሪም ኢሚዛናዊነቱን ምን ፈጠረው? ለምን ተፈጠረ? እንዴት ተፈጠረ? ለሚሉ ጥያቄዎች መልስ የለም። ይህ የባርዮን ኢሚዛናዊነት (baryon asymmetry) ችግር በመባል ይታወቃል።

Wikipedia ሚዛናዊነቱ የተጣሰበት እና የባርዮን ኢሚዛናዊነት የተፈጠረበት አሠራሩ የማይታወቅ ሚስጥራዊ መሆኑን እንዲህ ሲል ገልጾታል፤

> ". . . በባርዮጄኔሲስ ወቅት፥ይህ (የሲፒ-ሚዛናዊነት) ጥሰት የተፈጸመበት ትክክለኛ መንገድ፥ሚስጥር እንደሆነ አለ (The exact mechanism of this violation during baryogenesis remains a mystery)" - *Wikipedia (Antimatter) 2015*

ይህን ችግር ለመፍታት ከቀረቡ ከተለያዩ የመፍትሄ ገለጻዎች መካከል ዋነኛው፥የ ሲፒ-ሚዛናዊነት መጣስ (violating CP symmetry) በመባል የሚታወቀው ነው። ሲፒ-ሚዛናዊነት፥ የሁለት ሚዛናዊነቶች ውጤት ነው፤ ፓርቲክልን ወደ ጸረ-ፓርትክሉ የሚለውጠው የ C ሚዛናዊነት እና ቀኝና ግራን በመቀያየር የመስታወት ምስል የሚፈጥረው የ P ሚዛናዊነት። አንድ ፓርቲክል ከጸረ-ፓርቲክሉ ጋር ቢለዋወጥ (C ሲሜትሪ) እና ግራና ቀኝ ቢቀያየር (P ሲሜትሪ) ፥የፊዚክስ ሕጎች አንድ ዓይነት መሆን እንዳለባቸው ሲፒ-ሚዛናዊነት (CP-symmetry) ይገልጻል።

በላቦራቶሪ ኤክስፐርመንቶች ማወቅ እንደተቻለው፥ በጠንካራ ኢንተርአክሽን (strong interactions) እና በኤሌክትሮማግኔቲክ ኢንተርአክሽን ላይ ሲፒ ሚዛናዊነቱ የተጠበቀ ነው (CP-symmetry አይጣስም) - ማለትም ሊገኙ የሚችሉ የፓርቲክሎችና የጸረ-ፓርቲክሎች ብዛት ሁልጊዜም እኩል ነው። ነገር ግን በተወሰኑ ዓይነት ደካማ

ኢንተርአክሽኖች ወይም ፍርሰቶች (weak force) ወቅት፥ይህ ሲሜትሪ እጅግ በትንሹ ይጣሳል። በ 2010 ዓ.ም ሳይንቲስቶች በ Fermi National Acclerator Laboratory ውስጥ፥ B-mesons ኤለመንተሪ ፓርቲክሎች በትንሹ ከ anti-muons ይልቅ ወደ muons የመፍረስ አዝማሚያ ማሳየታቸውን ተመልክተዋል። በ 2011 ዓ.ም በ CERN (LHC) ላቦራቶሪ ውስጥ፥ በ ዲ ሜሶኖች ፍርሰት የ ሲፒ-ሚዛናዊነት መጣስን የሚጠቁም ፍንጭ መታየቱ ሪፖርት ተደርጓል።

ነገር ግን በደካማ ኢንተርአክሽኖች የሚፈጠር የሲሜትሪ መጣስ፥ዩኒቨርስን የሞሉትን እጅግ የተትረፈረፈ ብልጫ ያላቸውን ፓርቲክሎች ለመግለጽ በቂ አለመሆኑንና ከሚፈለገው እጅግ እጅግ ኢምንት የሚባል መሆኑ ተረጋግጧል - በምትታየዋ ዩኒቨርስ ውስጥ ካሉ ከመቶ ቢሊዮን ጋላክሲዎች ውስጥ ለአንዷት ጋላክሲ ብቻ የሚሆን ቁስአካል የሚያስገኝ የ ሲፒ-ሚዛናዊነት ጥሰት መሆኑ ታውቋል።

በአሁኑ ጊዜ የምናየውን የዩኒቨርስን የፓርቲክልና የጸረ-ፓርቲክል አለመመጣጠን (ማለትም እጅግ የተትረፈረፉ ፓርቲክሎች መኖር) ለመግለጽ የሚያስፈልገው፥ በጠንካራ ኢንተርአክሽን (strong interactions) ወቅት የሚፈጸም የ ሲፒ-ሚዛናዊነት መጣስ ነው።

ነገር ግን በጠንካራ ኢንተርአክሽን ወቅት (ማለትም በኳንተም ክሮሞዳይናሚክስ)፥ የ ሲፒ-ሚዛናዊነት (CP-symmetry) መጣስን የሚያሳይ የኤክስፐርመንት ማስረጃ ሊገኝ አልተቻለም፤ይህ ለምን እንደሆነም የሚታወቅ ምክንያት የለም። ኤክስፐርመንቶች በኳንተም ክሮሞዳይናሚክስ ላይ ምንም ዓይነት የ ሲፒ-ሚዛናዊነት መጣስን አያሳዩም። ይህ የ ሲፒ-ሚዛናዊነት ትልቁ ችግር ነው። የኦክስፎርድ ዩኒቨርስቲው ፍራንክ ክሎስ እንዲህ ብሏል፤ "ስራውን ለመስራት በቂ የ ሲፒ-ጥሰት (CP violation) የለም።"

ይህን የ ሲፒ-ሚዛናዊነት ችግር ለመፍታት በቲዎሪ ደረጃ የቀረቡ የተለያዩ የመፍትሄ ሃሳቦች ቢኖሩም፥ ነገር ግን በኤክስፐርመንት ሊረጋገጡ የተቻሉ አይደሉም። ከእነዚህ መካከል Peccei–Quinn theory እና two time dimensions በመባል የሚታወቁ ይገኙበታል።

እዚህ ጋ አንድ ጠቃሚ ነጥብ እናንሳ፤ በጠንካራ ኢንተርአክሽን (strong interactions) ወቅት የሲፒ-ሚዛናዊነት የሚጣስ መሆኑ በላቦራቶሪ ኤክስፐርመንት ማረጋገጥ ቢቻል እንኳን (ነገር ግን እስካሁን አልተቻለም) ፥ ይህ በራሱ በቢግባንግ ወቅት በዚያ ዓይነት የቁስአካላትና ጸረ-ቁስአካላት አለመመጣጠን ተፈጥሮ የነበረ መሆኑን ሊያረጋግጥልን አይችልም። የኤክስፐርመንት ውጤቱ ሊያሳየን የሚችለው፥ በጠንካራ ኢንተርአክሽን ወቅት የ ሲፒ-ሚዛናዊነት ሊጣስና የቁስአካላትና ጸረ-ቁስአካላት አለመመጣጠን ሊፈጠር

የሚቻል መሆኑን ብቻ ነው። ኤክስፐርመንቱ ከዚህ ያለፈ ሊነግረን አይችልም። የኤክስፐርመንት ውጤቱ፥ቢግባንግ የሚባል ነገር እንደነበርና ያኔ የ ሲፒ-ሚዛናዊነት ተጥሶ እንደነበር የሚያረጋግጥልን ወይም የሚነግረን ምንም ነገር የለም። ይህ ሊረጋገጥ በማይቻል እሳቤ ወይም እምንታ (assumption) የሚወሰድ ብቻ ነው። ስለዚህ ምናልባት ወደፊት በላቦራቶሪዎች ውስጥ በጠንካራ ኢንተርአክሽን የ ሲፒ-ሚዛናዊነት መጣስ ማስረጃ ቢገኝ እንኳን፥አንድ ሰው፥በቢግባንግ በመጀመሪያዎቹ ጥቂት ሰከንዶች ውስጥ በዚያ አይነት ሲሜትሪ ተጥሷል ብሎ መቀበል የሚችለው፥ማረጋገጫ በሌለው እምንታ (assumption) ብቻ ነው።

ይህን ችግር ለመፍታት የቀረበ ሌላ ዓይነት ገለጻም አለ፤ ምናልባት ሁለቱ ተጻራሪ መንትዮች (ቁስአካላት እና ጸረ-ቁስአካላት) በመጀመሪያው ሰከንድ ተለያይተው ዩኒቨርስ ውስጥ እጅግ በተራራቀ ስፍራ ላይ የቁስአካላት ክልልና የጸረ-ቁስአካላት ክልል ሳይፈጥሩ አይቀርም የሚል። (እንደዛ ከሆነ፥ ችግሩ የመንትዮቹ በቁጥር አለመመጣጠ ሳይሆን፥መንትዮቹ እንዴት ተለያዩ የሚለው ይሆናል።) ነገር ግን ጸረ-ቁስአካላት ከእኛ ርቀው የሚገኙ መሆናቸውን የሚያሳይ ማስረጃ እስካሁን የለም። የሁለቱም የቁስአካልና የጸረ-ቁስአካል አተሞች የሚያመነጩት አንድ ዓይነት ፎቶን (ብርሃን) ስለሆነ፥በጸረ-ቁስአካል አተሞች የተገነቡ ጋላክሲዎችን ከሩቅ ማየት ብንችል፥ በቁስአካል አተሞች ከተገነቡ ከመደበኞቹ ጋላክሲዎች ተለይተው የሚታወቁበት ነገር የለም። ነገር ግን በጸረ-ቁስአካል የተመሰረተ የጋላክሲዎች ክልል ያለ ከሆነ፥እዚህ ድንበር ላይ እርስ በርስ ስለሚጠፋፉ፥ ከፍተኛ መጠን ያለው የጋማ ጨረር መፈጠር አለበት - ችግሩ ግን ከዚህ ዓይነት ሁኔታ የሚጠበቀውን ያህል ከፍተኛ መጠን ያለው የጋማ ጨረር እስካሁን ሊገኝ አለመቻሉ ነው።

የጸረ-ቁስአካላት አለመኖርን ችግር ለመፍታት የሚወጡ አብዛኞቹ መላምቶች፥የቁስአካላትና የጸረ-ቁስ አካላት ቁጥራቸው እኩል መሆኑ ቢቀጥል ኖሮ፥ዩኒቨርስና እኛ ልንገኝ አንችልም ከሚል በመነሳት ብቻ የሚወጡ ናቸው - ምናልባት ሌላ ዓይነት አማራጭ መፍትሄ ይኖር እንደሆን ማየት አይፈልጉም።

ነገር ግን ለዚህ መልስ የሚሆን ሌላ አማራጭ መፍትሄ አለ፤በአሁኑ ጊዜ ዩኒቨርሳችን ከጥቂት ጸረ-ቁስአካላት በስተቀር ሙሉ በሙሉ ማለት በሚያስችል ሁኔታ በቁስአካላት የተሞላች መሆኗ፥ ዩኒቨርስን የገነቡት ቁስአካላት የተገኙት ከኢነርጂ እንዳልሆነ የሚያሳይ አድርጎ መውሰድ ይቻላል፤በሌላ አባባል፥ዩኒቨርስ መጀመሪያውኑም ከቁስአካላት ብቻ እንድትገነባ የተደረገች መሆኑን የሚጠቁሙ አድርጎ መውሰድ ይቻላል።

የፊዚክስ ላቦራቶሪዎች ሁልጊዜም እኩል ቁጥር ያላቸውን ቁስአካላትና ጸረ-ቁስአካላትን ሲያስገኙ፥ ዩኒቨርስ ግን በቁስአካል እንድትሞላ ሊያደርግ የሚችል በእርግጥ ኃያሉ ፈጣሪ እግዚአብሔር ብቻ ነው!

(4) “ጽልመታዊ ቁስአካል” (dark matter) አለመገኘት - መደበኛው የቢግባንግ ሞዴል (LCDM)፥በ “ጽልመታዊ ቁስአካል” (dark matter) ላይ በከፍተኛ ሁኔታ ጥገኛ የሆነና ያለ “ጽልመታዊ ቁስአካል” የማይሰራ ቲዎሪ ነው። ነገር ግን ጽልመታዊ ቁስአካል፥ በላቦራቶሪዎች፣በጥልቅ ከርሰ-ምድርና በህዋ ውስጥ ፍተሻዎች ለ 50 ዓመታት ግድም ተፈልጎ ሊገኝ ያልተቻለና በመደበኛው ፓርቲከል ፊዚክስ የማይታወቅ ሃሳባዊ ቁስአካል ነው። (ስለ ጽልመታዊ ቁስአካል ተጨማሪ ዝርዝር ገለጻ፥በምዕራፉ መጨረሻ ላይ አፔንዲክስ ውስጥ ታገኛለህ።)

(5) የኢንፍሌሽን ቲዎሪ ችግሮች - የኮስማዊ ኢንፍሌሽን ቲዎሪ (theory of cosmic inflation) ፥ የቢግባንግ ቲዎሪን አንዳንድ ችግሮች ለመፍታት በ 1981 ዓ.ም በፊዚስቱ በአለን ጉዝ የወጣ ቲዎሪ ነው። ነገር ግን የኢንፍሌሽን ቲዎሪ ራሱም ችግሮች አሉት። የራሱን ችግሮች ከማየታችን በፊት፥በመጀመሪያ ቲዎሪው ምን እንደሚልና የትኞቹን የቢግባንግ ችግሮች ይፈታል ተብሎ እንደሚታመን ባጭሩ እንይ፤

የኢንፍሌሽን ቲዎሪ፥ከቢግባንግ በኋላ ወዲያውኑ ከአንድ ሰከንድ ላነሰ ለአጭር ቅስበት የጥንቷ ዩኒቨርስ ከብርሃን በበለጠ ፍጥነት (faster-than-light) የሰፋች መሆኗን የሚገልጽ ቲዎሪ ነው። እንደ ቲዎሪው፥ ኢንፍሌሽናዊ ዘመን (inflationary epoch) የሚባለው፥ ከቢግባንግ በኋላ በ 10^{-36} ሰከንድ ጀምሮ በ 10^{-33} እና በ 10^{-32} ሰከንዶች መካከል የተጠናቀቀ እጅግ አጭር ቅስበታዊ ጊዜ ሲሆን፥ ከኢንፍሌሽናዊ ዘመን በኋላም ዩኒቨርስ ዝግ ባለ ፍጥነት መስፋቷን ቀጥላለች።

እንደ ቲዎሪው፥በዚህ አጭር ቅስበት፥ ዩኒቨርስ ከአተም ካነሰ ስፋት ተነስታ ቢያንስ 10^{26} ጊዜ እጥፍ ስፋቷን ጨምራለች። በዚህም ቢግባንግ ቲዎሪ ሊገልጻቸው ተስኖት የነበሩ የተወሰኑ ችግሮች ሊፈቱ እንደሚችሉ ተገልጿል።

ኢንፍሌሽን መልስ እንዳስገኘላቸው ከሚታመኑ የቢግባንግ ችግሮች መካከል፤ የዝርግነት ችግር (The Flatness Problem) ፣ የባለአንድ ዋልታ መግነጢስ ችግር (The Magnetic Monopole Problem) እና የአድማስ ችግር (The Horizon Problem) ናቸው። እነዚህን ችግሮች ባጫጭሩ እንያቸው፤

1) ዩኒቨርስ ለምን ዝርግ ሆነች? ጂኦሜትሪዋ ለምን ዩክሊዲያን (Euclidean) ሆነ? የምናየው ይህን ዓይነት ዩኒቨርስ ነው። ነገር ግን እንዲህ እንዲሆን በቂ ምክንያት የለም። ይህ የዝርግነት ችግር (flatness problem) በመባል ይታወቃል።

2) በቀድሞዋ የቢግባንግ ‘ዩኒቨርስ’ ባለ አንድ ዋልታ ማግኔት (magnetic monopoles) መኖር እንዳለባቸው ግራንድ ዩኒፋይድ ቲዎሪ (Grand Unified Theory - GUT) ይተነብያል። ነገር ግን የሉም፤ባለ አንድ ዋልታ ማግኔት እስካሁን ሊገኝ አልተቻለም። ይህ የባለ አንድ ዋልታ ማግኔት ችግር (Magnetic monopoles

problem) በመባል ይታወቃል።

3) የኮስማዊ ማይክሮዌቭ ዳራ ጨረር (cosmic microwave background (CMB) radiation) ቴምፐሬቸር በህዋ ውስጥ በሁሉም አቅጣጫና በሁሉም ስፍራ በ 2.72548±0.00057 ኬልቪን አንድ ዓይነት ነው፤ነገር ግን በሁለት የኒቨርስ ጠርዞች መካከል ብርሃን ተጉዞ ቴምፐሬቸሩን ወደ ምጥጥን ለማምጣት በቢግባንጓ ዩኒቨርስ የ 13.7 ቢሊዮን ዓመት እድሜ ውስጥ በቂ ጊዜ ስለማያገኝ፥ቴምፐሬቸሩ እንዴት በሁሉም ስፍራ አንድ ዓይነት ሆነ? ይህ የአድማስ ችግር (Horizon problem) በመባል ይታወቃል።

የኢንፍሌሽን ቲዎሪ የወጣው እነዚህን የቢግባንግ ችግሮች እንዲፈታ ነው።

ነገር ግን የአለን ጉዝ ኢንፍሌሽን ቲዎሪ ራሱም በርካታ ችግሮች አሉበት፤ አንዱ ችግር ኢንፍሌሽን (ከብርሃን የፈጠነ የህዋ ፈጣን መስፋት) አንዴ ከጀመረ በኋላ ማስቆም የማይቻል መሆኑ ነው፤ አለን ጉዝ ራሱ ኢንፍሌሽንን ማስቆሚያ መንገድ ማግኘት አለመቻሉ የቲዎሪው ውድቀት መሆኑን አምኖ ነበር።

ሌላው ችግር፥ኢንፍሌሽን ይፈታቸዋል የሚባሉ ችግሮችን ያህል ትላልቅ ችግሮችን የሚፈጥር መሆኑ ነው። ኢንፍሌሽን ከመደበኛው ቢግባንግ ይበልጥ እጅግ የተስተካከለ (finely-tuned) መነሻ ሁኔታዎችን ይፈልጋል። በተጨማሪም ኢንፍሌሽን የአንድ ጊዜ ብቻ ክስተት ከመሆኑም ሌላ ከሚታወቅ የተፈጥሮ ሕግ ውጭ የተፈጸመ ነው።

የመጀመሪያው የኢንፍሌሽንን (inflation) ቲዎሪ ከወጣ በኋላ በየጊዜው ለተገለጡ አዳዲስ የቢግባንግ ችግሮች መፍትሄ እንዲሆኑ የወጡ የተለያዩ ዓይነት የኢንፍሌሽን ቲዎሪዎች አሉ - chaotic inflation፣ eternal inflation ፣ stochastic inflation፣ hybrid inflation እና ንኡስ ልውጠቶቻቸው። እያንዳንዳቸው የየራሳቸው ችግሮች አሏቸው። በተጨማሪም የትኛው ዓይነት የኢንፍሌሽን ቲዎሪ ትክክለኛ እንደሆነ ስምምነት የለም። ኢርነማንና ሞስተሩን እንዲህ ይላሉ፤

> “የትኛውንም ዓይነት የኢንፍሌሽን ሞዴሎች ለመቀበል እስካሁን ጥሩ መሰረቶች አሉ ብለን አናስብም።” - *Earman, John; Mosterín, Jesús (March 1999). "A Critical Look at Inflationary Cosmology". Philosophy of Science 66: 1-49. DOI:10. 2307 /188736.*

ሌላው ችግር፥ኢንፍሌሽንን (የህዋ ፈጣን መስፋት) በእርግጥ የጀመረው ምንድነው? የሚለው ነው። የኢንፍሌሽን ቲዎሪስቶች፥እጅግ ከፍተኛ የሆነ የኮስማዊ ግፊት ኃይል፥ለኢንፍሌሽን የሚያስፈልገውን የግፍትረት ኃይል (repulsive energy) እንዳዘጋጀ ይገልጻሉ። ነገር ግን ይህ እጅግ ከፍተኛ የሆነ የኮስማዊ ግፊት ኃይል ምንድነው? ከየት ነው የመጣው? ሂደቱን ድንገት ያስጀመረውና ድንገት ያስቆመው

ምንድነው? ከጀርባው ያለው ፊዚክስ ምንድነው? የኢንፍሌሽን ዝርዝር ፓርቲክል ፊዚክስ (particle physics) መካኒዝም ዛሬም ድረስ በእርግጠኝነት አይታወቅም።

ለእነዚህ ጥያቄዎች ሁለት የመፍትሔ መላምቶች ቀርበዋል፤አንዱ ኢንፍላቶን (inflaton) በሚል የተሰየመው ሃሳባዊ ፓርቲክል ወይም የኢነርጂ ፊልድ ነው። የዚህ ኢንፍላቶን ኢነርጂ መለቀቅ ኢንፍሌሽንን እንደነዳ ሃሳብ ቀርቧል። ነገር ግን ኢንፍላቶን ምን እንደሆነ አይታወቅም፤በእርግጥ ስለመኖሩ በላቦራቶሪ (CERN/LHC) ውስጥም ሆነ ሌላ ቦታ ሊረጋገጥም ሊገኝም አልተቻለም።

ሌላው የቀረበ አማራጭ መላምት፥በ "ሲሜትሪ ስብረት" (symmetry breaking) ወይም በገጽታ ሽግግር (phase change) ወቅት ተለቀቀ ኢነርጂ ሳይሆን እንደማይቀር የሚገልጽ ሃሳብ ነው። በዩኒቨርስ ጅማሬ አራቱ መሠረታዊ የተፈጥሮ ኃይሎች[6] አንድ ላይ እንደነበሩ ይታሰባል። ዩኒቨርስ እየሰፋችና እየቀዘቀዘች ስትሄድ እነዚህ አራት ኃይሎች አንድ በአንድና ተራ በተራ ተለያይተዋል። የእያንዳንዱ ኃይል መለየት "የሲሜትሪ ስብረት" ይባላል። በዚህ ሲሜትሪ ስብረት ወቅት የሚለቀቅ ኢነርጂ ለኢንፍሌሽን ኃይል እንደሆነ ይገመታል። ችግሩ፥ይህ የተባለው በእምነት የምትቀበለው እንጂ፥ በእርግጥ ይህ ስለ መፈጸሙ ማረጋገጥ የማይቻል መሆኑ ነው።

በኢንፍሌሽን ዘመን ውስጥ ስለካሄዱ ክስተቶች የሚቀርቡ ትንታኔዎችን እውነተኛነት አንድ ሰው በሙከራ ማረጋገጥ አይችልም። ይህ የጠቅላላ ኮስሞሎጂ ችግር ነው።

የቢግባንግ አማኞች፥ በኢንፍሌሽን (በዩኒቨርስ እጅግ ፈጣን መስፋት) ወቅት የዩኒቨርስ ምና ውዥቀት ወደ ሰፊ ስፍራ በመዘርጋት፥ለኮስማዊ ዳራ ጨረር አነስተኛ ውዥቀት (fluctuations) ሥርጭት ምክንያት እንደሆነ ይገልጻሉ። ነገር ግን ይህ ሃሳብ የመጣው ቢግባንግ እውነት ነው ከሚል እምነት ነው፤ ይህን የሚደግፍ ነፃ የሆነ ማስረጃ የለም።

<u>የ 2014 ዓ.ም የደቡብ ዋልታው የግራቪቲያዊ ሞገድ</u>

<u>(gravitational waves) ግኝትና ውድቀት፤</u>

ማርች 17, 2014 ዓ.ም በአንታርክቲክ የምርምር ጣቢያ ይሰሩ የነበሩ ተመራማሪዎች የ 21ኛውን ዘመን ትልቁ ጥርመሳ የተባለለትን ግኝት ማግኘታቸውን ይፋ አድርገው ነበር። በ BICEP2[7] ልዩ ቴሌስኮፕ በመታገዝ የኢንፍሌሽንና የቢግባንግ የመጀመሪያው እውነተኛ ማስረጃ ተደርጎ የተወሰደ የስበት ኃይል ሞገዶችን (gravitational waves) በ B-mode ፓወር ስፔክትረም ውስጥ ማግኘታቸውን ይፋ አድርገው ነበር። ግኝቱ በመላው ዓለም

---

[6] Gravitational force ፣ electromagnetic force፣ strong እና weak nuclear forces

[7] Background Imaging of Cosmic Extragalactic Polarization 2

እንደ ታላቅ ድል ተቆጥሮ፥ አንዳንዶችም ግኝቱ የኖቤል ሽልማት እንደሚገባው እስከመግለጽ ደርሰው ነበር።

ነገር ግን፥ገና ከመጀመሪያው የግኝቱን እርግጠኝነት የተጠራጠሩና የዳታዎቹ ምንጭ ምናልባት በጋላክሲው ውስጥ ካሉ አቧራዎች ብክለት ምክንያት የተፈጠረ ሊሆን እንደሚችልና የአውሮፓ የሕዋ መንኮራኩር ፕላንክ ስለ አቧራዎቹ የሰበሰበችው ዳታ ተጠንቶ እስከሚያልቅ መጠበቅ እንደሚገባ የገለጹ በርካታ ተመራማሪዎች ነበሩ።

በመጨረሻም የአንታርክቲኩ የምርምር ቡድን በጁን 20, 2014 ዓ.ም በ Physical Review Letters ላይ ባወጡት ባለ 25 ገጽ ጹህፍ 'የጋላክሲ አቧራዎች ብክለት' ከፍተኛ መሆኑን በመግለጽ የተሳሳቱ መሆናቸውን አምነው ተቀብለዋል *(Ade, P.A.R., et al. (BICEP2 Collaboration), Detection of B-Mode Polarization at Degree Angular Scales by BICEP2, Phys. Rev. Lett., 112: 241101 (2014)* ።

Nature ዜናውን የዘገበው እንዲህ በሚል ርእስ ነበር፤

> "የስበት ሞገድ ቡድኑ፥ግኝቱ አቧራ ሊጨመርበት እንደሚችል አምኗል። (Gravitational-wave team admits findings could amount to dust)"- *Nature 20 June 2014*

Science መጋዚን አስቀድሞም በድኅረ ገጹ ላይ እንዲህ የሚል ጹህፍ ይዞ ወጥቶ ነበር፤ "የዐሥርቱ ዓመት የኮስሞሎጂ ትልቁ ግኝት፥የሰው እጅ ሥራ ሆኖ ሊገኝ ይችላል" 'The biggest discovery in cosmology in a decade could turn out to be an experimental artifact' - *Cho, A., Blockbuster Big Bang Result May Fizzle, Rumor Suggests, 12 May 2014, news. sciencemag.org..*

ሲጠበቅ የነበረው የአውሮፓ የህዋ ኤጀንሲ የ ESA የህዋ ሳተላይት የ Planck ተመራማሪዎች ቡድንም፥ በ arXiv ላይ ባወጡት ጹህፍ፥የደቡብ ዋልታው የ BICEP ቡድን የቃኙት የህዋ ክፍል፥ አስቀድሞ ተገምቶ ከነበረው በላይ በርካታ አቧራ የያዘ መሆኑን ከሳተላይቷ ባገኙት ዳታ በመንተራስ ገልጸዋል።

BBC News ላይ የወጣ ጹህፍ እንዲህ ይላል፤

> "በ BICEP የተጠናው የሰማይ ክፍል፥አስቀድሞ ይታሰብ ከነበረው ይበልጥ ቀላል የማይባል አቧራ የያዘ መሆኑን፥ የፕላንክ ተመራማሪዎች ቡድን ደርሰውበታል።" – *BBC by Jonathan Amos Science correspondent, BBC News 22 September 2014*

ይህ ወዴት ይወስደናል? ኢንፍሌሽን ቲዎሪ አሁንም ድረስ አንድም የምልከታ ማስረጃ የሌለው ንጹህ ግምት ብቻ የመሆኑ እውነታ ጋ!

የ 2016 ዓ.ምቱ የ LIGO የምርምር ቡድን የስበት ሞገድ (gravitational wave) ግኝትም፥ የኢንፍሌሽንም ሆነ የቢግባንግ ቲዎሪ ማስረጃ እንዳልሆነ፣ከቢግባንግ ጋር ምንም ግንኙነት የሌለውና በሁለት ጥቁር ጉድጓዶች (black holes) ግጭትና ውህደት የተፈጠረ የስበት ሞገድ መሆኑን በምዕራፉ መጨረሻ ላይ አፔንዲክስ 1 ውስጥ ታገኛለህ።

(6) **<u>ቢግባንግ፥ የምህዋር ስርዓትን ሊያስገኝ አይችልም፤</u>** ዩኒቨርስ በምህዋር በሚዞሩና በራሳቸው ዛቢያ በሚሽከረከሩ አካላት የተሞላች ናት። ውጭያዊ ህዋ ውስጥ ያሉ አካላት ውስብስብ በሆኑ በርካታ ምህዋሮች፥ ሌሎች አካላትን የሚዞር ናቸው። ለምሳሌ የእኛዋ ጨረቃ በአንድ ጊዜ በርካታ ውስብስብ እንቅስቃሴዎችን ታደርጋለች (1) በራሷ ዛቢያ ትሽከረከራለች፤28 ቀናት ይፈጅባታል፤ በዚያኑ ሰዓት (2) በምድር ዙሪያ ትዞራለች - ለዚህም 28 ቀናት ይፈጅባታል (3) ከመሬት ጋር አብራ በጸሐይ ዙርያ ትዞራለች - 365 ቀናት ይፈጅባታል (4) ከጸሐይ ጋር የጋላክሲያችንን (ሚልኪዌይ) ማእከላዊ ስፍራ ትዞራለች (5) ከጋላክሲያችን ጋር ዩኒቨርስ ውስጥ ትዞራለች።

በጸሐይ፣ በከዋክብትና በጋላክሲ ሲስተሞች ውስጥ ያሉትን ድንቅ የሆኑ ውስበስብ ምህዋሮችን፥ ኢቮሉሽናዊ ቲዎሪዎች በአጥጋቢ ሁኔታ መግለጽ አይችልም። ለምሳሌ ኢቮሉሽናዊ ቲዎሪ፥የአካላትን የሹረት ፍጥነት ማስገኘት እንዳልቻለ *Wikipedia* እንዲህ ሲል ገልጾታል፤

> ``In fact, theories of disk galaxy formation are not successful at producing the rotation speed and size of disk galaxies. `` - *Galaxy formation and evolution, From Wikipedia, the free encyclopedia*

(7) **<u>ኳንተም ግራቪቲና ሲንጉላሪቲ፤</u>** የዩኒቨርስ ጠቅላላ ቁስአካላት፣ኢነርጂና ህዋ/ጊዜ፥ እጅግ ከፍተኛ ቴምፐሬቸርና ከፍተኛ እፍጋት በነበራት ከነጥብ በምታንስ ሲንጉላሪቲ (singularity) ውስጥ ታምቀው እንደነበርና ዩኒቨርስ ከዚያ እንደጀመረች አንዳንድ የቢግባንግ ሞዴሎች ይገልጻሉ። ነገር ግን የአጠቃላይ ንጽጽራዊነት (general relativity) ቲዎሪና ጠቅላላ የፊዚክስ ህጎች፥ሲንጉላሪቲ (singularity) ላይ ሊሰሩ እንደማይችሉ ሳይንቲቶች አውቀዋል።

ወደ እልቆቢስ (infinite) የሚጠጋ ልኬት፥ከዩኒቨርስ ፊዚካላዊ ባህሪያት ጋር ሊስማማ እንደማይችል ላርሰን እንዲህ ሲል ይገልጻል፤

> "ቢግባንግ ንጹህ ግምት ብቻ ነው። የዩኒቨርስን ጠቅላላ ቁስአካላት አንዲት ቦታ ላይ ሰብስቦ ማስቀመጥን የሚደግፉ ፊዚካላዊ መርሆች የሉም. . . ቲዎሪስቶቹ በግምታዊው የቢግባንግ ወቅት ስለነበሩት ሁኔታዎች ተስማሚ ገለጻ ማውጣት ላይ ትልቅ ችግር አለባቸው . . . ጆሴፍ ሲልክ እንዲህ ብሏል

'... በዚያን ወቅት የቁስአካላት እፍጋት እልቆቢስ ነበር።' ይህ የ 'እልቆቢስ እፍጋት' (infinite density) ሃሳብ፥ ሳይንሳዊ አይደለም. . . ሪቻርድ ፌይማን እንዲህ ብሏል 'ስሌት ላይ እልቆቢስ ካገኘን ይህ ከተፈጥሮ ጋር ይስማማል ልንል እንዴት እንችላለን?' ይህ ነጥብ ብቻውን የቢግባንግ ቲዎሪን በሁሉም ዓይነት መልኮቹ ዋጋቢስ ሊያደርገው ይችላል።" - *Dewey B. Larson, The Universe of Motion (1984), p. 415.*

ፊዚስቶችና ማቲማቲሽያኖች፥አጠቃላይ ንጽጽራዊነትን (general relativity) እና ኳንተም መካኒክስን (quantum mechanics) አንድ ላይ ወደ ኳንተም ግራቪቲ (quantum gravity) ለማጣመር ከ 70 ዓመታት በላይ ከፍተኛ ጥረት አድርገዋል፤ነገር ግን ሊሳካ አልተቻለም። ይህ ቢግባንግ እንዴት ሊፈጸም እንደቻለ ለመግለጽ አስፈላጊ ቢሆንም ነገር ግን እስካሁን አልተቻለም። በዚህም ምክንያት አንዳንዶች ሲንጉላሪቲ የሚለውን ቃል ከመጠቀም መታቀብን መርጠዋል።

በየጊዜው የሚወጡ የተለያዩ ዓይነት የቢግባንግ ሞዴሎች ያሉ ሲሆን፥ ዛሬ የምንሰማው የቢግባንግ ቲዎሪ ከጥቂት ዓመታት በፊት እንሰማ ከነበረው የተለየ ነው። በየጊዜው በሚደረጉለት "ማሻሻያዎች" የቲዎሪውን ችግሮች ለመፍታት የተሞከረ ቢሆንም፥ ከ 80 ዓመታት ሙሉ ጥገና በኋላም ዛሬ ቲዎሪው የማይጠቅም መሆኑን ማሳየቱን ቀጥሏል፤ የሚደረግለት ጥገናም ቀጥሏል። ይህ፥ የቲዎሪው ተፈጥሮ፥ፍልስፍናዊ መሆኑን የሚያሳይ ነው። ሰንደርላንድ እንዲህ ይላል፤

> "(የኢቮሉሽን) ቲዎሪው ፍተሻዎችን ሲወድቅ፥ ሳይንቲስቶች ሁለተኛ ማሻሻያ በማድረግና በፊት ካልታሰቡ ከአዳዲስ መረጃዎች ጋር እንዲገጥም በማድረግ ቲዎሪውን ለማዳን ሙከራ እንዲያደርጉ ተፈቅዶላቸዋል። አንድ ቲዎሪ በዓመታት ውስጥ በሚደረጉ ፍተሻዎች በተደጋጋሚ ማሻሻያ የሚደረግለት ከሆነ ወይም አዳዲስ ከሚወጡ ግኝቶች ጋር ትንበያዎቹ ለምን እንዳልተስማሙ ተከታታይ ምክንያቶች የሚቀርቡለት ከሆነ ተአማኒነቱን ያጣል። በርካታ ተጨማሪ ማሻሻያዎች፥ የአንድ ቲዎሪ ተወዳጅ ባህሪ አይደሉም። አንዳንድ ኢቮሉሽኒስቶች ይህን ባለመረዳት፥ኢቮሉሽናዊ ቲዎሪ ላይ የሚደረጉ የማያቋርጡ ማሻሻያዎችን በመጠቀም፥ ቲዎሪው እጅግ የተከበረ ታላቅ ሳይንሳዊ ቲዎሪ መሆኑን እንደማረጋገጫ ሊያሳዩበት ይሞክራሉ። ብዙውን ጊዜ እንዲህ የሚል እንግዳ የሆነ ሃሳብ ያቀርባሉ፤የ ልዩ-ፍጥረት ቲዎሪ ከማስረጃዎች ጋር በፍጹም ትክክል ስለሚገጥምና ምንም ዓይነት ማሻሻያ ስለማያስፈልገው ሳይንሳዊ ሊሆን አይችለም። ይህ ዓይነት አስተሳሰብ እንዲህ እንደማለት ነው፤የግራቪቲ ህግ ከእውነታዎች ጋር ፍጹም ስለሚገጥምና ምንም ማሻሻያ ስለማያስፈልፈው ሳይንሳዊ አይደለም።" - *Luther Sunderland, Darwin's Enigma (1988), p. 31.*

(8) <u>ሁለተኛው የቴርሞዳይናሚክስ ሕግ ቢግባንግን ዋጋ ሲያሳጣ፤</u> ፊዚክስ ውስጥ ጽኑ የሆነው ሁለተኛው የቴርሞዳይናሚክስ ሕግ፥ዩኒቨርስ ወደ መፍረስ እንጂ ወደ መደራጀት እንደማትሄድ ይነግረናል። ቢግባንግ ግን የሚፈልገው በትክክል የዚህን ተቃራኒ ይፈልጋል።

ሁለተኛው የቴርሞዳይናሚክስ ሕግ፥የተደራጁ ሲስተሞች በራሳቸው ሲተዉ ወደ ትርምስምስ ሁኔታ እንደሚፈራርሱ ይገልጻል። ኮስሞስም ከሁለተኛው ሕግ (ከኢንትሮፒ) ነጻ አይደለችም። አንድ ሰው ዩኒቨርስን ሲያይ፥ሁለተኛውን ሕግ በየቦታው በግልጽ ይመለከታል። ጸሐይና ከዋክብት ቀስ በቀስ ነደው እያለቁ ነው፤አንዳንዶቹም እየፈነዱ ነው . . .ወዘተ።

> “ሁለተኛው የቴርሞዳይናሚክስ ሕግ በግርድፉ የሚለው፥በማንኛውም ለውጥ ዩኒቨርስ በትንሽ በትንሹ ይበልጥ ስርዓት-አልባ ቦታ እየሆነች፤ ኢንትሮፒ ከፍ እያለ፤ የመረጃ ይዘት እየወረደ የሚሄድ መሆኑን ነው። ይህ ወደ ፍርሰትና ቀውስ የሚደረግ ተፈጥሯዊ ዝንባሌ በዙሪያችን ባሉ ጠቅላላ ነገሮች ላይ ይታያል፤ሰዎች ያረጃሉ፤ መኪኖች ይዝጋሉ፤ቤቶች ይፈርሳሉ፤ተራሮች ይሸረሸራሉ፤ኮከቦች ነደው ያልቃሉ፤ ዶዶዎች (የወፍ ዝርያ) ይጠፋሉ።”- *P. Davies, "Chance or Choice: Is the Universe an Accident?" in New Scientist, 80:506 (1978).*

ሁለተኛው ሕግ የማይሰራበት ቦታ በዩኒቨርስ ውስጥ የለም፤

> “ኢንትሮፒ (የፍርሰትና ትርምስምስ መጨመር) ለእያንዳንዱ የዩኒቨርስ ክፍል እውነት የሆነ ባህሪ ነው። ሁለተኛው ሕግ የማይሰራበት የዩኒቨርስ ክፍል መኖሩን የሚያሳይ ማስረጃ የለም። የሳይንስ ሕጎች ዩኒቨርሳል ናቸው” - *J.P. Moreland, Universals, Qualities, and Quality Instances: A Defense of Realism (1985)*

የቢግባንግ ቲዎሪ፥ይህን ሁለተኛውን ሕግ በመጣስ፥ግዙፍ ኮስማዊ መዋቅሮችን እንዲገነቡ ይፈልጋል። ዛሬ በዩኒቨርስ ውስጥ የምናየው ግን ከዚህ በትክክል ተቃራኒ የሆነ ነገር ነው። የዩኒቨርስ ሥርዓት ውስብስብነት እየቀነሰና ኢንትሮፒ እየጨመረ በመሄድ ላይ ነው። ባብዛኛው የምናየው የሚገነቡ ሳይሆን የሚፈነዱ፣የሚለያዩ፣ የሚራራቁ፣ የሚፈራርሱ አካላትን ነው - በትክክል የኢንትሮፒ ህግ እንደሚነግረን።

በተጨማሪም ሁለተኛው ሕግ፥ዛሬ በመፈራረስ ላይ ያለች ዩኒቨርስ፥ መጀመሪያ ላይ የገነባትና ያደራጃት ፈጣሪ እንደሚያስፈልጋት ይጠቁመናል፤

> “ትልቁ እንቆቅልሽ በዩኒቨርስ ውስጥ ያሉ ጠቅላላ [የተደራጁ] ስርዓቶች በመጀመሪያ ከየት ነው የመጡት የሚለው ነው። ሁለተኛው ሕግ ኮስሞስ ወደ

ትርምስምስ እየተፈታታች መሆኑን የሚገልጽ ከሆነ በመጀመሪያ እንዴት ተጠቀለለች?" *- Paul C.W. Davies, (1979)*

(9) ፖፑሌሽን III ኮኮቦች (Population III Stars) አለመኖር፤ የቢግባንግ ቲዎሪ አንዱ ችግር፥ Missing Population III Stars በመባል የሚታወቀው ነው። የቢግባንግ ቲዎሪ፥ የፖፑሌሽን III ኮኮቦች መኖርን ይፈልጋል፤ነገር ግን እነዚህ እስካሁን በዩኒቨርስ ውስጥ ተፈልገው ሊገኙ አልተቻሉም።

ፖፑሌሽን III ኮኮቦች ምንድናቸው? ሃይድሮጂን፣ ሂሊየምና ምናልባት ጥቂት ሊቲየም ብቻ የያዙ ኮከቦች ናቸው። በቢግባንግ ቲዎሪ መሠረት፥ከቢግባንግ ሊገኙ የሚችሉ ኤለመንቶች ሃይድሮጂን፣ ሂሊየምና እጅግ ጥቂት ሊቲየም ኤለመንቶችን ብቻ ናቸው። እንደራሱ እንደ ቲዎሪው ብረታማ ኤለመንቶች ከቢግባንግ ሊገኙ አይችሉም። በአስትሮነመሮች ዘንድ ከሃይድሮጂንና ከሂሊየም በላይ ያሉ ኤለመንቶች - ለምሳሌ ኦክሲጂን ሳይቀር እንደ ብረት ተደርገው ይቆጠራሉ[8]። ስለዚህ የመጀመሪያዎቹ የዩኒቨርስ ኮከቦች ሊሰሩ የሚችሉት በሃድሮጂንና በሂሊየም ብቻ ነው። እነዚህ የመጀመሪያዎቹ ኮከቦች ፖፑሌሽን III ኮኮቦች በመባል ይታወቃሉ።

ዛሬ በጠቅላላው ዩኒቨርስ ውስጥ የምናያቸው ኮከቦች በሙሉ ብረቶች ይዘዋል። ሁሉም፥ወይ በብረት የበለጸጉ ፖፑሌሽን I ኮኮቦች ናቸው፤ ወይም አነስተኛ ብረት የያዙ ፖፑሌሽን II ኮኮቦች[9] ናቸው። የኮከቦች ከባባድ አሌመንቶችን አመጣጥ በሚገልጸው ቲዎሪ መሠረት፥ ኮከቦች በማእከላዊ እምብርታቸው ውስጥ በሚያካሂዱት ተከታታይ የኒኩለር ሪአክሽን ሂደት፥ ከባባድ ኤለመንቶችን ይሰራሉ። እነዚህ ኤለመንቶች ሱፐርኖቫን በመሳሰሉ ፍንዳታዎች ወደ ውጭ ህዋ ይረጫሉ። በዚህ ዓይነት የኋለኞቹ የኮከብ ትውልዶች በከባድ ኤለመንቶች ይበከላሉ። በዚህም በቅርብ የተመሰረቱ ኮከቦች በርካታ ብረቶችን (ከባባድ ኤለመንቶችን) መያዝ አለባቸው።

ይህ ማለት የቢግባንግ ቲዎሪ እውነት ከሆነ፥ በዩኒቨርስ ውስጥ የሆኑ ቦታዎች ላይ የብረቶች ስፔክትራል መስመሮች የሌሏቸው የመጀመሪያዎቹን ኮከቦች (ፖፑሌሽን III) ማየት አለብን። በተጨማሪም ፖፑሌሽን III ኮኮቦች የሁሉም የ ፖፑሌሽን I እና

---

[8] አስትሮነመሮች ብረት የሚለውን ቃል ኬሚስትሪ ውስጥ ካለው ትርጉሙ በተለየ ነው የሚጠቀሙበት። ብረት የሚለውን ቃል ከሃይድሮጂንና ከሂሊየም በላይ ያሉ ከባባድ ኤለመንቶችን ለመጥሪያ ይጠቀሙበታል።

[9] ፖፑሌሽን I ኮኮቦች ከ 2-3% የሚሆን ብረት የያዙ ሲሆን፥ የሚገኙት በጋላክሲዎች ዲስክ ውስጥ ወይም በጥምዝምዝ ጅራታቸው ውስጥ ነው። ፖፑሌሽን II ኮኮቦች ከ 0.1 % የሚሆን ብረት የያዙ ሲሆን፥የሚታዩት በጋላክሲ ከባቢጸዳል ዙሪያ፣በግሎቡላር ጋላክሲዎች ውስጥ እና የጋላክሲ እብጠት ማእከል ውስጥ ነው።

የፖፕሌሽን II ኮኮቦች ቀዳሚ ስለሆኑ፥ከረጅም ጊዜ በፊት እጅግ በርካቶች መገኘት ነበረባቸው። ነገር ግን እስካሁን እንዲህ ዓይነት ኮከቦች አልተገኙም፤እጅግ ሩቅ ካሉ ጋላክሲዎች የሚመጡ ብርሃኖች ሳይቀሩ በስፔክትራቸው ላይ የብረት መስመሮች አሏቸው።

"Where Are the Population III Stars?" በሚል ርዕስ *Astrophysical Journal* ላይ የወጣ ጹህፍ እንዲህ ይላል፤

> "በጋላክሲያችን ውስጥ እስካሁን ድረስ እውነተኛ "Population III" ኮከቦች መኖራቸውን የሚያሳይ አንድም ማስረጃ ያለ አይመስልም።" *- J G. Hills, "Where Are the Population III Stars?" Astrophysical Journal, 258167 (1982).*

ሌላ ጽሑፍ ላይም እንዲህ ይላል፤

> "ከ 'Population II' ይበልጥ ያረጁ ኮከቦች አሉ? ስለጥንቷ ዩኒቨርስ ታሪክ ያሉን ሃሳቦች ትክክል እንዲሆኑ እነዚህ መኖር አለባቸው . . . በ "Population II" ኮከቦች ውስጥ የምናየውን ኬሚካላዊ ጥንቅር ለማግኘት፥ከዚያ በፊት የነበረ ለዚህ አስፈላጊ የሆነው የኒኩሎሲንቴሲስ (Nucleosyn thesis) ሂደት የተካሄደበት የመጀመሪያ የኮከብ ትውልድ ያስፈልጋል።"- *"Where is Population III?" Sky and Telescope, 64:19 (1982). ["Nucleosynthesis" - በኑክሊየር እርስሰት (nuclear fusion) ከባባድ ኤሌመንቶች የሚገኙበት ቲዎሪያዊ ሂደት]*

ፖፕሌሽን III ኮኮቦች ለቢግባንግ ሞዴል አስፈላጊዎች ናቸው፤ይሁንና እስካሁን አልታዩም። ኢቮሉሽናዊ አስትሮኖመሮች ፖፕሌሽን III ኮኮቦች መጥፋታቸው (ሊገኙ አለመቻላቸው) ምናልባት ሩቅ ቦታ ላይ ወይም በትክክለኛው ቦታ ባለመፈለጋችን ምክንያት ሊሆን እንደሚችል ይገልጻሉ።

> "የ Population III ኮከቦች [መኖራቸውን የሚያሳይ] ቀጥታዊ የሆነ የሚታይ ማስረጃ የለም። ይህ ግን ያለመኖራቸው ማስረጃ አይደለም። ምናልባት ሩቅ ቦታ ላይ ወይም በትክክለኛው ቦታ ገና ያልፈለግናቸው መሆኑን ሊያሳይ ይችላል. . . የ Population III ኮከቦች ወይም ቅሪታቸው አለመገኘት - ተቀባይነት ካገኘው የዩኒቨርስ ታሪክ ውስጥ ከቢግባንግ ምዕራፍ ቀጥሎ ያለውን አንድ ጠቃሚ ምዕራፍ ያጠፋዋል።"- *W.R. Corliss, Stars, Galaxies, Cosmos (1987), p. 19.*

እውነታው ግን፥ዛሬ የምናያቸውን እጅግ በርካታ ኮከቦች ለመግለጽ በርካታ ፖፕሌሽን III

ኮኮቦች በቀላሉ መገኘት የነበረባቸው መሆኑ ነው።

ሌላው የሚቀርበው ምክንያት፥ ፖፕሌሽን III ኮኮቦች እጅግ ከባድ ስለነበሩ በፍጥነት ነደው አልቀው ነው የሚል ነው። ነገር ግን ይህ ግምት፥ከ 90% በላይ የሚሆኑት በዩኒቨርስ ውስጥ ያሉ ኮከቦች፥ባለ ዝቅተኛ ክብደት ከመሆናቸው እውነታ ጋር የሚጣጣም አይደለም።

አስትሮነመሮች፥ ከእኛ 13.3 ቢሊዮን የብርሃን ዓመት ርቀት ላይ galaxy MACS0647-JD በመባል የተሰየመ እጅግ ሩቅ ያለ ጋላክሲ ማግኘታቸው በ 2012 ዓ.ም ይፋ አድርገዋል። ይህ ማለት፥እንደ ኢቮሉሽናዊው ቲዎሪ ከቢግባንግ ከ 420 ሚሊዮን ዓመት በኋላ የነበረ ጋላክሲ ማለት ነው። ወይም የቢግባንጓ ዩኒቨርስ የአሁኑን 3 ፐርሰንት የሚሆን እድሜዋ ላይ የነበረ ጋላክሲ ማለት ነው። በ 2018 ዓ.ም ወደ ህዋ ለመምጠቅ እቅድ የተያዘላትና ከሃብል ሶስት ጊዜ እጥፍ ኃይል የሚኖራት James Webb Space Telescope (JWST) በመባል የምትጠራው የወደፊቷ የ NASA ቴሌስኮፕ፥በዚህ ጋላክሲ ውስጥ ያሉትን የከባድ ኤለመንቶችን ብዛት በትክክል መለካት እንደምታስችል ታምኗል።

የሌይደን ዩኒቨርስቲ ተባባሪ ፕሮፌሰር ራይቻርድ ባይተቡዌንስ እንዲህ ብለዋል፤

> "JWST ከ ሀብል ይበልጥ እጅግ ኃይለኛ ስለምትሆን የምንጬን እጅግ ምርጥ የሆነ ስፔክትረም እንድናገኝ ታስችለናለች። ይህ መረጃ ብረታማነት በመባል የሚታወቀውን በጋላክሲ ውስጥ ያሉትን የከባድ ኤለመንቶች ጠቅላላ ቁጥር ለማስላት እንዲቻል ያደርጋል።"*- Professor Rychard Bouwens 12012 ScienceOmega.com*

ይሁንና *James Webb Space Telescope (JWST)* ቴሌስኮፕ፥ምናልባት የመጀመሪያዎቹን ፖፕሌሽን III ኮከቦች ላታይ እንደምትችል የሚገምቱ አሉ፤

> "ከ ቢግባንግ በኋላ በ 480 ሚሊዮን ዓመት ላይ የነበረ ጋላክሲ እያየን ነው . . . የዩኒቨርስን እጅግ ሩቅ ያሉ አካላትን ለማየት የሚደረግ እሽቅድምድም ቀጥሏል . . . በመጨረሻ በጊዜ ውስጥ ወደኋላ መሄድ የምንችለው እስከምን ያህል ርቀት ነው? . . . JWST (የወደፊቷ ቴሌስኮፕ) የመጀመሪያዎቹን ኮከቦች ማየት ትችል ይሆን? ይህ ፖፕሌሽን III በመባል የሚጠሩት የመጀመሪያዎቹ ኮከቦች ምን ያህል ትልቅ ናቸው የሚለው ላይ ይወሰናል። የመጀመሪያዎቹ ኮከቦች የተሰሩት ከንጹህ ሃድሮጂን፣ ሂሊየምና ሊትየም ቅልቅል ነው፤ነገር ግን ምን ያህል እንደሚከብዱ ግልጽ አይደለም . . . ፖፕሌሽን III ኮከቦች በ JWST (ቴሌስኮፕ) ሳይቀር ሊለዩ የማይችሉ እጅግ ደብዛዛ ሊሆኑ ይችላሉ።"
> *- Rachel Courtland ``Will we ever glimpse the universe's first stars? ``Space. January 2011*

ምዕራፍ 1 የዩኒቨርስ አመጣጥና እድገት ቲዎሪ ችግሮች

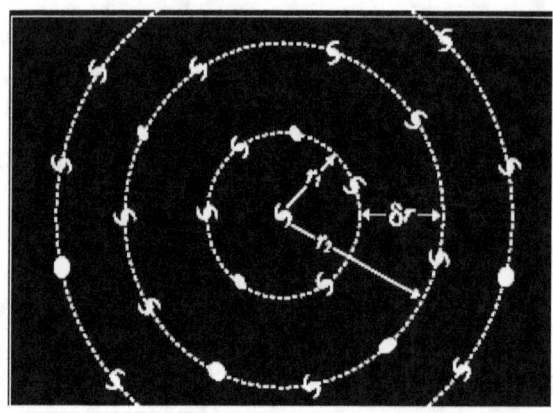

ጋላክሲዎች የእኛን ጋላክሲ ዙሪያ በሚከብ ሉላዊ ሼል የመሰባሰብ አዝማሚያ ያሳያሉ። በሼሎች መካከል ያለው ርቀት ሚሊዮን የብርሃን ዓመታት ያህል ሲሆን፥መሬት የዩኒቨርስ ማዕከል አጠገብ ባትሆን ኖሮ እንዲህ ዓይነት ንድፍ ሊታይ አይችልም ነበር። S የሚመስለው ቅርጽ ጋላክሲን የሚወክል ነው።

ሳይንስ በማስረጃ ላይ የተመሰረተ መሆን ስላለበት፥ ይህን ተከትሎ የሚመጣው ጥያቄ Population III ኮከቦች መኖራቸውን የምናውቀው እንዴት ነው? ለፖፑሌሽን III ኮኮቦች ምንም ማስረጃ የሌለ እስከ ሆነ ድረስ ይህ ለቲዎሪው ሌላው ውድቀት ነው።

(10) <u>ጋላክሲያችን፥ የዩኒቨርስ ማእከል አካባቢ እንደምትገኝ የሚጠቁሙ ኳንታይዝድ የሆኑ ቀይ ሽግሽጎች (የቢግባንግን ዋነኛ እምንታ የሚቃረን ማስረጃ)</u>

የቢግባንግ ቲዎሪ የተመሰረተው “ኮስሞሎጂያዊ መርህ” (cosmological principle) በመባል በሚታወቅ ባልተረጋገጠ እሳቤ ወይም እመንታ (assumption) ላይ ነው። ኮስሞሎጂያዊ መርህ - ዩኒቨርስን በትልቅ ደረጃ ከየትም ስፍራ ሆነን ብናያት አንድ ዓይነት ሆና እንደምትታየን የሚገልጽ መርህ ነው። በዚህ መርህ መሰረት ዩኒቨርስ ማእከልና ጠርዝ የላትም። ኮስሞሎጂያዊ መርህ፥ ሊረጋገጥ ያልተቻለ በእመንታ (assumption) ብቻ የሚጠቀሙበት መርህ መሆኑን ብዙዎች የሚያውቁ አይመስልም።

ነገር ግን ይህን የቢግባንግን ዋነኛ እመንታ ዋጋ የሚያሳጣና ጋላክሲያችን የዩኒቨርስ ማእከል አጠገብ እንደምትገኝ የሚያሳይ ማስረጃ ከጋላክሲዎች የቀይ ሽግሽግ ተገኝቷል።

በመጀመሪያ ደረጃ፥ሁሉም ጋላክሲዎች ከእኛ እየሸሹ ሲሄዱ ማየት፥ጋላክሲያችን የዩኒቨርስ ማእከላዊ ስፍራ አካባቢ ያለች ከሆነ በትክክል የምንጠብቀው ነው። ነገር ግን

ማቴሪያሊስቶች በማንኛውም ጋላክሲ ላይ ያለ ተመልካች፥ሌሎች ጋላክሲዎች ከርሱ እየሸሹ ሲሄዱ እንደሚያይ በመግለጽ፥ የዩኒቨርስ ማዕከል የለም የሚል ፍልስፍናዊ ውሳኔ አድርገዋል።

ኢድዊን ሀብል እንዲህ ብሏል፤

> "እንዲህ ዓይነት ሁኔታ [ዶፕለር ሽግሽግ] እኛ በዩኒቨርስ ውስጥ ልዩ የሆነ ስፍራ የያዝን መሆኑን ያሳያል . . . ነገር ግን ይህ የልዩ ቦታ እምንታ በሁሉም መንገድ መወገድ አለበት . . . ሊታገሱት የማይቻል ነው . . . በተጨማሪም ከቲዎሪው ጋር አለመጣጣም ይፈጥራል፤ምክንያቱም ቲዎሪው አንድዓይናማነትን (homogeneity) ይገልጻል።" - *Edwin Hubble, The Observational Approach to Cosmology (1937)*

ታዋቂው አስትሮነመር ጆርጅ ኤሊስ እንዲህ ይላል፤

> "ምልከታዎችን ሊገልጹ የሚችሉ በርካታ ዓይነት ሞዴሎች እንዳሉ ሰዎች መገንዘብ አለባቸው። ለምሳሌ በምልከታ ውድቅ ልታደርገው የማትችለው መሬትን ማዕከላዊ ስፍራ ያደረገ ስፈራዊ ዩኒቨርስ ልሰራልህ እችላለሁ። ውድቅ ልታደርገው የምትችለው በፍልስፍናዊ መሠረቶች ብቻ ነው። በእኔ አመለካከት በዚህ ላይ ምንም ችግር የለም። ግልጽ ላደርገው የፈለኩት ነገር፥ሞዴሎቻችንን ስንመርጥ ፍልስፍናዊ መስፈርቶችን የምንጠቀም የመሆኑን እውነታ ነው። በርካታ ኮስሞሎጂዎች ይህን ሊደብቁ ይሞክራሉ።" *- Gibbs, W. W., 1995. Profile: George F. R. Ellis; Thinking Globally, Acting Universally. Scientific American 273(4):28–29.)*

በእርግጥም የጋላክሲዎች ሽሽት፥ማዕከል ካላት ዩኒቨርስና ከማዕከል-አልባ ዩኒቨርስ ከሁለቱም ሞዴሎች ጋር ሊጣጣም የሚችል ነው። ነገር ግን ማዕከል ካላት ዩኒቨርስ ጋር ብቻ ሊጣጣም የሚችሉና ዩኒቨርስ ማዕከላዊ ስፍራ እንዳላትና የእኛ ጋላክሲም በዚህ ማዕከላዊ ስፍራ አካባቢ እንደምትገኝ የሚያሳዩ ሌሎች ማስረጃዎች ተገኝተዋል። ጋላክሲዎች በተዘበራረቀ ነሲባዊ ሁኔታ በመገኘት ፈንታ የኛን የዩኒቨርስ ክፍል - ማለትም ሚልኪዌይን የጋራ ማዕከል ባደረጉ በሚሊዮን የብርሃን ዓመት በሚራራቁ ክብ ስፈሮች ላይ የመሰባሰብ አዝማሚያ እንደሚያሳዩ በቀይ-ሽግሽጋቸው (redshift) ለማወቅ ተችሏል (*Napier, W.M. and Guthrie, B.N.G., Quantized redshifts: a status report, J. Astrophysics and Astronomy 18(4):455–463, 1997.*)። አስትሮነመሮች የጋላክሲዎች ቀይ-ሽግሽጎች ኳንታይዝድ (quantized) መሆናቸውንና በቡድን የመሰባሰብ አዝማሚያ እንደሚያሳዩ አረጋግጠዋል። በሐብል ሕግ መሰረት ቀይ-ሽግሽጎች (redshifts) ጋላክሲዎቹ ከእኛ ካላቸው ርቀት ጋር ምጥጥን (proportional) ናቸው። ስለዚህ ይህ ማለት ኳንታይዝድ በመሆን በቡድን የተሰባሰቡት ርቀቶቹ ራሳቸው ናቸው።

ምዕራፍ 1 የዩኒቨርስ አመጣጥና እድገት ቲዎሪ ችግሮች

“አይዟቹህ አትፍሩ፤የሆኑ ሃይድሮጂኖች ወደ መኖር ሲመጡ ነው።”

“የምንፈልገውን ዳርክ ማተር ሳላገኘው አልቀርም!!”

“ሰር፥ዳርክ ማተር አይደለም፤የሌንሱን ከዳን መክፈት ረስተሃል።”

“ዘላለማዊ ዩኒቨርስ በቴርሞዳይናሚክስ ሕግ ምክንያት ሊሠራ አይችልም፤ ቢግባንግም ዋጋ ያለው አይመስልም፤ ሌሎቹም የሚረቡ አይደሉም፤ሌላ አዲስ ኮስሞሎጂ ለማውጣት እየሞከርኩ ነው።”

“ፖፕሌሽን III ኮከቦችን እየፈለኩ ነው፤ ቢግባንግ እንዳይወድቅ ለመደገፍ ያግዙ ይሆናል።”

“ማንኛውንም ዓይነት ሊሆኑ የሚችሉ ትሪሊዮኖችና ትሪሊዮኖች ዩኒቨርሶች ሞዴልን ብንጠቀም፥የእኛዋ ዩኒቨርስ ከእነዚህ መካከል ለምን ልዩ እንደሆነችና እኛም ለምን እዚህ ልንሆን እንደቻልን መልስ ሊሰጥልን ይችላል።”

ይህ ደግሞ ጋላክሲዎቹ በየተወሰነ ርቀት በክብ ስፌሮች ላይ እኛን ከበው እንደሚገኙ የሚያሳይ ነው። ጋላክሲዎቹ የሚገኙባቸው ክብ ስፌሮች በሚሊዮን የብርሃን ዓመት የመራራቅ ሁኔታ ያሳያሉ። የእነዚህ ቀይ-ሽግሽጎች ተመልካች (ማለትም እኛ) መሃል አካባቢ ባይሆን ኖሮ ቀይ-ሽግሽጎቹ ኳንታይዝድ በመሆን ፈንታ የማያቋርጥ ቅጥለታዊ (continuous) ሆነው ይታዩ ነበር። ኮስሞስ ውስጥ መሬት በዚህ ልዩ ቦታ ላይ የመሆን እድሏ ከትሪሊዮን አንድ ብቻ ነው። የቀይ-ሽግሽጎች ኳንታይዝድ መሆን የቢግባንግ ቲዎሪን የሚያዳክምና የሚቃረን ነው።

(11) <u>የብርሃን-ጉዞና ጊዜ ችግር (Light-travel time)</u> – በዩኒቨርስ የቢሊዮን ዓመት ዕድሜ የሚያምኑ የቢግባንግ አራማጆች፥እጅግ ሩቅ ካሉ ኮከቦች የሚለቀቅ ብርሃን በ 6,000 ዓመት ጊዜ ውስጥ መሬት ሊደርስ እንደማይችል በመግለጽ፥መጽሐፍ ቅዱሳዊውን የፍጥረት ገለፃ ውድቅ ለማድረግ ሲሞክሩ ይስተዋላል። ይሁንና ይህን 'የብርሃን-ጉዞ ጊዜ ችግር' ወይም 'የሩቅ ኮከብ ብርሃን ችግር' የሚፈቱና ሳይንሳዊ ገለጻ የሚያቀርቡ የፍጥረተኛ ኮስሞሎጂዎች ወጥተዋል። እነዚህን፥ "የሩቅ ከዋክብት ብርሃን በጥቂት ሺህ ዓመታት ጊዜ ውስጥ እንዴት መሬት ሊደርስ እንደሚችል" በሚል ራሱን በቻለ በሌላ ምዕራፍ እናያቸዋለን።

ነገር ግን የቢግባንግ ቲዎሪም የራሱ 'የብርሃን-ጉዞ ጊዜ ችግር' አለው፤ከዚህ በፊት ጠቀስ አድርገነዋል። ከጠቅላላው ሕዋ ውስጥ በሁሉም አቅጣጫ ወደ እኛ የሚመጣ ኮስማዊ ማይክሮዌቭ ዳራ ጨረር (Cosmic Microwave Background Radiation) የቢግባንግ ሞዴል ዋነኛ ማስረጃ ተደርጎ ይቀርባል። በእርግጥ ግን ጨረሩ በሁሉም ስፍራና አቅጣጫ ከሞላ ጎደል አንድ ዓይነት ቴምፕሬቸር ያለው መሆኑ፥ለቢግባንግ ሞዴል 'የብርሃን-ጉዞ ጊዜ ችግር' ይፈጥራል።

በአሁኑ ጊዜ፥ የምትታየዋ ዩኒቨርስ ተቃራኒ ክፍሎች (የዩኒቨርስ ዲያሜትር እስከ 92 ቢሊዮን የብርሃን-ዓመት እንደሆነ ይታሰባል) አንድ ዓይነት ቴምፕሬቸር ያላቸው ሆነው ይታያል፤ይህ እንዲሆን በጨረር አማካኝነት ኢነርጂ እንዲለዋወጡ ያስልጋል፤ነገር ግን እዚህ ጋ ችግሩ፥ በቢግቧንጓ ዩኒቨርስ ዕድሜ ውስጥ (በ 13.7 ቢሊዮን ዓመት)፥ ብርሃን ይህን ርቀት ለመጓዝ በቂ ጊዜ የሌለው መሆኑ ነው። ይህን እናብራራው[10] ፤

የኮስማዊ ማይክሮዌቭ ዳራ ጨረር ቴምፕሬቸር በሁሉም አቅጣጫና በሁሉም ስፍራ ከሞላ ጎደል አንድ ዓይነት ነው - በትክክል ለማስቀመጥ ከ 100,000 ውስጥ አንድ ክፍል

---

[10] በዚህ ቁጥር ውስጥ ማይክሮዌቭ ጨረር ለቢግባንግ ቲዎሪ የሚፈጥረውን ችግር ብቻ የምናይ ሲሆን፥ይህ ጨረር የቢግባንግ ቲዎሪ ማስረጃ ሊሆን እንደማይችል ደግሞ ከዚህ ቀጥሎ ባለው ክፍል 2 ውስጥ እናየዋለን።

ላይ የሚያታይ የአንድ ኬልቪን 70 ሚሊየነኛ (ማለትም 0.00007 ኬልቪን) የሚሆን እጅግ አነስተኛ የቴምፐሬቸር ልዩነት ብቻ አለው።

የተራራቁ ስፍራዎች፥ ጨረር (radiation) በመለዋወጥ ወደ ተማዝኖ (ወደ አንድ ዓይነት ቴምፐሬቸር) ሊመጡ ይችላሉ። ችግሩ፥የቢግባንግ የጊዜ ሰሌዳ ትክክል ነው ብለን ብንወስድ እንኳን፥በሚባለው በዩኒቨርስ 13.7 ቢሊዮን ዓመት እድሜ ጊዜ ውስጥ ብርሃን ለመጓዝ በቂ ጊዜ የማያገኝበት እጅግ የተራራቁ ስፍራዎች ህዋ ውስጥ መኖራቸው ነው። ለምሳሌ፥ብርሃን ከአንድ የሆነ የዩኒቨርስ ክፍል ወደ እኛ ለመምጣት 13.7 ቢሊዮን ዓመታት ቢፈጅበት፥ይኸው ብርሃን ከእኛ በተቃራኒ አቅጣጫ 13.7 ቢሊዮን የብርሃን ዓመታት ርቀት ላይ ወደሚገኝ ሌላ የዩኒቨርስ ክፍል ለመድረስ የዩኒቨርስ ዕድሜ አይበቃውም።

ስለዚህ ህዋ ውስጥ የሚገኙ የተለያዩ ስፍራዎች ግንኙነት ማድረግ የማይችሉ ከሆነ፥ የእነዚህ ስፍራዎች የኮስሚዊ ማይክሮዌቭ ዳራ ጨረር ቴምፐሬቸር እንዴት አንድ ዓይነት ሊሆን ቻለ? 'የብርሃን-ጉዞ ጊዜ ችግር' (light-travel–time problem) ይህ ነው[11]። 'የአድማስ ችግር' (horizon problem) በመባልም ይታወቃል።

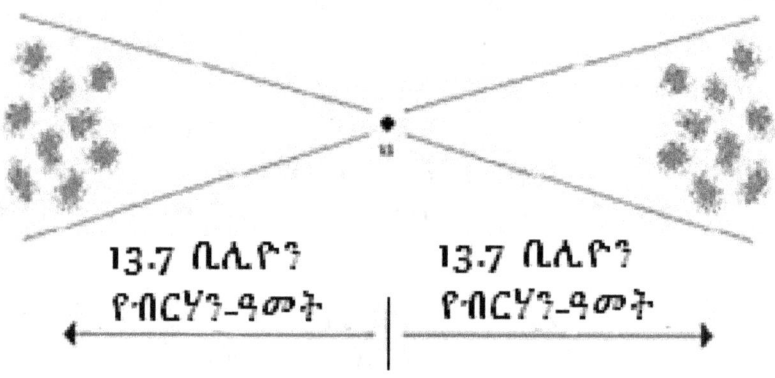

እንደ ቲዎሪው ከቢግባንግ ከ 300,000 ዓመታት በኋላ ብርሃን መመንጨት በጀመረበት ጊዜ - ብርሃን ሊሄድ ከሚችልበት[12] ቢያንስ አስር ጊዜ እጥፍ የሚሆን ርቀት ድረስ ህዋ አስቀድሞ አንድ አይነት ቴምፐሬቸር እንደ ነበረው ተሰልቷል። ይህን ችግር ለመፍታት ከአሁኑ የብርሃን ፍጥነት ከ C (300,000 ኪ.ሜ በሰከንድ) በበለጠ ፍጥነት የሚጓዝ ብርሃን ያስፈልጋል፤ ነገር ግን ብርሃን ከ C በላይ በሆነ ፍጥነት መጓዝ እንደማይችል

---

[11] Coles, P. and Lucchin, F., *Cosmology: The Origin and Evolution of Cosmic Structure*, John Wiley & Sons Ltd, Chichester, p. 136, 1996.

[12] ይህ አድማስ ወይም 'horizon' በመባል ይታወቃል።

ይታወቃል።

የቢግባንግ አማኞች ለዚህ 'የብርሃን-ጉዞ ጊዜ ችግር' የተለያዩ የመፍትሄ ሃሳቦችን ያወጡ ቢሆንም እካሁን ድረስ አጥጋቢ የሆነ መፍትሄ አልተገኘለትም። ከእነዚህ ውስጥ በዋነኛነት የሚጠቀሰው የኮስማዊ ኢንፍሌሽን ቲዎሪ ነው። ነገር ግን ይህ ቲዎሪ ከዚህ በፊት እንዳየነው በርካታ ችግሮች ያሉበትና ማስረጃ አልባ መላምት ነው። የኢንፍሌሽን ቲዎሪ፥ችግር ውስጥ እስካለ ድረስ 'የብርሃን-ጉዞ ጊዜ ችግር'ም የቢግባንግ ያልተፈታ ችግር ሆኖ ይቀጥላል።

2 - ለቢግባንግ ቲዎሪ የሚቀርቡ 'ማስረጃዎች'

የቢግባንግ ቲዎሪ ማረጋገጫ ተደርገው የሚቀርቡ ዋነኞቹ የምልከታ ማስረጃዎች ሁለት ናቸው ማለት ይቻላል፤ (1) ኮስማዊ ማይክሮዌቭ ዳራ ጨረር እና (2) የከዋክብት ብርሃን የሚያሳዩት የቀይ-ሽግሽግ - ወይም የዩኒቨርስ መስፋት። በዚህ ክፍል ውስጥ እነዚህ ሁለቱ ለምን የቢግባንግ (Big Bang) ማረጋገጫ ሊሆኑ እንደማይችልና በእርግጥ ግን ምን ሊሆኑ እንደሚችሉ እናያለን።

(1) ኮስማዊ ማይክሮዌቭ ዳራ ጨረር (Background Radiation) - በጠቅላላ ህዋ ውስጥ በሁሉም አቅጣጫ ወደ እኛ የሚመጣ አነስተኛ የሙቀት መጠን ያለው ጨረር አለ[13] ። ይህ ጨረር፥ ኮስማዊ ማይክሮዌቭ ዳራ ጨረር (Cosmic Microwave Background Radiation) በመባል ይታወቃል። ይህ ጨረር 2.725 ኬልቪን ወይም ከዜሮ በታች -270.3 ዲግሪ ሴልስየስ የሆነ አነስተኛ ቴምፐሬቸር ያለው ሲሆን፥ኢቮሉሽኒስቶች የቢግባንግ ቲዎሪ ዋነኛ የሚታይ ማስረጃ አድርገው ያቀርቡታል። ኮስማዊ ዳራ ጨረር (ማይክሮዌቭ ዳራ ጨረር በመባልም ይታወቃል) ከቢግባንግ በኋላ በ 380,000 ዓመት ላይ፥ የዩኒቨርስ ሙቀት 3,000 ኬልቪን በነበረበትና የሃይድሮጂን አተም መሠራት በተጀመረበት ጊዜ የተለቀቀ የቢግባንግ ቅሪት (የመጨረሻው እስትንፋሱ) ተደርጎ በቲዎሪው አማኞች ይገለጻል።

የቢግባንግ ቲዎሪ አርቃቂዎች በ 1948 ዓ.ም 5 ኬልቪን ቴምፐሬቸር ያለው ጨረር በዩኒቨርስ ውስጥ መኖር እንዳለበት ገምተው ነበር። በ 1965 ዓ.ም ኒውጀርሲ በሚገኘው

---

[13] በአጠቃላይ ወደ ሰባት የሚሆኑ ዋና ዋና የኤሌክትሮማግኔቲክ ጨረሮች *(electromagnetic radiation)* አሉ። በእነዚህ ዝርዝር ውስጥ ታችኛው ረድፍ ላይ አጫጭር የሞገድ ርዝመት ያላቸው ባለ ከፍተኛ ኢነርጂ ጨረሮች አሉ። እነዚህም ጋማ-ሬይ *(gamma rays)*፣ኤክስ-ሬይ *(X-rays)* እና አልትራቫዮሌት *(ultraviolet)* ጨረሮች ናቸው። ከነዚህ በላይ የሚገኙት የጨረር ዓይነቶች፥የሚታይ ነጭ ብርሃን *(visible light)*፣ *infrared rays* (የሙቀት)፣ *microwaves,* በመጨረሻ *radio waves* ናቸው። "የዳራ ጨረር" መጠናቸው አነስተኛ የሆኑ የተለያዩ ዓይነት ጨረሮችን ያቀፈ ቢሆንም በዋነኛነት የያዘው ማይክሮዌቭን *(microwave)* ነው።

በቤል ላቦራቶሪ ውስጥ፥ ለኮሙኒኬሽን የሚሆን የማይክሮዌቭ ማስተላለፊያ ቴክኖሎጂ ምርምር ላይ ነበሩት አርኖ ፔንዚያስና ሮበርት ዊልሰን፥ምንጩ ምን እንደሆነ ያላወቁት ከውጭያዊ ህዋ የሚመጣ ዝቅተኛ ኢነርጂ ያለው የማይክሮዌቭ ዳራ ጨረር በአጋጣሚ አገኙ። በመጨረሻም፥ይህ የቢግባንግ ቲዎሪን የሚያረጋግጥ የሚታይ ማስረጃ ተደርጎ ተወሰደ።

ኮስማዊ ማይክሮዌቭ ዳራ ጨረር፥ በ 1948 ዓ.ም የረቀቀው የቢግባንግ ሞዴል ጥሩ ግምት ተደርጎ የሚጠቀስ ቢሆንም፥ነገር ግን ከ 1948ቱ ከቢግባንግ ቲዎሪ ግምት እጅግ ቀደም ብሎ፥ የሰር አርተር ኢድንግተን ዝነኛ ሥራ በሆነው በ 1926 ዓ.ም መጽሐፉ ምዕራፍ 13 ውስጥ፥ ህዋ 3.18 ኬልቪን ቴምፕሬቸር ሊኖረው እንደሚችል ተገልፆ ነበር። በመጽሐፉ ውስጥ ኢድንግተን ለኮከብ የብርሃን ጨረር የተጋለጠ በህዋ ውስጥ ያለ ማንኛውም አካል ሊኖረው የሚችለውን የመጨረሻ ዝቅተኛ የሙቀት መጠን አስልቶ አሳይቷል። በዚህ መሠረት ህዋ 3.18 ኬልቪን ቴምፕሬቸር እንዳለው ገምቶ ነበር፤ከዚያም ብዙም ሳይቆይ ቴምፕሬቸሩን ወደ 2.8 ኬልቪን አሻሽሎታል። የኢድንግተን ግምት የቀረበው ከቢግባንግ ቲዎሪ በፊትና ከቲዎሪው ጋር ምንም በማይገናኝ ሁኔታ ነበር። ግምቱ የቀረበው በጋላክሲያዊ ጋዞችና አቧራዎች እየተመጠጠ ስለሚለቀቅ ጨረር ሲሆን ከቢግባንግ ጋር ምንም ግንኙነት የለውም።

ከኢድንግተን በተጨማሪም መደበኛው የቢግባንግ ቲዎሪ ከመርቀቁ ከ 1948 ዓ.ም በፊት በ 1941 ዓ.ም አንድሪው ማክላር እና በ 1946 ዓ.ም ሮበርት ዲከ፥ ሕዋ ውስጥ 2.3 ኬልቪንና ከ20 ኬልቪን በታች ቴምፕሬቸር ያለው ጨረር እንደሚኖር ግምታቸውን ሰጥተው ነበር፤የእነዚህም ግምት ከቢግባንግ ጋር ምንም ግንኙነት የሌለው ነበር።

በ 1948 ዓ.ም አልፈር እና ሄርማን (ምናልባትም የኢድንግተንና የሌሎቹን ትንበያ በአእምሯቸው ይዘው) የቢግባንግ ቲዎሪያቸውን ሲያረቁ፥ የሙቀት መጠኑም 5 ኬልቪን የሆነ ጨረር ሊገኝ እንደሚችል ትንበያ ሰጡ፤በእርግጥ እነሱም እንደሌሎቹ የማይክሮዌቭ ዳራ ጨረር ብለው በስም አልጠቀሱም። በመጨረሻ በ 1965 ዓ.ም ሁለቱ የቤል ላቦራቶሪ ሰራተኞች (አርኖ ፔንዚያስና ሮበርት ዊልሰን) ጨረሮቹን በአጋጣሚ አገኙ።

ከዚያ ጊዜ ጀምሮ፥ በህዋ አሳሽ ሳተላይቶች የታገዙ በቢሊዮን የሚቆጠር ዶላር የወጣባቸው ምርምሮች በማይክሮዌቭ ዳራ ጨረር ላይ እየተካሄዱ ነው። እስካሁን ሁለት የ NASA እና አንድ የ ESA በጠቅላላ 3 የህዋ ውስጥ አሳሽ ሳተላይቶች ለዚሁ ለኮስማዊ ማይክሮዌቭ ዳራ ጨረር ምርምር ወደ ህዋ መጥቀዋል፤ COBE (በ 1998 ዓ.ም)፤ WMAP (በ 2001 ዓ.ም) እና Planck Surveyor (በ 2009 ዓ.ም)። ከእነዚህ በተጨማሪም አንታርኪቲካ ውስጥ የደቡብ ዋልታ ቴሌስኮፕ፣ቺሊ ውስጥ የአታካማ ኮስሞሎጂ ቴሌስኮችና በተለያዩ ቦታዎች የባሉን ቴሌስኮፖች ይህን ምርምርን እያካሄዱ ነው። በእርግጥም ሳይንቲስቶቹ የዳራ ጨረሩን ለመለካት ምርጥ ሥራ ሰርተዋል፤እየሰሩም

ነው። ችግሩ ትርጉሙ ላይ ነው።

እዚህ አጠገብ ያለው ባለቀለም ነጠብጣቦች ምስል፥በ WMAP[14] ሳተላይት ከተሰበሰበ ዳታ፥ በኮምፒውተር የተሰራ የኮስማዊ ማይክሮዌቭ ዳራን የቴምፐሬቸር ውዥቀት የሚያሳይ ካርታ ነው። ባለቀለም ነጠብጣቦቹ ምንድነው የሚነግሩን? ስለ ቢግባንግ ይነግሩናል? የጨረሮቹ ምንጭ ከቢግባንግ የተለየ ሌላ አለመሆኑን እንዴት ሊያረጋግጡ ይችላሉ?

የቢግባንግ አማኞች፥ምንጩ ሌላ ሊሆን እንደማይችል በእምነት ብቻ የሚቀበሉት ነው። ነገር ግን ከሌላ ምንጭ ሊገኝ እንደማይችል ማሳየት እስካልተቻለ ድረስ፥ የቢግባንግ ነው ብሎ መደምደም አይቻልም።

አስቀድሞም ቢግባንግ ተፈጽሞ ነበር ብለው ስለሚያምኑ፥የዳራ ጨረሩ የቢግባግ ቅሪት ነው ብለው ተረጎሙት። በመጀመሪያ አስቀድሞ የተተነበየ መላምትን ለአንድ ቲዎሪ ማረጋገጫነት መጠቀም ወደ ሎጂካዊ ስህተት ሊያመራ ይችላል።

ብዙውን ጊዜ ሳይንሳዊ ቲዎሪን ለማረጋገጥ አንዳንዶች የሚጠቀሙበት ነገር ግን ወደ ሎጂካዊ ስህተት ሊያመራ የሚችል affirming the consequent በመባል የሚታወቀው ሎጂክ እንደሚከተለው ነው፤

1) ቲዎሪ T ምልከታ M ን ይገምታል፤

2) M እንደተገመተው ታየ፤

ስለዚህ T እውነት ነው።

ይህ የተሳሳተ ሎጂክ መሆኑን በሚከተለው ቀላል ምሳሌ ተመልከት፤

1) ሰው ጠንክሮ ቢሠራ ሀብት ያገኛል፤

2) አንድ ሰው ሀብት አገኘ፤

ስለዚህ ጠንክሮ ሰርቶ ነው።

ነገር ግን በበርካታ የተለዩ ምክንያቶች ሀብት ሊያገኝ ይችላል፤ለምሳሌ በውርስ ወይም በሌላ። አንድን ምልከታ (observation) ሊገልጹ የሚችሉ በርካታ ቲዎሪዎች ሊኖሩ ይችላሉ።

---

[14] Wilkinson Microwave Anisotropy Probe

በሌላ በኩል ግን ሁልጊዜም ትክክለኛ የሆነ ዋጋ ያለው ሎጂክ denying the consequent በመባል የሚታወቀው ሳይንሳዊ ቲዎሪን ውድቅ ማድረጊያ (falsification) መንገድ ነው። ይህ ሎጂክ እንዲህ ነው፤

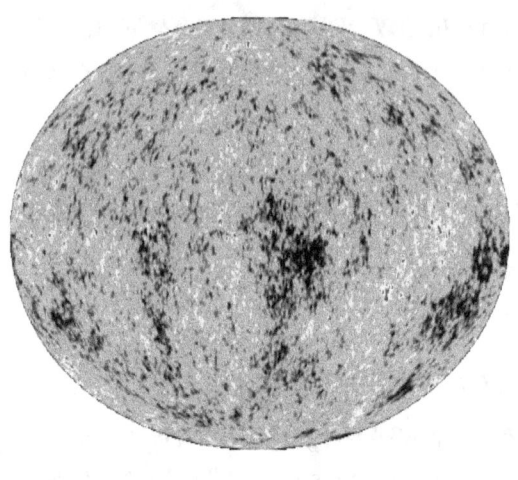

1) ቲዎሪ T የ M ምልከታ እንማይኖር ይገምታል፤

2) ነገር ግን M ታየ።

ስለዚህ T ውሸት ነው።

የኮስማዊ ማይክሮዌቭ ዳራ ጨረር (Cosmic Microwave Background Radiation) ከ 'ቢግባንግ' የተፈጠረ ነው ማለት የምንችለው (1ኛ) የዳራ ጨረሩ የቢግባንግ ቅሪት ሊሆን እንደማይችል የሚያሳይ ማስረጃ የሌለ ከሆነ (2ኛ) የኮስማዊ ማይክሮዌቭ ዳራ ጨረር ምንጭ ሊሆኑ የሚችሉ ሌሎች ነገሮች ከሌሉ ብቻ ነው። ነገር ግን እነዚህ ሁለቱም አሉ። እነዚህን እንይ፤

► <u>**ከጋላክሲ ክምችቶች ፊት ለፊት ይጠበቅ የነበረው የዳራ ጨረሩ ጥላ አለመኖር፤**</u>

ኮስማዊ ማይክሮዌቭ ዳራ ጨረር (Cosmic Microwave Background Radiation) የቢግባንግ ቅሪት ከሆነ፥በጋላክሲ ክምችቶች ፊት ለፊት የሚፈጠር ጥላ መኖር አለበት፤ነገር ግን ይጠበቅ የነበረው ይህ ጥላ ከሞላ ጎደል የሌለ መሆኑ ታውቋል ("Big Bang Afterglow Fails an Intergalactic Shadow Test." Moon Daily, September 3, 2006.)።

ይህን እናብራራው፤እንደ ቢግባንግ ቲዎሪ፥በኮስሞስ ውስጥ እጅግ ሩቅ ያለው የጨረር ምንጭ ኮስማዊ ማይክሮዌቭ ዳራ ጨረር ነው። እንደ ቲዎሪው፥ሁሉም ጋላክሲዎችና የጋላክሲ ክምችቶች ከዚህ ምንጭ ፊት ለፊት መሆን አለባቸው። ስለዚህ የኮስማዊ ማይክሮዌቭ ዳራ ጨረር፥መሬት ላይ ባለ ተመልካችና በምንጩ መካከል ባሉ የጋላክሲ ክምችቶች ውስጥ ማለፍ አለበት፤ ይህን ሲያደርግ በኤሌክትሮኖች መበተንና (inverse Compton scattering) የዳራ ጨረሩ መንገድ መቋረጥና መዛባት አለበት - በሌላ አባባል ጥላ መሠራት አለበት።

በዶክተር ሪቻርድ ሊዩ የሚመራ የአላባማ ዩኒቨርስቲ የምርምር ቡድን፥የ NASA አሳሽ ሳተላይት WMAP (Wilkinson Microwave Anisotropy Probe) የሰበሰበችውን ዳታዎች በመጠቀም በጋላክሲ ክምችቶች ሊፈጠር የሚገባውን የኮስማዊ ማይክሮዌቭ

ዳራ ጨረር (CMB) ጥላ ለመፈለግ ጥናት አድርገው ነበር።

በ 31 የጋላክሲ ክምችቶች ላይ በተደረገው በዚህ ጥናት፥ 75 ፐርሰንት በሚሆኑት በእነዚህ የጋላክሲ ክምችቶች ፊት ለፊት የኮስማዊ ማይክሮዌቭ ዳራ ጨረር (CMB) ጥላ የሌለ መሆኑ ታይቷል[15] ።

ይህ ሁኔታ ኮስማዊ ማይክሮዌቭ ዳራ ጨረር (CMB) ከቢግባንግ የተረፈ ቅሪት መሆኑንና ስለዚህም ከጋላክሲ ክምችቶቹ ጀርባ እንደሚመጣ ይነገር የነበረውን ገለጻ እጅግ አጠራጣሪ እንዲሆን አድርጎታል። የዳራ ጨረሩ በእርግጥ ከጋላክሲ ክምችቶቹ ጀርባ የሚመጣ የቢግባንግ ቅሪት ቢሆን ኖሮ፥ከክምችቶቹ ፊት ለፊት ጥላ መሰራት ነበረበት። ነገር ግን የጥናቱ የመጨረሻ አማካኝ ውጤት 'ጥላ የለም' የሚል ነበር።

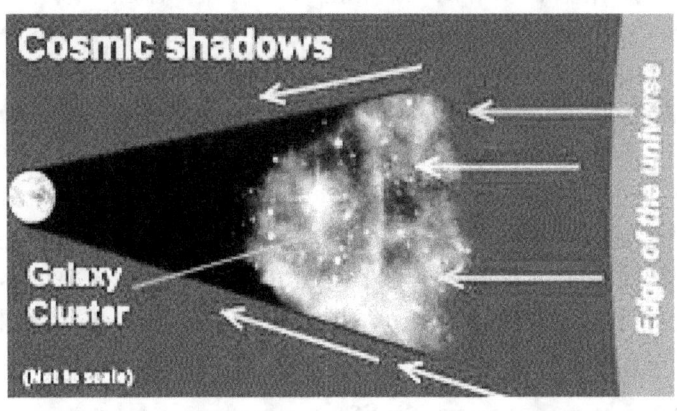

የቡድኑ መሪ ዶ/ር ሪቻርድ ሊዩ እንዲህ ብሏል፤

> "ወይ (የማይክሮዌቭ ዳራ ጨረሩ) ከክምችቶቹ ጀርባ አልመጣም ማለት ነው፤ይህ ማለት ደግሞ ቢግባንግ (ቲዎሪ) ወድሟል ማለት ነው - ወይም የሆነ ነገር እየተካሄደ ነው።" - *Lieu, R., Mittaz, J.P.D. and Shuang-Nan Zhang, The Sunyaev–Zel'dovich effect in a sample of 31 clusters: A comparison between the x-ray predicted and WMAP observed Cosmic Microwave Background temperature decrement, Ap. J. 648:176–199, 1 September 2006.*

ከዚያ በኋላም ሌሎች ተመራማሪዎች ቢልባይ እና ሻንክስ በ 2007 ዓ.ም ምርምሩን ወደ 38 ጋላክሲዎች አስፍተውት ተመሳሳይ - 'ጥላ የለም' ውጤት አግኝተዋል (Bielby, R.M.

---

[15] www.sciencedaily.com/releases/2006/09/060905104549.htm>,12 September 2006.

and Shanks, T., Anomalous SZ contribution to three-year WMAP data, MNRAS 382:1196–1202, 2007) ።

ከጋላክሲ ክምችቶች ፊት ለፊት መኖር የነበረበት የዳራ ጨረሩ ጥላ አለመኖር፥የዳራ ጨረሩ የቢግባንግ ቅሪት ሊሆን እንደማይችል የሚያሳየን ማስረጃ ነው። ይህ ማለት ደግሞ የቢግባንግ ቲዎሪ ዋነኛው የምልከታ 'ማስረጃውን' ያጣል ማለት ነው።

► **<u>የዳራ ጨረሩ ሊሆን የሚችል ምንጭ ምንድነው?</u>** - የዳራ ጨረሩ ምንጭ በ1926 ዓ.ም ኢድንግተን እና በኋላም በ 1933 ዓ.ም ጀርመናዊው ሳይንቲስት ኢርሃርድ ሬግነር ተንብየውት እንደነበረው፥በከዋክብት ብርሃን ከሞቁ በከዋክብቶች መካከል የሚገኙ ጋዞችና አቧራማ ፓርቲክሎች ሊሆኑ እንደሚችሉ የሚገምቱ አሉ። ህዋ ፍጹም ባዶ አይደለም፤በጋላክሲዎች ውስጥና በጋላክሲዎች መካከል ጨረር በተለያየ መጠን እየመጠጡ የሚያመነጩ የጋዝ ደመናዎችና አቧራማ ፓርቲክሎች አሉ። አቧራማ ፓርቲክሎች ከተለያዩ ሰብስታንሶች ሊሰሩ ይችላሉ - ሲልኬት፣በረዶ፣ ብረት. . . ወዘተ። እነዚህ አቧራማ ፓርቲክሎች ለከዋክብት ብርሃን ሲጋለጡ ኢነርጂ በመምጠጥ ቴምፐሬቸራቸውን ይጨምራሉ። ከ ዜሮ ኬልቪን በላይ ቴምፐሬቸር ያለው ማንኛውም አካል (ማለትም ሁሉም አካላት) ኢነርጂ ያመነጫሉ። አንድ አካል 3 ኬልቪን (3K) ቴምፐሬቸር ካለው፥ ልክ የኮስማዊ ማይክሮዌቭ ዳራ ጨረር (CMB) የሚያሳየውን ዓይነት ማይክሮዌቭ ከፍሉ ከፍተኛ የሆነ የብላክቦዲ ራዲየሽን ግራፍ የሚሰራ ኢነርጂ ያመነጫል። ስለዚህ 3K ቴምፐሬቸር ያላቸው በወጥነት የተሰራጩ አቧራማ ፓርቲክሎች የኮስማዊ ማይክሮዌቭ ዳራ ጨረር (CMB) ምንጭ ሊሆኑ እንደሚችሉ የሚገምቱ አሉ።

ይሁንና እዚህ ሃሳብ ላይ አንዳንድ ችግሮች አሉ። በመጀመሪያ በዩኒቨርስ ውስጥ አቧማ ፓርቲክሎች በወጥነት ተሰራጭተው አይገኙም። ለምሳሌ በሚልኪዌይ ጋላክሲ ውስጥ አቧራማ ፓርቲክሎች የሚገኙት የጋላክሲው ወለል አጠገብ ነው፤በጋላክሲው ወለል ላይም እጅግ ተከማችተው ይገኛሉ። በሌሎች ጥምዝምዝ ጋላክሲዎች (spiral galaxies) ውስጥ ተመሳሳይ ሁኔታ ይታያል። አቧራማ ፓርቲክሎች በእኩል ስርጭት ስለማይገኙ፥የአቧራማ ፓርቲክለች የሙቀት ራዲየሽን እንደ ኮስማዊ ማይክሮዌቭ ዳራ ጨረር (CMB) በአንድ ዓይነት የተስተካከለ ሊሆን አይችልም። በሁለተኛም፥ አቧራማ ዳመናዎች ከማይክሮዌቭ ዳራ ጨረር (CMB) የሚበልጥ ቴምፐሬቸር ያላቸው መሆኑን አስትሮኖመሮች አረጋግጠዋል።

እንግዲያው የማይክሮዌቭ ዳራ ጨረሩ ምንጭ በትክክል ምንድነው?

አንዳንድ ፍጥረተኞች፥ የኮስማዊ ማይክሮዌቭ ዳራ ጨረር፥በፍጥረት በመጀመሪያው ቀን የተፈጠረው የመጀመሪያው ብርሃን ቅሪት ሊሆን እንደሚችል ይገምታሉ። መጽሐፍ ቅዱስ፥ በፍጥረት በመጀመሪያው ቀን እግዚአብሔር ብርሃን እንደፈጠረ ይነግረናል፤ "እግዚአብሔር ብርሃን ይሁን አለ፤ ብርሃንም ሆነ።" (ዘፍጥረት 1፥3) ይህ ብርሃን፥

ከፀሐይ ወይም ከክዋክብት የመነጨ አይደለም፤ምክንያቱም ፀሐይና ክዋክብት የተፈጠሩት በ 4ኛው ቀን ነው። ይህ እግዚአብሔር ይሁን ብሎ የፈጠረው የመጀመሪያው ብርሃን፥በመጀመሪያው ቀን የተፈጠረ ነው። ይህ ብርሃን ኮከቦች እስከሚፈጠሩ ድረስ በጊዜያዊነት የተፈጠረ ሳይሆን እንደማይቀር አንዳንድ ፍጥረተኞች ያስባሉ። ዛሬ በኮስማዊ ማይክሮዌቭ ዳራ ጨረር ውስጥ የምናየው ምናልባት የዚህ ብርሃን ቅሪት ሊሆን እንደሚችልም ይገምታሉ።

የማይክሮዌቭ ዳራ ጨረሩን ምንጭ ለመግለጽ ቢግባንግ አያስፈልግም።

(የ 1965ቱ የኮስማዊ ማይክሮዌቭ ዳራ ጨረር የጋራ አግኚና የኖቤል ፕራይዝ ተሸላሚው አርኖ ፔንዚያስ፥ ዩኒቨርስ የቢግባንግ ሲንጉላሪቲ ውጤት ሳትሆን የመለኮታዊ ፍጥረት ውጤት መሆኗን የሚያምን ፍጥረተኛ ነበር።)

(2) **<u>ቀይ-ሽግሽግ (redshift)</u>** - የቢግባንግ 'ማስረጃ' ተደርጎ የሚቀርበው ሁለተኛው ነገር፥ የከዋክብት ብርሃን በስፔክትረም ላይ በሚያሳዩት የቀይ-ሽግሽግ (Redshift) ነው። ጠቅላላው የቢግባንግ ቲዎሪ የተመሠረተው በዩኒቨርስ መስፋት ላይ ነው፤ይህም በተራው የተመሠረተው በክዋክብት ብርሃን የቀይ-ሽግሽግ (Redshift) ላይ ነው። ቀይ-ሽግሽግና የዩኒቨርስ መስፋት የቢግባንግ ኮስሞሎጂ የተገነባባቸው ሁለት ምሰሶዎች ናቸው።

የቢግባንግ ቲዎሪ፥ዩኒቨርስ በአሁኑ ጊዜ እየሰፋች ስለሆነ፥ ከ 13.7 ቢሊዮን ዓመታት በፊት ከአተም ካነሰ ነጥብ ተነስታ መስፋት ጀምራለች የሚል ሃሳብ ላይ የተመሰረተ ነው።

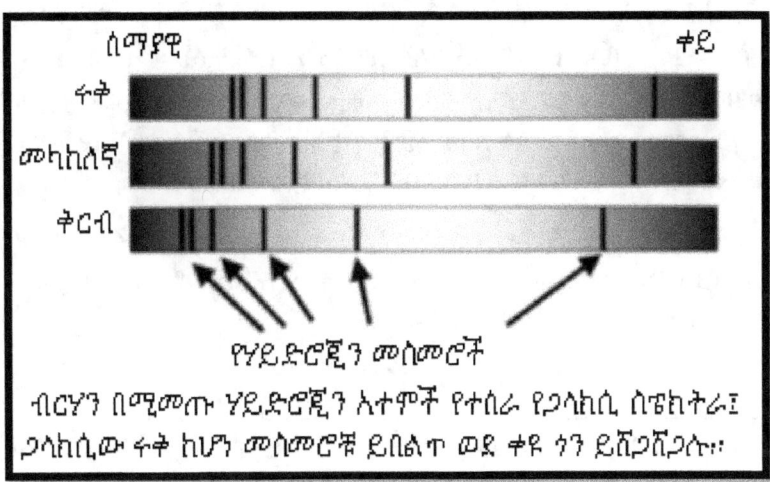

ብርሃን በሚመጡ ሃይድሮጂን አተሞች የተሰራ የጋላክሲ ስፔክትራ፤ ጋላክሲው ሩቅ ከሆነ መስመሮቹ ይበልጥ ወደ ቀዩ ጎን ይሸጋሸጋሉ።

ስለዚህም ኢቮሉሽኒስቶች የቢግባንግ ቲዎሪን እውነተኝነት ለማሳየት እንደ "ማስረጃ" የሚያቀርቡት የዩኒቨርስን መስፋት ነው። ለዩኒቨርስ መስፋት የሚቀርበው ማስረጃም፥ከሩቅ ክዋክብት የሚመጣው ብርሃን በስፔክትረም ላይ የሚያሳየው የቀይ-

ሽግሽግ (red shift) ነው። አንዳንዶች፥የዩኒቨርስን መስፋት ከቢግባንግ ጋር እኩል እንደሆነ አድርገው ይወስዱታል፤ነገር ግን ይህ ትክክል አይደለም።

በእርግጥም የከዋክብት ብርሃን የሚያሳዩት ቀይ-ሽግሽግ፥በዩኒቨርስ ህዋ መስፋት ምክንያት የተፈጠረ መሆኑን አብዛኞቹ አማኝ ፍጥረተኞችም ይስማሙበታል። በእርግጥም ከሩቅ ከዋክብት የሚመጣው ብርሃን የሚያሳየው የቀይ-ሽግሽግ (red shift) የዩኒቨርስ መስፋትን የሚጠቁም ነው።

ነገር ግን ዩኒቨርስ አሁን እየሰፋች መሆኗ፥ ከ 13.7 ቢሊዮን ዓመታት በፊት ከአንዲት የሲንጉላሪቲ ነጥብ በቢግባንግ የጀመረች መሆኗን ያረጋግጥልናል ማለት አይቻልም። ዩኒቨርስ በአሁኑ ጊዜ የምታካሂደውን መስፋት ከቢግባንግ ውጭ በሌላ ዓይነት መግለጽ ይቻላል።

በአሁኑ ጊዜ ዩኒቨርስ እየሰፋች መሄዷ (ወይም የከዋክብት ብርሃን የሚያሳዩት ቀይ-ሽግሽግ) የ 'ቢግባንግ' ማስረጃ ነው ማለት የምንችለው፥ከቢግባንግ ውጭ ለዩኒቨርስ መስፋት መንስኤ ሊሆን የሚችል ሌላ ነገር የሌለ ከሆነ ብቻ ነው። ነገር ግን ይህ አለ፤ እግዚአብሔር ዩኒቨርስን እየሰፋች እንድትሄድ አድርጎ እንደፈጠራት የሚጠቁሙ ቃላትን በመጽሐፍ ቅዱስ ውስጥ በተለያዩ ስፍራዎች እናገኛለን። ለምሳሌ እነዚህን ተመልከት - "ሰማያትን የሚዘረጋቸው" (ኢሳ 40፤22) በሌላ ቦታም "ሰማያትን የዘረጋቸው" (ኢሳ 42፤5) "ሰማያትንም. . . የዘረጋ" (ኤር 10፤12) "ሰማይንም እንደ መጋረጃ ዘረጋህ" (መዝ 103፥2) "እግዚአብሔር እንዲህ ይላል፥- ሁሉን የፈጠርሁ ሰማያትን ለብቻዬ የዘረጋሁ" (ኢሳያስ 44፥24) ። በሌላ ቦታም "እኔ በእጄ ሰማያትን ዘርግቼአለሁ።" (ኢሳያስ 45፥12) ከነዚህ በተጨማሪም ዘካ 12፡1, ኢዮብ 9፥8 ወዘተ ተመልከት። በመጽሐፍ ቅዱስ ውስጥ ስለ ሰማያት መዘርጋት በጠቅላላ አስራ አራት ጊዜ ተጠቅሶ ይገኛል። የሰማይ መዘርጋት በእግዚአብሔር ፍጹም ፕላን ውስጥ ልዩ ዓላማ ያለው ይመስላል።

የከዋክብት ብርሃን ቀይ-ሽግሽግ ወይም የዩኒቨርስ በአሁኑ ጊዜ መስፋት የቢግባንግ ውጤት ሳይሆን፥እግዚአብሔር ዩኒቨርስን እየሰፋች እንድትሄድ አድርጎ የፈጠራት የመሆኑ ውጤት አድርጎ መውሰድ ይቻላል።

****

የአለማችን 33 ታዋቂ ዓለማዊ ሳይንቲስቶች፥ ቢግባንግ ቲዎሪ ፈጽሞ ስህተት መሆኑን የሚገልጽ ግልጽ ደብዳቤ በ 2004 ዓ.ም አሰራጭተዋል። ይህ 'Open Letter to the Scientific Community' በሚል ርእስ በ 2004 ዓ.ም በ New Scientist መጽሔትና (182(2448)20, 22 May 2004) በኢንተርኔት የተለቀቀው ግልጽ ደብዳቤ የመጀመሪያዎቹ ፈራሚዎች 33 ታዋቂ ሳይንቲስቶች ቢሆኑም፥በአሁኑ ጊዜ ግን

የፈራሚዎቹ ሳይንቲስቶችና ኢንጂነሮች ቁጥር ወደ 218 ከፍ ብሏል። ከእነዚህም በተጨማሪ 187 የግል ተመራማሪዎችና 105 ሌሎች በተለያየ ሙያ ላይ የተሰማሩ በፊርማቸው ተቀላቅለዋቸዋል። በደብዳቤው ውስጥ የሚገኙ ዋና ዋና ነጥቦች ከዚህ በታች ቀርበዋል፤

ግልጽ ደብዳቤ ለሳይንሳዊ ማህበረሰብ

cosmologystatement.org

(Published in New Scientist, May 22, 2004)

“የቢግባንግ ቲዎሪ ዛሬ ቁጥራቸው እየጨመረ በመጣ ፈጽሞ አይተናቸው በማናውቃቸው ግምታዊ ነገሮች ላይ የተደገፈ ነው - - ኢንፍሌሽን፣ዳርክ ማተር እና ዳርክ ኢነርጂ ለዚህ ዋነኞቹ ተጠቃሽ ምሳሌዎች ናቸው። ያለ እነዚህ፥ በአስትሮነመሮች በተደረጉ ምልከታዎችና በቢግባንግ ቲዎሪ ግምቶች መካከል አደገኛ የሆነ ተቃርኖ ይኖራል። በሌላ የፊዚክስ መስክ ውስጥ በቲዎሪና በምልከታ መካከል ያለን ክፍት ለማያያዝ ይህ ዓይነት ቀጣይ የሆነ እደሳ የሚደረግለት አዲስ ግምታዊ ነገር ተቀባይነት አይኖረውም። ቢያንስ ቲዎሪው ዋጋ ያለው መሆኑ ላይ ከባባድ ጥያቄዎችን ያስነሳል።

ነገር ግን የቢግባንግ ቲዎሪ ያለ እነዚህ የውሸት ፋክተሮች ሊኖር አይችልም። ያለ ግምታዊ ኢንፌሌሽን ፊልድ፥ ቢግባንግ የሚታየውን የተስተካከለና አይሶትሮፒክ የሆነ ኮስማዊ ዳራ ጨረርን መገመት አይችልም፤ምክንያቱም አሁን ሰማይ ላይ ከጥቂት ዲግሪ ከፍ የሚሉት የዩኒቨርስ ክፍሎች አንድ ዓይነት ቴምፕሬቸር ላይ የሚመጡበትና በዚህም እኩል መጠን ማይክሮዌቭ ጨረር የሚያመነጩበት መንገድ የለም።

ምድር ላይ ለ20 ዓመታት በተካሄዱ ሙከራዎች ላይ ያየናቸውን የማይመስል የሆነ ዓይነት ዳርክ ማተር (dark matter) ከሌለ በስተቀር፥ ቢግባንግ ቲዎሪ ዩኒቨርስ ውስጥ ላሉ ቁስአካላት እፍጋት (density) ተቃርኖ የሚፈጥር ግምትን ይሰጣል። ኢንፍሌሽን በቢግባንግ የቀላል ኤሌመንቶች ምንጭን በሚገልጸው ቲዎሪ በ ኒኩሎሲንቴሲስ (nucleosynthesis) ከቀረበው 20 ጊዜ እጥፍ የሚበልጥ እፍጋት ይፈልጋል። እንዲሁም ያለ ዳርክ ኢነርጂ (dark energy) ዩኒቨርስ 8 ቢሊዮን ዓመት ብቻ እንዳላት ቲዎሪው ይገምታል፤ይህ ደግሞ በእኛው ጋላክሲያችን ውስጥ ካሉት በርካታ ኮከቦች እድሜ በቢሊዮኖች ዓመታት ያነሰ ነው. . .

. . . ይሁንና የዩኒቨርስን ታሪክ ለመረዳት ቢግባንግ ብቸኛው መዋቅር አይደለም። ፕላዝማ ኮስሞሎጂና ስቴዲ-ስቴት ሞዴል ሁለቱም ያለ ጅማሬና ፍጻሜ በሂደት የመጣች ዩኒቨርስን ይገምታሉ። እነዚህና ሌሎች አማራጭ አቀራረቦች የኤለመንቶችን ብዛት፣የግዙፍ መዋቅሮችን አመጣጥ፣ ኮስማዊ ዳራ ጨረርን እና ሩቅ ያሉ ጋላክሲዎች ቀይ-ሽግሽግ ከርቀት ጋር እንዴት እንደሚጨምርን ጨምሮ የኮስሞስን መሠረታዊ

ክስተቶችን መግለጽ ይችላሉ . . .

. . . ዛሬ ወጣት ሳይንቲስቶች ስለ መደበኛው ቢግባንግ ሞዴል የሚሉት አሉታዊ የሆነ ነገር ካላቸው ዝም ብለው መቀመጥን ተምረዋል። ቢግባንግን የሚጠራጠሩ ያን መናገር ፈንዳቸውን እንዳያሳጣቸው ይፈራሉ።

ሌላው ቀርቶ ዛሬ ምልከታዎች የሚተረጎሙት በዚህ በተዛመመ ማጣሪያ ነው፤ትክክልና ስህተት የሚወሰነው ቢግባንግን የሚደግፉ ወይም የማይደግፉ መሆናቸው ላይ ነው። ስለዚህም የማይስማሙ የቀይ-ሽግሽግ ዳታዎች፣በርካታ የሊቲየሞችና የሂሊየሞች መትረፍረፍ እና የጋላክሲ ሥርጭት ከሌሎች ነገሮች ጋር ተጥለዋል ወይም ተፌዞባቸዋል።

ዛሬ ኮስሞሎጂ ውስጥ ጠቅላላው የፋይናንስና የኤክስፐርመንት ሪሶርሶች ለ ቢግባንግ ጥናት የሚውሉ ናቸው . . . በቢግባንግ መዋቅር ውስጥ ላለ ብቻ ድጋፍ ማድረግ የሳይንሳዊ ዘዴን መሰረታዊ ኤለመንት ያዳክመዋል . . . በኮስሞሎጂ ሥራ ላይ ፈንድ የሚያደርጉ ኤጀንሲዎች ቢግባንግን ለሚቃረኑ አማራጭ ቲዎሪዎችና ምልከታዎች ምርምር ከፈንዳቸው ጠቀም ያለ ክፍል እንዲመድቡ እንጠይቃለን።”

****

እነዚህ ዓለማዊ ሳይንቲስቶች ምንም እንኳን በእግዚአብሔር የዩኒቨርስ ፈጣሪነት የማያምኑ ቢሆኑም፥ ነገር ግን የቢግባንግ ቲዎሪ ሊሰራ የማይችል መሆኑንና ሌላ አማራጭ ቲዎሪ መፈለግ እንዳለበት እያሳሰቡ ነው።

3 – ሌሎች ተፎካካሪ ኮስሞሎጂያዊ ቲዎሪዎች

ከመደበኛው የቢግባንግ ቲዎሪ በተጨማሪም ሌሎች ተፎካካሪ የኮስሞሎጂ ሞዴሎችም አሉ። እነዚህንና ችግሮቻቸውን ባጫጭሩ እንይ፤

1. **የበርካታ ዩኒቨርሶች (multiverse) መላምት** - ይህ በ 1981 ዓ.ም በአለን ጉዝ በወጣው ኢንፍሌሽን ቲዎሪ ላይ በመመስረት የወጣ የበርካታ ዩኒቨርሶች ቲዎሪ ነው። ይህኛው ከመደበኛው የኢንፍሌሽን ቲዎሪ ለየት የሚለው፥ በኢንፍሌሽን (በፈጣን መስፋት) ወቅት የተለያዩ የህዋ ክፍሎች በተለያየ ፍጥነት ሰፍተው በርካታ “ዩኒቨርሶች” እንደ አረፋ እየተፍለቀለቁ (bubble universes) የተፈጠሩ መሆናቸው የሚገልጽ መሆኑ ነው። የእኛ ዩኒቨርስ ከእነዚህ በተለያዩ ፊዚካላዊ ህግ ከሚገዙ ተቆጥረው ከማያልቁ (ከ 10^{500}) ዩኒቨርሶች መካከል አንዷ ነች። በርካታ ዩኒቨርሶች (multiverse)፥ በመርህ ደረጃ እንኳን መቼም ቢሆን ሊታዩ የማይቻሉ በመሆናቸው፥ ከእምነት መግለጫ በዘለለ ሳይንሳዊ ሊሆኑ አይችሉም።

እጅግ እንግዳ የሆነ እምንታ፥ በከፍተኛ ሁኔታ የተፈተሸ ማስረጃ ያስፈልገዋል።

2. <u>የተወዛዋዥ ዩኒቨርስ መላምት (Oscillating Universe Hypothesis)</u> - እንደዚህ ቲዎሪ፥ ዩኒቨርስ በ Big Bang ጀምራ በ Big Crunch የሚጠናቀቅ ተደጋጋሚ የሆነ የመስፋትና የመጥበብ ኡደት ውስጥ የምትወዛወዝ ዘላለማዊ ነች። እንደቲዎሪው፥ ቢግባንግ በየተወሰነ ቢሊዮን ዓመት በተደጋጋሚ የሚከሰት ሲሆን፥ከዚያ አዲስ የዩኒቨርስ ኡደት ይጀመራል፤ የእኛዋ ዩኒቨርስም ከእነዚህ ተከታታይ ዩኒቨርሶች አንደኛዋ ነች። *(big crunch - ዩኒቨርስ በመጨረሻ መስፋቷን አቁማ ዳግም ወደ ውስጥ መሰብሰብን የሚገልጽ ቃል ነው።)*

<u>ችግሮቹ</u>

ዩኒቨርስ እየሰፋችና እየጠበበች ለዘላለም እንደምትኖር የሚገልጸው ይህ መላምት፥ በሁለተኛው የቴርሞዳይና ሚክስ ሕግ ምክንያት ሊሰራ የሚችል አይደለም።

ይህ እንዴት እንደሆነ እናብራራው፤በሁለተኛው የቴርሞዳይናሚክስ ሕግ መሠረት ጊዜ ወደ ፊት በሄደ ቁጥር ኢንትሮፒ (ትርምስምስና ፍርሰት) እየጨመረ ስለሚሄድ፥ ከእያንዳንዱ ኡደት በኋላ ዩኒቨርስ ይበልጥ ዝብርቅርቅ እያለች ትሄዳለች። ዩኒቨርስ ለዘላለም የነበረች ከሆነና ከዚህ በፊት እጅግ በርካታ የመጥበብና የመስፋት ኡደቶች የነበሩ ከሆነ፥ በአሁኑ ጊዜ ዩኒቨርስ ከፍተኛው ኢንትሮፒ (ትርምስምስ) ላይ መድረስ ነበረባት።

በተጨማሪም ዩኒቨርስ እየሰፋችና እየጠበበቻው በተደጋጋሚ ውዝወዛ ታደርግ ነበር ብለን ብንወስድም እንኳን ዘላለማዊ ዩኒቨርስ ሊኖር እንደማይችል የቴርሞዳይናሚክ ህግ በሌላ ዓይነት መንገድም ያሳየናል። አንድ ሰው በጊዜ ውስጥ ወደ ኋላ ቢሄድ የዩኒቨርስ ቲዎሪያዊው የውዝወዛው ጊዜ በቴርሞዳይናሚክስ ህግ ምክንያት እያነሰ በመሄድ በመጨረሻ መነሻ ነጥብ ሊኖራት እንደሚገባ ያያል። ማለትም በጊዜ ውስጥ ወደኋላ ስንመለከት እያነሱ የሚሄዱ አጫጭር ዙሮችን እናገኛለን - በመጨረሻ ነጥብ አከለው ጅማሬን የሚጠቁሙ። ስለዚህ ዩኒቨርስ ዘላለም የነበረች ልትሆን አትችልም።

በዱአን ዲከስ የሚመራ አንድ የሳይንቲስቶች ቡድን የሚከተለው ድምዳሜ ላይ ደርሷል፤

> "የኢንትሮፒ ውጤት የሚሆነው፥ከኡደት ወደ ኡደት ኮስማዊ ደረጃን ማግዘፍ ነው. . . ስለዚህ በጊዜ ውስጥ ወደ ኋላ ስንመለከት እያንዳንዱ ኡደት ያነሰ ኢንትሮፒና ያነሰ የኡደት ጊዜ ነበረው፤ ያንንም ተከትሎ ያነሰ የኡደት ስፋት ፋክተር ነበረው።" - *Duane Dicus, et.al. - Effects of Proton Decay on the Cosmological Future.|| Astrophysical Journal 252 (1982): l, 8.*

በዚህ ዳታ ላይ በመመስረት ኖቪኮቭና ዚልዶቪች የግድ የዩኒቨርስ ጅማሬ ሊኖር

እንደሚገባ እንዲህ ሲሉ ይገልጻሉ፤

> “የበርካታ ኡደት (multicycle) ሞዴል፥እልቆቢስ የወደፊት ጊዜ አለው፤ነገር ግን የተወሰነ ያለፈ ጊዜ።” - *I.D. Novikov and Ya. B. Zeldovich,- Physical Processes Near Cosmological Singularities, || Annual Review of Astronomy and Astrophysics 11 (1973): 401-2.*

ተወዛዋዥ ዩኒቨርስ ከኡደት ወደ ኡደት ኢንትሮፒዋ እየጨመረ በመሄድ ወደ heat death እንደምታመራ ለመጀመሪያ ጊዜ በማሳየት የተወዛዋዥ ዩኒቨርስ ቲዎሪ የማይሰራ መሆኑን ያሳየው በ 1934 ዓ.ም ሪቻርድ ቲ. ቶልማን ነበር።

ስቴቨን ሐውኪንግ እንዲህ ይላል፤

> “ቲዎሪህ ከሁለተኛው የቴርሞዳይናሚክስ ሕግ ጋር የማይስማማ ከሆነ፥በመጥፎ ችግር ውስጥ ነው። በእርግጥ ዩኒቨርስ ለዘላለም ኖራለች የሚለው ቲዎሪ፥ ከሁለተኛው የቴርሞዳይናሚክስ ሕግ ጋር በአስከፊ ችግር ውስጥ ነው። ” - *Hawking, S., The Beginning of Time, hawking.org.uk,*

> “If your theory disagrees with the Second Law of Thermodynamics, it is in bad trouble. In fact, the theory that the universe has existed forever is in serious difficulty with the Second Law of Thermodynamics. The Second Law states that disorder always increases with time. Like the argument about human progress, it indicates that there must have been a beginning. Otherwise, the universe would be in a state of complete disorder by now, and everything would be at the same temperature.” - *Hawking, S., The Beginning of Time, hawking.org.uk,*

ተወዛዋዥ ዩኒቨርስ ለዘላለም ሊኖር የሚችልበት ሁኔታ የለም - የቴርሞዳይናሚክስ ሕግ ይህን ይከለክላል።

3 <u>የኢክፓይሮቲክ ሞዴል (Ekpyrotic model)</u> - የእኛዋ ባለ 3 የህዋና 1 የጊዜ ዳይሜንሽን ዩኒቨርስ፥ በሌላ ለእኛ በማይታይ ተጨማሪ አራተኛ የህዋ ዳይሜንሽን በኩል አጠገቧ ካለች ከሌላ ትይዩ እህት ዩኒቨርስ ጋር በግጭት የተፈጠረች መሆኗን የሚገልጽ መላምት ነው። እነዚህ ሁለት ጠፍጣፋና ዝርግ ዩኒቨርሶች (Branes በመባል ይጠራሉ) በየትሪሊዮኖች ዓመታት አንዴ እየተጋጩ በአንደኛው ላይ አዳዲስ ቁስአካላትና ጨረሮች እንደሚፈጠሩ ሞዴሉ ያስረዳል።

ችግሮቹ

- ከእኛ ዩኒቨርስ ጎን ጠፍጣፋና ዝርግ የሆነች ሌላ እህት ዩኒቨርስ (Branes) ያለች ስለመሆኗ ማስረጃ የለም።

- M-theory፥ ዩኒቨርስ 11 ዳይሜንሽኖች ሳይኖራት እንደማይቀር ይገልጻል፤ነገር ግን በአሁኑ ጊዜ በሳይንስ የሚታወቁት የዩኒቨርስ ዳይሜንሽኖች 4 የህዋ-ጊዜ ዳሜንሽኖች ብቻ ናቸው (3 የህዋና አንድ የጊዜ ዳሜንሽን)። ሞዴሉ የሚጠቀምበት ከ3ቱ መደበኛ የህዋ ዳይሜንሽኖች በተጨማሪ 4ኛ የህዋ ዳይሜንሽ በእርግጥ ስለመኖሩ በሳይንስ ያልተረጋገጠ የስትሪንግ ቲዎሪ ውስጥ የሚገኝ ሃሳባዊ ዳይሜንሽን ብቻ ነው።

- ይህ ሃሳባዊ 4ኛው የህዋ ዳይሜንሽን አለ ብለን ብንወስድ እንኳን (ነገር ግን እስካሁን በእርግጥ ስለመኖሩ ምንም ማስረጃ የለም) እነዚህ ሁለት Branes (ዝርግ ዩኒቨርሶች) በየትሪሊዮን ዓመት የሚጋጩ መሆናቸውን የሚያረጋግጥልን ማስረጃ የለም።

4 **የስቴዲ ስቴት ሞዴል፤** በዩኒቨርስ መስፋት ምክንያት ከዋክብትና ጋላክሲዎች ከእይታ እየተሰወሩ ሲጠፉ፥እነርሱ በሚሰወሩበት ፍጥነት መጠን ህዋ ውስጥ አዳዲስ ቁስአካላትና ኢነርጂ ያላሟቋረጥ እየተፈጠሩ እና አዳዲስ ከዋክብትንና ጋላክሲዎችን እየተሰሩ ዩኒቨርስ የማይለዋወጥ ቋሚ አማካኝ እፍጋቷን (average density) እንደጠበቀች የምትሰፋ ዘላለማዊት መሆኗን የሚገልጽ ቲዎሪ ነው። ነገር ግን ይህንንም ሞዴል የሚቃረኑ በርካታ የምልከታ ማስረጃዎች አሉ።

5 **የፕላዝማ ኮስሞሎጂ፤** በዩኒቨርስ ውስጥ ያሉትን ቁስአካት ወደ ከዋክብት ሲስተሞችና ወደ ሌሎች ትላልቅ መዋቅሮች በማደራጀቱ ረገድ ከግራቪቲ ይልቅ ትልቅ ሚና የተጫወተው፥ፕላዝማ (Plasma) ከኤሌክትሪክና ማግኔቲክ ኃይሎቹ ጋር መሆኑን የሚገልጽ ቲዎሪ ነው።

6 **ሌሎች የዘላለማዊ ዩኒቨርስ ሞዴሎች፤** ዩኒቨርስ ለዘላለም እንደነበረችና ወደፊትም ለዘላለም እንደምትኖር የሚገልጹ የተለያዩ ዓይነት ኮስሞሎጂያዊ ሞዴሎች አሉ። ነገር ግን እነዚህ ሊሰሩ እንዳይችሉ የሚያደርጋቸውና ዩኒቨርስ የግድ ጅማሬ ሊኖራት እንደሚገባ የሚያሳዩ እውነታዎች አሉ። ለምሳሌ፤

- **ዘላለማዊ ኢንፍሌሽን (በርካታ ዩኒቨርሶች ሞዴል)** - የኢንፍሌሽን ኢኩዌሽኖች ያለፈ ጊዜ ድንበርን የሚፈልግ መሆኑ ሞዴሉን እንዳይሰራ ያደርገዋል።

- **ዘላለማዊ እንቁላል -** ይህ ሞዴል፥ዩኒቨርስ እየተፈለፈለ የሚወጣበት በአንድ ዓይነት ሁኔታ ለዘላለማም የሚኖር 'ኮስማዊ እንቁላል' ያለ መሆኑን የሚገልጽ ሞዴል

ነው። ነገር ግን ሁለት ተመራማሪዎች ቪሊንኪን እና ሚታኒ፥ የኳንተም ኢ-ርጉነት ከተወሰነ ጊዜ በኋላ ወደ አንድ ሁኔታ እንዲወድቅ (collapse) ስለሚያስገድደው እንቁላሉ ለዘላለም ሊኖር እንደማይችል አሳይተዋል (arxiv.org/abs/1110.4096)።

ባጭሩ፥ኮስማዊ እንቁላሉ ለዘላለም ሊኖር የሚችልበት ሁኔታ የለም - የኳንተም ሕግ ይህን ይከለክላል።

ሊሰራ የሚችል የዘላለማዊ ዩኒቨርስ ሞዴል የለም። ኮስሞሎጂስቱ አሌክሳንደር ቪሊንኪን እንዲህ ይላል “ጠቅላላ ያሉን መረጃዎች ዩኒቨርስ ጅማሬ ያላት መሆኑን የሚያሳዩ ናቸው።”

ለዘላለም የነበረና የሚኖር ሁለተኛውን የቴርሞዳናሚክስ ሕግና የኳንተም መካኒክስ ሕጎችን የፈጠረና ከነዚህ በላይ የሆነው ዘላለማዊ እግዚአብሔር ብቻ ነው!

****

ማጠቃለያ - በየጊዜው የተለያዩ ዓይነት ኮስሞሎጂዎች ቀርበዋል - ኢንፍሌሽን፣ ብራን ቲዎሪ፣በርካታ ዩኒቨርሶች፣ተወዛዋዥ ዩኒቨርስ . . . ወዘተ። ሁሉም በእርግጠኝነት ከሚያውቁት በላይ የሚናገሩ ናቸው። ስለ ዩኒቨርስ የመጀመሪያዎቹ ማይክሮሰከንዶች በእርግጠኝነት ሊያውቁት የሚችሉት ነገር የለም። ከዚያ በፊት ምን እንደነበርም በእርግጠኝነት ሊያውቁ አይችሉም። ስለ አንድ ነገር መላምት ማውጣትና በእርግጠኝነት ማወቅ የተለያዩ ነገሮች ናቸው።

ኦራህሊ - ኮስሞሎጂስቶች ስለ እነዚህ የጅማሬ ቲዎሪዎቻቸው ሲጽፉ የሚያወሩትን በእርግጥ አውቀውት ነው? ሲል ይጠይቃል፤

> “ስለ መደበኛው ሞዴል [ቢግባንግ] በእውነት እርግጠኞች መሆን እንችላለን? . . . የምንለውን ነገር በእርግጠኝነት የምናውቅ ይመስል ስለመጀመሪያዎቹ [የቢግባንግ] ሶስት ደቂቃዎች ስንጽፍ [በውስጣችን] የሚሰማንን እርግጠኛ አለመሆን ልክድ አልችልም።”- *A. O'Rahilly, Electromagnetic Theory (1965), pp. 335-336.*

ዩሪ ታዋቂ ኢቮሉሽኒስት ቢሆንም ነገር ግን ያኔ ጥንት ምን እንደተካሄደ በትክክል ሊያውቅ የሚችል ማንም እንደሌለ ይነገረናል። ዚመርማንም ምንም ዓይነት ምርጥ ቲዎሪ ቢወጣ ትክክል መሆኑ ሊረጋገጥ እንደማይቻል አክሎበታል፤

> “ሀሮልድ ሲ. ዩሪ ይህ እመንታ [ኮስሞሎጂያዊ ቲዎሪ] አሳስቦት እንዲህ ሲል አስተያየቱን ሰጥቶ ነበር ‘ያኔ ማንኛችንም እዚያ አልነበርንም፤ስለዚህ እኔ

ምዕራፍ 1 የዩኒቨርስ አመጣጥና እድገት ቲዎሪ ችግሮች

> የምሰጠው ማንኛውም ሃሳብ እንደተረጋገጠ እውነት ተደርጎ ሊወሰድ አይችልም። ሊደረግ የሚቻለው የመጨረሻው ትልቁ ነገር - የሚታዩ እውነታዎችንና ፊዚካላዊ ህጎችን የማይቃረን [ባለፈው ጊዜ የተፈጸሙ ክስተቶችን ሊያመላክት የሚችል] ግምታዊ መላምት ማውጣት ብቻ ነው።' በዚህ በዶክተር ዩሪ አስተያየት ላይ ፓውል ኤ. ዚመርማን አስተያየቱን ሲሰጥ 'ኮስሞሎጂያዊ አስተሳሰብ ምን እንደሆነ ይህ [የዩሪ አስተያየት] በግልጽ ያሳየናል. . . ነገር ግን አንድ ሰው የሰማያዊ አካላትን እያንዳንዱን ዝርዝር ባህሪያት የሚተነትን ፍጹም የሆነ ሲስተም በማውጣት ግጥሚያውን ቢያሸንፍ እንኳን፥ ነገሮች በእርግጥ እርሱ እንዳረቀቀው መፈጸማቸውን ሊያረጋግጥ አይችልም'. . ." *- Harold C. Urey and Paul A. Zimmerman, quoted in H. M. Morris, W. W. Boardman and R. F. Koontz, Science and Creation (1971), pp. 92-93.*

ዘመናዊ ኮስሞሎጂዎች ባብዛኛው ማስረጃ አልባ ናቸው፤ማስረጃ ተደርገው የሚቀርቡትም በቀላሉ በሌላ ዓይነት ሊተረጎሙ የሚችሉ ናቸው። አብዛኞቹ እንደ ንጉሱ የማይታይ አዲስ ልብስ ናቸው - የክር ማስረጃ እንኳን የላቸውም፤ ባብዛኛው የሚሉት ነገር አይታይም፤ሊፈተሽ የሚቻል ነገርም አይደለም።

> "ያለመታደል ሆኖ ኮስሞሎጂስቶች እርቃኑን እንደሆነው ንጉስ በመገናኛ ብዙኃን ፊት የሚንጓደዱ መምሰል እየጀመሩ ነው። ሄይ - እንወዳችኋለን፤ ነገር ግን ስለ ዩኒቨርስ እውነተኛ ጅማሬ ወይም ፍጻሜ ፍንጩም የላችሁም።" *- Astronomy July 2004*

እዚህ ጋ የዓለማዊ ሳይንቲስቶች የማቲማቲክስ ችሎታቸው፣የፊዚክስና የአስትሮኖሚያዊ ጽንሰ-ኃሳቦች ጥልቅ እውቀታቸውና የምልከታና የምርምር ችሎታቸው እየተተቸ አይደለም። እየተተቸ ያለው ኢቮሉሽናዊ የምልከታዎች ትርጉሞቻቸው ነው። በሳይንሳዊ ምልከታዎችና በምልከታዎች ትርጉም መካከል ትልቅ ልዩነት እንዳለ መርሳት የለብንም። አንድ ነገር መመልከት መቻልህ ብቻ፥ እንዴት ሊሆን እንደቻለ ደርሰህበታል ማለት አይደለም።

ብሪሎን - ኮስሞሎጂያዊ ቲዎሪዎችን ከምኞት ሃሳብና ከሳይንሳዊ ልብወለድ አብልጦ አያያቸውም፤

> "አንዳንድ. . ሳይንሶች ከእውነተኛ ሙከራ እጅግ የራቁና አንድ ሰው 'ምን ያህል የምኞት ሃሳብ፣ ምን ዓይነት ሳይንሳዊ ልብወለድ' እያለ የሚገረምባቸው የምልከታና የግምቶች ቅልቅል ብቻ ናቸው። ስለ ዓለም አፈጣጠር ማውራት እጅግ ታላቅና ልዩ ነገር ነው፤ነገር ግን እያለምክ መሆንህን አትርሳ፤ ድንገተኛ

“እንዴት እንደሆነ ላውቅ አልቻልኩም፤ ነገር ግን እዚያ ግዙፍ ልዕለ-ክምችቶች አሉ፤ እንደ ቢግባንግ መኖር አልነበረባቸውም።”

“እንዴት እንደሆነ ሊገባኝ አልቻለም፤ የቢግባንግ ቲዎሪ እውነት እንዲሆን ከጋላክሲ ክምችቶች ፊት ለፊት መኖር የነበረባቸው የኮስማዊ ዳራ ጨረር ጥላዎች ፈጽሞ የሉም።”

“ኮስሞሎጂያዊ መርህ” (cosmological principle) ያልተረጋገጠ ፍልስፍናዊ እመንታ መሆኑን መጥቀስ አያስፈልግም፤ እሱን ሳትጠቅስ ዝም ብለህ ብቻ ዩኒቨርስ ማዕከልና ጠርዝ የሌላት መሆኑን “ኮስሞሎጂያዊ መርህ” እንደሚገልጽና የቢግባንግ ሞዴልም በዚያ ላይ የተመሰረተ መሆኑን ብቻ ገልጸህ ጻፈው።”

“ፀረ-ቁስአካላቱ የት ሊገቡ እንደሚችሉ ቲዎሪ ለማውጣት እየሞከርኩ ነው።”

“ምናልባት ብላክሆል ውጧቸው እንዳይሆን!”

> አቶሚካዊ ፍንዳታም ይሁን ወይም ወደፊትና ወደ ኋላ የሚሰፋ ታሪክ - ማንኛውንም ሞዴል ቢሆን አንባቢ ያምንልኛል ብለህ አትጠብቅ. . እነዚህ ሁሉ እውነት ሊሆኑና ሊታመኑ የማይቻሉ ናቸው. . ኮስሞሎጂን ለመረዳት ገና እጅግ ሩቅ ነን።" *- L Brillouin, Relativity Reexamined (1970), pp. 2-3.*

የዘመኑ የሳይንስ ፍልስፍና፥ ሳይንቲስቶች የሚታይ እውነታን ለመግለጽ የማይታይ እውነታን መጠቀም እንደሚችሉ የሚገልጽ ሃሳብ ነው። በእርግጥም ሁላችንም ምልከታዎችን ለመግለጽ የማይታዩ ነገሮችን እንጠቅሳለን። ነገር ግን ይህ፥ በርካታ ዩኒቨርሶችን ለመሳሰሉ በመርህ ደረጃ እንኳን ፈጽሞ ሊታዩና ሊረጋገጡ ለማይችሉ ሃሳቦች በር የመክፈት አደጋ አለው።

ምናልባት አንድ ሰው መጽሐፍ ቅዱሳዊው የፍጥረት ገለጻ ተዓምርን የሚፈልግ፥ ኢቮሉሽናዊ ኮስሞሎጂዎች ግን ተዓምር የማይፈልጉ ሳይንሳዊ እንደሆኑ አድርጎ ያስብ ይሆናል። ነገር ግን ቢግባንግ (እና ሌሎችም ኮስሞሎጂያዊ ቲዎሪዎች) የሚበልጥ ተዓምር ይፈልጋሉ - ጅማሬ ያላት ዩኒቨርስ በውስጧ ከያዘችው ጠቅላላ ቁስአካላትና ኢነርጂ ጋር ራሷን በራሷ ፈጥራ ለማምጣት፥ ከተዓምር በላይ ተዓምር ይፈልጋል። ቢግባንግን ምን እንደቀሰቀሰው አያውቁም፤ከቢግባንግ በፊት ምን እንደነበር አያውቁም . . ወዘተ።

ስለዚህ እያንዳንዱ ሰው ተዓምር ያምናል። ነገር ግን ክርስትያኖች፥ በአእምሮ ዲዛይን የተደረገ ተዓምር፥ከአእምሮ አልባ የእድል ተዓምር የበላይ እንደሆነ ለማመን ሁሉም ዓይነት ምክንያቶች ይደግፏቸዋል፤በተለይ እንዲህ ዓይነት ጥያቄዎችን መጠየቅ የሚችሉ አእምሮዎችን የሚያስገኙ ተዓምሮች ሲሆኑ!

ሊፕሶን - ብቸኛው ተቀባይነት ያለው ገለጻ የ 'ፍጥረት' ገለጻ ነው ይላል፤

> "ከዚህ አልፈን መሄድ እንዳለብንና ብቸኛው ተቀባይነት ያለው ገለጻ የ 'ፍጥረት' መሆኑን መቀበል ያለብን ይመስለኛል። በእርግጥ ይህ ለእኔም እንደሆነው ሁሉ ለፊዚስቶች የማይመች መሆኑን አውቃለሁ፤ነገር ግን የማንወደው ቲዎሪም ቢሆን ገሀዳዊ መረጃዎች የሚደግፉት ከሆነ ልንጥለው አይገባንም።" *- H.S. Lipson, "A Physicist Looks at Evolution," in Physics Bulletin 31 (1980), p. 138.*

ኢቮሉሽኒስቱ ሻፕሊ - የዩኒቨርስና የቁስአካላት አመጣጥ፥ምናልባት ከቲዎሪና ሳይንስ ሊፈትሸው ከሚችለው ዓለም ውጭ የሆነ ጉዳይ ሳይሆን እንደማይቀር አምኗል፤

> "የመጀመሪያዎቹ መጀመሪያ ከአስትሮኖሚ በላይ የሆነ ነገር ነው። ምናልባትም ከፍልስፍናም በላይ የሆነ በእኛ በማይታወቅ ዓለም ውስጥ ያለ

ነገር ነው።" - *Harlow Shapely, "On the Evolution of Atoms, Stars and Galaxies, " in Adventures in Earth History (1970), p. 77.*

ጀምስ ጂንስም እንዲህ ያላል፤

"ዩኒቨርስ የአእምሮ ዩኒቨርስ ከሆነች [የተቀነባበረ ንድፍና ጥበብ የሚታይባት]፥ አፈጣጠሯም የአእምሮ ሥራ ውጤት መሆን አለበት።"- *James H. Jeans, Mysterious Universe (1932), p. 181.*

እግዚአብሔር ዩኒቨርስን ከዘፍጥረት ገለጻው በተሻለ በሌላ በምንም ዓይነት ዓለማዊ ኮስሞሎጂ መገለጽ እንዳትቻል አድርጎ መፍጠሩ እንዴት ድንቅ ነው! "የእግዚአብሔር ባለጠግነትና ጥበብ እውቀቱም እንዴት ጥልቅ ነው፤ፍርዱ እንዴት የማይመረመር ነው፥ለመንገዱም ፍለጋ የለውም።" (ሮሜ 11፥33)

"በመጀመሪያ እግዚአብሔር ሰማይንና ምድርን ፈጠረ።" (ዘፍጥረት 1፥1) የሚለው ቃል ሁሉም ሊቀበለው የሚገባ ጽኑ ቃል ነው!

****

አፔንዲክስ 1

የ 2016 ዓ.ም የ LIGO የ ስበት ሞገድ (gravitational wave) ግኝት፥ ለቢግባንግ የሚረዳው ነገር አለ?

እ.ኤ.አ ታህሳስ, 2016 ዓ.ም ሳይንቲስቶች የስበት ሞገድን (gravitational wave) የመጀመሪያ ቀጥተኛ ግኝት ማግኘታቸው ይፋ አድርገዋል። በፊዚክስ - የስበት ሞገድ ማለት፥ከግዙፍ ሰማያዊ ክስተቶች የሚመነጩና በህዋ-ጊዜ (space-time) ወለል ላይ ወደ ውጭ የሚሰራጩ ሞገዲቶች (ripples) ማለት ነው።

አልበርት አነስታይን ከአንድ መቶ ዓመታት በፊት - በአጠቃላይ ንጽጽራዊነት ቲዎሪው (general theory of relativity) - የስበት ኃይል ሞገድ መኖርን ገምቶ ነበር። ቻርጅ የሆኑ ፓርቲክሎች ፍጥነት እየጨመሩ ሲጓዙ (accelerate ሲያደርጉ)፥ ኤሌክትሮማግኔቲክ ሞገድ እንደሚፈጥሩ ይታወቃል፤ በተመሳሳይ በእንቅስቃሴ ላይ ያለ መጠነቁስም (mass) የስበት ኃይል ሞገድ (gravitational waves) መፍጠር እንዳለበት አነስታይን ገልጾ ነበር።

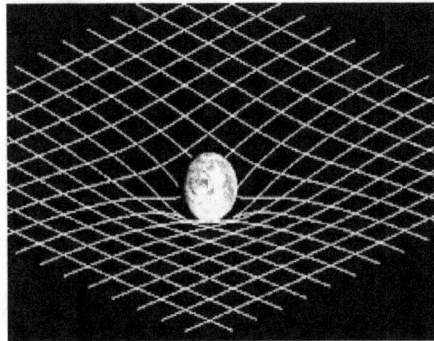

የአነስታይን አጠቃላይ ንጽጽራዊነት ቲዎሪ (theory of general relativity)፥ ህዋና ጊዜ እንደ አንድ ነጠላ አካል አንድ ላይ የተጣመሩ መሆናቸውንና ክብደት ህዋ-ጊዜን አሰርጉዶ እንደሚያጥፍ ይገልጻል።

አጠቃላይ ንጽጽራዊነት ቲዎሪ ከክላሲካል ወይም ከኒውተኒያን ፊዚክስ በተለየ፥ህዋንና ጊዜን አንድ ላይ በማዋሃድ እንደ አንድ ነጠላ አካል ያጣምራቸዋል - ፊዚስቶች ህዋ-ጊዜ (space-time) ብለው የሚጠሩት። አጠቃላይ ንጽጽራዊነት ቲዎሪ፥ ግራቪቲና ሌሎች የተፈጥሮ ኃይሎች ከህዋ-ጊዜ ጋር እንዴት ኢንተርአክት እንደሚያደርጉ ይገልጻል። ለበርካታ ዓመታት የአጠቃላይ ንጽጽራዊነት ቲዎሪ ግምቶች በተደጋጋሚ ተፈትሸው፥ በሳይንስ ታሪክ ውስጥ ምርጥ ድጋፍ ካላቸው ቲዎሪዎች አንዱ መሆኑ ተረጋግጧል። አነስታይ በዚህ ቲዎሪው፥ግራቪቲ እጅግ አነስተኛ ሞገድ ወይም ሞገዲት በህዋ-ጊዜ ውስጥ እንደሚፈጥር ገልጿል።

ይሁንና ይህኛው የአነስታይን ቲዎሪ ግምት (የስበት ሞገድ) ቢያንስ በቀጥታ ተገኝቶ አያውቅም ነበር። የዚህም ምክንያት፥የስበት ኃይል ከኤሌክትሮማግኔቲዝም ጋር ሲነጻጸር እጅግ ደካማ ስለሆነ፥እጅግ ኃይለኛ ምንጮች አጠገብ ካልሆነ በስተቀር፥የስበት ሞገዶችን ከርቀት ለመለካት አስቸጋሪ እንደሚሆን ስለሚጠበቅ ነው። በመሣሪያ ሊለካ

የሚችል የስበት ኃይል ሞገድ (gravitational waves) ሊያመነጩ የሚችሉ ግዙፍ የሆኑ ኮስማዊ ክስተቶች ብቻ እንደሆኑ ይታሰባል። ከእነዚህ መካከል (1) በቅርበት እርስ በርስ የሚዟዟሩ የነጭ ድንክ ወይም የኒውትሮን ኮከቦች ሲስተም (2) የሁለት ኮከቦች ግጭት (3) የኮከቦች ከፍተኛ ፍንዳታ - ሱፐርኖቫ (4) የግዙፍ ብላክሆል ጋላክሲዎች ወደ ማዕከል ውስጥ መስመጥ እና (5) የሕዋ ፈጣን መስፋት ናቸው።

የግራቪቲ ሞገድን ቀጥታዊ ባልሆነ መንገድ ለመጀመሪያ ጊዜ ያገኙት ሩሴል ሁልሲ እና ጆሴፍ ቴይለር በ 1974 ዓ.ም ነበር። በተቀራረበ ምህዋር እርስ በርስ የሚዟዟሩ ሁለት ኒውትሮን ኮከቦችን (neutron stars) አጥንተው ነበር። ኒውትሮን ኮከቦች፥ የፀሐይን ሁለትና ሶስት ጊዜ እጥፍ ክብደት ያላቸው፥ ነገር ግን ጥቂት ኪሎሜትር ብቻ የሚሰፉ እጅግ ድንክ ኮከቦች ናቸው። እጅግ ትናንሽ ስለሆኑ፥እጅግ ተቀራርበው እርስበርስ መዟዟር ይችላሉ። ይህ፥ በመካከላቸው ያለውን ስበት እጅግ ከፍተኛ እንዲሆን ያደርገዋል። ይህ እጅግ ከፍተኛ የስበት ኃይል፥የምህዋር ኢነርጂን የሚወስድና ምህዋሩን ወደ ውስጥ የሚሸመቅቅ የስበት ሞገድን እንደሚፈጥር ፊዚስቶች ይጠብቃሉ። ሁልሲ እና ቴይለር በእነዚህ ኒውትሮን ኮከቦች ላይ ያገኙት የምህዋር ባህሪ፥ የአነስታይን አጠቃላይ ቲዎሪ ከሚገምተው ጋር የሚስማማ ነበር። ሁልሲ እና ቴይለር ለዚህ ግኝታቸው በ 1993 ዓ.ም በፊዚክስ የኖቤል ሽልማት ተሸልመውበ ታል። በእርግጥ ሌሎች ተጨማሪ ምርምሮችም የግኝቶቻቸውን ትክክለኛነት አረጋግጠውላቸዋል።

ይሁንና ይህ ቀጥታዊ ያልሆነ የስበት ሞገድ ግኝት ነው። ከሁለት ዐሥርት ዓመታት በፊት ጀምሮ ሳይንቲስቶች የስበት ሞገድን በቀጥታ ለመለካት የሚያስችል Laser Interferometer Gravitational-Wave Observatory (LIGO) የምርምር ጣቢያ መገንባት ጀመሩ። የ LIGO መሣሪያዎች፥ በኳንተም ኦፕቲክስ (quantum optics) ዘርፍ ውስጥ የሚገኝ ስኩይዝድ ላይትን (squeezed light) የሚጠቀሙ እጅግ ዘመናዊ መሣሪያዎች ናቸው። ስኩይዝድ ላይት፥እጅግ ደካማ መልእክቶችን መለካት የሚያስችል ብርሃን ነው።

የዶ/ር ፍስሃ ካሳሁን[1] *Fundamental of Quantum Optics* መጽሐፍ ውስጥ የ squeezed light ተግባራዊ አገልግሎት እንዲህ ተገልጿል፤

---

[1] ኢትዮጵያዊው “የኳንተም አባት” በመባል የሚታወቁት የአዲስ አበባ ዩኒቨርስቲ ፊዚክስ ዲፓርትመንት ተባባሪ ፕሮፌሰር ዶ/ር ፍስሃ ካሳሁን፥ በዓለም አቀፍ ደረጃ በፒ.ኤች.ዲ.፣ በማስተርስና በዲግሪ ፕሮግራሞች በዩኒቨርስቲዎች ለሚሰጡ የኳንተም ኦፕቲክስና የኳንተም መካኒክስ ኮርሶች ማስተማሪያና መርጃ የሚሆኑ ሁለት መጽሐፎችን ያሳተሙ፣በርካታ የምርምር ጹሑፎችን በታዋቂ ጆርናሎች ላይ ያወጡና በዶክትሬት ደረጃ በርካታ የፊዚክስ ምሁራንን ያፈሩ አንጋፋና የተከበሩ ምሁር ናቸው።

"Squeezed light has potential applications in the detection of weak signals and in low-noise communications." – *Fesseha Kassahun, Fundamental of Quantum Optics, Department of Physics Adiss Abeba University. Page 43.*

LIGO ሁለት የምርምር ጣቢያዎች ያሉት ሲሆን፥አንዱ ዩ.ኤስ.ኤ ሉሲኒያ ውስጥ ሊቪንግተን አጠገብ የሚገኘውና ሌላኛው ዋሽንግተን ስቴት ውስጥ ሀንፎርድ የሚገኘው ነው። ሁለቱም ጣቢያዎች የእንግሊዘኛውን የ L ፊደል ቅርጽ የመሰሉ ሁለት ቀጤነከ ቱቦዎች የያዙ ሲሆን፥የላዘር ጨረሮች በሁለቱ ቱቦዎች ውስጥ ወደፊትና ወደ ኋላ እንዲመላለሱ ይደረግና በመጨረሻ ብርሃኑ ሲቀላቀል እጅግ ትብ በሆነ ኢንተርፍሮሜትር መሳሪያ ይነጻጸራል። በ LIGO መሳሪያዎች ውስጥ፥ የስበት ሞገዶች እንደ እርግብግቢታ ሊመዘገቡ ይችላሉ። በዐሥር ዓመታት ውስጥ LIGO በርካታ ክስተቶችን መዝግቧል፤ነገር ግን ሁሉም አነስተኛ የምድር ነውጥ ወይም በአቅራቢ ያለ ዛፍ መገንደስን የመሳሰሉ ያካባቢ ክስተት ውጤቶች ብቻ ነበሩ። ይሁንና እነዚህ ክስተቶች ሁልጊዜም ከሁለቱ ጣቢያዎች በአንዱ ውስጥ ብቻ የሚመዘገቡ ሲሆን - በሁለቱም ጣቢያዎች አንድ ዓይነት ውጤት ተመዝግቦ አያውቅም ነበር።

በመስከረም 2015 ዓ.ም ይህ ሁኔታ ተቀየረ፤በሩብ ሰከንድ የተጠናቀቀ የአንድ ክስተትን አንድ ዓይነት መልእክት ለመጀመሪያ ጊዜ ሁለቱም ጣቢያዎች መዘገቡ። በሁለቱ ጣቢያዎች ልኬቶች መካከል ያለው ልዩነት፥በ 7 ሚሊሰከንድ (0.000007 ሰከንድ) ልዩነት የተመዘገቡ መሆናቸው ብቻ ነበር። ይህ፥ ክስተቱ ከምድራችን ውጭ የተፈጸመ መሆኑን የሚያሳይ ሲሆን፥የጊዜው ልዩነትም ሞገዷ ከውጫዊ ህዋ የመጣችበትን አቅጣጫ ለመወሰን የሚያስችል ነው።

የጊዜው ልዩነትና የስፔክትረሙ ዝውተራ፥ተመራማሪዎች የክስተቱ መንስኤ ምን ሊሆን እንደሚችል ሞዴል እንዲያወጡ አስችሏቸዋል። በመጨረሻ ተቀባይነት ያገኘው ሞዴል፥ የፀሐይን ሃያ-ዘጠኝ እና ሰላሳ-ስድስት ጊዜ የሚሆን ክብደት ያላቸው እጅግ በተጠጋጋ ምህዋር እርስ በርስ የሚዟዟሩ ሁለት ጥቁር ጉድጓዶች (black holes) ተጋጭተው የተቀላቀሉ መሆናቸውን የሚገልጸው ሞዴል ነው።

እነዚህ ጥቁር ጉድጓዶች የስበት ሞገድን ሲያመነጩ የምህዋር ኢነርጂያቸውን በማጣትና ስለዚህም ምህዋራቸው እየቀነሰ በመሄድ በመጨረሻም ተጋጭተው በመቀላቀል የጸሐይን 62 ጊዜ እጥፍ ክብደት ያለው አንድ ጥቁር ጉድጓድ ፈጥረዋል።

እንደ ሳይንቲስቶቹ ስሌት ይህ ክስተት የተፈጸመው ከ 1.3 ቢሊዮን ዓመታት በፊት ሲሆን፥በዚህ ግጭትና ውህደት፥ የፀሐይን 3 ጊዜ የሚሆን ክብደት በአነስታይን ቀመር

በተቀራረበ ምህዋር እርስ በርስ የሚዟዟሩ ጥንድ ኒውትሮን ኮከቦችና፥ ከነሱ ወደ ውጭ በህዋ-ጊዜ ወለል ላይ የሚሰራጭ የስበት ሞገድ

$E = mc^2$ መሰረት በሰከንድ ክፋይ ጊዜ ውስጥ ወደ ኢነርጂ (ስበት ሞገድ gravitational waves) ተለውጧል። ይህም ኢነርጂ በስበት ሞገድ መልክ ከግጭቱ ስፍራ ወደ ውጭ ተለቋል። የ LIGO ሳይንቲስቶች የለኩት ይህን ሞገድ ነው።

የተመዘገበውን ዳታ በትክክል ለመመርመርና ለማጥናት ጊዜ ስለሚወስድ ግኝቱ ለአምስት ወራት ያህል ለሕዝብ ይፋ ሳይደረግ ቆይቷል። በአሁኑ ጊዜ ሳይንቲስቶች ግኝቱን GW150914 በሚል የሚጠሩት ሲሆን፤ GW - gravity wave ን የሚወክል ሲሆን፥ቁጥሮቹ የግኝቱን ዓ.ም ወርና ቀን የሚያሳዩ ናቸው።

ግኝቱ፥ሕዋ-ጊዜ እንደሚርገበገብ ወለል ተደርጎ ሊታሰብ እንደሚችል ከሚገልጸው ከአነስታይን ሃሳብ ጋር የሚስመሰማና፥ አስቀድሞም በምድራችን ላይ ባሉ ቤተሙከራዎችና በሶላር ሲስተም ውስጥ እጅግ በተሳካ ሁኔታ ለተረጋገጠው ለአነስታይን የንጽጽራዊነት ቲዎሪ ተጨማሪ ድጋፍ የሚሰጥ ነው[2]። የ LIGO የስበት ሞገድ ግኝት የተመሰረተበትና የተከተለው የፊዚክስ ሕግ ጥራት ሲታይ፥ ግኝቱ እጅግ የተዋጣለት ትክክለኛ ተደርጎ የሚቆጠር ነው።

ነገር ግን ይህ የስበት ሞገድ ግኝት - ምናልባት አንዳንዶች እንደሚያሳስባቸው ወይም ደግሞ ምናልባት ሌሎች እንደሚመስላቸው - የቢግባንግ (big bang) ቲዎሪን የሚያረጋግጥበት ነገር አለው? ምንም የለውም! ምክንያቱም ይህ የ 2016 ዓ.ም የ LIGO ግኝት፥ በኋላ ስህተት መሆኑ የተረጋገጠው የ 2014 ዓ.ም የ ደቡብ ዋልታው የስበት ሞገድ ግኝት ዓይነት በዩኒቨርስ መስፋት ምክንያት የተፈጠረ[3] የስበት ሞገድ ሳይሆን፥

---

[2] የአነስታይን ንጽጽራዊነት ቲዎሪ ትክክለኛነትን የሚያሳየን ሌላው ጥሩ ምሳሌ ምድራችንን በሚዞሩ ሰው ሰራሽ GPS ሳተላይቶች ላይ የሚደረግላቸው የሰዓት ማስተካከያ ነው። በ 20,200 ኪ.ሜ ከፍታ ላይ ያሉ የ GPS ሳተላይቶች፥ በአጠቃላይ እና በልዩ ንጽጽራዊነት ውጤቶች ምክንያት ለሚፈጠርባቸው የጊዜ አቆጣጠር መዛነፍ፥ በየቀኑ የ 38 ሚሊዮነኛ ሰከንድ (0.000038 ሰከንድ) የሰዓት ማስተካከያ ያስፈልጋቸዋል። የሚፈጠረው የሰዓት መዛነፍ ትልቅ ባሆንም፥ነገር ግን ማስተካከያ ባይደረግ በ GPS ውጤቶች ላይ ሊለካ የሚችል ትልቅ ስህተት የሚፈጥር ነው።

[3] 'የስበት ሞገድ' ተደርጎ የተገለጸው የ 2014 ዓ.ም የአንታርክቲክ ግኝት፥አስቀድሞ ታስቦ እንደነበረው በዩኒቨርስ መስፋት ምክንያት የተፈጠረ ሳይሆን፥ የዳታዎቹ ምንጭ ቢጋላክሲው ውስጥ ካሉ አቧራዎች ብክለት ምክንያት የተፈጠረ መሆኑ ተረጋግጦ ውድቅ መደረጉን በዋናው ምዕራፍ ቁጥር 5 'የኢንፍሌሽን ቲዎሪ ችግሮች' የሚለው ክፍል ውስጥ አይተናል።

በሁለት ጥቁር ጉድጓዶች ውህደት ወቅት የተፈጠረ ነው። ስለዚህ የኢንፍሌሽንም ሆነ የቢግባንግ ማረጋገጫ ወይም ማስረጃ አይደለም።

ይህ የስበት ሞገድ ግኝት በመጽሐፍ ቅዱሳዊው የፍጥረት ገለጻ ላይ የሚያመጣው ውጤት አለ? ምንም የለም! ጥቁር ጉድጓዶችን በተመለከተ፥በእርግጥ ስለመኖራቸው

ወደ አንድ ለመዋሃድ እጅግ በተጠጋጋ ምህዋር እርስ በርስ የሚዟዟሩ ሁለት ጥቁር ጉድጓዶችን (black holes) የሚያሳይ በኮምፒውተር ሲሙሌሽን የተሰራ ምስል።

ጠንካራ ማስረጃዎች አሉ። ጥቁር ጉድጓዶች ኢቮሉሽናዊ ቲዎሪን ለመደገፍ የተፈጠሩ የውሸት ታሪኮች አይደሉም። ይልቁንም ግን፥አብዛኞቹ ፍጥረተኞች እንደሚያምኑት ልክ እንደ ኒውትሮን ኮከቦች፥ ጥቁር ጉድጓዶችም ከፍጥረት በኋላ በዩኒቨርስ ውስጥ በሚካሄዱ ተፈጥሯዊ ሂደቶች ሊገኙ የሚችሉ ናቸው[4]። ወይም ጥቂት ፍጥረተኞች እንደሚያምኑት፥በአራተኛው የፍጥረት ቀን ከሌሎች ሰማያዊ አካላት ጋር የተፈጠሩ ሊሆኑ ይችላሉ።

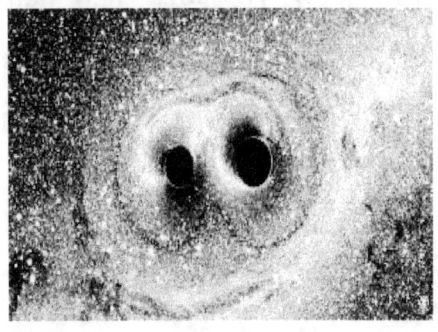

የ LIGO የስበት ሞገድ ግኝት አንድ ተጨማሪ የሚያረጋግጥልን ነገርም አለ። ቢሊዮን የብርሃን ዓመት ርቀት ላይ ከሚገኙ ከዋክብት የሚለቀቅ ብርሃን፥ እንዴት የጥቂት ሺህ ዓመት ዕድሜ ባላት ዩኒቨርስ ውስጥ ምድር ላይ ሊደርስ እንደሚችል ለመግለጽ (ማለትም የሩቅ ኮከብ ብርሃንና ጊዜ ችግርን ለመፍታት)፥ የቀድሞ ጊዜ የብርሃን ፍጥነት ከአሁኑ እጅግ የሚበልጥ ከፍተኛ እንደነበርና ቀስ በቀስ እየቀነሰ በመምጣት በአሁኑ ጊዜ ያለው መደበኛ ፍጥነት ላይ እንደደረሰ የሚገልጽ c-decay በመባል የሚታወቅ መላምትን የሚቀበሉ ጥቂት ፍጥረተኞች አሉ። ይህ መላምት ፊዚክስ ውስጥ በርካታ ችግሮችን የሚፈጥር በመሆኑ፥ አስቀድሞም በአብዛኞቹ ፍጥረተኛ ሳይንቲስቶች ሳይቀር ውድቅ የተደረገ ሃሳብ ነበር። አሁን ግን ይህ የ LIGO የስበት ሞገድ ግኝት፥በቀድሞው ጊዜ የብርሃን ፍጥነት በአሁኑ ወቅት ካለው ፍጥነቱ ጋር አንድ ዓይነት መሆኑን በማሳየት c-decay ቲዎሪን ሙሉ በሙሉ ውድቅ ያደረገው ይመስላል[5]። ይሁንና ለዚህ የሩቅ ኮከብ ብርሃንና ጊዜ ችግር ሳይንሳዊ መፍትሄዎችን ያቀረቡ ይበልጥ አሳማኝ የሆኑ በፍጥረተኛ ሳይንቲስቶች የወጡ ሌሎች ሳይንሳዊ ገለጻዎች አሉ። (ስለ የሩቅ ከዋክብት ብርሃን ችግርና ስለ መፍትሄዎቹ ራሱን

---

[4] ስለ ጥቁር ጉድጓዶችና ኒውትሮን ኮከቦች አፈጣጠር በምዕራፍ ሶስት ውስጥ ታገኛለህ።

[5] ምክንያቱም፥የተዋሃዱትን ሁለት ጥቁር ጉድጓዶች ክብደት ለማስላት የ LIGO ሳይንቲስቶች የተጠቀሙት የብርሃን ፍጥነት፥በአሁኑ ጊዜ የሚታወቀውንና የምንጠቀምበትን መደበኛውን የብርሃን ፍጥነት ነው(c=299,792,458 m/s.)

በቻለ በሌላ ምዕራፍ እናየዋለን።)

ከላይ ያየናቸውን ዋና ዋና ነጥቦች ስንጠቀልላቸው፤- የአነስታይን የአጠቃለይ ንጽጽራዊነት ቲዎሪ ጥሩ ተግባራዊ ሳይንስ መሆኑ በተጨማሪ ማስረጃ ተጠናክሯል፤የስበት ሞገድ መኖር በቀጥተኛ ማስረጃ ተረጋግጧል፤ እርስ በርስ የሚዟዟሩ የጥንድ ጥቁር ጉድጓዶች መኖር ለመጀመሪያ ጊዜ ተረጋግጧል፤ ግኝቱ፥የአሁኑ የብርሃን ፍጥነት ከፍጥረት ጊዜ ጀምሮ ያልተለወጠ መሆኑን ጠንካራ ማረጋገጫ አቅርቧል፤በዚህም ለፍጥረተኞች 'የሩቅ ብርሃንና ጊዜ ችግር' እንደመፍትሄ ቀርቦ የነበረው የብርሃን ፍጥነት ምንመና ቲዎሪ (c-decay) ውድቅ ተደርጓል (ይሁንና ይህን ችግር የሚፈቱ ይበልጥ አሳማኝ የሆኑ ሌሎች ሳይንሳዊ መፍትሄዎች አሉ)፤የ LIGO የስበት ሞገድ ግኝት፥ቢግባንግ መፈጸሙን የሚያረጋግጥበት ምንም ነገር የለውም፤እንዲሁም በመጽሐፍ ቅዱሳዊው የዩኒቨርስ ጅማሬ ገለጻ ላይ የሚያመጣው ምንም ውጤት የለም። የ LIGO የስበት ሃይል ሞገድ ግኝት፥ የእግዚአብሔር ፍጥረተ ዓለም ምን ያህል ሰፊና ጥልቅ እንደሆነ የሚያሳይ ሌላው ተጨማሪ ምሳሌ ብቻ ነው።

****

አፔንዲክስ 2

<u>'ጽልመታዊ ቁስአካል' (Dark Matter)</u>

<u>የጽልመታዊ ቁስአካል ቲዎሪ አነሳስ፤</u> ጋላክሲዎች በቡድን ተሰባስበው የመገኘት አዝማሚያ ያሳሉ፤ይህም የጋላክሲዎች ክምችት በመባል ይታወቃል። ትላልቅ ክምችቶች ከ ሺዎች በላይ አባላት ሊይዙ ይችላሉ። የጋላክሲ ክምችቶች በግራቪቲያዊ ስበት የተሳሰሩ መሆቸውን በአስትሮነመሮች ዘንድ ይታወቃል፤ ማለትም በክምችቱ ውስጥ ያሉ አባላት፥የጋራ ማዕከላዊ ክብደት ዙሪያ ባሉ ርጉ ምህዋሮች እንደሚዞሩ ይታወቃል።

በ 1933 ዓ.ም የስዊዘርላንድ አስትሮነመር ፍሪትዝ ዊኪ በአንዳንድ ክምችቶች ውስጥ ያሉ የጋላክሲዎችን ፍጥነት ለክቶ ነበር። ነገር ግን ያገኘው ውጤት፥ እያንዳንዱ ጋላክሲ ከሌሎች ጋር በግራቪቲያዊ ስበት ሊያስተሳስረው በማይችል እጅግ ከፍተኛ ፍጥነት የሚጓዙ መሆኑን የሚያሳይ ነበር። ከዚያ በኋላም ይህ በሌሎች በርካታ ክምችቶች ውስጥ እውነት መሆኑ ተረጋግጧል።

ይህን ችግር ለመፍታትም፥ክምችቶቹ የማይታዩ ተጨማሪ በርካታ ቁስአካላት (ጽልመታዊ ቁስአካላት) ይዘዋል የሚል ሃሳብ ቀረበ።

የጋላክሲ ክምችቶችን ክብደት መለኪያ ሁለት ዓይነት መንገዶች አሉ።

አንደኛው፥ ጋላክሲዎቹ የሚያመነጩትን የብርሃን መጠን በመለካት ነው - ይህ የብሩህነት ክብደት ይባላል። ጋላክሲዎቹን ብዛት በመቁጠርና ብሩህነታቸውን በመለካት፥ የክምችቱን ክብደት መገመት ይቻላል። ለዚህም፥ ጸሐይ አካባቢ ያሉ ኮከቦች

ክብደትና ጠቅላላ የብርሃን መጠናቸው ላይ ከተደረጉ ጥናቶች የተገኙ፥ምን ያህል ብርሃን ምን ያህል ክብደት እንደሚወክል የሚያሳዩ መረጃዎችን ይጠቀማሉ።

ሁለተኛው፥የጋላክሲዎቹን እንቅስቃሴ በመለካት፥ በክምችቱ ውስጥ ያሉ አባላትን ለማስተሳሰር ምን ያህል ግራቪቲያዊ ስበት ያስፈልጋል የሚለውን በማስላት ነው- ይህ የእንቅስቃሴ ክብደት ይባላል።

በእነዚህን ሁለቱ ዘዴዎች የተገኙ ክብደቶች ሲነጻጸሩ ተመሳሳይ መሆን ሲገባቸው፥ነገር ግን ሁልጊዜም የእንቅስቃሴ ክብደት ከብሩህነት ክብደት የሚበልጥ ሆኖ ተገኝቷል። በአንዳንድ ሁኔታም የብሩህነት ክብደት ከ እንቅስቃሴ ክብደት ከ 10% ያነሰ ሆኖ ተገኝቷል። ይህ የክብደት ልዩነት በመጀመሪያ "የጠፋው መጠነቁስ" (missing mass) የሚል ስያሜ ተሰቶት የነበረ ቢሆንም፥በአሁኑ ጊዜ ግን "ጽልመታዊ ቁስአካል" (dark matter) በሚል ይታወቃል።

በ 1970ዎቹ ዓ.ም ውስጥም፥ ይህ የማይታይ ጽልመታዊ ቁስአካል መኖር ያለበት መሆኑን የሚያሳዩ ናቸው የሚባሉ የምልከታ መረጃዎች መውጣት ጀመሩ። በዚያ ዓመት አስትሮኖመሮች፥ በአንድሮሜዳ ጋላክሲ ውጫዊ ጠርዝ አካባቢ ያሉ አካላት፤ከሚጠበቀው በላይ በከፍተኛ ፍጥነት እንደሚዞሩ አረጋገጡ። ይህ የሚጠበቅ አልነበረም። አብዛኛው ብርሃን ከሚመነጭበትና ከከባዱ የጋላክሲው ማዕከላዊ እምብርት ጀምሮ ርቀት እየጨመረ በሄደ ቁጥር፥የከዋክብቶች ፍጥነት ከርቀት ጋር በቀጥታዊ ግንኙነት አብሮ እየጨመረ እንደሚሄድ የግራቪቲ ቲዎሪ ይገልጻል፤ይህ በምልከታ ትክክል መሆኑ ተረጋግጧል። ነገር ግን ውጫዊ ጠርዝ አካባቢ የሚገኙ ሩቅ ኮከቦች ከውስጠኞቹ ቅርብ ኮከቦች በተለየ ኬፕላራዊ ሕግን መከተል እንዳለባቸውም የግራቪቲ ቲዎሪ ይገልጻል። የኬፐለር ህግ፥ የምህዋር ፍጥነት፥ ከማዕከላዊ እምብርት ካለ ርቀት ርቢ ጋር በግልብጥ ወደረኛ (inversely proportional) መሆኑን ይገልጻል። በምልከታ የታየው ግን፥ጠርዝ አካባቢ ያሉ አካላት ፍጥነት፥ ከርቀት ጋር ግንኙነት የሌለው መሆኑንና እንደውም ፍጥነታቸው ከርቀት ጋር በትንሹ እየጨመረ ሲሄድ ነው። ተመሳሳይ ውጤት የእኛዋን ሚልኪዌይጋላክሲ ጨምሮ በሌሎች ጋላክሲዎች ላይም ተስተውሏል።

ይህ ጋላክሲው ጠርዝ አካባቢ ያሉ አካላት የሚያሳዩት እንግዳ የሆነ እንቅስቃሴ፥ የማይታይ ጽልመታዊ ቁስአካል ክብደት መኖር ያለበት መሆኑን ብቻ ሳይሆን፥ ነገር ግን ጽልመታዊ ቁስአካል የት ጋ መኖር እንዳለበትም እንደሚጠቁሙ ተደርጎ ተወስዷል።

በዚህም፥ውጫዊ ሥፍራዎች ጋ በርካታ ቁስአካል መኖር ያለበት መሆኑ ታሰበ። የጋላክሲ ከባቢጸዳል (halos) በመባል ከሚታወቁት ውጫዊ ስፍራዎች አነስተኛ ብርሃን የሚመጣ ስለሆነ፥ እነዚህ ቁስአካላት ጽልመታዊ መሆን እንዳለባቸው ታሰበ።

ብዙውን ጊዜ ጋላክሲዎች የሚያሳዩት እንግዳ እንቅስቃሴ፥የጽልመታዊ ቁስአካል መኖርን የሚያሳይ ማስረጃ ተደርጎ የሚጠቀስ ቢሆንም፤ነገር ግን ይህ የጽልመታዊ ቁስአካል

መኖርን የሚያረጋግጥ ማስረጃ ሳይሆን፥ከእንቅስቃሴያቸው የጽልመታዊ ቁስአካልን መኖር መገመት ነው።

__**ጽልመታዊ ቁስአካል ምንድነው?**__ "ጽልመታዊ ቁስአካል" ብርሃን የማያመነጭ፣ የማያንጸባርቅ ስለዚህም የማይታይ እንዲሁም የማይዳሰስ፥ ኬሚስትሪ ውስጥ ፒሬዲክ ቴብል ላይ ከምናውቃቸው መደበኛ ኤለመንቶች (አተሞች) ውጭ የሆነ፥ነገር ግን ከመደበኞቹ ቁስአካላት ጋር በግራቪቲ ብቻ ኢንተርአክት እንደሚያደርግ የሚታሰብ፥ ከመደበኞቹ አተሞች የተለየ ልዩ ዓይነት ባህሪ ያለው ቲዎሪያዊ ቁስአካል ነው።

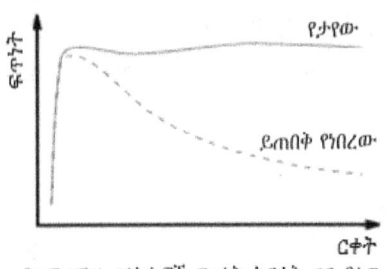

የጥምዝምዝ ጋላክሲዎች ፍጥነት ከርቀት ጋር ያለው ግንኙነት የሚያሳይ ግራፍ። (rotational curve) ይጠበቅ የነበረው እና የታየው

መደበኛ ቁስአካላት በአተም የተገነቡ ናቸው። የአተሞች አብዛኛው ክብደት ከፕሮቶኖችና ከኒውተሮኖች የሚገኝ ነው። ፊዚስቶች፥ፕሮቶንንና ኒውትሮንን፥ ባርዮን (baryons) የሚባል የፓርቲክሎች ክፍል ውስጥ መድበዋቸዋል። ስለዚህ መደበኛ ቁስ አካላት ባርዮናዊ ቁስአካላት (baryonic matter) ተብለው ይጠራሉ። ባርዮናዊ ቁስአካላት በኤሌክትሮማግኔቲክ ኃይሎች አማካኝነት አጸግብሮት ፈጥረው ብርሃን ያመነጫሉ። ስለዚህ ከፍተኛ ብዛት ያላቸው ባርዮናዊ ቁስአካላትን ከእይታ መሰወር አስቸጋሪ ነው። "ጽልመታዊ ቁስአካል" ግን ብርሃን የማያመነጭና የማያንጸባርቅ ስለሆነ አይታይም።

በመስኩ የተሰማሩ ሳይንቲስቶች "ጽልመታዊ ቁስአካል" (dark matter) በትክክል ምን እንደሆነ ባያውቁም፥ነገር ግን በሶስት ዓይነት ከፍለዋቸዋል፤

(1) በዝቅተኛ ፍጥነት የሚጓዙና በቢግባንግ ፍንዳታ ወቅት የተሰሩ ተደርገው የሚታሰቡ "ቀዝቃዛ ጽልመታዊ ቁስአካላት" (Cold Dark Matter) ፤ (2) በከፍተኛ ፍጥነት እንደሚጓዙ የሚታሰቡ (Warm Dark Matter) ፤ (3) ወደ ብርሃን በሚጠጋ እጅግ ከፍተኛ ፍጥነት እንደሚጓዙ የሚታሰቡ (Hot Dark Matter) የሚባሉ ናቸው። ከእነዚህ መካከል አብዛኛውን የዩኒቨርስን የጠፋ ክብደት እንደሚሸፍኑ ተደርገው የሚታሰቡትና በጥብቅ እየተፈለጉ ያሉት "ቀዝቃዛ ጽልመታዊ ቁስአካላት" (Cold Dark Matter) ናቸው።

በርካታ ዓይነት እንግዳና ልዩ የሆኑ አዳዲስ ነገሮች ለጠፋው መጠነቁስነት (ለ "ጽልመታዊ ቁስአካል") የታጩ ቢሆንም፥ እስካሁን ግን በህዋ ውስጥ መኖራቸውን የሚያረጋግጥ ማስረጃ ማግኘት አልተቻለም። የጠፋው መጠነቁስ ሳይሆኑ አይቀሩም በሚል ከዚህ በፊት ሲፈለጉ የነበሩና አሁንም ድረስ በመፈለግ ላይ ካሉት መካከል አንዳንዶቹ - ፎቲኖች (photinos)፣ ግራቪቲኖች (gravitinos)፣ባለ አንድ መግነጢሳዊ

ዋልታ (magnetic monopoles)፣ ሶሊቶንስ (solitons)፣ኮስማዊ ስትሪንጎች (cosmic strings)፣ ማቾስ (MACHOS - massive astrophysical halo objects - ይህ ትናንሽ ጥቁር ጉድጓዶች ይጨምራል)፣ዊምፕ (WIMPS- weakly interacting massive particles)፣አግዚዮኖች (axions)፣ ባለ መጠነ-ቁስ ኒውትሪኖዎች (massive neutrinos) እና ሌሎች ይገኙበታል።

<u>የቢግባንግ ቲዎሪ÷ጽልመታዊ ቁስአካልን እንዲያካትት መደረግ፤</u> በየጊዜው የሚነሱበትን አዳዲስ ችግሮች ለመፍታት÷በየጊዜው ጥገናና ማሻሻያ የሚደረግለት የቢግባንግ ቲዎሪ÷ጽልመታዊ ቁስአካልን በውስጡ እንዲያካትት የተደረገው በቅርቡ በ 1990ዎቹ ውስጥ ነው።

እስከ 1970ዎቹ ዓ.ም ድረስ አብዛኞቹ አስትሮነመሮች ጽልመታዊ ቁስአካልን አይቀበሉም ነበር። ከ1970ዎቹ በኋላ ግን÷ የጽልመታዊ ቁስአካል መኖር ያለበት መሆኑን የሚጠቁሙ የሚባሉ መረጃዎች እየጨመሩ ሲመጡ÷ አስትሮነመሮች ቀስ በቀስ ጽልመታዊ ቁስአካልን መቀበል ጀመሩ። ከዚያም የቢግባንግ ኮስሞሎጂስቶች÷ የቲዎሪያቸውን አንዳንድ ችግሮች እንደሚፈታላቸው በማየት በ 1990ዎቹ ውስጥ የጽልመታዊ ቁስአካል የቢግባንግ ቲዎሪ ውስጥ እንዲካተት አደረገው በአሁኑ ጊዜ ያለውን የቢግባንግን (LCDM) ሞዴል አወጡ።

በአሁኑ ጊዜ በሰፊው የሚራመደው ኢቮሉሽናዊ የቢግባንግ ቲዎሪ÷ መደበኛው ኮስሞሎጂያዊ ሞዴል (cosmological standard model) ወይም ላምዳ-ቀዝቃዛው ጽልመታዊ ቁስአካል (lambda-cold dark matter LCDM) በመባል የሚታወቀው ሞዴል ሲሆን፤ይህ ሞዴል ቀዝቃዛ ጽልመታዊ ቁስአካላት ከቢግባንግ በአንድ ሚሊየነኛ ሰከንድ ላይ እንደተሰሩ ይተነብያል (ቀዝቃዛ የሚለው ቃል እጅግ ፈጣን አለመሆናቸውን ለመግለጽ የሚጠቀሙበት ቃል ነው) ። ይህ የቢግባንግ መደበኛው ኮስሞሎጂያዊ ሞዴል (lambda- cold dark matter) የዩኒቨርስ 96 ፐርሰንት ከዳርከ ኢነርጂና ከዳርከ ማተር እንደተሰራ ይተነብያል። እነዚህ ቀዝቃዛ ዳርከ ማተሮች ከቢግባንግ በኋላ ቀስ በቀስ መደበኛ ቁስአካላትን በመሳብ ዛሬ የምናያቸውን ጋላክሲዎች እንደሰሩ ቲዎሪው ይገምታል።

ነገር ግን በአሁኑ ጊዜ በዩኒቨርስ ውስጥ ያለው ጠቅላላ መጠነቁስ (mass) ለመደበኛው ኮስሞሎጂያዊ ሞዴል ማለትም ለቢግባንግ በቂ አይደለም። ቢግባንግ ቲዎሪ እንዲሰራ÷ በአሁኑ ጊዜ በዩኒቨርስ ውስጥ ካለው በላይ እጅግ ከፍተኛ መጠነቁስ (mass) ያስፈልጋል። እንደ ቢግባንግ ቲዎሪ 95 ፐርሰንት ግድም የሚሆነው የዩኒቨርስ መጠነቁስና ኢነርጂ ይጎድላል፤ ወይም ምን እንደሆነ አይታወቅም። አሁን በዩኒቨርስ ውስጥ ያለው መጠነቁስና ኢነርጂ÷ ለቢግባንግ ከሚያስፈልገው 5 ፐርሰንት ብቻ ነው።

በዚህ በቢግባንግ ሞዴል÷ ጠቅላላ ዩኒቨርስ ሊኖራት ከሚገባው መጠነቁስና ኢነርጂ

ውስጥ 68.3% “ጽልመታዊ ኢነርጂ” (dark energy)[6] ፣ 26.8 % “ጽልመታዊ ቁስአካል” (dark matter) እና 4.9 % ብቻ መደበኛው የምናውቃቸው ባርዮኒክ ቁስአካላት (ጋላክሲዎች፣ ከዋክብት፣ ፕላኔቶች፣ አተሞች. . . ወዘተ) ሆነው ተሰልተዋል ። ይህ ማለት የቢግባንግ ቲዎሪና ሌሎች አንዳንድ ኮስሞሎጂዎች ዛሬ ዩኒቨርስ ውስጥ ከሚታየው ይበልጥ በርካታ መጠነቁስ ይፈልጋሉ።

መደበኛው ፓርቲክል ፊዚክስ (The Standard Model of particle physics) ፥ ኤለመንተሪ ፓርቲክሎችንና አስተሳስሮ ያያዟቸውን ኃይሎችን በመግለጽ እጅግ ስኬታማ የሆነና በአሁኑ ጊዜ ተቀባይነት ያለውና እየተሰራበት ያለ ፊዚክስ ነው። ይሁንና ይህ መደበኛው የፊዚክስ ሞዴል፥ ጽልመታዊ ቁስአካል (dark matter) የሚባል ነገር የማያውቅ መሆኑ፥ለቢግባንግ ቲዎሪስቶች ችግሮች ፈጥሮባቸዋል። ምክንያቱም፥ከላይ እንደጠቀሰው መደበኛው የቢግባንግ ሞዴል (LCDM) “ጽልመታዊ ቁስአካል” (dark matter) እና “ጽልመታዊ ኢነርጂ” (dark energy) ከሌሉ አይሰራም። ስለዚህም የጠፋውን “ጽልመታዊ ቁስአካል” ለማግኘት ፍለጋው ተጠናክሮ ቀጥሏል።

<u>ጽልመታዊ ቁስአካልን ፍለጋ፤</u> የማይታየውን “ቀዝቃዛ ጽልመታዊ ቁስአካል” (cold dark matter) ለማግኘት አስትሮፊዚስቶች በቲዎርያዊ ደረጃ፣ በላቦራቶሪዎች ውስጥና በህዋ ውስጥ ፍተሻ፥ ለበርካታ ዓሥርት ዓመታት ከፍተኛ ሙከራ እያደረጉ ቢሆንም እስካሁን ግን የተገኘ ቀጥተኛ ማስረጃ የለም። ለጽልመታዊ ቁስአካልነት ሰፊ ተስፋ ተጥሎበት በዋነኛነት እየተፈለገ ያለው ዊምፕ (WIMP) ነው። በጋላክሲያችን ውስጥ ያለው “ጽልመታዊ ቁስአካል” ዊምፕ ከሆነ፥ በምድር በእያንዳንዱ ስኬዌር ሴንቲሜትር ላይ በሺህ የሚቆጠሩ ዊምፖች በየሰከንዱ ማለፍ አለባቸው። እዚህ ምድር ላይ ዊምፖችን ፍለጋ የተለያዩ ሙከራዎች ተደርገዋል፤በመደረግ ላይም ይገኛሉ። ዩ.ኤስ.ኤ ደቡብ ዳኮታ 1.5 ኪ.ሜትር ጥልቅ ከርሰ-ምድር ውስጥ ለሶስት ዓመታት ግድም ያህል ጽልመታዊ-ቁስአካል ሲፈልጉ የነበሩ ሳይንቲስቶች፥ ምንም ያላገኙ መሆኑን *phys.org* ዘግቧል *(Seth Borenstein, Scientists looking for invisible dark matter can't find any, phys.org, July 21, 2016.)*

ከ 1980ዎቹ አጋማሽ ጀምሮ እስከ አሁን ድረስ (2017 ዓ.ም) ለ 43 ዓመታት ያህል በሚሊዮኖች የሚቆጠር ዶላር የወጣላቸው ምርምሮችና ፍተሻዎች የተደረጉ ቢሆንም

[6] <u>“ጽልመታዊ ኢነርጂ” (dark energy)</u> - የዩኒቨርስ የመስፋት ፍጥነት አስቀድሞ ይታሰብ እንደነበረው በመቀነስ ላይ ሳይሆን ይብስ እየተፋጠነ መሆኑን የሚያሳዩ ማስረጃዎችን ሁለት የተለያዩ የምርምር ቡድኖች በ 1998 ዓ.ም ካገኙ በኋላ አስትሮኖመሮችና ኮስሞሎጂስቶች ይህን እየተፋጠነ ያለ የዩኒቨርስን መስፋት ለመግለጽ ያወጡት ነገር ግን እስካሁን ምንነቱ በትክክል የማይታወቅ ቲዎሪያዊ ኢነርጂ ነው። “ጽልመታዊ ኢነርጂ” ከ “ጽልመታዊ-ቁስአካል” የተለየ ነው።

አሁንም ድረስ እንዳልተገኙ *Nature, (Xiangdong, 542:172. February 9, 2017)* በቅርቡ ባወጣው ጹሑፍ ገልጿል። በጹህፉ ውስጥ፥በአሁኑ ጊዜ ያለው Xenon instruments መሳሪያ፥በ1980ዎቹ ከነበረው 10,000 ጊዜ እጥፍ ሴንሴቲቭ ቢሆንም፥ነገር ግን ሚስጥራዊዎቹን የዊምፕ ፓርቲክሎች ማስረጃ ማግኘት እንዳልቻለ ገልጿል።

እስከ ቅርብ ጊዜ ድረስ ጽልመታዊ ቁስአካል ተደርገው የሚፈለጉት ዊምፖች (WIMPs)፥ ኒውትራሊኖ (neutralino) ተብለው የሚጠሩ ሱፐርሴሜትሪክ ፓርቲክሎች ናቸው ተብለው ይታሰብ ነበር። ነገር ግን በጄኔቭ LHC ላቦራቶሪ ውስጥ ከተደረገ የ 10 ዓመታት ሙከራና ፍለጋ በኋላ ግምቱ ትክክል እንዳልሆነ ሳይንቲስቶች አምነዋል። *(Hartnett, J.G., SUSY is not the solution to the dark matter crisis, J. Creation **31**(1):6–7, April 2017.)*

በተጨማሪም አክሲዮኖችን (axions) ፍለጋ ኤክስፐርመ ንቶች እየተደረጉ ነው።

ጽልመታዊ ቁስአካልን ለማግኘት የሚደረጉ ፍለጋዎች ሁለት ዓይነት ናቸው፤ቀጥተኛ የሆነና ቀጥተኛ ያልሆነ። የመጀመሪያው፥ በመጠቆሚያ መሳሪያ ውስጥ በአውቶማዊ ኒውኩለስ የሚበተኑ የጽልመታዊ ቁስአካል ፓርቲክሎችን የሚፈልገው ቀጥተኛ የሆነ ፍለጋ ሲሆን፤ሁለተኛው በዊምፖች የርስ በርስ መጠፋፋት ሊፈጠሩ የሚችሉ ውጤቶችን የሚፈልገው ቀጥተኛ ያልሆነ ፍለጋ ነው።

ጄኔቭ በሚገኘው የምድራችን ታላቁ የፊዚክስ ላቦራቶሪ Large Hadron Collider (LHC) ውስጥ፥ በፕሩቶኖች ግጭት ሊፈጠሩ የሚችሉ ዊምፖች ይኖሩ እንደሆነ እየተፈለጉ ነው። ዊምፖች ከመደበኛ አካላት ጋር ኢንተርአክት ስለማያደርጉ ከ LHC መጠቆሚያ መሳሪያው በሚጠፉ ኢነርጂና እንድርድረት (momentum) በተዘዋዋሪ ይጠቆሙ እንደሆን እየተሞከረ ነው።

ቀጥተኛ የሆኑ ፍለጋዎች በካናዳ፣ኢጣሊያ፣እንግሊዝና አሜሪካ ውስጥ እየተካሄዱ ነው። ቀጥተኛ ያልሆነው ፍለጋ፥ዊምፖች ምናልባት ሜጆራን (Majorana)[7] ፓርቲክሎች ከሆኑ፥ሁለት ዊምፖች ሲጋጩ በጋላክሲዎች ዙሪያ ሊፈጠር የሚችለውን የጋማ ጨረር ወይም የፓርቲክልና ጸረ-ፓርቲክል ጥንዶች መፈለግ ላይ ያተኮረ ነው። ይሁንና ይህ ዓይነት ምልክት የጽልመታዊ ቁስአካል እውነተኛ ማስረጃ ነው ብሎ በእርግጠኝነት መውሰድ አይቻልም፤ምክንያቱም ከሌላ ምንጭ አለመሆናቸውን ለመለየት ከሌላ ምንጭ የሚፈጠሩ የጋማ ጨረሮች ሙሉ በሙሉ የተጠኑ አይደለም።

በሚልኪዌይ ጋላክሲያችን ውስጥ ከሚጠበቀው በላይ ከፍተኛ መጠን ያለው ጋማ ጨረሮች በ ኢግረት (EGRET) የጋማ ሬይ ቴሌስኮፕ መመልከት ተችሏል፤ይሁንና

---

[7] Majorana - ፓርቲክላቸውና ጸረ-ፓርክላቸው አንድ ዓይነት የሆነ ፓርቲክሎች ናቸው።

ሳይንቲስቶች ይህ የቴሌስኮፑን ትብነት (sensitivity) ከመገመት ስህተት የመጣ ሊሆን እንደሚችል ደምድመዋል። በሰኔ 11/ 2008 ዓ.ም የመጠቀችው የፌርሚ ጋማ ሬይ የህዋ ቴሌስኮፕ በጽልመታዊ ቁስአካላት መጠፋፋት የሚፈጠር የጋማ ጨረር ይኖር እንደሆን እየፈለገች ነው።

በ 2006 ዓ.ም የተካሄደ የፓሚላ (PAMELA) ኤክስፐርመንት ከሚጠበቀው በላይ ፖሲትሮኖችን (ጸረ-ኤሌክትሮኖች) ለማግኘት ተችሏል፤እነዚህ ተጨማሪ ፖሲትሮኖች በጽልመታዊ ቁስአካል የተፈጠሩ አድርጎ መውሰድ የሚቻል ቢሆንም፥ ነገር ግን ከፐልሳሮች የመጡም ሊሆኑ እንደሚችሉም ይገመታል። (pulsars - ሬዲዮሞገድ፣ኤክስሬይና ጋማሬይ የሚያመነጩ እጅግ ድንክ ኮከቦች ናቸው።)

በጸሐይ ወይም በመሬት ውስጥ የሚያልፉ ዊምፖች በእርግጥ ካሉ፥ምናልባት አተሞችን በመበታተን ኢነርጂያቸውን ሊያጡ ይችሉ ይሆናል። በዚህ መንገድ በርካታ ዊምፖች እዚህ ምድርና ጸሐይ እምብርት ላይ ሊከማቹ ይችሉ ይሆናል፤ በዚህም እርስ በርስ ሊጠፋፉ የሚችሉበት እድል ከፍተኛ ሊሆን ይችላል (ምናልባት Majorana ከሆኑ)፤ይህ ከሆነ የዚህ ውጤት ሊሆኑ የሚችሉ ባለ ከፍተኛ ኢነርጂ ኒውትሪኖዎች (neutrinos) ከምድርና ከጸሐይ እምብርት ሊወጡ ይችላሉ። እንዲህ ዓይነት ምልከቶችን ማግኘት የጽልመታዊ ቁስአካል (dark matter) መኖርን የሚያሳይ ቀጥታዊ ያልሆነ ማረጋገጫ እንደሚሆን ይታሰባል። ስለዚህም ባለ ከፍተኛ ኢነርጂ የኒውትሪኖ ቴሌስኮፖች (AMANDA, IceCube እና ANTARES) ይህን ምልክት እየፈለጉ ነው።

ጽልመታዊ ቁስአካል በእርግጥ ያለ ከሆነ፥ እፍጋቱ ከፍተኛ ሊሆን በሚችልበት በሚልኪዌይ ጋላክሲ ማእከል አካባቢም የዊምፖች የርስ በርስ መጠፋፋት ውጤቶችን መፈለግ ጥሩ ቦታ እንደሆነ ይታሰባል። ነገር ግን ይህን ግምት ድንክ ጋላክሲዎች ውድቅ አድርገውታል።

በ 2006 ዓ.ም የተጠናው በ Bullet Cluster ተፈጥሯል የተባለው ግራቪቴሽናል ሌንሲንግ (gravitational lensing) የጽልመታዊ ቁስአካላት መኖርን የሚያሳይ *“ቀጥተኛ የሆነ የጽልመታዊ ቁስአካል ግኝት” (a direct detection of dark Matter)* ተብሎ በወቅቱ በተለያዩ ሚዲያዎች በሰፊው የተነገረ ቢሆንም፥ የዳርክማተር መላምት ተቃዋሚ አስትሮፊዚስቶች ግን Bullet Cluster የዳርክማተር ማረጋገጫ ሊሆን እንደማይቻል ይገልጻሉ። ምክንያት፤ድምዳሜው የተደረሰው በተጨማሪ ባልተረጋገጡ እመንታዎችና በሎጂክ ዋጋ በሌለው በራሱ በዳርክማተር ሞዴል ላይ ተመስርቶ መሆኑንና ሌሎችንም ችግሮች ይጠቅሳሉ - ለምሳሌ የ Bullet Cluster የግጭት ፍጥነት ከመደበኛው ኮስሞሎጂ ጋር የሚጣጣም አለመምሰሉ፣ በዚህ ቀጥተኛ በተባለው በዳርክማተር ግኝት ገለጻ ላይ የቀረበው የጋላክሲዎች የፐላዝማ መጠን ድርሻ (ከ 5-15 ፐርሰንት) አስቀድሞ ዳርክማተር እንዳለ ተደርጎ በተዘጋጀ ሞዴል መሰረት የተሰራ

ፐርሰንቴጅ መሆኑ እና ሌሎች። በተጨማሪም በ Abell 520 ክምችቶች ጋላክሲዎችና ጋዞች ላይ በ 2007 ዓ.ም እና በ 2012 ዓ.ም የተጠናው ሁኔታ ከ Bullet Cluster ተቃራኒ የሆነና የ Bullet Cluster ን የዳርክማተር ማስረጃነት ውድቅ የሚያደርግ ሆኖ ተገኝቷል።

የዳርክ ማተር ፍለጋ ይብስ ተስፋ አስቆራጭና የጨለመ እየሆነ በመሄድ ላይ ይመስላል። ተመራማሪዎች ምናልባት ፈጽሞ የሌለ ነገርን ፍለጋ በሚሊዮኖች የሚቆጠር ዶላር እያወጡ ሳይሆን እንደማይቀር የሚገልጹ አሉ።

BBC በመስከረም 16, 2011 ዓ.ም ባስተላለፈው ዜና፥ ዳርክ ማተር ምናልባት ውሸት ሳይሆን እንደማይቀር ድንክ ጋላክሲዎች ላይ የተደረገ ጥናት ያሳየ መሆናን የሚገልጽ እንግሊዝ ውስጥ የተካሄደ የሳይንቲስቶችን የምርምር ውጤት ዘግቦ ነበር። በድንክ ጋላክሲዎች ላይ ምርምር የሚያደርጉ ሳይንቲስቶች፥ሚልኪዌይ ጋላክሲ ዙሪያ ያሉ ድንክ ጋላክሲዎች ዳርክማተርን ቢይዙ ኖሮ ከሚኖራቸው እፍጋት ያነሰ ትንሽ እፍጋት ብቻ ያላቸው መሆኑን ያረጋገጡ መሆናቸውንና፥ ዩኒቨርስ የተሰራቸው ሚስጥራዊ በሆነ ዳርክ ማተር ነው የሚባለው ሃሳብ እንደገና መጤን ያለበት መሆኑን መግለጻቸውን BBC ጠቅሷል። አብዛኞቹ ኮስሞሎጂያዊ ሞዴሎች የሚጠይቁት ዓይነት ዳርክማተር ቢኖር ኖሮ፥ ድንክ ጋላክሲዎቹ በዚህ ዓይነት ሊሰሩ እንደማይችሉ ተመራማሪዎቹ ገልጸዋል። ምናልባትም ይህ ማለት ጄኔቭ የሚገኘው Large Hadron Collider ሊያገኛቸው አይችልም ማለት ሊሆን እንደሚችልም BBC ሳይንቲስቶችን ጠቅሶ ዘግቧል።

ሁኔታውን “የሚረብሽ” በማለት የገለጹት የዱርሀም ዩኒቨርስቲው ፕሮፌሰር ካርሎስ ፍራንክ እንዲህ ብለዋል፤

> “በምንመለከተውና በሞዴሉ ዳታ መካከል ላለው አለመጣጣም ሌላው አማራጭ ምክንያት፥ ቀዝቃዛው ዳርክማተር የለም [የሚል ነው]፤ ይህን የተመለከቱ የመደበኛው [ኮስሞሎጂያዊ] ሞዴል ግምቶችም ውሸት ናቸው።” *(ቅንፍ ውስጥ ያሉት የተጨመሩ ናቸው)*

በችግሩ ላይ የሚሰሩ አንዳንድ ሳይንቲስቶች ከ CERN (LHC) በሚመጡ አሉታዊ ውጤቶች ተስፋ የቆረጡ መሆናቸውን መግለጻቸውን BBC በዘገባው ገልጿል፤ ይህም አንዳንዶቹን መደበኛው ኮስሞሎጂያዊ ሞዴልን ስህተት አድርገው እንዲቆጥሩት የመራቸው መሆኑን ቢቢሲ ጨምሮ ዘግቧል።

ኮስሞሎጂስቶች ኃይለኛ የኮምፒውተር ሞዴል ምስሎችን በመጠቀም እንዳጠኑት ዳርክ ማተሮች በጋላክሲዎች ማእከላዊ ስፍራ ላይ ጥቅጥቅ ብለው እንደሚገኙ ገምተው ነበር። ነገር ግን በሁለት ድንክ ጋላክሲዎች ላይ የተደረገ ጥናት፥ ከዚህ በተቃራኒ ሁኔታ የጋላክሲው ጠቅላላ ክብደት የተስተካከለ ስርጭት ያለው መሆኑን የሚያሳይ ውጤት አሳይቷል። ይህም መደበኛው ኮስሞሎጂያዊ ሞዴል ምናልባት ስህተት ሊሆን እንደሚችል የሚጠቁም ሆኗል።

ድንክ ጋላክሲዎች 99 ፐርሰንት ዳርክ ማተር እንደያዙና 1 ፐርሰንት ብቻ ኮከቦችን የመሰሉ መደበኛ ቁስአካላት እንደያዙ ይገመት ነበር። ይህም አስትሮኖመሮች ዳርክ ማተርን ለመፈለግ፥ ድንክ ጋላክሲዎች ተስማሚ ቦታ እንዲሆኑ አድርጓቸዋል። የሚልኪዌይ ጎረቤት የሆኑ ሁለት ድንክ ጋላክሲዎች ላይ ያለውን የዳርክ ማተር ስርጭት ለመወሰን በ 2011 ዓ.ም ጥናት ተደርጎ ነበር። ድንክ ጋላክሲዎቹ Fornax እና Sculptor የሚባሉ ሲሆን በውስጣቸው ከ 1 ሚሊዮን እስከ 10 ሚሊየን ኮከቦችን ብቻ ይዘዋል። *(የእኛዋ ጋላክሲ ሚልኪዌይ በውስጧ ከያዘቻው እስከ 200 ቢሊዮን ከሚደርሱ ኮከቦች አንጻር፥እነዚህ ድንክ የሚባሉ ጋላክሲዎች ናቸው።)* ቡድኑ እንዳጠናው፥በድንክ ጋላክሲዎቹ ውስጥ የሚገኙት ኮከቦች በክብ በመዞር ፈንታ እንደ ንብ መንጋ የሚተሙ በመሆኑ፥ በጋላክሲዎቹ ውስጥ ያለውን የዳርክ ማተር ስርጭት ለመወሰን ፈታኝ እንዳደረገው ገልጸዋል። የሁለቱም ጋላክሲዎች የተሰበሰቡ ዳታዎች የሚያሳዩት፥ዳርክ ማተር በእርግጥ ያለ ከሆነ በሰፊ ቦታ ላይ በእኩል መጠን የተሰራጨ መሆን እንዳለበት ነው። ይህ የዳርክ ማተር እፍጋት ወደ ጋላክሲው ማእከላዊ ስፍራ እየጨመረ ይሄዳል ከሚለው ከመደበኛው ኮስሞሎጂያዊ ሞዴል ግምት ጋር የሚጋጭ ነው። የሀርቨርድ-ሲሚስቶኒያን የአስትሮፊዚክስ ማእከል ተመራማሪው ማት ዎከር የሁኔታውን ተስፋ አስቆራጭነት እንዲህ ሲል ነበር የገለጸው፤

> “ይህን ጥናታችንን ካጠናቀቅን በኋላ፥ስለ ዳርክ ማተር በፊት እናውቅ ከነበረው ያነሰ እናውቃለን።”

ሌላ የሳይንቲስቶች ቡድን ዳርክ ማተር በሰማያዊ አካላት ዙሪያ በከባቢጸዳል መልክ የመገኘቱ እድል የሌለ መሆኑ ባካሄዱት ጥናት ደምዳሜ ላይ መድረሳቸውን ገልጸዋል። *(Moni Bidin, C.; Carraro, G.; Méndez, R. A.; Smith, R. (2012). "Kinematical and chemical vertical structure of the Galactic thick disk II. A lack of dark matter in the solar neighborhood". Astrophyiscal Journal 751: 30. arXiv: 1204.3924.Bibcode: 2012ApJ... 751...30M. doi:10.1088/0004-637X/751/1/30)*

ይህም፥ በምድር ላይ በሚካሄዱ የላቦራቶሪ ፍተሻዎች ዳርክ ማተር ሊገኝ የማይቻል መሆኑን እንደሚያመላክት ተመራማሪዎች ይገልጻሉ።

የዳርክ ማተርን መኖር ከሚጠራጠሩ ሳይንቲስቶች መካከል አንዱ የሆነው የ CERN ፊዚስት ድራጋን ስላቭኮቪ ሀጅዱኮቪክ ዳርክ ማተር ምናልባት የተሳሳተ እምነት ሳይሆን እንደማይቀርና ሁኔታው በኳንተም ቫኩዩም ግራቪቲያዊ ፖላራይዜሽን ሊገለጽ እንደሚችል በነሐሴ 2011 ዓ.ም ገልጿል። ለ *PhysOrg.com* እንዲህ ብሏል፤

> “የወረቀቴ ቁልፉ መልዕክት፥ዳርክ ማተር ምናልባት ላይኖር ይችላል የሚልና በዳርክ ማተር የተገለጸው ክስተት ምናልባት በኳንተም ቫኩዩም ግራቪቲያዊ ፖላራይዜሽን ይገለጽ ይሆናል የሚል ነው። ውጤቶቹ የቁጥር አጋጣሚ

ይሁኑ ወይም ደግሞ የአዲስ ሳይንሳዊ አብዮት ጽንስ የወደፊት ሙከራዎች የሚገልጹት ይሆናል።"

ቀጥተኛና ቀጥተኛ ባልሆኑ መንገዶች ዳርክማተርን ለማግኘት በተለያዩ ቦታዎች በርካታ ሙከራዎች እየተደረጉ ቢሆንም (ለምሳሌ እንግሊዝ ዮርክሺር ጥልቅ ጉድጓድ ውስጥ፣በፌርሚ የሕዋ ቴሌስኮፕ፣በጄኔቩ LHC ...ወዘተ) ነገር ግን እስካሁን ሊገኙ አልተቻሉም።

የጽልመታዊ ቁስአካል አማራጭ፤ ይሁንና ያለ ምንም ጽልመታዊ ቁስአካል፥ በዩኒቨርስ ውስጥ ያሉትን ቁስአካላትን ብቻ በመጠቀም፥ በዩኒቨርስ ውስጥ ያሉትን የጋላክሲዎች እንቅስቃሴና የሚታየውን ዩኒቨርስን ሁኔታ ለመግለጽ የወጡ የተለያዩ ኮስሞሎጂያዊ ቲዎሪዎች አሉ፤ ከእነዚህ መካከል (1) MOND (Modified Newtonian Dynamics) በመባል የሚታወቀው፣ (2) ከዚሁ ጋ ተመሳሳይ የሆነው ነገር ግን ሪሌቲቪስቲክ የሆነው በ2004 ዓ.ም የወጣው TeVeS (3) MOG ወይም STV gravity (4) በ 2007 ዓ.ም የወጣው Nonsymmetric Gravitational Theory (NGT) (5) በፊዚስቱ /ኮስሞሎጂስት/ በዶ/ር ጆን ሐርትኔት የወጣ Cosmological relativity ዋነኞቹ ናቸው።

እነዚህ ሞዴሎች፥በጋላክሲዎች እንቅስቃሴ ላይ የተስተዋለውን ችግር የሚፈቱት፥ የግራቪቲ ህግ ላይ መጠነኛ ማሻሻያ በማድረግ ነው። የኒውተን ግራቪቲ የግልብጥ ርቢ ሕግ (inverse square law) ፥ የሥርዓተ-ፀሐይ ስፋትን በሚያህል ክልል ውስጥ በትክክል የሚሰራ ቢሆንም፥የጋላክሲን ስፋት በሚያካክሉ በእጅግ ትላልቅ ርቀቶች ላይ ግን በትክክል የማይሰራ መሆኑን በመግለጽ፥ ጋላክሲዎችን ለሚያካክሉ ትላልቅ ስፋቶች የሚሆን፥ የግራቪቲ ሕግ ላይ መጠነኛ ማሻሻያ የተደረገላቸው አዲስ ቀመር አቅርበዋል። በእነዚህም፥ያለምንም ጽልመታዊ ቁስአካላት፥ በመደበኞቹ ቁስ አካላት ብቻ የጋላክሲዎችን እንቅስቃሴ መግለጽ እንደሚቻል ያሳያሉ።

ጽልመታዊ ቁስአካል ወይስ ግራቪቲ ላይ አነስተኛ ማሻሻያ ማድረግ?

የጽልመታዊ ቁስአካል ቲዎሪ ደጋፊዎች፤

"ግራቪቲን ማሻሻል አያስፈልግም፤ጽልመታዊ ቁስአካል ችግሩን ይፈታዋል።"

ግራቪቲ ላይ አነስተኛ ማሻሻያ ማድረግን የሚደግፉ፤

"ጽልመታዊ ቁስአካል አያስፈልግም፤ግራቪቲ ላይ አነስተኛ ማሻሻያ ማድረግ ችግሩን ይፈታዋል።"

የትኛው ነው ትክልል?

አንዳንድ ጊዜ ፊዚክስ ውስጥ፥ አዲስ ፓርቲክል በላቦራቶሪ ሙከራ ከመገኘቱ በፊት አስቀድሞ፥ የፓርቲክሉ መኖር ይገመታል። ለዚህም ፊዚክስ ውስጥ ብዙ ምሳሌዎች

አሉን፤ በ 1927 ዓ.ም በፓውል ዳይራክ መኖሯ ተገምታ የነበረውና በ 1932 ዓ.ም በላቦራቶሪ የተገኘችው ጸረ-ኤሌክትሮን (ፖሲትሮን)፣ በ1920 ዓ.ም በኤርነስት ሪዘርፎርድ መኖሩ ተገምቶ የነበረውና በ 1932 ዓ.ም በ ጀምስ ቻድዊክ የተገኘው ኒውትሮን፣ በ 1935 ዓ.ም በ ሃይዲኪ ዩካዋ መኖሯ ተገምቶ የነበረችውና በ 1947 ዓ.ም የተገኘችው ፓይ-ሜሶን (pi meson) እንዲሁም፥ በ 1964 ዓ.ም መኖሩ ተገምቶ የነበረውና በ 2012 ዓ.ም የተገኘው ሂግስ ቦሶን (Higgs boson) ተጠቃሽ ምሳሌዎች ናቸው። በአስትሮፊዚክስ ውስጥም ኔፕትዮን ፕላኔት በ 1846 ዓ.ም በርሊን የምልከታ ጣቢያ ውስጥ በምልከታ ከመገኘቷ አስቀድሞ፥በዩርባን ሊ ቪሪር በማቲማቲክስ ስሌት መኖሯ ተገምቶ ነበር።

እነዚህ ወደ ተሳካ ውጤት የመሩ አስቀድሞ የተነገሩ ግምቶች፥ በሚታወቁ የሳይንስ ሕጎች ላይ ተመስርተው የተገመቱ ናቸው - ኔፕቱዮን በኒውተን ሕግ ላይ፥ፓትሪክሎቹ ደግሞ አዲስ እየመጣ በነበረው በኳንተም ቲዎሪ ላይ።

ከላይ ካየናቸው በተቃራኒ ደግሞ፥አንዳንድ ጊዜ አስቀድሞ የሚገመቱና ለረጅም ዓመታት ሲፈለጉ በርካታ ገንዘብና ጊዜ አባክነው በመጨረሻ ውሸት ሆነው የሚገኙበት ሁኔታ አለ። አንድ ምሳሌ እንይ፤በ 19ኛው ክፍለ ዘመን ሁለተኛው አጋማሽ ላይ የኒውተንን የግራቪቲ ህግ የማይከተለውን የሜርኩሪን የጸሐይ ዙሪያ ምህዋር ለመግለጽ በሜርኩሪና በጸሐይ መካከል አንድ ያልታወቀች የማትታይ ፕላኔት ሳትኖር አትቀርም የሚል ሃሳብ ይራመድ ነበር - ልክ እንደዛሬው የጽልመታዊ ቁስአካል ማለት ነው። ለዚህችም ቲዎሪያዊ ፕላኔት Vulcan የሚል ስም ተሰጣት። ነገር ግን ከሜርኩሪ ይበልጥ ለጸሐይ የቀረበች ፕላኔት ተፈልጋ ልትገኝ አልቻለችም።

በኋላ ግን በ 1916 ዓ.ም የተሻሻለው የግራቪቲ ህግ - ማለትም የአነስታይን አጠቃላይ ንጽጽራዊነት ቲዎሪ የሜርኩሪ ምህዋር እንቆቅልሽ ሊፈታ ችሏል። ይህ ያልተለመደ የሜርኩሪ ምህዋር ለውጥ ከባዱ የጸሐይ ግራቪቲ ህዋ-ጊዜን (space-time) በማጠፉ ምክንያት የሚከሰት መሆኑንና ይህ የህዋ እጥፋት በተለይ ፕላኔቶቹ ጸሐይ አጠገብ ሲቀርቡ - ማለትም እጥፋቱ ከፍተኛ በሚሆንበት ስፍራ - ጉዞአቸውን እንደሚለውጥ ይገልጻል። ስለዚህ የሜርኩሪን እንግዳ የሆነ ምህዋር ለመግለጽ በጸሐይና በሜርኩሪ መካከል የማትታይ Vulcan ፕላኔት አላስፈለገም።

ዛሬ ዳርክማተር የ 21 ኛው ክፍለ ዘመን Vulcan ፕላኔት መሆኑን የሚገልጹ በርካቶች አሉ። የማትታየው የ Vulcan ፕላኔት፥በአነስታይን በተሻሻለው የግራቪቲ ህግ ውድቅ እንደተደረገችው ሁሉ፥ዛሬም በተሻሻሉት የግራቪቲ ህጎች የማይታየው ጽልመታዊ ቁስአካል ውድቅ ማድረግ እንደሚቻል ይገልጻሉ።

ከላይ እንደተገለጸው፥በሚታወቁ የፊዚክስ ሕጎችና ስሌቶች በመነሳት፥ገና ያልተገኘን አንድን ነገር መኖር መተንበይ፥በፊዚክስ ውስጥ መጥፎ አይደለም። ነገር ግን፥ምንም እንኳን ጽልመታዊ ቁስአካል አጀማመሩ የጋላክሲዎች ፈጣን እንቅስቃሴ ችግር

ለመፍታት ቢሆንም፥ዛሬ ግን ጽልመታዊ ቁስአካል በዋነኛት የሚያስፈልገውና በጥብቅ እየተፈለገ ያለው ለቢግባንግ ቲዎሪ ነው። የጋላክሲዎች እንቅስቃሴ ላይ የታዩት ችግሮችን በተመለከተ፥ የግራቪቲ ሕግ ላይ መጠነኛ ማሻሻያ በማድረግ ችግሮቹ ሊፈቱ እንደሚችሉ MOND አሳይቷል፤ለዚህ ጽልመታዊ ቁስአካል አያስፈልግም። በአሁኑ ጊዜ እየተጠቀምንበት ያለውና በዩኒቨርስቲ ውስጥ እየተማርነው ያለነው መደበኛው ፓርቲክል ፊዚክስም (standard particle physics)፥ጽልመታዊ ቁስአካል ፈጽሞ አያስፈልገውም፤ ጭራሽም አያውቀውም። የቢግባንግ ሞዴል ግን፥ያለ ጽልመታዊ ቁስአካል መቆም አይችልም።

የጽልመታዊ ቁስአካል የመኖር ተስፋ በአሁኑ ጊዜ እጅግ እየጨለመበት ነው። ለጽልመታዊ ቁስአካላነት የታጩ ነገሮች በአሁኑ ጊዜ እየቀነሱ ነው።

ይሁንና ጽልመታዊ ቁስአካል በእርግጥ እውነት ሆኖ ቢገኝ ወይም መኖሩ ቢረጋገጥ፥የቢግባንግ ቲዎሪ እውነትና ትክክለኛ ቲዎሪ መሆኑን ይረጋገጣል ማለት ነው? መጽሐፍ ቅዱሳዊው የዘፍጥረት ገለጻ ደግሞ ስህተት መሆኑን ያሳያል ማለት ነው? አይደለም! ቢግባንግን ውድቅ የሚያደርጉ ሌሎች በርካታ ትላልቅ ችግሮች አሉ፤የ 'ጽልመታዊ ቁስአካል' አለመገኘት፥ የቢግባንግ አንዱ ችግር ብቻ ነው። በተጨማሪም እግዚአብሔር ዩኒቨርስን በምን እንደፈጠራትና እንዴት እንደሚጠብቃት ሙሉ እውቀቱ የለንም። አሁን ግን፥ ለቢግባንግ ቲዎሪ እጅግ አስፈላጊ የሆነው "ጽልመታዊ ቁስአካል" (dark matter) በእርግጥ ስለመኖሩ እስካሁን ሊረጋገጥ አለመቻሉ - የቢግባንግ ቲዎሪ ሌላው ተጨማሪ ውድቀት መሆኑ ይቀጥላል።

በተቃራኒው ደግሞ፥የጽልመታዊ ቁስአካል ስህተት መሆኑን ሁሉም አስትሮነመሮች ቢቀበሉና፥ በዚያ ፈንታ ግራቪቲ ላይ አነስተኛ ማሻሻያ ማድረግ የሚለውን ሃሳብ ሁሉም ቢቀበለው፥ የቢግባንግ ቲዎሪ ይጠፋል ማለት ነው? ላይሆን ይችላል። በየጊዜው ማሻሻያ እየተባለ መልኩን የሚቀያይሩት የቢግባንግ ቲዎሪ፥ከሚሻሻለው ግራቪቲ ጋር ተጣብቆ በአዲስ ዓይነት ሞዴል ሊቀርብልህ ይችላል።

****

አፔንዲክስ 3

<u>ስለ ቢግባንግ የተነገሩ ተጨማሪ ጥቅሶች</u>

ቺስተርተን እንዲህ ይላል፤

> "ምንም ነገር እንዴት ወደ ሆነ ነገር ሊቀየር እንደሚችል ማንም ሰው መገመት አይችልም። አንድ ሰው አንድ ነገር ወደሌላ ነገር እንዴት ሊለወጥ እንደሚችል በመግለጽ፥ አንዲት ኢንች እንኳ ወደዚያ ሊቀርብ አይችልም።"
> *- G.K Chesterton (1925)*

በርቢጅ - ስለ ቢግባንግ ያወጣውን ጸሁፉ ያጠቃለለው እንዲህ በሚል ነበር፤

> “የቢግባንግ ኮስሞሎጂን የሚደግፉ መረጃዎች በሰፊው እንደሚታሰበው ግልጽና እርግጥ አይደሉም. . ዩኒቨርስ ከከፍተኛ እፍጋት ስለ መጀመሯና ስላለፈችበት እድገት፥ ቀጥተኛ የሆኑ የሚታዩ መረጃዎች [በእርግጥ] ይመሰክሩ እንደሆን ያቀረብኩትን ውይይቴን በዚህ እደመድመዋለሁ። አንድ ሰው ይህን መረጃ በእውነት ለመመርመር ቢሞክር እንዲህ ዓይነት ዩኒቨርስን የሚደግፍ በእውነት ወሳኝ የሆነ ማስረጃ እንደማይኖር አምናለሁ።” - *G. Burbidge, "Was There Really a Big Bang?" in Nature 233 (1971), pp. 36, 39.*

አልቨን - የቢግባንግ ቲዎሪን ሁኔታ፥ በፍጥነት እየፈራረሰ ያለን ቲዎሪ ለማዳን ከሚደረግ ሙከራ ብዙም እንደማይሻል ይገልጻል፤

> “በሌላ በኩል ከቢግባንግ መላምት ጋር ለማስታረቅ አስቸጋሪ የሆኑ የምልከታ ማስረጃዎች ቁጥር እየጨመረ ነው። የቢግባንግ ተቋም እነዚህን ብዙውን ጊዜ አያነሳቸውም፤ቲዎሪውን የማያምኑ [ለእነዚህ ማስረጃዎች] ትኩረት እንዲሰጥ ለማድረግ ሲሞክሩ፥ጠንካራው ተቋም አግባብ ባለው መንገድ ለመወያየት አይፈቅድም. . .
>
> “የአሁኑ ሁኔታ ‘ክስተቱን ለማዳን’ ተጨባጭ ማስረጃዎችን ከመላምቱ ጋር ለማስታረቅ የሚደረግ ሙከራ ነው። የአንድ ወቅት ክስተት እመንታዎች (ad hoc assumptions) ቁጥራቸው እየጨመረ እየመጣ ነው። ለሎጂካዊ ጥብቅነታቸው ብዙም ጥንቃቄ ሳይሰጥ፥ እነዚህ ለአንድ ወቅት ብቻ የወጡ (ad hoc) እመንታዎች ከቢግባንግ መላምት ጋር የሚያሳዩት መስማማት ቲዎሪውን እንደሚደግፉ ይነገራል።” - *H. Alfven, "Cosmology: Myth or Science?" in Journal of Astrophysics and Astronomy 5 (1970), p. 1203. [አልቨን የ 1970 በፊዚክስ የኖቤል ፕራይዝ ተሸላሚ ነው።.]*

አልደርሻው - ቢግባንግ፥እየተሸሻሉ ከመጡ መረጃዎች ጋር ይበልጥ እየተጋጨ ነው ይላል፤

> “መደበኛው የቢግባንግ ሞዴል እየተሻሻሉ ከመጡ የምልከታ ዳታዎች ጋር ይበልጥ እየተጋጨ እየመጣ በመሆኑ ትልቅ የማሻሻያ ለውጥ ያስፈልገዋል. . እነዚህ ውጤቶች [ዳታዎች] ከአሁኖቹ ቀላል ቲዎሪዎች ጋር የሚጋጩ መስለው ከተገኙ በአንዳንድ ቲዎሪስቶች ዘንድ ሆን ተብሎ ያለመቀበል እምቢተኝነት አለ።” - *R. Oldershaw, "The Continuing Case for a Hierarchical Cosmology" in Astrophysics and Space Science 92 (1983), p. 357.*

ዲ ቫኩለርስ - ቲዎሪውን የሚያየው፥በርካታ ግምትና እጅግ ትንሽ ጠጣር ማስረጃ የያዘ የሚፍረከረክ ቲዎሪ እንደሆነ አድርጎና የሚቀጥለው ክፍለዘመን ሳይንቲስቶች ፍጹም ሞኝነት አርገው የሚቆጥሩት ቲዎሪ እንደሆነ አድርጎ ነው፤

"ይሁንና ባለፉት 40 ዓመታት የተሰጡን ጎላ ያሉ ጥቂት ማስረጃዎችና ቁጥሮች አሁንም እጅግ ጥቂት ብቻ የሚታወቁና ለመጨረሻው መፍትሄ ጠንካራ መሰረት ለመጣል እጅግ በደካመ ሁኔታ የተደራጁ ናቸው. . . የዩኒቨርስን ጅማሬና ኢቮሉሽን የተመለከቱ የአሁኑ ኮስሞሎጂያዊ ሃሳቦቻችን [ለወደፊቱ] ለ 21ኛው ክፍለ ዘመን አስትሮኖመሮች ገና ያልበሰሉና ኋላ ቀር ሆነው ይታያሉ።" - *G. de Vaucouleurs, "The Case for a Hierarchical Cosmology, " in Science 167 (1970), p. 1203.*

ግሪቢን - በመጨረሻ ከሳይንስ መንገድ ታጥፈን በተሳሳተ ጠባብ መንገድ እንዳንገኝ ይሰጋል፤

"ምናልባት ኮስሞሎጂስቶች ላለፈው ሩብ ክፍለዘመን በተሳሳተ መንገድ እየተጓዙ እንዳይሆንና ቢግባንግ የሚባል ነገር ፈጽሞ የሌለ እንዳይሆን [ያሰጋል]! ሳይንስ የተሳሳተ መንገድ ሲከተል ይህ የመጀመሪያው አይደለም።"- *J. Gribben, "Cosmologists Move Beyond the Big Bang" in New Scientist 110(1511): 30 (1986).*

ግሪቢን - በርካታ ሳይንቲስቶች፥ ቲዎሪውን መቅበሪያ ጊዜው አሁን መሆኑን እንደሚያስቡ ይነግረናል፤

"በርካታ ኮስሞሎጂስቶች የመደበኛው ቲዎሪ [ቢግባንግ] ድክመቶች ከጠቃሚነቱ ይልቅ ሚዛን የሚደፉ መሆናቸው ይሰማቸዋል።" - *J. Gribben, "Cosmologists Move Beyond the Big Bang" in New Scientist 110(1511):30 (1986).*

ዋልተር ላሜርትስ - ችግሩን እንዲህ ይጠቀልለዋል፤ [እዚህ ክፍል ላይ እስካሁን ከጠቀስናቸው ውስጥ ብቸኛው ፍጥረተኛ (በፈጣሪ የሚያምን) ሳይንቲስት ነው]

"የእግዚብሔርን ቃል የጣሉት ላይ ያለው ፈተና አሁንም እንዳለ ነው፤በዘፍጥረት መጽሐፍ ገለጻ የሚሳለቅ ካለ፥ያን የሚተካበት መላምት ለይቶ ያስቀምጥ። ከዚያ በመላምቱ ውስጥ [ተጣብቀው] ላሉ ሊፈቱ ለማይችሉ ችግሮች መልስ ለመስጠት ይሞክር፤ በመጨረሻም ከወደፊት የሙከራ ግኝቶች ኃይለኛ ጥቃት ይከላከለው።

"እነዚህ በተሳካ ሁኔታ ከተከናወኑ፥በአስትሮኖሚ ታሪክ ውስጥ 'የመጀመሪያው' ይሆናል።" - *Walter Lammerts, book review, in Creation Research Society Quarterly, December 1973, p. 171.*

****

አፔንዲክስ 4

ዮሐንስ ኬፕለር (1571-1630)

ታዋቂዋ የናሳ የሕዋ ውስጥ ቴሌስኮፕ በስሙ የተሰየመችለትና በ 17ኛ ክፍለ ዘመን የሳይንስ አብዮት ቁልፍ ሰው የነበረው ጀርመናዊው አስትሮነመር፣ ማቲማቲሽያንና ትጉህ ክርስትያን ዮሐንስ ኬፕለር የተወለደው ጀርመን ዊልስ ዴር ስታድት ከተማ ውስጥ

ዮሐንስ ኬፕለር

እ.ኤ.አ በ 1571 ዓ.ም ነበር። ኬፕለር በሳይንስ ታሪክ ውስጥ በግንባር ቀደም ደረጃ ከሚሰለፉ ሳይንቲስቶች ተርታ የሚመደብ ነው። ይህ ታላቅ ጀርመናዊ ማቲማቲሽያንና አስትሮነመር፥ ፍተሻዎችን ያለፉና ዛሬም ድረስ በሰፊው ጥቅም ላይ የሚውሉ መሠረታዊ የተፈጥሮ ሕጎችን አግኝቷል። ሎጋሪዝምን አስትሮኖሚ ውስጥ ለመጀመሪያ ጊዜ መጠቀምንና ለኢንትግራል ካልኩለስ መሠረት መጣልን ጨምሮ፥ሳይንስ ውስጥ ማቲማቲክስን ወደ አዲስ ከፍታ አሳድጓል። ሳይንስን ከአጉል እምነት ወደ ማቲማቲክስ ሕግ በማዞርና ጽኑ መሠረት ላይ በመትከል ረገድ ዋነኛው ተዋናይ ነበር። ዩኒቨርስ እንዴት እንደምትሰራ የሰው ልጆች እንዲረዱ አግዟል። በፕላኔቶች የሞላላ ቅርጽ ምህዋር ሕጉ በሰፊው የሚታወቀው ኬፕለር፥<u>Astronomia nova</u>, <u>Harmonices Mundi</u> እና <u>*Epitome of Copernican Astronomy*</u> የተሰኙ መጽሐፎችና በርካታ የምርምር ጹሑፎችን አውጥቷል። እነዚህ የኬፕለር *ሥራዎች* ለታላቁ አይዛክ ኒውተን ዩኒቨርሳል የስበት ሕግ ቲዎሪው አንዱ መሰረት ሆነውለታል። ኒውተን፥ ከሌሎች ይልቅ አርቆ የመመልከት ችሎታው፥ "በሌሎች ጉዞፎች ትከሻ ላይ" ስለቆመ መሆኑን ሲገልጽ፥በይበልጥ ኬፕለርን እያሰባ መሆኑ ሁሉም የሚስማማበት እውነት ነው። ይሁንና ኬፕለር ከድሃና ካልተማረ ቤተሰብ የተወለደ፣ሕይወቱ በችግር የተሞላ ትሁትና ትጉህ ክርስትያን ነበር። ኬፕለር፥በመንፈሳዊ ተነሳሽነት ምርጥ ሳይንስ የሰራ የክርስትያን ሳይንቲስት ምሳሌ ሆኖ የሚጠቀስ ነው። ኬፕለር ሳይንስን የሚያየው፥ የእግዚአብሔር ተልእኮ አድርጎ ነው። የሳይንስ *ሥራዎቹን* 'የእግዚአብሔርን ሃሳብ ማሰብ' መሆኑን ገልጿል።

ኬፕለር፥ *የሰማይ አካላት መነካነክስ አባት* (*Father of Celestial Mechanics*) በመባል ይታወቃል። በታይቾ ብራህ የምልከታዎች ዳታዎች ላይ በመመስረት፥ የማርስ ፕላኔትን ምህዋር ለማግኘት ለስምንት ዓመታት እንዴት እንደታገለ የሚገልጸው ታሪኩ፥በሰፊው የሚታወቅ ታሪክ ነው። ኬፕለር፥ሳይንስ ስራዎች ውስጥ እንከን የለሽና ፍጹምነት የሚከተል ሰው ነበር፤የተቀራረበ ውጤት ለርሱ ጥሩ አይደለም። የፕላኔቶችን ምህዋር

ምርምሩን የጀመረው፥በወቅቱ በሰፊው ይታመን በነበረው የፕላኔቶች መንገድ ክብ ወይም የክቦች ጥምረት ነው በሚለው ሃሳብ ነበር። ይሁንና ኬፕለር ውስብስብ የክቦች ጥምረት ለፕላኔቶች ምህዋር የማይሰራ መሆኑን ደረሰበት። በሁሉም ሌሎች አስትሮኖመሮች ተቀባይነት ካለው ሃሳብ በመውጣት፥ትክክለኛውን መፍትሄ እስከሚያገኝ ድረስ የተለያየ ክብ ያልሆኑ መንገዶችን ሞከረ። ከበርካታ ዓመታት ሥራዎችና በሺዎች የሚቆጠሩ ገፆችን ከሞሉ አድካሚ ስሌቶች በኋላ፥ዳታዎቹ ከሞላላ ቅርጽ ቀመር (ellipse formula) ጋር እንዲገጥሙ ማድረግ በመቻል፥ማርስ በፀሐይ ዙሪያ በሞላላ ምህዋር (elliptical orbit) እንደምትዞር ደረሰበት። የኬፕለር ግኝት በሳይንስ ታሪክ ውስጥ ትልቅ ለውጥ ያመጣና፥ የሰማያዊ አካላት ምህዋር ፍጹም ክብ መሆን አለበት የሚለውን የቶለሚ፣የአሪስቶትልና የኮፐርኒከስን ሃሳብ የ 1,500 ዓመታት ስህተት ያስተካከለ ነው።

በተጨማሪም ኬፕለር፥አስቀድሞ ይታሰብ ከነበረው በተቃራኒ፥ አንድ ፕላኔት በእኩል ጊዜ ውስጥ እኩል ርቀት እንደማይጓዝ አሳይቷል። ይልቁንም ግን ፀሐይና ፕላኔቱን የሚያገናኝ ሃሳባዊ መስመር በእኩል ጊዜ ውስጥ የሞላላውን ወለል እኩል ስፋት እንደሚሸፍን ማሳየት ችሏል። ይህ ማለት የፕላኔቷ ፍጥነት ቋሚ አይደለም፤ወደ ፀሐይ በምትቀርብበት ወቅት ፍጥነቷ ይጨምርና ከፀሐይ በምትርቅበት ወቅት ደግሞ ፍጥነቷ ይቀንሳል። ኬፕለር እነዚህን ሁለት የፕላኔቶች ጉዞ ሕጎች በ 1609 ዓ.ም *The New Astronomy* በሚለው መጽሐፉ ውስጥ አሳትሞ አውጥቷቸዋል። ከዐሥርት ዓመታት በኋላም፥ ፕላኔቶች በፀሐይ ዙሪያ አንድ ሙሉ ዙር ለማጠናቀቅ የሚወስድባቸውን ጊዜ፥ከፀሐይ ካላቸው አማካኝ ርቀት ጋር በማቲማቲክስ የሚያዛምድ ሶስተኛውን ሕግ አወጣ ($T^2 \propto a^3$) ። ይህን ሕግ በ 1619 ዓ.ም በ *Harmony of the Worlds* መጽሐፉ ውስጥ አሳትሞታል። በዚህ መጽሐፍ ውስጥ ኬፕለር እግዚአብሔርን እንዲህ ሲል አሞግሷል "ጌታ አምላካችን ታላቅ ነው፤ኃይሉም ትልቅ ነው፤ለጥበቡም መጨረሻ የለውም" (Great is God our Lord, great is His power and there is no end to His wisdom)።

ኒውተን በኋላ ላይ በዓለምአቀፍ የስበት ቲዎሪው (theory of universal gravitation) ውስጥ እነዚህን ግንኙነቶች ገልጿቸዋል። የኬፕለር ሕጎች ዛሬ ፍጹም ትክክል እንደሆኑት ያህል ያኔ ለመጀመሪያ ጊዜ ሲያወጣቸውም ፍጹም ነበሩ። ሌላው ቀርቶ እርሱ ሊገምተው ከሚችለው በላይ ዛሬ እጅግ ጠቃሚዎች ናቸው። ዛሬም ሳይቀር ናሳ በሶላር ሲስተም ውስጥ ለሚልካቸው የህዋ መንኮራኩሮች የኬፕለርን ሕጎች ይጠቀማል። ኬፕለራዊ ምህዋር፥ በሶላር ሲስተም ውስጥ ብቻ ሳይሆን፥ ነገር ግን ጋላክሲዎችን ለሚዞሩ ኮከቦች፣ የጋላክሲ ክምችቶችንና ልዕለ-ክምችቶችን ለሚዞሩ ጋላክሲዎችም ጭምር እንደሚሰራ የስነፈለግ ተመራማሪዎች ይናገራሉ። ጠቅላላው ዩኒቨርስ የኬፕለርን ሕግ ያከብራል፤ወይም እሱ መናገር ይመርጥ እንደነበረው፥የእግዚአብሐርን ሕግ ያከብራል። ኬፕለር እንዲህ ብሎ ነበር "እኛ የሥነ-ፈለግ ተመራማሪዎች፥ የተፈጥሮ

መጽሐፍን በተመለከተ የታላቁ እግዚአብሔር ካህናት ስለሆንን፥ለራሳችን ክብር ሳይሆን ከሁሉም በላይ ለእግዚአብሔርን ክብር አሳቢ መሆን ይገባናል።"

እነዚህ ግኝቶቹ ብቻ ኬፐለርን በሳይንስ ዓለም ውስጥ ዝነኛ ሳይንቲስት ለማድረግ በቂዎች ናቸው፤ነገር ግን ከእነዚህም ሌላ ለሳይንስ ያበረከታቸው *ሥራዎች* አሉት። ኬፐለር፥ *የሰማይ አካላት መንካኒክስ አባት* ብቻ ሳይሆን *የዘመናዊ ስነ-በሲር (Modern Optics)* አባት ተደርጎም ይቆጠራል። ስለብርሃን ነጸብራቅ (reflection) ፣ ስለ ብርሃን ስብረት (refraction) እና ስለ ዓይን እይታ በወቅቱ የነበረውን መረዳት በማሳደግ፥ ለ ቅርብ-እይታ (nearsightedness) እና ሩቅ-እይታ (farsightedness) የሚጠቅሙ የዓይን መነጽሮች ላይ ማሻሻያዎችን አድረጓል፤በዘመኑ የነበረው ጋሊሊዮ፥ በመጀመሪያ የሕዋ ቴሎስኮፑ ላይ ማሻሻያዎች እንዲያደርግ ረድቷል፤አዲስ ኮከብ (supernova) አግኝቷል፤ፒን-ሆል ካሜራን ፈጥሯል፤በጥርስ የሚዘወር ሂሳብ ማስሊያ ማሽን ንድፍ አውጥቷል፤የዓየር ንብረትን በመመርመር የውቅያኖስ ማዕበል መንስዔው በዋነኛነት የጨረቃ ስበት መሆኑን ደፈርሶበታል. . .ወዘተ።

ይህ ሁሉ ቢሆንም ግን፥የኬፐለር ሕይወት በአስቸጋሪ ሁኔታዎች የተሞላ ነበር። የልጅነት እድገቱ በሃዘንና በሕመም የቶሞላ ነበር። በአዋቂነቱ ወቅት፥ የመጀመሪያ ሚስቱንና ስድስት ልጆቹን በልጅነት እድሜያቸው በሞት አጥቷል። ተደጋጋሚ የእምነት ስደቶች ገጥመውታል። ኬፐለር መጽሐፍ ቅዱስን የሚቃረኑ የሰው ሕጎችን የማይቀበል በመጽሐፍ ቅዱስ ለይ የተጣበቀ የእምነት ሰው ነበር። ይህ አቋሙ ለበርካታ ጊዜያት ታላላቅ ስደቶችን አስከትለውበታል። በጠንቋይነት በሐሰት የተከሰሰች እናቱን ለማዳን ፍርድ ቤት መሟገት ነበረበት። ተፈርዶባት ቢሆን ኖሮ፥ ግርፋትና ከግንድ ላይ ታስራ በእሳት መቃጠል ይጠብቃት ነበር፤ልትተርፍ የቻለችው በኬፐለር ጥበብ የተሞላበት መከላከል ብቻ ነበር። በጠቅላላ የፍርድ ሂደት ወቅት ኬፐለር የማይናወጥ እምነቱን በእግዚአብሔር ላይ ጥሎ ነበር። ኬፐለር ለሥራዎቹ የሚገባውን ያህል ተከፍሎት አያውቅም። ምናልባትም ራሱን እንደ ታዋቂ አድርጎ ቆጥሮ አያውቅም ነበር። ሕይወቱ እንዲህ በመከራ የተሞላ መሆኑ፥የሰማይ አካላትና እያንዳንዱ ነገር እንዴት በፈጣሪ የማቲማቲክስ እቅድ መሰረት እንደሚሰሩ ከማጥናትና ከመመርመር አላገደውም። የጠፈር ውስጥ ጉዞንና ሩቅ ያሉ ከዋከብት ዙሪያ መሬት-መሰል ፐላኔቶች መኖርን ገምቶ ነበር። የመጀመሪያውን ሳይንሳዊ ልብወለድን ጨምሮ ሰማንያ መጽሐፎችን ጽፏል።

ኬፐለር በአንድ ወቅት እግዚአብሔርን ለማገልገልና እውነቱን ለማወጅ፥ካህን መሆን ብቸኛው መንገድ ነው ብሎ ያምን ነበር፤በኋላ ግን አስትሮኖሚና ማቲማቲክስም አገልግሎት መሆናቸውን ተገንዝቧል - ወደ እግዚአብሔር ሃሳብ መስኮቶችን የሚከፍቱ መንገዶች! አንዴ እንዲህ ብሏል "የእግዚአብሔር አብ ስም ብቻ ከፍ የሚል ከሆነ፥ የእኔ ስም ይጥፋ።"[8] ህዳር 15, 1630 ዓ.ም በመሞቻው አልጋ ላይ ተኝቶ፥የደህንነት

---

[8] Johannes Kepler, quoted in: Tiner, J. H., *Johannes Kepler-Giant of Faith and*

ተስፋውን ምን ላይ እንዳጣበቀ ተጠይቆ ነበር። በልበ ሙሉነት እንዲህ ሲል መስክሯል "በኢየሱስ ክርስቶስ አገልግሎቶች ላይ ብቻ። በርሱ ጠቅላላ መሸሸጊያ፣ሁሉም መጽናናትና ሁሉም ደህንነት አለ።" ክርስትና የሳይንስ ጠላት እንደሆነ አድርገው የሚያስቡ፥ከዚህ ታላቅ ሳይንቲስትና ትጉህ ክርስትያን ሕይወት፥የተሳሳቱ መሆናቸውን ይረዱ።

ጨረቃና ማርስ ላይ የሚገኙ ጎመራ-ቆሬዎች ለኬፕለር ክብር በስሙ ተሰይመዋለታል። በስሙ የተሰየመች የናሳ የህዋ ውስጥ ቴከሌስኮፕ *Kepler spacecraft* በ 2009 ዓ.ም ወደ ህዋ መጥቃ፥ በአሁኑ ጊዜ በሌሎች ከዋክብቶች ዙሪያ መሬትን የሚያከሉ ፕላኔቶችን እየፈለገች ነው።

******

Science, Mott Media, Milford, Michigan (USA), p. 197, 1977.

ምዕራፍ 2

የከዋከብትና የፕላኔቶች ኢቮሉሽን ቲዎሪዎችና ችግሮቻቸው

በዚህ ምዕራፍ ኢቮሉሽናዊ የከዋከብትና የፕላኔቶች አመጣጥና እድገት ቲዎሪዎች ምን እንደሚሉና ያሉባቸውን ችግሮችና ለምን ሊሰሩ እንደማይችሉ እናያለን።

1- የከዋከብትና የፕላኔቶች አመጣጥና ዕድገት ኢቮሉሽናዊ ቲዎሪ

በአሁኑ ጊዜ በኢቮሉሽኒስቶች በሰፊው እየተራመደ ያለው ስለ ፀሐይና ፕላኔቶቿ አመጣጥና እድገት የሚገልጽ ኢቮሉሽናዊ ቲዎሪ፥የኔቡላር መላምት (Nebular Hypothesis) በመባል የሚታወቀው ነው። ይህ መላምት በመጀመሪያ የወጣው ለእኛዋ ሥርዓተ-ፀሐይ (ፀሐይና ፕላኔቶቿ) ብቻ የነበረ ቢሆንም፥በአሁኑ ጊዜ ግን በመላው ዩኒቨርስ ውስጥ የሚሰራ ተደርጎ ተወስዷል።[1]

የኔቡላር መላምት (Nebular Hypothesis) የኮከቦች ምስረታ ገለጻ፥ ግዙፍ የአቧራና ጋዝ ደመና (ኔቡላ) በግራቪቲያዊ ድርመሳ (gravitational collapse) ወደ በርካታ አነስተኛ ክፍሎች በመከፋፈል ኮከቦች እንደሚሰሩ የሚገልጽ መላምት ነው።

የግዙፉ የጋዝ ደመና ጋዞች የወደ ውጭ ግፊት (gas pressure) ካይናቲክ ኢነርጂ እና የወደ ውስጥ ግራቪቲያዊ ኃይል ፖቴንሽያል ኢነርጂ ሚዛናዊ እስከሆኑ ድረስ፥ ግዙፉ የጋዝ ደመና ያለ ፍርሰት ሚዛናዊ ሆኖ ይቆያል። ነገር ግን የጋዝ ዳመናው እጅግ ከባድ ከሆነና ፍርሰትን የሚቀሰቅስ ነገር ካለ፥ የወደ ውጭ የጋዝ ግፊቱ ሚዛናዊነቱን ሊጠብቅ

---

[1] በቅርብ የወጣ *'ፈጣን የፕላኔቶች ምስረታ ቲዎሪ'* የሚባል ሌላ ተፎካካሪ ቲዎሪ ያለ ሲሆን፥ይህን በምዕራፉ መጨረሻ ላይ አፔንዲክስ ውስጥ እናየዋለን።

ምዕራፍ 2 የከዋከብትና ፕላኔቶች ኢቮሉሽናዊ ቲዎሪዎች ችግሮች

በቂ ስለማይሆን ግራቪቲያዊ ድርመሳ ይከሰታል።

እንደ ቲዎሪው፥የሶላር ሲስተማችንን (የፀሐይን) ከመቶ ሺዎች እስከ ሚሊዮኖች ጊዜ የሚያህል ክብደት ያለው ግዙፍ የጋዝ ደመና በግራቪቲ ምክንያት ወደ ትናንሽ ቁርጥራጮች እየተናደ ወደ ውስጥ ተደርምሷል። የመጨረሻ ትንሿ ቁራጭ ወደ ውስጥ መሸማቀቅ በመጀመር ለኮከብ ምስረታ የመጀመሪያ ደረጃ የሆነውን ጽንሰ-ኮከብ (protostar) ሰርታለች። ጽንሰ-ኮከብ (protostar) ፥ ገና ኒኩሌር ፉሽን (nuclear fusion)[2] ያልጀመረችና በግራቪቲያዊ መኮማተር ብቻ አነስተኛ ኢነርጂ የምታመነጭ እንደሆነ ይታሰባል። ዳመናው ወደ ውስጥ እየተሸማቀቀ ሲሄድ ግራቪቴሽናል ፖቴንሽያል ኢነርጂው ወደ ሙቀት ኢነርጂ በመለወጥና ቴምፐሬቸሩን እንዲጨምር በማድረግ በመጨረሻ የሚፈለገው ደረጃ ላይ ከደረሰ፥የኑክለር ፉሽን ሂደት ይጀመርና የሃይድሮጂን አተሞች ወደ ሂሊየም እየተጣመሩ ከዚህ ጥምረት የሚፈጠር ኢነርጂ (ብርሃን) ወደ ውጭ መመንጨት ይጀመራል።

ለከዋከብት ምስረታ የመጀመሪያ ደረጃ የሆነውን ይህን የግዙፍ ጋዝ ደመና ግራቪቲያዊ ፍርሰት እንደሚቀሰቅሱ የሚታሰቡ ክስተቶች፥ (1ኛ) የግዙፉ ጋዝ ደመና አቅራቢያ ካለ የኮከብ ፍንዳት (ሱፐርኖቫ) የሚለቀቅ ክውታዊ ሞገድ - shock wave እና (2) የጋላክሲዎች ግጭት ናቸው።

በኔቡላር መላምት (Nebular Hypothesis) መሠረት፥ የኮከብ ምስረታ ሁልጊዜም በወጣቱ ኮከብ ዙሪያ የሚዞር ጋዛዊ ጽንሰ-ፕላኔት ዲስክ (protoplanetary disk) ይፈጥራል። ይህ ተሽከርካሪ ዲስክ በተወሰኑ ሁኔታዎች በመጨረሻ ፕላኔቶችን እንደሚያስገኝ ቲዎሪው ይገልጻል። ስለዚህ የፕላኔቶች ምስረታ የኮከቦች ምስረታን ተከትሎ የሚመጣ የዚያ ውጤት እንደሆነ ተደርጎ ይታሰባል። ትናንሽ ስብርባሪዎችና አቧራማ ንጥረ ነገሮች እየተጋጩ በመጣበቅ ተለቅ ያሉ አካላትን እያስገኙና እነዚህም በተራቸው እየተጣበቁና እየገዘፉ በመጨረሻ ፕላኔቶችን እንደሚያስገኙ የሚገልጸው አክሬሽን ቲዎሪ (accretion theory)፥ የኔቡላር ሞዴል አንዱ ክፍል ነው።

የመጀመሪያዎቹ ቀላሎቹ የኔቡላ መላምቶች ሊሰሩ እንደማይችሉ እየታመነባቸው በየጊዜው ጭማሪዎችና ማሻሻያዎች ስለተደረገላቸው፥ በአሁኑ ጊዜ የኔቡላር መላምት ውስብስብ እየሆነ መጥቷል። በአሁኑ ጊዜ የኔቡላር መላምት በርካታ ደረጃዎች አሉት፤ (1) የአክሬሽን ደረጃ (accretion stage) (2) የአነስተኛ ፕላኔት ምስረታ ደረጃ (planetesimal formation stage) (3) የፕላኔታዊ እምብርት ደረጃ (planetary core stage) እና (4) የፕላኔታዊ ስደት ደረጃ (planetary migration stage)!

---

[2] Nuclear fusion - ኮከቦች ማዕከላዊ እምብርታቸው ውስጥ በከፍተኛ ቴምፐሬቸር የሃይድሮጂን አተሞችን እያጣመሩ ወደ ሂሊየም አተም በመለወጥ ከፍተኛ ኢነርጂ (ጨረር) የሚያመነጩበት ሂደት ነው።

ፕላኔታዊ ስደት ደረጃ አስፈላጊ ሆኖ የተገኘው፥ እንደ ቲዎሪው፥ ፕላኔታዊው እምብርቶች ከተሰሩ በኋላ ብዙውን ጊዜ በተሳሳተ ስፍራዎች ስለሚገኙ ወደ አሁኑ ስፍራቸው ስደት እንዲሄዱ ማድረግ የግድ ስለሚል ነው።

2 -የኔቡላር መላምት (Nebular Hypothesis) ችግሮች

የኔቡላር መላምት (Nebular Hypothesis) ከላይ በአጭሩ ለማየት እንደሞከርነው እጅግ ትእይንታዊ ይመስላል። ሂደቶቹ እንዴት እንደሆኑ በሚያሳዩ በተዋቡ ስእሎች፣ በአኒሜሽን ፊልሞች . . . ወዘተ መላምቱ በተለያዩ መጽሔቶችና ሜዲያዎች ይተዋወቃል።

ነገር ግን የኮከቦች እውነተኛው ታሪክ ይህ ነው? ወይስ አስደሳች የሆነ ልብ ወለድ ታሪክ ብቻ ነው? በመጀመሪያ ደረጃ ሁሉም ዓይነት የከዋክብትና የፕላኔት ምስረታ ሞዴሎች ሙሉ በሙሉ የኮምፒተር ሲሙሌሽን በመጠቀም የሚወጡ ቲዎሪያዊ መሆናቸውን ማወቅ ያስፈልጋል። ምንም እንኳን አስትሮነመሮች በርካታ ዓይነት ኮከቦችን ዘወትር በዘመናዊ ቴሌስኮፖች የሚመለከቱ ቢሆንም፥ነገር ግን ኮከብ ሲመሰረት ወይም ሲወለድ ፈጽሞ አይተው አያውቁም፤ ሊያዩም አይችሉም፤ምክንያቱም እንደ ኢቮሉሽናዊ ቲዎሪ የአንድ ኮከብ ምስረታ እስከ ሚሊዮኖች ዓመታት የሚወስድ ረጅም ሂደት ነው።

የኔቡላር መላምት የፊዚክስንና የኬሚስትሪን ሕጎችን የሚጥሱና ከምልከታ ጋር የማይጣጣሙ በርካታ ችግሮች አሉበት። የማቴሪያሊስቶች የከዋክብትና የፕላኔቶች አመጣጥ ገለጻዎች ማስረጃዎችን የሚቃረኑና ስለ ክዋክብት ምስረታ የሚቀርቡ ሪፖርቶችም ብዙውን ጊዜ የተጋነኑና በተሳሳተ መንገድ የሚተረጎሙ ናቸው፤ወደታች ዘርዘር አርገን እንደምናየው ዛሬ የምናያትን ሥርዓተ-ፀሐይን ሊያስገኙ የሚችሉ አይደሉም።

የኔቡላ መላምት ችግሮችን ከማየታችን በፊት፥ ዓለማዊ ሳይንቲስቶች ሳይቀሩ የከዋክብት አመሠራረት የማይታወቅ መሆኑን ከገለጹት ጥቂት ምሳሌዎችን እንይ፤

ካርሎስ ፍሪንክ እንዲህ ይላል፤

> “አንዲት ነጠላ ኮከብ እንኳን እንዴት እንደተገኘች አልተረዳንም፤ ይሁንና 10 ቢሊዮን ኮከቦች እንዴት እንደተሰሩ ለመረዳት እንፈልጋለን።” *- Carlos Frenk, as quoted by Robert Irion, “Surveys Scour the Cosmic Deep,” Science, Vol. 303, 19 March 2004, p. 1750*

ጀፍሪ በርቢጅ እንዲህ ብሏል፤

> “ኮከቦች ባይኖሩ ኖሮ፥እንጠብቀው የነበረው ያን መሆኑን ለማረጋገጥ ቀላል ይሆን ነበር።” *- G.R. Burbidge,quoted by* Sears,R.L. and Brownlee, R.R., *Supernovae as astrophysical objects; in: Stellar*

Structure, Stars and Stellar Systems, vol. 8, Aller, L.H. and McLaughlin, D. (Eds.), University of Chicago, Il, pp. 575– 619, 1965; p. 577

ታዋቂው ኢቮሉሽኒስት ታይሰን እንዲህ ይላል፤

> "እንዳችንም አስቀድመን የኮከቦችን መኖር ባናውቅ ኖሮ፥በፊት መስመር ላይ ያሉ ተመራማሪዎች ኮከቦች ለምን ፈጽሞ ሊሰሩ እንደማይችሉ በርካታ አሳማኝ ምክንያቶችን ያቀርቡ ነበር።" - *Tyson, N. deG., Death by Black Hole: And Other Cosmic Quandaries, W.W. Norton & Company, p. 187, 2007.*

(ሌሎች ተመሳሳይ ጥቅሶችን በዚሁ ምዕራፍ ውስጥ በተለያዩ ስፍራዎች ላይ ታገኛለህ)።

የኔቡላር መላምት 10 ችግሮች፤

(1) የኔቡላ ድርመሳ (nebula collapse) ማስረጃ የለም፤ - አስትሮነመሮች በህዋ ውስጥ የጋዝ ደመናዎች ሲሰፉ (expand) አይተዋል፤ነገር ግን ሞሎኪውላዊ ደመናዎች ሲናዱ ወይም ሲደረመሱ (collaps) የሚያሳይ ማስረጃ የለም።

> "[የኔቡላ] የመስፋት ቲዎሪ ጽኑ ነው. . .ነገር ግን የድርመሳ (collapse) ቲዎሪ በደካማ ሁኔታ ነው።" - *Elmegreen, B.G., Formation of interstellar clouds and structure; in: Protostars and Planets III, Levy, E.H. and Lunine, J.I. (Eds.), University of Arizona, Tuscon, pp. 97–122, 1993; p. 120*

ኢቮሉሽኒስት አስትሮነመሮች ስለ ጋዝ ደመናዎች መስፋት (expanding) ቲዎሪ ሲያወጡ፥ በገሃዱ ዓለም እየተፈጸመ ያለ ሂደትን እየገለጹ ሲሆን፤ ነገር ግን ስለ ድርመሳ (collapse) ቲዎሪ ሲያወጡ - ለምሳሌ ለ Bok Globules ወይም ለ T Tauri ኮከቦች - ያልታየና ያልተፈጸመ ሂደትን ለማግለጽ እየሞከሩ ነው።

የኔቡላር መላምት (nebular hypothesis) እውነት ከሆነ፥ አስትሮነመሮች የእኛን ሥርዓተ-ፀሐይ እንዳስገኘ እንደሚታሰበው እንደ 'ሶላር ኔቡላ' (solar nebula) የሚደረመሱ ሌሎች ግዙፍ ደመናዎችን ጋላክሲው (ሚልኪ ዌይ) ውስጥ በሌሎች ስፍራዎች ላይ መመልከት ነበረባቸው። (ለኮከብ ምስረታ የሚያስፈልገው የጋዝ ክምችት መጠን፥ቢያንስ የሥርዓተ-ፀሐይን 100,000 ጊዜ እጥፍ መሆን እንዳለበት ስሌቶች ያሳያሉ።)

ፋጂታ፣ ሹ እና ባልደረቦቻቸው እንዲህ ይላሉ፤

"ግዙፍ ሞሎኪውላር ደመናዎች ዳይናሚካሊ እየፈረሱ አይደሉም፤ በእርግጥ በአጠቃላይ ለኮከብ ፍጥረት እጅግ ዝቅተኛ ብቃት ያላቸው ናቸው።" - *Shu, F., Najita, J., Galli, D., Ostriker E. and S. Lizano, The collapse of clouds and the formation and evolution of stars and disks; in: Protostars and Planets III, Levy, E.H. and Lunine, J.I. (Eds.), University of Arizona, Tucson, pp. 3–45, 1993; p. 20.*

ምንም እንኳን መላምት ቢኖርም *"የደመና ፍርሰት ሂደትን ያየ አንድም አስትሮነመር የለም።"* [3] ይላል ኢዲልሰን። ፒተርሰንም በተመሳሳ እንዲህ ይላል *"በመፍረስ ላይ ያለ የሞሎኪውል ደመናን ያየ ማንም የለም።"* [4] የሚታዩት ደመና ውስጥ ያሉ ክምችቶችን (clumps) በተመለከተ ብሊትዝ እንዲህ ይላል *"በደመና ውስጥ ያሉ እነዚህ ክምችቶች አንዳቸውም. . . በግራቪቲ ተሳስረው [ወደ ውስጥ ሲፈርሱ] አይታዩም. . .ምክንያቱም ክምችቶቹ በግራቪቲ ለመተሳሳር የማይችሉ የተራራቁ ናቸው. . .ክምችቶቹ እየሰፉ መሆን አለበት።"* [5] በእርግጥ ግዙፍ ሞሎኪውላዊ ደመናዎች[6] (GMCs) አሉ፤ነገር ግን ወደ ትናንሽ መዋቅሮች የማይደረመሱ መሆናቸውና ይልቁንም የሚሰፉ መሆናቸው፥ሥርዓተ-ፀሐይ ከኔቡላ ድርመሳ የተሰራች ልትሆን እንደማትችል የሚያመለክት ተደርጎ ሊወሰድ ይችላል።

(2) <u>ኮከብን ለመስራት ኮከብ ያስፈልጋል፤</u> - የጋዝ ደመና በራሱ ወደ ውስጥ መደርመስ እንደማይችልና ይህን የሚያስጀምር ውጫዊ ኃይል መኖር እንዳለበት ኢቮሉሽኒስት ኮስሞሎጂስቶች ተረድተዋል። ስለዚህ ወደ አካባቢያቸው ከውታዊ ሞገድ (shock wave) የሚልኩ አስቀድመው በፍርሰት ላይ ያሉ ሌሎች ደመናዎች ወይም የሚፈነዱ ኮከቦች ይህን ኃይል እንደሚያቀርብ ኔቡላር ቲዎሪ ይገልጻል። እዚህ ጋ ችግሩ፥ ቲዎሪው አስቀድሞም በተሳካ ሁኔታ የፈረሰ ወይም አስቀድሞ የተሰራ ኮከብ የሚፈልግ መሆኑና

---

[3] Edelson,E.,Astrochemistry comes of age, *Mosaic* **10**(1):9–14, 1979; p. 13.

[4] Peterson,I., The winds of starbirth, *Science News* **137**:409, 1990; p. 409.

[5] Blitz, L., Giant molecular clouds; in: *Protostars and Planets III*, Levy, E.H. and Lunine, J.I. (Eds.), University of Arizona, Tucson, pp. 125–161, 1993; p. 155.

[6] ግዙፍ ሞሎኪውላዊ ደመና (*giant molecular clouds* - GMCs) የትልቅ ኔቡላ ክፍል እንደሆነ ተደርጎ ይቆጠራል። ልክ ሶላር ኔቡላ (solar nebula) እንደነበረው እነዚህ ግዙፍ ሞሎኪውላዊ ደመናዎችም (GMCs) ከሶላር ሲስተማችን በርካታ ጊዜ እጥፍ የገዘፉ - ቢያንስ መቶዎች የብርሃን-ዓመት ርዝመት ያላቸው ግዙፍ መሆን እንዳለባቸው ይታሰባል። (የእኛዋ ሥርዓተ-ፀሐይ ርዝመት ጥቂት የብርሃን-ሰዓት ነው)። ሶላር ኔቡላ (solar nebula) አንድ ሥርዓተ-ፀሐይ ብቻ እንደሰራ ሲታሰብ፥ GMCs ግን በርካታ ጸሐዮችንና የፕላኔት ሲስተሞችን መስራት የሚያስችል በቂ ጋዝ እንዳላቸው ይገምታሉ።

ነገር ግን ቲዎሪው በመጀመሪያ ደረጃ ሊገልጽ እየሞከረ ያለው በትክክል ይህንኑ መሆኑ ነው - ኮከብ እንዴት እንደሚሰራ!

ኢድልሰን እንዲህ ይላል፤

> "አጠቃላይ ሞዴሉ (ኔቡላር መላምት) የደመና ፍርሰትን ለማስጀመር የሆነ መካኒዝም ይፈልጋል፤ የሱፐርኖቫ ፍንዳታ፣ከጋላክሲዎች ጥምዝምዝ ጅራቶች የሚለቀቅ ከውታዊ ሞገድ፣ የዳመና ፍርሰቶች ወይም ኮከባዊ ነፋስ። ደመናዎች ለምን በራሳቸው እንደማይፈርሱ . . . አሁንም 'ትልቅ ሚስጥር' ነው"- *Edelson,E.,Astrochemistry comes of age, Mosaic* ***10****(1):9–14, 1979; p. 12.*

የዚህ ማጠቃለያው፥ኮከቦች በሌሎች ኮከቦች እርዳታ የሚሠሩ መሆናቸው ነው። በኔቡላር መላምት ኮከብን ለመስራት ኮከብ ያስፈልጋል። ነገር ግን የመጀመሪያዎቹ ኮከቦች ከየት ነው የመጡት?

የዚህ መላምት ሌላው ችግር፥በኮከቦች መካከል ያለው ርቀት ትልቅ ስለሆነ፥አንዱ በሌላው አመጣጥ ላይ ተጽእኖ መፍጠር የሚችል አለመምሰሉ ነው።

(3) <u>ኮከብን ለማስገኘት ሚስጥራዊ ጽልመታዊ-ቁስአካል (dark matter) ያስፈልጋል፤</u> -የጽልመታዊ-ቁስአካል (dark matter) ግራቪቲያዊ ስበት፥ከቢግባንግ በኋላ እየሰፉ በነበሩ ሞቃት የጋዝ ሞሎኪውሎች መካከል ለከዋክብትና ለጋላክሲዎች ምስረታ ዘር የሆኑ የተለያዩ የእፍጋት ልዩነቶችን ወይም እብጠቶችን እንደፈጠረ ኢቮሉሽናዊው ቲዎሪ ይገልጻል[7]።

የጋላክሲዎችንና ከዋክብትን ምስረታ እንዲያሳዩ የሚዘጋጁ የሱፐር-ኮምፒውተር ሲሙሌሽኖች፥ ሞቃት ጋዞችን ወደ ውስጥ ሰብስቦ በማመቅ የኮከብ ምስረታን ማሳየት እንዲችሉ፥ ጽልመታዊ-ቁስአካል (dark matter) ይጨመርላቸዋል፤ ካለበለዚያ የፊዚክስ ሕግ ሞቃት ጋዞች አንድ ላይ እንዳይሰባሰቡ ይከለክላል።

ለምሳሌ BBC "የዩኒቨርስ ኢቮሉሽን በላቦራቶሪ ውስጥ ተፈጠረ" (*Universe evolution*

---

[7] የጋላክሲዎችን የከዋክብትን ምሥረታ የሚገልጹ ሁለት የተለያዩ ዓይነት ኢቮሉሽናዊ ሞዴሎች አሉ። (1) <u>ከታች-ወደ-ላይ (Bottom-up theories)</u> - ይህ፥ትናንሽ ፓርቲክሎች ቀስ በቀስ እየተሰባሰቡ ኮከቦችን እንዳስገኙና፥ እነዚህም በተራቸው እየተሰባሰቡ ጋላክሲዎችን እንዳስገኙ የሚገልጽ ሞዴል ነው። (2) <u>ከላይ-ወደ-ታች (Top-down theories)</u> - ይህ፥ ግዙፉ የጋዝ ደመናዎች እየተሰባበሩ ጋላክሲዎች እንዳስገኙና፥ በእነዚህ ውስጥ ያሉ ትናንሽ የጋዝ ደመናዎች ከዋክብት እንደሰሩ የሚገልጽ ሞዴል ነው። ሁለቱም ዓይነት ሞዴሎች ጽልመታዊ ቁስአካል ይፈልጋሉ።

recreated in lab.) በሚል ርእስ በ 2014 ዓ.ም በድህረገጹ ባወጣው ዜና[8] " . . . ጽልመታዊ-ቁስአካል በሚባል በአንድ ሚስጥራዊና የማይታይ ነገር ዙሪያ የመጀመሪያዎቹ ጋላክሲዎች እንዴት እንደተፈጠሩ" የሚያሳይ የሱፐር-ኮምቲውተር ሲሙሌሽን በአንድ አለም አቀፍ የምርምር ቡድን መዘጋጀቱን ዘግቦ ነበር (... how the first galaxies formed around clumps of a mysterious, invisible substance called dark matter)። በዚህ ዘገባው ላይ፥ "ለመጀመሪያዎቹ ጋላክሲዎች ዘሮች ለመሆን ጽልመታዊ-ቁስአካላት አንድ ስፍራ ተከማቹ" በማለት ገልጿል (the dark matter clumps and concentrates to form seeds for the first galaxies) ።

ኮከብን ማስገኘት የሚችሉ ሞቃት ጋዞች ወደ አንድ ስፍራ መሰባሰብን የሚከለክለውን መሰረታዊ የፊዚክስ ህግ ለመከላከል፥ይህ የማይታይና ሚስጥራዊ የሆነ ጽልመታዊ ቁስአካል የሱፐር ኮምፒውተር ሲሙሌሽኖች ውስጥ መካተት አለበት። ያለዚህ ሚስጥራዊ ጽልመታዊ ቁስአካል፥ ኮከብን መስሪያ ተስፋ የለም፤ፊዚክስ ይህን ይከለክላል። የሱፐር-ኮምፒውተር ሲሙሌሽኖች፥ያለ ጽልመታዊ-ቁስአካል (dark matter)፥ የከዋክብት ምስረታን ማሳየት አይችሉም።

ችግሩ፥ጽልመታዊ ቁስአካል ከሚታወቀው መደበኛ ፊዚክስ ውጭ የሆነ፥ ፈጽሞ የማይታይና ተፈልጎ ሊገኝ ያልተቻለ ሃሳባዊ ቁስአካል መሆኑን ባለው ምዕራፍ አንድ ውስጥ አይተናል።

(4) **<u>ኮከብ ሲመሰረት የሚያሳይ የተሟላ ማስረጃ የለም</u>፤** የተሟላ የኮከብ ውልደት ታይቶ አይታወቅም፤ይህ ሊታይም አይችልም - ምክንያቱም እንደ ኢቮሉሽናዊው ቲዎሪ የኮከብ የውልደት ሂደት በትንሹ በመቶ ሺዎች የሚቆጠር ዓመታት ይወስዳል። ነገር ግን የኔቡላር መላምት (nebular hypothesis) እውነት ከሆነ አስትሮነመሮች ወደ ውስጥ እየጠበበ ከሚሄድ የዳመና ስባሪ ውስጥ ማቴሪያሎች ሲወድቁ ማየት አለባቸው። ምክንያቱም ጽንሰ-ኮከቦች (protostars) ወደራሳቸው የሚወድቁ ማቴሪያሎች እንዳላቸውና ክብደትና ኢነርጂ እየጨመሩ እንደሚሄዱ ቲዎሪው ይገምታል።

ፒተርሰን እንዲህ ይላል፤

> "ኮከቦች በእውነት አሁንም እየተሰሩ ከሆነ፥ መፈጸም የነበረበትን ማቴሪያሎች ወደ ኮከብ ጽንስ ሲወድቁ በማያሻማ ሁኔታ የተመለከተ አንድም ሰው የለም።" - *Peterson, I., The winds of starbirth, Science*

[8] Ghosh, P., Universe evolution recreated in lab, bbc.com, 7 May 2014.

*News **137**:409, 1990; p. 409.*

ነገር ግን አስትሮኖመሮች 'የከዋክብት ኢቮሉሽን' (stellar evolution) ሂደት ደረጃዎች ብለው የሚገልጿቸውን አንዳንድ ሁኔታዎችን መመልከታቸውን ይገልጻሉ። ይሁንና ሁኔታዎቹ እጅግ አጠራጣሪ የሆኑና የተሳሳተ ስም የተሰጣቸው እንደሆኑ አንዳንዶች ያምናሉ። ኢቮሉሽኒስት አስትሮኖመሮች፥ ኮከቦች ዛሬ እየተወለዱ እንደሆኑ ከሚያምኑባቸው ቦታዎች መካከል፥ኦሪዮንና ኤግል ኔቡላዎች (Orion and Eagle Nebulae Nebula) ይገኙበታል። በእርግጥ ኮከብ ሲወለድ ሂደቱን የሚያሳይ ፊልም አላነሱም፤ከሐብል ቴሌስኮፕ የተገኘው፥ የኮከብ ውልደት ሂደት ላይ ያለ ሁኔታን የሚያሳይ አድርገው የተረጎሙት ፎቶግራፍ ነው። ከነዚህ ከላይ ከጠቀስናቸው ስፍራዎች (ደመናዎች) የሚለቀቀው የታህተ-ቀይ (infrared) ጨረር፥ምናልባት ከአዳዲስ ኮከቦች ከሚለቀቅ የመጀመሪያ ኢነርጂ ጋር ሳይያያዝ እንደማይቀር ይታሰባል። እነዚህ ደመናዎች በመጨረሻ ኮከብን ይሰሩ እንደሆን አስትሮኖመሮች እርግጠኛ ባይሆኑም፥ነገር ግን ከሚለቁት ጨረር ጽንሰ-ኮከቦች (protostars) እየተፈጠሩ ሳይሆን እንደማይቀር ይገምታሉ።

ይሁንና የታየው የታህተ-ቀይ (infrared) ጨረር ምናልባት የጋዝ ደመና ውስጥ ለረጅም ጊዜ የነበረ ኮከብ ሊሆን እንደሚችልና፥የኤግል ኔቡላ ምስልም ምናልባት የሚወለድ ሳይሆን የፈነዳ ኮከብ ቅሪት ሊሆን እንደሚችልም የሚገምቱ አሉ። በዛሬ ጊዜ እየተካሄዱ ናቸው የሚባሉ ሁሉም የኮከብ ምሥረታ ሂደቶች አጠራጣሪዎች ናቸው።

ነገር ግን ልዩና ትክክለኛ ሁኔታዎች ከተሰጣቸው፥ኮከቦች ከሃይድሮጂን የጋዝ ደመና ውስጥ በተፈጥሯዊ ሂደት ሊሰሩ ይችላሉ?

ቢያንስ በቲዎሪ ደረጃ 'ሊሰሩ ይችላሉ!' እጅግ ጉዙፍ የጋዝ ደመና በትክክለኛው እፍጋት ከታመቀና የወደ ውስጥ ግራቪቲው በሆነ መንገድ ከመስፋት ዝንባሌው በላይ ኃይለኛ ሆኖ ወደ ውስጥ በመሰብሰብ የውስጥ ቴምፕሬቸሩ በሚሊዮኖች የሚቆጠር ከፍተኛ ከሆነ፥የቴርሞኑክለር ፉሽን (thermonuclear fusion) ሂደትን በመጀመር ብርሃን ማመንጨት ሊጀምር ይችላል - ማለትም ኮከብ ሊሆን ይችላል - የፊዚክስ ሕግ ይህን ይፈቅዳል። ነገር ግን ችግሩ፥ ለዚህ አስፈላጊ የሆኑ ሁሉም ሁኔታዎች በተፈጥሯዊ ሂደቶች ሊገኙ የማይቻሉ መሆኑ ነው።

አንዳንድ ፍጥረተኛ አስትሮኖመሮች፥ ምናልባት እግዚአብሔር የመጀመሪያዎቹን ኮከቦች በዚህ ዓይነት ሳይፈጥራቸው እንደማይቀር ይገምታሉ፤ማለትም በፍጥረት ቀን ህዋ ውስጥ ማቴሪያሎች በየቦታው አንድ ላይ በፍጥነት እንዲታመቁ በማድረግ። ዛሬ እነዚህን አብዛኞቹን በተለያዩ 'የኮከብ ሞት' ደረጃዎች ላይ እናያቸዋለን፤ አንዳንዶቹም በመፈንዳት ላይ ያሉ። ከእነዚህ ከአንዳንዶቹ የኮከብ ፍንዳታዎች የሚለቀቁ ክውታዊ ሞገዶች (shock wave) ጋዞችን በማመቅ፥ ምናልባት ጥቂት ተጨማሪ የቴርሞኑክለር

ምዕራፍ 2 የከዋክብትና ፐላኔቶች ኢቮሉሽናዊ ቲዎሪዎች ችግሮች

እሳቶችን ቢለኩሱ፥ይህ ከዘፍጥረት የከዋክብት አፈጣጠር ገለጻ ጋር አለመስማማትን የሚፈጥር አይሆንም። ይሁንና እነዚህ እጅግ አልፎ አልፎ ሊከሰቱ የሚችሉ ሁኔታዎች፥ እየሞቱ ያሉ በርካታ ኮከቦችን ለመተካት በቂ አይሆኑም።

እዚህ ጋ እግዚአብሔር፥ በቢሊዮኖች ዓመታት ኢቮሉሽናዊ ሂደት ከዋክብትንና ዩኒቨርስ እንዲፈጠሩ እንዳደረገ የሚገልጸውንና የአማኝ ኢቮሉሽኒስቶች ሃሳብ እየተገለጸ አይደለም፤ይህ ከመጽሐፍ ቅዱስ ጋር እጅግ የሚቃረን ሃሳብ ነው[9]። ከላይ የተገለጸው ከዚህ ፍጹም የተለየ በአንድ ቀን ውስጥ በፍጥነት ሊፈጸም የሚችልን ሃሳብ ነው።

እግዚአብሔር ኮከቦችን በትክክል እንዴት እንደፈጠራቸው አይነግረንም፤ስለዚህ እርግጠኛ የሆኑ ሳይንሳዊ ዳታዎችን በመጠቀም አፈጻጸሙን የሚገልጹና ከመጽሐፍ ቅዱስ ጋር የሚጣጣሙ ሳይንሳዊ ሞዴሎችን ለማውጣት መሞከር ችግር የሌለው ብቻ ሳይሆን፥ፍጥረተኛ ሳይንቲስቶች ይህን ማድርገ ይጠበቅባቸዋል።

ከላይ በጠቀስናቸው በእነዚህ ኔቡላዎች ውስጥ ኮከቦች በአሁኑ ጊዜ በእርግጥ እየተሰሩ መሆናቸውን ማሳየት ቢቻል እንኳን፥ኮከቦችን ለመስራት አስቀድመው የነበሩ ኮከቦች መኖር ያለባቸው መሆኑ፥መካኒዝሙ ኮከቦች እንዴት እንደመጡ መግለጽ የማይችል እንዲሆን ያደርገዋል።

ስናጠቃልለው፥የኮከብ ሞት ታይቷል፤የተሟላ የኮከብ ልደት ግን አልታየም።

> “ፀሐይን የመሰለ ኮከብ በትክክል እንዴት እንደተወለደ እስካሁን ማንም አያውቅም፤ የኮከቦች ሞት ግን በተሻለ ይታወቃል።” - *Edelson, E., Astrochemistry comes of age, Mosaic **10**(1):9–14, 1979; p. 12.*

ስለ ኮከቦች የተሻለው አለመካከት እንዲህ ነው፤

> “የኮከቦች ጠቅላላ ታሪክ የእርጅና ሂደት ነው. . . የከዋክብት ኢቮሉሽን ብሎ በመጥራት ፈንታ የከዋክብት ፍርሰት ወይም እርጅና ብሎ መጥራት ይሻላል።” - *DeYoung, D.B., Astronomy and the Bible, Baker, Grand Rapids, MI, p. 74, 1994.*

(5) <u>**አክሬሽን** (accretion) **በላቦራቶሪ ሙከራዎች ሊረጋገጥ አልተቻለም፤**</u> ትናንሽ አቧራማና በረዷማ ቅንጣቶች እየተጋጩ በመጣበቅ ትላልቅ አካላትንና በመጨረሻም ፐላኔቶችን እንደሚያስገኙ የሚገልጸው የአክሬሽን ቲዎሪ የቤተሙከራ ማስረጃ ሊገኝለት አልተቻለም። በላቦራቶሪ ውስጥ ትናንሽ አካላትን በግጭት እንዲጣበቁ በማድረግ ቲዎሪውን ለማረጋገጥ የተደረጉ ሙከራዎች የተሳኩ አልሆኑም።

የፐላኔት ሳይንቲስቱ እንዲህ ብሏል፤

---

[9] የአማኝ ኢቮሉሽኒዝምን ሎጂካዊ ስህተቶች ራሱን በቻለ ሙሉ ምዕራፍ ወደፊት እናየዋለን።

ምዕራፍ 2 የከዋክብትና ፕላኔቶች ኢቮሉሽናዊ ቲዎሪዎች ችግሮች

> "ፀሐይን የሚዞሩ የአለት ፓርቲክሎች በዝቅተኛ ፍጥነት ቢጋጩ ያለመጣበቅ ነጥረው እንደሚመለሱ፥እንዲሁም በከፍተኛ ፍጥነት ቢጋጩ ከመጣበቅ ፈንታ እንደሚበታተኑ መደበኛ መረጃዎች ያሳያሉ። ኬሪጅ እና ቪደር (በ 1972 ዓ.ም) በግጭት መጣበቅ ይኖር እንደሆን ለመፈተሽ፥ ከ 1.5 እስከ 1.9 ኪ.ሚ በሰከንድ በሆነ ፍጥነት በሚጋጩ በሲልኬት ፓርቲክሎች ላይ ሙከራዎችን አድርገው ነበር። ምንም አላገኙም፤ፓርቲክሎቹ ተበታትነዋል።" *- Hartmann, W.K.,Moons and Planets, Wadsworth, Belmont, CA, 1993, p. 193*

አርሚታግ እንዲህ ይላል፤

> "ግጭቶች በበቂ ፍጥነት እንዲሰሩ አንድ ሜትር ርዝመት ያላቸው አካላት በግጭት ከመሰባበር ይልቅ አንድ ላይ በጥሩ ሁኔታ መጣበቅ አለባቸው። በላቦራቶሪ ሙከራዎች ውስጥ ይህ አልታየም።" *- Armitage, P., Planetary formation and migration Scholarpedia **3**(3):4479, revision #37477, 20 April 2008, par. 4, www. scholarpedia. org/article/ Planetary_ formation_ and_migration, accessed 28 October 2009*

በቀድሞዋ ሥርዓተ-ፀሐይ ውስጥ እንደነበሩ በሚታመን ሁኔታዎች ውስጥ የተከናወኑ ኤክስፐርመንቶች፥ ግጭቶች ፓርቲክሎችን እያጣበቁ ወደ ትላልቅ አካላት እንደሚያሳድጉ ማሳየት አልቻሉም።

አክሬሽንን ለማሳየት ዲዛይን የተደረገ የኮምፒተር ሲሙሌሽን ሞዴል፥ 1 ሜትርና ከዚያ በላይ ስፋት ያላቸው አካላት ከማደግ ይልቅ እንደሚወድሙ አሳይቷል። *(Dominik, C., Blum, J., Cuzzi, J.N. and Wurm, G., Growth of dust as the initial step toward planet formation, 28 February 2006, arXiv:astroph/ 0602617v1, accessed 28 October 2009)*

ሌላው ችግር የሚጋጩ ፓርቲክሎች መጣበቅ ቢችሉ እንኳን የጠጣሩ አካል የግዝፈት እድገት እጅግ ዝግተኛ ስለሚሆን ወደ ፈለክለኪት[10] (planetesimals) ለማደግ ከተመደበለት ሚሊዮኖች ዓመታት በላይ ቢሊዮኖች ዓመታት የሚፈልግ መሆኑ ነው። አንዲት ጠጣር ፍሬን በግጭቶች ጥብቂያ ለመሰራት፥ 30 ቢሊዮን ዓመት እንደሚፈጅባት

---

[10] ፈለክለኪት (Planetesimals) - ከጥቂት ኪሎ ሜትር እስከ በርካታ መቶ ኪሎ ሜትር ርዝመት ያላቸው ተጠባብቀው ፕላኔቶችን እንደሚሰሩ የሚታሰቡ ቲዎሪያዊ ጠጣር አካላት ናቸው።

ስሉሸር አስልቶታል[11] - ይህ የሶላር ኔቡላን እድሜ አስር ጊዜ እጥፍና ከዩኒቨርስን እድሜ ከሁለት ጊዜ እጥፍ በላይ ነው። በሌላ በኩልም ወደ 10^{-5} ሴንቲሜትር ቅንጣት ፍሬ ለማደግ 3 ቢሊዮን ዓመት እንደሚፈጅ ሐርዊት አስልቶታል[12]።

ስለዚህ የቅርቦቹ የአክሬሽን ቲዎሪዎች ለፕላኔቶች ምስረታ ከግጭት ሌላም ሌሎች ፋክተሮች ላይ ጥገኛ እየሆኑ ነው። ሌላው ለአክሬሽን ምክንያት እንዲሆን የቀረበው ፋክተር *bistability phenomenon* (BP) የሚባል ነው፤ይህ የኔቡላ ደመና በውስጡ የያዛቸው አቧራማ ፍሬዎች ማደግን በሚያስችል በሆነ ዓይነት ኬሚካላዊ ሁኔታ ውስጥ እንደነበር የሚገልጽ ነው።

ነገር ግን ሻላባና ግሪንበርግ ይህን ሃሳብ ይቃወሙታል፤

> “ለ BP መኖር አስፈላጊ የሆኑ እመንታዎች ከመሠረታዊ አስትሮፊዚካል ምልከታዎች ጋር የሚጣጣም አይደለም. . . *bistability* በከዋክብት ኬሚስትሪ ውስጥ ሚና ያለው መሆኑ እጅግ የማይመስል ምናልባትም ፈጽሞ የማይቻል ነው።” - *Shalabiea, O.M. and Greenberg, J.M., Bistability and dust/gas chemical modelling in dark interstellar clouds, Astronomy and Astrophysics 296:779–788, 1995; pp. 779, 787.*

ኔዘርላንድ በሚገኘው ሌይደን የምልከታ ማእከል ውስጥ ማዮ ግሪንበርግ የተለያዩ የጋዝ ዓይነቶችን በ 20 ኬልቪን ቴምፕሬቸር ለአልትራቫዮሌት ጨረር (ከደብዛዛ የኮከብ ብርሃን ጋር ተመሳሳይ የሆነ) በማጋለጥ ምርምር አድርጎ ነበር[13]። ይሁንና፥አንድ ላይ የተሰባሰቡ የጋዝ ሞሎኪውሎች ማግኘት የተቻለው፥ከሞሎኪውላር ደመና ውስጥ በእርግጥ ሊኖር ከሚችለው በላይ ከፍተኛ የጋዝ ክምችትን በመጠቀምና በ ‘cold finger’ መሣሪያ እገዛ በማድረግ ብቻ ነበር።

ሞሎኪውላር ደመናዎች ሌላው ቀርቶ በ 20 ኬልቪን ዝቅተኛ ቴምፕሬቸር ላይ ሳይቀር በግብታዊነት አንድ ላይ ተሰባስበው ኑክለስን መስራት የማያስችል እጅግ ዝቅተኛ የጋዝ

---

[11] Slusher, H.S., *Age of the Cosmos*, Institute for Creation Research, El Cajon, CA, p. 18, 1980.

[12] Harwit, M., *Astrophysical Concepts*, Concepts Publishing, Ithaca, NY, p. 394, 1982.

[13] Greenberg, J.M. and Li, A., Evolution of interstellar dust and its relevance to life’s origin: laboratory and space experiments, *Biological Sciences in Space* **12**(2):96–101, 1998; p. 96.

ክምችት ያላቸው ስለሆኑ፥ በተለይ የመጀመሪያው ሁኔታ ማመቻቸት (ከልክ ያለፈ የጋዝ ክምችትን መጠቀም) የግድ አስፈላጊ ነው።

ብለም የአክሬሽን ሁኔታዎች በእመንታ የሚወሰዱ እንጂ ገና በተጨባጭ ኤክስፐርመንት የተረጋገጡ እንዳልሆነ ይገልጻል፤

> "በቀድሞዋ ሥርዓተ-ፀሐይ ውስጥ ስለ ጠጣር አካላት እድገት የወጡ ቲዎሪያዊ ሃሳቦችና ግምቶች፥ በኤክስፐርመንት ብቻ ሊረጋገጡ በሚችሉ ጥንድ እመንታዎች ላይ በከፍተኛ ሁኔታ ጥገኞች ናቸው። በተጨባጭ ኤክስፐርመንት መወሰን ካለባቸው ሂደቶች መካከል፥የነጠላ የአቧራ ቅንጣት ዝቅተኛ የግጭት ፍጥነት ባህሪ እና ጥብቀት (መጣበቅ) ናቸው።"- *Blum, J., Laboratory and space experiments to study pre-planetary growth, Advances in Space Research* ***15****(10):39–54, 1995; p. 39.*

ነገር ግን እነዚህ በላቦራቶሪዎች ውስጥ አልታዩም።

(6) **<u>የፕላኔታዊ ሲስተም ምስረታ እውነተኛ ማስረጃ የለም፤</u>** ከላይ እንደጠቀስነው፥ አዳዲስ ፕላኔቶችና ፕላኔታዊ ሲስተሞች (planetary systems) በወጣት ኮከቦች ዙሪያ ባለ ተሽከርካሪ ዲስክ (*protoplanetary disk* ወይም *accretion disks)* ውስጥ እንደሚሰሩ ይታሰባል። ይህም ድምዳሜ በነዚህ ዲስኮች ውስጥ በሚታዩት አቧራማ ፓርቲክሎችና ፍርስራሾች የሚደገፍ ተደርጎ ይታሰባል። ይሁንና ከኮምፒውተር ሲሙሌሽን ውጭ የፕላኔት ምስረታን በቀጥታ መመልከት አይቻልም - እንደ ቲዎሪው ይህም እጅግ ረጅም ጊዜ እንደሚወስድ ስለሚታሰብ።

በ *accretion disks* ውስጥ የሚታዩት አባራማ ፓርቲክሎችና ፍርስራሾች በእርግጥ ፕላኔትን እየሰሩ ይሁኑ ወይም የወደሙ ፕላኔቶች ይሁኑ ለማወቅ ሂደቱን በቀጥተኛ የምልከታ ማስረጃ ማረጋገጥ የማይቻል መሆኑ ሁኔታውን አጠራጣሪ ያደርገዋል።

አቧራና ፍርስራሾች በሥርዓተ-ፀሐይ፣በሚሊኪዌይ ጋላክሲያችን እና በዩኒቨርስ ሰፊ ክፍል ውስጥ ይገኛሉ። በሚሊኪዌይ ጋላክሲ ውስጥ እነዚህ ፍርስራሾች በከዋክብት መካከል ያሉ ሜዲያዎች (interstellar medium - ISM) ሲሆኑ፤በዩኒቨርስ ውስጥ ደግሞ በጋላክሲዎች መካከል ያሉ ሜዲያዎች (intergalactic medium - IGM) ናቸው።

እነዚህ አቧራማ ፓርቲክሎች በአክሬሽን ያልተሰሩ ከሆነ ምንጫቸው ምንድነው? በአሁኑ ጊዜ አንዳንድ አስትሮነመሮች ISM እና IGM የከዋክብት ኢ-ርጉነት (stellar instability) ውጤት እንደሆኑ ያስባሉ። የ ISM እና የ IGM ምንጭ፥ ከአክሬሽን ወደ ከዋክብት ኢ-ርጉነት ተደርጎ መለወጥ፥የአክሬሽን ቲዎሪን የሚዳክም ብቻ ሳይሆን ዋጋ የሚያሳጣ ነው። ምንም እንኳን በአንዳንድ አስትሮነመሮች፥ ISM እና IGM ከአክሬሽን ማስረጃነት ቦታቸው የተነሱ ቢሆንም፥ አክሬሽን ቲዎሪና ትልቅ መዋቅሩ የኔቡላ መላምት አሁንም

በዋነኛነት እየተራመዳ ያለ ቲዎሪ ነው።

> የኮምፒውተር ሲሙሌሽን (simulation) በሳይንስ ውስጥ በሰፊው የተለመደ እጅግ ጠቃሚ መካኒዝም ቢሆንም፥ነገር ግን ሁልጊዜም እውነታን በትክክል ያሳየናል ማለት አይቻልም። ሲሙሌሽኖች እውነታን ሊያንጸባርቁም ላያንጸባርቁም ይችላሉ፤እውነተኛዋን ዓለም በተሳሳተ መንገድ ሊያሳዩን ይችላሉ። በተለይ ኢቮሉሽናዊ ገላጻዎች ላይ ከእመንታ የሚወሰዱ በርካታ መስማማቶች ስለሚገቡባቸው፥የሚሰሩ የሚመስሉ የኮምፒውተር ሲሙሌሽኖች ሳይቀሩ እጅግ አጠራጣሪዎች ናቸው።

ከአንዳንድ ከዋክብቶች የሚለቀቅ ልዕለ-ነበልባል (Massive Coronal Mass Ejections - CME)፥ከፀሐይ ከሚለቀቀው አስር ሚሊዮን ጊዜ እጥፍ ኃይለኛ መሆኑ ይታወቃል[14]። እጅግ ኃይለኛና የታመቀ ልዕለ-ነበልባል (superflares) ፕላኔቶችን በታትኖ ሊያወድም ይችላል። ሌሎች ዓይነት ወደ ውጭ የሚለቀቁ ጋዞችም በቲዎሪ ደረጃ ፕላኔቶችን ሊያወድሙ ይችላሉ። ከአማካኝ መጠን በላይ የሆነ ባለ አጭር ሕይወት የሬዲዮአክቲቭ አይሶቶፕስ ያላቸው ፕላኔቶች ከፍተኛ የኑክለር ፊሽን (nuclear fission) ሊኖራቸው ይችላል። ይህ በበቂ ሁኔታ ኃይለኛ ከሆነ ፕላኔቶቹን ሊያወድማቸው ይችላል። ከእንደነዚህ ዓይነት ፕላኔቶች የሚገኙ አቧራዎችና ፍርስራሾች በኮከቡ ዙሪያ እየዞሩ ዲስክ ሊሰሩ ይችላሉ። ስለዚህ በተሽከርካሪው *accretion disks* ውስጥ የሚታዩት አቧራዎችና ፍርስራሾች የፕላኔት ምስረታ ሕጋዊ ማረጋገጫ ተደርገው ሊቆጠሩ አይችሉም።

(7) የዘዌያዊ እንድርድሪት (Angular mome ntum) ችግር፤ - በረዶ ላይ የሚሽከረከሩ ስፖርተኞች (skaters) እጆቻቸውን ወደ ውስጥ ሲሰበስቡ፥ የመሽከርከር ፍጥነታቸው ይጨምራል። ይህ ፊዚስቶች የዘዌያዊ እንድርድሪት ጥበቃ ሕግ (*Law of Conservation of Angular Momentum*) ብለው የሚጠሩት ነው። እጆቻቸውን ሲሰበስቡ፥ጠቅላላ አካላቸው ከማዕከላዊ ክፍል ያለው ያለው ርቀት ስለሚቀንስ፥ የሹረት (spin) ፍጥነታቸው መጨመር አለበት፤ካለበለዚያ ዘዌያዊ እንድርድሪት ቋሚ አይሆንም (አይጠበቅም)።

ጸሐያችን ህዋ ውስጥ ከኔቡላ ስትሰራ ተመሳሳይ ሁኔታ መፈጸም እንዳለበት ይጠበቃል፤ጋዞች ፀሐይን ለመስራት ወደ ማእከሉ ሲሰበሰቡ ፀሐይን በከፍተኛ ፍጥነት እንድትሽከረከር ማድረግ አለባቸው። ነገር ግን ጸሐያችን እጅግ በዝግታ እንደምትሽከረከር ታውቋል፤ፕላኔቶቿ ግን በዙሪያዋ እጅግ በፍጥነት ይዞራሉ። ፀሐይ የሥርዓተ-ፀሐይን ከ 99 ፐርሰንት በላይ ክብደት የያዘች ቢሆንም ዘዌያዊ (የመሽከርከር)

---

[14] Sun-like stars said to emit superflares, 9-Jan-1999 , CNN

እንድርድረቷ (angular momentum) ግን የሥርዓተ-ፀሐይን አንድ ፐርሰንት ግድም ብቻ ነው።

ይህ ከኔቡላ መላምት ጋር በትክክል ተቃራኒ ነው። የኔቡላ መላምት እውነት ቢሆን ኖሮ ይህ ሊሆን አይችልም። ኢቮሉሽኒስቶች ይህን ዘዌያዊ እንድርድረት ችግር ለመፍታት የሚሞክሩ የተለያዩ መላምቶችን ያወጡ ቢሆንም (ለምሳሌ የፀሐይ ዘዌያዊ እንድርድረቷ በጸሐያዊ ነፋስ ወይም በማግኔቲክ ፊልዷ አማካኝነት ወደ ውጭ ወደ ፕላኔቶቹ የተላለፈ መሆኑን የሚገልጽ) ነገር ግን እስካሁን ሊፈታ ያልተቻለ ችግር መሆኑን ብዙዎች ይስማማሉ።[15] *(Taylor, S., Solar System Evolution: A New Perspective, 2nd edition, Cambridge University Press, p. 64, 2001)*

(8) **<u>የምህዋርና የመሽከርከሪያ ዛቢያ ግድለትና ግልበጣ፤</u>** ፀሐይና ፕላኔቶቿ ከተደረመሰ ኔቡላና ከተሽከርካሪ ጠፍጣፋ ዲስክ ውስጥ የተገኙ ከሆነ፥ ይህ ሂደት በሞቃታማው ውስጣዊ ዲስክ የብሳዊ ፕላኔቶች (<u>terrestrial planets</u> - ማለትም ሜርኩሪ፣ ቬኑስ፣ መሬትና ማርስ) እና በቀዝቃዛው ውጫዊ ዲስክ ጋዛዊ ግዙፎች (<u>gas giants</u> ማለትም ጁፒተር፣ ሳተርን፣ዩራነስ፣ ኔፐቱን) ውስጥ ተመሳሳይ የሆነ መሠረታዊ ባህሪ ማስገኘት አለበት። ሁሉም ፕላኔቶች በፀሐይ ዙሪያ እና በራሳቸው ዛቢያ በአንድ ተመሳሳይ አቅጣጫ መዞርና መሽከርከር አለባቸው፤ እንዲሁም ሁሉም አካላት በአንድ ወለል (ወይም ከሞላ ጎደል አንድ በሆነ ወለል) የመዞሪያ ምህዋርና በተመሳሳይ የመሽከርከሪያ ዘንግ (ወይም ከአነስተኛ የመሽከርከሪያ ዘንግ ማጋደል ልዩነት ጋር) መጓዝ አለባቸው። በተመሳሳይ የሁሉም ፕላኔቶች ጨረቃዎች እያንዳንዳቸው በአንድ ተመሳሳይ አቅጣጫና በተመሳሳይ

[15] ከጠቅላላው የሥርዓተ-ፀሐይ (solar system) ክብደት ውስጥ 99.86 የሚሆነው የፀሐይ ሲሆን፤ነገር ግን ከጠቅላላው የ ሥርዓተ-ፀሐይ ዘዌያዊ (የመሽከርከር) እንድርድረት (angular momentum) ውስጥ ግን 99 ፐርሰንት የሚሆነው የፕላኔቶቹ ነው። ይህ ለአስትሮፊዚስቶች አስገራሚና ማብራሪያ ሊሰጠው ያልተቻለ ጉዳይ ነው። ይህን የመሽከርከር እንድርድረት ከጸሐይ ወደ ፕላኔቶቹ ሊያዞር የሚችልበት የሚታወቅ መካኒካዊ ሂደት የለም። አንዳንድ ቲዎሪዎች ጸሐይ በከፍተኛ ፍጥነት በራሷ ዛቢያ እየተሽከረከረች ፕላኔቶቿን አስፈንጥራ እንዳወጣች ይገልጻሉ። ነገር ግን ጸሐይ በዝግታ የምትሽከረከር ሲሆን ፕላኔቶቿ ግን በአንጻራዊነት በከፍተኛ ፍጥነት እየተሽከረከሩ ነው። በተጨማሪም በጸሐይ ዙሪያ የሚዞሩበት ፍጥነት ጸሐይ የጋላክሲውን ማእከል ከምትዞርበት ፍጥነት እጅግ የፈጠነ ነው። ነገር ግን ፕላኔቶቹ እንዲህ በፍጥነት ካልዞሩ፥ ፈጥነው ወደ ጸሐይ ይሳባሉ፤ጸሐይም በዝግታ ካልተሽከረከረች የተሰራችባቸውን ጋዞች ሰብስባ መያዝ አትችልም፤ከዳር ጀምሮ ቀስ በቀስ ወደ ውጭ እየተበተኑ በፍጥነት ያልቃሉ። እዚህ ጋ ፕላኔቶች ወደ ጸሐይ እንዳይወድቁ በከፍተኛ ፍጥነት እንዲዞሩ፤በተቃራኒው ጸሐይ ተበታትና እንዳትጠፋ በዝግታ እንድትሽከረከር ተደርጎ በእቅድ የተሰራ ሥራ እናያለን! እንደ ሀርቨርዱ ዴቪድ ላይዘር ጸሐይ ከፕላኔቶቿና ከጨረቃዎቿ ጋር በመጀመሪያ አንድ አካል የነበረች እንድትሆን ካስፈለገ ከአሁኑ ፍጥነቷ አስር ሚሊዮን ጊዜ እጥፍ መፍጠን አለባት። ላይዘር በመቀጠል - ጸሐይ ይህን ሁሉ እንድርድረት (momentum) ያጣች ከሆነ ፕላኔቶቹ እንዴት ሳያጡ እንደቀሩ ይጠይቃል።

ወለል ላይ ፕላኔቶቹን መዞርና በራሳቸው ዛቢያ ላይ መሽርከር አለባቸው። በመጨረሻም የማንኛውም ጨረቃ ምህዋራዊ ዙረት በፕላኔቶቹ የጋራ ምህዋራዊ ወለል ላይ መሆን አለበት። ነገር ግን ሥርዓተ-ፀሐይ ውስጥ እነዚህን የሚቃረኑ በርካታ ምሳሌዎች አሉ። አንዳንዶቹን እንይ፤

- ቬኑስ በራሷ ዛቢያ የምትሽከረከረው፥ ከሌሎቹ ፕላኔቶች ጋር ሲስተያይ ወደ ኋላ (ዳህራይ ወይም retrograde) ነው። ሌሎቹ ፕላኔቶች በፀሐይ ዙሪያ በሚዞሩበት በኢ-ሰዓትዮሽ (counterclockwise) አቅጣጫ በራሳቸው ዛቢያ ይሽከረከራሉ - ከሰሜን ዋልታቸው በላይ ሲታዩ። ቬኑስ ግን በዝግታ ወደ ኋላ ትሽከረከራለች[16]። ይህ የኔቡላ መላምትን ስለሚቃረን፥ አንዳንድ ኢቮሉሽኒስቶች ቬኑስ በመጀመሪያ በ 'ትክክለኛው' አቅጣጫ ትሽከረከር የነበረ መሆኑንና በኋላ ግን ከአንድ ከባድ አስትሮይድ ጋር ተጋጭታ በተቃራኒው አቅጣጫ እንድትሽከረከር እንዳደረጋት ይገልጻሉ።

- ዩራነስ በራሷ ዛቢያ የምትሽከረከረው ፀሐይን ከምትዞርበት ምህዋር በ 98 ዲግሪ አቅጣጫ ነው፤ማለትም ዩራነስ ፀሐይን የምትዞረው በትክክል እንደኳስ ወደፊት እየተንከባለለች ነው! ይህም የኔቡላ መላምት ጋር የማይገጥም ስለሆነ፥ኢቮሉሽኒስቶች ለዚህ ያመጡት መልስ፥የከባድ አስትሮይድ ግጭት ይህን እንደፈጠረባት የሚገልጽ ነው።

- የኔፕቱን ፕላኔት ትልቁ ጨረቃ Triton የወደኋላ ምህዋር (retrograde orbit) አለው፤ ማለትም ከኔፕቱን ሹረት ተቃራኒ አቅጣጫ ፕላኔቷን ይዞራል። በተጨማሪም የ Triton የምህዋር ወለሉ ከ ኔፕቱን ወገብ በ 157° ዲግሪ ያጋደለ ነው። ኢቮሉሽኒስቶች ይህንንም ለመግለጽ ይዘው የመጡት መፍትሄ ከባድ ግጭት ነው። በተጨማሪም Triton ሥርዓተ-ፀሐይ ውስጥ ሌላ ቦታ ተሰርቶ በስደት የመጣ እንደሆነም ይታሰባል።

- ጁፒተር እጅግ ያጋደለ የምህዋር ወለል ያላቸው በርካታ 'መደበኛ ያልሆኑ' ጨረቃዎች አላት። አብዛኞቹ የወደኋላ ምህዋር (retrograde orbit) ያላቸው ናቸው። እንደ ኔቡላ መላምት አንዳቸውም በዚህ ዓይነት ሊሰሩ አይችሉም። አብዛኞቹ ኢቮሉሽኒስቶች እነዚህ ጨረቃዎች ሌላ ስፍራ እንደተሰሩና በኋላ በግራቪቲ ስበት ወደ አሁኑ ምህዋራቸው በመምጣት በጁፒተር እንደተያዙ (captures) ያምናሉ። ይሁንና እንዲህ ዓይነት መያዝ (captures) እጅግ ሊሆን የማይችል እንደሆነ በርካቶች ያምናሉ። በተመሳሳይ ሳተርንም በርካታ 'መደበኛ ያልሆኑ' ጨረቃዎች አሏት። በአሁኑ ጊዜ ወደ 90 የሚሆኑ 'መደበኛ ያልሆኑ'

---

[16] ቬኑስ ላይ ብትሆን፥ ጸሐይ በምእራብ ወጥታ በምስራቅ ስትጠልቅ ታያታለህ።

ጨረቃዎች ሥርዓተ-ፀሐይ ውስጥ እንዳሉ ይታወቃል። በተመሳሳይ የወደኋላ ምህዋር (retrograde orbit) ያለው ኮሜት ተገኝቷል።

- ፀሐይ በራሷ ዛቢያ የምትሽከረከረው ከመሬት ምህዋር ወለል በ 7.167º ዲግሪ ባጋደለ መሽከርከሪያ ዘንግ ነው።

(9) **ጁፒተር - የኔቡላር መላምት ፈተና፤** የሌሎቹን ጠቅላላ ፕላኔቶች ክብደትን 2.5 ጊዜ የምትከብደውና የመሬትን 1,321 ጊዜ የሚሆን ይዘት (volume) ያላት የሥርዓተ-ፀሐይ ግዙፏ ፕላኔት ጁፒተር አፈጣጠሯን በኔቡላር መላምት ለመግለጽ ለሚሞክሩ ትላልቅ ችግሮች ይዛለች።

ጁፒተር እንደ መሬት ጠጣር አካል/አለት/ ያላት ሳትሆን በጋዝ የተሰራች የጋዝ ፕላኔት ነች፤ ውስጠኛ እምብርቷ ግን ምናልባት አነስተኛ ጠጣር አካል ሳይሆን እንደማይቀር ይታሰባል።

እንደ ኔቡላር መላምት (አክሬሽን ቲዎሪ)፥መሬትንና ቬኑስን የመሳሰሉ የውስጠኞቹ የብሳዊ ፕላኔቶች፥ትናንሽ አቧራማ ፓርቲክሎች እየተጣበቁ የሰሯቸው ናቸው - በመጀመሪያ አቧራማ ፓርቲክሎች ተጣብቀው አነስተኛ አለቶችን፣ ቀጥሎም አለቶች እየተጣበቁ ግዙፍ አለቶችን . . በመጨረሻ ፕላኔት። እንደ ቲዎሪው ጁፒተርና ሳተርን የመሳሰሉ የውጨኞቹ ግዙፎቹ የጋዝ ፕላኔቶችም በመጀመሪያ የተሰሩት በዚሁ ዓይነት ነበር። ነገር ግን የእነዚህ የግዙፍ ፕላኔቶች ጽንሶች በረዶ መስራት

የሚያስችል ከፀሐይ እጅግ ሩቅ ስፍራ ላይ ስለነበሩ፥ ተጨማሪ ክብደት ማጠራቀም በመጀመር የዛሬዋ መሬትን 10 ጊዜ የሚሆን ማቴሪያል አከማችተዋል። እንደ ቲዎሪው፥ ይህም ከአካባቢው ሶላር ኔቡላ በርካታ ጋዞችን (ሃይድሮጂንና ሂሊየም) መሰብሰብ የሚያስችል ትልቅ ግራቪቲ አስገኝቶላቸው፥ በመጨረሻም ዛሬ የምናያቸውን የጋዝ ፕላኔቶች ሆነዋል። መጀመሪያ ላይ የተጠባበቁት አነስተኛ የአለት ስብርባሪዎች ዛሬ የጋዝ ፕላኔቶቹ እምብርት ስለሆነ፥ይህ ሃሳብ 'core accretion' ሞዴል በመባል ይታወቃል።

ነገር ግን ይህ ሞዴል ቢያንስ 4 ችግሮች አሉበት፤

- የጁፒተር አትሞስፌር ከባባድ ጋዞችን (argon, xenon, እና krypton) የያዘ መሆኑን ጋሊሊዮ የህዋ አሳሽ መንኮራኩር አረጋግጣለች። ነገር ግን ኢቮሉሽናዊው ሞዴል እነዚህ ኤለመንቶች በዚህ ያህል መጠን ሊኖሩ እንደማይችሉ አድርጎ ይወስዳል።

እንደ ኢቮሉሽናዊው ሞዴል ይህን ያህል ክምችት ሊሰራ የሚችለው እጅግ ውጨኛው የሥርዓተ-ፀሐይ ክፍል ውስጥ ነው። ስለዚህ አንዳንዶች ለዚህ `ያቀረቡት መፍትሄ ምናልባት ጁፒተር አሁን ካለችበት 10 ጊዜ እጥፍ የሚሆን ርቀት ላይ ተሰርታ፥በኋላ ወደ ውስጥ የተጠጋች ሳይሆን አይቀርም የሚል ነው። ነገር ግን እዚያ ርቀት ላይ ጁፒተርን ለመስራት የሚያችል በቂ ማቴሪያል አይኖርም፤ በተጨማሪም በእርግጥ እዚያ ብትሰራ

ምዕራፍ 2 የከዋክብትና ፕላኔቶች ኢቮሉሽናዊ ቲዎሪዎች ችግሮች

“ኮከብን ለመስራት የሚያስፈልግ የግዙፍ ጋዝ ደመና ድርመሳ የሌላ ኮከብ ፍንዳታን የሚፈልግ ከሆነ የመጀመሪያው ኮከብ እንዴት ተሰራ?”

“ማስረጃ ነው ያልከኝ? ማስረጃው፥ካለበለዚያ የቢግባንግ ቲዎሪ የሚወድቅ መሆኑ ነው።

“ዩራነስና ቬኑስ ለቲዎሪው አሳፋሪዎች ናቸው። በትክክለኛው አቅጣጫ እንዲሽከረከሩ ለማድረግ - ምናልባት በዚህ በኩል እንዲዞሩ ማድረጊያ መንገድ ማግኘት እንችል ይሆን?”

“በርካታ ጨረቃዎች በተሳሳተ አቅጣጫ እየተሽከረከሩ ነው! ችግሩ ወይ ከቲዎሪው ነው ወይም ደግሞ ጨረቃዎቹ ጋ ነው! -

ኖሮ ሊኖራት የሚገቡ ሌሎች ከባባድ ኤሌመንቶችን አልያዘችም።

ኢቮሉሽኒስት አስትሮነመር ቦል እንዲህ ብሏል፤

“ጁፒተር ከሁሉም ፕላኔቶች ትልቋ ነች። ነገር ግን . . . እንዴት - ወይም - የት እንደተሰራች ከምንም ቀጥሎ ያለውን ብቻ እንደምናውቅ ውጤቶች ገልጠዋል።” - *Ball.P., Giant mistake, Nature science update, 18 November 1999, <www.nature.com/news/1999/ 991118/full/news991118-10.html>.*

- ይህ ሞዴል፥ጁፒተር የጠቅላላ መሬትን ከ 10 እስከ 30 ጊዜ እጥፍ የሚከብድ ትልቅ የጠጣር አለት እምብርት እንዲኖራት ይፈልጋል። ነገር ግን ጋሊሊዮ አሳሽ መንኮራኩር የጁፒተር እምብርት ይህን ያህል ትልቅ ሊሆን እንደማይችል - ወደዛ የተጠጋ እንኳን እንዳልሆነ ገልጣለች። እንደ ተሰበሰቡት መረጃዎች፥ጁፒተር ሊኖራ የሚችለው ጠጣር እምብርት ምናልባት ቢበዛ ስድስት መሬቶችን የሚያህል ክብደት ያለው ነው፤ ምናልባትም ፈጽሞ ላይኖር እንደሚችልም ይታሰባል (Alan Boss and Hal Levison in Mullen, L., *Birth of a giant: how did Jupiter get so big?*,17 May 2001,<www.space.com /scienceastronomy /solarsystem/jupiter_origins_010517-3.html>)።

- ሞዴሉ በቂ አለቶችና ጋዞች ተከማችተው ጁፒተርን ለመስራት ከ 10 ሚሊዮኖች ዓመታት በላይ ይጠይቃል። አንዳንድ ሳይንቲስቶች በርካታ መቶ ሚሊዮኖች ዓመታት እንደሚጠይቅ ይገልጻሉ። ነገር ግን ሳይንቲስቶቹ የአቧራና የጋዝ ዲስኩ በፀሐይ ዙሪያ ለረጅም ጊዜ ሊቆይ እንደማይችልም አውቀዋል። አብዛኞቹ ሳይንቲስቶች ከ 10 ሚሊዮን ዓመታት ባነሰ[17] ምናልባትም ከ 5 ሚሊዮን ዓመት ባነሰ ጊዜ ውስጥ ተሰራጭቶ እንደሚጠፋ ያምናሉ - ስለዚህ ለጁፒተር መስሪያ በቂ ጊዜ አይኖርም።

- የ ‘core accretion’ ሞዴልን ውድቅ የሚያደርግ ችግር፥ የኮምፒተር ሲሙሌሽን አሳይቷል። የጋዝ/አቧራ ዲስኩ ለረጅም በቂ ጊዜ ሊቆይ ይችላል ተብሎ ቢወሰድ እንኳን፥ አሁንም ከዚያ ጁፒተር ልትሰራ የምትችልበት ሁኔታ እንደማይኖር በኮምፒውተር ሲሙሌሽን ታይቷል። በተሽከርካሪ ዲስክ ውስጥ ግዙፍ ጋዞቹ ሲሰሩ ዲስኩ ውስጥ ከቀሩት አቧራዎች ጋር በግራቪቲ ኢንተርአክት ያደርጋሉ። እነዚህ ኢንተርአክሽኖች እያደጉ ያሉትን ፕላኔቶች ወደ ውስጥ ወደ ፀሐይ ይስቧቸዋል። ስለዚህ ሁለቱም ጁፒተርና ሳተርን ከፀሐይ ጋር እስከሚጋጩ ድረስ ወደ ውስጥ ይወድቃሉ። ይህም መሰራት ከጀመሩ

---

[17] Haisch, Karl E.; Lada, Elizabeth A.; Lada, Charles J. (2001). "Disk frequencies and lifetimes in young clusters". *The Astrophysical Journal* **553** (2): L153–L156. arXiv:astro-ph/0104347 . Bibcode:2001ApJ...553L.153H .doi:10.1086 /320685

በ 300,000 ዓመታት ጊዜ ውስጥ የሚፈጸም ነው (ይህ በኢቮሉሽናዊ ቋንቋ 'በፍጥነት' የሚባል ነው)። አስትሮኖመሮች ይህን 'migration problem' ብለው ይጠሩታል።

ስለዚህ እንደ ኢቮሉሽናዊ ቲዎሪ ጁፒተር እዚያ መኖር አልነበረባትም። ኢቮሉሽኒስቶች በጁፒተር ፍጹም ተቸግረዋል፤እንዲህ ይላሉ፤

"ጁፒተርን መገንባት ከረጅም ጊዜ ጀምሮ ለቲዎሪስቶች ችግር ነው።" *Wetherill,G.W.,How special is Jupiter?Nature **373**(6514):470, 9 February 1995.*

"ባትታይ ኖሮ የጁፒተር መኖር ይገመታል ብዬ አላስብም።" - *Wetherill, G.W., The Formation and Evolution of Planetary Systems, Cambridge University, p. 27, 1989, as quoted in Stuart Ross Taylor, Solar System Evolution: A New Perspective, Cambridge University Press, Cambridge, UK, p. 205, 2001*

ታን በተመሳሳይ እንዲህ ይላል፤

"ፕላኔቶች እንዴት እንደተመሰረቱ ጊዜ ወስደው ለሚያስቡ ሳይንቲስቶች፥ ጁፒተርና ሳተርንን የመሳሰሉ የጋዝ ግዙፎች ባይኖሩ ኖሮ ሕይወት ይቀልላቸው ነበር" - *Than, K., Death spiral: why theorists can't make solar systems, <www.space.com/ scienceastronomy/060328_ gas_giant.html>, 9 November 2007.*

"የሥርዓተ-ፀሐይን ፕላኔታዊ ክብደት 93% የሚሸፍኑት ጁፒተርና ሳተርን - የጋዝ ግዙፎች እንዴት እንደተሰሩ አንድም ሰው አጥጋቢ ገለጻ የለውም።" - *Kerr. R.A., A quickie birth for Jupiters and Saturns, Science **298**(5599):1698–1699,29 November 2002.*

አንድ ኢቮሉሽኒስት እንዲህ ይላል፤

"ባለፉት ሁለት ዐሥርት ዓመታት የተማርነው ነገር፥ መደበኛው ሞዴል መስራት የማይችል መሆኑን ነው።" - *Harold Levison of the Southwest Research Institute as quoted in Solar system makeover: wild new theory for building planets,<www. space.com/ scienceastronomy /solarsystem/planet_formation_ 020709-2.html>, 9 November 2007*

ይሁንና ኢቮሉሽኒስቶች አሁንም ሞዴሉ ላይ እንደተጣበቁ ናቸው። የፍጥረትን ገለጻ ስለጣሉ 'ምርጡን' ኢቮሉሽናዊ አማራጭ መቀበል አለባቸው - ምንም እንኳን 'ምርጡ'

በርካታ ማስረጃዎች የሚቃረኑት የማይሰራ ቢሆንም!

(10) <u>ኔፕቱንና ዩራነስ መኖር አልነበረባቸውም</u>- የሶላር ሲስተማችን የመጨረሻዋ ስምንተኛ ፕላኔት ኔፕቱን ለኢቮሉሽናዊው ኔቡላር መላምት ችግር ነች። ኔፕቱን ከሞዴሉ ጋር አትገጥምም! የኢቮሉሽን አራማጅ የሆነው Astronomy መጋዚን ይህ ለምን እንደሆነ እንዲህ ሲል ይገልጸዋል፤

> "የሥርዓተ-ፀሐይ ምስረታ ሞዴልን ያወጡ አስትሮነመሮች ትንሽ ቆሻሻ ሚስጥር ደብቀዋል፤ ዩራነስና ኔፕቱን የሉም። ወይም ቢያንስ ኮምፒተር ሲሙሌሽኖች ሁለቱን የጋዝ ጉዞፎች (ዩራነስና ኔፕቱን) የሚያህሉ ትላልቅ ፕላኔቶች ከፀሐይ ይህን ያህል ርቀት ላይ እንዴት ሊሰሩ እንደቻሉ ፈጽሞ አይገልጹም። ከፀሐይ የቅድመ-ፕላኔታዊ ዲስክ (protoplanetary disk) ውጫዊ ክፍሎች ውስጥ አካላት በዝግታ ስለሚዞሩ በዝግታ የሚፈጸመው የግራቪቲያዊ አክሬሽን ሂደት የመሬትን 14.5 እና 17.1 ጊዜ እጥፍ የሆነ ክብደት ያላቸው አካላትን ለመስራት ከሥርዓተ-ፀሐይ ዕድሜ በላይ የሆነ ጊዜ ይጠይቃል።"- *R.N., Birth of Uranus and Neptune, Astronomy **28**(4):30, 2000.*

በኢቮሉሽናዊ ሞዴል መሰረት ከደመናው ማእከል (ዛሬ ፀሐይ ያለችበት) እየራቅ በሄድክ መጠን፥ የፕላኔት ምስረታ ሂደት የበለጠ ጊዜ እየወሰደ ይሄዳል። የሥርዓተ-ፀሐይ ዕድሜ ነው ከሚባለው ከ 4.5 ቢሊዮን ዓመት በላይ በሆነ ጊዜም ቢሆን ኔፕቱንና ዩራነስ በዚህ ሂደት ሊሰሩ የማይችሉ እጅግ ሩቅ ናቸው።

አንድ ኢቮሉሽኒስት አስትሮነመር እንዲህ ይላል፤

> "ግልጽ የሆነው ነገር፥በዚህ እጅግ ሩቅ በሆነው የሥርዓተ-ፀሐይ ውጫዊ ክፍል ውስጥ ፕላኔቶችን ለመስራት ፈለክለኪቶችን (planetesimals) አንድ ላይ ማጣበቅ እጅግ ረጅም ጊዜ ይወስዳል። ዩራነስንና ኔፕቱንን እናያቸዋለን፤ነገር ግን ለእነዚህ ፕላኔቶች መኖር የሚያስፈልጉ ነገሮች በዚህ ሞዴል አይሟሉም።"- *Taylor, S.R., Destiny or Chance: our solar system and its place in the cosmos, Cambridge University Press, Cambridge, p. 73, 1998.*

ምን ያህል ተጨማሪ ጊዜ ያስፈልጋል? የተለያዩ አስትሮነመሮች የተለያዩ እጅግ ከፍተኛ እድሜዎችን አስልተዋል፤ ነገር ግን ከተሰሉት ውስጥ ዝቅተኛ የተባለውን ብንወስድ እንኳን ከሥርዓተ-ፀሐይ ዕድሜ በላይ ነው፤

> "ሳፍሮኖቭ ለፕላኔታዊ እድገት የሚያስፈልገውን የጊዜ መጠን አስልቷል። በየብሳዊ ክልል (ለውስጠኞቹ ፕላኔቶች) ጊዜው 10^7 [10,000,000] ዓመት

“ከቲዎሪው ጋር እንዲስማሙ ለማድረግ፥የፕላኔቶቹን ፍጥነት ቀነስ ልናደርግ የምንችልበት የሆነ መንገድ የለም?”
“አንድ አማራጭ አለን፤ ፀሐይን ማፍጠን።”

“ለምን ትስቂያለሽ? እኔ ያልኩት እንደ አዙሪት የሚሽከረከር የጋዝ ደመና ፕላኔታችንን ሰርቷል ነው።”

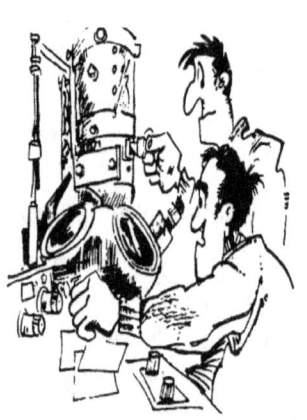

“ጋዞችን አንድ ላይ የሚያጣብቅ ነገር መፍጠር ብቻ ብንችል፥ቲዎሪው ይሰራችው ነበር።”

“ሶላር ሲስተም ከቲዎሪው ጋር እንዲስማማ ለማድረግ እንደገና ልናደራጀው የምንችልበት መንገድ የለም ማለት ነው?”

ሆኖ አግኝቶታል፤ ነገር ግን በሥርዓተ-ፀሐይ ውጫዊ ክልሎች ግምታዊ ጊዜው በፍጥነት ጨምሯል፤ ለኔፕቱን 10^{10} [10,000,000,000] ዓመት ነው - ይህ የሥርዓተ-ፀሐይን ዕድሜ ሁለት ጊዜ እጥፍ ነው።" - *Dormand, J.R. and Woolfson, M.M., The Origin of the solar system: the capture theory, Ellis Horwood Ltd, W. Sussex, p. 39, 1989.*

ስለዚህ ኢቮሉሽኒስቶች እንደሚያምኑት ሥርዓተ-ፀሐይ 4.5 ቢሊዮን ዓመት ዕድሜ ቢኖራት እንኳን፥ዩራነስና ኔፕቱን በራሳቸው ለመሰራት[18] ከሚያስፈልገው ጊዜ የ 5.5 ቢሊዮን ዓመት እጥረት አለ።

ከላየ ያነበብነው *Astronomy* መጋዚን፥ እንደ ኢቮሉሽን ከሆነ 'ዩራነስና ኔፕቱን የሉም' ያለው ለዚህ ነው። ሳፍሮኖቭ ስሌቶቹን አሳትሞ ያወጣው በ 1972 ዓ.ም ነው። ስለዚህ ችግሩ ቢያንስ ለ 40 ዓመታት ያህል ይታወቃል።

በእርግጥ በርካታ ኢቮሉሽኒስቶች መፍትሄ ለማምጣት እየሞከሩ ነው። ለምሳሌ ፥ዩራነስና ኔፕቱን መጀመሪያ የተሰሩት በቂ ጊዜና በቂ ማቴሪያል በሚያገኙበት በፀሐይ አጠገብ እንደሆነና በኋላ ግን ወደ አሁኑ ስፍራቻው በስደት እንደመጡ የሚገልጽ ነው - ምናልባትም በጁፒተርና በሳተርን በመጠኑ ተገፍተው። ነገር ግን ይህ ሞዴል የተሰራበት የኮምፒውተር ፕሮግራም ሲሙሌሽን ሊሰራ የሚችለው ተመራማሪዎቹ የተወሰኑ ልዩ አደረጃጀቶችን በእመንታ ከወሰዱ ብቻ ነው። ለምሳሌ በዚህ ሞዴል ውስጥ ጥቅም ላይ የዋለው ዲስክ ውስጣዊው ጠርዝ ዲያሜትር 5 AU እና ውጫዊው ጠርዝ ዲያሜትር 30 AU አለው (1 AU ከመሬት እስከ ፀሐይ ያለ አማካኝ ርቀት ነው)። እነዚህ ዲያሜትሮች ዩራነስንና ኔፕቱንን ወደዛሬው ስፍራቸው እንዲሰደዱ ለማድርግ 'ትክክለኛ' መጠኖች ናቸው። የዲስኩ ውጭያዊ ዲያሜትር ከዚህ ትልቅ ከሆነ (በኮምፒውተር ሲሙሌሽን ውስጥ) ዩራነስና ኔፕቱን እጅግ ርቀው ይሄዳሉ። አንዳንድ አስትሮነመሮች በኮከቦች ዙሪያ ያሉ እውነተኛ የሚታዩ ዲስኮች ዲያሜትር ከ 100 AU እስከ 300 AU የሚደርስ እጅግ ትልቅ መሆኑን በመግለጽ ይህን ሞዴል ይቃወሙታል። በዚህ የስደት ሞዴል ላይ የዋለው የዲስኩ ባህሪ ስደትን ማስጀመር እንዲያስችል ከባድ፣ትንሽና እጅግ ጥቅጥቅ ያለ እንዲሆን ተደርጓል።

(11) **<u>የሜርኩሪ እፍጋትና ማግኔቲክ ፊልድ፤</u>-** ከመሬት ሌላ ከፍተኛ እፍጋት (density) ያላት ፕላኔት ሜርኩሪ መሆኗን ሳይንቲስቶች አውቀዋል። ሜርኩሪ በእጅግ ከፍተኛ እፍጋቷ ምክንያት የዲያሜትሯን 75% የሚሸፍን የብረት እምብርት እንዳላት ይታሰባል። ይህ ከፍተኛ እፍጋት ለኢቮሉሽናዊ አስትሮኖሚ ችግር ፈጥሯል። እንደ ኢቮሉሽናዊው

[18] ኔፕቱንን ለመስራት የጊዜ እጥረት ብቻ ሳይሆን፥ነገር ግን በከፍተኛ ርቀት ላይ የፈለከለኪት እጥረትም ያለ መሆኑ ሁኔታው ከዚህም የከፋ ያደርገዋል።

ሞዴል፥ሜርኩሪ ይህን ያህል ከፍተኛ እፍጋት ሊኖራት አይችልም።

አስትሮፊዚስቶች ከዐሥርት ዓመታት ማቅማማት በኋላ፥የሜርኩሪ ከፍተኛ እፍጋት ከአዝጋሚው ኢቮሉሽናዊ እድገት ሞዴል ጋር ሊገጥም እንደማይችል አምነው ተቀብለዋል።

ይልቁንም አሁን የተሻለ ገለጻ ሆኖ የተገኘው፥ ከቢሊዮኖች ዓመታት በፊት አንድ ትልቅ አካል ከሜርኩሪ ጋር ተጋጭቶ ባለ አነስተኛ እፍጋት ማቴሪያሎችን ከሜርኩሪ የላይኛው ክፍል ላይ ገፎ በመውሰድ የፕላኔቷን ባለ ከፍተኛ እፍጋት ክፍል አስቀርቷል የሚል ነው። ለዚህ ግጭት ማስረጃው ምንድነው? ማስረጃው፥ካለበለዚያ ሜርኩሪ ኢቮሉሽናዊ ሞዴሉን ውድቅ የምታደርግ መሆኗ ብቻ ነው!

ኮስሞሎጂ ውስጥ ኢቮሉሽናዊ ቲዎሪን ከእውነታዎች ለማዳን ምትሃተኛው ኮስማዊ ግጭት በየጊዜው ይቀርባል። ቬኑስና ዩራነስ በራሳቸው ዛቢያ የሚሽከረከሩበት አቅጣጫ ቲዎሪው ከሚገምተው ጋር የማይስማማ የመሆኑን ችግር ለመፍታት፣የማርስ አትሞስፌር ከቲዎሪው ጋር የማይጣጣም የሳሳና ቀጭን የመሆኑን እውነታ ለመግለጽ፣የ Triton የምህዋር ወለል ከቲዎሪው በማይጠበቅ ዓይነት ከኔፕቱን ወገብ በ 157° ዲግሪ ያጋደለ የመሆኑን ችግር ለመፍታት፣በርካታ ጨረቃዎች ከቲዎሪው ጋር የማይጣጣም የወደኋላ ምህዋር (retrograde orbit) ያላቸው የመሆኑን እውነታ ለማስረዳት፣ሜርኩሪ ከቲዎሪው ጋር የማይስማማ ከፍተኛ እፍጋት ያላት የመሆኑን ችግር ለመፍታት . . . ወዘተ የሚሰጠው ምክንያት ግጭት ነው - ሁሉን አድራጊ ግጭት!

በእርግጥ ሥርዓተ-ፀሐይ ከፍጥረት ጊዜ ጀምሮ በግጭቶችና በሌሎች ሂደቶች በትላልቅ ለውጦች ውስጥ ልታልፍ ትችላለች። ሥርዓተ-ፀሐይ ውስጥ እዚህና እዚያ ያሉ አንዳንድ አካላት ምናልባት ከአውዳሚ ግጭቶች ጅማሬን አግኝተው ወይም የአሁኑን ሁኔታቸውን ይዘው ሊሆን ይችላል። ነገር ግን ግጭቶች፥ ኢቮሉሽናዊ ቲዎሪዎች ውስጥ ያሉ ሁሉምን ችግሮች ፈተው ልዩ ፍጥረትን ማስወገድ አይችሉም።

ሜርኩሪ ኢቮሉሽናዊ ገለጻን የምትቃረነው በእፍጋቷ (density) ብቻ አይደለም፤ በማግኔቲክ ፍልዷም ጭምር ነው። አብዛኞቹ የሥርዓተ-ፀሐይ ፕላኔቶች ማግኔቲክ ፊልድ አላቸው። ይህ ከየት ነው የመጣው? ኢቮሉሽኒስት ሳይንቲስቶች የማግኔቲክ ፍልድ ምንጭ የፕላኔቶቹ ማእከላዊ እምብርት ውስጥ ያለ ተሽከርካሪ ቅልጥ (ፈሳሽ) ብረት መሆኑን የሚገልጽ ‘ዳይናሞ ቲዎሪ’ (dynamo theory) የሚባል መላምት አውጥተዋል። ስለዚህ ማግኔቲክ ፊልድ ያላቸው ፕላኔቶች ማእከላዊ እምብርታቸው ፈሳሽ መሆን አለበት።

ነገር ግን እዚህ ጋ ችግሩ የሜርኩሪ ማእከላዊ እምብርቷ ፈሳሽ ሊሆን የማይችል መሆኑ ነው፤

“ሜርኩሪ እጅግ ትንሽ ስለሆነች፥አጠቃላይ ግንዛቤው ፕላኔቷ [ማዕከላዊ

> እምብርቷ] ከረጅም ጊዜ በፊት ወደ ጠጣርነት መቀዝቀዝ አለባት [የሚል ነው]።" - *Taylor, S.R., Destiny or Chance: our solar system and its place in the cosmos, Cambridge University Press, Cambridge, p. 163, 1998.*

ማዕከላዊ እምብርቷ ቀልጦ ሊሆን ስለማይችል፤እንደ ኢቮሉሽናዊ ቲዎሪዎች ሜርኩሪ ማግኔቲክ ፊልድ ሊኖራት አይገባም ነበር።

አንዳንድ ኢቮሉሽኒስቶች የሜርኩሪ እምብርት ምናልባት ብረት ሳይሆን፥የግድ ወደ ጠጣርነት መቀየር የማያስፈልገው ብረት-ሰልፋይድ (iron sulfid) ሳይሆን እንደማይቀር ይገልጻሉ። ነገር ግን በዚህ መላምት የሜርኩሪን ችግር ለመፍታት መሞከር ሌላ ችግር ይፈጥራል። ችግሩ በሶላር ኔቡላ ቲዎሪ መሰረታዊ መርህ መሠረት፥ሰልፈርን የመሰሉ በፍጥነት የሚተኑ (volatile) ኤለመንቶች ፀሐይ አጠገብ በዚህ ያህል ቅርበት መገኘት የማይችሉ መሆኑ ነው፤ይህ ማለት ሜርኩሪ ውስጥ ምንም ዓይነት ብረት-ሰልፋይድ ሊኖር አይችልም።

ኢቮሉሽናዊ ሃሳቦች በተደጋጋሚ ከአዳዲስ ግኝቶች ጋር ሲጋጩ ይታያል። ኢቮሉሽኒስቶች ራሳቸው ሳይቀሩ ከሞላ ጎደል ሁሉንም ችግሮች ያምናሉ - ለምሳሌ የሜርኩሪ ሁኔታ! ሜርኩሪን ኢቮሉሽናዊ ሞዴላቸው ውስጥ ማካተት ሞዴሉን ወደ ውድቀት እንደሚያወርደው ይቀበላሉ - ሜርኩሪ 'ወጥመድ'[19] መሆኗንም ገልጸዋል።

ማጠቃለያ

የኔቡላር መላምትና የአክሬሽን ቲዎሪዎች በርካታ ችግሮች ያሉባቸውና የከዋክብትንና የፕላኔቶችን አመጣጥ ለመግለጽ አቅም የሚያንሳቸው ናቸው። ይህን ራሳቸው ኢቮሉሽኒስቶችም ያውቁታል። ስለዚህም ስለ ከዋክብትና ስለ ፕላኔቶች አመጣጥ ገና ወደፊት ፍንጭ ለማግኘት ተስፋ እያደረጉ ነው፤ ለምሳሌ ከካሲኒ ሚሽን (Cassini - አሳሽ መንኮራኩር) ስለ ሳተርን ቀለበቶች የቀረበው ሪፖርት ላይ እንዲህ ይላል፤

> "ፕላኔቶች እንዴት እንደተመሰረቱ፥ ሚሽኑ ጠቃሚ ፍንጭ እንደሚሰጥ ሳይንቲስቶች ተስፋ ያደርጋሉ።" - *Boyle, A., Saturn probe sends stunning ring views; Cassini spacecraft enters orbit, reveals cosmic ripples, 1 July 2004, paragraph 21, www.msnbc.msn. com /id/5333700/, accessed 12 September 2009.*

እስከዛሬ ፍኝጭ የላቸውም ነበር ማለት ነው? በትምህርት ቤት የሚሰጠው የኔቡላር

[19] Taylor, S.R., *Destiny or Chance: our solar system and its place in the cosmos*, Cambridge University Press, Cambridge, p. 166, 1998.

መላምትስ? አክሬሽን ቲዎሪስ? እነዚህ አይሰሩም እያሉን ነው?

በተመሳሳይ ዝዋርትና ፖርቲግስ በ 2011 ዓ.ም ስለመጠቀችው የአውሮፓ የህዋ ኤጀንሲ ሳተላይት ስለ GAIA አስቀድመው በ 2009 ዓ.ም እንዲህ

ብለው ነበር፤

> “ቅርጽ አልባ የጋዝና አቧራ ደመና የእኛን ሥርዓተ-ፀሐይ ያስገኘበትን ሁኔታዎች አስትሮነመሮች መስራት እንዲችሉ [ሳተላይት GAIA] ማስቻል አለባት።” - *Zwart, S. and Portegies, F., The long lost siblings of the sun, Scientific American **301**(5):40–47, 2009; p. 42.*

እስከዛሬ መስራት አልቻሉም ማለት ነው! በርካታ ዓይነት መላምቶች አሉ፤ነገር ግን ሁሉም ዋጋ ቢስ መሆናቸውን ተረድተዋል። አሁንም ገና ፍንጭ እየፈለጉ ነው።

ድሮም ሆነ ዛሬ ስለ ከዋከብትም ሆነ ስለ ፕላኔቶች አመጣጥ እንደማያውቁት ያውቁታል። ይህን በአማካኝ በየ 10 ዓመታት ግድም በተራራቁ ጊዜያት ውስጥ የነበሩ 6 ተመራማሪዎች፥ ስለ ከዋክብትና ስለ ሥርዓተ-ፀሐይ አመጣጥ የሚያወሩ ሁሉንም የዘመናቸውን ቲዎሪዎች በጥንቃቄ ከመረመሩ በኋላ ከሰጡት አስተያየት እንይ፤

በ 1956 ዓ.ም የእንግሊዙ የ Royal Greenwich Observatory ተመራማሪው ሰር ሃሮልድ ስፔንሰር ጆንስ እንዲህ ብሎ ነበር፤

> “የሥርዓተ-ፀሐይን አመጣጥ በአጥጋቢ ሁኔታ የሚገልጽ ቲዎሪ የማውጣት ችግር አሁንም የተፈታ አይደለም።” - *H.S Jones, "The Origin of the Solar System" in Physics and Chemistry of the Earth (1956), p. 15.*

በ 1968 ዓ.ም ሊትሊተን እንዲህ ብሏል፤

> “ስለ ፕላኔቶች አመጣጥ አስተማማኝ የሆነ ቲዎሪ ቢኖረን ኖሮ - ከፊዚክስ ሕጎች ጋር የሚጣጣም ፕላኔቶች የሚገኙበት የሆነ ዓይነት መካኒዝም ብናውቅ ኖሮ፤ሌሎች ኮከቦችም የየራሳቸው ፕላኔቶች ሊኖራቸው የመቻሉን እድል ለመገመት እሱን እንጠቀምበት ነበር። ነገር ግን እንዲህ ዓይነት ቲዎሪ ገና የለም፤ምንም እንኳን በርካታ መላምቶች የቀረቡ ቢሆንም!” - *R.A. Lyttleton, Mysteries of the Solar System (1968), p. 4.*

“እነዚህን ግማሽ ደርዘን የቤዚቦል ኳሶች ውጫዊ ሕዋ ውስጥ ትለቋቸውና አንዱ በሌላው ዙሪያ መዞር ይጀምሩ እንደሆን በጥንቃቄ ታያላቹህ፤ ቲዎሪያችንን ለማረጋገጥ ይረዳናል።”

“የከዋክብትና የፕላኔቶችን አመሠራረት የሚገልጸው ተሽከርካሪ የጋዝና የአቧራ ደመና መላምት በመጀመሪያ በ 1734 ዓ.ም አማኑኤል ስዊዲንበርግ የወጣ እጅግ የቆየ ጽኑ ቲዎሪ ነው።”

“ቲዎሪው የሱፐርኖቫ ቅሪቶች በየቦታው መኖር እንዳለባቸው ይገምታል፤ ነገር ግን ከጥቂቶች በስተቀር ላገኛቸው አልቻልኩም።”

“ሳተርን ቀለበቶች ባይኖሯት ይሻል ነበር!”

በ 1981 ዓ.ም ዊፕልም እንዲህ ብሏል፤

> "[የሥርዓተ-ፀሐይ አመጣጥን የተመለከቱ] እስከዛሬ የቀረቡት መላምቶች በሙሉ፥ ፊዚካላዊ ቲዎሪ [የፊዚክስ ህጎች] በትክክል ሲውልባቸው ወይ ወድቀዋል ወይም ያልተረጋገጡ እንደሆኑ ቀርተዋል።" - *Fred C. Whipple, Orbiting the Sun (1981), p. 284.*

በ 1986 ዓ.ም - ሐርዊት አንዲት ኮከብ እንኳን እንዴት እንደተገኘች አናውቅም ይላል፤

> "እስከ ሩቅ አድማሶቿ ስንመለከት የምናያት ዩኒቨርስ መቶ ቢሊዮን ጋላክሲዎችን ይዛለች። እነዚህ ጋላክሲዎች እያንዳንዳቸው ሌሎች መቶ ቢሊዮን ኮከቦችን ይዘዋል። ይህ በጠቅላላ 10^{22} ኮከቦች ማለት ነው። ከእነዚህ ሁሉ ውስጥ አንዲቷ እንኳን እንዴት ልትገኝ እንደቻለች የማናውቅ መሆናችን በዘመናዊው አስትሮፊዚክስ ውስጥ ተሸፍኖ ያለ አሳፋሪው ነገር ነው።" - *Martin Harwit, "Book Reviews," Science,March 1986, pp. 1201-1202.*

በ 1998 ዓ.ም የሐርቨርዱ የአስትሮፊዚክስ ማዕከል አብረሃም ሎብ እንዲህ ብሏል፤

> "እውነታው፥የኮከብ ምስረታን በመሰረታዊ ደረጃ ያልተረዳነው መሆኑ ነው" - *Quoted by Marcus Chown, Let there be light, New Scientist **157**(2120):26–30, 7 February 1998*

በ 2009 ዓ.ም ዶርች እንዲህ ብሏል፤

> "የወቅቱ ገለጻዎችና ቲዎሪዎች፥ለፕላኔት ምስረታ በርካታ ሁኔታዎች አጥጋቢ የሆነ ገለጻዎችን መስጠት ተስኗቸዋል። ሁኔታው ብዙውን ጊዜ ሁለት (ወይም በርካታ) ገለጻዎችን ማነጻጸር ላይ ያተኮረ ይመስላል፤ የአንዱ አጥጋቢ አለመሆን ለሌላው ማስረጃ (እንደውም ማረጋገጫ) ተደርጎ ይወሰዳል፤ነገር ግን ማንኛቸውም ትክክል ላይሆኑ የመቻላቸው ዕድል ግን በበቂ ሁኔታ አይታሰብም . . . ይህ አቀራረብ እንዲህ ነው 'እዚህ ስላለን - ጠጣር፣ጋዝና በረዶ ፕላኔቶችና ሁሉም ስላሉ - አንደኛው ገለጻ መስራት አለበት፤ ገለጻ A እንዳልሆነ ማሳየት ከቻልኩ B መሆን አለበት!' " - *Dorch, S.B.F., Reviews: Planetary formation and migration, by Philip Armitage, Scholarpedia, 21 March 2008, paragraphs 1–2, www. scholarpedia.org /article/ Talk: Planetary_formation_and_migration, accessed 28 October 2009*

የኢቮሉሽኒስቶች የመጨረሻ ግብ፥ዩኒቨርስ ያለ ፈጣሪ እንዴት በራሷ እንደመጣች

የሚያሳይ ጥሩ 'ገለጻ' ይዞ መምጣት ነው። ነገር ግን ዩኒቨርስ በዚህ ዓይነት ለመገለጽ ሁልጊዜም እጅግ አስቸጋሪና የማትቻል ሆናለች። ነገር ግን ከሌሎቹ የተሸላ የሚመስል ታሪክን (ገለጻ) ማውጣት መቻል በእርግጥ በዛው መንገድ ተፈጽሟል ማለት አይደለም።

ሁላችንም ያለፈጣሪ እዚህ እንዴት እንደመጣን ለመግለጽ፥ሰዎች ለሺዎች ዓመታት በርካታ መላምቶችን ሲያወጡ ኖረዋል። ዛሬ መላምቶቹ ይበልጥ ውስብስብ እየሆኑና አስተማማኝ ያልሆኑና ያልተረጋገጡ እምንታዎች በሚካተቱባቸው በኮምፒውተር ሲሙሌሽኖች እየታገዙ ነው።

ኮከቦችና ፕላኔቶች በግራቪቲ በተሰባሰቡ የጋዝ ደመናዎች እንደተገኙ የሚገልጸው የዘመናችን የኔቡላ ቲዎሪ መሠረቱ የተጣለው ከ 280 ዓመታት በፊት ነበር። የ 'ጋዝና የአቧራ ታሪክ' በሚል በመጀመሪያ በ 1734 ዓ.ም በአማኑኤል ስዊድንበርግ፣በኋላም በ 1766 ዓ.ም በአማኑኤል ካንት እና በ 1796 ዓ.ም በፒሪ ላፕላስ ተሻሽሎ የወጣ መላምት ነበር።

አማኑኤል ስዊድንበርግ፥ ውጭያዊ ህዋ ውስጥ ያለው የጋዝና የአቧራ ደመና *(nebula)* እየተሽከረከረ ራሱን ወደ አንድ ቦታ ገፍቶ ፀሐያችንንና ፕላኔቶችን እንዳስገኘ፥ ከሰማይ በሚመጡ ጎብኚ ሙታን መናፍስት እንደተነገረው በ 1734 ዓ.ም ያስተምር ነበር። የዚህ ልጅ የሆነው የዛሬው *nebular theory* በርካታ ችግሮች ያሉበት ቢሆንም፥ዛሬ አብዛኞቹ ኢቮሉሽናዊ አስትሮኖመሮች ለመጽሐፍ ቅዱሳዊው የፍጥረት ገለጻ፥ 'ከሌሎች የተሻለ' አማራጭ አድርገው ተቀብለውታል።

ከዘመናዊዎቹ የሕዋ ቴሌስኮፖችና መንኮራኩሮች በየጊዜው አዳዲስ ግኙቶች እየተገለጡ ነው። አዳዲስ ኮከቦችንና ፕላኔቶችን የተመለከቱ ሪፖርቶች ብዙውን ጊዜ ግኙቶቹን ኢቮሉሽናዊ ለማድረግ የሚሞክሩ ቢሆንም፥ እውነታው ግን ከዚህ በተቃራኒው ስለ ዩኒቨርስ ይበልጥ በታወቀ መጠን፥የኢቮሉሽናዊ ሃሳብ ችግሮች ይበልጥ እየተገለጡ መሆናቸው ነው። ፍጥረተኞች አዳዲስ ግኙቶችን፣ ፎቶዎችንና ዳታዎችን በደስታ ሊቀበሏቸውና ሊያጠኗቸው ይገባል። ነገር ግን ሁልጊዜም እነዚህን ሪፖርቶች የሚያጅቡ ኢቮሉሽናዊ ገለጻዎችን ለይተው ማየት ለመቻል በበቂ ሳይንሳዊ እውቀት የታጠቁ መሆን አለባቸው።

የ 20ኛው ክ/ዘመን ታዋቂ አስትሮኖመር ሮበርት ጃስትሮው እንዲህ ብሏል፤

> "በምክንያታዊነት ኃይሉ ታምኖ ለኖረ ሳይንቲስት ታሪኩ እንደ መጥፎ ህልም ያበቃል። የድንቁርናን ተራራ ይወጣና ከፍተኛው ጫፍ ላይ ደርሶ የመጨረሻው ዓለት ላይ ተስቦ ሲወጣ፥እዚያ ለዘመናት ተቀምጠው የነበሩ የኃይማኖት ሰዎች በሰላምታ ይቀበሉታል።" *- Robert Jastrow, God and the Astronomers (1978)*

“አንድ ትልቅ አካል ሜርኩሪን ገጭቷት እንደነበር ቲዎሪ ብናወጣ፥ የሜርኩሪን የከፍተኛ ዴንሲቲ ችግር ሊፈታልን ይችላል፤ ቲዎሪያችንንም ከውድቀት ያድንልናል።”

“ጁፒተር፣ ሳተርን፣ዩራነስና ኔፕቱዩን ጭራሽ ባይኖሩ ለቲዎሪው ይቀልለት ነበር። እንደ ቲዎሪው ፈጽሞ መኖር አልነበረባቸውም።”

“የዩኒቨርስ 95 ፐርሰንት መጠነቁሷና ኢነርጂዋ ጠፍቷል፤ በእርግጥ ይህ አስከፊ ነው።”

“ምናልባት ብላክሆሎች ከቲዎሪው ጋር አልገጥም ያሉ አንዳንድ ነገሮችን ለመግለጽ ሊያግዙን ይችሉ ይሆናል፤ የጠፉ ፀረ-ቁስአካላትን የመሳሰሉ።”

ዘመኑን ሁሉ ከዋክብትን ሲያጠና ያሳለፈ አንድ አስትሮነመር እንዲህ ብሏል፤

> “የዩኒቨርስ ሳይንሳዊ ጥናቶች የሚሰጡን ድምዳሜ፥ዩኒቨርስ በንጹህ ማቲማቲክስ ዲዛይን የተደረገች ትመስላለች በሚል በአንድ አረፍተ ነገር ሊጠቃለል ይችላል።” - *Sir James Jeans, The Mysterious Universe, p. 140.*

ዳይራክ ይህንኑ እንዲህ ሲል አጠናክሮ ይገልጸዋል፤

> “አንድ ሰው፥ በታላቅ ማቲማቲክስ ቲዎሪ የተገለጹትን መሰረታዊ ፊዚካላዊ ህጎችን ለመረዳት፥ፍጹም ከፍተኛ የሆነ የማቲማቲክስ ቲዎሪ እውቀት የሚያስፈልገው መሆኑ፥ አንዱ የተፈጥሮ መሰረታዊ ባህሪ ይመስላል . . ምናልባት አንድ ሰው ይህን ሁኔታ - እግዚአብሔር ታላቅ ማቲማቲሺያን መሆኑንና ዩኒቨርስን ለመፍጠር እጅግ ከፍተኛውን ማቲማቲክስ የተጠቀመ መሆኑን በመጥቀስ ሊገልጸው ይችላል።” - *P.A.M. Dirac, “The Evolution of the Physicist’s Picture of Nature,” in Scientific American, May 1963, p. 53.*

በእርግጥ “ሰማያት የእግዚአብሔርን ክብር ይናገራሉ፥ የሰማይም ጠፈር የእጁን ሥራ ያወራል።” (መዝ 19፥1) ሳይንስም ይህን በጠንካራ ማስረጃዎች ያረጋግጣል!

****

አፔንዲክስ

(ከዚህ በታች ያለው አፔንዲክስ ተጨማሪ ብቻ ስለሆነ፥ምናልባት ካላስፈለጉህ ዘለኸው በቀጥታ ወደሚቀጥለው ምዕራፍ መሄድ ትችላለህ።)

ፈጣን የፕላኔት ምስረታ ሞዴልና ችግሮቹ

በታዋቂው አስትሮፊዚስት በአለን ቦስ የረቀቀ፥ከተሽከርካሪ የአቧራ ደመና ፈጣን የፕላኔቶች ምስረታን የሚገልጽ disk instability model በመባል የሚጠራ በቅርቡ የወጣው አዲስ የፕላኔት ምስረታ ሞዴል አለ። ይህ ሞዴል፥ ከሥርዓተ-ፀሐይ ውጭ ያሉ ፕላኔቶች (extrasolar planets)፥ በመደበኛው አክሬሽናዊው ሞዴል ላይ የፈጠሩትን ችግር ለመፍታት የሚሞክር ሞዴል ነው።

መደበኛው ሞዴል ለፕላኔቶች ምስረታ ከሚጠይቀው እጅግ ረጅም ጊዜ (ከመቶ ሺዎች እስከ ሚሊዮኖች ዓመታት) እጅግ በተለየ፥ይህ አዲሱ ሞዴል ፕላኔቶች ከ 1,000 ዓመት ባነሰ ጊዜ ውስጥ እንደሚመሰረቱ ይገልጻል። ይህ አጭር የጊዜ ርዝመቱ፥ከወጣት ዩኒቨርስ የጊዜ ርዝመት ጋር ሊጣጣሙ የሚችሉ አንዳንድ ክስተቶችን ለመግለጽ ሊጠቅም የሚችል በመሆኑ ለፍጥርተኞች አስደሳች ሆኖ ሊታይ ይችላል። ይሁንና ሞዴሉ አስተማማኝ ባልሆኑ እመንታዎችና ሁኔታዎች ላይ ጥገኛ የሆነና በሥርዓተ-ፀሐይ ውስጥና ውጭ ካሉ ፕላኔቶች አንዳንድ ገጽታዎች ጋር የሚገጥም አይደለም። ይህን ሞዴልና ችግሮቹን ከዚህ በታች ባጭሩ እናያለን።

****

ከቅርብ ዓመታት ወዲህ አስትሮኖመሮች ከእኛዋ ፀሐይ ውጭ ሌሎች ኮከቦችን የሚዞሩ ፕላኔት የሚመስሉ በርካታ አካላትን አግኝተዋል። እነዚህ አካላት ከሶላር ውጭ ያሉ ፕላኔቶች (extrasolar planets) በመባል ይጠራሉ። ይሁንና እነዚህ አካላት ነባሮቹን ኢቮሉሽናዊ ቲዎሪዎች በማረጋገጥና የእኛዋ ሥርዓተ-ፀሐይ ልዩ እንዳልሆነች በማሳየት ፈንታ፥ለኢቮሉሽናዊ የፕላኔት ምስረታ ቲዎሪዎች ችግር ፈጥረዋል።

ጎን ለጎን በተደረገ ግኝትም ደብዛዛ ብርሃን ያላቸው ታህተ-ቀይ (infrared) አካላት ኔቡላ ደመና ውስጥ ታይተዋል፤ ከላይ እንዳየነው ምንም እንኳን እነዚህ አካላት በትክክል ምን እንደሆኑ አከራካሪ ቢሆንም[1] በርካታ አስትሮኖመሮች እነዚህ ወጣትና 'በቅርቡ' የተወለዱ

---

[1] Zapatero Osorio, M.R., Bejar, V.J.S., Martin, E.L. *et al.*, Discovery of young, isolated planetary mass objects in the σ Orionis Star Cluster, *Science* **290**(5489):103–107, 2000.`

ኮከቦች መሆናቸውን ገልጸዋል። ሌሎች ደግሞ እነዚህ ነጻ-ተንሳፋፊ ፕላኔቶች (ኮከቦችን የማይዞሩ አካላት) አድርገው ተርጉመዋቸዋል። ነጻ-ተንሳፋፊ ፕላኔቶችም ለመደበኛው የፕላኔቶች ምስረታ ቲዎሪ ችግር ፈጣሪዎች ናቸው።

ስለዚህ ኢቮሉሽናዊ አስትሮኖመሮች በሌሎች ኮከቦች ዙሪያ ስላሉ ፕላኔቶች ምስረታ አዳዲስ ሞዴሎችን ለማውጣት ተገደዋል። አንዳንድ ሳይንቲስቶች እነዚህን አዳዲስ የፕላኔት አመጣጥ ሞዴሎች፥በእኛዋ ሥርዓተ-ፀሐይ ውስጥ ያሉ የጋዝ ግዙፎችን (ጁፒተር፣ሳተርን. . .) አመጣጥ ለመግለጽ ያውሉታል።

<u>አዲሱ ሞዴል፤</u> መደበኛው የአክሬሽን ሞዴል እጅግ ሞላላ (elliptical) ምህዋር ያላቸውንና ለወላጅ ኮከባቸው ከተገመተው በላይ እጅግ ቅርብ የሆኑትን ከሥርዓተ-ፀሐይ ውጭ ያሉ ፕላኔቶችን መግለጽ አይችልም። አለን ቦስ በአዲሱ disk instability ሞዴሉ፥ከሶላር ውጭ ያሉ ፕላኔቶችን መግለጽ እንደሚችል ያምናል። በዚህ አዲሱ ሞዴል መሠረት ግዙፍ የጋዝ ፕላኔቶች ከ 1,000 ዓመት ባነሰ ጊዜ ውስጥ ይሰራሉ። ይህ እንደ ፕላኔቶቹ መጠን ከመቶ ሺዎች እስከ ሚሊዮኖች ዓመታት ከሚጠይቀው ከነባሩ ከአክሬሽን ቲዎሪ እጅግ የሚለይ ነው። በዚህ ሞዴል፥ በተሽከርካሪው የአቧራና ጋዝ ዲስክ ውስጥ የማቴሪያል ክምችቶች ይሰራሉ። እነዚህ ክምችቶች ጋዞችንና ጠጣር ማቴሪያሎችን የያዙ ሲሆን፥ጥቃቅን ጠጣር ማቴሪያሎቹ በፍጥነት ወደ ቅድመ-ፕላኔቱ (protoplanets) ማዕከል ይሰጥማሉ። ይህም እያደገና በዙሪያው ጋዞች እያከማቸ ይሄዳል። ፈጣን መሆን ያለበት የምስረታው ሂደት፥ በእመንታ የተወሰዱ መጀመሪያ ላይ የነበሩ የዲስኩ ቅድመ ሁኔታዎች (የዲስኩ ማግኔቲክ ፊልድ ጥንካሬ፣ ቴምፐሬቸርና እፍጋት) ላይ የተወሰነ ነው። መጀመሪያ ላይ ዲስኩ እጅግ ቀዝቃዛ እንደሆነና ክምችቶቹም አንዳንድ በረዶ እንደያዙ አድርጎ ይወስዳል። ይሁንና ፕላኔቱ እያደገ ሲመጣ ጋዞቹ ይሞቁና ጁፒተርን የመሰለ ትልቅ ጋዛዊ አካል ይፈጠራል።

የ Disk instability ሞዴል፥ቅድመ-ፕላኔቱ (proto planets) ከሚዞረው ኮከብ በተጨማሪ በአቅራቢያ ያሉ ሌሎች ተጨማሪ ኮከቦችን ይፈልጋል። ከእነዚህ በቅርብ ያሉ ጎረቤት ኮከቦች የሚለቀቅ የልዕለ-ሃምራዊ (ultraviolet) ጨረር፥አዲስ እየተሰራ ያለውን ፕላኔት አብዛኛውን የውጫዊ ንጣፍ ጋዝ ያስወግዳል። ስለዚህ በመጀመሪያ የጋዝ ፕላኔቱ ወደ ከፍተኛ ግዝፈት በፍጥነት ያድግና በዚህ ጨረር ምክንያት መጠኑን በከፍተኛ መጠን ይቀንሳል።

<u>ሞዴሎቹ በምልከታ ሳይሆን በሲሙሌሽን የተመሰረቱ ናቸው፤</u> ምንም እንኳን አስትሮኖመሮች ዛሬ በተሻሻሉ የቴሌስኮፕ ቴክኖሎጂዎች በመታገዝ ከሶላር ውጭ ያሉ ፕላኔቶችን በመደበኛነት የሚያገኙ ቢሆንም[2]፥ነገር ግን የፕላኔት ምስረታን ማየት

---

[2] ለምሳሌ የሐብል የሕዋ ቴሌስኮፕ ከጥቂት ዓመታት በፊት Gliese 876 በመባል የምትታወቅ ኮከብን

ስለማይችሉ የፕላኔት ምስረታ ሞዴል ሊወጣ የሚችለው በኮምፒውተር ሲሙሌሽን ነው።

የኮምፒውተር ሞዴሎች ደግሞ በሚወጣላቸው እመንታዎች ላይ ጥገኛ ናቸው (ወይም በእመንታዎቹ የሚወሰኑ ናቸው)። በእርግጥ በጊዜ ውስጥ ወደ ኋላ ሄደን ዳታዎችን መሰብሰብ ስለማንችል እነዚህ የጅማሬ ሞዴሎች በምልከታ ኤክስፐርመንት ሊረጋገጡ አይችሉም። ይልቁንም ግን በአሁኑ ጊዜ በቲዎሪያዊ አሳማኝነታቸው ሊመዘኑ ይችላሉ።

<u>የአዲሱ ሞዴል ችግሮች</u>፤ ምንም እንኳን አዲሱ Disk instability ሞዴል የፕላኔት ምስረታን በተፈጥሯዊ ሂደቶች ለመግለጽ የታቀደ ቢሆንም በርካታ ችግሮች አሉበት። ለሞዴሉ ጥቅም የታቀደ አንድ ነገር ትልቁ ድክመት ሊሆን ይችላል። ሞዴሉ የማቴሪያሎችን ክምችት በአንጻራዊነት ፈጣን በሚባል ከ 1,000 ዓመት ባነሰ ጊዜ ውስጥ እንዲፈጽም ታቅዷል፤ይሁንና በተሽከርካሪው ዲስክ ውስጥ በሚለዋወጡ ሁኔታዎች በፍጥነት ተሰባብሮ ሊለያይ ይችላል። አለን ቦስ ራሱ ውጤቶቹን የጠቀሳቸው እንደ 'ጊዜያዊ' አድርጎ ነው፤

> "ምንም እንኳን ተስፋ ሰጪ ውጤቶች ቢሆኑም፥ [ኮምፒውተር ላይ] በዋለው የቦታ ንጠላ (spatial resolution) እና የክምችቶቹ የረጅም-ጊዜ ቆይታ አጠራጣሪነትን በመሳሰሉ ውስንነቶቹ ምክንያቱም የአሁኑ Disk instability ሞዴል የመጨረሻ ወሳኝ ተደርጎ ገና ሊቆጠር አይችልም።" - *Boss, A.P., Wetherill, G.W. and Haghighipour, N., Rapid formation of ice giant planets, Icarus 156:291–295, 2002.*

የ instability ሞዴል በጋዝ ክምችቶች ውስጥ ያሉት ጠጣሮች ወደ ማእከሉ እንደሚሰምጡ ይገልጻል። ነገር ግን የተለያዩ የጋዝ ፍሰቶች ይህን ይፈቅዱ እንደሆን እርግጠኛ መሆን አልተቻለም። ጠጣሮቹ ማዕከሉ ላይ ካልሰፈሩ ፕላኔቱ ምናልባት አይመሰረትም፤ምክንያቱም 'ክምችቶቹ' ወይም 'ስብርባሪዎቹ' አብረው አይቆዩም። በተጨማሪም የሙቀት ውጤት በዚህ ዝቅጠት (sedimentation) ላይ ብዙም ጣልቃ እንደማይገባ ተደርጎ ተወስዷል።

የቅድመ-ፕላኔቱ ደመና ሲናድ ወደ ስብርባሪዎች ይከፋፈላል። በኮምፒተር ሲሙሌሽን ውስጥ እነዚህ ስብርባሪዎች ማቴሪያሎችን ወደራሳቸው መሳብ የሚያስችል ትልቀት

የምትዞር አዲስ ፕላኔት አግኝታ፥የፕላኔቷን ክብደት በእንቅስቃሴዋ አስትሮሜትራዊ ልኬት መወሰን እንዲቻል አድርጋለች (Villard, R. and Johnson, R., Hubble makes precise measure of extrasolar world's true mass, Space Telescope Science Institute Press Release, Number STScI-2002-27, 3 December 2002, <www.hubblesite.org/newscenter /archive/2002/27/text>, 5 March 2003.)።

እስኪኖራቸው ድረስ ያድጋሉ፤ በሲስተሙ ውስጥ ጋዝና አቧራ እስካለ ድረስም ማደጋቸውን ይቀጥላሉ። ነገር ግን የመሰባበር ሂደት፥ ያለ ዳመናው ትክክለኛ ማግኔቲክ ፊልድና ኤሌክትሪካል ባህሪ ሊሰራ አይችልም[3]። ጠንካራ ማግኔቲክ ውጤቶችን ሞዴል ለማድረግ ምናልባት የግራቪቲ ኃይል በስሌት ውስጥ ሆን ተብሎ አነስተኛ እንዲሆን ተደርጎ ይሆናል። ስለዚህ የደመናውን የመጀመሪያ እፍጋት እና በሲሙሌሽን ውስጥ ለደመናው የተመደቡ ባህሪያትን የተመለከቱ በርካታ አጠያያቂ እምንታዎች አሉ። በእንዲህ ዓይነት ጥናቶች ሲሙሌሽን የሆኑትን የሚመስሉ እውነተኛ ደመናዎች ምናልባት የሚኖሩ ቢሆንም እንኳን፥የግድ የኮምፒተር ሞዴሎቹ እንደሚያሳዩት ተመስርተዋል ማለት አይደለም። እውነተኛ ደመናዎች የኮምፒተር ሞዴል ውስጥ ያለውን ሃሳባዊ ሂደት ላይከተሉ የሚችሉበት በርካታ መንገዶች አሉ።

<u>የ Disk instability ሞዴልን የማይደግፍ ማስረጃ</u>፤ ፀሐይን ስለሚዞሩት ፕላኔቶች ከሚታወቀው ጋር ሲነጻጸር፥ ከሶላር ውጭ ስላሉ ፕላኔቶች የሚታወቀው እጅግ ትንሽ ነው። ይህ አዲሱ ሞዴል የእኛን ሥርዓተ-ፀሐይ ምስረታ መግለጽ ይችል እንደሆን እንይ። ጸሐያችን የምትገኘው ይህ ሞዴል እንደሚፈልገው ሌሎች ኮከቦች አጠገብ አይደለም። ስለዚህ የእኛዎቹ የጋዝ ፕላኔቶች በዚህ ሞዴል መሠረት እንዲሰሩ ከተፈለገ፥ፀሐይ በጋላክሲ ውስጥ ሌላ ስፍራ ላይ ሌሎች ኮከቦች አጠገብ በነበረችበት ጊዜ የተሠሩ መሆን አለባቸው። ከዚያም - ፕላኔቶቹ ከተሰሩ በኋላ - ምናልባትም በኮከቦች ክምችት ተተፍታ ፀሐይ ፕላኔቶቿን እየጎተተች ጋላክሲ ውስጥ ወደ ሌላ ስፍራ የተጓዘች መሆን አለባት።

ፕላኔታዊ ክምችቶቹ የኮምፒውተር ሞዴሉ እንደሚለው ቢመሰረቱም እንኳን፥ ፕላኔቶቹ ርጉ የሆኑ ምህዋሮችን ይሰሩ እንደሆን እርግጠኝነት የለም። ይልቁንም ግን በቀላሉ ከኮከቡ ወደ ውጭ ሊወረወሩ ወይም ኮከቡ ላይ ሊወድቁ ይችላሉ። ፕላኔቶቹ በመጀመሪያ በከብ ምህዋሮች ውስጥ ይሰራሉ፤ነገር ግን ኮከቦቻቸው ሲሄዱ ፕላኔታዊ ምህዋሮች ወደ ሞላላነት ይረዝማሉ። የተሽከርካሪው ዲስክ ኃይሎች ፕላኔቶቹን ወደ ኮከቦቹ በማስጠጋትና ምህዋራቸውን በማርዘም እርስ በርስ እንዲቆራረጡ እንደሚያደርጓቸው አብዛኞቹ የፕላኔት ሳይንቲስቶች አሁን ያምናሉ። በእነዚህ ምህዋሮች ውስጥ ፕላኔቶቹ በመጨረሻ ወይ በአውዳሚ ሁኔታ ይጋጫሉ ወይም በግጭት ወደ ኮከቡ አልያም ከኮከቡ ወደ ማዶ ይሄዳሉ። በእንዲህ ዓይነት ፕላኔታዊ ሲስተም ውስጥ ሌላው ቀርቶ ጥቂት ፕላኔቶችን እንኳን በዚህ ዓይነት ሂደት ውስጥ ሊተርፉ እንደሚችሉ መገመት አስቸጋሪ ነው። የበርካታ ፕላኔቶች ምህዋር (የእኛን ሥርዓተ-ፀሐይ የመሰሉ) በአለን ቦስ ሞዴል የመገኘት እድል ያለ እንደማይመስል የሚገልጹ የዘርፉ ባለሙያዎች አሉ።

<u>ትናንሽ የጋዝ-ግዙፎችና ቡኒማ ድንኮች</u>፤ የቦስ ሞዴል በትናንሽ ፕላኔቶች ላይም ተጨማሪ

[3] Boss, A.P., Formation of planetary-mass objects by protostellar collapse and fragmentation, The Astrophysical Journal 551:L167–170, 2001

ችግሮች አሉት። በእኛዋ ሥርዓተ-ፀሐይ ውስጥ ያሉትን ዩራነስን፣ ኔፕቱንና ሳተርንን የሚያህሉና ከዚያም ያነሰ[4] ክብደት ያላቸው አንዳንድ ከሶላር ውጭ ያሉ ፕላኔቶች ተገኝተዋል። እንደነዚህ ዓይነት ትናንሽ የጋዝ-ግዙፎች (ፕላኔቶች) ሞዴሉ በሚለው በአቅራቢያ ባሉ በኮከቦች ጨረር ይበልጥ በርካታ ውጫዊ የጋዝ ንጣፍ እንዲጠረግላቸው ያስፈልጋል። በአጭር ጊዜ ውስጥ ወደ ውስጥ መሸማቀቅ እንዲችሉ በአቅራቢያው ያሉ ኮከቦች ይበልጥ እጅግ ጠንካራ የሆነ ጨረር ያስፈልጋቸዋል - ነገር ግን ይህ አጠራጣሪ ሁኔታ መሆኑ የሚገልጹ አሉ።

አንድ ፕላኔት ከኮከቡ እጅግ የራቀ ከሆነ - ለምሳሌ እንደ ዩራነስና ኔፕቱን - ፕላኔቱ የሚሰራበት ዲስኩ በበቂ ሁኔታ ጥቅጥቅ ያለ የመሆን ሁኔታው እጅግ አነስተኛ ነው፤ማግኔቲክ ፊልዱም በቦስ ለቀረበው ሂደት በቂ ላይሆን እንደሚችል የሞዴሉ ተቺዎች ይገልጻሉ።

በ Disk instability ሞዴል ላይ ያለ ሌላው ተያያዥ ችግር የቡኒማ ድንክ ኮከቦች ቁጥርን የተመለከተ ነው። አንድ አካል የኮከቦች ባህሪ የሆነውን ብርሃን የማያመነጭ ከሆነና ነገር ግን የጁፒተርን ክብደት ከ 15 እስከ 80 ጊዜ እጥፍ ክብደት ያለው ከሆነ፥ከፕላኔትነት (extrasolar planets) ይልቅ እንደ ቡኒማ ድንክ (brown dwarf) ይቆጠራል። የ instability ሞዴል እውነታን የሚወክል ከሆነ፥ ከፕላኔቶች በተጨማሪ በርካታ ቡኒማ ድንኮችንም መስራት እንዳለበት ይጠበቃል። ይሁንና ቡኒማ ድንኮች በቀላሉ የማይገኙ እጅግ ጥቂት መሆናቸው ከ instability ሞዴል ጋር የማይስማማ ሁኔታ ነው[5]።

ከላይ ባየናቸው ምክንያቶች የቦስ ሞዴል ምናልባት መግለጽ የሚችለው ጥቂት ሁኔታዎችን ብቻ ይመስላል።

__**የፍጥረተኞች እይታ፤**__ ኢቮሉሽናዊ አስትሮኖመሮች ከሚያስቡት በተቃራኒ የእኛዋ ሥርዓተ-ፀሐይ ከመቼውም ጊዜ ይበልጥ ልዩ መሆኗ እየተገለጠ ነው። አመጣጧን ለመግለጽ ተፈጥሯዊ ሞዴሎችን መጠቀም እንደምንም ጊዜውም አስቸጋሪና የማይቻል ነው።

ዘፍጥረት 2፥1-2 ላይ እግዚአብሔር የፍጥረት ሥራውን አጠናቆ እንደፈጸመ ይነግረናል። ይህ ማለት ግን ከፍጥረት ሳምንት በኋላ ውጫዊ ህዋ ውስጥ ምንም ዓይነት አዳዲስ መዋቅሮች ወይም ሲስተሞች አልተገኙም ማለት አይደለም። በእርግጥ ከፍጥረት ሳምንት በኋላ በዩኒቨርስ ውስጥ የተፈጠረ አዲስ ቁስአካል እና ኢነርጂ የለም። ነገር ግን ከዚያ

---

[4] Bluck, J., Savage, D., Sanders, R. and Perala, A., Planet hunters on trail of worlds smaller than Saturn, *NASA Ames Research Center press release* 00-25AR, NASA Ames Research Center, California, 29 March 2000.

[5] Dan Falk, D., Worlds apart, *Nature* **422**(6933):659–660, 2003.

ሳምንት በኋላ ተፈጥሯዊ ሂደቶች ሥራቸውን ጀምረዋል። ከፍጥረት ሣምንት ጀምሮ ሁሉም ነገር በተፈጥሮ ሕጎችና ሂደቶች በለውጥ ሂደት ላይ ነው። 'ተፈጥሯዊ ሂደቶች' እና 'የተፈጥሮ ሕጎች' እግዚአብሔር ዩኒቨርስን አጽንቶና ደግፎ የሚያቆምበት መንገዶች ይመስላሉ።

ምንም እንኳን እግዚአብሔር የፍጥረት ሥራውን በፍጥረት ሳምንት ያጠናቀቀ ቢሆንም፥ሁሉም ነገር በመጀመሪያው ሁኔታው ቀርቷል ማለት አይደለም። ከፍጥረት ሳምንት በኋላ በማንኛውም ጊዜ ኮከቦች ሊፈነዱ ይችላሉ፤ ጋላክሲዎች ሊጋጩ ይችላሉ፤ሌሎች ባለከፍተኛ ኢነርጂ ክስተቶች ሊፈጸሙ ይችላሉ። እነዚህን አንዳንዶቹን ክስተቶች ተከትሎ፥ዳመናዎች በግራቪቲ ተጽእኖና በሌሎች ፊዚካላዊ ሂደቶች፥ ምናልባት ቢያንስ በቲዎሪ ደረጃ አንዳንድ ፕላኔቶችን ወይም ኮከቦችን ሊያስገኙ የሚችሉበት ዕድል ሊኖር ይችላል።

ተጨማሪ ምርምሮች የቦስ አዲሱ ሞዴል አሳማኝ መሆኑን ማሳየት ከቻሉ፥ ከ 6,000 ዓመት ወጣት ዩኒቨርስ ጋር በሚጣጣም ጊዜ ውስጥ ምናልባት አንዳንድ ትናንሽ ኮከቦችና ትላልቅ ፕላኔቶች እንዴት ሊሰሩ እንደሚችሉ ሞዴሉ ያሳየን ይሆናል። ስለዚህ ፍጥረተኞች የቦስን ሞዴል ሙሉ በሙሉ መጣል አያስፈልጋቸውም። በልዩ ሁኔታዎች ውስጥ ምናልባት ዋጋ ያለው ሊሆን ይችላል - ለምሳሌ ከተወሰኑ የህዋ ውስጥ ክስተቶች በኋላ።

በሌላ በኩል ግን ሞዴሉ ላይ የተደረጉ ተጨማሪ ቲዎሪያዊ ጥናቶች ገዳይ የሆነ ችግሮችን ገልጠዋል። ይህ አስትሮኖሚ ውስጥ ዘወትር ይሆናል።

> "ከሶላር ውጭ ያሉ ፕላኔቶች (extrasolar planets) ልዩ ዓይነት ባህሪያት ያላቸው ሲሆን፤ አዲስ ዳታ ከመገኘቱ በፊት ያልተሟላ የነበረው ፕላኔቶቹ እንዴት እንደተሰሩ ያለን መረዳት አሁን ይብስ ተናዋጭ መስሎ ይታያል።"- *Dan Falk, D.,Worlds apart, Nature 422 (6933):659–660, 2003.*

ኮስሞስ ማስደንገጧን ቀጥላለች። ከሶላር ውጭ ያሉ ፕላኔቶች፥በተለይ ከብደታቸው፣ስፋታቸው እና የምህዋራቸው ሥርዓት በተመለከተ፥አስትሮኖመሮች ከጠበቁት በላይ እጅግ በተለያየ ዓይነት እየታዩ ነው። ለምሳሌ ኮከቧን በ 29 ሰዓታት የምትዞር ከጁፒተር ጋር የሚቀራረብ መጠን ያላት አንዲት ፕላኔት ከጥቂት ዓመታት በፊት ተገኝታለች።[6] ይህ እጅግ ያልተለመደ ልዩ ነገር ነው። ይህ ማለት ፕላኔቷ ላይ ቴምፕሬቸሩ እጅግ ከፍተኛ በመሆን ብረትን የመሳሰሉ ኤለመንቶች በጋዝ መልክ ሊገኙ ይችላሉ። እንደዚህ ዓይነት ግኝቶች የሚያሳዩን፥የእኛዋ መኖሪያ ፕላኔት ምን ያህል ልዩ መሆኗንና፥

[6] Aguilar, D.A. and Lafon, C., Farthest known planet opens the door for finding new earths, *Harvard-Smithsonian Center for Astrophysics Press Release* 03-01, 6 January, 2003; <cfa-www.harvard.edu/press/pr0301.html>.

እግዚአብሔር መሬትን የፈጠራት ሕይወት አልባና ባዶ እንድትሆን ሳይሆን፣ "መኖሪያም ልትሆን" (ኢሳ 45፡18) በአላማ የፈጠራት መሆኗን ነው። በእርግጥም ከሶላር ውጭ ያሉ ፕላኔታዊ ሲስተሞች ከእኛዋ ሥርዓተ-ፀሐይ ይለያሉ። አስትሮነመሮች 17 ቢሊዮን መሬትን-የሚያህሉ ፕላኔቶች በእኛ ጋላክሲ ሚሊኪዌይ ውስጥ እንደሚገኙ ይገምታሉ[7]። ነገር ግን እስካሁን በእርግጥ የተገኙት ፕላኔቶች ከአንድ ሺህ ጥቂት በለጥ የሚሉ ብቻ ናቸው።

ነገር ግን መሬትን-የሚያህል ፕላኔት፣መሬትን-ከሚመስል ፕላኔት ጋር ማምታታት የለብንም። መሬት በሥርዓተ-ፀሐይ ውስጥ "መኖሪያ ክልል" በመባል የሚታወቀው ውስጥ መሆኗ ባጋጣሚ አይደለም - ውኃ በፈሳሽ መልክ ሊኖር የሚችለው ከፀሐይ የተወሰነ ጠባብ ርቀት ውስጥ ብቻ ነው። ለመኖሪያ እንደሚሆን የሚታወቅ ከፀሐይ ውጭ ያለ ፕላኔት እስካሁን የለም። በተጨማሪም መሬትን-የሚመስል ፕላኔት ማለት ለመኖሪያ የሚሆን ማለት አይደለም - ለምሳሌ ሕይወት አልባዎቹ ቬኑስና ማርስ 'መሬትን-የሚመስሉ' ናቸው። ምድራችን በእርግጥ ልዩ ናት!

****

---

[7] Staff (January 7, 2013). "17 Billion Earth-Size Alien Planets Inhabit Milky Way". Space.com. Retrieved January 8, 2013.

ምዕራፍ 3

አስደናቂ የእግዚአብሔር የእጅ ሥራ፤ ከዋክብት

በዙሪያችን ያለው ጠቅላላው ዩኒቨርስ፥ የታላቅ አእምሮ ዲዛይን ውጤት መሆኑን የሚያሳዩ ድንቅ ነገሮችን ዩኒቨርስ ውስጥ እናገኛለን። ያለ ዲዛይንና ያለ ፕላን፥ ምንም ነገር አንድ ላይ ሊያያዝና ሊቀናጅ የሚችል አይመስልም። ዩኒቨርስ ውስጥ የቦታው ብንዞር ጠቅላላ የምናየው፥ ሥርዓት ያላቸው አደረጃጀቶችንና አስደናቂና ማራኪ ነገሮችን ነው። የበለጠ ባወቅንና የበለጠ በመረመርን መጠን፥የበለጠ ድንቅ የሆኑ የሆኑ ዲዛይኖችን እናገኛለን።

በዚህ ምዕራፍ ውስጥ ዩኒቨርስን እየተዘዋወርን እንጎበኛለን። በእርግጥ ዩኒቨርስ እጅግ ሰፊ ነች፤ ጎብኝተን ልንጨርሳት አንችልም። መታየት የምትቻለዋ ዩኒቨርስ 93 ቢሊዮን የብርሃን ዓመት ዲያሜትር ያላት ሲሆን በውስጧ ከ 170 ቢሊዮን በላይ ጋላክሲዎችን እንደያዘች ይገመታል። እያንዳንዱ ጋላክሲ ከሚሊዮኖች እስከ ቢሊዮኖች የሚቆጠሩ ኮከቦችን በውስጡ ይዟል - ይህ በጠቅላላ ዩኒቨርስ ውስጥ ያሉትን ከዋክብት ብዛት ከአስር ቢሊዮን ትሪሊዮን (10^{22}) እስከ አንድ ሺህ ቢሊዮን ትሪሊዮን (10^{24}) ያደርሰዋል። 10^{22} ከዋክብትን፥ 7 ቢሊዮን ለሚሆን ለዓለም ሕዝብ ብናከፋፍላቸው - ለእያንዳንዱ ሰው በትንሹ አንድ ትሪሊዮን ኮከብ ይደርሰዋል። ወይም 10^{22} ቁጥርን፥ በየሰከንዱ አንድ

ትሪሊዮን የሚቆጥር ኮምፒውተር በመጠቀም ቆጥሮ ለመጨረስ 300 ዓመታት ይፈጃል። መጽሐፍ ቅዱስም አንድ ሰው ኮከቦችን መቁጠር እንደማይችል ይገለጻል (ዘፍ 15፥5, ኤር 33፥22)።

ጋላክሲዎች (የከዋክብት ክምችቶች) በተለያየ ስፋት ይገኛሉ፤ድንክ ጋላክሲዎች (dwarfs galaxies) እያንዳንዳቸው እስከ 10 ሚሊዮን ኮከብ የሚይዙ ሲሆን፥ ግዙፎቹ እስከ መቶ ትሪሊዮን ኮከቦች ድረስ ይይዛሉ። በጋላክሲዎች መካከል ያለው ርቀት በአብዛኛው እስከ ሚሊዮኖች የብርሃን ዓመት ይደርሳል፤ በጋላክሲዎች መካከል ያለው ቦታ ከሞላ ጎደል ባዶ ሊባል የሚችል እጅግ የሳሳ ጋዝ ይዟል - በአንድ ኲቢክ ሜትር አንድ አተም! አብዛኞቹ ጋላክሲዎች በተወሰኑ ቦታዎች ላይ በቡድን ተደራጅተው በተለያዩ ክምችቶች (clusters) ይገኛሉ፤ እነዚህም በተራቸው በልዕለ-ክምችት (superclusters) ተደራጅተው ይታያሉ።

ጋላክሲዎች በአጠቃላይ በሶስት ዓይነት ዋነኛ ቅርጾች ይገኛሉ - (1) ጥምዝምዝ ጋላክሲዎች spiral galaxies (2) ሙልሙል ጋላክሲዎች elliptical galaxies (3) ቅርጽ-አልባ ጋላክሲዎች - irregular galaxies - ከእነዚህም በተጨማሪ እጅግ ጥቂት ቁጥር ያላቸው ቀለበት ጋላክሲዎች (ring galaxy) አሉ።

****

ጉብኝታችንን የምንጀምረው ከ 170 ቢሊዮን ጋላክሲዎች መካከል አንዷ በሆነችውና የእኛዋ ጸሐይና ምድራችን ከሚገኙባት ከእኛዋ ሚልኪዌይ (Milky Way) ጋላክሲ ነው። የእኛዋ ጋላክሲ (Milky Way) ከ 200 እስከ 400 ቢሊዮን ኮከቦችን እና ቢያንስ የዛኑ ያህል ፕላኔቶችን[1] እንዲሁም የጋዝና የአቧራ ደመናዎችን ይዛለች፤ከእነዚህ ውስጥ አንዳንዶቹን ጠጋ እያልን እንጎበኛቸዋለን።

ከዚህ በታች የምናነሳቸው ዳታዎችና ነጥቦች በፕሮፌሽናል አስትሮነመሮች ተሰብስበው በተመዘገቡ አስሮኖሚያዊ መረጃዎች ላይ የተመሰረቱ ናቸው።

ጉዞ መጀመር - ወደ ላይ ስናቀና በመጀመሪያ አልፈናት የምንሄደው የእኛዋን ጨረቃ ነው። ከምትዞረው ፕላኔት ግዝፈት አንጻር ስትታይ፥ በሥርዓተ-ፀሐይ ውስጥ ካሉ ጨረቃዎች ይልቅ ትልቅ የምትባል ናት። ጨረቃ በራሷ ዛቢያ የምትሽከረከርበት ጊዜና በምድር ዙሪያ የምትዞርበት ጊዜ እኩል ስለሆኑ፥ከምድር ሆነን ሁልጊዜም የምናያት ግማሽ ከፍሏን ብቻ ነው፤ አሁን ግን የጀርባ ከፍሏ ምን እንደሚመስል እግረመንገዳችንን አይተናት እናልፋለን . . .

[1] Staff (January 2, 2013)."100 Billion Alien Planets Fill Our Milky Way Galaxy: Study". Space.com. Retrieved January 3, 2013

. . . አሁን ጎረቤታችን ቬኑስንና ሜርኩሪን ለማየት ወደ ውስጥ ወደ ጸሐይ እየተጓዝን ነው። እስከ 450 ^{0}C ቴምፐሬቸር የምትሞቀው እጅግ ደረቋና ማግኔቲክ ፊልድ አልባዋ ቬኑስ፥እጅግ በዝግታ በራሷ ዛቢያ ስትሽከረከር ትታየናለች፤ 243 የመሬት ቀናት ይፈጅባታል። 96 ፐርሰንቱ ካርቦንዳይኦክሳይድ በሆነው አትሞስፌሯ ውስጥ በፍጥነት አልፈናት ወደ ሜርኩሪ እያቀናን ነው። ሙቀቷ እስከ 427 ^{0}C የሚደርሰውና አትሞስፌር አልባዋ ሜርኩሪ፥ ከጁፒተር ትልቋ ጨረቃ ከ ጋንሚድ (Ganymede) ወይም ከሳተርን ትልቋ ጨረቃ ከ (Titan) የምታንስ ትንሽ ፕላኔት ነች። ሩቅ መንገደኞች ስለሆን እሷ ጋ ጊዜ ሳናጠፋ አሁን ከሶላር ሲስተማችን ወደ ውጭ በሚያወጣን አቅጣጫ እየተጓዝን ነው።

አሁን በርካታ የእሳተጎመራ ፍንዳታ ያለባትን ቀይዋን ፕላኔት ማርስን አልፈናት እየሄድን ነው። ወደ ታች ስንመለከት፥ ከእነዚህ አንዱን ጎላ ብሎ እናየዋለን - ዙርያውን በማርሳዊ ሸለቆ የተከበበው ኦሊምፐስ ሞንስ (ወይም ኒክስ ኦሊምፒካ) የሚባለው ይህ እሳተጎመራ መሰረቱ 482.8 ኪ.ሜ ስፋት አለው - የምድራችንን ትልቁን እሳተጎመራ ሁለት ጊዜ እጥፍ ይሆናል።

ጉዞአችንን ወደፊት በመቀጠል አሁን በማርስና በጁፒተር መካከል በሚገኘው አስትሮይዶች (ግዙፍ ቋጥኞች) ቀለበት ውስጥ እያለፍን ነው። ከ 5ሺህ እስከ 7ሺህ የሚሆኑ የተለያየ መጠን ያላቸውን አስትሮይዶች (ግዙፍ ቋጥኞች) በግራና በቀኛችን በኩል እንደጥይት እየተተኩሱ እያለፉን ነው። ከአስትሮይድ ቀለበት ውስጥ እንደወጣን፥በ75% ሃይድሮጂን እና በ25% ሂሊየም ጋዝ (በክብደት) የተሰራችው ጉዙፏ የጋዝ ፕላኔት ጁፒተር፥አካሏ ላይ ዙሪያዋን ከተሰመሩ ከነጭ፣ቀያማና ብኒማ ቀለማት ጋር እየተሽከረከረች ከሩቅ ትታየናለች። ጠጋ ብለን ስንቃኛት፥እንደ መሬት ወይም እንደ ማርስ ጠጣር ምድር አይታይባትም፤ሙሉ በሙሉ በጋዝ የተሸፈነች ነች። በዙሪያዋ ከስልሳ በላይ የሚሆኑ ጨረቃዎችና በርካታ ስስ ቀለበቶች ሲዞሩ ይታዩናል።

ውጭያዊ አካሏ ላይ ከሩቅ የሚታየው ባለ እንቁላል ቅርጹ "ትልቁ ቀይ ምልክት" ያለማቋረጥ እየተሰራ ቅርጹን ይለዋውጣል፤ ነገር ግን ይህ 25,000 ማይልስ ስፋት ያለው ሚስጥራዊው የእንቁላል ቅርጽ ሁልጊዜም በጁፒተር ውጭያዊ አካል ላይ በሆነ ቦታ ላይ ይታያል። ይህ ነገር ምናልባት ለሰባት ክፍለዘመናት ያለሟቋረጥ የሚሽከረከር የጋዝ እሽክርክሪት ሳይሆን እንደማይቀር ይታሰባል። አሁን የጁፒተር አንዷ ጨረቃ አይኦ (Io) ከበታቻችን እያለፈችን ነው። ወደ ታች ቁልቁል ስንመለከታት እሳተ ጎመራ ላይዋ ላይ ሲፈነዳ ይታየናል።

ጁፒተርና ሳተርን (የላይኛው ረድፍ) ፣
ዩራነስና ኔፑቱን (የላይኛው መካከለኛ)፤
መሬትና ቬኑስ (የታችኛው መካከለኛ) ፣
ማርስና ሜርኩሪ (የታችኛው ረድፍ)

ፀሐይ ከፕላኔቶቿ ጋር ስትነጻጸር

ጁፒተርን ከኋላችን ትተን ወደፊት ስናመራ ከምድር 1.39 ቢሊዮን ኪሎሜትር ርቀት ላይ የምትገኘውና በቀለበቷ የተዋበችው የጋዝ ፕላኔት ሳተርን ከፊት ለፊታችን ትታያለች። ስልሳ ሁለት ጨረቃዎችና ለዓይን ማራኪ የሆኑ በሺህ የሚቆጠሩ ቀለበቶች ዙሪያዋን ይዞራሉ። ስፋታቸው ከአቧራ ብናኝ እስከ ትላልቅ ዓለት የሚያክሉ የቀለበቱ ፓርቲክሎች ከቀለበቱ ውስጥ በከፍተኛ ፍጥነት ፕላኔቷን እየዞሩ ነው። እያንዳንዱ ቀለበት ፕላኔቷን የሚዞረው በተለያየ ፍጥነት ነው።

አንዲት ጨረቃ ቀለበቶች መካከል ባለ ሰፊ ቦታ ውስጥ ፕላኔቷን ትታያለች፤ሁለት ጥንድ ጨረቃዎች ውጫዊ ቀለበቶች ጠርዝ አካባቢ በተቀራረቡ ምህዋሮች ውስጥ እየተሸቀዳደሙ ሲዞሩ ይታያል። F ring የሚባል አንድ ጠባብ ቀለበትን በውስጥና በውጭ በኩል የሚዞሩ ሁለት "እረኛ ጨረቃዎች"፥ የቀለበቱ ፓርቲክሎች ከቀለበቱ ውስጥ እንዳይወጡ ሲጠብቁ ይታያሉ። Prometheus የምትባለዋ የውስጠኛዋ ጨረቃ ያለማቋረጥ ቀለበቶቹን እየደረበች ከ 15 ሰዓት ባነሰ ጊዜ ውስጥ ሳተርንን ሙሉ ዙር ስትዞር፥ በውጭ በኩል ያለችው ያለችው Pandora ጨረቃ ከቀለበቶቹ ባነሰ ፍጥነት በዝግታ ሳተርንን ትዞራለች። ሳይንቲስቶች እነዚህ ሁለት ጨረቃዎች ልዩ የሆነ የምህዋር ፍጥነታቸውን በመጠበቅ ፓርቲክሎች ከቀለበት እንዳይወጡ ያስቻሉበትን ውስብስብ ማቲማቲክሳዊ ስሌት አስልተውታል። በዚህም ምክንያት "እረኛ ጨረቃዎች" የሚል ስም ሰተዋቸዋል።

የውስጠኛዋ ጨረቃ Prometheus ዘዌያዊ እንድርድሪት (angular momentum) ወደ ቀለበቱ ፓርቲክሎች በማስተላለፍ ራሷን ወደ ውስጥ፥ ቀለበቱን ወደ ውጭ ትገፋለች፤የውጨኛዋ ጨረቃ Pandora ደግሞ ዘዌያዊ እንድርድሪት ከቀለበቱ ፓርቲክሎች በመቀበል ራሷን ወደ ውጭ ቀለበቱን ወደ ውስጥ ትገፋለች።

ለሳተርን ቅርብ ከሆኑት ጨረቃዎች አንዷ Mimas ስድስት ማይል ጥልቀት ካለው ከብቸኛው ሰፊ የጎመራ ቆሬ (crater) ጋር በጎናችን ስታልፍ ትታየናለች።

አሁን፥የምድራችንን ግማሽ የምታህለውን ብቸኛዋ ባለ አትሞስፌርና ግዙፏ የሳተርን ጨረቃ <u>Titan</u> ን አልፈን እየሄድን ነው። <u>Titan</u> ከመሬት ሌላ፥ በውጫዊ ገጸ-ምድሯ ላይ ፈሳሽ የሚታይባት ብቸኛዋ የሶላር ሲስተማችን አካል ነች - በእርግጥ የውኃ ፈሳሽ ሳይሆን፥የሚቴን ፈሳሽ። አሁን ከጎናችን ሌላዋን የሳተርን ጨረቃ ኢንሲላደስን (Enceladus) አልፈን እየሄድን ነው፤ከሰሜን ዋልታዋ አካባቢ ውርውር ፍልውኃ ወደ

ውጭ እየተተኮሰ ሲወጣ ይታየናል።

ጉዞአችንን ወደ ፊት ስንቀጥል ሰማያዊዋ ፕላኔት ዩራነስ ከቀለበቶቿና ከሃያ ሰባት ጨረቃዎቿ ጋር ከፊት ለፊታችን ስትመጣ ትታየናለች። ከአንዱ ጨረቃዋ ከ Titania ውስጥ ጋዝ ወደ ውጭ ሲወጣ ይታየናል።

በሌላኛዋ ጨረቃ Miranda ላይ የእሳተ ጎመራ አፎችና ጥልቅ ሸለቆዎች ይታያሉ። ይህ ያልተለመደ ዓይነት ገጽታ ያለው ጨረቃ በግጭቶች የተጎዳ የሚመስል ልዩ ገጽታ አለው። ጊዜ ቢኖረን ኖሮ ይህን ልዩ ጨረቃ በሰፊው እንጎበኘው ነበር። ጉዞአችንን ወደ ፊት ስንቀጥል ሌላዋን ሰማያዊ ፕላኔት ኔፕቱዮንን ከአስራ ሶስት ጨረቃዎቿና ከአራት ቀጫጭን ቀለበቶቿ ጋር በትልቋ ጨረቃዋ በ Triton አጠገብ ወደ ኋላ ትተናት እያለፍን ነው። ብዙም ሳንቆይ ድንኳ ፕሉቶን ከአንድ ጨረቃዋ ከ Charon ጋር አልፈን ወደ ማዶ እያቀናን ነው።

ጋላክሲያችን ከላይ ወደ ታች ቁልቁል ስትታይ - አሁን ሶላር ሲስተማችንን ከጸሐይና ከፕላኔቶቿ ጋር ትተን ወደ ውጭ እየወጣን ነው። ነገር ግን የወደፊ ጉዟችንን ገታ አድርገን በመጀመሪያ ጋላክሲያችን ሚልኪዌይ (Milky Way) ከላይ ወደታች ቁልቁል ስትታይ ምን እንደምትመስል ለማየት ከመሬት ምህዋር ወለል በ 60 ዲግሪ አቅጣጫ ወደ ላይ ቀጥ ብለን እየወጣን ነው (የሚልኪዌይ ጋላክሲ ወለል ከመሬት ምህዋር ወለል በ 60 ዲግሪ ያጋደለ ነው።) ወደ ላይ እጅግ ከፍ ብለን ስንሄድ ቀስ በቀስ ድንቅ የሆነ ውበት ከበታቻችን ተዘርግቶ መታየት እየጀመረ ነው። መሃሉ ላይ እጅግ ብሩህና ያበጠ ሉልና ዘንግ እንዲሁም ጠርዞቹ ላይ አራት ጥምዝ ጅራቶች (spiral arm) ያለው ጠፍጣፋ ዲስክ ቁልቁል ወደታች እያየን ነው - ውቧ ባለ ዘንግ ጥምዝምዝ ሚልኪዌይ ጋላክሲ (barred spiral galaxy)!

ጠፍጣፋ ዲስኩ ውስጥ የከዋክብቱ ቀለም በአመዛኙ ወደ ነጭ-ሰማያዊ የሚያደላ ሲሆን አልፎ አልፎ ግን እዚህና እዚያ ቢጫማና ቀያማ ከዋክብት ይታያሉ። በተጨማሪም የኮከቦቹ ብርሃን እንዲቋረጥ የሚያደርጉ አልፎ አልፎ በከዋክብት መካከል እንደ ሳንድዊች የገቡ በርካታ ጥቁር ደመናዎች ይታያሉ።

ጠፍጣፋው ዲስክ ከ 100,000 እስከ 120,000 የብርሃን ዓመት ዲያሜትርና በአማካኝ 1,000 የብርሃን ዓመት ውፍረት ያለው በአንጻራዊነት ቀጭን የሚባል ዲስክ ነው። ዲስኩ ውስጥና በማእከላዊው ያበጠ ሉል ውስጥ ያሉ ኮከቦች የጋላክሲውን ማእከል እንደ ንብ እየተመሙ ሲዞሩ ይታዩናል።

የእኛዋ ጸሐይና ፕላኔቶቿ ከጋላክሲው ማዕከላዊ እምብርት 27,000 የብርሃን ዓመት ርቀት አካባቢ የጋላክሲው አንደኛው ጥምዝ ጅራት (Orion Arm) የውስጠኛ ጠርዝ ላይ ይታዩናል። ጸሐይና ፕላኔቶቿ የሚገኙት 'የመኖሪያ ክልል' የሚባለው የጋላክሲው ክፍል ውስጥ ሲሆን፥ጸሐይ መሬትንና ሌሎች ፕላኔቶቿን ይዛ 220 ኪሎ ሜትር/በሰከንድ (ከተዋጊ ጀት በርካታ ጊዜ እጥፍ) በሆነ ፍጥነት እየከነፈች የጋላክሲያችንን ማዕከል በሞላላ (elliptical) ምህዋር ትዞራለች[2]። በዚህ ያህል ከፍተኛ ፍጥነት ጋላክሲውን አንዴ ዞራ ለማጠናቀቅ ከ 225 እስከ 250 ሚሊዮን ዓመታት እንደሚፈጅባት ይታሰባል። በተጨማሪም ጸሐይ የጋላክሲውን ማእከል እየዞረች፥ እጅግ በዝግታ ከዲስኩ ወለል ወደላይና ወደታች ስትወዛወዝ ትታያለች (በአንድ ዙር 2.7 ጊዜ)።

ጠቅላላው ሚልኪዌይ ጋላክሲም፥ ከጋላክሲው ውጭ ባለ መቃኛ መቃን (frames of reference) አንጻር 600 ኪ.ሜ/በሰከንድ በሆነ ፍጥነት እየተጓዘ ነው።

---

[2] Imamura, Jim (August 10, 2006). "Mass of the Milky Way Galaxy". University of Oregon. Archived from the original on 2007-03-01.

አብዛኞቹ ጋላክሲዎች ወይም "የዩኒቨርስ ደሴቶች" ልክ እንደ ሚልኪዌይ ባለ ዘንግ ጥምዝምዝ ጋላክሲ (barred spiral galaxy) ስለሆኑ፥የእኛዋን ጋላክሲ ውበት እየተዟዟርን ስንጎበኝ የሌሎች የበርካታ ጋላክሲዎችን ውበትም አብራ ታሳየናለች። የጋላክሲዎች ዲስክ ስፋት፥ከማዕከላዊው ያበጠ ሉል ጋር ያለው ምጥጥን፥ በተለያዩ ጋላክሲዎች ውስጥ ይለያያል። በአንዳንድ ጋላክሲዎች ውስጥ የመሃሉ ሉል እስከ 100,000 የብርሃን ዓመት ርቀት ድረስ በመስፋት ጠቅላላ ዲስኩንና ጥምዝምዝ ጅራቶቹን ሊውጣቸው ይቃረባል።

በሌሎች የዩኒቨርስ ደሴቶች ውስጥ ደግሞ የመሃሉ ሉል ፍጹም አነስተኛ ሆኖ ጠቅላላ ዲስኩ ግን እስከ 200,000 የብርሃን ዓመት ርቀት ድረስ ይዘረጋል። በምድራችን ላይ የምናየው የተለያየ ዓይነት ማራኪ የተፈጥሮ ውበት፥ እዚያ ማዶ በጋላክሲዎችና በጠቅላላው ዩኒቨርስ ውስጥም እናገኛለን።

<u>ማዕከላዊው ሉል (Central Sphere)</u> - አሁን ቀረብ ላለ እይታ ወደታች ወደ ማእከላዊው ሉል እየወረድን ነው። እንደ ኳስ ያበጠውና ደማቁ የጋላክሲው ማዕከላዊ ሉል ውስጥ ከፍተኛ የከዋክብት ክምችት ይታየናል። ወደ ማዕከላዊ እምብርት እየተጠጋን

ምዕራፍ 3 አስደናቂ የእግዚአብሔር እጅ ሥራዎች - ከዋከብት

ስንሄድ፥ኃይለኛው ግራቪቲ ስበት በከፍተኛ ሁኔታ እየጨመረ ሲሄድ ይሰማናል።

ማዕከላዊ ሉል ውስጥ እንደ ውጫዊው ዲስክ እይታን የሚያጨልሙ የጠቆሩ የአቧራ ደመናዎች ብዙም የሉም። የሚነዱ ግዙፍ ፀሐዮች ማዕከላዊ እምብርቱን እየበረሩ ሲዞሩ ይታያሉ። በዚያ ማዕከላዊ እምብርት ውስጥ ያለው ምንድነው?

የጋላክሲው ማዕከላዊ ሉል እንብርት እጅግ ከባድ ብላክሆል (supermassive black hole) ሳይሆን እንደማይቀር የሚጠቁሙ ሁኔታዎች ይታዩናል። ብላክሆሉ ያለው ሳጂተሪየስ (Sagittarius A*) በመባል የሚታወቀው ቦታ ላይ ነው። ብላክሆሉ ራሱ ብርሃን ስለማያመነጭ አይታይም፤ ነገር ግን በ ሳጂተሪየስ ዙሪያ የሚዞሩ ኮከቦች ከፍተኛ ስበቱን ለማምለጥ የሚጓዙበት ከፍተኛ ፍጥነት (በሺዎች ኪ.ሜ/በሰከንድ)፥ ሳጂተሪየስ (Sagittarius A*) በጠባብ ቦታ ላይ የአራት ሚሊዮን ጸሐዮችን የሚያህል እጅግ ከፍተኛ ክብደት ያለው መሆኑን ይጠቁማል።[3] ይህ ዓይነት ብርሃን የማያመነጭ ከፍተኛ ክብደት

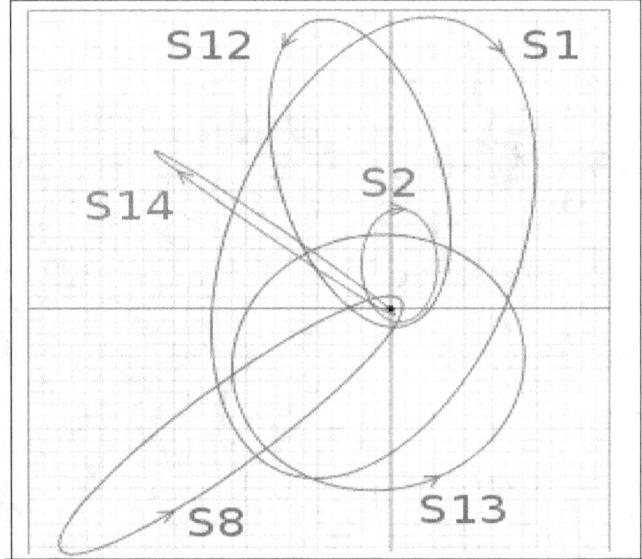

የስድስት ኮከቦች የተለያዩ ምህዋሮች በጋላክሲው ማዕከላዊ እምብርት ሳጂተሪየስ (Sagittarius A*) ዙሪያ ምንጭ፤ Wikipedia, the free encyclop edia, *Supermassive black hole*

---

[3] Jones, Mark H.; Lambourne, Robert J.; Adams, David John (2004). *An Introduction to Galaxies and Cosmology*. Cambridge University Press. pp. 50–51. ISBN 0-521-54623-0.

ሊገለጽ የሚችለው በብላክሆል ነው።

የመሬትን 3 ጊዜ እጥፍ የሚሆን ክብደት ያለው G2 የሚባለው የጋዝ ደመና፥ማእከላዊ እምብርቱን እጅግ ተጠግቶ ይታያል - ምናልባት በብላክሆሉ እየተዋጠ ሳይሆን አይቀርም።

ኮከቦች ማእከላዊ እምብርቱን የሚዞሩት በተለያዩ የምህዋር ወለል (plane) ላይ ሲሆን፤ጠቅላላ እይታው በተለያየ አንግል የሚሽከረከሩ "በጎማዎች ውስጥ ያሉ ጎማዎች" ይመስላል። እነዚህ ሞላላ ምህዋሮች ከዲስኩ ጠፍጣፋ ወለል ላይ በተለያየ አንግል በማቆልቆል ያጋደሉ ሲሆን ሁሉም ኮከቦች ምህዋራቸውን ጠብቀው ማእከላዊ እምብርቱን ይዞራሉ።

ኮከቦቹ አስደናቂ ትዕይንታዊ ጉዞ የሚያካሂዱት፥እጅግ ጠባቡ መጠምዘዣ ምህዋራቸው ጋ ነው፤ እዚያ፥ጠባቡን የምህዋራቸውን የመጨረሻ እጥፋት ተጠምዝዘው የሚዞሩበት ፍጥነት ከፍተኛ ነው። እዚያ ጠባብ ቦታ ላይ፥ሁሉም ምህዋሩን ጠብቆ ያለ ግጭት በስርዓት ሲዞር ይታያል። ጠፍጣፋ ዲስኩን ከታች ወደላይና ከላይ ወደታች አቋርጠው የሚሄዱ ኮከቦች ዲስኩ ላይ ካሉትና የጋላክሲውን ማእከል በዲስኩ ወለል ላይ ከሚዞሩት ኮከቦች ጋር ሲጋጩ አይታይም።

እነዚህ ለእይታ ማራኪ የሆኑ ውስብስብ ምህዋሮች፥ የፈጣሪን ድንቅ ጥበብ የሚያሳዩ ናቸው።

<u>ከባቢ ጾዳሉ (Galactic Halo)</u> - የጋላክሲውን ዲስክና ማእከላዊ ሉል ከላይና ከታች ዙሪያውን ከቦ የሚገኝ ከባቢጾዳል (Galactic Halo) አለ። በዚህ ከባቢ ጾዳል ውስጥ ግሎቡላር ክለስተሮች እና በርካታ የተናጥል ኮከቦች ይታያሉ። ከእነዚህ ከተናጥል ኮከቦች አንዳንዶቹ፥ የሚልኪዌይ ጋላክሲ ጎረቤት ከሆኑ ከትልቁና ከትንሹ ማጅላንናዊ ድንክ ጋላክሲዎች ተነጥቀው የተወሰዱ ናቸው - በግራቪቲ እየተሳቡ ወደ ሚልኪዌይ ከባቢጾዳል (Galactic Halo) የገቡ ናቸው።

<u>ግሎባል ክለስተሮች (Globular cluster)</u> - ግሎቡላር ክለስተር፥ሚልኪዌይ ጋላክሲ ውስጥ የሚገኙ በግራቪቲ እጅግ የተሳሰሩ የከዋክብት ስበስቦች ሲሆኑ፥እያንዳንዱ ግሎቡላር ክለስተር ከዐሥር ሺዎች እስከ ጥቂት ሚሊዮኖች የሚደርሱ ከዋክብትን በውስጡ ይዟል። ግሎቡላር ክለስተሮች የሚገኙት በጋላክሲው ማዕከላዊው ሉል ውስጥና ከዲስኩ በላይና ከታች - ማለትም ከባቢጾዳል ውስጥ - ሲሆን፥በጠቅላላ ወደ 160 ግድም የሚሆኑ ግሎቡላር ክለስተሮች በሚልኪዌይ ውስጥ ይገኛሉ። ዲያሜትራቸው ከ15 እስከ 300 የብርሃን ዓመት የሚደረስ ሲሆን አንዳቸውም ስብስቦች ከማይታየው የጋላክሲው ድንበር ውጭ አይደሉም። ግሎቡላር ክለስተሮች ውስጥ የሚገኙ ኮከቦች የስብስባቸውን ማዕከል ትርምስምስ በሆነና ውስብስብ ባለ ሁኔታ ሲዞሩ ይታያሉ። 40 ፐርሰንት የሚሆኑት ግሎቡላር ክለስተሮች ምህዋራቸው ከቀሪዎቹ

በተቃራኒ የወደኋላ ምህዋር (retrograde orbit) የሚከተሉ መሆናቸው ትዕይንቱን አስደናቂ ያደርገዋል።

ዲስኩ (Disk) - አሁን ሰፊውን ጠፍጣፋ ዲስክ እየተዟዟርን የምንጎበኝበት ጊዜ ነው። እዚያ የምንጎበኛቸው በርካታ ስፍራዎች አሉ። የጋላክሲው አብዛኞቹ ኮከቦች፣ የጋዝ/አቧራ ደመናዎችና ፕላኔቶች የሚገኙት እዚያ ጠፍጣፋው ዲስኩ (ወይም የተደራረቡ ዲስኮች) ውስጥ ነው።

በሚልኪዌይ ውስጥ ሁሉም ዓይነት ኮከቦች ያሉ ይመስላል። ቀይ ግዙፎች (red giants)፣ሰማያዊ ግዙፎች (blue giants)፣ነጭ ድንኮች (white dwarfs)፣ቀይ ድንኮች (red dwarfs)፣ቡኒማ ድንኮች (brown dwarfs)፣ ኒውትሮን ኮከቦች (neutron stars)፣ ፐልሳሮች (pulsars)!

ነገር ግን እያንዳንዱ ኮከብ ከሌላው ልዩ ነው። በትክክል አንድ ዓይነት ባህሪ ያላቸው ሁለት ኮከቦች አይገኙም፤ይህ የግምት ሥራ ሊመስል ይችላል፤ምክንያቱም በቅርበት ልንፈትሻቸው የምንችለው ካሉት ጋር ሲነጻጸር እጅግ ጥቂቶቹን ብቻ ነው፤ነገር ግን ድምዳሜው እርግጥ ይመስላል።

አንድ ኮከብ የተሰራበት በርካታ ተፈጥሯዊ ባህሪያት ስላለው፥ሁለት ፍጹም አንድ ዓይነት የሆኑ ኮከቦች የመኖር እድል ያለ አይመስልም። የጠቅላላ አተሞች ቁጥር፣ ትክክለኛው ኬሚካላዊ ስሪት (chemical composition)፣ ስፋት፣ ቴምፐሬቸር፣ ዴንሲቲ፣ እንቅስቃሴ . . . ወዘተ፥ የእያንዳንዱ ኮከብ ይለያያል። አንዳንድ ኮከቦች ግልጽ የሆነ የቀለምና የድምቀት ልዩነት ያሳያሉ። ሌሎች ደግሞ ልዩ መለያቸውን ወይም አሻራቸውን ለማወቅ የስፔክትሮስኮፒ (spectroscopic) ጥናት ይፈልጋሉ። “በክብር አንዱ ኮከብ ከሌላው ኮከብ ይለያልና።” (1 ቆሮንቶስ 15፥41)

በእስካሁኑ ጉዞአችን ኮከቦችን በቅርበት ጠጋ ብለን አልመረመርንም፤አሁን ዞር ዞር እያልን አንዳንዶቹን እንጎብኛቸው፤

አንታረስ (Antares) ፤ ልዕለ ግዙፉ አንታረስ ኮከብ፥ በስኮርፒየስ ስብስብ (constellation) ውስጥ ከሩቅ ይታየናል። አንታረስ ኮከብ የጸሐይን 883 ጊዜ እጥፍ የሚሆን ራዲየስ አለው። ይህ ማለት፥ አንታረስ የሶላር ሲስተማችን ማዕከል (የጸሐይ ቦታ) ላይ ቢቀመጥ ውጫዊ ጠርዙ በማርስና በጁፒተር ምህዋሮች መካከል ይሆናል። የሚታይ ድምቀቱ የጸሐይን 10,000 ጊዜ እጥፍ ነው፤ ይሁንና ክብደቱ የጸሐይን 13 ጊዜ ግድም ብቻ ነው። አንትራስ ነዳጁን እየጨረሰ ያለ ኮከብ ነው፤ከጥቂት ጊዜ በኋላ ወደ ውስጥ ይወድቅና ወደ ሱፐርኖቫ ይፈነዳል።

የእኛዋ ጸሐይ ከአንታረስ ኮከብ ጋር ስትስተያይ ነጥብ ታክላለች - በዚህ ስኬል ጁፒተር አትታይም

ነጭ ድንክ (white dwarf) ፤ ይህን ግዙፍ ኮከብ በጎን በኩል አልፈን ስንሄድ ራቅ ብላ አንዲት ነጭ ድንክ ኮከብ ትታየናለች። ይህች ስፋቷ መሬትን የምታህል፥ ክብደቷ ግን የጸሐይን የሚያህል ነጭ ድንክ ኮከብ የሃይድሮጂን ነዳጇን አንድዳ የጨረሰች ኮከብ ነች። አሁን የኒኩለር ፉሽን ሂደት ስለማታካሂድ የምታመነጨው የተጠራቀመ የሙቀት ኢነርጂዋን ነው፤ስለዚህም ከጊዜ ጋር ቴምፕሬቸሯ እየቀነሰና እየቀላች ትሄዳለች። በመጨረሻም ምናልባት ቀዝቃዛና ጥቁር ድንክ ትሆን ይሆን? ነገር ግን እስካሁን ጥቁር ድንክ ታይቶ አይታወቅም። (ስለ ነጭ ድንኮች አፈጣጠር ወደታች ባለው ሳጥን ውስጥ ታገኛለህ።)

ሚራ (Mira) ፤ ጉዟችንን ወደፊት ስንቀጥል፥የፀሐይን ራዲየስ ከ 330 እስከ 400 ጊዜ የሚሆን ራዲየስ ያላት አንዲት ግዙፍ ኮከብ 13 የብርሃን ዓመት ርዝመት ያለው ጅራቷን እየጎተተች ስትከንፍ በርቀት ትታየናለች - ሚራ ነች። ወደሷ ትንሽ ጠጋ ብለን በቅርበት እንመርምራት - በዚህም እነዚህ ጉዙፍ አካላት ምን ያህል ውስብስብ እንደሆኑ ትንሽ ግንዛቤ ልትሰጠን ትችላለች። በሲተስ የኮከቦች ስብስብ (Constellation Cetus) ውስጥ የምትገኘው ሚራ፥ የረጅም ጊዜ ተለዋዋጭ (long period variable) ኮከብ ነች። አንዳንድ ተለዋዋጭ ኮከቦች ድምቀታቸውን የሚለዋውጡት በተወሰነ መደበኛ ጊዜ ውስጥ ሲሆን፥ሌሎቹ ደግሞ ድምቀታቸውን መለወጫ ጊዜያቸውን ለመገመት በሚያስቸግር ሁኔታ በተለያየ ጊዜ ነው። መደበኛ ያልሆኑ ተለዋዋጮች ከፍተኛውና ዝቅተኛ ድምቀታቸውን እንዲሁም የመለዋወጫ ጊዜያቸው ለመገመት አይቻልም። እጅግ

ፈጣን ተለዋዋጮቹ ድምቀታቸውን በአስገራሚ ፍጥነት ይለዋውጣሉ። አንዳንድ ጊዜ በጥቂት ሰዓታት ጊዜ ውስጥ ከ 15 እስከ 20 ጊዜ እጥፍ ድምቀታቸውን ይጨምራሉ።

ሚራ ድምቀቷን የምትለዋውጠው በ332 የመሬት ቀናት ውስጥ በዝግታ ነው። ከመሬት ስትታይ፥ከእጅግ ደማቅነት ፍጹም ወደማትታይበት ደብዛዛነት ትለወጣለች።[4] በደማቅነቷ ወቅት፥ ከደብዛዛነቷ ወቅት ከምትሰጠው ብርሃን 1,000 ጊዜ እጥፍ ትሰጣለች። ለዐሥር ቀናት ያህል ብቻ እጅግ ከፍተኛ ድምቀቷ ላይ ትቆይና ከዚያ ለስምንት ወራት ያህል ቀስ በቀስ እየደበዘዘች ትሄዳለች። ከዚያ በኋላ እንደገና መድመቅ ትጀምራለች - አንዳንዴ በአስገራሚ ፍጥነት።

እንደሌሎቹ የረጅም ጊዜ ተለዋዋጭ ኮከቦች ሁሉ፥ሚራ ቀይና እጅግ ግዙፍ ስትሆን ባለጥንድ ኮከብ ሲስተም ነች፤አብራት የምታሿዙራት ነጭ ድንክ ኮከብ ጓደኛ አላት። አሁን ሚራን ለቀን የምንሄድበት ጊዜ ነው። ገና የሚታዩ እጅግ በርካታ ነገሮች አሉ።

ጨለማ ኔቡላ (dark nebula) ፤ ጉዟችንን ስንቀጥል ከፊት ለፊታችን እጅግ የጠቆረ የጋዝና/አቧራ ደመና (ጨለማ ኔቡላ) ይታየናል። እጅግ ከመጥቆሩ የተነሳ ከጀርባው ያሉትን ኮከቦች ብርሃን አያሳልፍም። ከጀርባው ያሉ አካላት ሊለዩ የሚችሉት ሬዲዮ ሞገድን ወይም ታህተ-ቀይ ሞገድን በመጠቀም ነው። አሁን ይህን ጥቁር ኔቡላ በቅርብ ለመመርመር ወደ ውስጡ እየገባን ነው። የደመናው ጥቃቅኖቹ የአቧራ ፓርቲክሎች በጠጠሩ ካርቦን ሞኖክሳይድና ናይትሮጂን ተሸፍነዋል፤ይህ የሚታይ ብርሃን የሞገድርዝመትን (wavelengths) እንዳያልፍ ማገድ ይችላል። ታላቁ ሸለቆ (Great Rift) በመባል የሚታወቅ ብርሃን የማያሳልፍ ተመሳሳይ ጥቁር የሞሎኪውላር አቧራ ደመና፥ በእኛዋ ሶላር ሲስተምና በጋላክሲው ማዕከላዊ አካባቢ ባለው በሳጊታረስ ክንድ መካከል በሰፊው ተዘርግቶ ከሩቅ ይታየናል።

ቅንጅ ኮከቦች (Binary Stars)፤ በጠፍጣፋው ዲስክ ላይ ጉዟችንን ወደፊት ስንቀጥል፥ ከፊት ለፊታችን ለዓይን ማራኪ የሆኑ፥እርስ በርስ የሚዟዟሩ ሁለት ኮከቦች እየታዩን ነው። ከእነዚህ ራቅ ብሎ ደግሞ አንድ የጋራ ማእከልን የሚዞሩ የሶስት ኮከቦች ሲስተም

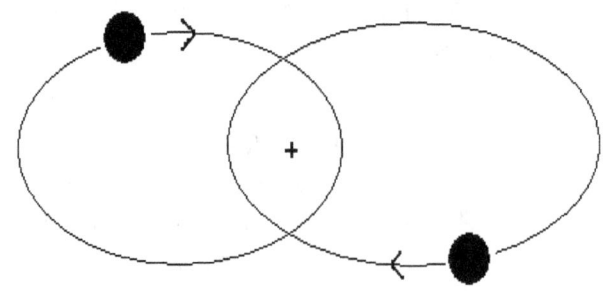

[4] ከ 1.7 ወይም በአማካኝ 3.5 የኮከብ ማግኒትዩድ ወደ 9.6 ወይም በአማካኝ 8-9 ማግኒትዩድ

ይታዩናል። እንዲህ ዓይነት አንድ የጋራ ማእከልን የሚዞሩ - በዚህም እርስ በርስ የሚሿሿሩ ኮከቦች በመላው ጋላክሲው ውስጥ እጅግ በርካታ ናቸው። ከነዚህ በተጨማሪም የአራት፣ የአምስት እና የስድስት ኮከቦች ሲስተሞች በየቦታው አሉ። በአብዛኛው የምናያቸው ኮከቦች በእንዲህ ዓይነት ጥንድ ወይም 3 ወይም 4 ሆነው በመቆራኘት አንድ ሲስተም የሚሰሩ ናቸው። በዚያኑ ሰዓትም የጋላክሲውን ማዕከላዊ ሉል አብረው እንደተያያዙ ይዞራሉ። የአራት ኮከቦች ሲስተም የሆነው ሚዛር (Mizar) እና የጥንድ ኮከቦች ሲስተም የሆነው አልኮር (Alcor) አንድ ላይ የ 6 ኮከቦች ሲስተም ሰርተው ከማዶ ይታዩናል።

ቀይ ድንክ ኮከብ (red dwarf)፤ አሁን ጋላክሲው ውስጥ በየቦታው ከሚገኙት ቀይ ድንኮች መካከል አንዳንዶቹን ጠጋ ብለን እንጎብኛቸው። እነዚህ ከጸሐይ ያነሱ ቀላሎችና የጸሐይን ክብደት ከ 1/13ኛ እስከ 1/2ኛ የሚሆን ክብደት ያላቸው ቀይ ድንኮች፥ (በ thermonuclear fusion reaction) ሃይድሮጂን እያዋሃዱ ሂሊየምን የሚያመርቱት በዝግታ ስለሆነ አነስተኛ ብርሃን የሚያመነጩና አነስተኛ ድምቀት ያላቸው ኮከቦች ናቸው። አንዳንዶቹ የጸሐይን 1/10,000 የሚሆን ብርሃን የሚያመነጩ ሲሆን፥ ትልቅ የሚባሉት ሳይቀሩ የጸሐይን 1/10 ኛ የሚሆን ፈዛዛ ድምቀት አላቸው። ቀይ ድንኮች በጠቅላላ ጋላክሲው ውስጥ እጅግ የተለመዱ ናቸው።[5] እንደሌሎቹ ሁሉም ዓይነት ኮከቦች ቀይ ድንኮች በውስጣቸው ብረት አላቸው (ከሃድሮጂንና ከሂሊየም በላይ ያለ ማንኛውም ኤለመንት በአስትሮኖሚ እንደ ብረት ይቆጠራል)። ቀይ ድንኮች በጋላክሲያችን ውስጥ ለመኖሪያ የሚሆኑ ፕላኔቶች ያሏቸው ኮከቦች ተደርገው ይቆጠራሉ። ነገር ግን በእርግጥ ሁኔታው ይህ እንደሆን ለማየት ጠጋ ብለን እንጎበኛቸው።

አሁን ወደ አንዱ ወደ Gliese 581 ቀይ ድንክ እየተጠጋን ነው፤በዙሪያው አራት ወይም አምስት ፕላኔቶች ሲዞሩት ይታዩናል[6]። አንዱ ፕላኔት የኔፕቱን ያህል ወይም የመሬትን 16 ጊዜ እጥፍ ክብደት አለው። ከቀይ ድንክ ኮከቡ በ 6 ሚሊዮን ኪሎሜትር እጅግ ቅርብ[7] ርቀት ላይ ኮከቡን ይዞራል፤ ስለዚህም ምንም እንኳን ኮከቡ ደብዛዛ ቢሆንም የፕላኔቱ አካል ቴምፕሬቸር እስከ 150 °C ይደርሳል - ይህ ከፍተኛ ሙቀት ለሰው መኖሪያነት ተስማሚ አያደርገውም።

ከሩቅ ሌላ ድንክ ቀይ ኮከብ OGLE-2005-BLG-390L ይታየናል፤አሁን ወደዛ እየሄድን ነው። በ 390 ሚሊዮን ኪሎሜትር ርቀት ላይ ኮከቡን የምትዞር የመሬትን 5.5 ጊዜ እጥፍ የምትከብድ ፕላኔትም አብራ ትታየናለች፤ነገር ግን የውጭ አካሏ ቴምፕሬቸር ከዜሮ

---

[5] Exoplanets near red dwarfs suggest another Earth nearer, 6 february 2013, Jason Palmer, *BBC*, retrieved at 11 april 2013

[6] እስካሁን ከሶላር ውጭ የተገኙ አብዛኞቹ ፕላኔቶች በቀይ ድንኮች ዙሪያ የተገኙ ናቸው።

[7] መሬት ከጸሐይ የምትርቀው 150 ሚሊዮን ኪ.ሜ ነው።

በታች -220 °C እጅግ ቀዝቃዛ ነው - በዚህ ቅዝቃዜ ውስጥ ሕይወት ያለው ነገር ያለም አይመስልም።

በአጠቃላይ የቀይ ድንኮች ፕላኔቶችን ለመኖሪያነት ተስማሚ እንዳይሆኑ የሚያደርጓቸው በርካታ ነገሮች አሉ። ቀይ ድንኮች በአብዛኛው የሚያመነጩት ጨረር ታህተ-ቀይ (infrared) ነው፤ የመሬት ተክሎች ግን ባብዛኛው የሚጠቀሙት የሚታይ ብርሃን ጨረርን ነው። ቀይ ድንኮች አልትራቫዮሌት ጨረር አያመነጩም፤ይህም ሌላው ችግር ነው፤ ይህ ዓይነት መጠነኛ ጨረር ለሕይወት ያስፈልጋል። ሌላው ችግር ከጥቂቶች በስተቀር፥በቀይ ድንክ ኮከቦች ዙሪያ የሚዞሩ አብዛኞቹ ፕላኔቶች ለእናት ኮከባቸው እጅግ የቀረቡ ስለሆኑ፥ በራሳቸው ዛቢያ የሚሽከረከሩበት ጊዜና በኮከቡ ዙሪያ የሚዞሩበት ጊዜ እኩል የመሆኑ ሁኔታ ከፍተኛ ስለሆነ፥ግማሽ ክፍላቸው ሁልጊዜም ብርሃን የሚያገኝ ቀን ብቻ ሲሆን፥ሌላኛው ግማሽ ክፍላቸው ደግሞ ሁልጊዜም ብርሃን የማያገኝ ሌሊት ብቻ ነው - የቀንና የሌሊት መፈራረቅ አይኖርም። ይህ ሁኔታ tidally locked በመባል ይታወቃል።

አሁንም ሌላው ችግር፥የኮከቦቹ ኢነርጂ ውጣት ተለዋዋጭ መሆኑ ነው። ቀይ ድንክ ኮከቦች ሁልጊዜም በኮከብ-ነቁጦች (starspots) የተሸፈኑ ናቸው። እነዚህ ነቁጦች ኮከቡ ወደ ውጭ የሚያመነጨውን ኢነርጂ ለወራት ያህል እስከ 40 ፐርሰንት ይቀንሱታል። በሌላ ጊዜ ደግሞ ድምቀታቸውን በደቂቃ ጊዜ ውስጥ ድንገት በመጨመር እጅግ ግዙፍ ነበልባል ሊያመነጩ ይችላሉ። ይህ የቀይ ድንኮች ተለዋዋጭነት፥ዙሪያቸውን የሚዞሩ ፕላኔቶች ለመኖሪያነት ተስማሚ የማይሆኑ ሥፍራዎች እንዲሆኑ ያደርጋቸዋል።

ቡኒማ ድንክ (Brown dwarf)፤ አሁን ስፋቷ ጁፒተርን የምታክል፥ነገር ግን ከጁፒተር 30 ጊዜ እጥፍ የምትከብድ ቡኒማ ድንክ አጠገብ እያለፍን ነው። ቡኒማ ድንኮች አልፎ አልፎ በጋላክሲው ውስጥ የሚታዩ ሲሆን የጁፒተርን ከ 13 እስከ 80 ጊዜ እጥፍ የሚከብዱ ናቸው። እነዚህ በግዙፍ የጋዝ ፕላኔት እና በቀላል ክብደት ኮከብ መካከል የሚመደቡ ቡኒማ ድንኮች እንደ መደበኞቹ ኮከቦች በቴርሞኑክለር ፉሽን ሪአክሽን ሂሊየምን ማምረት አይችሉም። አንዳንዶቹ በዙሪያቸው የሚዞሩ ፕላኔታዊ ስስተሞች አላቸው - ጁፒተርና ሳተርንም በዙሪያቸው የሚዞሩ ጨረቃዎች አላቸው። ቡኒማ ድንኮችን ከመደበኞቹ ኮከቦች መለያው አንዱ መንገድ በርካታ ሊቲየም የሚይዙ መሆናቸው ነው።

የሱፐርኖቫ ቅሪት (Supernova remnants)፤ ጉዞአችንን በዲስኩ ውስጥ ስንቀጥል ከፊት ለፊታችን በቀድሞ ጊዜ የፈነዳ የሱፐርኖቫ ቅሪት ከሩቅ ይታየናል። አሁን እጅግ ሰፊ ሆኖ ይታየናል፤ የሃይድሮጂን ደመናዎች ወደ ውጭ እየሰፉ፥ አስደሳች የሆነ ኔቡላ መስራት ጀምረዋል።

ሱፐርኖቫ ለበርካታ ሳምንታት ወይም ወራት በጠቅላላው ጋላክሲ ውስጥ እጅግ ብሩህ

ጨረር የሚረጭ የከባድ ኮከብ ፍንዳታ ነው። በዚህ አጭር ጊዜው ፀሐይ በጠቅላላ የህይወት ዘመኗ ከምታመነጨው እኩል ጨረር ይረጫል። ፍንዳታው የኮከቡን አብዛኛውን ማቴሪያል በከፍተኛ ፍጥነት ወደ ውጭ በመበተን በአካባቢው ሚዲያ ውስጥ ከውታዊ ሞገድ (shock wave) ይፈጥራል። የሱፐርኖቫው ቅሪት ግን ለረጅም ዘመናት ሊቆዩ ይችላሉ።

ኒውትሮን ኮከብ (Neutron stars)፤ ጉዟችንን ስንቀጥል በጎናችን በኩል አንዲት ኒውትሮን ኮከብ በከፍተኛ ፍጥነት እየተሽከረከረች ስትከንፍ ትታየናለች። እነዚህ በሱፐርኖቫ ፍንዳታ የሚገኙ እጅግ ድንክ አካላት ናቸው። ኒውትሮን ኮከቦች ከ 20 እስከ 24 ኪ.ሜ የሚሆን ዲያሜትርና የጸሐይን ከ 1.4 እስከ 3.2 ጊዜ እጥፍ ክብደት ያላቸው ባለ ከፍተኛ እፍጋት (density) አካላት ናቸው። ይህ ማለት - አንዲት ኒውትሮን ኮከብ ስፋቷ የአንዲት አነስተኛ ከተማን ብቻ ያህል ሆኖ ክብደቷ ግን የመሬትን 500,000 ጊዜ እጥፍ የሚያህል ነው። በጋላክሲያችን ሚልኪዌይ ውስጥ በአጠቃላይ በ 100 ሚሊዮን የሚቆጠሩ ኒውትሮን ኮከቦች አሉ።

<u>**የነጭ ድንክ፣የኒውትሮን ኮከቦች እና የብላክ ሆል አፈጣጠር**</u> - ሁሉም የሰማይ አካላት በፍጥረት ሳምንት ውስጥ ብቻ የተገኙ አይደሉም። በእርግጥ ከፍጥረት ሳምንት በኋላ በዩኒቨርስ ውስጥ የተፈጠረ አዲስ ቁስአካልና አዲስ ኢነርጂ የለም። ነገር ግን ባለፈው ምዕራፍ 2 አፔንዲክስ ውስጥ እንደገለጽነው፥ ከፍጥረት ሣምንት በኋላ የተፈጥሮ ሂደቶችና የተፈጥሮ ሕጎች፥አስቀድመው ከተፈጠሩትና ከነበሩት ውስጥ አንዳንድ ነገሮችን አስገኝተዋል። ከፍጥረት በኋላ ኮከቦች ፈንድተዋል፣የሰማያዊ አካላት ግጭቶች ተካሂደዋል . .ወዘተ፤ በነዚህ ሂደቶችና ከእነዚህ ክስተቶች በኋላ አንዳንድ አካላት ተገኝተዋል። በእንዲህ ዓይነት ሊገኙ ከሚችሉ አካላት መካከል በሱፐርኖቫ ፍንዳታ የሚገኙት ነጭ ድንኮች፣ ኒውትሮን ኮከብ እና ብላክ ሆል ዋነኞቹ ናቸው። የእነዚህን አፈጣጠር እንይ፤

<u>**አፈጣጠራቸው፤**</u> የእኛዋን ጸሐይ የመሰሉ ባለ መካከለኛ ክብደት ኮከቦች ማእከላዊ እምብርታቸው ውስጥ የሃይድሮጂን ኒውኩለሶችን እያጣመሩ ወደ ሂሊየም ኒውኩለስ ሲቀይሩ፥አነስተኛ ቁስአካል ይጠፋና በምትኩ በሙቀትና በጨረር መልክ ወደ ውጭ የሚረጭ ከፍተኛ ኢነርጂ ይፈጠራል። የእኛዋ ጸሐይ አሁን እያደረገች ያለው ይህን ነው። ይህ ሂደት በ 15 ሚሊዮን ኬልቪን ቴምፐሬቸር ውስጥ የሚካሄድ ሲሆን ሂደቱ ቴርሞኒውኩለር ፉሽን (thermonuclear fusion) በመባል ይታወቃል። ጸሐይ ሃይድሮጂኖችን በማንደድ (በማዋሃድ) ወደ ሂሊየም ስትቀይር የሚፈጠረው ይህ ከፍተኛ ሙቀት የወደ ውጭ ግፊት ይፈጥራል። የኮከቦች ሁኔታ ከምግብ ማብሰያ 'ፕሬዠር ኩከር' ጋ ተመሳሳይ ነው። በታሸገ መያዣ ውስጥ ያለን ነገር ማሞቅ ግፊት (pressure) እንዲፈጠር ያደርጋል። ጸሐይ ላይ የሚሆነውም ተመሳሳይ ነገር ነው። ምንም እንኳን ጸሐይ የታሸገች ባትሆንም፥ የግራቪቲ ስበቷ ተመሳሳይ ነገርን በመፍጠር ኮከቡን ወደ

ውስጥ ሰብስቦ ሲይዝ፥ማእከል ላይ ባለው ሞቃት ጋዝ የሚፈጠር የመስፋፋት ግፊት ደግሞ ከግራቪቲው በተቃራኒ ወደ ውጭ ይገፋል። በወደ ውስጥ ግራቪቲውና በወደ ውጭ ግፊቱ መካከል ያለ ሚዛናዊነት በቀላሉ ሊዛነፍ የሚችል እጅግ ትብ ነው።

የኮከቡ የሃይድሮጂን ነዳጅ እየቀነሰ ሲሄድ፥የሁለቱ ተቃራኒ ግፊቶች ሚዛናዊነት በመዛነፍ ወደ ግራቪቲው ያደላል፤ይሄኔ ኮከቡ ወደ ውስጥ መኮማተር ይጀምራል። ማለትም ትላልቅ ኮከቦች በእድሜያቸው መጨረሻ ላይ የቴርሞኒውኩለር ነዳጃቸውን (ሃይድሮጂንን) አንድደው ሲጨርሱ የወደ ውጭ ግፊታቸው ከወደ ውስጥ ግራቪቲው ጋር ሊመጣጠን የማይችል ስለሚሆን፥ ኮከቡ ወደ ውስጥ ተኮማትሮ በማነስ ጠቅላላ ክብደቱ እጅግ አነስተኛ ስፍራ ላይ መሰብሰብ ይጀምራል።

ጥቁር ጉድጓድ (Black Hole)፤ ይህ ነዳጅ የጨረሰ ኮከብ ወደ ውስጥ መኮማተሩን እስከ መጨረሻው ድረስ በመቀጠል ጠቅላላ ክብደቱ እጅግ አነስተኛ ቦታ ላይ የሚሰባሰብ ከሆነ፥ጥቁር ጉድጓድ (Black Hole) የሚባለውን ያስገኛል። ጠቅላላ ክብደት የሚሰባሰብባት ይህች የብላክሆል ማዕከላዊ ቦታ ‘ሲንጉላሪቲ’ በመባል ትታወቃለች።

ነገር ግን ይህ ሁሌ አይሆንም፤በተወሰኑ ሁኔታዎች ሙሉ በሙሉ ወደ ጥቁር ጉድጓድነት መኮማተርን የሚከለክልሉ ሌሎች ኃይሎች አሉ፤ይሄኔ ጥቁር ጉድጓድ አይፈጠርም፤ነገር ግን ኮከቡ ወይ ወደ ነጭ ድንክነት (white dwarf) ወይም ወደ ኒውትሮን ኮከብነት (neutron star) ይቀየራል። የእነዚህ የአፈጣጠር ልዩነት እንዲህ ነው፤

White Dwarf፤ በመኮማተር ወቅት የሚፈጠር የኤሌክትሮኖች ግፊት መኮማተሩን ካስቆመው ነጭ ድንክ የሚባሉ ኮከቦችን ያስገኝልናል። ነጭ ድንኮች (white dwarf) በአማካኝ የእኛን ፕላኔት መሬትን የሚያህል ስፋትና በአማካኝ የጸሐይን የሚያህል ክበደት ያላቸው ድንክ ኮከቦች ናቸው።

Neutron Star፤ ነገር ግን ተለቅ ያለ ክብደት ያላቸው ኮከቦች የኒኩለር ነዳጃቸውን ከጨረሱ በኋላ የሱፐርኖቫ (supernova) ፍንዳታ ሊያካሂዱ ይችላሉ። ይህ ፍንዳታ የኮከቡን ውጫዊ ክፍል በመበተን የሱፐርኖቫ ቅሪት በሰማይ ላይ ይተዋሉ። የኮከቡ ማእከላዊ ክፍል ግን በግራቪቲ ወደ ውስጥ ይሰበሰባል። ይህ መኮማተር እጅግ ከፍተኛ ስለሚሆን ፕሩቶኖችና ኤሌክትሮኖች አንድ ላይ እየተዋሃዱ ኒውትሮኖችን ይሰራሉ። የእነዚህ ኒውትሮኖች ግፊት ኮከቡን ወደ ብላክሆልነት እንዳይኮማተር በማገድ በአማካኝ 20 ኪሎ ሜትር ዲያሜትርና የፀሐይን አራት ወይም አምስት ጊዜ እጥፍ ክብደት ያለው እጅግ ድንክ የሆነ ባለ ከፍተኛ እፍጋት ኒውትሮን ኮከብ (neutron star) ይሰራሉ።

Pulsars ፤ እነዚህ በከፍተኛ ፍጥነት የሚሽከረከሩት ኒውትሮን ኮከቦች ናቸው።

ምዕራፍ 3 አስደናቂ የእግዚአብሔር እጅ ሥራዎች - ከዋክብት

አንጸባራቂ ኔቡላዎች (Reflection nebulae) በየቦታው፤ አሁን በጠፍጣፋ ዲስኩ ውስጥ ጉዟችንን ወደፊት በመቀጠል፥ባቅራቢያቸው ካሉ ኮከቦች በሚለቀቅ ብርሃን በቀለማት ያሸበረቁ ግዙፍ የጋዝና የአቧራ አንጸባራቂ ኔቡላዎች (Reflection nebulae) ጋ እየተጠጋን ነው። በአንዱ ኔቡላው ውስጥ አቋርጠን ስንጓዝ፥በተለያዩ ዓይነት ቀለማት የተዋቡ ደመናዎች በሁሉም አቅጣጫ በዙሪያችን ይታዩናል። አንጸባራቂ ኔቡላዎች (Reflection nebulae) ከራሳቸው የሚያመነጩት ብርሃን የላቸውም፤ ወነገር ግን አጠገባቸው ያሉ ኮከቦች ብርሃንን መልሰው የሚያንጸባርቁ ናቸው። አጠገባቸው ኮከቦች ባይኖሩ ፈጽሞ የማይታዩ ጥቁር ይሆኑ ነበር። ከፊት ለፊታችን ግዙፉ የጋዝ ደመና Rho Ophiuchus ሰማያዊ፣ቀይ እና ቢጫ ቀለማትን እያንጸባረቀ ይታየናል። ከሩቅ Veil Nebula ሰማያዊ ነጭ፣ቢጫና ቀላ ያሉት ዳመናዎቹ በህዋ ውስጥ በሰፊ ቦታ ላይ ተዘርግተው ይታያሉ። ከርሱ ጀርባ እርስ በርስ የሚዟዟሩ ኮከቦች ይታዩናል። በሌላ ስፍራም በሰፊ ክብ የሚሽከረከረው ቀላ ያለው ባለ አዮናይዝድ ሃይድሮጂኑ የሮሲቲ ኔቡላ Rosette Nebula በድምቀት ሲያበራ ከሩቅ ይታያል።

አሁንም ጉዟችንን ወደፊት ስንቀጥል በአንድ የብርሃን ዓመት (1 ly) ዲያሜትር አንድን ኮከብ በክብ የሚዞሩ የሃይድሮጂን ቀለበቶች ይታዩናል። ወደዚያ ቀረብ ስንል እነዚህ ሰፊ ኔቡላ ቀለበቶች ከማእከላዊው ኮከቡ በሚመጣ ውብ በሆነ ባለ ልዕለ ሐምራዊ ቀለም ብርሃን ደምቀው ይታያሉ። አሁን ወደ እነርሱ በመጠጋት በሰፊውን ክብ ውስጥ አቋርጠን አልፈን እየሄድን ነው።

በጋላክሲያችን ውስጥ ወደ ፊት ጉዞአችንን በቀጠልን ቁጥር፥ሁልጊዜም አዳዲስና ውበትን የተላበሱ አካላትን እናያለን። የቀለማትና የአካላት ዓይነት ማለቂያ ያለው አይመስልም። በየቦታው የሚታየው ልዩነት ለዓይን የማይጠገብ ነው።

<u>ጋላክሲያችንን ለቀን መውጣት</u> - አሁን የእኛዋን ሚልኪዌይ (Milky Way) ጋላክሲን ለቀን የምንወጣበት ጊዜ ደርሷል። እቅዳችን በጎረቤታችን በአንድሮሜዳ ጋላክሲ በኩል አለፍን ለመሄድና እሷንም ጎራ ብለን መጎብኘት ነው። እዚያ ለእኛ አዲስ የሆኑ ልዩ ዓይነት ኮከቦችና የኔቡላ አካላት ይገጥሙን ይሆን? አንድሮሜዳ ጋላክሲ የሚልኪዌይን ሁለት ወይም ሶስት ጊዜ እጥፍ የሚሆን ኮከቦች (አንድ ትሪሊዮን ኮከቦች) በውስጧ ይዛለች።

አሁን ከሚልኬዌይ ጋላክሲያችን ወጥተን እጅግ ረጅም፣ቀዝቃዛና ጨለማ ህዋ ውስጥ ወደ አንድሮሜዳ እጅግ ረጅም ጉዞ መጓዝ ጀምረናል። በአንድሮሜዳና በሚልኪዌይ መካከል ያለው እጅግ ሰፊ ህዋ፥አልፎ አልፎ ከሚያጋጥሙን የተናጥል ኮከቦችና በውስጡ ካለው እጅግ የሳሳ የጋዝ በስተቀር ምንም ነገር የሌለበት ባዶ ጨለማ ነው። ሚልኪዌይን ወደኋላ ዘወር ብለን ስናያት፥ ትንሹና ትልቁ ማጂላናዊ ዳመናዎች (ድንክ ጋላክሲዎች) ጨምሮ 27 የሚሆኑ የሚልኪዌይ ጎረቤት ድንክ ጋላክሲዎች ሚልኪዌይን ሲዞሯት ይታዩናል። አንዳንድ ኮከቦች ከነዚህ ጎረቤት ድንክ ጋላክሲዎች በግራቪቲ እየተነጠቁ ወደ ሚልኪዌይ ሲገቡ ከሩቅ ይታዩናል።

በተቃራኒውም የማምለጫ ፍጥነት (escape velocity) ያላቸው አንዳንድ ኮከቦች ከሚልኪዌይ እያመለጡ ወደ ባዶ ሕዋ ሲወጡ ይታዩናል[8]። የጋላክሲዎች ጉብኝት ጉዞአችንን ገና ሁለት ብለን በአንድሮሜዳ ጋላክሲ ልንጀምር ነው፤ገና የምንጎበኛቸው ተጨማሪ 170 ቢሊዮን ጋላክሲዎች አሉን። አንዳንድ ጋላክሲዎች ውስጥ ጎራ እያልን ጉዞአችንን እንቀጥላለን።

እነዚህ ከሚሊዮኖች እስከ ትሪሊዮን የሚቆጠሩ ከዋክብት በውስጣቸው የያዙ ጋላክሲዎች ምን ይመስሉ ይሆን? ያማሩና የተለየ መልክአ ምድር አቀማመጥ ያላቸው ፕላኔቶች ይገኙ ይሆን? አሁን ከረጅም የጨለማ ውስጥ ጉዞ በኋላ አንድሮሜዳ ጋላክሲ ጋ እየደረስን ነው፤በአንዱ ውጭያዊ ጠርዟ በኩል እየገባን ነው። ጋላክሲዋ ጠርዝ ላይ ካሉ በርካታ ከዋክብት መካከል በአቅራቢያችን ወደምትታየን ወደ አንዲት ኮከብ እያመራን ነው፤ ወደ ኮከቧ እየተቃረብን ስንመጣ ኮከቧን የምትዞር አንዲት ፕላኔት ትታየናለች፤በውስጧ ምን ይዛ ይሆን? ወደ ታች ወደ ፕላኔቷ እየበረርን ነው . . .

ይህ ሁሉ ህልም ነው?

አይደለም፤ ከእኛ ከብርሃን ከፈጠነው ሃሳባዊ የህዋ ውስጥ በረራ በስተቀር፥ እስካሁን ያየነው ሁሉ - ስለእኛዋ ሶላር ሲስተም፣ ስለከዋክብት፣ ስለጋላክሲዎችና ስለ ኔቡላዎች የቀረቡት ጠቅላላ መረጃዎች በፕሮፌሽናል አስትሮኖመሮች የተደረሰባቸው እውነተኛ ዳታዎች ናቸው።

“እንግዲህ እግዚአብሔርን በማን ትመስሉታላችሁ? ወይስ በምን ምሳሌ ታስተያዩታላችሁ? . . . ዓይናችሁን ወደ ላይ አንሥታችሁ ተመልከቱ፤እነዚህን የፈጠረ ማን ነው? ሠራዊታቸውን በቍጥር የሚያወጣ እርሱ ነው፥ሁሉንም በየስማቸው ይጠራቸዋል፤በኃይሉ ብዛትና በችሎቱ ብርታት አንድስ እንኳ አይታጣውም።” (ኢሳያስ 40፥18, 26)

“እግዚአብሔርን እንዲህ በሉት፥- ሥራህ ግሩም ነው፤ ኃይልህ ብዙ ሲሆን ጠላቶች ዋሹብህ።” መዝሙር (66)፥3

“አቤቱ፥ሥራህ እጅግ ትልቅ ነው፥ አሳብህም እጅግ ጥልቅ ነው።” መዝሙር. (92)፥5

******

---

[8] "The Hyper Velocity Star Project: The stars". The Hyper-Velocity Star Project. 6 September 2009.

አፔንዲክስ

<u>ወደ ከዋክብትና ወደ ጋላክሲዎች መጓዝ ይቻላል?</u>

በጋላክሲያችን ውስጥ ከአንድ ኮከብ ወደ ሌላ ኮከብ የሚደረግ ጉዞ እጅግ አስቸጋሪ ብቻ ሳይሆን ምናልባትም የማይቻል እንዲሆን የሚያደርጉ በርካታ ነገሮች አሉ። ከነዚህ መካከል፥ወደ ኮከብ ለሚደረግ ጉዞ የሚያስፈልገው ፍጥነት የዛሬዎቹ የሕዋ መንኮራኩሮች ካላቸው ፍጥነት በላይ እጅግ ከፍተኛ መሆኑ፣ይህን ከፍተኛ ፍጥነት ለማስገኘት የሚያስፈልገው ኢነርጂ በዛሬው የኢነርጂ ማመንጨት አቅም ጋር ሲስተያይ እጅግ ከፍተኛ መሆኑ፣ጉዞው እጅግ ረጅም ጊዜ የሚጠይቅ መሆኑ፣ በከፍተኛ ፍጥነት የሚደረግ ጉዞ በሰውነት አካል ላይ የሚያስከትለው ችግር እና በሕዋ ውስጥ ካሉ ትናንሽ አካላት ጋር ሳይቀር ሊያደርግ የሚችለው ግጭት የሚያስከትለው ጉዳትና ውድመት ከፍተኛ መሆኑ ዋነኞቹ ናቸው።

በእርግጥ በጋላክሲያችን ውስጥ ከአንድ ኮከብ ወደሌላ ኮከብ የሚደረግ ጉዞን፥የሚታወቁ የፊዚክስ ሕጎች በቲዎሪ ደረጃ አይከለክሉም። አንዳንድ ተመራማሪዎች ወደፊት ከተወሰኑ ዐሥርት ዓመታት በኋላ የወደ ከዋክብት ጉዞ ሊፈጸም እንደሚቻል ይገምታሉ፤ሌሎች ደግሞ ከመቶ ዓመታት ወይም ከዚያ በላይ በሆነ ጊዜ ውስጥ ሊፈጸም እንደሚችል ይገልጻሉ፤ከእነዚህ በተቃራኒውም ይህ ሊሆን የማይቻል መሆኑን የሚገልጹም አሉ። በአሁኑ ጊዜ ወደ ከዋክብት ስለሚደረግ ጉዞ ጥናትና ምርምር የሚያደርጉ NASA ን ጨምሮ የተለያዩ ሳይንቲስቶች፣ ፕሮፌሽናሎችና ተማሪዎች አባላት ያሏቸው ትርፍ አልባ ድርጅቶች በካናዳ፣ በአሜሪካ በቤልጂየም እና እንግሊዝ ይገኛሉ።

ወደ ከዋክብት ለሚደረግ ጉዞ የሚያስፈልገውን ፍጥነት ማስገኘት የሚያስችሉ የተለያዩ ቴክኖሎጂዎች በቲዎሪ ደረጃ ቀርበዋል። ለምሳሌ የብርሃንን ፍጥነት ከ 5 እስከ 15 ፐርሰንት ፍጥነት ማስገኘት የሚችሉ ኒውኩለር የሚጠቀሙ የተለያዩ ዓይነት ኢንጅኖችና ሮኬቶች (Nuclear fusion rockets, Nuclear pulse. .) ፤ የብርሃንን ፍጥነት ከ 50 እስከ 80 ፐርሰንት ማስገኘት የሚችል ጸረ-ቁስአካል ሮኬት (Antimatter rockets)፣ ማግኔቲክ ሞኖፖል ሮኬት (Magnetic monopole rockets) እና ብላክሆል መንኮራኩር (black hole starship) ዋነኞቹ ናቸው። ሁሉም ግን በአሁኑ ጊዜ በቲዎሪ ደረጃ ብቻ የሚገኙ ናቸው።

ከላይ የጠቀስናቸውን ችግሮች ዘርዘር አርገን እንያቸው፤

1) **<u>በከዋክብት መካከል ያለ ከፍተኛ ርቀት</u>** - ወደ ከዋክብት ለሚደረግ ጉዞ ትልቁ ችግር፥ በከዋክብት መካከል ያለው ሰፊ ርቀትና የሚፈጀው ጊዜ እጅግ ረጅም መሆኑ ነው። ለምሳሌ ከ 45 ዓመታት በፊት በ 1972 ዓ.ም እና በ 1973 ዓ.ም በተከታታይ የመጠቁት

Pioneer 10 እና Pioneer 11 ሰው አልባ የህዋ መንኮራኩሮች እና በ1977 ዓ.ም ወደ ውጫዊ ሕዋ የተላኩት Voyager I እና II በአሁኑ ጊዜ ገና ሶላር ሲስተማችንን ጨርሰው በመሄድ ላይ ናቸው። እነዚህ በ 25,000 ማይል በሰዓት በሆነ ፍጥነት እየተጓዙ ቅርባችን ያለችው ኮከብ Proxima Centauri ጋ ለመድረስ 74,000 ዓመታት ይፈጅባቸዋል። ወደዚች ቅርቧ ኮከብ በጥቂት ዐሥርት ዓመታት የደርሶ መልስ ጉዞ ለማድረግ የሚያስፈልገው ፍጥነት፥ከአሁኖቹ የሕዋ መንኮራኩሮች ፍጥነት በርካታ ሺህ ጊዜ እጥፍ ነው።

ይሁንና የሕዋ መንኮራኩሩ የብርሃንን ፍጥነት 10 ፐርሰንት በሚያህል ፍጥነት ቢጓዝ፥ Proxima Centauri ኮከብ ጋ ለመድረስ 40 ዓመታት ይበቃዋል። ነገር ግን በአሁኑ ጊዜ ያለው ቴክኖሎጂ በዚህ ያህል ፍጥነት መጓዝ የሚችል መንኮራኩር መሥራት የሚቻል አይደለም።

2) <u>በሰውነት አካል ላይ የሚከሰቱ ችግሮች</u> - በሕዋ ጉዞ ወቅት በጠፈር ተጓዦች (astronauts) ላይ የተለያዩ አካላዊ ችግሮች መከሰት ይጀምራሉ። ከእነዚህ መካከል የክብደት ማጣት፤የልብ ሥርዓት ተግባር መቀነስ፤የቀይ ደም ሕዋስ ምርት መቀነስ፤የሰውነት የመከላከያ አቅም መቀነስ፤ የእንቅልፍ መዛባት ዋነኞቹ ናቸው።

ከእነዚህ ዋነኛው በግራቪቲ አለመኖር ምክንያት በሰው አካል ላይ የሚፈጠር ክብደት ማጣት (weightless sness) ነው። ጉዞ እንደተጀመረ ብዙም ሳይቆይ አካል መዛል ይጀምራል፤የሰውነት አጥንቶችና ጡንቻዎች መልፈስፈስ በመጀመር ቀስ በቀስ ጠቅላላ ስነአካላዊ (physiological) ችግሮች እየጨመሩ ይመጣሉ። በህዋ ውስጥ በሚደረግ ረጅም ጉዞ ወቅት ከመሬት ጋር እኩል የሆነ ግራቪቲን ለተጓዦቹ ማዘጋጀት አስቸጋሪ ነው።

ይህ በሰው አካል ላይ የሚፈጠር ክብደት ማጣት (weightlessness) ለዓመታት ከቆየ ውጤቱ የከፋ ይሆናል። እዚህ ምድር ላይ የሰው አካል ግራቪቲን ለመቋቋም የሚፈጥረው ቋሚ የሆነ ተጋትሮ አካልን እንዲጠነክር ያደርገዋል። ያለ ግራቪቲ ጡንቻ ይኮማተራል፤የደም ቧምቧዎች ይጠባሉ፣የፈሳሽ ከፍታ ይቀንሳል፤አጥንት ይሳሳል። ለምሳሌ በአንድ ወር ጊዜ ውስጥ ብቻ የተረከዝ አጥንት የክብደቱን 5 ፐርሰንት ያጣል። ውጭያዊ ህዋ ውስጥ የሚደረግ ተከታታይ የሆነ ከፍተኛ የስፖርት እንቅስቃሴ ሊረዳ የሚችለው፥የአካልን ጉዳት በተወሰነ ደረጃ እንዳይፋጠን ለማድረግ ብቻ ነው።

3) <u>የሚያስፍገው ኢነርጂ</u> - ወደ ከዋክብት ለሚደረግ ጉዞ የሚያስፈልገው ኢነርጂ ከፍተኛ ነው። አንድ ቶን ክብደት ያለውን ነገር የብርሃንን አንድ-አስረኛ በሆነ ፍጥነት ለማክነፍ የሚያስፈልገው ኢነርጂ 12.5 ትሪሊዮን KWH ወይም 4.5×10^{19} Joule ነው (ይህን በቀላል የፊዚክስ ቀመር በ $½mv^2$ ማስላት ይቻላል)። ይህ ኢነርጂ ከሕዋ መንኮራኩሩ ውስጥ ወይም በኮከቦች መካከል ካለው ሜዲያ መመንጨት አለበት። ይህ እጅግ ከፍተኛ የኢነርጂ መጠን ወደ ከዋክብት የሚደረግ ጉዞን እጅግ አስቸጋሪ ያደርገዋል።

4) <u>በከዋክብት መካከል ያለው ሚዲያ</u> - እጅግ ከፍተኛ በሆነ ፍጥነት ለሚደረግ ጉዞ ሌላው ችግር፥ በህዋ ውስጥ ያለ አደገኛ ጨረርና በከዋክብት መካከል ባለው ሚዲያ ውስጥ ካሉ ትናንሽ አካላት ጋር ሳይቀር የሚደረግ ግጭት ከፍተኛ ውድመት የሚያስከትል መሆኑ ነው። በእርግጥ ከአደገኛ ጨረር የሚከላከሉ በርካታ ዓይነት የመከላከያ ጋሻ ዘዴዎች የወጡ ቢሆንም፥ነገር ግን አደጋውን ሙሉ በሙሉ ማስቀረት አይችሉም። (Active Radiation Shielding Utilizing High Temperature Superconductors Shayne Westover, NIAC Symposium, March 27-29, 2012)።

5) <u>ከምድር ጋር የሚደረግ የመልእክት ልውውጥ</u> - በህዋ መንኮራኩሩና በምድር መካከል የሚደረግ የሬዲዮ ግንኙነት እጅግ ረጅም ጊዜ የሚፈጅ ነው። ቅርባችን ካለች ኮከብ ከ Alpha Centauri ጋር የሬዲዮ የደርሶ መልስ መልዕክት በብርሃን ፍጥነት ለመለዋወጥ ከ 8 ዓመታት በላይ ይፈጃል። ምንም እንኳን ወደ ከዋክብት መልእክት መላክ፥ወደ ከዋክብት ከመጓዝ የቀለለ ቢሆንም፥ነገር ግን ቅርባችን ያለች ኮከብ ጋር ከደረሰ የህዋ መንኮራኩር ጋር የተሳካ ግንኙነት ለመፍጠር የረጅም ዓመታት መጠባበቅ ይጠይቃል።

የቀረቡ ዘዴዎች ወደ ከዋክብት ለሚደረግ ጉዞ፥በተለያዩ ተመራማሪዎች የቀረቡ የተለያዩ ዘዴዎችና ችግሮቻቸው፤

1. <u>የትውልድ የህዋ መንኮራኩር</u> <u>(Generation Starships)</u> - ይህ በከዋክብት መካከል ረጅም ርቀት የሚጓዝ ግዙፍ የህዋ መንኮራኩር፥ከብርሃን እጅግ ባነሰ ፍጥነት የሚጓዝ ነው። ስለዚህም ቅርብ ኮከቦች ጋር ለመድረስ እንኳን ጉዞው በመቶዎች ወይም በሺዎች ዓመታት የሚቆጠር ጊዜ ስለሚፈጅና የመጀመሪያዎቹ ተጓዦች ያን ያህል መቆየት ስለማይችሉ፥በመጨረሻ ጉዞውን ማጠናቀቅ የሚችሉት የልጅ ልጆቻቸው ናቸው። ነገር ግን ይህ ዓይነት መንኮራኩርና ጉዞ የተለያዩ ችግሮች አሉበት፤

- የህዋ መንኮራኩሩ ተሳፋሪዎቹ የሚኖሩበት ግዙፍ ተሽከርካሪ የግራቪቲ ክፍል ሊኖረው ይገባል። ነገር ግን ከፍተኛ የመሽከርከር ፍጥነት (የኮሪኦሊስ ውጤት Coriolis effect) ህመም ያስከትላል። የኮሪኦሊስን ውጤት ለመቀነስ *ስታንፎርድ ቶረስ* የሚባል እጅግ ግዙፍ ሽከርከሪት ያስፈልጋል።

- በዚህ ረጅም ዘመናት በሚወስድ ጉዞ በመንኮራኩሩና በተጓዦቹ መኖሪያ ክፍሎች ውስጥ የሚከሰተው የአየር ብክለት አስከፊ ይሆናል። ጠቅላላው የህዋ መንኮራኩሩ አነስተኛ ዝግ ዓለም ማለት ነው። በውስጡ ተክሎች ቢኖሩም እንኳን ዓመታት ባለፉ መጠን የአካባቢው ዓየር ቀስ በቀስ እየተበላሸና እየተዛባ ይሄዳል። ከዐሥርትና ከመቶ ዓመታት በኋላም ግዙፉ የህዋ መንኮራኩር የአካባቢ ችግሮችን ሊይዝ የሚችልበት ቦታ እጅግ አነስተኛ ይሆናል።

- ተጓዦቹ የሚገጥማቸው ችግር ባዮሎጂያዊ ወይም ቴክኒካዊ ብቻ ሳይሆን ነገር ግን ማህበራዊ ችግርም ነው። የሚኖሩባት መንኮራኩር በርካታ ምግብና የምግብ ምንጮች የሚይዝ ምንም ያህል ትልቅ ቢሆን እንደ እስር ቤት ውሱን ነው። በዚህ

ውስጥ ለረጅም ዓመታት አብሮ መኖር በመካከላቸው ግጭት፣መከፋፈል፣ ዓመጽና ምናልባትም የርስ በርስ ውጊያ ሊፈጥር ይችላል።

- በረጅም ሽምጠጣና (acceleration) እና በረዳ (deceleration - ፍጥነትን መቀነስ) ውስጥ ለረጅም ጊዜ መኖር እጅግ አስቸጋሪ ነገር ነው።

- ውጭያዊ ህዋ ውስጥ ዲ.ኤን.ኤን የሚጎዱ፣ካንሰርን የሚያመጡና ሞትን የሚያስከትሉ መንኮራኩሯን የሚደበድቡ ባለ ከፍተኛ ፍጥነት ፓርቲክሎችና አደገኛ ኮስማዊ ጨረሮች አሉ። ተጓዦቹን ከእነዚህ ለመከላከል መንኮራኩሯ እጅግ ወፍራምና ከባድ በሆነ ልዩ ማቴሪያል መሸፈን አለባት።

2. <u>የእንቅልፍ መንኮራኩር</u> <u>(sleeper ship)</u> - ይህ ተጓዦች መንኮራኩሩ ውስጥ ለረጅም ዓመታት በእንቅልፍ የሚያሳልፉበት ቲዎሪያዊ የሕዋ መንኮራኩር ነው። ነገር ግን በአሁኑ ጊዜ ሰውን ለረጅም ዓመታት በእንቅልፍ እንዲያሳልፍ የሚያደርግ ቴክኖሎጂ የለም። ይህ ሰዎችን ለመቶዎች እና ለሺዎች ዓመታት በእንቅልፍ እንዲያሳልፉ የሚያደርግ ቴክኖሎጂና መንኮራኩር እስካሁን በሳይንስ ፊክሽን ውስጥ ብቻ የሚገኝ ነው።

<u>በረዶ ጽንስ (Frozen embryos)</u> – ይህ ለረጅም ዘመናት መቆየት የሚችሉ በበረዶ የተጠበቁ የሰው ጽንሶችን (embryo cryopreservation) ከአጋዥ ሮቦቶች ጋር ወደ ክዋክብት/ፕላኔት/ መላኪያና እዚያ ጽንጾቹ እንዲያድግ ማድረጊያ ቲዎሪያዊ መንገድ ነው። ለዚህም ወላጆችን ተክተው አብረው የሚጓዙ ሙሉ ሥልጣንና ኃላፊነት ያለባቸው ሮቦቶችና አስተማሪ ሮቦቶች ያስፈልጋሉ። ይህም ዘዴ እንደሌሎቹ ዘዴዎች ገና ያልተደረሰባቸውና አስተማማኝ ያልሆኑ በርካታ የቴክኖሎጂና የሥነምግባር ችግሮች አሉበት።

3. <u>ዎርምሆል</u> <u>(Wormholes)</u> - ይህ በታጠፈ ሕዋ ውስጥ ከአንድ ቦታ ወደ ሌላ ቦታ በአቋራጭ መንገድ በፍጥነት መሄጃ ቲዎሪያዊ መንገድ ነው። በዚህም ከአንድ ኮከብ ወደ ሌላ ኮከብ እና ሌላው ቀርቶ ወደ ሌላ ጋላክሲ በአጭር ጊዜ ውስጥ በ ዎርምሆል በኩል መሄድ እንደሚቻል ይታሰባል።

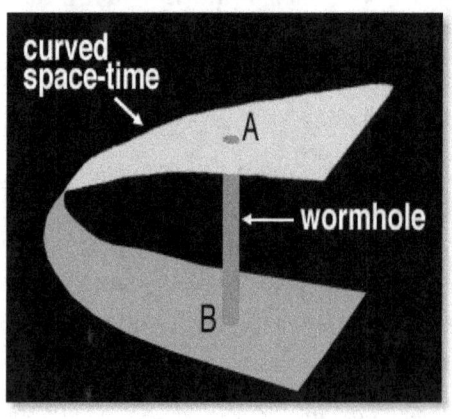

ምንም እንኳን የአነስታይን ጀነራል ሪሌቲቪቲ ቀመር ዎርምሆልን የሚፈቅዱ ሶሉሽኖች ያሉት ቢሆንም፥ነገር ግን በአሁኑ ጊዜ ሳይንቲስቶች ከግምት ውጭ በእርግጥ ዎርምሆል ስለመኖሩና በዛ ውስጥ ማቋረጥ በተግባር ይቻል እንደሆን እርግጠኞች አይደሉም። በተጨማሪም በእርግጥ ዎርምሆል ቢኖርም እንኳን፥ የመጓጓዣ መንኮራኩሩ

በኔጋቲቭ መነጠነቁስ (negative mass) መገንባት ያስፈልጋል። ችግሩ ኔጋቲቭ መነጠነቁስ የሚባል ነገር እስከሁን በዩኒቨርስ ውስጥ ታይቶ በማይታወቅ መሆኑ ነው።

ወደ ሌላ ጋላክሲ የሚደረግ ጉዞ

የዚህ ችግሩ ደግሞ ይብስ የከፋ ነው። በጋላክሲዎች መካከል ያለው ርቀት፥ በከዋክብት መካከል ካለው ርቀት ከመቶ ሺዎች እስከ ሚሊዮን ጊዜ እጥፍ በመሆኑ፥ ሁኔታው ይብስ የከፋ ይሆናል። ጎረቤታችን ከሆነችው ከአንድሮሜዳ ጋላክሲ የሚነሳ ብርሃን ወደ ምድር ለመድረስ 2.5 ሚሊዮን ዓመታት ይፈጅበታል። በእርግጥ የብርሃን ፍጥነትን በሚጠጋ ፍጥነት ወደ አንድሮሜዳ ጋላክሲ የሚደረግ ጉዞ፥ ምንም እንኳን መሬት ላለ ተመልካች 2.5 ሚሊዮን ዓመታት የሚፈጅ ጉዞ ቢሆንም፥ በ ጊዜ-ስፊት (Time dilation) ምክንያት ተጓዡ ከዚያ ባነሰ ጊዜ ውስጥ ሊደረስ ይችላል[1]። ነገር ግን ይህም ሆነ የሚፈጀው ጊዜ አሁንም እጅግ ረጅም መሆኑና ለዚህ የሚያስፈልገው የመንኮራኩር ፍጥነት ዛሬ ያለን ቴክኖሎጂ ሊያስገኘው ከሚችለው በላይ መሆኑ፥ ወደ ጋላክሲ የሚደረግ ጉዞን የሳይንሳዊ ልብወለድ ሃሳብ ብቻ እንዲሆን የሚያደርጉት ይመስላል።

****

[1] በአንስታይን ቲዎሪ መሠረት ወደ ብርሃን በሚጠጋ ከፍተኛ ፍጥነት ህዋ ውስጥ የሚጓዝ ተጓዥ ጋ፥ ጊዜ የሚያልፈው በዝግታ ነው። ይህ የጊዜ-ስፊት ወይም time-dilation ተብሎ ይጠራል።

ጎኢ

ምዕራፍ 4

የዕድሜ መለኪያ ዘዴዎች እና ችግሮቻቸው

የዕድሜ መለኪያ ዘዴዎች፥የማቴሪያሎችን ዕድሜ በትክክል የማይለኩና የማያስተማምኑ ስለመሆናቸው!

የቀድሞ ዘመን ፎሲሎች ወይም ቅሪቶች ዕድሜ የሚለካባቸው መለኪያ ዘዴዎች ምናልባት በአእምሮህ የሚመላለስ ጥያቄ ይሆኗል። የዕድሜ መለኪያ ዘዴዎች በእርግጥ ሚሊዮኖች ወይም ቢሊዮኖች ዓመታትን ይለካሉ? በርካቶች ስለ ሬዲዮአክቲቭ የዕድሜ መለኪያ ዘዴዎች (radioactive dating) አሠራር ወይም ስለ ዕድሜ አለካክ የሚያውቁት ጥቂት ወይም ምንም ነው። አይሶቶፕ፣ ማስስፔክትሮሜትር፣ ሩቢዲየም፣ ስትሮንቺየም፣ ግማሽ ሕይወት . . . ወዘተ የሚሉት ቃላት ለበርካቶች አስቸጋሪ ቃላት ናቸው።

በርካቶች የሬዲዮአክቲቭ ዕድሜ መለኪያ ዘዴ በሚስጥራት እጅግ የተተበተበ አድርገው ስለሚያስቡ፥ ዘዴው እንዴት እንደሚሰራ ለመረዳት አይሞክሩም፤ በደፈናው ብቻ ትክክል መሆን አለበት ብለው ያምናሉ።

ነገር ግን የሚባሉት ሚሊዮኖችና ቢሊዮኖች ዓመታት፥ በቀጥታ በተጨባጭ የተለኩ ሳይሆኑ፥ሊሟሉ ለማይችሉ ቅድመ ሁኔታዎች ላይ በሚወሰዱ አስተማማኝ ባልሆኑ እመንታዎች (እሳቤዎች) ላይ የተመሰረቱ መሆናቸውን ለመረዳት ብዙም አስቸጋሪ አይደለም። ስለ ዕድሜ መለኪያ ዘዴ የሚገልጹ ጽሑፎች፥ ብዙውን ጊዜ ግማሽ-ሕይወት (half-lives)፣ማስ ስፔክትሮስኮፕ . . . ወዘተ በመሳሰሉ በሬዲዮአክቲቭ ፍርሰት (radioactive decay) ቴክኒካል ቃላት ላይ የሚያተኩሩ ናቸው፤ በዘዴዎቹ ውስጥ

ስላለው መሰረታዊ ችግር ብዙም ሲወያዩ አይታዩም።

በዚህ ምዕራፍ ውስጥ ዛሬ ጥቅም ላይ እየዋሉ ያሉትን የዋነኞቹን የዕድሜ መለኪያ ዘዴዎች ችግሮችና የማቴሪያሎችን ዕድሜ ለምን በትክክል መለካት እንደማይችሉና ለምን የማያስተማምኑ እንደሆኑ ከበርካታ ተጨባጭ ማስረጃዎች ጋር ዘርዘር አርገን እናያለን።

<u>ማውጫ</u>

1 - የሬዲዮአክቲቭ የዕድሜ መለኪያ ዓይነቶች

2 - የሬዲዮአክቲቭ የዕድሜ መለኪያ ዘዴዎች መሰረታዊ ችግር

3 - የፎሲሎች ዕድሜ እንዴት እንደሚለካ

- የሬዲአክቲቭ የዕድሜ መለኪያ ዘዴው ብቻውን ወሳኝ አይደለም
- የትኛውን ዕድሜ ነው የምትፈልገው?

4 - የሬዲዮአክቲቭ ሲስተም የዕድሜ አለካክ ሳይንስ

5 - ሊሟሉ የማይችሉ ሶስቱ መሠረታዊ ቅድመ ሁኔታዎች

6 - የተፋጠነ የፍርሰት ፍጥነት ማስረጃዎች

7 - የፖታሲየም-አርጎን (K-Ar) የዕድሜ መለኪያ ዘዴ ችግሮች

8 - የሬዲዮካርቦን (ካርቦን-14) የዕድሜ መለኪያ ዘዴ ችግሮች

****

“ከሴንት ሔለንስ ተራራ ኅመራ-ትፍ (lava) የተወሰደ የዓለት ናሙና፥ በፖታሲየም-አርጎን ዘዴ ዕድሜው ተለክቶ ነበር። የጠቅላላው ዓለት ናሙናው ዕድሜ 350,000 ዓመት ሆኖ ተገኘ። ከዓለት ናሙናው ላይ የተወሰኑ የአምፊቦል (amphibole) ማእድኖች ተወስደው ዕድሜያቸው በተናጥል ሲለካ ከእጥፍ በላይ 900,000 ዓመት ሆኖ ተገኘ። አሁንም ከአለቱ ላይ የሌላ ዓይነት pyroxene ማእድን ሁለት ናሙናዎች ተወስደው ዕድሜያቸው ሲለካ 1,700,000 ዓመት እና 2,800,000 ሆኖ ተገኙ። የትኛው ዕድሜ ነው እውነተኛው? አንዳቸውም እውነተኛ አይደሉም። እንዴት? አለቱ በ1980 ዓ.ም ከፈነዳው ከሴንት ሔለንስ ተራራ ላቫ የቀዘቀዘ ስለነበር በወቅቱ ዕድሜው ገና 10 ዓመት ያህል ብቻ ነበር።” - *(Austin, S.A., Excess argon within mineral concentrates from the new dacite lava dome at Mount St Helens Volcano, Journal of Creation**10**(3):335–343, 1996; creation.com/ lavadome.)*

****

“በ 1954 ዓ.ም ከናጉዋሩ ተራራ የላቫ ፍሰት የቀዘቀዘ ዓለት በ Rb-Sr isochron ዘዴ 133 ሚሊዮን ዓመት፣በ Sm-Nd isochron ዘዴ 197 ሚሊዮን ዓመት እና በ Pb-Pb ዘዴ 3.908 ቢሊዮን ዓመት የሚሆኑ የተለያዩ ዕድሜዎች ተለክቶለታል። የትኛው ነው ትክክለኛ ዕድሜ? የትኛውም አይደለም፤ዓለቱ ገና 50 ዓመቱ ብቻ ነው።”

****

“ከ 300 ዓመታት ያነሰ ዕድሜ እንዳለው የሚታወቅ አንድ የሩሲያ ቮልካኖ ዓለት በተለያዩ የሊድ ንጻሬዎች ዕድሜው ተሰልቶ የተገኘው ውጤት ከ 50 ሚሊዮን እስከ 14.5 ቢሊዮን ዓመት የሚለያዩ ዕድሜዎችን የሚያሳይ ነበር። የ 14 ቢሊዮን ዓመት ስህተት! ቁጥሮችን በዘፈቀደ ታይፕ የምታደርግ ቺምፓንዚ ከዚህ የተሻለ ዕድሜ ሳታስገኝ አትቀርም።” *("Critical Examination of Radioactive Dating of Rocks," in Creation Research Society Quarterly, December 1970)*

****

1- <u>የሬዲዮአክቲቭ የዕድሜ መለኪያ (radioactive dating) ዓይነቶች</u>

ሬዲዮአክቲቭ የዕድሜ መለኪያ ዘዴ (Radioactive Dating)፥ ርጉ ያልሆኑ አተሞች እየፈረሱ (decay) ወደ ሌላ ዓይነት አተም ለመለወጥ በሚፈጅባቸው ጊዜ ላይ በመመስረት የቁስአካላት ዕድሜ የሚሰላበት ዘዴ ነው። *(የዕድሜ አለካክ ዘዴውን ከታች በቁጥር 4 ውስጥ እናየዋለን።)*

በጠቅላላ ከአርባ በላይ የተለያዩ ዓይነት የሬዲዮሜትሪክ (ሬዲዮአክቲቭ) የዕድሜ መለኪያ ዘዴዎች ያሉ ሲሆን፥ እያንዳንዳቸው የተለያዩ ዓይነት የሬዲዮአክቲቭ ኤሌመንቶችን ይጠቀማሉ።

ከእነዚህ የዕድሜ መለኪያ ዘዴዎች መካከል ዋንኞቹ (1) ካርቦን-14 [<u>radiocarbon</u> ^{14}C <u>dating</u>] (2) ፖታሲየም-አርጎን [<u>potassium-argon</u> (K-Ar) <u>dating</u>] (3) ዩራኒየም-ሊድ [<u>uranium-lead</u> (U-Pb) <u>dating</u>] (4) Rubidium-strontium (Rb-Sr) dating (5) Thorium-lead (6) <u>Dendrochronology</u> (7) Radiocalcium ^{41}Ca (8) <u>Thermoluminescence dating</u> (9) Amino acid decomposition dating (10) Racemization dating (11) Paleomagnetic dating (12) Varve dating (13) Buried forest strata dating (14) Stalactite dating (15) Peat dating (16) Fission-track dating . . ወዘተ ይገኙባቸዋል።

በእነዚህም ዘዴዎች የአለቶች፣የቅሪተ አጽሞች፣ የዛፎች፣ የራሷ የምድር ዕድሜና የጥንት ሰው ሠራሽ ቁሳቁሶች ዕድሜ ይሰላባቸዋል።

የ ካርቦን-14 (ሬዲዮካርቦን) የዕድሜ መለኪያ ዘዴ፥ በሺዎች ዓመታት የሚቆጠር ዕድሜ ያላቸው ልብሶችን፣ እንጨቶችንና የመሳሰሉትን ካርቦናዊ ቁስአካላትን (organic materials) ዕድሜ ለመለካት የሚውል ነው። በአሁኑ ጊዜ በዓለም ዙሪያ ከ 130 በላይ የሚሆኑ የሬዲዮካርቦን ላቦራቶሪዎች ያሉ ሲሆን፥እነዚህም በተለያዩ የሳይንስ ዘርፎች - በአትሞስፌሪክ ሳይንስ፣ በውቅያኖስ ሳይንስ፣ በጂኦሎጂ፣ በአርኪኦሎጂና በባዮሜዲስን ውስጥ አገልግሎት እየሰጡ ነው።

ፖታሲየም-አርጎን የዕድሜ መለኪያ ዘዴ ብዙውን ጊዜ አርኪዮሎጂያዊ ቁስአካላትንና አለቶችን፣ በእሳተገመራ ውስጥ ያሉ ማዕድናትንና የመሳሰሉትን ዕድሜ ለመለካት ጥቅም ላይ ይውላል።

ዲንድሮክሮኖሎጂ (Dendrochronology) በዛፎች ግንድ ውስጥ ያሉትን ቀለበቶች በማጥናት የዛፎችን ዕድሜ ለማስላት የሚጠቅም ዘዴ ነው። ቴርሞሉሚኔሰንስ (Thermoluminescence) ዘዴ ከሙቀት ጋር የተያያዙ አካላትን ዕድሜ ለማስላት ጥቅም ላይ ይውላል፤ለምሳሌ የእሳተገመራ ላቫ፣ሴራሚክ፣ ሚቲዮራይት የቆፈረው ጉድጓድ ውስጥ ያሉ አካላት፣ለረጅም ጊዜ ለጸሐይ የተጋለጠ ሴዲሜንትና የመሳሰሉት ላይ የሚውል ነው።

በእነዚህ በሁሉም የዕድሜ መለኪያ ዘዴዎች ውስጥ ጉልህና ግልጽ የሆኑ በርካታ ችግሮች አሉ። እነዚህ ዘዴዎች የማቴሪያሎችን ዕድሜ በትክክል ለመለካት ለምን አስተማማኝ እንዳልሆኑና ያሉባቸውን ችግሮችና ለትክክለኛ ዕድሜ ልኬት የሚያስፈልጉ ነገር ግን ሊሟሉ የማይችሉ ቅድመ ሁኔታዎችን በዚህ ምዕራፍ ውስጥ ዘርዘር አርገን እናያለን።

2 - የዕድሜ መለኪያ ዘዴዎች መሰረታዊው ችግር

በመጀመሪያ ማወቅ ያለብን ነገር፥የአንድን ማቴሪያል ወይም ዓለት ዕድሜ በቀጥታ መለካት የማይቻል መሆኑን ነው። የአለቱን በርካታ ነገሮች በቀጥታ መለካት የምንችል ቢሆንም፥ ዕድሜውን ግን በቀጥታ መለካት አንችልም። ለምሳሌ ክብደቱን፣ ይዘቱን፣ በውስጥ የያዛቸውን ማእድኖች ብዛትና አደረጃጀታቸውን በቀጥታ መለካት እንችላለን። ድንጋዩን ሰባብረን የኬሚካል ይዘቱንና የያዛቸውን ሬዲዮአክቲቭ ኤለመንቶች መለካት እንችላለን። ነገር ግን ላቦራቶሪ ውስጥ በቀጥታ የሚለካ ‘ዕድሜ’ የሚባል ነገር የለም፤ዕድሜን በቀጥታ የሚለካ መሣሪያም የለም። ላቦራቶሪ ውስጥ የሚለካው፥አለቱ በአሁኑ ጊዜ በውስጡ የያዛቸው የሬዲዮአክቲቭ ኤሌመንቶች ዓይነትና ብዛት ነው።

የሬዲዮአክቲቭ ዕድሜ መለኪያ ዘዴዎችን መሠረታዊው ችግር ለመረዳት አስቸጋሪ አይደለም። ሁላችንም፥የሆኑ ድርጊቶች ከተፈጸሙ በኋላ ምን ያህል ጊዜ እንዳለፋቸው የመለካት ልምድ አለን፣ ለምሳሌ ከተወለድንበት ቀን ጀምሮ ወይም መንገድ ጉዞ

ከጀመርንበት ጊዜ ጀምሮ ምን ያህል ጊዜ እንዳለፈ ዘወትር እንለካለን። በጊዜ አለካክ ውስጥ ያሉትን ቀላል መርሆች በግልጽ የሚያሳየን አንዱ ምሳሌ የሩጫ ውድድር ነው። ለምሳሌ የ 5,000 ሜትር የሩጫ ውድድር ላይ፥አትሌቱ ሩጫውን ጨርሶ የመጨረሻውን መስመር ሲያልፍ ሰዓታችን 7:41 እና 53 ሰከንድ ይላል። አትሌቱ ውድድሩን ለመጨረስ ምን ያህል ጊዜ ነው የፈጀበት?

ለአንድ ሰው ይህን ብትጠይቀው "የጀመረው በስንት ሰዓት ነው?" ብሎ ይጠይቅሃል። ይህ ማለት፥ ውድድሩ ሲጀመር የእጅ ሰዓትህ ምን ያነብ እንደነበር ካላወክ በስተቀር ሯጩ ወድድሩን ለማጠናቀቅ ምን ያህል ጊዜ እንደፈጀበት ማወቅ አትችልም። የጅማሬው ሰዓት ሳይታወቅ፥ ውድድሩን ለመፈጸም የፈጀበትን ጊዜ ማስላት አይቻልም።

በሬዲዮአክቲቭ ዘዴዎች፥ የአንድን ዓለት ዕድሜ በእርግጠኝነትና በትክክል መለካት የማይቻለው፥ ከላይ ካየነው ጋ ተመሳሳይ በሆነ ምክንያት ነው። መጀመሪያ ላይ አለቱ ሲመሰረት ወይም ከጎመራ-ትፍ መቀዝቀዝ ሲጀምር፥ በውስጡ የነበሩትን የሬዲዮአክቲቭ ኤሌመንቶችን ብዛት ማንም በትክክል ሊያውቅ አይችልም፤ያኔ ማንም እዚያ አልነበረም። በተጨማሪም በጠቅላላው ጂኦሎጂያዊ ታሪክ ውስጥ እነዚህ ኤለመንቶች እንዴት እንደተለወጡ (በምን ያህል ፍጥነት እንደፈረሱ) ሂደቱን እየተከታተለ የመዘገበ ማንም የለም። እነዚህ ክፍተቶች፥ሊረጋገጡ በማይችሉ ግምታዊ እሳቤዎች (እመንታዎች) የሚሞሉ ብቻ ናቸው።

(የአንድን ዓለት ዕድሜ በትክክል ማወቅ የምንችለው፥ዓለቱ ከጎመራ ትፍ መቀዝቀዝ የጀመረበትን ዓመት የምናውቅ ከሆነ ብቻ ነው፤ይህ ምንም ዓይነት የዕድሜ መለኪያ ዘዴ መጠቀም የማያስፈልገው ሲሆን፥የዓለቱን ዕድሜ ለማወቅ፥እሳተ-ጎመራው ከፈሰሰበት ዓመት ጀምሮ ያለፉትን ዓመታት መቁጠር ብቻ ነው።)

የሁሉም ዓይነት የሬዲዮአክቲቭ ዘዴዎች ትልቁ ችግራቸው፥ሊሟሉ ለማይችሉ ቅድመ ሁኔታዎች ላይ በሚወሰዱ፥ሊረጋገጡ በማይችሉ ባለፉ ዘመን እመንታዎች (assumptions) ላይ የተመሰረቱ መሆናቸው ነው። እነዚህን ሶስት ሊሟሉ የማይችሉ መሠረታዊ ቅድመ ሁኔታዎችና እመንታዎች ወደታች በቁጥር 5 ውስጥ በዝርዝር እናያቸዋለን። በምታወጣቸው እመንታዎች ላይ የሚመሰረት የትኛውንም ዓይነት ዕድሜ ማግኘት ትችላለህ። ጂኦሎጂስቶች በትክክል እያደረጉ ያሉት ይህን ነው። አስፈላጊ ሆኖ ሲገኝ ጂኦሎጂስቶች እመንታዎችን እንዴት እንደሚለውጡት የሚያሳዩን ምሳሌዎችን ወደታች እናያለን።-

3 - <u>የፎሲሎች ዕድሜ እንዴት እንደሚለካ</u>

እጅግ የጥንት እንደሆኑ የሚገመቱ ፎሲሎችን ዕድሜ ለመለካት ብዙውን ጊዜ ጥቅም ላይ የሚውለው፥ የፖታሲየም-አርጎን (K-Ar) የዕድሜ መለኪያ ሲስተም ነው። በእንደዚህ ዓይነት ወቅት፥ክሮኖሎጂስቶች በ ፖታሲየም-አርጎን (K-Ar) ዘዴ የአንድን ፎሲል ዕድሜ

የሚለኩት፥ ራሱን ፎሲሉን በመመርመር አይደለም - ማለትም ፎሲሉ ውስጥ ያሉትን ኤለመንቶች በመጠቀም አይደለም[1]። ታዲያ ምንድነው የሚጠቀሙት? ፎሲሉ የተገኘበት አካባቢ ያሉ አለቶች ይሰበሰቡና፥ ዕድሜያቸው በፖታሲየም-አርጎን (K-Ar) ዘዴ ይለካል። ከዚያ የፎሲሉ ዕድሜ፥በአካባቢው ካሉ አለቶች ዕድሜ ጋር እኩል ነው የሚል እምነታ ይወሰድና፥ለአለቱ የተለካው ዕድሜ የፎሲሉም ዕድሜ ተደርጎ ይገለጻል። ለምሳሌ የአርዲ 4.4 ሚሊዮን ዓመት ዕድሜ የተለካው በዚህ ዓይነት ነው - ፎሲሎቹን የሸፈኑ የቮልካኖ ዓለቶችን እድሜ በመለካት ነው። ''Radiometric dating of the layers of volcanic ash encasing the deposits suggest that Ardi lived about 4.4 million years ago.'' - (*Ardipithecus, Wikipedia, May 2017)*

ነገር ግን ፎሲሉ በአካባቢው ወይም አጠገቡ ካሉት አለቶች ጋር እኩል ዕድሜ እንዳለው እርግጠኛ ልንሆን የምንችልበት መንገድ የለም፤ፎሲሉ ከአካባቢው አለቶች ጋር እኩል ዕድሜ ላይኖረው ይችላል። በተለይ በታላቁ ዓለምዓቀፍ የጥፋት ውኃ ወይም በሌላ ስነምድራዊ ክስተቶች የተቀበሩ ፎሲሎች፥ ከድሮ አለቶች ጋር ጎን ለጎን ሊገኙ ይችላሉ።

<u>የሬዲአክቲቭ የዕድሜ መለኪያ ዘዴ ብቻውን ወሳኝ አይደለም</u>- የሬዲአክቲቭ የዕድሜ መለኪያ ዘዴዎች አስተማማኝና ሳይንሳዊ እንደሆኑ በሰፊው ይነገራል። ነገር ግን ይህ የሚሆነው አስቀድሞ ከሚታመነው ኢቮሉሽናዊ ዕድሜ ጋር የሚስማማ ውጤት እስከሰጡ ድረስ ብቻ ነው። እነዚህ የላቦራቶሪ የሬዲዮአክቲቭ የዕድሜ ልኬቶች አስቀድሞ ከሚታመነው ኢቮሉሽናዊ ዕድሜ ጋር የሚጋጩ ከሆነ ግን፥ሁልጊዜም የላቦራቶሪው የሬዲዮአክቲቭ የዕድሜ ልኬት ውድቅ ይደረጋል።

በሌላ አባባል፥በላቦራቶሪ የተሰላው ዕድሜ፥ አለቱ ከተገኘበት ጂኦሎጂያዊ ስፍራ አንጻር አስቀድሞ ከሚጠበቀው ጋር ይስማማ እንደሆነ ይጣራል። ማንኛውም ዓይነት የዕድሜ መለኪያ ዘዴ በራሱ እምነት ሊጣልበት ስለማይቻል ሁልጊዜም ይህ ማጣራት ይደረጋል።

አለቱ የት ስፍራና ቦታ እንደተገኘ በጥንቃቄ ይጠናና፥ የአለቱን አንጻራዊ ዕድሜ አስቀድሞ ይወሰናል። ይህ የመስክ ግንኙነቶች (field relationships) በማለት የሚጠሩት ሲሆን፥ሁሉም ዓይነት የዕድሜ መለኪያ ዘዴዎች የሚመዘኑበት ዋነኛው ነጥብ ነው።

ውጤቶቹ የሚቃረኑ ከሆነ ምን ይደረጋል? ስለ ዓለቱ ወጥቶ የነበረው ታሪክ እንዲቀየር ይደረጋል። ለምሳሌ በፖታሲየም-አርጎን ዘዴ የተሰላው ዕድሜ ከጠበቀው በላይ ከሆነ፥

---

[1] በእርግጥ ራሱ ፎሲሉ ውስጥ ያሉትን ኤሌመንቶች በመጠቀም ዕድሜውን ለመለካት ከተፈለገ፥ የሬዲዮካርቦን (C-14) የእድሜ መለኪያ ሲስተምን መጠቀም ያስፈልጋል፤ ነገር ግን ይህ ዘዴ ረጅም ዕድሜን የማይሰጥ ስለሆነና የሚያስገኘው ዕድሜ በሺዎች የሚቆጠሩ ዓመታትን ብቻ ስለሆነ፥እጅግ የጥንት ናቸው ብለው የሚያስቧቸውን ፎሲሎች ዕድሜ ለመለካት የሬዲዮካርቦን (C-14) ዘዴን አይጠቀሙም። ይህን የዕድሜ መለኪያ ሲስተም ከነችግሮቹ ወደታች እናየዋለን።

አለቱ በብክልት የገቡ 'ትርፍ አርጎኖች' ወይም 'ወላጅ አልባ አርጎኖች' የያዘ መሆኑን በመግለጽ፥አለቱ ለምን ከተጠበቀው በላይ እጅግ ያረጀ ዕድሜ እንዳሳየ ይገለጻል።

እጅግ ያረጀ ዕድሜ ከምን ጋር ሲነጻጸር? ከአለቱ 'እውነተኛ' ዕድሜ ጋር። ነገር ግን የዕድሜ መለኪያ ዘዴው እንዲለካልን የፈለግነው የአለቱን 'እውነተኛ' ዕድሜ መሆኑ፥እዚህ ጋ ያለውን ምጸት ያሳየናል።

አንድ የድሮ ዘመን ሰው-ሠራሽ መገልገያ እቃን ወስደን አንድ ምሳሌ እንመልከት። በኢቮሉሽናዊ እምነት ሰው-ሠራሽ መገልገያ እቃው በተገኘበት ስፍራና በሌሎች በርካታ ሁኔታዎች፥የመገልገያ ዕቃው ዕድሜ ለምሳሌ ከ 100,000 እስከ 500,000 ዓመት መሆን እንዳለበት አስቀድሞ ይወሰናል (ምንም ዓይነት የላቦራቶሪ የሬዲዮአክቲቭ ዕድሜ ልኬት ሳይደረግለት)። ምናልባትም 200,000 ዓመት ዕድሜ ይመደብለታል እንበል። ከዚያ በሬዲዮአክቲቭ ዘዴ ዕድሜ ለመለካት በአቅራቢያው ያለ ዓለት ይመረጣል። ከዚያ ከ 100,000 እስከ 500,000 ዓመት ዕድሜ የሚሰጡ የዕድሜ መለኪያ ዘዴዎች የትኞቹ እንደሆኑ ይመረጣል። ለምሳሌ የሳማሪየም-147/ኒኦዳይሚየም-143 የዕድሜ መለኪያ ዘዴ አይመረጥም፤ምክንያቱም ይህ ለእንዲህ ዓይነት አጭር ዕድሜ አይሆንም። ምናልባት የአርጎን-አርጎን (Ar-Ar) ዘዴ ሊመረጥ ይችላል[2]። ወይንም ደግሞ ተስማሚ የቮልካኖ ዓለት ከተመረጠ በኋላ በአለቱ ውስጥ የትኖቹ ማእድኖች እንደሚመረመሩ ይወሰንና ለማዕድኖቹ ዓይነት የሚሆን የዕድሜ መለኪያ ዘዴ ይመረጣል።

በመጨረሻ ምርመራው - ለምሳሌ 300,000 ዓመት የሬዲዮአክቲቭ ዕድሜ ካስገኘ ተቀባይነት ያገኛል። ለሰው-ሰራሽ መገልገያ እቃው አስቀድሞ የተመደበው 200,000 ዓመት ዕድሜ በዚህ እንዲስተካከል ይደረጋል። 200,000 ዓመት ዕድሜ ለምን እጅግ ትንሽ እንደሆነና 300,000 ዓመት ለምን ትክክል እንደሆነ ጥሩ ምክንያት ይሰጣል። እንዲህ ዓይነት አነስተኛ ለውጦች በኢቮሉሽናዊ የዕድሜ ጊዜ ሰሌዳ ላይ ብዙም ችግርና ግጭት አይፈጥሩም። በእርግጥ ለውጡ የዕድሜ መለኪያ ዘዴዎች ይበልጥ የተሻሻሉና ይበልጥ አስተማማኝ ናቸው የሚል እምነትን ለማጠናከር ይውላል።

ነገር ግን የሬዲዮአክቲቭ ዕድሜው ከሚጠበቀው እጅግ የራቀ ሆኖ ከተገኘ - ለምሳሌ 6 ሚሊዮን ዓመት ሆኖ ከተገኘ ምንድነው የሚደረገው? በኢቮሉሽናዊ የጊዜ ሰሌዳ መሠረት ሰው-ሰራሽ የመገልገያ ዕቃ በዚያ ዘመን ሊኖር አይችልም። የላቦራቶሪ ውጤቱን ይቀበሉታል? አይቀበሉትም! የተለካው የመገልገያ እቃው ዕድሜ ሊስተካከል የሚችል አይደለም፤ምክንያቱም አስቀድሞ ከረቀቀው ከኢቮሉሽናዊ የጊዜ ሰሌዳ እጅግ የራቀ ነው።

---

[2] ወይም ዩራኒየም ዲስኩሊብሪየም (uranium disequilibrium) ዘዴን ወይም የስብረት ጭረት (fission track) ዘዴን ሊጠቀም ይችላል።

ነገር ግን የተለካው የሬዲዮአክቲቭ ዕድሜ ለምን እጅግ ትልቅ እንደሆነ ምክንያት ይቀርብለታል። ከዚያ ዓለቱ ይጣልና፥ከሚጠበቀው ጋር የሚስማማ ዕድሜ የሚሰጥ ሌላ ዓለት እስኪገኝ ድረስ ሙከራው ይቀጥላል።

ኬኒያ ውስጥ ቱርካና (ሩዶልፍ) ሐይቅ አካባቢ KBS Tuff በመባል የሚታወቀው የቮልካኖ አመድ ንጣፍ ላይ የተፈጸመው፥ከዚህ ጋር ተመሳሳይ ነገር ነበር። ይህኛው ከ 212 እስከ 230 ሚሊዮን ዓመት ዕድሜ ነበር የጀመረው። ነገር ግን ይህ ትልቅ ዕድሜ እዚያው ስፍራ ከተገኙት ሌሎች የዝሆን፣አሣማ. . . ወዘተ ፎሲሎች ጋር ስለማይስማማ ውድቅ ተደረገ። ሌላ ተጨማሪ ልኬት ተደርጎለት ዕድሜው ወደ 2.61 ሚሊዮን ዓመት ወረደ፤ ይህ ተስማሚ ተብሎ ጸደቀ። ነገር ግን ብዙም ሳይቆይ ከንጣፉ ስር አንድ ዘመናዊ ራስ ቅል (KNM-ER 1470) ሲገኝ፥የንጣፉ 2.61 ሚሊዮን ዓመት እጅግ ትልቅ ነው ተብሎ እንደገና ዕድሜው እንዲለካ ተደረገ። ይሄኔ የ 1.82 ሚሊዮን ዓመት ዕድሜ ይዘው መጡ ። ይህ ተስማሚ ሆኖ በመገኘቱ እንዲጸድቅ ተደረገ። የሬዲዮአክቲቭ የዕድሜ አለካክ የጨዋታው ሕግ እንዲህ ነው። (ይህን የቱርካና ምሳሌ ዘርዘር ተደርጎ፥ከታች "የኬንያው የቮልካኖ አመድ ንጣፍ" በሚለው ሣጥን ውስጥ ታገኛለህ)።

ጄ. ኤም. ቦውላር እንዲህ ብሎ ነበር፤ "ላቦራቶሪ ላይ የተመሰረተ ዕድሜ ስኬታማ እንዲሆን፥ ዳታው ከውጫዊ መስከ ማስረጃ ጋር የሚጣጣም መሆን አለበት።"[3] በሌላ አባባል፥የላቦራቶሪ ዕድሜዎችን ዝም ብለህ ያለ ጥያቄ በቀላሉ አትቀበልም። የላቦራቶሪው ዕድሜ የመጨረሻ ቃል አይደለም። ዕድሜውን የምትቀበለው መሆን እንዳለበት አስቀድሞ ከሚታሰበው ጋር የሚስማማ ከሆነ ብቻ ነው።

ይህ፥አስቀድሞ የነበረ አመለካከትና እምነት በሳይንስ ስራ ላይ እንዴት ተጽእኖ እንደሚፈጥር የሚያሳየን ምሳሌ ነው። ምልከታዎችና ምርምሮች አስቀድሞ ከሚታመነው ጋር መግጠም አለባቸው። ከሞሎኪውል-ወደ-ሰው የተደረገ የቢሊዮኖች ዓመታት የኢቮሉሽን የእምነት ሲስተም ስህተት ይኖረው እንደሆን አይጠየቅም - ሁልጊዜም ያ እንደ 'እውነት' ይቆጠራል። ስለዚህ እያንዳንዱ ምልከታ ከዚህ የእምነት ሲስተም ጋር መግጠም አለበት።

የአንድን ናሙና ዕድሜ ለማስለካት ወደ አንዳንድ ሬዲዮአክቲቭ ዕድሜ መለኪያ ላቦራቶሪዎች ስትሄድ፥ እንድትሞላው በሚሰጡህ ፎርም ላይ ለናሙናው ምን ያህል ዕድሜ እንደምትጠብቅ ይጠይቁሃል። ለምን? እጅግ የተሳሳቱ ዕድሜዎች ሁሌም የተለመዱ መሆናቸውን ላቦራቶሪዎቹ ያውቁታል፤ስለዚህ 'ጥሩ' ዕድሜ አግኝተው እንደሆን ትንሽ ማጣራት ይፈልጋሉ።

---

[3] Bowler, J.M. and Magee, J.W., Redating Australia's oldest human remains: a sceptic's view, *Journal of Human Evolution* **38**:719–726, 2000.

የኬንያው የቮልካኖ አመድ ንጣፍ፤ 1960ዎቹ መጨረሻ አካባቢ ኬንያ ውስጥ በተገኘ የቮልካኖ አመድ ንጣፍ ላይ የተካሄዱ የፖታሲየም-አርጎን የዕድሜ ልኬቶች፥ የሬዲዮአክቲቭ የዕድሜ መለኪያ ዘዴዎች ነጻ አለመሆናቸውንና ነገር ግን አስቀድሞ በሚታመን ዕድሜ ላይ የሚወሰኑ መሆናቸውን የሚያሳየን አንዱ ምሳሌ ነው።

ኬኒያ ቱርካና (ሩዶልፍ) ሐይቅ አካባቢ KBS Tuff በመባል የሚታወቀው የቮልካኖ አመድ ንጣፍ እንደተገኘ፥ በመጀመሪያ በፊችና በሚለር የተለካው የፖታሲየም-አርጎን ዕድሜው ከ 212 ሚሊዮን እስከ 230 ሚሊዮን ዓመት መሆኑን አሳየ (F.J. Fitch and J.A. Miller, 'Radioisotopic Age Determinations of Lake Rudolf Artifact Site', Nature 226, April 18, 1970, p. 226)። ነገር ግን ይህ እዚያው ስፍራ ከተገኙት ፎሲሎች (የዝሆን፣አሣማ፣ ኤፖችና የመገልገኛ እቃዎች) ዕድሜ ጋር ስለማይስማማ እጅግ ትልቅ ዕድሜ መሆኑ ተገልጾ ውድቅ ተደረገ። ይሁንና በአካባቢው ሌሎች ፎሲሎች ባይኖሩ ኖሮ፥ይህ ዕድሜው እጅግ ትልቅ መሆኑን ወይም የተሳሳተ ዕድሜ መሆኑን ሊያውቁ አይችሉም ነበር። ናሙናው ተበክሏል የሚል ምክንያት ቀርቦ የልኬቱ ውጤት ተጣለ። ሌሎች አዳዲስ የማእድን ናሙናዎችን በመጠቀም በተደረገ ዳግም ምርመራ ለአመድ ንጣፉ 2.61 ሚሊዮን ዓመት ዕድሜ ተሰጠው። ይህ በጥሩ ሁኔታ የሚስማማ ሆነ። ቆየት ብሎም ይህ ዕድሜ በሌሎች ሁለት ዓይነት የዕድሜ መለኪያ ዘዴዎች (በ paleomagnetism እና በ fission tracks) 'ትክክለኝነቱ' ተረጋገጠ።

ከዚያ ሌላ ችግር መጣ። ሪቻርድ ሊኪ ከአመድ ንጣፉ በታች KNM-ER 1470 በመባል የሚታወቀውን ራስ ቅል ሲያገኝ ችግር ተፈጠረ። የራስ ቅሉ ከአመድ ንጣፉ ስር እንደመገኘቱ ዕድሜው ከንጣፉ በሙበለጥ የግድ ወደ 3 ሚሊዮን ዓመታት ግድም ተደርጎ ሊወሰድ ሆነ። (እንደ ኢቮሉሽናዊ ቲዎሪ ከታችኞቹ ንብብራት ውስጥ የሚገኙ ፎሲሎች፥ከላይኞቹ ይልቅ እጅግ የጥንት መሆን እንዳለባቸው ይታሰባል።) ነገር ግን ችግሩ በራሳቸው በኢቮሉሽኒስቶች እይታ የራስ ቅሉ ከ 3 ሚሊዮን ዓመት እጅግ የሚያንስ የሚመስል ዘመናዊ ራስ ቅል ነበር። ለዚህ ችግር የሚሆነው መፍትሄ፥የአመድ ንጣፉን ዕድሜ እንደገና ከ 2.61 ሚሊዮን ዓመት ወደታች ማሳነስ ነው።

ስለዚህ ከርትስና ሌሎች በተመረጡ የማእድን ናሙናዎች (pumice እና feldspar) የአመድ ንጣፉን ዕድሜ እንደገና ለኩትና 1.82 ሚሊዮን ዓመት ዕድሜ አገኙ። ይህ አዲሱ ዕድሜ ሪቻርድ ሊኪ ካገኘው ከራስ ቅል ገጽታ ጋር የሚስማማ ሆኖ ተገኘ።

በሌሎች ሳይንቲስቶች በ paleomagnetism እና በ fission tracks ዘዴዎች የተደረጉ የማጣራት ልኬቶች አሁንም ይህኛውን አነስተኛ የ 1.82 ሚሊዮን ዓመት ዕድሜ 'ትክክለኝነት' አረጋገጡ። (እነዚሁ ራሳቸው ዘዴዎች የቀደሞውን ትልቁን 2.61 ሚሊዮን ዓመት ዕድሜ 'ትክክለኛት' አረጋግጠው ነበር።) ስለዚህ በ 1980 ዓ.ም አዲስና ተስማሚ

የሆነ የ 1.82 ሚሊዮን ዓመት ዕድሜ ላይ በመደረስ የ 10 ዓመት ውዝግቡ ተቋጨ። ይህም በስፋት ተቀባይነት ያገኘ ሆነ።

ከዚህ የምናየው ነገር፥በሰፊው ከሚታመነው በተቃራኒ የዕድሜ መለኪያ ዘዴዎች፥ ዕድሜ የሚወሰንባቸው ቀዳሚዎቹ መንገዶች አለመሆናቸውን ነው። የሚሰጡት ውጤት ሁልጊዜም ከኢቮሉሽናዊው የጂኦሎጂና የፎሲሎች ትርጉም ከመሳሰሉ ከሌሎች ፋክተሮች ጋር እንዲስማማ 'ይተረጎማል'። ከቮልካኖ አመድ ንጣፉ ስር ራስ ቅል-1470 ባይገኝ ኖሮ፥የቮልካኖ አመድ ንጣፉ ዕድሜ 2.61 ሚሊዮን ዓመት እንደሆነ ተደርጎ መገለጹ አሁንም ድረስ ይቀጥል ነበር። ትክክለኛ በሆነ የሬዲዮአክቲቭ የዕድሜ መለኪያ ዘዴ የተለካና በሌሎች ዘዴዎችም ትክክለኛነቱ የተረጋገጠ እጅግ አስተማማኝ ዕድሜ እየተባለ የሚነገረንም ይቀጥል ነበር።

በተጨማሪም ዕድሜን ለመለካት የሚሆን 'ጥሩ' የዓለት ወይም የክርስታል ናሙና የሚያገኙት ከብዙ የዕድሜ ልኬቶች በኋላ መሆኑን ከዚህ እናያለን። አንድ ሰው ለዕድሜ መለኪያ የሚሆን 'ጥሩ' ናሙና ማግኘቱን የሚያውቀው እንዴት ነው? ናሙና 'ጥሩ' መሆኑን የሚያወቀው፥ አስቀድሞ የሚታመነውን ኢቮሉሽናዊ ዕድሜ የሚሰጥ ከሆነ ነው። 'መጥፎ' ወይም የተበከሉ ናሙናዎች የሚባሉት ከኢቮሉሽናዊው ጋር የማይጣጣም ዕድሜ የሚሰጡ ናቸው።

4 - <u>የሬዲዮአክቲቭ ሲስተም የዕድሜ አለካክ ሳይንስ</u>

የዕድሜ መለኪያ ዘዴዎች ችግሮችን በዝርዝር ከማየታችን በፊት ስለ ዕድሜ አለካክ ሳይንስ በአጭሩ እንመልከት።

<u>ሬዲዮአክቲቭ ኤሌመንት ምንድነው?</u> በዩኒቨርስ ውስጥ ያሉ ጠቅላላ አካላት ከ 92 ዓይነት ከተለያዩ ተፈጥሯዊ ኤሌመንቶች (አተሞች) የተገነቡ ናቸው። አብዛኞቹ በተፈጥሮ ያሉ ኤሌመንቶች የማይለወጡ ርጉዎች (stable) ናቸው። ለምሳሌ 13 ፕሩቶኖችን ከ 14 ኒውትሮኖች ጋር አጣምረህ አንድ ኒውኩለስን ከፈጠርክ በኋላ፥ 13 ኤሌክትሮኖች አምጥተህ ይህን ኒኩለስ እንዲሽከረከሩ ብታደርግ፥አንድ የአሉሚኒየም አተም (aluminum-27) ታገኛለህ። በሚሊዮን የሚቆጠሩ እንደዚህ ዓይነት የአሉሚኒየም አተሞችን አንድ ላይ ሰብስበህ ብታስቀምጣቸው የአሉሚኒየም ቁስአካል ታገኛለህ - ከዚህም የአሉሚኒየም ጣሳ ወይም የሲጋራ ፓኮ ውስጥ ያለውን ብልጭልጩን የአሉሚኒየም ወረቀት መሥራት ትችላለህ። በተፈጥሮ የምናገኛቸው አሉሚኒየሞች በሙሉ aluminum-27 በመባል ይታወቃሉ። አንድን የአሉሚኒየም አተም ወስደህ የሆነ ነገር ውስጥ አስቀምጠኸው ከብዙ ዓመታት በኋላ ብትመለስ የአሉሚኒየም አተሙ ሳይለወጥ እንዳለ ታገኘዋለህ - አይፈርስም። እንዲህ ዓይነት አተሞች ርጉ (stable)

በመባል ይታወቃሉ። ከመቶ ሃያ ዓመታት በፊት ሁሉም ዓይነት አተሞች (92 ቱም) ርጉዎች እንደሆኑ ተደርጎ ይታሰብ ነበር።

ይሁንና አንዳንዶቹ ኤሌመንቶች (አተሞች) በተፈጥሮአቸው ርጉ አይደሉም - እየፈረሱ ወደ ሌላ ዓይነት ኤለመንት ይለወጣሉ። እነዚህ ሬዲዮአክቲቭ ኤሌመንቶች (radioactive element) በመባል ይታወቃሉ፤ ሂደቱም ሬዲዮአክቲቭ ፍርሰት (radioactive decay) በመባል ይታወቃል። እነዚህ ኤሌመንቶች እየፈረሱ ወደ ሌላ ዓይነት አተም ሲለወጡ፥ አልፋ ፓርቲክሎችን (alpha particle)[4] ወይም ቤታ ፓርቲክሎችን (Beta particle) ወደ ውጭ ይለቃሉ።

የመጀመሪያው ፈራሽ ኤሌመንት ወላጅ-ኤለመንት (parent element) ተብሎ ሲጠራ፥በፍርሰት የሚገኘው አዲሱ ኤለመንት ደግሞ ልጅ-ኤሌመንት (daughter element) ተብሎ ይጠራል። ብዙውን ጊዜ ልጅ-ኤሌመንቶች ራሳቸውም ሬዲዮአክቲቭ ኤሌመንቶች ናቸው - ማለትም እነሱም እየፈረሱ ሌላ ልጅ-ኤሌመንቶችን ያስገኛሉ፤በመጨረሻ ሬዲዮአክቲቫዊ ያልሆነ ርጉ ኤሌመንት እስከሚገኝ ድረስ ይህ የመፍረስ ሂደት በልጅ ልጆቹም ላይ እየቀጠለ ይሄዳል። ለምሳሌ የራዲየም (radium) ኑኪለስ አልፋ ፓርቲክልን ወደ ውጭ በመርጨት ከራዲየምነት ወደ ራዶን (radon) ይለወጣል። ይህ ሬዲዮአክቲቫዊ ፍርሰት በዚህ ዓይነት ቀመር ይገለጻል ${}_{88}Ra^{226} \rightarrow {}_{86}Rn^{222} + {}_{2}He^{4}$ እዚህ ጋ ራዲየም (${}_{88}Ra^{226}$) ወላጅ-ኤለመንት ሲሆን ራዶን (${}_{86}Rn^{222}$) ደግሞ ልጅ-ኤለመንት ነው።

<u>**ግማሽ-ሕይወት (half-lives) ምንድነው?**</u> ራዲዮአክቲቭ ኤሌመንቶች በፍርሰት ብዛታቸውን በግማሽ ለመቀነስ የሚፈጅባቸው ጊዜ፥ግማሽ-ሕይወት (half-lives) በመባል ይታወቃል። ለምሳሌ ካርቦን-14 ወደ ናይትሮጂን የሚፈርስ ሬዲዮአክቲቭ አተም ሲሆን፥ግማሽ ሕይወቱ 5,730 ዓመት ነው። ይህ ማለት፥ለምሳሌ በአንድ ናሙና ውስጥ 1,000 የ ካርቦን-14 አተሞች ቢኖሩ፥ ከ5,730 ዓመታት (አንድ ግማሽ-ሕይወት) በኋላ በናሙናው ውስጥ 500 የ ካርቦን-14 አተሞች ብቻ ይቀራሉ፤ሌሎቹ አምስት መቶዎቹስ? እነሱ ፈርሰው ወደ ናይትሮጂን ተለውጠዋል።

ከ 11,460 ዓመታት (ከ ሁለት ግማሽ-ሕይወት) በኋላ በናሙናው ውስጥ የካርቦን-14 አተሞች ብዛት ዜሮ አይሆንም። ነገር ግን በመጀመሪያው ግማሽ-ሕይወት መጨረሻ ላይ ተርፈው ከነበሩት ግማሽ ያህሉ ይቀራሉ - ማለትም 250 ይቀራሉ። ይህ ማለት

---

[4] Alpha particle - ሁለት ፕሩቶንና ሁለት ኒውትሮን ብቻ የያዘ ነገር ግን ኤሌክትሮን የሌለው ፓርቲክል ነው - ወይም የሂሊየም አተም ኒውኩለስ ማለት ነው። Beta particle ኤሌክትሮኖች ናቸው።

ከመጀመሪያው ብዛት አንድ-አራተኛ (1/4) ማለት ነው። ከ 3 ግማሽ-ሕይወት በኋላ፥ አንድ-ስምተኛ ($1/8 = 1/2^3$) ያህሉ ይተርፋሉ። ከ 4 ግማሽ-ሕይወት በኋላ፥አንድ-አስራስድተኛ ($1/16 = 1/2^4$) ያህሉ ይተርፋሉ . . . ከ 10 ግማሽ ሕይወት በኋላ $1/2^{10}$ = 1/1024 ይተርፋሉ። በአጠቃላይ ከ n ግማሽ-ሕይወት በኋላ፥ ከመጀመሪያዎቹ ወላጅ አተሞች ውስጥ $1/2^n$ ብቻ ይቀራሉ። ይህ ዓይነት ቅነሳ *እርብ ፍርሰት* ወይም *እይላዊ ፍርሰት* (exponential decay) በመባል ይታወቃል። የተለያዩ ዓይነት ሬዲዮአክቲቫዊ ኤሌመንቶች (አተሞች)፥ ከጥቂት ደቂቃና ከጥቂት ቀናት እስከ ሚሊዮንና ቢሊዮን ዓመታት የሚደርስ የተለያየ ግማሽ-ሕይወት (half-lives) አላቸው።

የአንድ ዓለት ናሙናን ዕድሜ በትክክል ለመለካት እንዲቻል፥ በናሙና ዜሮ ዕድሜ ላይ በናሙናው ውስጥ የሚኖሩት ኤለመንቶች ሙሉ በሙሉ ወላጅ ኤለመንቶች ብቻ መሆን አለባቸው። ጊዜ ባለፈ ቁጥር ግን በፍርሰት ምክንያት የልጆቹ ኤለመንቶች ቁጥር ከዜሮ በመነሳት እየጨመረ ሲሄድ፥ የወላጅ ኤሌመንቶች ቁጥር በአንጻሩ እየቀነሰ ይመጣል። በናሙና ውስጥ የወላጅና የልጅ ኤለመንቶች ቁጥር እኩል ከሆኑ፥አንድ ግማሽ ሕይወት አልፏል ማለት ነው። የልጅ ኤለመንቶች ብዛት የወላጅ ኤለመንቶችን ብዛት አራት ጊዜ እጥፍ ከሆነ፥ሁለት ግማሽ ሕይወት አልፏል ማለት ነው፤ እንዲህ እያለ ይሄዳል። የልጆቹ ብዛት ለወላጆች ብዛት ንጻሬ (ratio) ዜሮ ከሆነ፥ ዜሮ ዕድሜ ማለት ነው። ከፍተኛ ንጻሬ ማለት ረጅም ዕድሜ ማለት ነው።

ይሁንና የአንድ ናሙና ዕድሜ የሚሰላበት ቀላል ቀመር አለ[5]። ስለዚህ ጠቅላላ የሚያስፈልገው ነገር፥በናሙናው ውስጥ ያሉት የልጆች/ወላጆች ብዛት መቁጠርና እና ይህ ቀላል ቀመር ነው።

ስለዚህ የሬዲዮአክቲቭ የዕድሜ መለኪያ ዘዴ የመጀመሪያው ደረጃ፥በናሙናው ዓለት ውስጥ ያሉትን የልጆቹና የወላጆቹ ብዛት በኬሚካል ትንተና ዘዴ መቁጠር ነው። ይህ የሚፈጸመው በዘመናዊ መሳሪያዎች በተደራጀ ላቦራቶሪ ውስጥ በሰለጠኑ ባለሙያዎች ነው፤ ስለዚህም በአጠቃላይ በላቦራቶሪ ኬሚካል ትንተናው ላይ ብዙም ችግር የለም። ይሁንና የዕድሜ መለኪያ ዘዴዎች ትልቁ ችግር ያለው፥ሊሟሉ የማይችሉ ቅድመ ሁኔታዎች በእመንታ የሚሸፈኑ መሆናቸውንና ከዳታዎቹ ትርጉም ላይ መሆኑን ከዚህ በታች በቁጥር 5 ውስጥ በዝርዝር እናያለን።

<u>የአንዳንድ ሬዲዮአክቲቭ ኤለመንቶች ግማሽ-ሕይወት</u>

(የመጀመሪያዎቹ ወላጅ-ኤሌመንቶች ሲሆኑ፥የኋለኞቹ በፍርሰት የሚገኙ ልጅ-ኤሌመንቶች ናቸው)

[5] ($N/N_0 = e^{-\lambda t}$ እና $t_{1/2} = \ln 2/\lambda$)

(1). ሳማሪየም-147 ወደ ኒኦዳይሚየም-143፥ ግማሽ-ሕይወት (half life) 106 ቢሊዮን ዓመት። (2) ሩቢዲየም-87 ወደ ስትሮንቺየም-87፥ግማሽ-ሕይወት 48.8 ቢሊዮን ዓመት። (3) ፖታሲየም-40 ወደ አርጎን-40፥ የግማሽ-ሕይወት 1.26 ቢሊዮን ዓመት። (4) ዩራኒየም-238 ወደ ሊድ-206፥ ግማሽ-ሕይወት 4.5 ቢሊዮን ዓመት። (5) ዩራኒየም-235 ወደ ሊድ-207፥ ግማሽ-ሕይወት 0.7 ቢሊዮን ዓመት። (6) ቶሪየም-232 ወደ ሊድ-208፥ ግማሽ-ሕይወት 14.1 ቢሊዮን ዓመት። (7) ቶሪየም-230 ወደ ራዲየም-226፥ ግማሽ-ሕይወት 75,400 ዓመት። (7) ካርቦን-14 ወደ ናይትሮጂን-14፥ ግማሽ-ሕይወት 5730 ዓመት። (8) ክሎሪን-36 ወደ አርጎን-36፥ግማሽ-ሕይወት 300,000 ዓመት . . . ወዘተ።

5 - ሊሟሉ የማይችሉ ሶስቱ መሠረታዊ ቅድመ ሁኔታዎች

በላቦራቶሪዎች ውስጥ በሚፈጸም የኬሚካል ትንተናዎች የሚከናወኑ የሬዲዮአክቲቭ የዕድሜ ልኬቶች ትክክለኛ ዕድሜ ማስገኘት የሚችሉት፥ የሚከተሉት ሶስት ቅድመ ሁኔታዎች የተሟሉ ከሆነ ብቻ ነው። እነዚህም፤

1- ዕድሜ የሚለካለት ናሙና ዝግ ሲስተም መሆን አለበት (ማለትም በናሙናው የዕድሜ ዘመን ሁሉ ልጅም ሆነ ወላጅ ኤለመንቶች ወደ ናሙናው መግባትም ሆነ መውጣት የለባቸውም)፤

2- መጀመሪያ ላይ (የናሙናው ዜሮ ዕድሜ ላይ) ልጅ ኤለመንት ሲስተሙ ውስጥ መኖር የለበትም፤

3- የሬዲዮአክቲቭ ኤለመንቱ የፍርሰት ፍጥነት በቀድሞ ጊዜና በአሁኑ ጊዜ አንድ ዓይነት ቋሚ መሆን አለበት።

የዕድሜ መለኪያ ዘዴዎች ትክክለኛ ዕድሜ መለካት የሚችሉት፥ሁልጊዜም እነዚህ ሶስት ቅድመሁኔታዎች ከተሟሉ ብቻ ነው፤ካለበለዚያ በሬዲዮአክቲቭ 'ሰዓት' የአለቶችን ዕድሜ በትክክል መለካት አይቻልም።

ሁሉም ዓይነት የሬዲዮአክቲቭ ዕድሜ መለኪያ ዘዴዎች የማያስተማምኑ መሆናቸው ግልጽ የሚሆነው፥ከእነዚህ ከሶስቱም አንዳቸውም ሊሟሉ ወይም ሊረጋገጡ የማይቻሉ መሆናቸውን ስንረዳ ነው። በቀላሉ ለማስቀመጥ ከእነዚህ ውስጥ አንዳቸውንም የሬዲአክቲቭ ኤለመንቱ እየፈረሰ አልፎበታል በሚባለው በ 'ሚሊዮኖች ዓመታት' ጊዜ ውስጥ ሁልጊዜም እውነት እንደነበሩ ማረጋገጥ አይቻልም።

ይሁንና እነዚህ ሊረጋገጡ የማይቻሉ መሆናቸውን ብቻ ሳይሆን፥ነገር ግን ሊሆኑ የማይችሉ መሆናቸውንም ማሳየት ይቻላል።

ይህን እንይ፤

ምዕራፍ 4 የዕድሜ መለኪያ ዘዴዎችና ችግሮቻቸው

(1) - **<u>እያንዳንዱ ናሙና ዝግ ሲስተም (closed system) መሆን አለበት።</u>** ዕድሜ የሚለካለት ናሙና (ዓለት) በፍርሰት (decay) ሂደት ወቅት - ማለትም በዕድሜ ዘመኑ ሁሉ ከውጭ በሚመጡ በወላጅ ወይም በልጅ ውጤቶች መበከል የለበትም - ካለበለዚያ ፍጹም የተሳሳተ ዕድሜ ይሰጠናል። ከውጭ ወደ ናሙናው ውስጥ የሚገባ ብቻ ሳይሆን፥ ከውስጥ ወደ ውጭ የሚወጣ ወላጅም ሆነ ልጅ ኤሌመንት መኖር የለበትም። ሲስተሙ ዝግ መሆን አለበት። ይህን ለማድረግ፥ናሙናው ዕድሜ ዘመኑን ሁሉ በውስጡ ምንም ነገር በማያስተላልፍ ነገር ታሽጎ መቀመጥ አለበት። ነገር ግን በተግባር የሚታየው እውነታ እንዲህ አይደለም።

በተጨባጭ የምናየው የዚህ ተቃራኒውን ነው፤እነዚህ ሲስተሞች ለሁሉም ዓይነት ውጫዊ ተጽእኖዎች ክፍት መሆናቸውን ነው። ዝግ ሲስተም የሚባል ነገር የለም። አንድ የቋጥኝ ድንጋይ ለቲዎሪያዊው 'ሚሊዮኖች' ዓመታት ከሌሎች ድንጋዮች ተነጥሎ፣ ከውሃ፣ ከኬሚካሎች፣ ከህዋ ከሚመጣ ተለዋዋጭ ጨረር ተጠብቆ ለብቻው ሊገኝ አይችልም። ነገር ግን አለቶች በማግማ ቅዝቀዛ ክርስቲያል ከሆኑ በኋላ ዳግም ሊሞቁና ሊቀዘቅዙ ይችላሉ፤በምድር ውስጥ ውኃና በምድር ውስጥ ክስተቶች ለውጥ ሊያመጡ ይችላሉ። እነዚህ ስነምድራዊ ክስተቶች አለቶቹ ኤለመንቶችን እንዲያጡ ወይም እንዲያገኙ ሊያደርጉ ይችላሉ።

ወላጅ እና ልጅ አተሞቹ ዘወትር በእንቅስቃሴ ላይ ናቸው። ለምሳሌ ዩራኒየም በአጠቃላይ በተፈጥሯዊ አካባቢ - በተለይ ገጸ-ምድር አካባቢ በምድር ውሃ ውስጥ ተንቀሳቃሽ ኤለመንት መሆኑ ይታወቃል። አንዳንድ ዩራኒየሞች ከዓለት ናሙናው ላይ በውኃ ሊጠረጉ ይችላሉ፤በዚህም አለቱ ከእውነተኛ ዕድሜው በላይ እጅግ ያረጀ ዕድሜ ያለው መስሎ ሊታይ ይችላል። ሙቀትና የአለቶች ቅርጽ መለዋወጥ እነዚህን አተሞች ከድንጋዩ ለቀው እንዲሄዱ ሊያደርጋቸው ይችላል። በዩራኒየም-ሊድ (U-Pb dating) ሲስተም ውስጥ፥ ልጅ ኤለመንቶቹ (Pb) በቀላሉ መንቀሳቀስ እንደሚችሉ ለማወቅ ተችሏል። ሊድ (Pb) በአነስተኛ የሙቀት መጠን ሳይቀር እየተነነ ከድንጋዩ ማምለጥ ይችላል። እንዲሁም ነጻ ኒውትሮኖች Pb-206 ን (ሊድ-206 ን) መጀመሪያ ወደ Pb-207 በመቀጠልም ወደ Pb-208 ሊለውጡት ይችላሉ። በፖታሲየም-አርጎን (K-Ar <u>dating</u>) ሲስተምም አርጎን ከድንጋዮቹ ላይ እያመለጠ ሊወጣ የሚችል ጋዝ ነው። በተቃራኒውም ከታች ከምድር ውስጥ አርጎኖች ወደላይ በመውጣትና በመቀዝቀዝ ላይ ያሉ አለቶችን ሊበክሉ ይችላሉ። ፖታሲየምም በተወሰኑ ሁኔታዎች ውስጥ ቀስ በቀስ በውሃ እየተሸረሸረ ሊወሰድ የሚችል ኤለመንት ነው። የዚሁ ሲስተም ልጁ ኤሌመንት አርጎን-40 (Ar-40) የአትሞስፌርን አንድ ፐርሰንት የሚሰራ ነው። በአካባቢ ያሉ አርጎኖች በግፊትና በፈጣን ቅዝቀዛ እዚያ ሊጠመዱና ለናሙናው እጅግ ከፍተኛ ዕድሜን ሊያሰጡ ይችላሉ።

በ Rubidium (87)- Strontium (48.8 ቢሊዮን ግማሽ ሕይወት) ሲስተም፥ ልጅ አተሙ ስትሮንቺየም በምድር ውስጥ በብዛት የሚገኝ መሆኑ፥ ናሙናውን በቀላሉ እንዲበከል

የሚያደርግ ሁኔታ ነው። ወላጅ አተሙ ረቢዲየምም ከአለቱ ላይ በውሃ ቀስ በቀስ እየተጠረገ ሊቀንስ ይችላል። እነዚህ ሁኔታዎች ከናሙናው እውነተኛ ዕድሜ እጅግ የተለየ ዕድሜ እንዲገኝ የሚያደርጉ ሁኔታዎች ናቸው።

እነዚህንና ሌሎችንም ችግሮች ስንመለከት የዕድሜ መለኪያ ሲስተሞች በአንድ ዓለት ላይ ባሉ በተለያዩ ቦታዎች ላይ እንኳን ሳይቀር እጅግ የተለያየ ዕድሜን ለምን እንደሚሰጡ ይገባናል (እንዲህ ዓይነት ምሳሌዎችን ወደታች እናያለን)።

ስናጠቃልለው፥ አለቶች/ናሙናዎች/ ከአካባቢያቸው ተነጥለው የታሸጉ ዝግ ሲስተም ሊሆኑ አይችሉም።

የተለያዩ ዓይነት የዕድሜ መለኪያ ዘዴዎች፥ ዕድሜያቸው በትክክል ለሚታወቁ አካላት ትክክል ያልሆነ ዕድሜ ሲሰጡ ይታያል። ለምሳሌ በሴንት ሔለንስ ተራራ አናት ላይ በ1986 ዓ.ም ከፈነዳው የእሳተ ገመራ ላቫ ቀዝቅዘው ወደ ዓለትነት ከተለወጡ ድንጋዮች መካከል በ1997 ዓ.ም ከተለያዩ አምስት ቦታዎች ለናሙና ተወስደው ዕድሜያቸው በፖታሲየም-አርጎን ሲለካ፥ ከ 340,000 ዓመት እስከ 3 ሚሊዮን ዓመታት ዕድሜ ሆኖ ተገኝቷል። ሁሉም ግን የአስራ አንድ ዓመት ዕድሜ ብቻ ያላቸው አለቶች ነበሩ። እነዚህ ድንጋዮች መቼ ወደ ጠጣርነት በመለወጥ ድንጋይ መሆን እንደጀመሩ ይታወቃል። እነዚህ የሚታወቅ ዕድሜ ያላቸው ድንጋዮች ዕድሜ፥ በዚህ እውቅ በሆነ የሬዲዮአክቲቭ ዘዴ ሲለካ ትክክለኛውን ዕድሜ ሊነግረን እንዳልቻለ እያወቅን፥ የማይታወቅ ዕድሜ ያላቸውን አለቶች እንዴት በዚሁ ዘዴ እየለካን እንደ ትክክለኛ ዕድሜ አድርገን መውሰድ እንችላለን? (የዚህ ዓይነት ሌሎች በርካታ ምሳሌዎችን በዚሁ ምዕራፍ ውስጥ ታገኛለህ።)

(2) - <u>እያንዳንዱ ናሙና፥በመጀመሪያ ምንም ዓይነት ልጅ ኤሌመንት የያዘ መሆን የለበትም</u>። ለምሳሌ አንድ ቁራጭ የ ዩራኒየም-238 ናሙና በውስጡ መጀመሪያ ላይ ሊድ ወይም ሌላ ዓይነት ልጅ ኤለመንት ሊኖረው አይገባም። ገና ከመጀመሪያው ልጅ ኤለመንቶችን ይዞ ከነበረ፥የሚሰላው ዕድሜ እጅግ ትልቅ የሆነ ሙሉ በሙሉ የተሳሳተ ዕድሜ ይሆናል። በመጀመሪያ መኖር የሚገባቸው ወላጅ ዩራኒየም አተሞች ብቻ ናቸው። ስለዚህ ከአይሶክሮን (isochron)[6] የዕድሜ መለኪያ ዘዴ በስተቀር ሌሎቹ ሁሉም የዕድሜ መለኪያዎች ዘዴዎች፥ መጀመሪያ ላይ ምንም ዓይነት ልጅ ኤሌመንቶች የሌሉ አድርገው

[6] አይሶክሮን (isochron) የዕድሜ መለኪያ ዘዴ ብቻ፥ ከሌሎቹ የዕድሜ መለኪያ ዘዴዎች በተለየ የናሙናው ዜሮ ዕድሜ ላይ ስለ መጀመሪያዎቹ የልጅ ኤለመንቶች ብዛት እርግጠኛ ያልሆኑ እምንታዎችን (assumptions) መጠቀም አያስፈልገውም። ይሁንና ይህም የዕድሜ መለኪያ ዘዴም ቢሆን የራሱ ችግሮች ያሉበት የማያስተማምን የዕድሜ መለኪያ ሲስተም መሆኑን በዚህ ምዕራፍ መጨረሻ ላይ አፒንዳክስ ውስጥ እናየዋለን።

በመውሰድ የሚሰሩ ናቸው። ነገር ግን ይህን እምንታ ልናረጋግጥ የምንችልበት ምንም ዓይነት መንገድ የለም። በሆነ የራዲዮአክቲቭ ማዕድን ውስጥ ጥንት በመጀመሪያ ምን እንደነበረ ማወቅ ፈጽሞ አይቻልም። መጀመሪያ ላይ ወላጅ ሬዲዮአክቲቭ ኤሌመንቶች ብቻ ነበሩ? ወይስ መጀመሪያውኑም ልጅ ኤሌመንቶችም አብረው ነበሩ? ይህን አናውቅም! ልናውቅ የምንችልበት መንገድም የለም። ያኔ ማንም እዚያ አልነበረም። ሰዎች ሊገምቱ ይችላሉ፤እምንታዎችን (assumptions) ተጠቅመው ከሆኑ ዕድሜዎች ጋ በመምጣት ከሌላው ጋር የሚስማማውን ብቻ ይፋ በማውጣት ሌሎቹን ሊጥሉ ይችላሉ - ኢቮሊሽናዊ ሳይንቲስቶች በትክክል እያደረጉ ያሉት ይህንን ነው!

ይህ ሁኔታ እነዚህን የዕድሜ መለኪያ ዘዴዎች የማያስተማምኑ እንዲሆኑ ያደርጋቸዋል - ምክንያቱም ከመጀመሪያውኑም ናሙናው ውስጥ የነበሩ የልጅ ኤለመንቶች ብዛት የማይታወቅ ከሆነ፥የአሁኑ ብዛታቸውን ብቻ በማወቅ ዕድሜን በትክክል ማስላት አይቻልም። ለትክክለኛ የዕድሜ ልኬት ናሙናው ውስጥ ከመጀመሪያውኑም የነበሩ የልጅ ኤለመንቶች ብዛት ከዛሬው ብዛታቸው ላይ መቀነስ አለበት። ወይም መጀመሪያ ላይ ምንም ልጅ ኤለመንቶች መኖር የለባቸውም። አንድ ዓለት መጀመሪያ ላይ ሲመሰረት በውስጡ የነበሩት የኤለምንቶች ዓይነትና ብዛት ማወቂያ መንገድ ከሌለ ዕድሜው ሚሊዮኖች ወይም ቢሊዮኖች ዓመታት ነው ብሎ መወሰን የሚቻልበት መንገድ የለም።

(3) - <u>የፍርሰቱ ፍጥነት (decay rate) ሁልጊዜም አንድ ዓይነት መሆን አለበት</u> - የሬዲዮአክቲቭ የዕድሜ መለኪያ ዘዴዎች በትክክል መለካት እንዲችሉ፥ የሬዲዮአክቲቭ ኤለመንቶች የፍርሰት ፍጥነት[7] በሁሉም ዘመናት ውስጥ አንድ ዓይነት መሆን አለባቸው። ስለዚህም የፍርሰት ፍጥነት በሁሉም ዘመንና ሁኔታዎች ውስጥ ፈጽሞ የማይለወጥ ሁልጊዜም አንድ ዓይነት ነው የሚል እምንታ ይወሰዳል (ሌላው ቀርቶ በምድር ጥልቅ ውስጥና በሌሎች ፕላኔቲቶች ላይ ሳይቀር)።

እዚህ ጋም ወዳለፉ ዘመናት ተመልሰን ይህ እምንታ ትክክል መሆኑን ልናረጋግጥ የምንችልበት መንገድ የለም። ባለፉት ዘመናት የፍርሰት ፍጥነት የማይለዋወጥ አንድ ዓይነት መሆኑን ማንም ሳይንቲስት እርግጠኛ ሊሆን አይችልም - ባለፉት በጥንቶቹ ዘመናት ውስጥ የተለካ መረጃ የለም። ወደ ኋለኞቹ ዘመናት ተመልሰን የቀድሞው የፍርሰት ፍጥነት ምን ያህል እንደነበር መለካት ወይም ከዛሬው የፍርሰት ፍጥነት ጋር አንድ ዓይነት እንደበነር ማረጋገጥ አንችልም። ስለዚህ የፍርሰት ፍጥነት ሁልጊዜም አንድ ዓይነት ነው የሚለው ሃሳብ የተረጋገጠ ሳይሆን በእምንታ (assumption) የተወሰደ ብቻ ነው።

ከዚህ እምንታ በተቃራኒ፥ የፍርሰት ፍጥነት በዘመናት ውስጥ ተለዋውጦ የነበረ ከሆነ

---

[7] የሬዲዮአክቲቭ ኤለመንቶች የፍርሰት ፍጥነት የሚገለጸው፥ በግማሽ-ሕይወት half-life ነው። ትንሽ ግማሽ ሕይወት ማለት ፈጣን የፍርሰት ፍጥነት ማለት ሲሆን፥ትልቅ ግማሽ ሕይወት ማለት ዝግተኛ የፍርሰት ፍጥነት ማለት ነው።

ማንኛውም በሬዲዮአክቲቭ ፍርሰት ላይ የተመሰረተ ዕድሜ ዋጋቢስ ይሆናል። አንድ ሬዲዮአክቲቭ ኤለመንት የቀድሞ ዘመን የፍርሰት ፍጥነቱ ከዛሬው የፍርሰት ፍጥነቱ ከፍተኛ የነበረ ከሆነ፥ እስከዛሬ በርሱ የተለኩት የጥንት የተባሉ አለቶች በሙሉ የቅርብ ጊዜ ወጣት አለቶች ናቸው ማለት ነው። በሌላ አባባል የሬዲዮአክቲቭ ኤለመንቶች የቀድሞ ጊዜ የፍርሰት ፍጥነት ከዛሬው ይልቅ የተፋጠነ የነበረ ከሆነ፥በአሁኑ ዝግተኛ የፍርሰት ፍጥነት የሚለካ የአንድ ወጣት ናሙና ዕድሜ ከእውነተኛው ዕድሜው የበለጠ እጅግ ያረጀ ዕድሜ ያለው መስሎ እንዲታይ ያደርገዋል።

ይሁንና የሬዲዮአክቲቭ ኤለመንተቶች የፍርሰት ፍጥነት በቀድሞ ጊዜ እጅግ ከፍተኛ እንደነበር የሚያሳዩ ማስረጃዎች - ማለትም ኤለመንቶች በተፋጠነ ሁኔታ ይፈርሱ እንደነበር የሚያሳዩ ማስረጃዎች ተገኝተዋል። እነዚህን በቁጥር 6 ውስጥ እናያቸዋለን።

<u>እመንታዎች የዕድሜ ስሌትን እንዴት መለወጥ እንደሚችሉ የሚያሳይ ምሳሌ</u>

የዕድሜ መለኪያ ሲስተሞች የሚጠቀሙባቸው እመንታዎች በሚሰላው ዕድሜ ላይ እንዴት ወሳኝ እንደሆኑ፥ ታስ ዎከር ለተማሪዎቹ ለማስረዳት የመለኪያ ሲልንደር (measuring cylinder) ስእልን እንዴት እንደሚጠቀም እንዲህ ሲል ገልጿል፤

“ለተማሪዎቼ ሳይንሳዊ የዕድሜ አለካክ ዘዴ እንዴት እንደሚሰራ ለማስረዳት የመለኪያ ሲሊንደር (measuring cylinder) ስእል እጠቀማለሁ። ስእሌ ውሃ ከቧንቧ ወደ ሲሊንደር ሲንጠባጠብ ያሳያል። ሲሊንደሩ በውስጡ የያዘው ውሃ በትክክል 300 ሚሊሊትር መሆኑን ተመልካቾቼ ማየት እንዲችሉ በግልጽ ምልክት ተደርጎበታል። በተጨማሪም፥ ውኃው 50 ሚሊሊትር በአንድ ሰዓት በሆነ ፍጥነት እየተንጠባጠበ መሆኑን ስእሉ ያሳያል።”

“እንዲህ ስል እጠይቃቸዋለሁ፤ ‘ውሃው ወደ ሲሊንደሩ ለምን ያህል ጊዜ ነው ሲፈስ የቆየው?’

“ወዲያውኑ አንዱ ‘ለ ስድስት ሰዓት’ በማለት ይመልሳል።”

‘ጥሩ፤እንዴት ነው የሰራኸው?’

‘ሲልንደሩ ውስጥ ያለውን የውሃ መጠን (300 ሚሊ ሊትር) ለሚንጠባጡበበት ፍጥነት (50 ሚሊ ሊትር በሰዓት) በማካፈል።’

‘ትክክል፤የአንድን ነገር ዕድሜ በሳይንሳዊ ዘዴ መለካት እንዴት ቀላል እንደሆነ አያችሁ? ሳይንቲስቶች የሚጠቀሙበት እያንዳንዱ የዕድሜ መለኪያ ዘዴ የሚሰራው በትክክል በዚህ ዓይነት ነው። ከጊዜ ጋር የሚለወጥ ነገርን መለካት ላይ ያተኮረ ነው። ነገር ግን ችግሩ፥ስድስት ሰዓት የተሳሳተ መልስ መሆኑ ነው። ትክክለኛው መልስ አንድ ሰዓት ብቻ ነው!’ ”

"ይሄኔ ሁሉም በመገረም ይመለከታሉ።"

" 'ውኃው እንዴት ለአንድ ሰዓት ያህል ብቻ ይንጠባጠብ እንደነበር፥ ከእናንተ መካከል የሚነግረኝ አለ?"

"ብዙም ሳይቆዩ ከመካከላቸው አንዱ 'ቧንቧው መጀመሪያ ላይ በፍጥነት ይፈስ ነበር?'

" 'ምናልባት ያም ሊሆን ይችላል።' "

"'ሲሊንደሩ መጀመሪያውኑም በውስጡ ውሃ ይዞ ነበር?' "

" 'ይህም ሊሆን ይችላል! ነገር ግን በመጀመሪያ ምን አድርጋቹህ እንደነበር አስተውላችኋል? ዕድሜን ለማስላት ስላለፈው ጊዜ እምንታዎችን (assumptions) አውጥታችሁ ነበር። ውሃው የሚንጠባጠብበት ፍጥነት ሁልጊዜም 50 ሚሊ ሜትር በሰዓት ነበር የሚልና ሲሊንደሩ በመጀመሪያ ላይ ባዶ ነበር የሚሉ እምንታዎችን ተጠቅማቹህ ነበር። በእነዚህ እምንታዎች ተመስርታችሁ ስድስት ሰዓት አሰላችሁ። በዚህ መልስም ሁላችሁም እርግጠኛ ስለነበራችሁ አንድም ሰው የተቃወመ አልነበረም። ትክክለኛውን መልስ እኔ ስነግራችሁ ግን ምን እንዳደረጋችሁ አስተውላችኋል? እኔ ከነገርኳችህ ዕድሜ ጋር ለመስማማት ወዲያውኑ ስላለፈው ጊዜ የተጠቀማች ሁበትን እምንታችሁን ለወጣችሁት። እያንዳንዱ ሳይንቲስት ዕድሜን ከማስላቱ በፊት ስላለፈው ጊዜ እምንታዎችን ማውጣት አለበት። ውጤቱ ተስማሚ የሚመስል ከሆነ በደስታ ይቀበለዋል። ነገር ግን ከሌላ መረጃ ጋር የማይስማማ ከሆነ መልሱ እንዲስማማ ለማድረግ እምንታዎቹን ይለውጣቸዋል። የሚሰላው ዕድሜ እጅግ ወጣት ወይም እጅግ ያረጀ ቢሆን ምንም ችግር የለውም። ተስማሚ መልስ ለማግኘት ሳይንቲስቶች ማውጣት የሚችሏቸው በርካታ እምንታዎች አሉ።' "

የሳይንሳዊ የዕድሜ መለኪያ ዘዴ ዋነኛው መሰረት፥ የአለካኩ መንገድ ሳይሆን የአስተሳሰቡ መንገድ ነው።

6 - የተፋጠነ የፍርስት ፍጥነት ማስረጃዎች

ከመጀመሪያዎቹ እምንታዎች ውስጥ መሰረታዊ የሆነው ሁሉም ሬዲዮአክቲቭ ሰዓቶች - ካርቦን 14 ን ጨምሮ - አሁንና ባለፉት ጊዜያት በውጭያዊ ሁኔታዎች ሊለወጥ የማይችል ቋሚ የፍርሰት ፍጥነት እንዳላቸው ተደርጎ የሚወሰደው እምንታ ነው።

ይሁንና RATE (Radioisotopes and the Age of The Earth) በመባል የሚታወቅ

ስምንት ሳይንቲስቶችን የያዘ የሳይንሳዊ ምርምር ቡድን[8] በቀድሞ ጊዜ የሬዲዮአክቲቭ ማዕድናት ፍርሰት እጅግ በተፋጠነ ሁኔታ የተፈጸመ መሆኑን የሚጠቁሙ አራት የተለያዩ ማስረጃዎች በመስክ ላይ ባደረገው ምርምር አሰባስቧል። (1) የፖሎኒየም ከባቢጸዳሎች (radiohalos) (2) በዚርኮን ክሪስታል ውስጥ የሂሊየም ክምችት (3) የአይሶቶፖች አለመስማማት (discordance) (4) በአልማዝ ውስጥ የ C-14 መኖር።

ይህ ምናልባት በፍጥረት ቀናትና በታላቁ የጥፋት ውኃ ወቅት ሳይፈጸም እንዳልቀረ የሚገመት የቀድሞው እጅግ የተፋጠነ ፍርሰት፥ በዛሬዎቹ እጅግ ዝግተኛ በሆኑት የፍርሰት ፍጥነቶች የሚለኩ በሚሊዮኖችና በቢሊዮኖች ዓመታት የሚቆጠሩ የዓለት ዕድሜዎችን እውነተኛ ዕድሜ ወደ ጥቂት ሺህ ዓመታት የሚያወርድ ነው።

ከዚህ በታች እነዚህን አራቱንና ሌሎች ተጨማሪ ማስረጃዎችን እናያለን።

1) <u>ከባቢጸዳሎች (Radiohalos)</u> - ከሬዲአክቲቭ ኤለመንት ፍርሰት የሚመነጩ ጨረሮች፥ በአተማዊ አቀማመጥ ላይ የቀለም መበላሸት (discolouration) የሚመስል ጉዳት ማስከተል ይችላሉ። ይህ ዓይነት የቀለም ለውጥ በበርካታ የግራኒት አለቶች ውስጥ የሚገኝ ሲሆን፥ ይህም በአለቱ ውስጥ በቀድሞ ጊዜ የሬዲዮአክቲቭ ፍርሰት የተፈጸመ መሆኑን የሚያሳ ነው። ይህ የቀለም ለውጥ የሚገለጠው፥ ወገቡ ላይ በተቆረጠ ሽንኩርት ውስጥ እንደምናያቸው ዓይነት፥አንዱ በሌላው ውስጥ በሚካበቡ ክብ ቅርጾች ነው። እነዚህ ባለ ቀለም ክቦች ከባቢጸዳሎች “radiohalos” ወይም ‘halo’ በመባል ይታወቃሉ። ሁልጊዜም የክብ ቀለበቶቹ መሃል ላይ ጨረሩን የፈጠረው ሬዲዮአክቲቭ ኤለመንት ቅንጣት (ለምሳሌ ዩራኒየም) ይኖራል። የተለያዩ ዓይነት ሬዲዮአክቲቭ ኤለመንቶች የሚሰሩት ከባቢጸዳል “radiohalo” የተለያየ ዓይነት ነው። ሳይንቲስቶች ቀለበቶቹን በማጥናት፥ከባቢጸዳሎችን የፈጠረው የሬዲዮአክቲቭ ኤለመንት ምን ዓይነት እንደሆነ ማወቅ ይችላሉ።

ይሁንና ሳይንቲስቶች አንድ እንግዳ የሆነ ነገር አስተውለዋል፤ዩራኒየምን ከመሳሰሉ ሌሎች ኤለመንቶች የተሰሩ ከባቢጸዳሎች በሌሉበት፥በፖሎኒየም (polonium) ኤለመንት ብቻ የተሰሩ ከባቢጸዳሎች ተገኝተዋል። ይህ ያልተጠበቀ ሁኔታ ነው፤ምክንያቱም ሶስቱም የፖሎኒየም አይሶቶፖች በዩራኒየም የፍርሰት ሰንሰለት ውስጥ የልጅ ልጅ . . . ልጅ

---

[8] 8 ቱ የቡድኑ አባላት፥ (1) Larry Vardiman, Ph.D. Atmospheric Science (project co-ordinator) (2) D. Russell Humphreys, Ph.D. Physics (helium diffusion) (3) Eugene F. Chaffin, Ph.D. Physics (theoretical models) (4) Donald DeYoung, Ph.D. Physics (5) John R. Baumgardner, Ph.D. Geophysics (radiocarbon) (6) Steven A. Austin, Ph.D. Geology (rock dating) (7) Andrew A. Snelling, Ph.D. Geology (rock dating, fission tracks, radiohalos) (8) Steven W. Boyd, Ph.D. Hebraic and Cognate Studies

ውጤቶች ናቸው። የፖሎኒየም ቀለበቶች ካሉ፥ የዩራኒየም እና/ወይም የቶሪየም ወይም የሌሎች ልጅ ኤለመንቶች ቀለበቶችም አብረው መኖር ነበረባቸው። በአንዳንድ ሁኔታዎች ላይ ግን ሁኔታው ይህ ሆኖ አልተገኘም።

ይህ እንዴት ሊሆን ይችላል?

ጂኦሎጂስቱ ዶክተር አንድሪው ስኔሊንግ፥ለዚህ አንድ ምክንያታዊ የሆነ መላምት አቅርቧል። በመደበኛው የዩራኒም ፍርሰት የተፈጠረ ፖሎኒየም (polonium)፥ ከዩራኒየም ከባቢጸዳሎች ውጭ እዛው ዓለት ውስጥ ወደ ሌላ ቦታ በውኃ ተወስዷል። እዚያ የፖሎኒየም ቀለበቶችን ብቻ የያዘ የራሱን ከባቢጸዳል ሰርቷል። 'የፖሎኒየም ብቻ' ከባቢጸዳል (radiohalo)፥ ወላጅ አልባ ከባቢጸዳል (parentless radiohalo) በመባል ይታወቃል፤ምክንያቱም ወላጅ የሆነው የዩራኒየም ቀለበቶች (ወይንም የሌሎች ልጅ ኤለመንቶች ቀለበቶች) አብረው የሉም።

አሁን ነጥቡ እንዲህ ነው፤

የፖሎኒየም ከባቢጸዳሎችን ለመስራት፥ከፍተኛ የፖሎኒየሞች ክምችት ያስፈልጋል። ከፍተኛ የፖሎኒየሞች ክምችት ለማግኘት ደግሞ፥ዩራኒየም 500 ሚሊዮን የሚሆኑ አልፋ ፓርቲክሎችን ወደ ውጭ መልቀቅ አለበት። ይህ ደግሞ በአሁኑ እጅግ ዝግተኛ በሆነ የዩራኒየም የፍርሰት ፍጥነት 100 ሚሊዮን ዓመታት ይፈጃል። ነገር ግን የሶስቱም ዓይነት የፖሎኒየም አይሶቶፖች የሕይወት ዘመን እጅግ አጭር ስለሆነ[9] (ትልቁ 138 ቀን ነው)፥ ከባቢጸዳሎችን ለመስራት የፖሎኒየም አይሶቶፖች ለዚያ ያህል ዘመን እየተከማቹ ሊጠብቁ አይችሉም፤ በአጫጭር ጊዜ ውስጥ ራሳቸውም ፈርሰው ያልቃሉ፤ለ100 ሚሊዮን ዓመታት መጠባበቅ አይችሉም። ነገር ግን ዛሬ በግራኒት አለቶች ውስጥ የፖሎኒየም ከባቢጸዳሎችን እናገኛለን። ይህ ችግር ሊፈታ የሚቻልበት አንዱ መንገድ - ምናልባትም ብቸኛው መንገድ - ዩራኒየም በቀድሞ ጊዜ እጅግ በከፍተኛ ፍጥነት ይፈርስ የነበረ ከሆነ ነው። የሚፈለገውን ያህል ብዛት ያላቸው የፖሎኒየሞች ክምችት ሁሉንም 'በአንድ ጊዜ' ለማግኘት፥በቀድሞ ጊዜ ዩራኒየም እጅግ በፍጥነት መፍረስ አለበት።

በቀድሞ ጊዜ የዩራኒየም ፍርሰት እጅግ የተፋጠነ ከነበረ፥ የሌሎች ሬዲዮአክቲቭ ኤለመንቶች ፍርሰትም የተፋጠነ ሊሆን ይችላል።

(ስለ ፖሎኒየም ከባቢጸዳል ተጨማሪ ገለፃ "የወጣት መሬት ማስረጃዎች" በሚለው በሚቀጥለው ምዕራፍ 5 ውስጥ ታገኛለህ።)

---

9 የፖሎኒየም-210 (^{210}Po) ግማሽ-ሕይወት (half-life) 138 ቀናት ሲሆን፣ የፖሎኒየም-214 (^{214}Po) ግማሽ-ሕይወት 164 ማይክሮሰከንድ፣ የፖሎኒየም-218 (^{218}Po) ደግሞ 3 ደቂቃ ነው።

2) <u>የሂልየም ትነት ከዚርኮን ማእድን ውስጥ (Helium Diffution in Zircons)</u> – በሬት (RATE) ቡድን የተካሄደ ሌላ ምርምር፥ በዛሬው የፍርሰት ፍጥነት የ ''1.5 ቢሊዮን ዓመት'' የሚፈጅ የኒኩለር ፍርሰት ከ **4,000** እስከ **8,000** ዓመታት አጭር ጊዜ ውስጥ የተፈጸመ መሆኑን አሳይቷል። ይህ የመሬትን የ '4.6 ቢሊዮን ዓመት' ኢቮሉሽናዊ ዕድሜ ወደ ጥቂት ሺህ ዓመታት የሚያወርደው ሲሆን፥በተጨማሪም በቀድሞ ጊዜ የተፋጠነ የፍርሰት ፍጥነት እንደነበር የሚያሳይ ማስረጃም ነው።

ግኝቱ ምንድነው?

ከጥልቅ ምድር ውስጥ በቁፋሮ የሚወጡ ግራኒት (granites) አለቶች ላይ የሚገኙ ዚርኮን (zircon) የሚባሉ ክሪስታል ሚኒራሎች አሉ። እነዚህ ሚኒራሎች ከፍተኛ መጠን ያለው ዩራኒየም የሚይዙ ሲሆን፥በነዚህ ዩራኒየሞች ፍርሰት ወቅት ሂሊየሞች (Helium) ይለቀቃሉ። እነዚህ ሂሊየሞች ኢንተርአክት የማያደርጉ ቀላል ጋዞች ስለሆኑ፥በዩራኒየም ፍርሰት ከሚመረቱበት በበለጠ ፍጥነት ከክሪስታሉ ላይ በቀላሉ እያመለጡ መውጣት አለባቸው - መደበኛው የዩራኒየም የፍርሰት ፍጥነት እጅግ ዝግተኛ ስለሆነ።

ነገር ግን 1.5 ቢሊዮን ዓመት ዕድሜ እንዳለው በሚታመን በዚርኮን (zircon) ክሪስታሎች ላይ የሬት (RATE) ቡድን ባካሄደው ምርምር፥ክርስቲያሎቹ ከፍተኛ መጠን ያለው ሂሊየም (Helium) የያዙ መሆናቸውን አረጋግጧል።

ሂሊየም ኬሚካላዊ አጸግብሮት የማይፈጽምና በቀላሉ ከአለቶች ላይ አምልጦ መውጣት የሚችል ጋዝ ቢሆንም፥ ነገር ግን '1.5 ቢሊዮን ዓመት' ዕድሜ ባለው ዚርኮን ማእድን ውስጥ በፍርሰት ከተገኙት ጠቅላላ ሂሊየሞች መካከል 58 % የሚሆኑት አሁንም ገና ዚርኮን ክሪስታል ውስጥ ያሉ መሆናቸው በረጅም ዕድሜ አማኞች የሚጠበቅ አይደለም፤ምክንያቱም ሂሊሞች ከክሪስታሉ ላይ በቀላሉ አምልጠው እንደሚወጡ ይታወቃል። ከሚመረቱበት ከዛሬው እጅግ ዝግተኛ ፍጥነት ጋር ሲስተያይ፥በአሁኑ ጊዜ ክሪስታሉ ላይ አንድም ሂሊየም መገኘት አልነበረበትም። በሌላ አባባል ዩራኒየም-238 ሲፈርስ የኖረው በእርግጥ ላለፉት 1.5 ቢሊዮን ዓመታት ቢሆን ኖሮ፥ ጠቅላላ ሂሊየሞች ገና ድሮ አምልጠው ማለቅ ነበረባቸው።

ከዚህ ከላይኛው ሊደረስበት የሚችል ማንኛውንም ዓይነት ድምዳሜ የሚወሰነው፥ ሂሊየሞች ከዚርኮን እያመለጡ የሚወጡበትን ፍጥነት መለካት ላይ ስለሆነ፤ የሬት (RATE) ቡድን፥ በምድራችን ላይ ካሉ ይህን ፍጥነት ከሚለኩ ቁጥር አንድ ከሚባሉ ላቦራቶሪዎች ወደ አንዱ ናሙና በመላክ ሂሊየሞች ከዚርኮን አለት ላይ እያመለጡ የሚወጡበትን ፍጥነት እንደለካ አስደረገ። በመጨረሻ የመጣው መልስ፥በእርግጥም ሂሊየሞች በከፍተኛ ቴምፐሬቸር ውስጥ በፍጥነት እያመለጡ እንደሚወጡ የሚያሳይ ነበር።

ይህን የተለካው የሂሊየሞች የማምለጥ ፍጥነት በመጠቀም የተሰራ ስሌት፥ የግራኒት አለቱን ዕድሜ 5,680 (±2,000) ዓመት አድርጎታል። ይህ የሚያሳየው የቀድሞው የዩራኒየም የፍርሰት ፍጥነት፥ የ 1.5 ቢሊዮን ዓመት ፍርሰትን በጥቂት ሺህ ዓመታት የሚፈጽም በከፍተኛ ሁኔታ የተፋጠነ የነበረ መሆኑን ነው።

ስናጠቃልለው፥ከፍተኛ መጠን ያለው ሂሊየም አሁንም ድረስ ዚርኮን ክሪስታል ውስጥ መኖራቸው የሚያሳየን፥(1) ሂሊየም አምልጦ ለመውጣት ገና በቂ ጊዜ ያልነበረው መሆኑን እና (2) ሂሊየም አምልጦ ከሚወጣበት ፍጥነት የበለጠ እጅግ የተፋጠነ የዩራኒየም ፍርሰት በቀድሞ ጊዜ የነበረ መሆኑን፤በዚህም በአሁኑ የዩራኒየም የፍርሰት ፍጥነት ቢሊዮኖች ዓመታት የሚፈጅ ፍርሰት፥ ባለፉት ጥቂት ሺህ ዓመታት ጊዜ ውስጥ የተፈጸመ መሆኑን ነው። (ይህም ምናልባት በፍጥረት ቀናትና በታላቁ የጥፋት ውኃ ወቅት ሊሆን እንደሚችል ይገመታል።) እንዲህ ዓይነት እጅግ የተፋጠነ የፍርሰት ፍጥነት፥ሬዲዮሜትሪካዊ ዕድሜዎችን ከቢሊዮኖች ዓመታት ወደ መቶዎች ወይም ወደ ሺዎች ዓመታት የሚያወርድ ነው።

3) <u>የተለያዩ የዕድሜ መለኪያ ዘዴዎች እርስበርስ አለመጣጣም</u> - የተለያዩ የዕድሜ መለኪያ ዘዴዎች ለአንድ ጎመራዊ ዓለት የተለያዩ ዕድሜ የሰጡበትን በርካታ ምሳሌዎች የሬት ቡድን መርምሯል። እነዚህ የዕድሜ መለኪያ ዘዴዎች ለአንድ ዓይነት ዓለት አንድ ዓይነት ዕድሜ መስጠት ነበረባቸው፤ምክንያቱም የእያንዳንዱ ዘዴ ወላጅ ኤለመንቶች ፍርሰት የጀመሩት አለቱ መቀዝቀዝ በጀመረበት በአንድ ተመሳሳይ ጊዜ ነው። እነዚህ የአንድ ዓለት ሶስት እና አራት ዓይነት የተለያዩ ዕድሜዎች ሊታረቁ የሚችሉበት አንዱ መንገድ፥ የተለያዩ ወላጅ ኤለመንቶች በቀድሞ ጊዜ ከአሁኑ በተለየ ፈጣን ፍጥነት ይፈርሱ የነበረ ከሆነ ነው - በቀድሞ ጊዜ የነበረ የተፋጠነ የሬዲዮአክቲቭ ፍርሰት ይህን ችግር ሊፈታው እንደሚችል የሬት ቡድን አሳይቷል። ረጅም ዕድሜ የሚሰጡ ወላጅ ኤለመንቶች ከሌሎች ወላጅ ኤለምንቶች አንጻር በከፍተኛ መጠንና በከፍተኛ ፍጥነት ፈርሰዋል። ይህ በትክክል ዛሬ የተለያየ ዕድሜ እንዲያስገኙ የሚያደርግ ነው።

4) <u>በአልማዝ ውስጥ የ ካርቦን-14 (C-14) መኖር</u> - የ 5,730 ዓመት ግማሽ-ሕይወት (half-life) ያላቸው በርካታ የካርቦን-14 ሬዲዮአክቲቭ ኤለመንቶች፥ መገኘት በሌለባቸው ማእድኖች ውስጥ ተገኝተዋል። እነዚህ በፍጥነት ፈርሰው የሚያልቁ ኤለመንቶች (C-14) የመቶ ሚሊዮኖች ዓመታት ዕድሜ እንዳላቸው በሚታሰቡ በአልማዝ ውስጥ ተገኝተዋል።

የሬት የምርምር ቡድን ከሚሊዮኖች እስከ ቢሊዮን ዓመታት ዕድሜ እንዳላቸው በሚታሰቡ ከደቡብ አፍሪካ፣ከቦትስዋና እና ከናሚቢያ ከተወሰዱ የአልማዝ ማእድናት ላይ ባደረገው ምርምር ሁሉም በውስጣቸው በላቦራቶሪ መሣሪያዎች ሊለካ ከሚችል አስር ጊዜ እጥፍ የሚሆን ካርቦን-14 መያዛቸውን አረጋግጧል። በካርቦን-14 የተለካው

የአልማዞቹ አማካኝ ዕድሜም 55,700 ዓመት ሆኖ ተገኝቷል *(Baumgardner, J., ^{14}C evidence for a recent global flood and a young earth; in: Vardiman, L., Snelling, A. and Chaffin, E., Radioisotopes and the Age of the Earth, Vol. II, Institute for Creation Research, California, USA, pp. 609–614, 2005)* ።

የካርቦን-14 ኤለመንቶች በሺዎች ዓመታት ጊዜ ውስጥ ፈርሰው የሚያልቁ ስለሆነ፥ የአልማዝ ማዕድናት በእርግጥ የሚሊዮኖች ዓመታት ዕድሜ ቢኖራቸው ኖሮ በውስጣቸው ምንም የካርቦን-14 ኤለመንት መትረፍ አልነበረበትም። ይህ የወጣት መሬት ማስረጃ ብቻ ሳይሆን፥በቀድሞ ጊዜ የነበረን እጅግ የተፋጠነ የሬዲዮአክቲቭ ፍርሰትን የሚያሳይ ማስረጃም ጭምር ነው።

የ ካርቦን-14 ግማሽ-ሕይወት (half-life) 5,730 ዓመት ብቻ ነው። በዚህ የፍርሰት ፍጥነት፥ ከፍተኛ የሚባል ብዛት ያለው ካርቦን-14 ሳይቀር፥ቢበዛ ከመቶ ሺ ዓመት በላይ ሊቆይ አይችልም። ይህ ማለት አንድ ናሙና ከ 100,000 ዓመት በላይ ዕድሜ ካለው፥በውስጡ ምንም ካርቦን-14 መኖር የለበትም። ኢቮሉሽኒስቶች ብዙውን ጊዜ እንዲህ ዓይነት ሁኔታዎችን በ ‘ብክለት’ የገባ ካርቦን-14 አድርገው ለመግለጽ ይሞክራሉ። ነገር ግን እጅግ ጠንካራው አልማዝን መበከል አስቸጋሪ ስለሆነ፥ አልማዝ ላይ የ ‘ብክለት’ ገለጻ ሊሰራ አይችልም። ከሚሊዮኖች እስከ ቢሊዮን ዓመታት ዕድሜ እንዳላቸው በሚታሰቡ በአልማዝ ማዕድናት ውስጥ ካርቦን-14 መኖር የሚያሳየው፥ ሁሉም በሺዎች የሚቆጠር ዓመታት ዕድሜ ያላቸው መሆኑንና በቀድሞ ጊዜ የሬዲዮአክቲቭ ኤለመንቶች እጅግ በፍጥነት ይፈርሱ እንደነበር ነው። ካርቦን-14 አሁም ድረስ አልማዝ ውስጥ ያለው - ፈርሶ ለማለቅ ጊዜው ገና ስላልደረሰ ነው።

በቀድሞ ጊዜ የነበረ እጅግ የተፋጠነ የሬዲዮአክቲቭ ፍርሰት ማስረጃዎች፥ በከቢጸዳሎች (radiohalos)፣ በዚርኮን ሂሊየሞች፣በአልማዝ ካርቦን-14 . . ወዘተ ውስጥ ይታያሉ። የሬዲዮአክቲቭ ዕድሜ መለኪያ ዘዴዎች በአሁኑ የፍርሰት ፍጥነታቸው ሚሊዮኖችና ቢሊዮኖች ዓመታት ዕድሜን እያስገኙ፥ነገር ግን መሬትና በውስጧ የያዘቻቸው ነገሮች እንዴት ጥቂት ሺህ ዓመታት ዕድሜ ብቻ ሊኖራቸው እንደሚችል፥የተፋጠነ ፍርሰት በአስገራሚ ሁኔታ ያሳያል።

> “የሬዲዮአክቲቭ የፍርሰት ፍጥነቶች፥ አስቀድሞ ይታሰብ እንደነበረው ቋሚ አለመሆናቸውንና ከአካባቢያዊ ተጽእኖ ነጻ አለመሆናቸው ከቅርብ ዓመታት ወዲህ አስፈሪ የሆነ መረዳት አለ። ይህ ማለት . . . ሜሶዞይክን (Mesozoic) ወደ መዝጊያው የሚያመጡ ክስተቶች ምናልባት ከ 65 ሚሊዮን ዓመታት በፊት የተፈጸሙ ሳይሆኑ በሰው የትዝታ ዕድሜ ውስጥ የነበሩ ናቸው።” - *Frederic B. Jueneman,FAIC Industrial Research & Development, p.21, Tune*

1982

(ለተፈጠነ የሬዲዮአክቲቭ ፍርሰት ሊሆን የሚችሉ መካኒዝሞችን፥ በምዕራፉ መጨረሻ Appendix ውስጥ ታገኛለህ።)

7 - የፖታሲየም-አርጎን (K-Ar)የዕድሜ መለኪያ ሲስተም ችግሮች

በሰፊው ጥቅም ላይ እየዋሉ ካሉ የዕድሜ መለኪያ ዘዴዎች መካከል አንዱ የፖታሲየም-አርጎን (K-Ar) ዘዴ ነው። ፖታሲየም[10] በአብዛኞቹ ቡልድ ወይም ኢግኒየስ (ላቫ) አለቶች ውስጥ እና በውስጣቸው ቅሪተ-አጽም በያዙ በአንዳንድ የሴዲመንተሪ/sedimentary/ ዓለት ንብብራት (strata) ውስጥ ስለሚገኝ፥ መጀመሪያ ላይ በዚህ ሲስተም ብዙ ተስፋ ተጥሎበት ነበር። ነገር ግን የሚጠቀምባቸው እጅግ አስተማማኝ ያልሆኑ እመንታዎቹና ከእሳተጎመራ ቅዝቀዛ ለተፈጠሩ ከመቶ ዓመት ያነሰ ዕድሜ እንዳላቸው ለሚታወቁ አለቶች የሚለካቸው በሚሊዮኖች የሚቆጠሩ እጅግ ትላልቅ ዕድሜዎች፥የፖታሲየም-አርጎን ዘዴን የማያስተማምን ዘዴ እንዲሆን አድርገውታል።

የፖታሲየም-አርጎን የዕድሜ መለኪያ ዘዴ፥በላቦራቶሪ ልኬት ዳታዎች ላይ ብቻ የተመሰረተ ዘዴ ሳይሆን፣ እንደሎቹ ዘዴዎች በርካታ አስተማማኝ ያልሆኑ እመንታዎች ላይ የሚደገፍ ዘዴ ነው፤ነጻ የሆነ የዕድሜ መለኪያ ዘዴ አይደለም።

የፖታሲዮን-አርጎን ዘዴ የሚያስገኘው ማንኛውም ዕድሜ፥አስቀድሞ ከሚታመንና እንደ 'እውነተኛ' ከሚቆጠር ከመሬትና ከንብብራት ኢቮሉሽናዊ ዕድሜ ጋር የማይስማማ ከሆነ እንደ ስህተት ተደርጎ ይጣላል።

> "የፖታሲየም-አርጎን ዕድሜ ጂኦሎጂያዊ ጠቀሜታው ተቀባይነት ከማግኘቱ በፊት፥ አስተማማኝ መሆኑን የሚጠቁም ነገር መኖር አለበት - ለምሳሌ አብረው ካሉት ማእድናት ጋር በዕድሜ መስማማት አለበት።" - *David E. Saidemann, "Effect of Submarine Alteration on K-Ar Dating of Deep-Sea Igneous Rocks," in the Bulletin of the Geological Society of America Vol. 88, November 1977, p. 1660*

---

[10] ሶስት ዓይነት ፖታሲየም ኤለመንቶች (አይሶቶፖች) አሉ፤ ^{39}K, ^{40}K እና ^{41}K ። ፖታሲየም 39 እና 41 ሮጉ ሲሆኑ በምድራችን ላይ ካለው ጠቅላላ ፖታሲየም 99.99 % የሚሆነውን ይሸፍናሉ። ፖታሲየም 40 (^{40}K) ግን ሬዲዮአክቲቭ (የሚፈርስ) ኤለመንት ነው፤ የጠቅላላውን የምድራችንን ፖታሲየሞች 0.0117% ብቻ ይሸፍናል። ^{40}K ሲፈርስ ወደ ሌላ ዓይነት ኤለመንት የሚለወጥባቸው አማራጮች አሉት - ወይ ወደ ካልሲየም-40 ወይም ወደ አርጎን ^{40}Ar ጋዝ ይለወጣል።

ሁለት ተመራማሪዎች የተወሰኑ የፖታሲየም-አርጎን ዕድሜዎችን ብቻ ለአገልግሎት መርጦ ሌሎችን ከመጣል ይልቅ፥ የቁጥር ማስተካከያ ማድረግ እንደሚሻል እንዲህ ሲሉ ገልጸዋል፤

> "አንድ ሰው የለካቸው ዕድሜዎች በጂኦሎጂ ዘርፍ ውስጥ አስቀድሞ ከሚታወቀው እውነት ጋር የማይስማሙ መሆናቸውን ካወቀ፤ የማዕድኑን የአርጎኑ መጠን ወይም ሌላ ነገር ሊለውጥ የሚችል የሆነ ነገር ማድረግ አለበት።" - *J P. Evernden and J.R. Richards, "Potassium Argon Ages in Eastern Australia," in the Journal of the Geological Society of Australia, Vol. 9, No. 1, 1962, p.3.*

በእርግጥ ሁሉም ተመራማሪዎች እንዲህ ያደርጋሉ አይባልም።

በዚህ ክፍል ውስጥ የፖታሲየም-አርጎን የዕድሜ መለኪያ ዘዴ ከተመሰረተባቸው አስተማማኝ ካልሆኑ እምንታዎች (assumptions) መካከል አንዱን ብቻ እናያለን - ማለትም ዓለት ምስረታው ሲጀመር (ዜሮ ዕድሜ ላይ) ምንም ዓይነት አርጎን (Ar) ኤሌመንቶች አለቱ ውስጥ የማይኖሩ ተደርጎ የሚወሰደውን እምንታ ዘርዘር አርገን እናያለን።

<u>ሁሉም አርጎኖች ቅልጥ አለቱን ለቀው ይወጣሉ?</u> - የፖታሲየም-አርጎን የዕድሜ መለኪያ ዘዴ የሚጠቀምበት አንዱ እምንታ (assumption)፥ ናሙናው (አለቱ) ቅልጥ ፈሳሽ ሆኖ እያለ ቅዝቀዛ ከመጀመሩ በፊት (ማለትም ዜሮ ዕድሜ ላይ) ከውስጡ ሁሉም አርጎኖች በትነት ወጥተዋል የሚል ነው። በሌላ አባባል የዓለቱ ዜሮ ዕድሜ ላይ ምንም ዓይነት የአርጎን ኤለመንቶች አለቱ ውስጥ እንደሌሉ ተደርጎ ይወሰዳል። (ዓለቱ ቅዝቀዛ ሲጀመር በትነት ያልወጡ አርጎኖች ይዞ የነበረ ከሆነ፥ የሚሰላው ዕድሜ እጅግ ትልቅ በመሆን ዓለቱን እጅግ ያረጀ ያስመስሉታል።)

ነገር ግን ይህ እንዳልሆነ የሚያሳዩ ማስረጃዎች አሉ፤

<u>ከላቦራቶሪ ሙከራ</u> - በዚህ ላይ የተካሄዱ የአንዳንድ ሙከራ ውጤቶች ይፋ ወጥተዋል። ለምሳሌ መስኮቫይቶችን (muscovite - ነጣ ያለ ማይካ) በከፍተኛ የአርጎን ግፊት (2,800-5,000 አትሞስፌር) ውስጥ እና በከፍተኛ ቴምፐሬቸር (ከ 740 ^{0}C እስከ 860 ^{0}C) ከ 3 እስከ 10.5 ሰዓት በማሞቅ የተደረገ ሙከራ ነበር[11]። በመጨረሻ የተገኘው ውጤት፥መስኮቫይቶቹ በርካታ መጠን ያለው አርጎን ይዘው መገኘታቸውን አሳይቷል።

[11] Karpinskaya TB, Ostrovshiy IA, Shanin LL: *Synthetic introduction of argon into mica at high pressures and temperatures. Isv Akad Nauk S. S. S. R Geol Ser* 1961; 8:87-9

እነዚህ መስኮቫይቶች በፖታሲየም-አርጎን ቴክኒክ ዕድሜያቸው ተለክቶ እስከ 5 ቢሊዮን ዓመት ሆኖ ተገኝቷል። ይህ የሚያሳየን፥ በከፍተኛ ሙቀት ውስጥም ቢሆን፥ ግፊት (pressure) ካለ በርካታ አርጎኖች ወደ አለቱ የሚገቡ መሆኑንና እነዚህ አርጎኖች ከፖታሲየም-40 (^{40} K) ፍርስት የሚገኙ ራዲዮጄኒክ አርጎኖች ጋር ፍጽም ተመሳሳይ መሆናቸውን ነው። አለቱ ሲሞቅ ከአለቱ ውጭ የአርጎን ግፊት ከፍተኛ ከሆነ፥ አርጎን ከአለቱ ከመውጣት ይልቅ ከውጭ ወደ አለቱ ውስጥ ይገባል። በሌላ በኩል ደግሞ አርጎን መሄጃ ስፍራ ካገኘ - ለምሳሌ ዎና ቦታ - ከአለቱ አምልጦ ይወጣል። አለቱ ውስጥ የአርጎን ግፊት ትልቅ ከሆነ፥አርጎን ከአለቱ ወደ ውጭ ይወጣል። ሌላ የኤክስፐርመንት ጥናትም[12] በአርጎን የ 2 አትሞስፌር ግፊት ብቻ፥አርጎን ከውጭ ወደ ዓለት ውስጥ ሊገባ እንደሚችል አሳይቷል።

<u>**በቅርብ ከቀዘቀዙ የእሳተጎመራ ላቫዎች**</u> - የዚህን እመንታ ትክክለኛነት ማጣሪያ ሌላው መንገድ፥ በቅርብ ዓመታት የፈነዱ የእሳተጎመራ ትፎች (ላቫዎች)፥በእርግጥ ሁሉንም አርጎን አጥተው እንደሆን በመፈተሽ ነው። በቅርቡ ከፈሰሰ ላቫ የቀዘቀዘ ዓለት ውስጥ አርጎኖች ከተገኙ፥እነዚህ በትክክል በቅልጥ አለቱ ውስጥ ሳይተኑ የቀሩ መሆናቸውን ማወቅ ይቻላል፤ ምክንያቱም የፖታሲየም ግማሽ-ሕይወት እጅግ ትልቅ ስለሆነ (1.26 ቢሊዮን ዓመት) ከፖታሲም ፍርሰት ለሚገኙ አዲስ አርጎኖች ገና በቂ ጊዜ አይኖርም። ነገር ግን በቅርቡ ከቀዘቀዙ የእሳተጎመራ አለቶች፥ አርጎኖች የያዙ መሆናቸው በተደጋጋሚ ተረጋግጧል። ሳይንቲስቶች ይህን ችግር በሚገባ ተረድተውታል፤ 'የትርፍ አርጎን ችግር' (excess argon problem) በማለትም ይጠሩታል። ይህንንም ችግር ለማስተካከል የተለያዩ የድረዛ (calibration) ዘዴዎችን ይጠቀማሉ። ይሁንና እነዚህ የድረዛ ዘዴዎች ራሳቸው በእመንታ ላይ የተመሰረቱ ስለሆኑ ሁኔታው ዕውር እውርን እንደመምራት ነው።

ለምሳሌ በ 1986 ዓ.ም ከፈነዳው የሴንት ሔለንስ ተራራ የላቫ ፍሰት የቀዘቀዙ ገና 20 ዓመት ያልሞላቸው አለቶች በፖታሲየም-አርጎን የተለካው ዕድሜያቸው ከ 340,000 ዓመት እስከ 3 ሚሊዮን ዓመታት ሆኖ መገኘቱ የሚያሳየው፥ በላቫ ፍሰት ወቅት ሁሉም አርጎኖች ተነው የማያመልጡ መሆኑንና የተወሰኑ አርጎኖች እዛው ላቫው ውስጥ ተጠምደው ሊቆዩ እንደሚችሉ ነው።

በተመሳሳይ በ 1954 ዓ.ም ኒዚላንድ ከጋውሩሆ እሳተ ጎመራ ፍንዳታ የቀዘቀዙ አለቶች የፖታሲየም-አርጎን ዕድሜያቸው መቶ ሺዎችና ሚሊዮኖች ዓመታት ሆኖ ተገኝቷል። ይህም፥ በቅዝቀዛ ሂደት ወቅት አርጎኖች በማዕድኑ በላቲስ ክፍት ሥፍራዎች (lattice vacancy) ተጠምደው ሊቆዩ የሚችሉ መሆኑንና በተጨማሪም ከጥልቅ ምድር ወደላይ

---

[12] Karpinskaya TB: *Synthesis of Argon muscovite. Internat Geol Rev* 1967;9:1493-5)

በሚወጡ አርጎኖች አለቱ ሊበከል እንደሚችል የሚያሳይ ነው። አሁንም ሌላ ምሳሌ ከ 1800-1801 ዓ.ም ከሀዋይው የሁዋላላይ ጎመራ-ትፍ የተገኙ 200 ዓመት ዕድሜ ብቻ ያላቸው አለቶች የፖታሲየም-አርጎን ዕድሜያቸው ከ 2 ሚሊየን ዓመት በላይ ሆኖ መገኘቱ የሚያሳየን ተመሳሳይ ሁኔታን ነው።

ከሰሜን አትላንቲክ ከመሀል-ውቅያኖስ ተረተር (mid-ocean ridge) የተወሰደ የባዛልት ናሙና ላይ የተደረገ ምርምር፥ ምድር ውስጥ ያለው የላይኛው ማንትል (mantle) ክፍል አስቀድሞ ይታሰብ ከነበረው እጥፍ ብዛት ያላቸው አርጎን-40 (^{40}Ar) የያዘ መሆኑን አሳይቷል፤ይህም ከአትሞስፌር ውስጥ ካለው 150 ጊዜ እጥፍ ማለት ነው። *(M. Moreira, J. Kunz and C. Allègre, "Rare Gas Systematics in Popping Rock: Isotopic and Elemental Compositions in the Upper Mantle," Science, 279 (1998): pp. 1178-1181.)*

በዚያው ናሙና ላይ የተደረገ ሌላ ጥናት የምድር ውስጥ የላይኛው ማንትል ክፍል የያዘው የ ^{40}Ar ብዛት ከዚህም በላይ አስር ጊዜ እጥፍ ሊሆን እንደሚችል አሳይቷል። *(P. Burnard, D. Graham and G. Turner,"Vesicle-Specific Noble Gas Analyses of 'Popping Rock': Implications for Primordial Noble Gases in the Earth," Science, 276 (1997): pp. 568-571.)*

በእሳተጎመራ ፍንዳታ ከላይኛው ማንትል ወደ ገጸ-ምድር ከመጣ አልማዝ ውስጥም ተጨማሪ ማረጋገጫ ተገኝቷል። አንድ የምርምር ቡድን ለአስር የዛየር አልማዞች እስከ 6.0 ± 0.3 ቢሊዮን የፖታሲየም-አርጎን አይሶክሮን ዕድሜ አግኝቷል። አልማዞቹ ከራሷ ከመሬት የበለጠ ዕድሜ ሊኖራቸው ስለማይችል፥ የዚህ ከፍተኛ ዕድሜ ምክንያት ከስር ከማንትል በፍሳሽ ግፊት የተቀላቀሉ 'ትርፍ አርጎኖች' (excess argon-40) መሆናቸው ተገልጿል። (*S. Zashu, M. Ozima and O. Nitoh, "K-Ar Isochron Dating of Zaire Cubic Diamonds," Nature, 323 (1986): pp. 710-712.*)።

እነዚህ ማስረጃዎች፥ ትርፍ አርጎኖች የጎመራ አለቶች ውስጥ መኖራቸውንና የእነዚህ ትርፍ አርጎኖች ምንጭ፥ የማግማው አካባቢ ማንትል ውስጥ መሆኑን የሚያሳዩ ናቸው።

አንድ የእሳተጎመራ ዓለት ናሙና በፖታሲየም-አርጎን (K-Ar) ወይም በአርጎን-አርጎን (Ar-Ar) ዘዴ ሲመረመር መርማሪዎቹ በአለቱ ውስጥ የሚገኝ የአርጎን-40 ኤለመንቶች ከ ፖታሲየም (^{40}K) ፍርሰት የተገኙ ይሁን ወይም ደግሞ ሁሉም ወይም ከፊሎቹ ከማግማ ጋር ከስር ከማንትል የመጡ ይሁኑ በእርግጠኝነት ለይተው ሊያውቁ አይችሉም።

ከፖታሲየም (^{40}K) ፍርሰት የሚገኝ አርጎን-40 (^{40}Ar) ን አስቀድሞም ከነበረ አርጎን-40 (^{40}Ar) ለይቶ ማወቅ የሚቻልበት መንገድ የለም። ስለዚህ የ ፖታሲየም-አርጎንም ሆነ

የአርጎን-አርጎን የዕድሜ መለኪያ ዘዴዎችና በእነሱ የተለኩ ዕድሜዎች አስተማማኝ አይሆኑም።

ሁለት ሳይንቲስቶች ስለ ፖታሲየም-አርጎን ቴክኖሎጂ ግድፈቶች በእውነተኝነት እንዲህ ብለዋል፤

"የፖታሲየም-አርጎን የዕድሜ መቁጠሪያ ሰዓት (K-Ar dating) የምስራች የተባለለትና ታላቅ ተስፋ ያለው መሆኑ ተነግሮለት ነበር። አሁን ግን ከፉ ጊዜ ላይ ወድቋል። የፖታሲየም-አርጎን ፍርሰት ቤተሰብን ለሬዲዮሜትሪክ ሰዓት መጠቀምን የሚቃወሙ ጠንካራ ትችቶች እየቀረቡ ናቸው። በእርግጥ ይህ "seafloor spreading" ቲዎሪን ለያዙ ሰዎች እጅግ የሚያሳምም ነው፤ምክንያቱም የጊዜ መስፈርታቸው የተሰላው በዋነኛነት በ K^{40}/Ar^{40} ነው።

"በ K-40 ሬዲዮአክቲቭ ፍርሰት ሊፈጠር ከሚችለው እጅግ አነስተኛ መጠን ካለው Ar-40 እጅግ የሚበልጥ Ar-40 በመሬት ውስጥ አለ። መሬት እንደሚባለው 4.5 ቢሊዮን ዓመት ዕድሜ ቢኖራትም እንኳን ይህ እውነት ነው። Ar-40 (አይሶቶፕ) በአትሞስፌር ውስጥ ካሉት አርጎኖች 99.6 ፐርሰንቱን ይሸፍናል። ይህ መጠን በሚባለው በ4.5 ቢሊዮን ዓመት የምድር ዕድሜ ውስጥ በሬዲዮአክቲቭ ፍርሰት ሊገኝ ከሚችለው 100 ጊዜ እጥፍ የበለጠ ነው። በእርግጥ ይህ ሁሉ ከውጭያዊው ህዋ የመጣ አይደለም። ስለዚህ ከመጀመሪያውኑም ከፍተኛ መጠን ያለው Ar-40 እዚያው ነበር ማለት ነው። ጂኦክሮኖሎጂስቶች Ar-40 በመጀመሪያውኑ በመኖሩ ሊመጣ የሚችል የዕድሜ ስህተት እጅግ አነስተኛ እንደሆነ አድርገው ስለሚወስዱ ውጤቶቻቸው በከፍተኛ ሁኔታ አጠያያቂ ነው።

"አርጎን ከአንድ ማዕድን ወደሌላው በቀላሉ ሰርጎ ይገባል። ከአለቶች ውስጥ በቀላሉ አምልጦ ይወጣል፤ስለዚህም ግፊቱ (pressure) ከፍተኛ ከሆነበት ከምድር ጥልቅ ውስጥ ግፊቱ ቀለል ወደሚልበትና ብዙውን ጊዜ የዓለት ናሙናዎች ወደሚሰበሰብባቸው ወደ ላይኛው የመሬት ገጽ በመውጣት እዚያ በከፍተኛ መጠን ሊከማች ይችላል። በዚህ እንቅስቃሴ ምክንያትም እነዚህ አለቶች ከፍተኛ መጠን ያለው አርጎን ይኖራቸዋል። ይህ ደግሞ አለቶቹን እጅግ ያረጁ እንዲመስሉ ያደርጋቸዋል። ከገጸ-ምድር ወደታች ጠለቅ ያሉ አለቶች ይህን አነስ ባለ መጠን ያሳያሉ። በተጨማሪም አንዳንድ አለቶች ከሌላ ዓይነት አለቶች በበለጠ አርጎን-40 ን አጥብቀው ስለሚይዙ፥አንዳንድ አለቶች ትልቅ መሰል-ዕድሜ (apparent age) ሲኖራቸው ሌሎች ደግሞ አነስተኛ

ዕድሜ ያሳያሉ፤ምንም እንኳን በእርግጥ ዕድሜያቸው እኩል ቢሆንም!

“በምድር ውስጥ ያለውን የ Ar-40 ን ክምችት ከጥልቀት ጋር እያነጻጸርክ ብትለካ፥ ከፍተኛ የአርጎን ክምችት የምታገኘው ከላይኛው ገጸ-ምድር አካባቢ መሆኑ ጥርጥር የለውም፤ምክንያቱም ከገጸ-ምድር ወደ አየር ከሚያደርጉት ፍልሰት ይልቅ፥ ከ ከርሰ-ምድር ወደ ገጸ-ምድር ይበልጥ በቀላሉ ይፈልሳሉ። በዚህ ሥርጭት (diffusion) ምክንያት፥በገጸ-ምድር አካባቢ ያሉ ናሙናዎች የሚይዙት ከፍተኛ መጠን ያለው አርጎን፥ በK-Ar ሬዲዮሜትሪክ ሰዓት የሚለካው ዕድሜያቸውን ምን ያህል ትልቅ ሊያደርገው እንደሚችል በቀላሉ ማየት እንችላለን።

“. . . አርጎን በአጠቃላይ ሊታመን የሚቻል አይደለም ወይ ያንሳል ወይ ሙሉ በሙሉ ይጠፋል ወይም ደግሞ እጅግ ከፍተኛ ይሆናል፤በእንዲህ ዓይነት ጊዜ ጸሐፊው የቁጥር ማስተካከያ ያደርግለታል።” *- P.A. Sabine and J Watson, Introduction to "Isotopic Age-Determinations of Rocks from the British Isles," in Journal of the Geological Society of London, 12:525, (1965).*

<u>በአትሞስፌር አርጎን መበከል</u> - በአትሞስፌር ውስጥ አርጎን-40 (Ar-40) ስለሚገኝ፥ አለቱ በአትሞስፌር አርጎን-40 ሊበከል የሚችልበት ዕድል አለ። ይህ ለአለቱ ከፍተኛ ዕድሜ የሚያሰጥና አለቱን እጅግ ያረጀ የሚያስመስለው ሁኔታ ነው።

ነገር ግን ይህ ብክለት (ትርፍ አርጎን) በሚከተለው ዓይነት በቀላሉ ተሰልቶ ሊቀነስ እንደሚችል ይታሰባል። የአትሞስፌር አርጎን የሶስት የተለያዩ የአርጎን አይሶቶፖች - ማለትም የ Ar-36 (0.337%), የ Ar-38 (0.063%), እና Ar-40 (99.6%) ቅልቅል ስለሆነ፥ከአትሞስፌር በሚመጣ አርጎን የሚፈጸም ማንኛውም የዓለት ብክለት በአርጎን-40 ብቻ የሚፈጸም ሳይሆን በ Ar-36 እና በ Ar-38 ጭምር ነው። ከ Ar-38 ይልቅ በርካታ Ar-36 ስለ አለ፥አለቱ ውስጥ በብክለት የገባውን የ Ar-40 መጠን ለማወቅ የ Ar-36 ብዛት ይለካል። የአትሞስፌር ውስጥ የ Ar-40 ለ Ar-36 ንጻሬ 295.5 ነው (^{40}Ar / ^{36}Ar = 295.5)። ይህ ንጻሬ (ratio) ከአትሞስፌር ወደ አለቱ ውስጥ የገባውን የ Ar-40 ብዛት ለማስላትና በዕድሜ ስሌት ወቅት ይህ በናሙናው ውስጥ ከተቆጠሩት የ Ar-40 ብዛት ላይ ተቀናሽ እንዲሆን ለማድረግ ይጠቅማል።

ይሁንና ሁለቱም የአርጎን አይሶቶፖች (Ar-40 እና Ar-36) አለቱን የሚበክሉት፥ አትሞስፌር ውስጥ በሚያሳዩት ንጻሬ መጠን ያህል እንደሆነ ተደርጎ የሚወሰደው እምንታ ትክክለኝነት ሊረጋገጥ የሚቻል አይደለም። ለምሳሌ ታች ምድር ውስጥ አርጎን ባለበት

ወይም በርካታ የአርጎን-36 (Ar-36) የያዘ ክምችት ባለበት አለቱ ከሞቀ ይህን እምንታ ዋጋ አይኖረውም።

ሀዋዪ የባህር ዳርቻ ሁዋላሊ አጠገብ ከ 1800 - 1801 ዓ.ም ከሰመጠ ኀመራ ከፈሰሰ ኀመራ-ትፍ (lava) የተሰሩ አለቶች በ1960ዎቹ ውስጥ በፖታሲየም-አርጎን ሲስተም ዕድሜያቸው ተሰልቶ ነበር። እነዚህን አለቶች የሰራው ኀምራትፍ (lava) መጠጠር ከጀመረ ገና 160 ዓመት ብቻ መሆኑ ይታወቃል (በ1960ዎቹ ውስጥ)፤ነገር ግን የፖታሲየም-አርጎን ሲስተም የእነዚህን አለቶች ዕድሜ ከ 1.6 ሚሊዮን እስከ 2.96 ሚሊዮን ዓመት ለክቶላቸዋል። (Science, October 11, 1968;Journal of Geophysical Research, July 15, 1968)

*****

ሕንድ ውቅያኖስ ከምትገኘው ከሪዩኒየን ደሴት ላይ የተወሰዱ የእሳተኀመራ አለቶች በፖታሲየም-አርጎን ሲስተም የተለካው ዕድሜያቸው ከ100,000 እስከ 2 ሚሊዮን ዓመት መሆኑን አሳይቷል። ይሁንና እነዚሁ አለቶች በዩራኒየም-238/ሊድ-206 ዘዴ ዕድሜአቸው ተለክቶ የተገኘው ውጤት ከ 3.2 ቢሊዮን እስከ 4.4 ቢሊዮን ዓመት ሆኖ ተገኝቷል።

*****

ከ 300 ዓመታት ያነሰ ዕድሜ እንዳለው የሚታወቅ አንድ የሩሲያ ቮልካኖ ዓለት በተለያዩ የሊድ ንጻሬዎች ዕድሜው ተሰልቶ የተገኘው ውጤት ከ 50 ሚሊዮን እስከ 14.5 ቢሊዮን ዓመት የሚለያዩ ዕድሜዎችን የሚያሳይ ነበር። የ 14 ቢሊዮን ዓመት ስህተት! ቁጥሮችን በዘፈቀደ ታይፕ የምታደርግ ቺምፓንዚ ከዚህ የተሻለ ዕድሜ ሳታስገኝ አትቀርም። ("Critical Examination of Radioactive Dating of Rocks," in Creation Research Society Quarterly, December 1970)

****

የጋውሩሆ እሳተ ኀመራ አለቶች ዕድሜ - ጋውሩሆ ተራራ የሚገኘው የኒውዚላንድ የሰሜኑ ደሴት ውስጥ ነው። በ 1948 ዓ.ም በሚያዚያና በግንቦት ተከታታይ የእሳተኀመራ ፍንዳታዎች ተከስተው የነበረ ሲሆን፥ በየካቲት 1949 ዓ.ም ከፍተኛ መጠን ያለው ኀመራትፍ (lava) ፈሶ ነበር። ከአምስት ዓመት በኋላም ከ 1954 ዓ.ም እስከ 1955 ዓ.ም ኀመራትፍ ያፈሰሱ ተከታታይ ፍንዳታዎች ተፈጽው ነበር። በመቀጠልም ለጥቂት ዓመታት

አመድና ላቫ የረጩ አነስተኛ ፍንዳታዎች ተፈጽመዋል። በየካቲት 19/1975 ዓ.ም የተከሰተው ፍንዳታ ግን፥ርዝመታቸው እስከ 30 ሜትር የሚደርስ ጉማጅ ጎመራትፎች እስከ 3 ኪ.ሜ ድረስ እየተወነጨፉ የወጡበት እጅግ ከፍተኛ ነበር። ከዚያ ጊዜ በኋላ ፍንዳታ ተፈጽሞ አያውቅም።

የጎመራትፍ ከፍተኛ ሙቀት ስላለው አርጎኖችን በሙሉ እንደሚያተንና ውስጡ ምንም ዓይነት አርጎን ሊገኝ እንደማይችል ተደርጎ ስለሚታሰብ፥ከቅልጥ ላቫ ቅዝቀዛ ወደ ጎመራዊ ዓለት የተለወጠን ኢግኒየስ ዓለት ዕድሜ በፖታሲየም-አርጎን ሲስተም መለካት ምክንያታዊ ይመስላል።

ይህ ሁኔታ የሬዲዮአክቲቭ የዕድሜ መለኪያ ሲስተሞችን ትክክለኛነት ለመፈተሽ ጥሩ አጋጣሚን የሚሰጥ ነው፤ምክንያቱም የጎመራ ላቫው መች እንደፈሰሰ በትክክል ይታወቃል። 'ሲጀመር አንተ እዚያ ነበርክ?' ለሚለው ጥያቄ 'አዎ ነበርን' ብሎ ለመመለስ የሚያስችል ሁኔታ ነው።

ከ 1949፣ ከ 1955 እና ከ 1975 ዓ.ም ከፈሰሱ ጎመራትፎች ቀዝቅዘው ወደ ዓለትነት ከተለወጡት መካከል አስራ አንድ ናሙናዎች ተሰብስበው ዕድሜያቸው በ K–Ar ሲስተም እንዲለካ ቦስተን (አሜሪካ) ካምቢሬጅ ውስጥ ወደሚገኘው ወደ ጂኦክሮን ላቦራቶሪ በ1996 ዓ.ም ተራ በተራ ተላኩ። በመጀመሪያ ከሶስቱም ዓመታት የላቫ ፍሳሾች የተገኙ አለቶችን የያዘ የመጀመሪያው ናሙና ተላከ። በመቀጠልም የእነዚህ ውጤት ከታወቀና መልስ ከተሰጠበት በኋላ ሁለተኛ ናሙና ተላከ፤ይህም ናሙና የያዘው እንደመጀመሪያው ከእያንዳንዱ የላቫ ፍሳሽ የተገኙ አለቶችን ነበር። በመጨረሻም ከሰኔ 30/1954ቱ ፍሰት አንድ ናሙና ተላከ፤በናሙናዎቹ መካከል ያለው ውጤት አንድ ዓይነት መሆኑን ለማረጋገጥም ሰኔ 30/1954 ዓ.ም ከፈሰሱ ሁለት ቦታዎች የተወሰዱ ሁለት ናሙናችም ለብቻ ታሽገው አብረው ተላኩ።

ጂኦክሮን እጅግ ታዋቂ የንግድ ላቦራቶሪ ነው። የ K–Ar ላቦራቶሪ ክፍል ማኔጀሩ በ K–Ar dating ፒ.ኤች.ዲ አለው። ናሙናዎቹ የተገኙበት ቦታና ስለሚጠበቀው የግምት ዕድሜያቸው ምንም መረጃ አልተነገራቸውም። ይሁንና አለቶቹ የቅርብ ጊዜ ሳይሆኑ እንዳማይቀሩና በዚህም ምክንያት ሊይዙ የሚችሉት የአርጎን መጠን ምናልባት አነስተኛ ሊሆን ስለሚችል በምርመራ ወቅት ይህን ግንዛቤ ውስጥ አስገብተው በጥንቃቄ እንዲመረምሩት ጥቆማ ተሰቷቸዋል።

በመጨረሻ በዕድሜ ምርመራ የተገኘው ውጤት፥ በ K–Ar የተለካው ዕድሜያቸው ከ 270,000 ዓመት እስከ 3.5 ± 0.2 ሚሊዮን ዓመት መሆኑን የሚያሳይ ነበር። ሁሉም ግን በእርግጥ ከ 21- 48 ዓመት በፊት ከጎመራትፍ የቀዘቀዙ አለቶች ነበሩ። ከእያንዳንዱ ፍሰት የተለከው የናሙናዎቹ ዕድሜ ከ270,000 ዓመት ወይም ከ290,000 ዓመት ያነሰ

መሆኑን የሚገልጽ ሲሆን የሌሎቹ ናሙናዎች "ዕድሜ" ግን በሚሊዮን ዓመት የሚቆጠር ነበር። እነዚህ ዝቅተኛ "ዕድሜ" ያስመዘገቡ ናሙናዎች የተመረመሩት በነዚያው ባለሙያዎች ስለነበር የላብ የቴክኒክ ችግር ሊሆን እንደሚችል ታሰበ። የላብ ማኔጀሩ በቅንነት መሳሪያዎቹን እንደገና ፈተሾ አብዛኞቹን ናሙናዎች እንደገና መረመረ፤ አሁንም የተገኘው ውጤት ከመጀመሪያው ጋር ተመሳሳይ ነበር። ይህም የላቡ መሳሪያዎቹ ችግር አለመሆኑንና የተገኘው ዝቅተኛ ዕድሜ ትክክለኛ መሆኑን አሳየ።

በግልጽ እንደምናየው በአለቶቹ ውስጥ ያለው የአርጎን መጠን በከፍተኛ መጠን ይለያያል። እነዚህ አለቶች ዕድሜያቸው ከ 50 ዓመት ያነሰ መሆኑ በትክክል ስለሚታወቅ፥ በ K–Ar ሲስተም የተለካውን ከፍተኛ ዕድሜ ሊያስገኝ የቻለው ከፍተኛ መጠን ያለው አርጎን ከምድር ውስጥ ከቀለጡ አለቶች (ማግማዎች) እየተነኑ ወደ ላይ በመውጣት አለቶቹ ውስጥ ሰርገው በመግባታቸው ነው። ይህም የሬዲዮአክቲቭ የዕድሜ መለኪያ ዘዴ ዋነኛ እመንታን ዋጋ የሚያሳጣ ነው። ይህ ትልቅ ግድፈት በሌሎች በርካታ ናሙናዎች ዕድሜና ዘዴዎች ላይም የሚከሰት ነው።

ምድር ውስጥ ከቀለጡ አለቶች እየተነኑ የሚመጡ አርጎኖች፥ ናሙናዎቹ በመቀዝቀዝ ላይ እያሉ ሊቀላቀሉና እዚያው ሊያዙ ስለሚችሉ የ 50 አመቱን ዕድሜ ወደ ሚሊዮን ዓመት ከፍ አድርገውታል።

የእነዚህን አለቶች ትክክለኛ ዕድሜ እናውቀዋለን። ምክንያቱም ኀመራትፉ መቀዝቀዝ የጀመረው የዕድሜ ምርመራ ከመደረጉ ከ 50 ዓመታት ግድም በፊት ነው። ነገር ግን በፖታሲየም-አርጎን ሲስተም የተለካለት ዕድሜ እስከ 3.5 ሚሊዮን ዓመት ሆኖ ተገኝቷል።

አሁን እዚህ ጋ መነሳት ያለበት ጥያቄ አለ፤ይህን የምናውቀውን ዕድሜ እጅግ አስበልጦ የነገረን የዕድሜ መለኪያ ሲስተም፥ዕድሜያቸውን የማናውቃቸውን የሌሎች ናሙናዎችን ዕድሜ ሲነግረን እንዴት ልናምነው እንችላለን? የምናውቀው ዕድሜ ላይ በትክክል ካልሰራ፥ የማናውቃቸው ዕድሜዎች ላይ እንዴት በትክክል ይሰራል ልንል እንችላለን?

8 - የሬዲዮካርቦን (ካርቦን-14) የዕድሜ መለኪያ ዘዴ ችግሮች

ካርቦን-14 (ሬዲዮካርቦን በመባልም ይታወቃል) የዕድሜ መለኪያ ዘዴ በአንጻራዊነት አነስተኛ በሆነው ግማሽ ሕይወቱ ምክንያት በሺዎች ዓመታት የሚቆጠር ዕድሜ ያላቸው ፎሲሎችንና ካርቦናዊ ቁስአካላትን (organic materials) ዕድሜ ለመለካት የሚውል የዕድሜ መለኪያ ዘዴ ነው። የካርቦን-14 የዕድሜ መለኪያ ዘዴ የወጣው ቺካጎ ዩኒቨርስቲ ውስጥ ይሰራ በነበረው ዊላርድ ኤፍ. ሊቢ (1908-1980) በ 1946 ዓ.ም ነው።

የካርቦን-14 የዕድሜ መለኪያ ዘዴ ልክ እንደሌሎቹ የዕድሜ መለኪያ ሲስተሞች ሁሉ፥ በላቦራቶሪ ውስጥ የሚለካው በናሙናው ውስጥ ያሉትን ኤለመንቶች ብዛት ነው - የካርቦን-14 ኤለመንቶች ብዛት! የ ናሙናውን የ C-14 ን ዕድሜና የናሙናውን ትክክለኛ ዕድሜ ለየብቻ ነጥሎ ማየት እንደሚያስፈልግ አንቲቨስ እንዲህ ይነግረናል፤

> "የ C-14 ዘዴን በምትገመግምበት ወቅት [የ ናሙናውን] የ C-14 ን ዕድሜና የናሙናውን ትክክለኛ ዕድሜ ለየብቻ ነጥሎ ለማየት መሞከር ሁልጊዜም እጅግ ጠቃሚ ነው። የላቦራቶሪው ምርመራ የሚለካው በውስጡ ያለውን ጠቅላላ የሬዲዮካርቦን መጠን ነው. . . ምርመራው የሬዲዮአክቲቭ ካርቦኖቹ በሙሉ መጀመሪያውኑም የነበሩ ይሁኑ ወይም ሰርገው የገቡ ሁለተኛ ደረጃዎች በከፊል ያሉበት መሆኑን. . . አያረጋግጥም።"- *E. Antevs, "Geological Tests of the Varve and Radiocarbon Chronologies," in Journal of Geology, 65 (1957), p. 129.*

የካርቦን ኤለመንት ሶስት ተፈጥሯዊ[13] አይሶቶፖች (አይነቶች) አሉት C-12 ፣ C-13 እና C-14። የመጀመሪያዎቹ ሁለቱ C-12 እና C-13 የማይፈርሱ ርጉ (stable) አተሞች ሲሆኑ (ወይም ሬዲዮአክቲቭ ያልሆኑት)፥በአትሞስፌር ውስጥ መጠናቸውም ከፍተኛ ነው፤ እንደ ቅደም ተከተላቸው 98.89% እና 1.11%። እጅግ ጥቂት ብዛት (0.0000000010%) ያለው ሶስተኛው የካርቦን ዓይነት C-14 ግን የሚፈርስ ሬዲዮአክቲቭ ነው። በንጽጽር ስናስቀምጠው ለ 1 ትሪሎዮን የ C-12 አተሞች አንድ የ C-14 አተም ብቻ አለ።

የ C-14 አተም የሚፈጠረው አትሞስፌር ውስጥ ነው። ከውጫዊ ህዋ ወደ አትሞስፌራችን የሚገባ ከፍተኛ ኢነርጂ የያዘ ኮስማዊ ጨረር አትሞስፌር ውስጥ ካሉ አተሞች ጋር እየተጋጨ ኒውትሮናቸውን እንዲለቁ ያደርጋቸዋል። እነዚህ ነጻ ኒውትሮኖች ከናይትሮጂን-14 ጋር ኢንተርአክት እያደረጉ ካርቦን-14 ን ያስገኛሉ።

$$n + {}^{14}_{7}\mathrm{N} \rightarrow {}^{14}_{6}\mathrm{C} + p$$

በላይኛው አትሞስፌር ክፍል ውስጥ C-14 ከተሰራ ከ 12 ደቂቃ በኋላ ከኦክሲጂን ጋር በመቀላቀል በውስጡ C-14 ን የያዘ ካርቦንዳይኦክሳይድ ($14CO_2$) ይፈጥራል። ይህም ወደ ታችኛው የአትሞስፌር ክፍል ቀስ በቀስ እየወረደ በመምጣት በተክሎች ይሳባል። (ተክሎች በፎቶሲንቴሲስ ሂደት ስኳር ለመስራት ካርቦንዳይኦክሳይድ ከአየር ላይ

---

[13] ከሶስቱ ተፈጥሯዊ የካርቦን አይሶቶፖች በተጨማሪ በላቦራቶሪ ውስጥ የሚሰሩ አምስት ሰው ሰራሽ የካርቦን አይሶቶፖች አሉ፤ C-9, C-10, C-11, C-15, እና C-16

ይወስዳሉ።) ሁሉም ተክሎች በሕይወት እያሉ ከአየር ላይ ካርቦንዳይኦክሳይድ ይወስዳሉ። ተክሎችን የሚመገቡ እንስሳትም ካርቦንዳይኦክሳይድን ከነሱ ይወስዳሉ። ስለዚህ እንዳንዱ ሕይወት ያለው ነገር በውስጡ ሁለቱም ዓይነት ካርቦኖች C-12 እና C-14 አሉት።

ተክሉ ወይም እንሰሳው ሲሞት ግን ካርቦን ወደ ውስጡ ማስገባት ያቆማል። C-12 ሬዲዮአክቲቭ ስላልሆነ በሞተው አካል ውስጥ ብዛቱ ሳይቀንስ እንዳለ የሚቆይ ሲሆን፥ ሬዲዮአክቲቭ የሆነው C-14 ግን በ 5730 ዓመት ግማሽ-ሕይወት ወደ ናይትሮጂን-14 መፍረስ (decay) ይጀምራል - በየ 5730 ዓመቱ ከነበረበት ከማንኛውም ብዛቱ በግማሽ እየቀነሰ ይሄዳል። (የአሁኑ የ C-14 ግማሽ ሕይወት 5730 ዓመት ነው።)

የ C-14 መጠን ቀስ በቀስ እየቀነሰ በመምጣት በመጨረሻ ሁሉም ወደ ናይትሮጂን ፈርሰው ያልቃሉ፤ብዛ ቢል ከ 100,000 ዓመታት በኋላ ምንም የሚቀር C-14 አይኖርም።

ተመራማሪዎች ከ 100,000 ዓመታት ያነሰ ዕድሜ እንዳላቸው የሚያስቧቸውን ፎሲሎች ሲያገኙ፥ ፍጥረታቱ ከሞቱ ምን ያህል ጊዜ እንዳለፋቸው ለማወቅ ይህን የካርቦን-14 ዘዴን ይጠቀማሉ። እንሰሳው በሞተበት ዓመት በአጥንቱ ውስጥ የነበረውን የ C-14 መጠን በሆነ ዘዴ ማወቅ ከቻሉ፥አሁን በውስጡ የቀረውን የ C-14 መጠን ላቦራቶሪ ውስጥ በዘመናዊው mass spectrometer መሳሪያ ይለኩና መጀመሪያ ከነበረው ላይ በመቀነስ፥ እንሰሳው ከሞተ ምን ያህል ግማሽ-ሕይወቶች እንዳለፉ ያሰላሉ። ይህንና የተወሰኑ እመንታዎችን በመጠቀም፥ እንሰሳው ወይም ተክሉ ከሞተ ምን ያህል ዓመታት እንዳለፉ ያሰላሉ።

ነገር ግን እንሰሳው በሞተ ጊዜ በውስጡ የነበረውን የ C-14 መጠን ለማወቅ ምን ዓይነት ዘዴ ነው የሚጠቀሙት?

በመጀመሪያ፥ አሁን በአጥንቱ ውስጥ ያሉትን የ C-12 እና የ C-14 መጠን ይለካሉ። (C-12 ርጉ stable ስለሆነ መጀመሪያ ከነበረው መጠኑ አይቀንስም።) በመቀጠል የ C-14 ን ለ C-12 ንጻሬ (ratio) ያሰላሉ። መጀመሪያ ላይ እንሰሳው ሳይሞት የነበረው የ C-14 / ለ C-12 ንጻሬ፥አትሞፌር ውስጥ ካሉት የእነዚህ ካርቦኖች ንጻሬ (ማለትም አንድ ለአንድ-ትሪሊዬነኛ $1/10^{12}$) ጋር እኩል እንደሆነ ተደርጎ ስለሚወሰድ፥ እንሰሳው ልክ ሲሞት የነበረው ንጻሬ፥ አንድ ለአንድ-ትሪሊዬነኛ ($1/10^{12}$) ተደርጎ ይወሰዳል። በመቀጠል በአሁኑ ጊዜ በአጥንቱ ውስጥ ያሉትን የካርቦኖች የንጻሬ ዋጋን፥ ከዚህ ቋሚ የንጻሬ ዋጋ ጋር በማወዳደር እንሰሳው በሞተ እለት ወይም ዓመት በውስጡ የነበረውን የ C-14 መጠን ያሰላሉ።

በእርግጥ እዚህ ጋ የአለካከ ሲስተሙ ሳይንሳዊና ሎጂካዊ ነው። ችግሩ ግን ዘዴው

የሚጠቀምባቸው ሊረጋገጡ የማይችሉና የማያስተማምኑ እመንታዎች፥ ስሌቱ የተሳሳተ ዕድሜ እንዲሰጥና ዕድሜዎቹ የማያስተማምኑ እንዲሆኑ የሚያደርጋቸው መሆኑ ነው። ከዚህ በታች የ C-14 ዘዴ የሚጠቀምባቸውን እመንታዎችና እመንታዎቹን ለምን እውነት ሊሆኑ እንደማይችሉ እናያለን።

<u>የሬዲዮካርቦን (C-14) ዘዴ የሚጠቀምባቸው እመንታዎች</u>

1 - የ C-14 ዘዴ ዕድሜን በትክክል እንዲለካ፥ በአትሞስፌር ውስጥ የነበረው የቀድሞው የ C-14/C-12 ንጻሬ ከዛሬው ንጻሬ (ከአንድ ለትሪሊየነኛ) ጋር አንድ ዓይነት መሆን አለበት። ይህ እመንታ (ግምት) እውነት ከሆነ የማስ አክስሌረተር የካርቦን-14 የዕድሜ መለኪያ ዘዴ በቲዎሪ ደረጃ እስከ 80,000 ዓመታት ወይም ብዛ ቢል እስከ 100,000 ዓመታት ዕድሜ ለመለካት ዋጋ ሊኖረው ይችላል። ይህ እመንታ እውነት ካልሆነ ግን ዘዴው የተሳሳተ ዕድሜ ነው የሚሰጠው። ነገር ግን ይህን እመንታ የሚቃረኑና የ C-14 ለ C-12 ንጻሬ በቀድሞው ጊዜ አንድ ዓይነት እንዳልነበር፥እንደውም እጅግ ያንስ እንደነበር የሚጠቁሙ መረጃዎች አሉ።

በአትሞስፌር ውስጥ የ C-14 የምስረታ ፍጥነት ከፍርሰቱ ፍጥነት ጋር እኩል ካልሆነ፥ ይህ የ C-14/C-12 ንጻሬን ይለውጠዋል። በሌላ አባባል በአትሞስፌር ውስጥ እየተመሰረተ ያለው የ C-14 ብዛት፥ከሚፈርሰው የ C-14 ብዛት ጋር እኩል መሆን አለበት (ይህ ተማዝኖ equilibrium በመባል ይታወቃል)። ይህ ካልሆነ ግን የ C-14/C-12 ንጻሬ ሁልጊዜ አንድ ዓይነት ቋሚ አይሆንም፤ ይህም ዕድሜን በትክክል ለመወሰን የሚያስፈልገውን በናሙናው ውስጥ በመጀመሪያ የነበረውን የ C-14 ብዛት በትክክል ለማወቅ የማይቻል ያደርገዋል።

ዛሬ በትክክል የምናየው፥የምስረታ ፍጥነት ከፍርሰት ፍጥነት ጋር እኩል አለመሆኑን ነው፤ የዛሬው የ C-14 ምስረታ ከፍርሰቱ ይልቅ በ 18% የበለጠ ነው። አትሞስፌር ያለማቋረጥ እየተለወጠ መሆኑ ይታወቃል። ዛሬ ከፍተኛ ካርቦን-14 ምስረታን ማስከተል የሚችሉ የኦዞን ንጣፍ መሸርቆጥ ማስረጃዎች አሉ። የመሬት ማግኔቲክ ፊልድ እየቀነሰ መሄድ፥ወደ አትሞስፌር የሚገባውን የኮስሚክ ጨረር ጉርፊት በመጨመር አትሞስፌር ውስጥ የካርቦን-14 ምርትን እንዲጨምር ያደርጋል። ከ 1950ዎቹ ጀምሮ በተደረጉ የአውቶሚክ ቦምብ ሙከራዎች የሚለቀቁ ኒውትሮኖች የ C-14 ምስረታን መጠን ጨምረውታል። *(የካርቦን-14 ምስረታን ሊለውጡ የሚችሉ እነዚህን ፋክተሮች ወደታች ዘርዘር አርገን እናያቸዋለን።)*

ይህ ማለት በአትሞስፌር ውስጥ ትርፍ የ C-14 ጭማሪ እየታየ ነው። ይህ ጭማሪ ሁልጊዜም ነበር ወይንም ደግሞ ተፈራራቂ የመጨመርና የመቀነስ ኡደቶች ነበሩ? ይህን

ለመወሰን አይቻልም። ነገር ግን በእርግጠኝነት የሚታወቅ አንድ ነገር፥ዛሬ ካርቦን-14 በከፍተኛ መጠን እየተመረተ መሆኑን ነው። ይህ ማለት፥ የ C-14/C-12 ንጻሬ ሁልጊዜም ቋሚ ነበር ብለን የምናምንበት ምክንያት የለም ማለት ነው። ይልቁንም በየጊዜው የተለያየ እንደነበርና ከዛሬው ይልቅ በቀድሞው ጊዜ ንጻሬው አነስተኛ እንደነበር ለማመን ጥሩ ምክንያት ያለ ይመስላል።

በቀድሞው ጊዜ በአትሞስፌር ውስጥ የነበረው የ C-14 ይዘት አነስተኛ ከነበረ፥ ዛሬ በካርቦን ዘዴ የሚለካ ማንኛውም ዕድሜ ከእውነተኛው ዕድሜ የበለጠ ትልቅ ይሆናል፤ምክንያቱም ፎርሙላዎቹ በመጀመሪያው ናሙና ላልነበረ *C-14* ለመፍረስ የፈጀን ጭማሪ ዓመታትን በማስላት ዕድሜውን ከእውነተኛው ዕድሜ በላይ ያሳድጉታል።

የካርቦን-14 ዘዴ መስራች የሆነው ዶ/ር ዊላርድ ሊቢ፥ ይህ ንጻሬ ቋሚ እንደሆነ አድርጎ ወስዶ ነበር። የዚህ እምንታው መሰረት፥ መሬት ቢሊዮኖች ዓመታት ዕድሜ እንዳላት አድርጎ የሚወስደው የኢቮሉሽን እምነቱ ነበር።

> “በቅርቡ የተደረገ ዝርዝር ጥናት የ C-14 ናሙናዎች የቀድሞው አክቲቪቲ እናም [አትሞስፌር ውስጥ] C-14 የሚገነባበት ፍጥነት ከጊዜ ጋር የሚለወጥ መሆኑን በአሳማኝ ሁኔታ አሳይቷል። በጣም በቅርቡ ደግሞ የሱኢስ ሥራዎች ይህን ለውጥ በግልጽ አሳይተዋል።” - *University of California at Los Angeles, "On the Accuracy of Radiocarbon Dates," in Geochronicle, 2 (1966). (ይህ የራሱ የሊቢ ላቦራቶሪ ነው።)*

2 - የ C-14 የዕድሜ መለኪያ ዘዴ በትክክል እንዲለካ፥ የካርቦን-14 የፍርሰት ፍጥነት (ግማሽ-ሕይወት) በሁሉም ዘመናት የማይለዋወጥ አንድ ዓይነት መሆን አለበት። ይሁንና በቀድሞ ጊዜ የተፋጠነ የፍርሰት ፍጥነት ሊኖር እንደሚችል የሚያሳዩ ማረጃዎችን ከዚህ በፊት አይተናል። በእርግጥ የአካባቢያዊ ሁኔታዎች ለውጥ የፍርሰት ፍጥነትን ሊለውጡት እንደሚችሉ ኤክስፐርመንቶች አሳይተዋል። (አፒንዳክስ ውስጥ ተመልከት።)

<u>የካርቦን-14 ምስረታ ላይ ለውጥ የሚያስከትሉ ነገሮች</u>

በቀድሞ ዘመን የካርቦን-14 ምስረታን መለወጥ የሚችሉ ነገሮች ከዚህ በታች እንያቸው፤

(1) <u>የመሬት ማግኔታዊ መስክ</u> - ፕላኔታችንን ዙሪያዋን የከበባት የመሬት ማግኔታዊ መስክ፥ ምድራችንን ከውጫዊ ሕዋ ከሚመጡ አደገኛ ጨረሮች የሚከላከል ጠንካራ ጋሻ ነው። የመሬት ማግኔታዊ መስክ ትልቅ ከሆነ፥ ወደ አለማችን የሚገባው የኮስማዊ ጨረር መጠን ይቀንሳል፤የዚህ መቀነስ ደግሞ በአትሞስፌር ውስጥ የሚፈጠሩ የ ካርቦን-14 ብዛትን እንዲቀንስ ያደርጋል። ምክንያቱም፥ በአትሞስፌራችን ውስጥ C-14 ን የሚስገኘው ይህ ኮስማዊ ጨረር ነው።

ምዕራፍ 4 የዕድሜ መለኪያ ዘዴዎችና ችግሮቻቸው

ይህ ማለት፥ የመሬት ማግኔታዊ መስክ፥በአትሞስፌር ውስጥ በሚፈጠረው የ C-14 መጠን ላይ ወሳኝ ሚና አለው ማለት ነው። ለምሳሌ የመሬት ማግኔቲክ ፊልድ 11 ጊዜ እጥፍ ጭማሪ፥የ ካርቦን-14 ምርትን በአንድ-አራተኛ (1/4) ይቀንሰዋል። የማግኔቲክ ፊልድ 100 ጊዜ እጥፍ ጭማሪ የ ካርቦን-14 ምርትን ዜሮ ያደርገዋል።

ሳይንቲስቶች በአሁኑ ጊዜ የመሬት ማግኔታዊ መስክ እየቀነሰ መሆኑን አውቀዋል። (ይህን፥ "የወጣት መሬት ማስረጃዎች" በሚለው በሚቀጥለው ምዕራፍ 5 ውስጥ እናየዋለን።)

> "የመሬት ማግኔቲክ ፊልድ እየጠፋ ነው። የጀርመኑ ማቲማቲሺያን ካርል ፍሬዲሪክ ጋውሽ በ 1845 መመዝገብ ከጀመረበት ጊዜ ከነበረው የዛሬው በ 10 ፐርሰንት የደከመ ነው።" *- J. Roach, National Geographic News, September 9, 2004.*

ይህ የመሬት ማግኔቲክ ፊልድ መቀነስ፥ወደ ፕላኔታችን የሚገባውን ኮስማዊ ጨረር በመጨመር በአትሞስፌር ውስጥ የሚፈጠረውን የ C-14 መጠን እንዲጨምር ያደርገዋል። ነገር ግን የ C-14 ሰዓት ቆጣሪ ዋጋ ሊኖረው የሚችለው፥ ባለፉት ዘመናት በአትሞስፌር ውስጥ ይፈጠር የነበረው የ C-14 ብዛት፥ በአሁኑ ጊዜ ከሚፈጠሩት ጋር እኩል ሲሆኑ ብቻ ነው። ነገር ግን ይህ የፕላኔታችን ማግኔቲክ ፊልድ እየቀነሰ መሄድና ያንንም ተከትሎ ወደ አትሞስፌራችን የሚገባው የኮስማዊ ጨረር መጨመር ይህን እመንታ ዋጋ የሚያሳጣ ነው።

> "በቀድሞው ዘመን በማግኔታዊ ጋሻ የኮስማዊ ጨረር መከለል ምክንያት የካርቦን-14 መጠን አነስተኛ የነበረ ከሆነ፥ከኦርጋኒዝሞች ሕይወት ጀምሮ ያለው የጊዜ ግምታችን እጅግ ትልቅ ይሆናል።" *- Science Digest, December 1960, p. 18*

ስለዚህ በቀድሞው ዘመን የምድር ማግኔታዊ መስክ ከአሁኑ ይበልጥ ጠንካራ የነበረ ከሆነ፥ በአትሞስፌር ውስጥ አነስተኛ የካርቦን-14 ምስረታ ነበር ማለት ነው፤በተራው ይህ ማለት የካርቦን-14 (C-14) ዘዴ፥ የናሙናዎችን ዕድሜ ከእውነተኛ ዕድሜያቸው አስበልጦ እየሰጠን ነው ማለት ነው።

(2) <u>የካርቦን ብዛት</u> - ዛሬ በዓለማችን በሕይወት ክልል (Biosphere) ውስጥ ያለው የካርቦን መጠን፥ በሴዲሜንተሪ ዓለት ንብብራት ውስጥ በተቀበሩት በተክሎችና በእንሰሳት ፎሲሎች ውስጥ ተቆልፎበት ካለው የካርቦን መጠን 500 ጊዜ ያነሰ መሆኑን (1/500ኛ መሆኑን) በ ደብሊው. ኤ. ሬኒርስ የተደረገ ጥናት አሳይቷል። *(W.A . Reiners, Carbon and the Biosphere, p. 369)*

ይህ፥ በቀድሞው ጊዜ ከፍተኛ መጠን ያለው ካርቦን ምድር ውስጥ የተቀበረ መሆኑን

ያሳያል። በእርግጥ በታላቁ ዓለምአቀፍ የጥፋት ውሃ ወቅት፥የዛሬዎቹን ፎሲል ነዳጆች (የድንጋይ ከሰል፣ነዳጅ ዘይት. .ወዘተ) ያስገኙ በርካታ ካርቦን የያዙ እጅግ በርካታ (የእንስሳትና የተክል) ፎሲሎች የተቀበሩ መሆኑን ፍጥረተኞች ያምናሉ። በምድራችን ላይ የነበረው እጅግ ሰፊ ደን፥ ፎሲል ወይም ድንጋይ-ከሰል (coal) ሆኗል፤በሚሊዮን የሚቆጠሩ የባህርና የምድር እንስሳት፥ ፎሲል ወይም ነዳጅ ዘይት ሆነዋል። *(ስለ ታላቁ የጥፋት ውኃ አስደናቂ ማስረጃዎችና ውጤቶች ራሱን በቻለ ምዕራፍ ወደፊት በዝርዝር እናየዋለን።)*

ከጥፋት ውኃው በፊት የነበረው የሕይወት ክልል (Biosphere) ከዛሬው 500 ጊዜ እጥፍ የሚበልጥ ካርቦን በሕያው ፍጥረታት ውስጥ የነበረው ከሆነ፥ ይህ የቀድሞውን የ $^{14}C/^{12}C$ ንጻሬን ከዛሬው ይልቅ እጅግ ያነሰ እንዲሆን ያደርገዋል፤ወይም በትክክል ለማስቀመጥ፥ የዛሬውን ንጻሬ አንድ-አምስተ መቶኛ ያህል ብቻ እንዲሆን ያደርገዋል[14]። ይህ ብቻ፥በናሙናዎች እውነተኛ ዕድሜ ላይ፥ ዘጠኝ የ C-14 ግማሽ ሕይወት - ማለትም የ 51,570 ዓመት ጭማሪን ያመጣል።

ይህ ሁኔታ፥ከጥፋት ውሃው በኋላ የነበሩ ማቴሪያሎች የካርቦን-14 ዕድሜ፥ ከእውነተኛ ዕድሜያቸው በጥቂት አስር ሺዎች ዓመታት የበለጠ ሆኖ እንዲታይ የሚያደርግ ነው። በዚህም ምክንያት ፍጥረተኛ ተመራማሪዎች፥ በጥፋት ውኃው ውጤት ምክንያት የሚመጣውን የእድሜ ጭማሬ ለማስወገድ፥በካርቦን-14 የዕድሜ መለኪያ ዘዴ ላይ ከ 35,000 እስከ 45,000 ዓመት የቅናሳ ማስተካከያ ቢደረግለት የካርቦን-14 ዘዴ ደህና ሊባል የሚችል የዕድሜ ግምት ሊሰጥ እንደሚችል ያምናሉ።

(3) <u>ጸሐያዊ ንፋስ (solar wind)</u> - በጸሐይ አካል ላይ የሚገኙ ነጠብጣብ የመሰሉና ከፍተኛ ማግኔታዊ እንቅስቃሴ የሚካሄድባቸው ነቁጠ-ጸሐይ (Sunspot) በመባል የሚታወቁ ስፍራዎች አሉ። እነዚህ ነጠብጣብ የመሰሉ ስፍራዎች ከሌላው የጸሐይ አካል አንጻር ጠቆር ብለው የሚታዩ ሲሆን፥ በአማካኝ በ የ 11 ዓመታት አንዴ ስፋታቸው እየጨመረ ይቀንሳል። እነዚህ ነቁጦች ሲሰፉ ጸሐያዊ ነፋስ (solar wind) ይፈጠራል። ጸሐያዊ ነፋስ፥ ከጸሐይ ወደ ውጭ የሚለቀቅ ፕሩቶኖችን፣ ኤሌክትሮኖች ንና ጥቂት የከባባድ ኤሌመንት ኑክሎሶችን የያዘ ንፋስ ነው።

ነቁጠ-ጸሐይ (Sunspot) እና በዚህም ምክንያት በ የ 11 ዓመቱ የሚፈጠረው ጸሐያዊ ንፋስ (solar wind) በምድራችን ላይ ሲያልፍ፥ አትሞስፌር ውስጥ የሬዲዮካርቦን

---

[14] J. Baumgarder, C-14 evidence for a recent global Flood and a young earth, *<u>Radioisotopes and the Age of the Earth,</u>* <u>Vol. 2</u>, Institute for Creation Research, Santee, California, 2005, 618

ምስረታን ጨምሮ በፕላኔታችን ላይ በርካታ ውጤቶች ያስከትላል።

> “. . . ጸሐይ አክቲቭ ስትሆን (በርካታ የጸሐይ ነቁጦች ሲፈጠሩ) ከፍተኛ ብዛት ያላቸው ሙል (charged) ፓርቲክሎችን ወደ ውጭ በመርጨት ጸሐያዊ ንፋስን (solar wind) ትፈጥራለች። እነዚህም የምድርን ዙሪያ በመሸፈን አብዛኛውን የኮስማዊ ጨረር አቅጣጫ በማስቀየር ወደ ምድር አትሞስፌር እንዳይገባ ያደርጋሉ። የኮስማዊ ጨረር በአትሞስፌር ውስጥ አንሶ መገኘት የካርቦን-14 ምርት እንዲቀንስ ያደርገዋል። [በተቃራኒው] የጸሐይ አክቲቪቲ የማይኖርበትና ጸሐያዊ ንፋስ የሚያንስበት ረጅም ጊዜ የካርቦን-14 ምርት መጨመርን ማምጣት አለበት. . . ከ 1640 ዓ.ም እስከ 1720 ዓ.ም ድረስ በዛፎች ቀለበት ላይ የነበረው የካርቦን-14 መጠን፥ ከእነዚህ ዓመታት በፊትና በኋላ ከነበረው የሚበልጥ ነበር።” - *Allan Fallow, The Sun (1990)*

ባለፉት ዘመናት ትላልቅ የጸሐይ ነቁጥ ልዩነቶች ተከስተዋል። ከእነዚህ መካከል ጥቂቶቹ ብቻ የሚታወቁ ሲሆን፥እነዚህም ልዩነቶች በአትሞስፌር ውስጥ የካርቦን-14 ምርት ላይ ትልቅ ለውጥን እንደሚያመጡ ታውቋል። ለምሳሌ ከ 1420 ዓ.ም እስከ 1530 ዓ.ም እና ከ 1639 ዓ.ም እስከ 1720 ዓ.ም እጅግ ጥቂት የፀሐይ ነቁጦች ብቻ የነበሩ ሲሆን፥በእነዚህ ጊዜያት ውስጥ በምድራችን ላይ በየትኛውም ቦታ አንድም አውሮራ aurora ስለመከሰቱ ሪፖርት አልተደረገም፤ያኔ ሰሜን አውሮፓ ፍሪጅ ሆና ነበር። በዚያ ወቅት በአትሞስፌር ውስጥ ከፍተኛ መጠን ያለው C-14 ተፈጥሯል። በ 12ኛው ክፍለ ዘመንና በ 13ኛው ክ/ዘመን መጀመሪያ ላይ ለበርካታ ዓመታት ከተለመደው ውጭ እጅግ ከፍተኛ የሆነ የ ጸሐይ ነቁጥ እንቅስቃሴና ጸሐያዊ ንፋስ ተከስቶ ነበር። በዚያ ወቅት የመሬት የአየር ንብረት ሙቀት ጨምሯል፤ በሰሜን ዋልታ አካባቢ በርካታ የበረዶ ክምችቶች (glacier) ቀልጠዋል፤ በዋልታዎች አካባቢ አውሮራዎች (aurora) ታይተዋል፤ በአትሞስፌር ውስጥ አነስተኛ መጠን ያለው C-14 ተፈጥሯል። ከእነዚህ ሌላም በሌሎች ክፍለ ዘመናትም ሌሎች ተጨማሪ የጸሐይ ነቁጥ ለውጦች እንደነበሩ ታውቋል። ትላልቆቹ ለውጦችም በአጠቃላይ ከ 50 እስከ በርካታ መቶ ዓመታት ጊዜ ውስጥ የተጠናቀቁ ነበሩ።

“አይነተ አንድነት” (uniformity) - ወይም “ያለፈው ያሁኑን ዓይነት ነው” የሚለው ሃሳብ የ C-14 ዘዴ ዋነኛ መሠረት መሆኑ ይታወቃል፤ነገር ግን የሬዲዮካርቦንን አፈጣጠር በተመለከተ፥ ያለፈው ጊዜ ከዛሬው ጊዜ ጋር አንድ ዓይነት እንዳልነበር ከእነዚህ እናያለን።

በአትሞስፌር ውስጥ የሚፈጠረው የሬዲዮካርቦን መጠን በከፍተኛ ሁኔታ የሚለወጥ ከሆነ፥ በ C-14 ላይ የተመሰረተ የዕድሜ አቆጣጠር ላይ ትልቅ መዛባትን ይፈጥራል።

<u>ካርቦን-14፥ መገኘት በማይገባው ‘በተሳሳቱ’ ቦታዎች</u>

ምድራችንን የሚያህል ብዛት ያለው የ ካርቦን-14 ኤለመንቶች ከምችት ቢኖር፥ሁሉም ፈርሰው ለማለቅ ከአንድ ሚሊዮን ዓመት ያነሰ ጊዜ ብቻ ይወስድባቸዋል። ነገር ግን በገሃዱ ዓለማችን ውስጥ ሊኖር የሚችል የትኛውንም ያህል የ ካርቦን-14 ከምችት፥ ብዛ ቢል በ አንድ መቶ ሺህ ዓመታት ጊዜ ውስጥ ፈርሶ የሚያልቅ ነው። ስለዚህ አንድ ናሙና ዕድሜው በእውነት ከሚሊዮን ዓመታት በላይ ከሆነ፥በውስጡ የሚቀር የካርቦን-14 ኤለመንት ሊኖር አይችልም። ነገር ግን በኢቮሉሽኒስቶች ዘንድ ከሚሊዮን ዓመታት በላይ ዕድሜ እንዳላቸው በሚታመኑ ማቴሪያሎች ውስጥ፥ የካርቦን-14 ኤለመንቶች ተገኝተዋል። የካርቦን-14 ኤለመንቶች መገኘት በማይገባቸው 'በተሳሳቱ' ቦታዎች እየተገኙ ነው። ከእነዚህ ውስጥ ሶስት ምሳሌዎችንና አንደምታው ምን እንደሆነ ከዚህ በታች እናያለን።

(1) <u>ካርቦን-14 በዳይኖሰር አጥንቶች ውስጥ</u>- በ 2012 ዓ.ም ሲንጋፑር ውስጥ በተካሄደው <u>*Asia Oceanic Geosciences Society*</u> እና <u>*American Geophysical Union*</u> (AOGS–AGU) በጋራ ባዘጋጁት ዓለም አቀፍ የጂኦፊዚክስ ኮንፍረንስ ላይ፥ በስምንት የዳይኖሰሮች አጥንቶች ላይ የተደረገ የ C-14 የዕድሜ ምርምራ ውጤት ቀርቦ ነበር። ሁሉም በ C-14 ዘዴ የተለካላቸው ዕድሜ ከ 22,000 እስከ 39,000 ዓመታት ብቻ ሆኖ ተገኝቷል። ነገር ግን ዳይኖሰሮች በእርግጥ በኢቮሉሽኒስቶች እንደሚታመነው የ 65 ሚሊዮኖች ዓመታት ዕድሜ ቢኖራቸው ኖሮ፥አንድም የ C-14 አተም በውስጣቸው ሊቀር አይችልም ነበር። ከዳይኖሰሮች በተጨማሪም የሚሊዮኖች ዓመታት ዕድሜ እንዳላቸው የሚታሰቡ ማሙዞችና ተክሎች የካርቦን-14 ዕድሜያቸው ከ 40 ሺ ዓመታት ያነሰ ሆኖ መገኘቱን በሪፖርቱ ላይ ቀርቧል።

በጀርመናዊው ፊዚስት በ ዶ/ር ቶማስ ሲለር የሚመረው ቡድን ባቀረበው 15 ደቂቃ በፈጀ ገለጻ ላይ፥ በብክለት ሊገባ የሚችል የካርቦን-14 ኤለመንትን ለይቶ ለማስወገድ የተወሰዱ ባለሙያዊ ጥንቃቄዎችና ቴክኒኮች ዝርዝር ቀርቧል። በመጀመሪያ ፎሲሎቹን ለካርቦን-14 የዕድሜ ልኬት ዝግጁ የሚያደርግ ብክለትን የሚያስወግድ መደበኛቹ ዝግጅቶች ተደርገዋል። በሁለተኛም ኮላኝን (collagen) የመሳሰሉ ፕሮቲኖች ተመርምረዋል፤እነዚህ ፎሲሎች ከውጭ በመጣ ካርቦን ተበክለው ከሆነ collagen ውስጥ ይገባሉ። በሶስተኛም፥ ምርመራው ሁሚክ አሲድን ከመሳሰሉ ከአንዳንድ በካይ ኬሚካሎች ሊመጡ የሚችሉ ብክለቶችን በሚገባ ያስወገደ መሆኑን ተረጋግጧል። አራተኛ፥ በፎሲሎቹ የተገኙበት አካባቢ ያለው የካርቦን ብዛት ከፎሲሎቹ በተራቀ መጠን እየቀነሰ እንደሚሄድ ተረጋግጧል (ይህ፥ ካርቦን ወደ ናሙናው እየገባ ሳይሆን ከናሙናው እየወጣ መሆኑን የሚጠቁም ነው)።

ይህ ለኢቮሉሽኒስቶች አስደንጋጭ የሆነው ግኝት ገለጻ የቪዲዮ ቅጂ በኢንተርኔት ዩቱብ ላይ የነበረ ቢሆንም፥ በኋላ ግን ከኮንፍረንሱ ኦፊሽያል ድህረገጽ ላይ እንዲነሳ ተደርጓል።

> *"ሁለት ሊቀመንበሮች ግኝቱን መቀበል ስላልቻሉ ረቂቁን ከኮንፍረንሱ ዌብሳይት ላይ እንዲነሳ አድርገዋል። ዳታውን በግልጽ ለመጋፈጥ ፈቃደኛ ባለመሆን፥ያለ ጸሐፊዎቹ ወይም ሌላው ቀርቶ ያለ AOGS ኦፊሰሮች እውቅና ሪፖርቱን ከሕዝብ እይታ ሰርዘውታል።" – Press release "Dinosaur bones' Carbon-14 dated to less than 40,000 years—Censored international conference report" and additional information, newgeology. us/ presentation 48.html, accessed 27 December 2012.*

የሪፖርቱ የጋራ ጸሐፊ የሆኑትና እስከ ቅርብ ጊዜ ድረስ የፈረንሳይ የአውቶሚክ ኢነርጂ ኮሚሽን ግሪኖብል የምርምር ማዕከል *(French Atomic Energy Commission's Grenoble Research Centre)* ይሰሩ የነበሩት ዶክተር ጂን ዲ ፖንቻራ እና ፕሮፌሰር ዶክተር ሮበርት ቤኒት፥ የሥራ ባልደረቦቻቸው የራሳቸውን የዳይኖሰሮችን የካርቦን-14 ዕድሜ ምርመራ እንዲያደርጉ አሳስበዋል። በተጨማሪም የመገናኛ ሜዲያዎች ግኝቶችን በግልጽና በእውነተኝነት ለህዝብ በማቅረብ ሳይንቲስቶችን ማበረታታት እንደሚገባቸው አሳስበዋል።

በተለያዩ ጊዜያት በአውሮፓና በአሜሪካ በሚገኙ በተለያዩ ላቦራቶሪዎች ውስጥ የዳኖሰሮችና የማሙዞች (ዝርያው የጠፋ ጸጉራም ዝሆን መሰል ፍጥረት) አጥንቶች የ ካርቦን-14 ዕድሜ ተለክቶላቸው የተገኙት ውጤቶች፥ዳይኖሰሮቹ ከ 9,800 እስከ 50,000 ዓመታት በፊት ይኖሩ እንደነበር አሳይተዋል።

ብዙውን ጊዜ ኢቮሉሽኒስቶች ለእዚህ የሚሰጡት መልስ፥ "ካርቦን-14 የዕድሜ መለኪያ ዘዴ ከ 50 ሺ ወይም ከ 100 ሺህ ዓመት በላይ የሆኑ ዕድሜዎችን ለመለካት መዋል ስለማይችል የዳይኖሰሮችን ዕድሜ በዚህ ዘዴ መለካት ዋጋ የለውም የሚል ነው።" ነገር ግን ይህ ከችግሩ ለማምለጥ መሞከር ብቻ ነው። ችግሩ፥ የሚሊዮኖች ዓመት ዕድሜ እንዳላቸው በሚታሰቡ ማቴሪያሎች ውስጥ የካርቦን 14 መገኘቱ ነው። እነዚህ በእውነት የሚሊዮኖች ዓመት ዕድሜ ቢኖራቸው ኖሮ ካርቦን 14 ሊኖራቸው አይችልም ነበር።

> በሌላ ሲስተም ተመርምሮ የ 140 ሚሊዮን ዓመት ዕድሜ እንዳለው የታመነ የዳይኖሰር አጥንት ቁራጭ፥ በካርቦን-14 ሲስተም እንዲለካ ወደ አሪዞና ዩኒቨርሲቲ ይላካል። አጥንቱ የዳይኖሰር መሆኑን አልተነገራቸውም። የተገኘው ውጤት ዕድሜው 9,890 ± 60 እና 16,120 ± 220 ዓመት የሚል ነበር።

(2) <u>ካርቦን-14 በድንጋይ ከሰል ውስጥ፤</u> ከዚህ በፊት የጠቀስነው ስምንት አባላትን ያቀፈው የሬት (RATE) ቡድን፥ በኢቮሉሽናዊው የጊዜ ሰሌዳ መሰረት ሶስት የተለያዩ ዘመናትን (ሴንዞይክ፣ ሜሶዞይክ እና ፓሊዮዞይክ) ከሚወክሉ ከአስር የተለያዩ የድንጋይ

ከሰል ንጣፎች ውስጥ የተወሰዱ ናሙናዎች አሰባሰቦ ጥናት አካሂዶ ነበር። አስሩን ናሙናዎች ያገኘው ከ ዩ.ኤስ.ኤ. የድንጋይ ከሰል ኢነርጂ ናሙና ባንክ ዲፓርትመንት ነበር።

በመደበኛው የኢቮሊሽኒስቶች የዕድሜ መለኪያ ሲስተም የድንጋይ ከሰል ናሙናዎቹ በሙሉ ከሚሊዮን እስከ በርካታ መቶ ሚሊዮኖች ዓመታት ዕድሜ እንዳላቸው ይታሰባል። ከላይ እንዳየነው አንድ ናሙና ዕድሜው ከ 100,000 ዓመት በላይ ከሆነ በውስጡ ሊለካ የሚችል C-14 ሊይዝ አይችልም፤ወይም መያዝ የለበትም። ነገር የሶስት ጥንት ዘመናትን ይወክላሉ የተባሉ ናሙናዎች በሙሉ ትንሽ የማይባል የ C-14 መጠን ይዘው ተገኝተዋል። ሁሉም ላይ ከሌላ ምንጭ ሊመጣ የሚችል ብክለትን ለማስወገድ ከፍተኛ ጥንቃቄ የተሞላበት ሥራ ተሰርቶላቸዋል። በናሙናዎቹ ውስጥ የተጣራ C-14 በመጠቀም የተሰላው የአስሩም ናሙናዎች አማካኝ ዕድሜ ወደ 55,000 ዓመት ግድም ሆኖ ተገኝቷል። ይሁንና የበለጠ አስተማማኝ የሆነውን ከጥፋት ውሃ በፊት የነበረውን የካርቦን ብዛት ግንዛቤ ውስጥ ካስገባን ዕድሜያቸው በቀላሉ ወደ 5,000 ዓመት መውረድ ይችላል። (ከዚህም በተጨማሪ C-14 በአልማዝ ማዕድናት ውስጥ መገኘታቸውን ከዚህ በፊት አይተናል።)

የድንጋይ ከሰሎች ውስጥ C-14 አሁንም ድረስ መኖሩ - ፈርሰው ለማለቅ ጊዜያቸው ገና ስላልሞላ ነው። ምድራችን ገና ያን ያህል ያረጀች አይደለችም።

(3) <u>ካርቦን-14 'በጥንት' ባዛልት ውስጥ በተቀበሩ ፎሲል ዛፎች ውስጥ</u> - በ 1993 ዓ.ም አውስትራሊያ ኩዊንስላንድ የማዕድን ማውጫ ውስጥ፥ በ ባዛልት ዓለት ውስጥ የተቀበሩ የዛፍ ግንዶች ተገኝተው ነበር። *('Rare find unearthed at Crinum', BHP Australia Coal Newsline, p. 1, December 1993–January 1994)*

ጂኦሎጂያዊ ስፍራው፥ የባዛልት ዓለቱን ዕድሜ በግምት '30 ሚሊዮን' ዓመት ያደርሰዋል። የዛፍ ግንዶቹ ባዛልት አለቱ ውስጥ የተቀበሩ ስለሆኑ ዛፎቹም ቢያንስ የ 30 ሚሊዮን ዓመት ዕድሜ እንደሚኖራቸው ይታሰባል። ዛፎቹ ገና በሕይወት እያሉ በባዛልት ላቫ ተሸፍነዋል።

ከዛፍ ፎሲሉ ላይ የተወሰኑ ቁራጭ ናሙናዎች ተወስደው፥የካርቦን-14 የዕድሜ ምርመራ እንዲደረግላቸው በምድራችን ላይ ታዋቂ ወደ ሆኑ ወደ ሁለት ላቦራቶሪዎች ተላኩ - ካምብሬጅ በስቶን (ዩኤስኤ) ወደሚገኘው *Geochron* ላቦራቶሪ እና ሲድኒ አውስትራሊያ ወደሚገኘው *Antares Mass Spectrometry laboratory (*Australian Nuclear Science and Technology Organisation (ANSTO)

ለሁለቱም ላቦራቶሪዎች ናሙናዎቹ ከየት እንደመጡ አልተነገራቸውም። ሁለቱም ላቦራቶሪዎች ሬዲዮካርቦንን ለመለካት ይበልጥ ሴንሴቲቭ የሆነውን *accelerator mass*

"ብከለቱ ምን ያህል እንደሆነ እንዴት ነው የምንወስነው ነው ጥያቄህ? ያ ብዙም አያስቸግርም፤ እድሜው እንዲሆን ከሚጠበቀው ጋ እስኪገጥም ድረስ የተወሰነ እየቀነስክ ደጋግመህ ትሞክራለህ።"

"የናሙናዎቹ ዘመን ካልገጠመ ምንድነው የምናደርገው ነው ያልከኝ? ለዚያ መጨነቅ አያስፈልገም፤ሁሉም ነገር አስቀድሞ ተሰርቷል። በቀላሉ የመማሪያ መጽሐፍትን ውሰድና ዘመኑ ምን ህል መሆን እንዳለበት ፈልግ፤ ከዚያ ከተዘረዘሩት እመንታዎች መካከል ያን የተወሰነ ዓለት ወይም ቅሪተ አካል መስመር ውስጥ የሚያስገባውን ምረጥ።"

"ናሙና ለዕድሜ መለኪያ የሚሆን 'ጥሩ' መሆኑን የምታወቀው፥ አስቀድሞ የሚታመነውን ኢቮሉሽናዊ ዕድሜ የሚሰጥ ከሆነ ነው። 'መጥፎ' ወይም የተበከሉ ናሙናዎች የሚባሉት ከኢቮሉሽናዊው ጋር የማይጣጣም ዕድሜ የሚሰጡ ናቸው።"

"እየህ፤የላቦራቶሪ ዕድሜዎችን ዝም ብለህ እንደወረደ አትወሰድም፤ ዕድሜውን የምትቀበለው፥ምን ያህል መሆን እንዳለበት አስቀድሞ ከሚታሰበው ጋር የሚስማማ ከሆነ ብቻ ነው።"

spectrometry (AMS) ቴክኒክ ተጠቅመዋል። *Geochron* የንግድ ላቦራቶሪ ሲሆን፥ *Antares* ግዙፍ የምርምር ላቦራቶሪ ነው።

በተጨማሪም፥ የባዛልት ዓለት ቁራጭ ናሙናዎች የፖታሲየም-አርጎን (K-Ar) የዕድሜ ምርመራ እንዲደረግላ ቸው አብረው ወደ ላቦራቶሪዎቹ ተልከው ነበር።

በመጨረሻ የተገኙት ውጤቶች፤በባዛልት ዓለት ውስጥ ለወጡት ለዛፍ ፎሲሎች የተለካው የሬዲዮካርቦን (C-14) ዕድሜ ከ 44,000 እስከ 45,500 ዓመት አሳዩ። ከዚህ በመጀመሪያ የምናየው ነገር፥በሁሉም የዛፍ ናሙናዎች ውስጥ ሊለካ የሚችል ካርቦን-14 (C-14) ያለ መሆኑን ነው፤ስለዚህ ሁለቱም ላቦራቶሪዎች የ ካርቦን-14 ዕድሜን ለመለካት አላስቸገራቸውም።

የተለካው የባዛልት አለቶቹ የፖታሲየም-አርጎን (K-Ar) ዕድሜ ግን፥የዛፍ ፎሲሎቹን 'ዕድሜ' በሚቃረን ሁኔታ ከ 39 ሚሊዮን እስከ 45 ሚሊዮን ዓመት ሆኖ ተገኘ። የባዛልት አለቱ በእርግጥ 45 ሚሊዮኖች ዓመታት ዕድሜ ቢኖረው ኖሮ፥በውስጡ የቀበራቸው የዛፍ ፎሲሎች አንድም የ C-14 አተም በውስጣቸው ሊቀር አይችልም ነበር። ከዚህ፥የባዛልቱ እውነተኛ ዕድሜ የዛፎቹን ያህል በሺዎች የሚቆጠር ዓመታት ብቻ አድርገን መደምደም እንችላለን።

በሁለቱም ላቦራቶሪዎች ውስጥ በዘመናዊው mass spectrometer መሳሪያ በመታገዝ በሚገባ በሰለጠኑ ባለሙያዎች የተሰራው ጥንቃቄ የተሞላበት የናሙናዎች የምርመራና የትንተና ሥራ አስተማማኝ ሊባል የሚቻል ቢሆንም፥ ነገር ግን የሚሰሉትን ሁሉንም 'ዕድሜዎች' በዋነኛነት የሚወስኑት፥የእነዚህ ኤለመንቶች (እና አይሶቶፖቻቸው) የሬዲዮአክቲቭ የፍርሰት ፍጥነት ቋሚነትን ጨምሮ በቀድሞው የማይታይ ዘመን የነበራቸው ጂኦኬሚካል ባህሪያትን የተመለከቱ ሊረጋገጡ የማይችሉ እመንታዎች ናቸው።

ችግሩ እመንታዎቹ ላይ ነው - እመንታዎቹ ትክክል ካልሆኑ፥ የላቦራቶሪው ሥራና ቴክኖሎጂው ምንም ያህል ዘመናዊና ትክክለኛ ቢሆን፥የሚሰጡን ውጤት የናሙናውን ትክክለኛ ዕድሜ አይሆንም።

ስለ ሬዲዮካርቦን ዕድሜ መለኪያ ሲስተም የተነገሩ አንዳንድ ጥቅሶችን እንይ፤

> "በጠቅላላው ኮንፍረንስ ወቅት (በሬዲዮካርቦን ኤክስፐርቶች) ትኩረት የተሰጠው ነገር ላቦራቶሪዎች ዕድሜን የማይለኩ መሆኑና ነገር ግን የናሙናውን አክቲቪቲ የሚለኩ መሆኑ ላይ ነው። በአክቲቪቲውና በዕድሜዎቹ መካከል ያለው ግንኙነት በእመንታዎች ይሰራል. . . ዋነኛ እመንታ በአትሞስፌር ውስጥ ያለው የ C-14 መጠን የማይለዋወጥ ነው የሚለው ነው።" - *Science, December 10, 1965, p. 1490.*

የሬዲዮካርቦን ዘዴ ትክክለኛ ውጤት መስጠት እንደማይችል ሊ ይነግረናል፤

“የሬዲዮካርቦን የዕድሜ መለኪያ ሲስተም ችግር ያለጥርጥር የጠለቀና አስከፊ ነው። ለ35 ዓመታት ያህል የቴክኖሎጂ ማሻሻያና የተሻለ የአሰራር ለውጥ የተደረገለት ቢሆንም የተመሰረተበት እምንታዎቹ ግን አሁንም በከፍተኛ ሁኔታ አጠራጣሪ እንደሆኑ ነው፤ሬዲዮካርቦን በቅርቡ ትልቅ ቀውስ ውስጥ እንደሚገባ ማስጠንቀቂያዎች እየወጡ ነው. . . በዚህም ምክንያት እስከዛሬ ከተለኩት ውስጥ ግማሾቹ ውድቅ መደረጋቸው ሊያስደንቅ አይገባም። በእርግጥ የሚያስገርመው ግን የቀሩት ግማሾቹ ተቀባይነት ማግኘታቸው ነው. . . ምንም ያህል በሰፊው ጥቅም ላይ እየዋለ ቢሆንም የሬዲዮካርቦን ዘዴ አሁንም አስተማማኝና ትክክለኛ ውጤት መስጠት የሚችል አይደለም. . . ዕድሜዎች ተቀባይነት የሚያገኙት እየተመረጡ ብቻ ነው።” - *R.E. Lee,"Radiocarbon, Ages in Error," in Anthropological Journal of Canada, March 3, 1981, p. 9.*

“ለአንዳንዶች አስደንጋጭ ሊሆን ይችላል፤ነገር ግን በሰሜን-ምስራቅ ሰሜን አሜሪካ ውስጥ በ C-14 ሲስተም ዕድሜያቸው ከተመረመሩት ናሙናዎች ውስጥ ከ 50 ፐርሰንት ያነሱት ብቻ በመርማሪዎቹ ``ተቀባይነት`` አግኝተው ህጋዊ ሆነዋል።” - *J. Ogden III, “The Use and Abuse of Radiocarbon,”in Annals of the New York Academy of Science, Vol. 288,1977, pp. 167-173.*

ስዊዲን ዩፕሳል ዩኒቨርሲቲ ውስጥ በ1969 ዓ.ም በተካሄደው አስራ-ሁለተኛው የኖቤል ሲምፖዚየም ላይ ሁለት ተመራማሪዎች ሪፖርታቸውን ሲያቀርቡ እንዲህ ብለው ነበር፤

“በናይል ሸለቆ ቅድመ-ታሪክ ላይ በተካሄደው ሲምፖዚየም ወቅት የ C-14 የዕድሜ መለኪያ ሲስተም ላይ ውይይት ተደርጎበት ነበር። ታዋቂው አሜሪካዊው ባልደረባችን ፕሮፌሰር ብሪው በአርኪዎሎጂስቶች መካከል ያለውን አጠቃላይ አዝማሚያ ሲገልጽ እንዲህ ነበር ያለው - ‘የ C-14 ዕድሜ ቲዎሪያችንን የሚደግፍ ከሆነ ዋናው ጽሁፋችን ውስጥ እናስቀምጠዋለን፤ሙሉ በሙሉ የማይቃወም ከሆነ የግርጌ ማስታወሻ ላይ እናስቀምጠዋለን፤ ጠቅላላውኑ ከዕድሜዎቹ ውጭ ከሆነ ግን እንጥለዋለን።’ ” - *T. Save-Soderbergh and Ingrid U. Olsson, “C-14 Dating and Egyptian Chronology,” Radiocarbon Variations and Absolute Chronology, ed. Ingrid U. Olsson (1970), p. 35*

➢ የሬዲዮካርቦን የዕድሜ መለኪያ ሲስተም ሁልጊዜም አስተማመኝ እንዳልሆነና፥ ሙሉ በሙሉ እምነት ሊጣልበት የማይቻል ሲስተም መሆኑን

የሚያሳዩን አንዳንድ ምሳሌዎች፤

- በቅርቡ የሞተ የባህር እንሰሳ (seals) በሬዲዮካርቦን ዕድሜው ተለክቶ፥እንሰሳው ከሞተ 1,300 ዓመታት መሆኑን አሳይቷል። ከሞቱ ከ 30 ዓመታት ያልበለጣቸው ሌሎች ተመሳሳይ እንስሳትም የC-14 ዕድሜያቸው 4,600 ዓመታት ሆኖ ተገኝቷል። *(W. Dort, "Mummified Seals of Southern Victoria Land," in Antarctic Journal of the U.S., June 1971, p. 210.)*

- በሕይወት ካለ (እያደገ ካለ) ዛፍ ላይ አንድ የቅርንጫፍ እንጨት ተቆርጦ ዕድሜው ላቦራቶሪ ውስጥ ተለካ። ምንም እንኳ ከሞተ ጥቂት ቀናት ብቻ ያስቆጠረ ቢሆንም ሬዲዮካርቦን የለካለት ዕድሜ ግን 10,000 ዓመታት የሚል ነበር። *(B. Huber, "Recording Gaseous Exchange Under Field Conditions," in Physiology of Forest Trees, ed. by K.V. Thimann, 1958)*

- በሕይወት ያለ የቀንድ-አውጣ ሼል (shell) በካርቦን-14 ዕድሜው ተለክቶ ውጤቱ ከ 27,000 ዓመታት በፊት ይኖር እንደነበር የሚያሳይ ሆኖ ተገኝቷል። *(Science vol. 224 1984 pg. 58-61)*

- በአውሮፕላኖች ጭስ የተበከሉ ኤርፖርት አካባቢ ያሉ በሕይወት ያሉ ዛፎች የ C-14 ዕድሜያቸው 10,000 ዓመት ሆኖ ተገኝቷል። *(Erech A. von Fange, "Time Upside Down, " in Creation Research Society Quarterly, June 1974, p. 18.)*

- በሕይወት ያሉ ፔንጊዊኖች የካርቦን ዕድሜያቸው ከሞቱ 8,000 ዓመታት እንዳለፉ አሳይቷል።

- ከጥቂት ሳምንታት በፊት የሞተ ሲል (seal) የካርቦን-14 ሲስተም ዕድሜው ከ 515 እስከ 715 ዓመታት መሆኑን አሳይቷል።

ማጠቃለያ

በዚህ ምዕራፍ ውስጥ የሬዲዮአክቲቭ የዕድሜ መለኪያ ዘዴዎች፥በንጹህ ዳታዎች ላይ ብቻ ተመስርተው ዕድሜን የሚወስኑ ነጻ የሆኑ ሲስተሞች እንዳልሆኑና ይልቁንም ሊረጋገጡ በማይችሉና አስተማማኝ ባልሆኑ በቀድሞ ዘመን እመንታዎች (ግምታዊ እሳቤዎች) ላይ የተመሰረቱ መሆናቸውን አይተናል። በተጨማሪም ምድር እጅግ ያረጀች ናት የሚል አሰቀድሞም በተያዘ ፍልስፍናዊ አመለካከቶች ላይ ጭምር የተመሠረቱ መሆኑንና፥ከነዚህ አስቀድሞም ከሚታመኑ የስነ-ምድራዊ ዓምድ (Geologic Column) ረጅም ኢቮሉሽናዊ ዕድሜዎች ጋር የማይገጥሙ ዕድሜዎች እንደሚጣሉ አይተናል።

በተጨማሪም የሬዲዮአክቲቭ የዕድሜ መለኪያ ዘዴዎች ያሉባቸውን በርካታ ችግሮችንና

የሚሰጡትን የተሳሳተ ዕድሜ አይተናል፤ዕድሜያቸው መቶ ዓመት እንኳን ለማይሞላቸው የቅርብ ጊዜ አለቶች እስከ ሚሊዮኖች ዓመታት የሚደርስ ዕድሜ እንደሚለኩ፣ የተለያዩ ዓይነት የዕድሜ መለኪያ ዘዴዎች ለአንድ ዓይነት ዓለት የተለያየ ዕድሜ እንደሚለኩ፣ ለአለቶች ከኢቮሉሽናዊው የመሬት ዕድሜ በላይ እስከ 8 እና 11 ቢሊዮን ዓመት የሚደርስ ዕድሜን እንደሚለኩ፣ ከኢቮሉሽናዊ ዕድሜ ጋር የሚጣጣሙት ብቻ እየተወሰዱ ሌሎች ዕድሜዎች ግን እንደሚጣሉ. . .ወዘተ አይተናል[15]።

ምናልባት አንድ ሰው እንዲህ ይጠይቅ ይሆናል፤ 'እንግዲያው ለምንድነው ጂኦሎጂስቶች ሬዲዮሜትሪክ የዕድሜ መለኪያ ዘዴን ዛሬም ድረስ የሚጠቀሙበት? የማያስተማምን ከሆነ ዘዴውን ለምን አይተዉትም?'

የሚሰሉት ዕድሜዎች እውነተኛ ዕድሜ አይደሉም ማለት፥ዘዴው ሙሉ በሙሉ ጥቅም አልባ ነው ማለት አይደለም። የካርቦን-14 የዕድሜ መለኪያ ዘዴን በተመለከተ፥እስከ አምስት ሺህ ዓመት ዕድሜ ያላቸው ማቴሪያሎች ላይ አንዳንዴ ደህና የሚባል የዕድሜ ግምት የሚሰጥ መሆኑንና ለአንዳንድ ማቴሪያሎች የሚያስገኘው በዐሥርት ሺዎች የሚቆጠሩ ዕድሜዎች ላይ ደግሞ፥ ለጥፋት ውኃው ከፍተኛ የካርቦን ክምችት ውጤትና በቀድሞ ጊዜ ለነበረ አነስተኛ የካርቦን-14 ምስረታ ማስተካከያ ቢደረግለት፥ከመጽሐፍ ቅዱሳዊው ዘመን ጋር በጥሩ ሁኔታ ሊገጥም የሚችልና ጠቃሚ የሆነ ውጤት መስጠት የሚችል የዕድሜ መለኪያ ዘዴ መሆኑን ፍጥረተኛ ሳይንቲስቶች ይስማማሉ።

ሌሎች ዓይነት የዕድሜ መለኪያ ዘዴዎችን በተመለከተም፥ ምንም እንኳን ከስሌቶቹ ጀርባ ያሉ እመንታዎች ስህተት ቢሆኑምና የሚሰሉት ዕድሜዎችም ትክክል ባሆኑም፥ነገር ግን በአንድ አካባቢ ባሉ ኢግኒየስ አለቶች መካከል፥የትኛው የቅርብ የትኛው የድሮ እንደሆነ ፍንጮችን ሊሰጡ ይችላሉ።

ከዚህ ውጭ፥የሬዲዮሜትሪክ የዕድሜ መለኪያ ዘዴዎች፥ መሬት የቢሊዮን ዓመት ዕድሜ ያላት ያረጀች መሆኗን አያረጋግጡም። ይህ እጅግ ሰፊ ዕድሜ ከተሳሳቱ እመንታዎች የሚመነጭ ነው። ከዚህ በተቃራኒው መሬት የጥቂት ሺህ ዓመት ዕድሜ ያላት ወጣት መሆኗን የሚያሳዩ በርካታ ማስርጃዎች አሉ። የሚቀጥለው ምዕራፍ 5 እነዚህን ማስረጃዎች የሚያብራራ ምዕራፍ ነው።

****

[15] ለአንዳንድ አለቶችም ኔጋቲቭ ዕድሜ እንደሚለኩ፥በምዕራፉ መጨረሻ ላይ አፔንዲክስ ውስጥ ታገኛለህ። ይህ፥ገና ወደፊት የሚፈጠር ዓለት ዕድሜ ማለት ሲሆን፥ ነገር ግን ዓለቱ ዛሬ በእጃችን የሚገኝ ነው።

አፔንዲክስ

(ከዚህ በታች ያሉት አፔንዲክሶች ተጨማሪ ብቻ ስለሆኑ፥ምናልባት ካላስፈለገህ ዘለኻቸው በቀጥታ ወደሚቀጥለው ምዕራፍ መሄድ ትችላለህ።)

አፔንዲክስ 1 - የአሚኖአሲድ የዕድሜ መለኪያ ችግሮች

አፔንዲክስ 2 - የክፍለት ጭረት የዕድሜ መለኪያ ዘዴ (Fission-track dating)

አፔንዲክስ 3 - የሶስት የዕድሜ መለኪያ ዘዴዎች

- Thermoluminescence (TL)
- Optically-stimulated luminescence (OSL)
- Electron-spin resonance (ESR)

አፔንዲክስ 4- የዩራኒየም-ሊድ (uranium-lead) የዕድሜ መለኪያ ዘዴ

አፔንዲክስ 5 - የቶሪየም-ሊድ (Thorium-lead) ሬዲዮሜትሪክ

አፔንዲክስ 6 - ቫርቭ የዕድሜ መለኪያ ዘዴ (Varve Dating)

አፔንዲክስ 7 - አይሶክሮን የዕድሜ መለኪያ ዘዴ (Isochrons Dating)

አፔንዲክስ 8 - የመጀመሪያው መሰል-ዕድሜ (apparent age)

አፔንዲክስ 9 - ለተፋጠነ የሬዲዮአክቲቭ ፍርሰት መካኒዝሞች፤

አፔንዲክስ 10 - የሬዲዮአክቲቭ 'ዕድሜዎች' የርስ በርስ ግጭት

አፔንዲክስ 11 - ስለ ዕድሜ መለኪያ ዘዴዎች የተነገሩ ጥቅሶች

****

አፔንዲክስ 1 <u>የአሚኖአሲድ የዕድሜ መለኪያ ችግሮች</u>

የሕያው ኦርጋኒዝሞች ዋነኛ ገንቢ ቁሶች የሆኑት ፕሮቲኖች፥ በ 20 ዓይነት አሚኖአሲዶች (amino acids) የተገነቡ ናቸው። አሚኖአሲዶች ሁለት ዓይነት ቅርጽ አላቸው፤ እነዚህ ባለ ግራ-እጅ (left-handed) እና ባለ-ቀኝ እጅ (right-handed) በመባል የሚታወቁ ሲሆን፥ አንደኛው የሌላኛው የመስታወት ምስል ቅርጽ አለው። በላቦራቶሪዎች ውስጥ አሚኖአሲዶች ሲዘጋጁ፥ ሁልጊዜም እኩል ብዛት ያላቸው (50-50) ባለ ግራ-እጅ እና ባለ-ቀኝ እጅ አሚኖአሲዶች ይገኛሉ። በሕያው ኦርጋኒዝሞች ውስጥ የሚገኙ አሚኖአሲዶች ግን ሁሉም ባለ ግራ-እጅ አሚኖአሲዶች ብቻ ናቸው።

አንድ እንስሳ ሲሞት ሁለት ነገሮች በውስጡ ባሉት አሚኖአሲዶች ላይ መፈጸም ይጀምራሉ።

1) አሚኖአሲዶቹ ቀስ በቀስ መፍረስ ይጀምራሉ። ይህ የአሚኖአሲድ ፍርሰት (amino acid decomposition) በመባል ይታወቃል።

2) ግማሾቹ ባለ ግራ-እጅ አሚኖአሲዶች በጊዜ ውስጥ ቀስ በቀስ ወደ ቀኝ-እጅ አሚኖአሲድ መቀየር ይጀምራሉ። በመጨረሻ የባለ ቀኝ-እጅና ባለ ግራ-እጅ አሚኖአሲዶች ብዛት እኩል (50-50) ሲሆን መቀየሩ ይቆማል። ይህ ግማሾቹ አሚኖአሲዶች ከግራ-እጅነት ወደ ቀኝ-እጅነት የሚያደርጉት ለውጥ *racemization* በመባል ይታወቃል።

ሳይንቲስቶች እነዚህን ሁለቱንም ሂደቶች፥አንድ ኦርጋኒዝም ከሞተ ምን ያህል ጊዜ እንደሆነ ለማስላት ይጠቀሙባቸዋል።

እነዚህ ሁለት ዓይነት የዕድሜ መለኪያ ቴክኒኮችና ያሉባቸውን ችግሮች ዘርዘር አርገን እንያቸው፤

1) <u>የአሚኖአሲዶች ቅልቅል ንጻሬ (*amino acid racemization ratio*)</u>

ከላይ እንደጠቀስነው በሕይወት ባሉ ፍጥረታት ውስጥ የሚገኙ አሚኖአሲዶች በሙሉ ባለ ግራ-እጅ አሚኖአሲዶች ናቸው። ፍጥረቱ ሲሞት ግን ከፊሎቹ ባለ ግራ-እጅ አሚኖአሲዶች (L) ወደ ቀኝ-እጅ አሚኖአሲድ (D) ቀስ በቀስ መለወጥ ይጀምራሉ። ከጊዜ በኋላ በፎሲሉ ውስጥ እኩል ብዛት ያላቸው (50-50) የባለ ግራ-እጅ እና የባለ-ቀኝ እጅ አሚኖአሲዶች ቅልቅል ይገኛሉ። በሌላ አባባል የቀኝ እጅ/ለግራ እጅ ንጻሬ (D/L) እንሰሳው ሲሞት ከነበረበት ከዜሮ በመነሳት ቀስ በቀስ እየጨመረ በመሄድ በመጨረሻ አንድ ላይ ሲደርስ ይቆማል፤ያኔ እኩል ብዛት ያላቸው ሁለቱም ዓይነት ቅርጾች (ግራና ቀኝ) ይኖራሉ።

ባለ ግራ-እጆች ወደ ባለ-ቀኝ እጅ የሚለወጡበት ፍጥነት ከታወቀ፥ ፍጥረቱ ከሞተ ምን ያህል ጊዜ እንደሆነው ለመለካት፥ ይህ የቅልቅል ሂደት እንደ ሰዓት ቆጣሪ ሊጠቅም ይችላል። ይሁንና ይህ ሂደት በደምሳሳው ሲታይ ዕድሜን ለማስላት ጥሩ ዘዴ መስሎ ቢታይም፥ ነገር ግን ችግሮች ያሉበትና አስተማማኝ ያልሆነ የዕድሜ መለኪያ ዘዴ ነው።

አሚኖአሲዶች ከግራ ዓይነት ወደ ቀኝ ዓይነት የሚለወጡበት ፍጥነት (racemization rate) እንደ አሚኖአሲዱ ዓይነት ይለያያል። ሃያ ዓይነት አሚኖአሲዶች አሉ። የእያንዳንዱን ዓይነት አሚኖአሲድ መለወጫ ፍጥነት (racemization rate) ሊቀይሩ የሚችሉ በርካታ አካባቢያዊ ፋክተሮች አሉ። እነዚህም፤ (1) ቴምፕሬቸር (2) የአካባቢው የውኃ ክምችት (3) የአካባቢው አሲዳማነት/አልካሊኒቲ (pH) (4) የፕሮቲኑ የአሚኖአሲድ ስሪት (5) ግድብ ሁኔታ ለነጻ ሁኔታ (Bound state versus free state) (6) ማይክሮሞሎኪውሉ የሚገኝበት ቦታ (ግድብ ሁኔታ ከሆነ) (7) የአልዲሃይድ

(aldehydes) ኮምፓውንዶች መኖር (8) የበፈር ኮምፓውንዶች (buffer compounds) ክምችት (9) የአካባቢው የአዮናዊ ጥንካሬ (Ionic strength of the environment) ናቸው።

ከእነዚህ መካከል የመጀመሪያዎቹ ሶስት ፋክተሮች - ቴምፐሬቸር፣የውኃ ክምችትና አሲዳማነት/ቤዝ (pH) - መለወጫ ፍጥነት (racemization rate) ላይ ከፍተኛውን ሚና የሚጫወቱ ቢሆንም፥ትእንታዊ ለውጥ የሚያመጣው ግን ቴምፐሬቸር ነው። የቴምፐሬቸር የ 1 °c ጭማሪ የለውጥ ፍጥነቱን ከ 20% እስከ 25% ይጨምረዋል።

ይህ ብቻውን በዕድሜ ስሌት ላይ ከፍተኛ ስህተት የሚፈጥር ነው። የናሙናውን የቀድሞውን 'የቴምፐሬቸር ታሪክ' መወሰን ላይ የሚፈጠር አነስተኛ ስህተት ሳይቀር ሰፊ የሆነ የዕድሜ ስሌት ስህተት ሊያስከትል ይችላል። የሚታወቅን የቴምፐሬቸር ታሪክ መደረዝ ሳይቀር ችግር ያለበት ነው።

ቴምፐሬቸር፥አሲዳማነትን (pH) የሚለውጥ መሆኑና አሲዳማነት በበኩሉ የአሚኖአሲዶች መለወጫ ፍጥነት (racemization rate) የሚቀይር መሆኑ በዕድሜ ስሌት ላይ ተጨማሪ ስህተትን የሚፈጥር ነው። በተመሳሳይ ከላይ የተዘረዘሩት ሌሎች ፋክተሮችም በዚህ ዘዴ የሚሰላውን ዕድሜ አስተማማኝ እንዳይሆን ያደርጉታል።

ከነዚህም በተጨማሪ ባክቴሪያዎችና ፈንገሶች ከኦርጋኒክ ናሙናው ጋር የሚያደርጉት ኢንተርአክሽን ፍጥነቱን የመለወጥ አቅም አለው። እነዚህ ፍጥረታት የተለያዩ ዓይነት ፕሮቲኖችን መፍጨት የሚችሉ የተለያዩ ዓይነት ኢንዛየሞች አሏቸው። በተጨማሪም አንዳንድ ባክቴሪያዎች በግራ-እጅ ፈንታ ባለ ቀኝ-እጅ አሚኖአሲዶች ያላቸው ስለሆነ በእነዚህ የሚፈጠርን ብክለት ለማስወገድ ልዩ ዓይነት ጥንቃቄ ያስፈልጋል።

ሌላው የፕሮቲኑ ፊዚካላዊ መዋቅር የአሚኖአሲዱን መለወጫ ፍጥነት (racemization rate) የተለያየ እንዲሆን ሊያደርገው ይችላል። በአንዳንድ ሁኔታዎች ይህ ከቴምፐሬቸር የበለጠ ውጤት ያለው መሆኑ ተስተውሏል። በተጨማሪም ውስጣዊ ክፍል ያሉ አሚኖአሲዶች፥ውጫዊ ክፍል ካሉ አሚኖአሲዶች ይበልጥ በፍጥነት ይለወጣሉ። እንዲሁም ነጻ አሚኖአሲዶች በአጠቃላይ ዝግተኛ መለወጫ ፍጥነት አላቸው። በተጨማሪም በዝቅተኛ ላቲቲዩድ ላይ የአንድ የተወሰነ አሚኖአሲድ የቀኝ/ለግራ ንጻሬ (D/L) በከፍተኛ ላቲቲዩድ ጋር ካለው የዚያው ዓይነት አሚኖአሲድ የቀኝ/ለግራ ንጻሬ ጋር ሲወዳደር እጅግ ከፍተኛ ሆኖ ተገኝቷል።

እነዚህ ሁሉ ፋክተሮች ምስቅልቅል የሚፈጥሩና በአሚኖአሲዶች የቅልቅል ሂደት የሚሰላ ዕድሜን አስተማማኝ እንዳይሆን የሚያደርጉ ናቸው።

በእነዚህ ችግሮች ምክንያትም፥ ለምሳሌ ከአንድ አፍ ውስጥ የተገኙ የተለያዩ ጥርሶችና አጥንቶች ላይ የተደረጉ የአሚኖአሲድ ዕድሜ ልኬቶች የተለያዩ ዕድሜዎችን ሰጥተዋል።

የአሚኖአሲድ የዕድሜ መለኪያ ዘዴ ሌላው ትልቁ ድክመት ዕድሜን ከዳታዎች ብቻ ማስላት ወይም መወሰን የማይችል መሆኑ ነው። ከግራ ዓይነት ወደ ቀኝ ዓይነት የሚደረግ መለወጫ ፍጥነት እጅግ ተለዋዋጭ ስለሆነና ስለዚህም ዕድሜዎችን በራሱ ቴክኒክ ብቻ መወሰን ስለማይችል በሌሎች የዕድሜ መለኪያ ዘዴዎች ላይ የሚደገፍ የዕድሜ መለኪያ ዘዴ ነው። የአሚኖአሲድ ዘዴ የሚለካቸው ዕድሜዎች በመጨረሻ የሚጸድቁት ካርቦን-14 ን በመሳሰሉ በሌሎች የዕድሜ መለኪያ ዘዴዎች ማረጋገጫ ካገኙ ነው። የአሚኖአሲድ ዕድሜዎች ከሌሎች - ለምሳሌ ከካርቦን-14 ዕድሜዎች ጋር እንዲገጥም ዘወትር ስለሚስተካከሉ የዕድሜ ውጤቶቹ የካርቦን-14 ዕድሜዎች እንጂ የአሚኖአሲድ ማለት አይቻልም።

የሚኒሶታ ስቴት ዩኒቨርስቲ ያወጣው ጹሁፍ ላይ እንዲህ ይላል፤

> “የአሚኖአሲድ የዕድሜ መለኪያ ዘዴ የማቴሪያሉን ዕድሜ ሙሉ በሙሉ ከራሱ ከዳታው ሊያገኝ አይችልም። የመለወጫ ፍጥነቱ (racemization rate) . . . እጅግ ተለዋዋጭ ነው። በዚህ በፍጥነት [መለዋወጥ] ችግር ምክንያት የዕድሜ መለኪያ ቴክኒኩ ግኝቶቹን ለማጽደቅ በሌሎች የዕድሜ መለኪያ ዘዴዎች ላይ መደገፍ አለበት። እንደ እውነቱ ከሆነ በአሚኖአሲድ racemization ዘዴ የሚገኙ ዕድሜዎች ካርቦን-14 ን በመሳሰሉ በሌሎች ቴክኒኮች መደገፍ አለባቸው፤የካርቦን 14 ዕድሜ ልኬት ትክክል ካልሆነ የ racemization የዕድሜ መለኪያ ዘዴም እርግጠኛ ሊሆን አይችልም።” - *Minnesota State University, Racemization essay, accessed December 2, 2007*

2) <u>የአሚኖአሲድ ፍርሰት *(amino acid decomposit ion)*</u>

አንድ እንስሳ ሲሞት በውስጡ ያሉ አሚኖአሲዶቹ በተለያየ ፍጥነት መፈራረስ ይጀምራሉ። አንዳንድ አሚኖአሲዶች ከሌሎች አሚኖአሲዶች ይበልጥ ርጉዎች ናቸው። እነዚህ ይበልጥ ርጉ የሆኑ ኮምፓውንዶች (stable compounds) ለረጅም ጊዜ ሳይፈርሱ መቆየት ሲችሉ ሌሎቹ ግን በተለያየ ፍጥነት ይፈርሳሉ። ፎሲሉ እያረጀ ሲሄድ በውስጡ ይበልጥ ርጉ የሆኑት ብቻ ይገኛሉ። ሳይንቲስቶች አንድ እንስሳ ከሞተበት ጊዜ ጀምሮ በፈረሰው የአሚኖአሲድ ብዛት ዕድሜውን ለማስላት ይሞክራሉ። በሌላ አባባል የአሚኖአሲዶች የሚፈርሱበት ፍጥነት በትክክል ከታወቀ ይህ ለዕድሜ መለኪያነት ይውላል።

ይሁንና በዚህኛው ዘዴ ላይም ችግሮች አሉ። በሕያው ኦርጋኒዝሞች ውስጥ በሚገኙ አሚኖአሲዶች ቁጥር ላይ እጅግ በርካታ መለያየቶች ስለሚታይ፥ ፎሲሎቹ በሕይወት በነበሩበት ወቅት የነበራቸው የመጀመሪያዎቹ የአሚኖአሲዶች ንጻሬዎች ምን ያህል እንደነበሩ በትክክል ማወቅ አስቸጋሪ ይሆናል። አንዳንዶቹ ፎሲሎች በሕይወት በነበሩበት

ወቅት፥ይበልጥ ርጉ እንደሆኑ የሚታወቁ በርካታ ትርፍ አሚኖሲዶች የነበራቸው ሊሆን ይችላል። ይህ፥ የአሚኖአሲደፎችን የፍርሰት ሂደት እንደ ዕድሜ መለኪያ አድርጎ መጠቀም ከባድና የማያስተማምን እንዲሆን ያደርገዋል።

አፔንዲክስ 2 <u>የክፍለት ጭረት የዕድሜ መለኪያ ዘዴ</u>

<u>(Fission-track dating)</u>

ኢ-ርጉ (unstable) የሆኑ ከባባድ ኤለመንቶች በግብታዊነት ተከፍለው ወደ ሁለት ትናንሽ አተሞች ሲለወጡና እነዚህ ክፋይ አተሞች በተቃራኒ አቅጣጫ በረው ሲሄዱ ናሙናው ላይ የጭረት ምልክቶችን ይፈጥራሉ።

የክፍለት ጭረት የዕድሜ መለኪያ ዘዴ (Fission-track dating)፥ በዩራኒየም-238 ግብታዊ ፍርሰት የሚፈጠሩ ክፋዮች የሚፈጥሩትን የጭረት ምልክቶች መቁጠር ላይ የተመሰረተ ነው። የዩራኒየም-238 ግብታዊ ክፍለት (fission) ግማሽ-ሕይወት ይታወቃል፤ስለዚህ በዚህ ክፍለት ወቅት የሚፈጠሩ የጭረቶቹ ቁጥር ከናሙናው ዕድሜ ጋር በቲዎሪ ደረጃ የተያያዙ ናቸው። ብዙ የዩራኒየም አተሞች የተከፈሉ ከሆነ፥ብዙ የክፍለት ጭረቶች ይኖራሉ።

የክፍለት ጭረቶች (Fission-track) በመደበኛው የሬዲዮአክቲቭ ፍርሰት የሚፈጠሩ አይደሉም፤ ነገር ግን ጠቅላላው አተም (በዋነኛነት ዩራኒየም-238) ተሰንጥቆ ወደ ሁለት የተለያዩ አተሞች ሲከፈል የሚፈጠሩ ናቸው። (የኑክለር የክፍለት ፍጥነት ከኑክለር ሬዲዮአክቲቭ ፍርሰት ፍጥነት እጅግ ያነሰ ነው።) የተከፈሉት ስባሪዎች በከፍተኛ ፍጥነት በተቃራኒ አቅጣጫ በረው ይሄዳሉ። እነዚህ በመንገዳቸው ላይ ምልክት ትተው ያልፋሉ፤እነዚህ የተጎዱ ምልክቶች በማይክሮስኮፕ በግልጽ ይታያሉ። እነዚህ የክፍለት ጭረት (Fission-track) በመባል ይታወቃሉ። ምን ያህል የኑክለር ክፍለት እንደተፈጸመ ለማወቅ፥የእነዚህ የክፍለት ጭረቶች ብዛት እንደ መለኪያነት ይጠቅማል።

<u>**የዘዴው ችግሮች**</u> - የጭረቶቹ ቁጥር ብዛት በዕድሜ ብቻ የሚወሰን ሳይሆን በናሙናው በቀድሞው የቴምፕሬቸር ታሪክና በቅዝቀዛ ፍጥነቱ ላይ የሚወሰን ነው። ከናሙናው ውስጥ የዩራኒየም ኬሚካላዊ እጥበት (leaching) ረጅም ዕድሜን የሚያስጥ አርተፊሻል የሆነ 'የክፍለት ጭረትን' ሊፈጥር ይችላል። በተቃራኒው ሙቀት ጭረቶችን በማጥፋት አርቴፊሻል የሆነ ወጣት ዕድሜን ሊያስጥ ይችላል፤ስለዚህ እንደሌሎች የዕድሜ መለኪያ ዘዴዎች ሁሉ በሚጠበቀው ዕድሜና 'የክፍለት ጭረትን' በሚሰጠው ዕድሜ መካከል የሚኖር አለመስማማት ምክንያት ቀርቦለት ይጣላል።

ሌላው የ 'ክፍለት ጭረት' የዕድሜ መለኪያ ዘዴ ችግር፥ ከዩራኒየም-238 የበለጠ የግብታዊ ፍርሰት ፍጥነት ባላቸው አይሶቶፖች ጭረቶች ሊሰሩ የሚችሉ መሆናቸው ነው። ይህ የሚሰላውን ዕድሜ እጅግ እንዲጨምር የሚያደርግ ነው። በተጨማሪም

የኒውትሮኖች ድብደባ በ ዩራኒየም-235 ላይ ክፍለትን (fission) ሊያስከትል ይችላል፤ስለዚህ አንዳንድ በዩራኒየም-235 የሚፈጠሩ የክፍለት ጭረቶች በስህተት የዩራኒየም-238 ተደርገው ሊቆጠሩ ይችላሉ።

በመጨረሻ፥ እንደ ሁሉም የዕድሜ መለኪያ ዘዴዎች፥ የፍርሰት ፍጥነት (ግማሽ-ሕይወት) ቋሚ የሆነ የማይለወጥ ተደርጎ ይወሰዳል። ይሁንና ከዚህ በፊት እንዳየነው በቀድሞው ጊዜ የተፋጠነ የፍርሰት ፍጥነት እንደነበር የሚያሳዩ ማስረጃዎች አሉ። የተፋጠነ የፍርሰት ፍጥነት የነበረ ከሆነ፥ ልክ እንደሌሎቹ የዕድሜ መለኪያ ዘዴዎች የ 'ክፍለት ጭረት' የዕድሜ መለኪያ ዘዴም የተሳሳተ ዕድሜ ሊሰጥ ይችላል።

አፔንዲክስ 3 ሶስት ተመሳሳይ የዕድሜ መለኪያ ዘዴዎች

- Thermoluminescence (TL)
- Optically-stimulated luminescence (OSL)
- Electron-spin resonance (ESR)

Thermoluminescence (TL) – ይህ የዕድሜ መለኪያ ዘዴ በአካላት ውስጥ 'የተከማቸን' የጨረር ኢነርጂን በመለካት፥ አካሉ ለሙቀት (ለምሳሌ ለ ላቫ ወይም ለጸሐይ ብርሃን) ከተጋለጠ ጊዜ ጀምሮ ምን ያህል ጊዜ እንዳለፈው የሚወሰንበት ዘዴ ነው። አንዳንድ ማዕድኖች ወይም የተወሰኑ ክሪስታላዊ ማቴሪያሎች በላቦራቶሪ ውስጥ ሲሞቁ፥ በክርስታሊያዊ መዋቅራቸው ውስጥ ከተከማቸው የጨረር ኢነርጂ ጋር ተመጣጣኝ የሆነ ደካማ የብርሃን ሲግናል ያመነጫሉ፤ይህ *Thermoluminescence* (TL) በመባል ይታወቃል። የብርሃን ኢነርጂው ልቀት የሚመጣው አስቀድሞ ለከፍተኛ ኢነርጂ ጨረር በተጋለጠ በክሪስታሉ ላቲስ (lattice) ውስጥ በሚፈጸም በኤሌክትሮኖች የቦታ መለወጥ ነው። አንድን ሰብስታንስ ከ 450°C በላይ በሆነ ከፍተኛ ቴምፐሬቸር ማሞቅ፥ ተጠምደው የነበሩ ኤሌክትሮኖችን ወደ መደበኛ ቦታቸው እንዲመለሱ ያደርጋል፤ይህም የኢነርጂ መለቀቅን ያስከትላል። የሚለቀቀው የብርሃን መጠን ከወጥመድ ከሚለቀቁት ኤሌክትሮኖች ብዛት ጋር ተመጣጣኝ ነው፤ይህም በተራው 'ከተጠራቀመው' የጨረር ኢነርጂ ጋር ተመጣጣኝ ነው፤ይህ አካሉ ለጨረር ተጋልጦ ከቆየበት የጊዜ ርዝመት ጋር ሊያያዝ ይችላል።

በዚህ ምክንያት Thermoluminescence የተለያዩ ማቴሪያሎችንና አርኪዎሎጂያዊ ሰው ሰራሽ የመገልገያ መሳሪያዎችን ዕድሜ ለመለካት ይውላል። በናሙናው ውስጥ ጨረሩ በቀድሞው ዘመን በሆነ ጊዜ ከዜሮ በመነሳት ቀስ በቀስ ከአካባቢው እንደተጠራቀመ ተደርጎ ይወሰዳል። የናሙናው ዕድሜ የሚለካው፥ ናሙናው ሲሞቅ ከውስጡ የሚለቀቀውን ብርሃንና ናሙናው የተገኘበት አካባቢን ጨረር በመለካት ነው።

ይሁንና ይህ ዘዴ በርካታ የማይታውቁ ነገሮችና ለዚህ መወሰድ ያለባቸው በርካታ እመንታዎች (ያልተረጋገጡ ግምቶች) አሉት፤ከእነዚህ መካከል መጀመሪያ ዜሮ ዕድሜ ላይ

ምንም የተጠመዱ ኤሌክትሮኖች እንደሌሉ አድርጎ ይወስዳል፤ በቀድሞው ዘመን በሆነ ጊዜ በማዕድኑ ውስጥ 'ተጠራቅሞ' የነበረ የጨረር መጠን በትክክል እንደሚታወቅ ይወስዳል፤የየአመቱ የጨረር 'ክምችት' መጠን ወይም የክምችት ፍጥነት በትክክል ማወቅ እንደሚቻል ይወስዳል፤ይህ የክምችት መጠን በየአመቱ የማይለዋወጥ ቋሚ እንደሆነ አድርጎ ይወስዳል፤የጨረሩ ለውጥ በአካባቢው ጨረር ላይ ብቻ የሚወሰን አድርጎ ይወስዳል፤የአካባባው ጨረር ቋሚ ሆኖ እንደቆየ ይወስዳል፤ክሪስታሉ (ናሙናው) ለጨረር ያለው ትብነት ተለውጦ እንደማያውቅ አድርጎ ይወስዳል። ነገር ግን እነዚህ ፋክተሮች በውኃ፣በሙቀት፣በጸሐይ ብርሃን፣በአካባቢው የማእድኖች ክምችት ወይም እጥበት እና በሌሎች ነገሮች ለውጦች የሚወሰኑ ስለሆኑ፥ሊለወጡ ይችላሉ።

<u>Optically-stimulated luminescence (OSL)</u> – ይህ የዕድሜ መለኪያ ዘዴ ከላይኛው ከ *Thermoluminescence* (TL) ዘዴ ጋር ተመሳሳይ የሆነ መርህ ላይ የተመሰረተ የዕድሜ መለኪያ ነው። ልዩነቱ፥ 'የተጠራቀመውን' ጨረር ለማመንጨት የማቴሪያሉን ናሙና በማሞቅ ፈንታ ለብርሃን የማጋለጥን ዘዴን ይጠቀማል። የሚሰላው ዕድሜ ከላይ ያየነው የ TL ዘዴ ዓይነት ተመሳሳይ እመንታዎች ላይ የተመሰረተና ተመሳሳይ የ ኢ-ርግጠኝነት ችግሮች ያሉበት ነው።

<u>Electron-spin resonance (ESR)</u> - ይህ የዕድሜ መለኪያ ዘዴም የላይኞቹን የ TL እና የ OSL ን ዘዴዎች ዓይነት ተመሳሳይ መርሆች ይጠቀማል። ይሁንና በናሙናው ውስጥ ያለው 'የተጠራቀመ' ጨረር የሚለካው ናሙናውን ለጋማ ጨረር (gamma radiation) በማጋለጥ፥ ከዚያ የሚለቀቀውን ጨረር በመለካት ነው። ይህ የመለኪያ ዘዴ ከላይኞቹ ከሁለቱም በተለየ 'የተጠራቀመውን' ጨረር አያወድመውም። ስለዚህ ልኬቱ በዚያው ናሙና ላይ ሊደጋገም ይችላል። በዚህ ዘዴ የሚሰላው ዕድሜ የ TL እና የ OSL ዘዴዎች ዓይነት ተመሳሳይ እመንታዎች ላይ የተመሰረተና ተመሳሳይ የ ኢ-ርግጠኝነት ችግሮች ያሉበት ነው።

አፔንዲክስ 4 <u>የዩራኒየም-ሊድ (uranium-lead) የዕድሜ መለኪያ ዘዴ ችግሮች</u>

የዩራኒየም-ሊድ የዕድሜ መለኪያ ዘዴ ከ 1907 ዓ.ም ጀምሮ ጥቅም ላይ መዋል የጀመረ የቆየ የዕድሜ መለኪያ ሲሆን፥ ብዙውን ጊዜ ሥራ ላይ የሚውለው ኢግኒየስ ዓለት ውስጥ ባለ zircon ($ZrSiO_4$) ማዕድን ላይ ነው። የዩራኒየም የዕድሜ መለኪያ ዘዴ ሌሎች የዕድሜ መለኪያ ዘዴዎች የሚደረዙበት *(calibrated)* "ዋነኛው ዕድሜ መለኪያ ሰዓት" ተደርጎ ይቆጠራል።

ሁለቱ ዓይነት የዩራኒየም-ሊድ (uranium-lead) የዕድሜ መለኪያ ዘዴዎች ያሉ ሲሆን እነዚህም፤

1. <u>238U/206Pb</u> - ዩራኒየም-238 (238U) በ 4.47 ቢሊዮን ግማሽ-ሕይወት ወደ ሊድ-206 (206Pb) የሚቀየር እና

2. <u>235U/207Pb</u> - ዩራኒየም-235 (235U) በ 0.7 ቢሊዮን ግማሽ-ሕይወት ወደ ሊድ-207 (207Pb) የሚቀየር ናቸው።

እነዚህ እያንዳንዳቸው ሊድ ከመሆናቸው በፊት በፍርሰት ሠንሰለት ውስጥ በበርካታ የልጅ ልጅ . . ልጅ ውጤቶች ውስጥ ያልፋሉ (ለምሳሌ ራዲየም ወዘተ) - ማለትም ሊድ የዩራኒየም ቀጥተኛ ልጅ ሳይሆን የልጅ ልጅ ... ልጅ ነው።

<u>ችግሮቹ፤</u>

1) ሊድ (Pb) በስርጭት (diffusion) ከውጭ ወደ ናሙናው ሊገባ ይችላል፤ይህም የስርጭት ሂደት በሙቀት፣በፈሳሽና በግፊት በከፍተኛ መጠን ሊፋጠን ይችላል። ይህ ለናሙናው ከፍተኛ ዕድሜ የሚያሰጥ ሁኔታ ነው። ለምሳሌ አይ. ኤስ ዊሊያምስ እና ሌሎች የአንታርኪቲክ ዓለት ዚርኮን ክሪስታል ውስጥ፥ ተቀባይነት የሌለው ዕድሜ ያስገኘ 'ከውጭ የገባ ትርፍ' በሚል የገለጹት በርካታ ሊድ አግኝተዋል *(I.S. Williams, W. Compston, L.P. Black, T.R. Ireland and J.J. Foster, "Unsupported Radiogenic Pb in Zircon: A Cause of Anomalously High Pb-Pb, U-Pb and Th-Pb Ages," Contributions in Mineralogy and Petrology, 88 (1984): pp. 322-327.)*።

2) ዩራኒየምና የልጅ ውጤቶች የተወሰነ ክፍላቸው አስቀድሞ በአሲድ ታጥበው ሊወሰዱ ይችላሉ። ይህ የናሙናውን ዕድሜ በከፍተኛ ሁኔታ ሊያዛባው ይችላል።

> "አብዛኞቹ ኢግኒየስ አለቶች በደካማ አሲድ በቀላሉ ሟሚ በሆነ መልክ የሚገኙ ዩራኒየሞችን የያዙ ናቸው። ኸርሊ (1950) በአንዳንድ ግራኒት አለቶች ውስጥ ካሉ የሬዲዮአክቲቭ ኤሌመንቶች ውስጥ 90 ፐርሰንት የሚሆኑት በደካማ አሲዶች እየተጠረጉ ሊወሰዱ የሚችሉ መሆኑን አረጋግጧል።" – *M.R. Klepper and D.G. Wyant, "Notes on the Geology of Uranium," in U.S. Geological Survey Bulletin 1046-F, 1957, p. 93.*

> "አብዛኞቹ [የሬዲዮአክቲቭ ዕድሜዎች] የሚወሰኑት በዚህ ዓይነት ዘዴ ነው፤ነገር ግን ዘዴው ያረፈበት መሰረተ ሃሳብ ለአብዛኞቹ የዩራኒየም ማእድናት ዋጋ የሌለው ሆኖ ተገኝቷል። የተወሰኑ ዩራኒየሞች በአሲድ ውሃ እንደሚታጠቡ ጠንካራ ማስረጃ አለ፤ በተጨማሪም አብዛኞቹ ሬዲዮአክቲቭ ማዕድኖች መጀመሪያውኑም ሲሰሩ ሊድ የነበራቸው መሆኑ አሁን

ታውቋል።" – *Henry Faul, Nuclear Geology (1954), p. 282*

3) ሊድ ከመጀመሪያውኑም ከዩራኒየምና ከቶሪየም ጋር ተቀላቅለው ሊኖሩ ይችላሉ። ይህ ሊሆን የሚችልበት ዕድል ከፍተኛ ነው። ይህ የናሙናውን ዕድሜ ከፍተኛ ሊያደርገው ይችላል። ሊድ በዩራኒየም መፍረስ ብቻ የሚገኝ ልጅ ነው የሚለው ሃሳብ፥ እመንታ ብቻ ነው።

> "የመጀመሪያ ሊድ ወይም በኒክሊዮጄኔሲስ (nucleogenesis) ዘመን ከሌሎች ጋር አብሮ በመጀመሪያ የተሰራ ሊድ ተቀላቅሎ የነበረ ሊሆን ይችላል። የምድር ቅርፊት ሲሠራ ይህ የመጀመሪያ ሊድ ዩራኒየም እና ቶሪየም የያዘ ዓለት ውስጥ በተለያየ ንጻሬ አብሮ የነበረ ይሆናል።" - *Henry Faul, Nuclear Geology, (1954), p. 297.*

4) በሙናው ውስጥ የተለያዩ የሊድ አይሶቶፖች (ሊድ 206, 207 እና 208) መኖር ትክክለኛ ያልሆነ የሊድ ንጻሬ ንጽጽሮች ሊያስገኝ ይችላል። ትክክለኝነትን ለማረጋገጥ የተለያዩ ዓይነት ሊዶች ንጽጽር ይደረጋል። ነገር ግን እዚህ ጋ ስህተት ሊፈጠር ይችላል፤በእርግጥም ይህ ሆኗል። ከ 300 ዓመታት ያነሰ ዕድሜ እንዳለው የሚታወቅ የሩሲያ ቮልካኖ ዓለት በተለያዩ የሊድ ንጻሬዎች ዕድሜው ተሰልቶ ከ 50 ሚሊዮን እስከ 14.5 ቢሊዮን ዓመት ዕድሜ ያለው መሆኑን አሳይቷል! ("Critical Examination of Radioactive Dating of Rocks," in Creation Research Society Quarterly,December 1970) - ይህ የ 14 ቢሊዮን ዓመት የልዩነት ስህተት ከመሆኑም ሌላ ከመሬት ዕድሜ በላይ የሆነ ነው። ከኮላራዶ ካሪቡ የማእድን ማውጫ የተወሰደ የዩራኒየም ናሙና በተለያዩ ዘዴዎች እስከ 700 ሚሊዮን ዓመት የሰፋ የዕድሜ ልዩነትን አሳይቷል።

5) በዩራኒየም-235 ፍርሰት ብቻ እንደሚፈጠር የሚገመተው ሊድ-207፥ በአካባቢው ኒውትሮኖችን በመያዝ ከ ሊድ-206 ሊገኝ እንደሚችል ሜልቪን ኩክ ካካሄደው ጥናት በኋላ አስታውቋል። በተመሳሳይም ከቶሪየም-232 ፍርሰት ብቻ እንደሚገኝ የሚገመተው ሊድ-208፥ ነጻ ኒውትሮኖች ከሊድ-207 ጋር በመጣመር ሊገኝ እንደሚችል ታውቋል። በምድር ውስጥ ያሉ በርካታ ሬዲዮጄኔቲክ ሊዶች በዩራኒየምና በቶሪየም መፍረስ ብቻ ሳይሆን፥በዚህ ኒውትሮንን በመያዝ ዘዴ ሊገኙ እንደሚችሉ የሚያሳይ ሰፊ ዳታ ኩክ አቅርቧል (*Cook, M.A., 1966.* Prehistory and Earth Models, *Max Parrish, London, 353 pp.*) ይህ ነጥብ የዩራኒየምና የቶሪየምን የዕድሜ መለኪያ ዘዴዎችን የተዛባ ዕድሜ እንዲያስገኙ የሚያደርግ ነው!

6) በአንድ ክሪስታል ናሙና ላይ በተለያዩ ቦታዎችና ገፆች ላይ በማክሮስኮፒክ ደረጃ የ ሊድ (Pb) ክምችት መጠን የተለያየ ሆኖ ተገኝቷል (W. Compston, "Variation in

Radiogenic Pb/U within the SL 13 Standard," in *Research School of Earth Sciences Annual Report 1966* (1997,Canberra, Australia,Australian National University),pp.118-121.) በናሙናው በአንዳንድ ቦታዎች ላይ 'ከሚጠበቀው' በላይ እስከ 30 ጊዜ እጥፍ የሚደርስ እጅግ ከፍተኛ ክምችት ተገኝቷል። ይህ የሚለካውን የጠቅላላ አለቱን ዕድሜ በከፍተኛ ሁኔታ አጠያያቂ ያደርገዋል።

አፔንዲክስ 5 <u>ቶሪየም-ሊድ (Thorium-lead)</u>

ከላይ በዩራኒየም-ሊድ ሲስተም ውስጥ ያየናቸውን አብዛኞቹን ችግሮች በቶሪየም-ሊድ ውስጥም እናገኛቸዋለን። ዕድሜዎች በቶሪየም ሲሰሉ ሁልጊዜም በዩራኒየም ከሚሰሉት ጋር በሰፊው አይስማሙም!

> "የሁለቱ የዩራኒየም-ሊድ ዕድሜዎች ዘወትር ጎልቶ የሚታይ ልዩነት ያላቸው ሲሆን፤ የዚያው ማእድን የቶሪየም-ሊድ ዕድሜ ደግሞ ከሁለቱም በእጅጉ ያነሰ ዝቅተኛ ነው።" *- L T.Aldrich," Measurement of Radioactive Ages of Rocks," in Science, May 18, 1956, p. 872.*

> "በሊድ-ቶሪየም ዘዴ የሚገኙት አብዛኞቹ ዕድሜዎች በሌሎች የሊድ ዘዴዎች ከሚለኩ የዚያው ማዕድን ዕድሜዎች ጋር አይስማሙም። የዚህ አለመስማማት ምክንያቶች በአብዛኛው አይታወቅም።" *- Henry Faul, Nuclear Geology (1954), p. 295.*

ነገር ግን በቀድሞ ጊዜ የነበረ እጅግ የተፋጠነ የፍርሰት ፍጥነት፥ የዚህ አለመስማማት ምክንያት ሊሆን እንደሚችልና ይህን ዓይነት ችግሮች መፍታት እንደሚችል ከዚህ በፊት አይተናል።

(የቶሪየም-ዩራኒየም (Thorium-Uranium) ሬዲዮሜትሪክ፥ ከላይ በዩራኒየም ሲስተሞች ውስጥ ያየናቸው ችግሮች አብዛኞቹን ይጋራል።)

አፔንዲክስ 6 <u>ቫርቭ የዕድሜ መለኪያ ዘዴ (Varve Dating)</u>

ቫርቭ (varve)፥ በወቅታዊ የአየር ንብረት መፈራረቅ በየዓመቱ እንደሚመሠረት የሚታመን ጥንድ የሸክላ ደለል ንጣፍ ነው። የእያንዳንዱ ቀጫጭን ንጣፍ ቀለም ከነጭነት እስከ ጥቁርነት ይለያያል። በርካታ የቫርቭ ክምችቶች በመቶዎች የሚቆጠሩ ጥንድ ንጣፎችን የያዙ ሲሆን ኢቮሉሽኒስቶች ለእያንዳንዱ ንጣፍ ምስረታ - ሳይጨምር ሳይቀንስ - በትክክል አንድ አንድ ዓመት መድበውላቸዋል።

የዕድሜ አለካክ ዘዴው፥በቀላሉ የቫርቮቹን ቁጥር መቁጠርና ለእያንዳንዱ ቫርቭ አንድ

ዓመት በመስጠት ዕድሜያቸውን መናገር ነው። ከዛፍ ቀለበት የዕድሜ አለካከ ዘዴ ጋር ተመሳሳይ ነው። ኢቮሉሽኒስቶች 'አንድ ቫርቭ በአንድ ዓመት' የሚለውን እምንታ በመጠቀምና፥አንዳንድ የቫርቭ ክምችቶች ከ 10,000 ዓመት በላይ የሆነ ዕድሜ እንደሚያሳዩ በመግለጽ፥ይህን መሬት ወጣት እንዳልሆነች ለማሳየት እንደ ማስረጃ ሊጠቀሙበት ይሞክራሉ። ለምሳሌ ዩ.ኤስ.ኤ ዮሚንግ ውስጥ የሚገኘው Green River Formation በሚሊዮን የሚቆጠሩ ንጣፎች እንዳሉት ይነገራል፤ ይህ ማለት የኢቮሉሽኒስቶችን 'አንድ ቫርቭ በአንድ ዓመት' የሚለውን እምንታ ከተጠቀምን ዕድሜው ሚሊዮኖች ዓመታት ይሆናል።

ይሁንና ኢቮሉሽኒስቶች በቫርቭ የዕድሜ አለካከ ዘዴ ላይ የሚጠቀሙበት 'አንድ ቫርቭ በአንድ ዓመት' የሚለው ሃሳብ እምንታ (assumptions) ብቻ ነው። ዋሽንግተን ስቴት ውስጥ የሚገኘው ሴንት ሔለንስ ተራራ በፈነዳበት ወቅት በአንድ ነጠላ ከሰዓት በኋላ ውስጥ (ሩብ ቀን) ብቻ፥ 25 ጫማ ውፍረት ያላቸው ቀጫጭን የሴዲመንቴሪ ንጣፎች ተመስርተዋል። ይህ የሚያሳየን የኖህ ዘመን ታላቁ የጥፋት ውኃን የመሳሰሉ ክስተቶች፥ በአንድ ዓመት ጊዜ ውስጥ እጅግ በርካታ ንጣፎችን በፍጥነት መስራት የሚችሉ መሆናቸውን ነው። በአንድ ዓመት ጊዜ ውስጥ ብቻ በሚሊዮን የሚቆጠሩ ንጣፎች ሊመሰረቱ ይችላሉ።

አፔንዲክስ 7 <u>አይሶክሮን የዕድሜ መለኪያ ዘዴ (Isochrons Dating)</u>

ይህ አፔንዲክስ፥ቴክኒካል ቃላትና ቴክኒካል ገለጻዎች የሚበዙበት ስለሆነ፥ ምናልባት ካላስፈለገህ ዘለኸው በቀጥታ ወደሚቀጥለው አፔንዲክስ መሄድ ትችላለህ።

አይሶክሮን የዕድሜ መለኪያ ዘዴ (Isochron dating) የኢግኒየስ አለቶችን ዕድሜ (ቅልጥ አለቶች በቅዝቀዛ ክርስትያል መሆን የጀመሩበትን ጊዜ)፣ የአስትሮይድ ወይም የሚትዮር ግጭቶች እና የመሳሰሉ ተፈጥሯዊ ክስተቶች የተፈጸሙበትን ዘመን ለመለካት የሚውል የዕድሜ መለኪያ ዘዴ ነው።

የአይሶክሮን (Isochron) ዘዴ፥በአንድ ተመሳሳይ ጊዜ እንደተመሰረቱ ከሚታሰቡ የዓለት ናሙናዎች ላይ በሚሰበሰቡ ዳታዎች፥ ቀጥ ያለ የመስመር ግራፍ በመስራት ችሎታ ላይ የተመሰረተ የዕድሜ መለኪያ ዘዴ ነው። ወደታች ዘርዘር አርገን እንደምናየው፥ የዚህ መስመር ቁለቁል (slope) የናሙናውን ዕድሜ ለመለካት ይጠቅማል።

እነዚህ የዓለት ናሙናዎች ሁሉም ከአንድ ጂኦሎጂያዊ አሃድ ስለመጡና በአንድ ዓይነት ጊዜ የተመሰረቱ ተደርገው ስለሚታሰቡ ይህ መስመር 'isochron' ወይም የእኩል ዕድሜ መስመር በመባል ይጠራል፤በግሪክ isos ማለት እኩል ማለት ሲሆን chronos ደግሞ ጊዜ ማለት ነው።

የአይሶክሮን ዘዴ ከሌሎች የሬዲዮአክቲቭ ዘዴዎች የሚለየው፥በናሙናው ውስጥ ስለነበሩት ስለ መጀመሪያዎቹ የልጅ ኤለመንቶች ብዛት እርግጠኛ ያልሆኑ እምንታዎችን (assumptions) መጠቀም የማያስፈልግ ወይም ስለመጀመሪያዎቹ ልጅ ኤለመንቶች ብዛት ማወቅ የማያስፈልግ መሆኑ ነው። ስለዚህም በጂኦሎጂስቶች ዘንድ ተወዳጅና በተለይም ሩቢዲየም-ስትሮንቺየም (Rb-Sr)፣ ዩራኒየም-ሊድ (U-Pb) እና ሳማሪየም-ኒኦዳይሚየም ሲስተሞች ላይ የሚውል ታዋቂ የዕድሜ መለኪያ ሲስተም ነው። በእርግጥም ይህ የዕድሜ መለኪያ ሲስተም፥የመጀመሪያዎቹ የልጅ ውጤቶች ብዛት ማወቅ አያስፈልግም።

እንደውም አይሶክሮን የዕድሜ መለኪያ ዘዴ የወጣው፥ ሌሎቹ የሬዲዮአክቲቭ የዕድሜ መለኪያ ዘዴዎች የሚጠቀሙበት አስተማማኝ ያልሆነው የመጀመሪያው እምንታ (ማለትም ማዕድኑ በመጀመሪያ ሲመሰረት አስቀድሞም ልጅ ኤለመንቶች እንደማይኖሩ ተደርጎ የሚወሰደው እምንታን ወይም እንደነበሩ እየታሰበና በግምት እንዲቀነሱ የሚደረግበት ሁኔታ) በዕድሜው ስሌት ላይ የሚፈጥረውን ትልቅ ችግር ለመቅረፍ ነው። ይሁንና አይሶክሮን ዘዴም የራሱ እምንታዎችና ዕድሜዎችን በከፍተኛ ሁኔታ የሚያዛቡ ችግሮች ያሉት መሆኑን በዚህ በታች እናያለን።

ይህ ዘዴ ሊሰራ የሚችለው፥ ከወላጅ ኤለመንቶች የሚፈርሱት ልጅ ኤለመንቶች ቢያንስ አንድ በፍርሰት የሚገኝ ርጉ አይሶቶፕ (stable isotope) ካላቸው ብቻ ነው። ስለዚህም ይህ ዘዴ ከሌሎች የዕድሜ መለኪያ ዘዴዎች በተለየ በናሙናው ውስጥ ካሉ የተለያዩ ቦታዎች ላይ በርካታ ልኬቶችን መፈጸምን ይጠይቃል።

በዚህ ክፍል ውይይታችን ውስጥ፥ወላጅ ኤለመንቶችን P፣ በፍርሰት የሚገኙ ልጅ ኤለመንቶችን D እና የነዚህ ልጆች አይሶቶፕን D_i በሚል እንለያቸዋለን። ልጅ አይሶቶፖች (D) ከወላጅ ኤለምንቶች በፍርሰት የሚገኙ radiogenic ሲሆኑ፥የእነዚህ ልጆች አይሶቶፕ የሆኑት (D_i) ግን ርጉዎች (stable) ወይም non-radiogenic ናቸው።

አይሶክሮን የዕድሜ መለኪያ ዘዴ (Isochron dating)፥ የአለቱ ወይም የአለቶቹ ምንጭ የማይታወቅ ብዛት ያላቸው በፍርሰት የተገኙ (radiogenic) እና ርጉ (stable) የሆኑ (non-radiogenic) የልጅ አይሶቶፖችን ከተወሰኑ ወላጅ ኑክላይዶች ጋር እንደያዘ አድርጎ ይወስዳል። በአለቱ ቅዝቀዛና ክሪስትያል ምስረታ ጅማሬ ወቅት የ radiogenic ልጅ ኤለመንቶች ከምችት ለ non-radiogenic አይሶቶፕ ከምችት ንጻሬ (ratio) ማለትም (D/D_i) በወላጅ ኤለመንቶች ከምችት ብዛት ላይ የማይወሰን ዋጋ ያለው ነው። ከጊዜ በኋላ ግን የተወሰኑ ወላጅ ኤለምቶች ወደ ልጅ ኤለመንቶች እየፈረሱ ሲቀየሩ የ radiogenic አይሶቶፖች ከምችት እየጨመረ ይሄዳል፤ይህም የልጅ (radiogenic) ኤለመንቶች ከምችት ለርጉ (non-radiogenic) አይሶቶፖች ከምችት ንጻሬን (D/D_i) ከጊዜ ጋር እየጨመረ እንዲሄድና በአንጻሩ የወላጅ ኤለምንቶች ከምችት ለልጅ

አይሶቶፖች (P/ D_i) ክምችት እየቀነሰ እንዲሄድ ያደርገዋል። (ምክንያቱም D እየጨመረ ሲሄድ P እየቀነሰ ይሄዳል D_i ግን ቋሚ ነው።)

<u>**መሰረታዊ አሰራሩ**</u> - የአይሶክሮን ዘዴ መሰረታዊ አሰራሩ እንዲህ ነው። ዕድሜን ለመለካት ከአንድ ነጠላ ስነ-ምድራዊ አሃድ ናሙናዎች በጥንቃቄ ይሰበሰባሉ - አለቱ ወደ ዱቄትነት እንዲደቅ በማድረግ በውስጡ ያሉት ማእድኖች በማግኔቲክና በተለያዩ ዓይነት ዘዴዎች እንዲለያዩ ይደረጋል። ከአንድ ስነ-ምድራዊ ክፍል የተሰበሰቡ እያንዳንዱ የዓለት ናሙና በአንድ ተመሳሳይ ጊዜ የተመሰረቱ አድርጎ በመውሰድ ሁሉም አንድ ዓይነት ዕድሜ እንዳላቸው ተደርጎ ይወሰዳል። የእያንዳንዱ ማዕድን በልጅችና በወላጆች ክምችት መካከል ያሉ የተለያዩ ንጻሬዎች በ <u>*mass spectrometry*</u> ይለኩና የልጅ/ለአይሶቶፕ ክምችት ንጻሬ (D/D_i) በወላጅ/ለአይሶቶፕ ክምችት ንጻሬ (P/D_i) አንጻር ግራፍ ይሰራል።

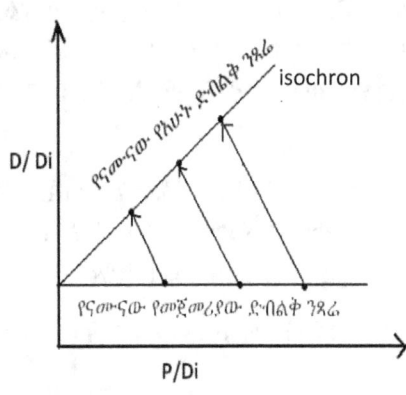

የግራፉ አግዳሚ (X-axis) የ P/D_i ንጻሬን ሲይዝ ቋሚው (Y-axis) ደግሞ የ D/D_i ንጻሬን ይይዛል (ሥዕሉን ተመልከት)። እያንዳንዱ የዓለት ናሙና ንጻሬ በዚህ ግራፉ ላይ በየራሱ አንድ ነጠላ ነጥብ ይወከላል።

የግራፉ ዓላማ፥ በወላጅ P (የዳታ ነጥቦቹ የ X- ዋጋ) እና በልጅ **D** ጭማሪ (የዳታ ነጥቦቹ የ Y- ዋጋ) መካከል ያለውን የርስ በርስ ግንኙነት ለመመርመር ነው። የዳታ ነጥቦቹ በአንድ ቀጥተኛ መስመር ላይ ከሆኑ እና መስመሩ ፖዘቲቭ ቁለቁል (slop) ካለው፥ መስመሩ አይሶክሮን (isochron) በመባል የሚታወቅ ሲሆን፥ይህም በሚከተሉት መካከል ጠንካራ የሆነ ግንኙነትን ያሳያል፤

1 - በእያንዳንዱ ናሙና ውስጥ ያለውን የ P መጠን እና

2 - D በ D_i አንጻር ያሳየው ጭማሪ።

ብዙውን ጊዜ እነዚህ በልጅ/ለአይሶቶፕ እና በወላጅ/ለአይሶቶፕ አንጻር ግራፍ ላይ የሚሳሉት ነጥቦች፥ የቁለቁል መስመር (slop line) ላይ በትክክል የሚገጥም መስመራዊ ድርድር (linear array) ይሰራሉ፤ከላይ ግራፉ ላይ እንደምናየው።

በመጀመሪያው በአለቱ ቅዝቀዛ ወቅት፥መስመሩ በ X-axis ትይዩ አግድሞሽ እንደሆነ ተደርጎ ይወሰዳል፤ ይህም ዜሮ ቁለቁል (slop) እና ዜሮ ዕድሜ ማለት ነው።

ጊዜ በሄደ ቁጥር ግን በእያንዳንዱ ናሙና ውስጥ P ወደ D እየፈረሰ በመሄድ D ሲጨምርና

P እየቀነሰ ሲሄድ፥ ግራፉ ላይ ያሉ የዳታ ነጥቦቹ ከጊዜ ጋር ወደ ግራና ወደ ላይ እየተንቀሳቀሱ ይሄዳሉ። ማለትም ጊዜ በሄደ ቁጥር፥ ነጥቦቹ የሚሰሩት ቀጥታዊው መስመር (Isochron line) ከመጀመሪያው አግድሞሽ መስመር አቅጣጫ ወደ ቋሚ መስመር አቅጣጫ እየዞረ ይሄዳል - ከ Y-axis ጋር በሚገናኝበት ነጥብ አንጻር በኢ-ሰዓትዮሽ አቅጣጫ (anti-clockwise) ወደቋሚው (Y-axis አቅጣጫ) እየዞረ ይሄዳል።

የዚህ በልጅ ለአይሶቶፕ ንጻሬ (D/D_i) እና በወላጅ ለአይሶቶፕ ንጻሬ (P/D_i) የዳታ ነጥቦች ግራፍ ላይ የሚሰራው የአይሶክሮን መስመር ቁለቁል (slop) የናሙናውን ዕድሜ ለማስላት ይውላል።

የመስመሩ ቁለቁል (slop) ትልቅ ነው ማለት በናሙናው ውስጥ በርካታ ፍርሰት ተፈጽሟል ማለትና የናሙናውም ዕድሜ ትልቅ ነው ማለት ነው።

ጠቅላላ ስእሉ በማቲማቲክስ ግሩም ይመስላል። በዚህ ዘዴ ላይ ስለ መጀመያዎቹ የልጅ ውጤቶች ብዛት ማወቅ ወይም እመንታን መጠቀም ፈጽሞ አያስፈልግም፤ ምክንያቱም በዕድሜ ስሌቱ ውስጥ እነዚህ ፈጽሞ አያስፈልጉም፤በዚህ ፈንታ የልጅ ለአይሶቶፕ (D/D_i) ንጻሬን ይጠቀማል።

<u>**የአይሶክሮን የዕድሜ መለኪያ ዘዴ ችግሮች**</u> - ይሁንና የአይሶክሮን የዕድሜ መለኪያ ዘዴ አሁንም በእመንታዎች ላይ የተመሰረተና እጅግ የተሳሳተ ዕድሜ ሊሰጥ የሚችል ዘዴ ነው። ዘዴው የሚከተሉትን የራሱን እመንታዎች (assumptions) ይጠቀማል።

1 - አንድ ላይ የሚመረመሩት ሁሉም ናሙናዎች አንድ ዓይነት ዕድሜ እንዳላቸው አድርጎ ይወስዳል።

2 - አለቱ ሲመሰረት ልጅ አይሶቶፖች በሁሉም ናሙናዎች ውስጥ በእኩል ስርጭት እንደሚገኙ ተደርጎ ይወሰዳል። ማለትም የመጀመሪያው የልጅ ለአይሶቶፕ ንጻሬ (D/D_i) በእያንዳንዱ ማዕድን ውስጥ አንድ ዓይነት እንደሆነ አድርጎ ይወስዳል፤ነገር ግን ይህ እመንታ የሚሰራው ወጥ ከሆነ ቅልጠት (homogenized melt) ለሚቀዘቅዙ የዓለት ሲስተሞች ብቻ ነው። መጀመሪያ ላይ ይህ ወጥ የሆነ ቅልጠት ከሌለ ግን ይህ እመንታ ይወድቃል።

3 - በግራፉ ላይ ከቀጥተኛው መስመር (Isochron line) ተነጥለው ሲወጡ በቀላሉ ሊለዩና ሊወገዱ የሚችሉ ነጥቦችን የሚፈጥሩ ውሱን ብክለቶች ብቻ ሊኖሩ እንደሚችሉ አድርጎ ይወስዳል፤ነገር ግን ሙሉ በሙሉ መስመሩን በማዞር የውሸት አይሶክሮን መስመር ሊያስገኙ የሚችሉ ብክለቶችን የሚለይበት መካኒዝም የለም።

በግልጽ እንደሚታወቀው አለቱ ዝግ ሲስተም ሊሆን አይችልም፤በዚህም ምክንያት ከውጫዊው አካባቢ ጋር በሚፈጸም ብክለት የወላጅ ኤለመንቶች ከውጭ መጨመር ወይም ወደ ውጭ መቀነስ ከተፈጸመ ግራፉ ላይ ያለው ነጥብ በአግድሞሽ ይሄዳል። ወላጅ

ኤለመንቶች ከውጭ ወደ ናሙናው ከተጨመሩ፥ ነጥቡ በ X-axis ትይዩ ወደ ቀኝ ይሄዳል፤ወደ ውጭ ከወጡ ግን ነጥቡ ወደ ግራ ይሄዳል። በተመሳሳይ የልጅ አይሶቶፖች ከውጭ መጨመር ወይም ወደ ውጭ መቀነስ ነጥቡን በ Y-axis ትይዩ ወደ ላይ ወይም ወደታች እንዲንሸራተት ያደርገዋል።

ይህ በብክለት የሚከሰት መንሸራተት በሁሉም የዳታ ነጥቦች ላይ ሊከሰት ይችላል፤እንዲህ ዓይነት ብክለት የዳታ ነጥቦቹን ከእውነተኛው አይሶክሮን መስመር ሙሉ በሙሉ እንዲንሸራተት ሊያደርግ ይችላል። እንዲህ ከሆነ እውነተኛው የአይሶክሮን መስመር (isochron line) የቱ ጋ መሆን እንዳለበት አንድ ሰው ሊያውቅ አይችልም። በቂ የሆነ ብክለት፥ ከእውነተኛ አይሶክሮን የተለየ የትኛውንም ዓይነት የአይሶክሮን ንድፍ ሊሰጥ ይችላል። ይህ ፍጹም የተሳሳተ ዕድሜ የሚሰጥና የአይሶክሮን ዘዴ የማያስተማምን እንዲሆን የሚያደርግ ነው።

ብክለት፥ እጅግ የተስተካከለ አይሶክሮን መስመር ሊሰጥ እንደሚችል በጂኦሎጂስቶች ዘንድ በሚገባ ይታወቃል። ሌላው ቀርቶ ኔጋቲቭ ቆለቆል (negative slope) ማግኘትም ይቻላል - ይህ ማለት ኔጋቲቭ ዕድሜ ወይም ገና ወደፊት የሚፈጠር አለት ዕድሜ ማለት ነው። የመሰረተ አሁን አራማጅ (uniformitarian) ጂኦሎጂስቶች ሳይቀሩ፥ የውሸት አይሶክሮን የመኖርን ችግር ተረድተውታል፤ ስለዚህ ጥሩውን ዳታ ከመጥፎው የሚለዩት እንዴት ነው?

አስቀድሞም ከሚታመነው ከኢቮሉሽናዊ የስነ-ምድራዊ ዓምድ (Geologic Column) ዕድሜ ጋር የሚገጥመውን በመለየት ነው። 'እውነተኛውን' አይሶክሮን ከውሸተኛው አይሶክሮን መለያው መንገድ፥ ፎሲሉ ምን ያህል ዕድሜ ሊኖረው እንደሚገባ አስቀድሞ ከሚታመነው ጋር ምን ያህል ይገጥማል የሚለውን በማስተያየት ነው። ስለዚህ አይሶክሮን የዕድሜ መለኪያ ዘዴ፥እንደሚባለው ነጻ የሆነ የዕድሜ መለኪያ ዘዴ ሳይሆን በእምንታና አስቀድሞም በተያዘ እምነት ጭምር ዕድሜ የሚወሰንበት ነው።

አይሶክሮኖች በርካታ ጊዜ አስቀድሞ ከሚታመነው ዕድሜ ጋር የማይጣጣሙ 'ተቀባይነት' የሌላቸው ቆለቆሎችን (slop) አስገኝተዋል፤ከሚታመነው እጅግ ትልቅ ወይም እጅግ አነስተኛ የሆነ ዕድሜን የሚሰጡ፤አንዳንዴም ጭራሽ ኔጋቲቭ የሆኑ ዕድሜዎች።

ለምሳሌ ገተር ፋውር Principles of Isotope Geology[1] በሚለው መጽሐፉ ውስጥ፥ ከኢቮሉሽናዊ የጂኦሎጂያዊ የጊዜ ሰሌዳዎች ጋር ባለመግጠማቸው ምክንያት ብቻ ሌላ ምንም ተጨማሪ ማስረጃ ሳይሰጥ ውድቅ የተደረጉ በርካታ የሩቢዲየም-ስትሮንቺየም አይሶክሮን ዕድሜዎችን ዘርዝር አስፍሯል።

---

[1] 2nd ed. New York: John Wiley and Sons, 1986.

የአይሶክሮን የዕድሜ መለኪያ ዘዴ የውሸት ዕድሜ ሊሰጥ የሚችልበትን ሁኔታ ማሰብ ይቻላል - ማለትም ያለ እውነተኛ ዕድሜ ቀጥ ያለ የአይሶክሮን መስመር ሊገኝ የሚችልበት ሁኔታ! ጂኦሎጂስቶችም ይህን በሚገባ ያውቁታል። ይህን በምሳሌ እንይ፤ ለምሳሌ A እና B በውስጣቸው P, D እና D_i የያዙ ሁለት አለቶች ናቸው እንበል። A እጅግ የድሮ ዓለት B ደግሞ እጅግ ወጣት ዓለት ነው እንበል። A እና B ተቀላቀሉ እንበል። ይሄኔ የሚሰጡት የሬዲዮሜትሪክ ዕድሜ በ A እና በ B መካከል የሚሆን ነው። ከዚያ የ D እና የ D_i ቅልቅል በዚህ በ A እና B ቅልቅል ውስጥ ሰርገው ይገባሉ እንበል፤በተወሰኑ ቦታዎች ላይ በብዛት በሌሎች ቦታዎች ላይ ደግሞ በአነስተኛ መጠን፥ነገር ግን በአንድ ዓይነት የ D/D_i ንጻሬ። ይህ እጅግ ያማረ የአይሶክሮን ቀጥተኛ መስመር ይሰጣል፤ ነገር ግን በግልጽ እንደምናውቀው ከዚያ የሚገኘው ዕድሜ የውሸት ዕድሜ ነው።

ይህ በሌላ ዓይነት መንገድም ሊሆን ይችላል፤ውኃ ከ ዓለት A ላይ የተወሰነ የ P ከፊይ ጠርጎ ከወሰደና ነገር ግን D ን ካልነካና (ይህ ዓለት A ን እጅግ ያረጃ እንዲመስል ያደርገዋል) ከዚያ የ D እና የ D_i ቅልቅል ከገቡ።

ሌላው ዓይነት መንገድ ደግሞ፤ A መጀመሪያ ላይ ቋሚ የሆነ የ D እና D_i ክምችት ይኖረዋል፤ በኋላ ላይ ተጨማሪ D ይገባና A ን ያረጀ ያስመስለዋል፤ከዚያ የ D እና የ D_i ቅልቅል ከገቡ ምርጥ የሆነ አይሶክሮን የውሸት ዕድሜን ይሰጣል።

አሁንም ሌላው መንገድ አለ፤ዓለት A መጀመሪያ ላይ ቋሚ የሆነ የ P እና የ D ንጻሬ ይኖረዋል። ከዚያ በርካታ D በስርጭት (diffusion) ይገባል። ከዚያ አለቱ ሞቆ ይቀላቀልና የ P እና የ D ንጻሬ ሁሉም ቦታ እኩል ይሆናል። ይህ አለቱን ያረጀ ያስመስለዋል። በመጨረሻ የ D እና የ D_i ቅልቅል በተለያዩ ቦታዎች በተለያ መጠን ይገባል። ይህም የውሸትና እጅግ ያረጀ የአይሶክሮን ዕድሜ ያሰጣል።

ብዙውን ጊዜ ልጅ ኤለመንቱ D በዓለት ውስጥ መንቀሳቀስ የሚችለው ጋዝ የሆነው አርጎን (Ar- argon) መሆኑ ሲታሰብ፥እነዚህ ሁኔታዎች ሊሆኑ የማይችሉ ናቸው አይባልም።

የአይሶክሮን የዕድሜ መለኪያ ዘዴ በአለማዊ ባለሙያ ጂኦሎጂስቶች ሳይቀር በተለያዩ ጊዜያት ስለ አስተማማኝነቱ ጥያቄ እየቀረበበት ነው። በታህሳስ 2005 ዓ.ም አራት ጂኦሎጂስቶች ከብሪቲሽ፣ ከዊስኮንሲንና ከካሊፎርኒያ በ *Geology* ላይ እንዲህ ጽፈዋል፤

> "የኢግኒየስ አለቶችን ትክክለኛ የአይሶክሮን ዕድሜ ለመወሰን በፍንዳታው ወይም በምስረታው ወቅት የሚኒራሎቹ የመጀመሪያዎቹ አይሶቶፖች ንጻሬዎች አንድ ዓይነት መሆንን ይጠይቃል። ወጣት የቮልካኖ አለቶች ላይ በሚኒራል ደረጃ የተደረጉ ጥናቶች በርካታ ጊዜያት ይህ እመንታ (assumption) ዋጋ የሌለው መሆኑን አሳይተዋል። የመጀመሪያው የአይሶቶፖች ንጻሬዎች (ratios) መለያየት፥ የተሳሳተ ወይም ትክክል ያልሆነ

ዕድሜን ያሰጣል። ይሁንና የመጀመሪያው የአይሶቶፖች ንጻሬ መለያየት በስታስቲክሳዊ ተቀባይነት ባለው አይሶክሮን ውስጥ ተለይቶ የማይታወቅ ሊሆን ይችላል። የአይሶቶፑን ዳታ ለመመዘን የተናጥል የዕድሜ ውሰናና የፔትሮግራፊ ግመታ ያስፈልጋል። . . . የመጀመሪያው ልዩነት ሲስተማቲክ ከሆነ (ለምሳሌ በክፍት ሲስተም ቅልቅል ወይም ብክለት) እጅግ ጥሩ ሊሆኑ የሚችሉ አይሶክሮኖች ነገር ግን በጂኦሎጂ ትርጉም አልባ የሆኑ ዕድሜዎች ይመነጫሉ።" - *Davidson, Charlier, Hora, and Perlroth, â€œMineral isochrons and isotopic fingerprinting: Pitfalls and promises,â€ Geology, (2005) Vol. 33, No. 1, pp. 29â€"32*

በተመሳሳይ ዋይ.ኤፍ ዚንግ *Chemical Geology* ላይ እንዲህ ሲል ጽፏል፤

"የሩቢዲየም-ስትሮንቺየም (Rb-Sr) አይሶክሮን ዘዴ በአይሶቶፒክ ጂኦክሮኖሎጂ ውስጥ እጅግ ጠቃሚ ከሆኑ አቀራረቦች አንዱ ነው። ነገር ግን የዘዴው አንዳንድ መሰረታዊ እመንታዎች በአሁኑ ጊዜ ጥያቄ እየቀረበባቸው ነው። ዘዴው በመጀመሪያ ሲወጣ፥ ሲስተሙ (1) አንድ ዓይነት ዕድሜ (2) አንድ ዓይነት የመጀመሪያው የ $^{87}Sr/^{86}Sr$ ንጻሬ እና (3) በዝግ ሲስተም ውስጥ የሚሰራ አድረጎ ይወስድ ነበር። በዚኑ ሰዓትም በ $^{87}Sr/^{86}Sr$ ለ $^{87}Rb/^{86}Sr$ ግራፍ ላይ የኤክስፐርመንት ዳታ ነጥቦች በጥሩ ሁኔታ መግጠም እነዚህን እመንታዎች ለማረጋገጥ ያገለግል ነበር። ይሁንና ዘዴው ቀስ በቀስ በሰፊ ጂኦሎጂያዊ ችግሮች ላይ መዋል ሲጀምር፥ ወዲያውኑ የ $^{87}Sr/^{86}Sr$ እና የ $^{87}Rb/^{86}Sr$ ንጻሬዎች ቀጥታዊ ግንኙነት አንዳንድ ጊዜ ጂኦሎጂያዊ ትርጉም የሌለው ያልተለመደ አይሶክሮን እንደሚያስገኝ ግልጽ እየሆነ መጣ። በጽሁፎች ውስጥ በርካታ የተዛቡ አይሶክሮኖች ሪፖርት የተደረጉ ሲሆን [እነዚህን የውሸት ዕድሜ የሚሰጡ አይሶክሮኖች ለመግለጽ] የተለያዩ ዓይነት ቃላትም ተፈጥረዋል፤ ለምሳሌ *apparent isochron* (Baadsgaard et al., 1976), *mantle isochron* እና *pseudoisochron* (Brooks et al., 1976a, b) *secondary isochron* (Field and Ra- Heim, 1980). *inherited isochron* (Roddick and Compston, 1977), *source isochron* (Compston and Chappell, 1979), *erupted isochron* (Betton, 1979; Munksgaard, 1984), *mixing line* (Bell and Powell, 1969; Faure, 1977; Christoph, 1986) እና *mixing isochron* (Zheng, 1986; Qin, 1988). ሌላው ቀርቶ አንድ ዓይነት ዕድሜና አንድ ዓይነት የመጀመሪያው የ $^{87}Sr/^{86}Sr$ ንጻሬ የሌላቸው ናሙናዎች ሳይቀሩ ለአይሶክሮን የሚገጥሙ ሊሆኑ ይችላሉ፤ለምሳሌ aerial isochrones ንን የመሳሰሉ

> (Kohler and Muller-Sohnius, 1980; Haack *et al.*, 1982). . . የዓይነተኛው የሩቢዲየም-ስትሮንቺየም (Rb-Sr) ቲዎሪያዊው መሰረት ፈተና እየገጠመውና የመሰረታዊ እምንታዎች አንዳንድ ውስንነቶች እየተገለጡ ነው. . . ይህ ወረቀት የያዛቸው አንዳንዶቹ ለአይሶቶፒክ ጂኦክሮኖሎጂስቶች አዲስ አይደሉም፤ነገር ግን እዚህ ጋ ለመጀመሪያ ጊዜ አንድ ላይ ተሰባስቦ በ Rb-Sr የዕድሜ መለኪያ ዘዴ አጠቃላይ ሞዴል ውስጥ ቀርበዋል።" - *Zheng, Y.-F., 1989. Influences of the nature of the initial Rb-Sr system on isochron validity. Chemical Geology (Isotope Geoscience Section), vol. 80, pp. 1-16. (ቅንፍ ውስጥ ያለው የተጨመረ ነው።)*

የአይሶክሮን የዕድሜ መለኪያ ዘዴ ውስጥ ያሉ ችግሮች ተጠቃለው በጥልቀትና በማቲማቲክስ ሲቀርቡ፥ የዚንግ ወረቀት የመጀመሪያው አይደለም። የአይሶክሮን የዕድሜ መለኪያ ዘዴ ውስጥ ያሉ ችግሮችን ለመጀመሪያ ጊዜ በዝርዝር ያቀረቡት ፍጥረተኛ ሳይንቲስቶች ናቸው። የሚኒሶታ ሴንት ክሉድ ስቴት ዩኒቨርስቲ የኬሚስትሪ ፕሮፌሰር ዶ/ር ሩሴል አርንድትስ እና የቀድሞው የ NASA ኢንጂነርና ፊዚስት ዶ/ር ዊሊያም ኦቨርን በ 1981 ዓ.ም በ *Bible-Science Newsletter* ላይ በተከታታይ ባወጧቸው ጹሑፎች፥ ችግሮቹን በዝርዝር አቅርበው ነበር። *(Arndts, R. and Ovem, W., 1981. Radiometric dating, isochrons, and the mixing model. Bible-Science Newsletter, February, March, April and August, 1981 issues.)* ይህንንም ከጂኦሎጂያዊ ጹሁፎች ውስጥ በወጡ በተለያዩ ምሳሌዎች አሳይተዋል። እንዲህ ሲሉም ደምድመዋል፤

> "አስቀድሞም የነበሩ ሚኒራሎች መቀላቀል የአይሶቶፒክ ንጻሬዎች ቀጥታዊ ድርደራን እንደሚያስገኙ ግልጽ ነው። አይሶቶፖቹ - የልጅ አይሶቶፕ እንደሆኑ የሚታሰቡት - በአለቱ ውስጥ በሬዲዮአክቲቭ ፍርሰት የተፈጠሩ አድርገን መውሰድ የለብንም። ስለዚህ የትልቅ ዕድሜ እምንታ የተረጋገጠ አይደለም። የሬዲዮሜትሪክ ዕድሜን ትርጉም ያለው እንዲመስል የሚያደርጉት ቀጥታዊ መስመሮች የቀላል ቅልቅል አድርጎ በቀላሉ መውሰድ ይቻላል።"-*Arndts, R. and Overn W.,1981. Radiometric Dating, Isochrons, and the Mixing Model, Bible-Science Association, Minneapolis, USA, reprint series, p. 25*

ከላይ የጠቀስነው ዚንግ በጹህፉ መጨረሻ ላይ እንዲህ ብሏል፤

> "በማጠቃለያ የ Rb-Sr አይሶክሮን ዘዴ አንዳንዶቹ መሰረታዊ እምንታዎች መሻሻል አለባቸው፤የሚታየው አይሶክሮንም የጂኦሎጂያዊ ሲስተምን ዋጋ

> ያለው የዕድሜ መረጃን በእርግጠኝነት አይገልጽም፤ምንም እንኳን የኤክፐርመንት ዳታዎች በ $^{87}Sr/^{86}Sr$ ለ $^{87}Rb/^{86}Sr$ ግራፍ ላይ ግጥመታቸው ጥሩ ቢሆንም። ይህ ችግር በቸልታ ሊታለፍ የሚቻል አይደለም. . . ተመሳሳይ ጥያቄዎች በ Sm-Nd እና U-Pb አይሶክሮን ዘዴዎች ላይም ሊነሳ ይችላል።" *- Zheng, Y.-F., 1989. Influences of the nature of the initial Rb-Sr system on isochron validity. Chemical Geology (Isotope Geoscience Section), vol. 80, pp. 1-14.*

ዚንግ ነጥቡን በአጭሩ እንዲህ አስቀምጦታል፤

> "ዋጋ ያለውን አይሶክሮን ከመሰል (ከውሸት) አይሶክሮን ለመለየት የማይቻል ስለሆነ፥ የማንኛውን ጂኦሎጂያዊ ሲስተም የ Rb-Sr አይሶክሮን ዕድሜ ሲገለጽ ጥንቃቄ መወሰድ አለበት።" – (የላይኛው ጥቅስ ምንጭ)

አፔንዲክስ 8 <u>መጀመሪያ ላይ የነበረ መሰል-ዕድሜ (apparent age)</u>

የሬዲዮአክቲቭ ዕድሜ መለኪያ ዘዴዎች፥ የመጀመሪያዎቹን የጥንት አለቶች እውነተኛ ዕድሜ በትክክል እንዳይለኩ የሚያደርግና ከእውነተኛ ዕድሜያቸው እጅግ ትልቅ የሆነ ዕድሜን እንዲሰጡ የሚያደርግ ሌላው ችግር 'መሰል ዕድሜ' (apparent age) ነው።

የሁሉም ሬዲዮአክቲቭ ዕድሜ መለኪያ ዘዴዎች መሠረታዊ እመንታ፥ዕድሜ መቁጠሪያ ሰዓቶቹ ከዜሮ ዕድሜ ጀምረው መቁጠር ይጀምራል የሚል ነው። ነገር ግን በፍጥረት መጀመሪያ ላይ ልጅ ኤለመንቶች ተፈጥረው የነበሩ ከሆነ - ወይም በምድራችን ላይ ታላቅ አለም አቀፍ ተፈጥሯዊ ጥፋት ደርሶ የነበረ ከሆነ (ለምሳሌ ታላቁ ዓለም ዓቀፍ የጥፋት ውኃ) ሁሉም ነገር የሚጀምረው ሳይንቲስቶች "መሰል ዕድሜ" (apparent age ወይም "*appearance of age*") ብለው በሚጠሩት ዕድሜ ነው።

በፍጥረት መጀመሪያ ወቅት ዓለማችንና በውስጧ ያለ ሁሉም ነገር የሚገለጠው በተሟላ እድገት እንደሆነ በርካታ ፍጥረተኞች ያምናሉ። ያኔ በየቦታው ገና ከመጀመሪያው የምናገኘው ሙሉ በሙሉ ያደጉ እንስሳትና እጽዋት ነው። ያኔ የምናየው ችግኞች የያዙ ዛፍ-አልባ ሜዳዎችን ሳይሆን በዛፎችና በእጽዋት የተሸፈኑ ዱሮችንና ተራሮችን ነው፤ያልተፈለፈሉ እንቁላሎችን ሳይሆን ሙሉ ዶሮዎችን ነው።

አዳም ራሱ ከጽንሰት ጀምሮ እንዲያድግ ሆኖ አልተፈጠረም፤ ነገር ግን ሲጀምር ሙሉ ያደገ ሰው ሆኖ ነው የተፈጠረው - ለምሳሌ የ 30 ዓመት ሙሉ ሰው የሚያህል እድገት ላይ ሆኖ ከተፈጠረ 30 ዓመት እውነተኛ ዕድሜው ሳይሆን መሰል ዕድሜ ነው።

በተመሳሳይ በፍጥረት መጀመሪያው ቀን የሬዲዮአክቲቭ ማዕድኖች በግማሽ-ሕይወት

(half lives) ኡደታቸው መሃል ላይ ሊገኙ ይችሉ ይሆናል። ይህ የመጀመሪያው "መሰል ዕድሜ" በዩራኒየም፣ በቶሪየም. . . ወዘተ ውስጥ አሁን በምናነበው የሬዲዮአክቲቭ ሰዓት ላይ ትልቅ ልዩነት ያመጣል።

ኢቮሊሽናዊ ቲዎሪስቶች በመጀመሪያ ዩራኒየም ብቻ እንደነበረና ጠቅላላ የልጅ ውጤቶች *(በፍርሰት ሰንሰለት ላይ ወደ ታች የሚገኙ ሬዲዮአክቲቭ ኤሌመንቶች)* ግን በኋላ እንደተገኙ አድርገው ይወስዳሉ። ነገር ግን ዛሬ "ልጅ ውጤቶች" ብለው የመደቧቸው አብዛኞቹ ኤለመንቶች በእርግጥ ልጅ ሳይሆኑ ከመጀመሪያው ቀን አንስቶ ከዩራኒየም ጋር አብረው የተፈጠሩ ሊሆኑ ይችላሉ።

ይህ ፊሊፕ ጎሲ በ 1857 ዓ.ም ባወጣው Omphalos በመባል በሚታወቀው መላምቱ *እግዚአብሔር እምነታችንን ለመፈተሽ ነገሮችን ያረጁ አስመስሎ ፈጥሯዋል፤ እንደውም ምድርን ሲፈጥር የውሸት ፎሲሎችን ምድር ውስጥ ቀብሯል* ከሚለው የተለየ ነው። ይህ የፊሊፕ ጎሲ ሃሰብ የተሳሳተ ሃሳብ ነው። እግዚአብሔር አዳምን እንዴት እንደፈጠረው በቃሉ ውስጥ ስለነገረን ይህ መሰል ዕድሜ እኛን ለማሳሳት የተደረገ አይደለም።

አፔንዲክስ 9 ለተፋጠነ የሬዲዮአክቲቭ ፍርሰት ሊሆን የሚችሉ መካኒዝሞች፤

ለተፋጠነ ፍርሰት ምክንያት ሊሆን እንደሚችል የሚታሰብ አንዱ መካኒዝም፥ በኒኩለር ጠንካራ ኃይል (strong force) ላይ ሊኖር የሚችል እጅግ አነስተኛ የማስተካከያ ለውጥ ነው። ይህ ከሆነ፥ የአልፋ ፓርቲክሎችን ፍልቀት ከሚሊዮን እስከ ቢሊዮን ጊዜ እጥፍ መለወጥ እንደሚችል ይታሰባል። ሌላው የአልፋ ኢነርጂ በ 10% መጨመር ነው፤ይህ ከሆነ፥ የፍርሰት ፍጥነቱን በመቶ ሺዎች ጊዜ እጥፍ እንዲጨምር እንደሚያደርገው ይገመታል። እነዚህ ሁለቱ፥ ለተፋጠነ የፍርሰት ፍጥነት ትልቅ አቅም እንዳላቸው ይታሰባል።

<u>ጸሐያዊ ነበልባል (solar flares)</u>- የሬዲዮአክቲቭ ኤለመንቶች ፍርሰት የሚፈጸመው በአተም ኒኩለስ ውስጥ ነው። ይህን ተከትሎም፥ የሬዲዮአክቲቭ ኤለመንቶች የፍርሰት ፍጥነቶች ከሁሉም ዓይነት ውጫዊ ተጽእኖዎች ነጻ የሆኑ ቋሚና የማይለወጡ እንደሆኑ ተደርጎ ይወሰዳል። ነገር ግን ይህ እመንታ አስቀድሞ ይታሰብ እንደነበረው ጠንካራ እንዳልሆነ የሚያሳዩ ማስረጃዎች አሉ። በኤሌክትሮማግኔቲዝም ላይ በርካታ የኤክስፐርመንት ሥራዎችን የሰራው ኒኮላይ ቴስላ፥አንዳንድ ጨረሮች የሬዲዮአክቲቭ ፍርሰትን እንደሚቀሰቅሱ ሃሳብ አቅርቦ ነበር። ሌሎች ይህን ሃሳብ በመውሰድ ጨረሮች ምን ሊያደርጉ እንደሚችሉ የተለያዩ ሃሳቦችን አቅርበዋል። አንዳንዶች ከኒኩለር ሪአክሽን ጋር የተያያዙትን ኒውትሪኖችን (neutrinos) አቅርበዋል። ኒውትሪኖች ወይም ሌሎች ኤጀንቶች የኒኩለር ፍርሰትን የሚቀሰቅሱ ከሆነ፥የእነዚህ ኤጀንቶች በብዛት መጨመር የኒኩለር ፍርሰትን ያፋጥነዋል። በየዓመቱ የሚከሰተው በመሬትና በጸሐይ መካከል ባለው

የርቀት ለውጥ አነስተኛ የፍርሰት ፍጥነት ለውጥን ማስከተል እንዳለበት ይህ ሞዴል ይገምታል። በ 2009 ዓ.ም በ *New Scientist* መጽሔት ላይ በወጣው ሪፖርት መሰረት፥በበርካታ የተለያዩ አይሶቶፖች ኤክስፐርመንቶች ላይ ይህ ውጤት ታይቷል *(Mullins, Justin. Solar ghosts may haunt Earth's radioactive atoms New Scientist Vol 2714, June 30, 2009.)*

ቀደም ብሎም በ 2008 ዓ.ም ጀንኪንስ የሬዲዮአክቲቭ የፍርሰት ፍጥነት፥መሬት ከጸሐይ ካላት ርቀት ጋር የተያያዘ መሆኑን የሚገልጽ የምርምር ውጤት አውጥቶ ነበር። በሌላ አባባል የፍርሰት ፍጥነት መሬት ከጸሐይ ካላት ርቀት ጋር የተያያዘ ዓመታዊ ለውጥ ያደርጋል። እዚሁ ምድር ላይ ላቦራቶሪ ውስጥ ያሉ የአንዳንድ ኤለመንቶች የፍርሰት ፍጥነት 93 ሚሊዮን ማይልስ ርቀት ላይ በምትገኝ ጸሐይ ውስጥ በሚፈጸም አክቲቪቲ እንደሚወሰንና ከክረምት ይልቅ በበጋ የፍርሰት ፍጥነት በትንሹ በለጥ እንደሚል በ 2010 ዓ.ም ተመራማሪዎች ሪፖርት አድርገዋል። በእርግጥ እስካሁን የተለካው ለውጥ ከ 0.2% የሚበልጥ አይደለም። ነገር ግን እዚህ ጋ ዋናው ነጥብ ማግኔታዊ ውዥቀቶች ወይም ሌሎች ሃይሎች በበቂ ሁኔታ ጠንካራ ከሆኑ የሬዲዮአክቲቭ ፍርሰት ፍጥነት በከፍተኛ ሁኔታ ሊለወጥ የሚችል መሆኑ ነው። በአጭሩ የፍርሰት ፍጥነቶች ከውጫዊ ተጽእኖ ነጻ የሆኑ ቋሚና የማይለወጡ እንደሆኑ ተደርጎ የሚወሰደው እመንታ፥ከዚህ ቀደም መስሎ ይታይ እንደነበረው ጠንካራ እመንታ አይደለም።

ስትሪንግ ቲዎሪ (string theory) - የስትሪንግ ቲዎሪ፥ 10^{-34} ሜትር በሚያህል ከአተም ባነሰ እጅግ አነስተኛ ስፍራ ላይ፥ ከመደበኞቹ ሶስት የህዋ ዳሜንሽኖች በተጨማሪ ሌሎች በርካታ የሕዋ ዳይሜንሽኖአች መኖራቸውን ይገምታል። በእርግጥ ይህ ቲዎሪ ትክክለኝነቱ ገና ያልተረጋገጠ ቢሆንም፥ነገር ግን ቲዎሪው እውነት ከሆነ፥የፍርሰት ፍጥነቶች ከእነዚህ ዳይሜንሽኖች መጠን ጋር ሊያያዙ እንደሚችሉና የእነዚህ ዳይሜንሽኖች ለውጥ የፍርሰት ፍጥነትን ሊለውጥ እንደሚችል የሚገምቱ አሉ።

ኤሌክትሮን መያዝ (electron capture) - ከላይ እንደጠቀስነው፥ የሬዲዮአክቲቭ ፍርሰት ፍጥነት ቴምፐሬቸርና ግፊትን በመሳሰሉ ፊዚካላው ሁኔታዎች የማይለወጥ እንደሆነ በጂኦክሮኖሎጂስቶች (geochronologists) ዘንድ ይታሰባል። እንዲሁም በኬሚካላዊ አካባቢውም የማይለወጥ ተደርጎ ይቆጥራሉ። ይሁንና ኤሌክትሮንን በመያዝ (electron capture) የሚፈጸም የሬዲዮአክቲቭ ፍርሰት ፍጥነት (ግማሽ-ሕይወት) በአካባቢው ባለ ኬሚካል እንደሚወሰን ቤርሊየም-7 (^7Be) ላይ በተደረገ ምርምር ተረጋግጧል። *(Huh, C.-A., Dependence of the decay rate of ^7Be on chemical forms, Earth and Planetary Science Letters 171:325–328, 1999)* ።

የሬዲዮአክቲቭ ፍርሰት የሚፈጸምበት አንዱ መንገድ፥ኤሌክትሮን መያዝ (electron capture) በመባል በሚታወቀው መንገድ ሲሆን፥ይህም የሚሆነው የአተም ኒኩለስ

ውስጥ ያለ ፕሩቶን ኒኩለሱን የሚዞር አንድ ኤሌክትሮን ከውስጠኛው ሼል ላይ በመያዝ ወደ ኒውትሮን ሲቀየር ነው። ይሄኔ የአተሙ ክብደት ያው ይሆንና የአቶሚክ ቁጥሩ (atomic number) ግን በአንድ ይቀንሳል - የፕሩቶን ቁጥር በአንድ ይቀንሳል። ውስጠኛው ሼል ውስጥ ያለ ኤሌክትሮን በኒኩለሱ ከተያዘ በኋላ ክፍተቱን ለመሙላት አንድ ኤሌክትርን ከውጨኛው ሼል ወደ ታች በመውረድ ርጉ አተም ይፈጥራል። ኤሌክትሮን መያዝ (electron capture)፥ ግፊትን በመሳሰሉ ፊዚካላዊ አካባቢ ላይ የሚወሰን የሬዲዮአክቲቭ ፍርሰት ዓይነት ነው።

<u>የሙቀት ችግር</u> - እጅግ የተፋጠነ ፍርሰት ላይ የሚነሳው ተቃውሞ፥የኒኩለር ፍርሰት፥ሙቀት የሚፈጥር መሆኑ ነው። በሆነ የቀድሞ ጊዜ ፍርሰቱ እጅግ በተፋጠነ ሁኔታ ተካሂዶ የነበረ ከሆነ፥ ሕይወትን የሚያወድም ከፍተኛ ሙቀት ይፈጥራል። ነገር ግን ይህን ችግር ለመፍታት የወጡ መላምቶች አሉ። እግዚአብሔር ሰማይን እየተዘረጋች እንድትሄድ አድርጎ የፈጠራት እንደመሆኑ፥ በፍጥረት ወቅት የተካሄደው የሕዋ መዘርጋት (መስፋት) በርካታ መጠን ያለው ሙቀት ህዋ ውስጥ እንዲሰራጭ ማድረግ እንደሚችል የሚገልጽ መላምት አለ። በተጨማሪም በታላቁ ዓለም አቀፍ የጥፋት ውኃ ወቅት (የኖህ ዘመኑ) ለተካሄደው መለስተኛ የተፋጠነ የሬዲዮአክቲቭ ፍርሰትም፥ ምድርን ያጥለቀለቀው ውኃ እንዴት የመርከቡ ውስጥ ሕይወትን መከላከል እንደሚችልና በዚያ ወቅት ስለተፈጸመ ፈጣን ቅዝቀዛ የሚገልጽ መላምት አለ።

አፔንዲክስ 10 <u>የሬዲዮአክቲቭ 'ዕድሜዎች' የርስ በርስ ግጭት</u>

የተለያዩ ዓይነት የዕድሜ መለኪያ ዘዴዎች፥ለአንድ ዓይነት ዓለት የተለያየ ዕድሜ ሲሰጡ ዘወትር ይስተዋላል። በተጨማሪም አንድ ዓይነት የዕድሜ መለኪያ ዘዴ በአንድ ዓለት ላይ ላሉ ለተለያዩ ስፍራዎች የተለያየ ዕድሜ ይለካል። አንዳንድ ጊዜ እነዚህ የተቀራረቡ ሲሆኑ በሌላ ጊዜ ደግሞ እጅግ የተራራቁ ናቸው። አንዳንድ ጊዜ የሬዲአክቲቭ የዕድሜ መለኪያ ሲስተሞች የማይቻል ውጤት ይሰጣሉ።

አንዳንድ አለቶች የሬዲዮአክቲቭ ኔጋቲቭ ዕድሜ ተለክቶላቸዋል (ኔጋቲቭ ዕድሜ ማለት፥ገና ወደፊት የሚፈጠር ዓለት ዕድሜ ማለት ሲሆን፥ነገር ግን ዓለቱ ዛሬ በእጃችን የሚገኝ ነው)። አይሶክሮን የዕድሜ መለኪያ ዘዴም (<u>Isochron dating</u>) ለግራፎቹ ኔጋቲቭ ቁልቁለት (negative slope) በመስጠት ለናሙናዎች ኔጋቲቭ ዕድሜ ያስገኘባቸው ሁኔታዎች አሉ። ፖታሲየም-አርጎን እና አርጎን-አርጎን የዕድሜ መለኪያ ዘዴዎችም፥ የአትሞስፌር አርጎን ከታሰበ ኔጋቲቭ ዕድሜ መስጠት ይችላሉ። ስለዚህ እነዚህ ኔጋቲቭ ዕድሜዎች እውነተኛ ዕድሜ ከሆኑ፥ወደፊት ከሚሊዮኖች ዓመታት በኋላ የሚፈጠሩ አለቶችን ዛሬ በእጅህ መያዝ ትችላለህ ማለት ነው።

የተለያዩ ዓይነት የዕድሜ መለኪያ ዘዴዎች የሚፈጥሩትን የርስበርስ ግጭቶችንና

አለመስማማቶችን የሚያሳዩንን አንዳንድ ምሳሌዎች እንደ፤

1) ከደቡብ ምስራቅ ህንድ የተወሰደ amphibolite የሚባል ዓለት ናሙና በሁለት ዓይነት አይሶክሮን የዕድሜ መለኪያ ዘዴዎች ዕድሜው ተለክቶ ነበር። በሩቢዲየም-ስትሮንቲየም (Rb-Sr) አይሶክሮን ዘዴ የተለካው ዕድሜ 481 ሚሊዮን ዓመት ሆኖ ተገኘ፤በሳማሪየም-ኒኦዳይሚየም አይሶክሮን ዘዴ ግን የ 824 ሚሊዮን ዓመት ዕድሜ አሳየ። ተመራራሚዎቹ፥ እጅግ ያረጀውን ትልቁ ዕድሜ ልውጠት (metamorphism) አካሂዷል በማለት ሲገልጹት፥ወጣቱን ዕድሜ ደግሞ ዓለቱ በኋላ ላይ ሞቋል በማለት ገለጹት። ዕድሜዎቹ ምንም ያህል ቢሆኑ ሁልጊዜም ውጤቱ ከተገኘ በኋላ ታሪክ መፍጠር ይቻላል። *(Geological Magazine **138**(4):495498,2001;http: //geolmag. Geoscience world .org /cgi/content/abstract/ 138/ 4/495*

2) ከደቡባዊ ሕንድ ኀመራዊ አካባቢ በተወሰደ ፐሉቶን ዓለት ላይ የተደረገ ምርመራ ነው። በ ሊድ-ሊድ (Pb-Pb) ዘዴ ለጠቅላላው የዓለት ናሙና የ 508 ሚሊዮን ዓመት ዕድሜ ተለካ። የፖታሲየም-አርጎን (K-Ar) ዘዴ ከዓለት ናሙናው ላይ ለተወሰደ ለማይካ ናሙና የ 450 ሚሊዮን ዓመት ዕድሜ ሰጠ። የዩራኒየም-ሊድ (U-Pb) ዘዴ ከዚያው ናሙና ላይ ለተወሰደ ዚርኮን የ 572 ሚሊዮን ዓመት ዕድሜ አስገኘ። በአንድ ዓለት ላይ ያሉ ሶስት የተለያዩ ናሙናዎች፤ሶስት የተለያዩ ዘዴዎች፤ሶስት የተለያዩ ውጤቶች። የዕድሜዎቹ መለያየት ምክንያት፥ ግዙፉ ፐሉቶን ዓለት ምድር ውስጥ በሚሊዮኖች ዓመታት ጊዜ ውስጥ በዝግታ ሲቀዘቅዝ የተለያዩ ማእድኖች በተለያየ መንገድ ተለውጠዋል በማለት ተገለጸ። አለመስማማቱ ችግር በመሆን ፈንታ አዲስ ግኝት ሆነ። *(Miyazaki, T. and Santosh, M., Cooling history of the Puttetti alkali syenite pluton, Southern India, Gondwana Research **8**(4):576–574, 2005.)*

3) እንግሊዝ ባንበሪ ከተማ አጠገብ ከሚገኝ የድንጋይ መፍለጫ ስፍራ የወጣ የእንጨት ፎሲል ከ 20.7 እስከ 28.8 ሺህ ዓመት የ ካርቦን-14 ዕድሜ የተለካለት ሲሆን፥ፎሲሉ የተገኘበት ኖራድንጋይ ግን በኢቮሉሽናዊ የዕድሜ ምደባ ባለ 183 ሚሊዮን ዓመት ዕድሜው የጁራሲክ ንብብር ውስጥ የሚገኝ ነው - ሌላው የዕድሜ መለኪያ ዘዴዎች አለመስማማት። *(Snelling, A., Geological conflict: Young radiocarbon date for ancient fossil wood challenges fossil dating, Creation **22**(2):44–47,2000;creation.com/ geological -conflict.)*

4) ከቀድሞዋ ዛየር የተወሰዱ አልማዞች ዕድሜ በፖታሲየም-አርጎን የተለካ ዕድሜያቸው 6 ቢሊዮን ዓመት መሆኑን አሳይቷል። ነገር ግን በኢቮሉሽናዊ ቲዎሪ መሰረት የመሬት ዕድሜ 4.6 ቢሊዮን ዓመት ነው። ስለዚህ ተመራማሪዎቹ ፖዶሲክ እና

ባልደረቦቹ የተሳሳቱ መሆን እንዳለበት ወሰኑ። ነገር ግን የለኩት ዕድሜ 'ከሚታወቀው' ከመሬት ዕድሜ ጋር ባይጋጭ ኖሮ ዋጋ ያለው ትክክለኛ ዕድሜ አድርገው ይቀበሉት እንደነበር አምነዋል።

በተመሳሳይ በሩቢዲየም-ስትሮንቲየም (Rb-Sr) አይሶክሮን ዘዴ የተለካ የአንድ ዓለት ዕድሜ 8.75 ቢሊዮን ዓመት፣በሪኒየም-ኦስሚየም (Re-Os) የተለካ የሌላ ዓለት ዕድሜ 11 ቢሊዮን ዓመት፤ አሁንም በሩቢዲየም-ስትሮንቲየም (Rb-Sr) የተለካ የሌላ ዓለት ዕድሜ 8.3 ቢሊዮን ዓመት ሆኖ ተገኝተዋል፤ሁሉም ከመሬት ዕድሜ የሚበልጡ ዕድሜዎች!

አፔንዲክስ 11 ስለ ዕድሜ መለኪያ ዘዴዎች የተነገሩ ጥቅሶች

ማገር፥በህትመት የሚወጡት ዕድሜዎች የተመረጡ ውስን ብቻ ናቸው ይለናል፤

> "በአጠቃላይ በ 'ትክክለኛው መጫወቻ ሜዳ' ውስጥ ያሉ ዕድሜዎች ብቻ ትክክለኛ ተደርገው በመወሰድ ለህትመት ይበቃሉ፤ከሌሎች ዕድሜዎች ጋር የማይስማሙት ግን ብዙውን ጊዜ አይታተሙም፤ ሊስማሙ ያልቻሉበት ምክንያትም አይገለጽም።" - *R. L Mauger, "K-Ar Ages of Biotite from Tuffs in Eocene Rocks of Green River, Washakie and Uinta Basins," in Contributions to Geology, Vol. 16,(1), 1977, p. 37.*

በአንድ ዓለት ላይ የተለያዩ ዕድሜዎች፤

> "ከአንድ ነጠላ ዓለት በተወሰዱ የተለያዩ ማእድኖች የተገኙ ዕድሜዎች በከፍተኛ ሁኔታ የማይስማሙ ሊሆኑ እንደሚችሉ አሁን በደንብ ታውቋል።" - *Joan C. Engels, DIFFERENT AGES FROM ONE ROCK, Journal of Geology, ,Vol.79, p.609*

የተለያየ ዕድሜ፤

> "ነገሮችን ውስብስብ የሚያደርጋቸው የፍርሰት ውጤት ያልሆኑ (nonradiogenic) ሊድ 204, 206, 207 እና 208 በተፈጥሮ ውስጥ ያሉ መሆናቸው ነው፤ሳይንቲስቶች በቀድሞው በጨረቃ ታሪክ ውስጥ የፍርሰት ውጤት ያልሆኑ ሊዶች በፍርሰት ለሚገኙ (radiogenic) ሊዶች ንጻሬዎች (ratios) ምን ያህል እንደነበሩ እርግጠኞች አይደሉም. . . ሲጀመር ምን ያህል ሊድ ነበር የሚለው ችግር አሁንም እንዳለ ነው . . . ሁሉም የዕድሜ መለኪያ ዘዴዎች (rubidium-strontium, uranium-lead and potassium-argon) አንድ ዓይነት ዕድሜ ቢሰጡ ኖሮ ስእሉ ግልጽ ይሆን ነበር። ነገር ግን እንደዛ አልሰጡም። ለምሳሌ የሊድ ዕድሜ ትልቅ ነው . . . አፖሎ 11, 12, 14, 15 እና

ሉና 16 ጨረቃ ላይ ካረፉባቸው ከአምስት ስፍራዎች አይሶቶፒክ ዕድሜዎች ተገኝተው ነበር፤እያንዳንዱ ስፍራ የተለያየ ዕድሜ አለው። ነገር ግን በአንድ በተወሰነ ስፍራም ዕድሜዎቹ ይለያያሉ (በተለያዩ ዘዴዎች ሲለኩ) . . . ይሁንና ከአንድ ስፍራ የተወሰደ አንድ ባዛልታዊ ዓለት አንድ ዓይነት አይሶቶፒክ ዕድሜ መስጠት ነበረበት።" - *Everly Driscoll, "DATING OF MOON SAMPLES: PITFALLS AND PARADOXES", Science News, Vol. 101, p. 12*

አስተማማኝ የዕድሜ መለኪያ ዘዴ የለም፤

"ለአንድ ለተወሰነ ጂኦሎጂያዊ ንብር (geological stratum) [የሚለኩ] የተለያዩ የሬዲዮሜትሪክ ዘዴዎች የዕድሜ ግምቶች፥ ዘወትር ፍጹም የሚለያዩ ናቸው (አንዳንዴም በመቶ ሚሊዮኖች ዓመታት)። ፍጹም አስተማማኝ የሆነ የረጅም ጊዜ ሬዲዮሎጂያዊ ሰዓት የለም። በሬዲዮሜትሪክ የዕድሜ መለኪያ ዘዴዎች ውስጥ ያሉት ኢ-ርግጠኝነቶች ጂኦሎጂስቶችንና ኢቮሉሽኒስቶችን የሚረብሹ ናቸው . . ." - *W.D. Stansfield, Prof. Biological Science, Cal. Polyt. State U., THE SCIENCE OF EVOLUTION, 1977, p.84.*

የሬዲዮአክቲቭ ማእድናትን ዕድሜ ለሚለኩ ጂኦሎጂስቶች የሚሰጥ "ፕሮፌሽናል" መመሪያ እንዲህ ነው፤

"ነጻ ጂኦክሮኖሎጂካል ዳታዎች በጥንቃቄ ከታዩና እንዲሁም የስትሬትግራፊክና የፓሊዮንቶሎጂክ ማስረጃዎች ከተመረመሩ እና የፔትሮግራፊክና የፓራጄኔቲክ ግንኙነቶች ከተጤኑ በኋላ ብቻ እጅግ ምክንያታዊ የሆነ ዕድሜ [ከበርካታ የማይጣጣሙ ዕድሜዎች መካከል] ሊመረጥ ይቻላል።" - *LR. Stieff, T.W Stern and R.N. Eichler, "Algebraic and Graphic Methods for Evaluating Discordant Lead-Isotope Ages," in U.S. Geological Survey Professional Papers, No. 414-E.*

ከላይ ያለው ጥቅስ የሚነግረን እንዲህ ነው፤ከ 19 ኛው ክፍለ ዘመን የስነ-ምድራዊ ዕድሜ ቲዎሪ ጋር የሚስማሙትን ብቻ ያዝና፥ ከዚያ የዕድሜ ገደብ ውጭ ሆነው የሚገኙ የፖታሲየም-አርጎን ዕድሜዎች በሙሉ ወደ ቅርጫት ጣላቸው! ጥቅሱ ውስጥ ያሉት ትላልቅ ቃላት ትርጉሞች እነዚህ ናቸው፤ *Geochronology - የአለቶችን ዕድሜ ጥናት፤ stratigraphy - የዓለት ንብብራት ጥናት፤ paleontology - የቅሪተአካላት ጥናት፤ petrography-የጥንት ሥዕሎችና ምልክቶች ጥናት፤ parageny - የቅሪተአካላት የርስ በርስ ግንኙነት ጥናት !*

****

ምዕራፍ 5

የወጣት መሬት ማስረጃዎች

መሬትና ዩኒቨርስ ገና የጥቂት ሺህ ዓመት ወጣት
መሆናቸውን የሚያሳዩ 33 ሳይንሳዊ ማስረጃዎች

አብዛኞቹ ፍጥረተኛ ሳይንቲስቶች፥ምድራችንና ጠቅላላዋ ዩኒቨርስ በምድር ሰዓት አቆጣጠር ገና የጥቂት ሺህ ዓመታት (6,000 – 7,500 ዓመት ግድም) ዕድሜ ያላቸው ወጣት መሆናቸውን ያምናሉ[1]። ይህም መጽሐፍ ቅዱሳዊው ገለጻ ላይ ብቻ በመመስረት ሳይሆን፥ ነገር ግን ይህን የሚደግፉ በርካታ ሳይንሳዊ ማስረጃዎች በመኖራቸውም ጭምር ነው። በዚህ ምዕራፍ ውስጥ ይህን የሚደግፉና የመሬትን፣ የሥርዓተ- ፀሐይንና በአጠቃላይ የዩኒቨርስን ወጣት ዕድሜ የሚያሳዩ ወደ 32 የሚሆኑ የሥነ-ምድራዊና የአስትሮኖሚያዊ ክስተቶች ማስረጃዎችን እናያለን።

ከዚህ በታች የምናያቸው አንዳንዶቹ መረጃዎች ከመጽሐፍ ቅዱሳዊው የመሬትና የዩኒቨርስ ዕድሜ (6,000 እስከ 10,000 ዓመት) ጋር በትክክል የሚገጥሙና የሚስማሙ ሲሆኑ፥ አንዳንዶቹ መረጃዎች ግን የመሬት፣ የሶላር ሲስተምና የዩኒቨርስ ሊሆን የሚችለው ከፍተኛው የዕድሜ ጣሪያ፥ ኢቮሉሽናዊ ቲዎሪዎች ከሚፈልጉት እጅግ ያነሰ መሆኑን በማሳየት፥ ኢቮሉሽናዊው በቢሊዮኖች የሚቆጠሩ ዕድሜዎች ትክክል እንዳልሆኑ የሚያሳዩ ናቸው። ለምሳሌ ዶክተር ሩሴል ሐምፍሬይስ እና ሌሎች በውቅያኖሶች ውስጥ

---

[1] በእርግጥ የኢቮሉሽኒስቶቹን የቢሊዮን ዓመት ዕድሜን የሚያምኑ ፍጥረተኞች ያሉ ቢሆንም፤ ነገር ግን ይህ እምነታቸው ከመጽሐፍ ቅዱስ ጋር ለምን እንደማይጣጣምና በርካታ ችግሮች ያሉበት መሆኑን ``ቻው ቻው ሉሲ`` መጽሐፍ ውስጥ ታገኛለህ። በዚህ ምዕራፍ የምናየው ሳይንሳዊ ማስረጃዎችን ብቻ ይሆናል።

ያለውን የጨው ክምችት በመጠቀም ያሰሉት ሊሆን የሚችል ከፍተኛው የመሬት ዕድሜ ጣሪያ 62 ሚሊዮን ዓመት መሆኑን ያሳያል። ይህ የውቅያኖሶች ወይም የመሬት ትክክለኛ ዕድሜ ነው ማለት ሳይሆን፤ነገር ግን መሬት፥ ኢቮሉሽኒስቶች የሚሉትን የቢሊዮኖች ዓመታት ዕድሜ የማይሞላት መሆኑን የሚያሳይ ነው። ይሁንና ይህ የ 62 ሚሊዮን ዓመት ዕድሜ፥ አንዳንድ ሊሆኑ የሚችሉ እመንታዎችን ከተጠቀምን እንዴት በቀላሉ ወደ ጥቂት ሺህ ዓመታት ሊወርድ እንደሚችል ወደታች እናየዋለን።

መሬት ወጣት መሆኗን የሚጠቁሙ ማስረጃዎች፤

1) <u>**የመሬት ማግኔታዊ መስክ ምንመና (Magnetic Field Decay)**</u> - የመሬት ማግኔታዊ መስክ ጥንካሬ በ የ 100 ዓመት በአማካኝ ከ 5 እስከ 7 % እየቀነሰ በመሄድ ላይ ነው። ከ 1835 ዓ.ም ወዲህ ብቻ ጥንካሬው በ 14 % የቀነሰ መሆኑንና የቅነሳ ግማሽ-ሕይወቱ (half-life) 1400 ዓመታት መሆኑን የሚያሳይ የምርምር ውጤት አለ። ይህ የቅነሳ ፍጥነት ለተወሰኑ ያለፉ ዘመናት አንድ ዓይነት ነበር ብለን ብንወስድ፥ ከ 7,000 ዓመታት በፊት የነበረው የመሬት ማግኔታዊ መስክ የአሁኑን 32 ጊዜ እጥፍ እንዲሆን ያደርገዋል። ይህ ደግሞ በምድር ላይ ሕይወትን የማያስችል እጅግ ከፍተኛ ሙቀት የሚፈጥር ነው። ከ 20,000 ዓመታት በፊት ደግሞ፥ መሬትን ሙሉ በሙሉ ሊያቀልጥ የሚችል ሙቀት የሚፈጥር ማግኔታዊ መስክ እናገኛለን። ከአንድ ሚሊዮን ዓመታት በፊት መሬት በዩኒቨርሳችን ውስጥ ካሉ አካላት ሁሉ የሚበልጥ እጅግ ትልቅ ማግኔትዝም ይኖራትና ፍጹም ትተናለች። ከዚህ የምናየው የመሬት ማግኔታዊ መስክ ከጥቂት ሺህ ዓመት በላይ ዕድሜ ሊኖረው እንደማይችልና ምድራችን ራሷም እጅግ ወጣት መሆኗን ነው። ይህ በከፍተኛ ፍጥነት የሚፈጸም የመሬት ማግኔታዊ መስክ መመናመን (የእርብ [exponential] ቅነሳ) መሬት ከ 6,000 ወይም ከ 8,000 ዓመት በላይ ዕድሜ ሊኖራት እንደማይችል የሚጠቁም ነው።

ዋል እና ሴግራቭስ እንዲህ ይላሉ፤

> "ማግኔታዊ መስክ እየቀነሰ ሲመጣ ወደ ሙቀት ይለወጣል። በቲዎሪያዊ ግምታዊ ስሌት ከ 30,000 ዓመታት በፊት [የነበረው ማግኔታዊ መስክ] ዛሬ ጠቅላላዋን ምድር ሊያቀልጣትና ሙሉ በሙሉ ሊያተናት የሚችል እስከ 5,000 ^{0}C የሚደርስ ሙቀት የሚፈጥር ነው። ነገር ግን በግልጽ እንደምናየው መሬት መትነን ቀርቶ አልቀለጠችም። ያለፉት 130 ዓመታት የመሬት ማግኔቲዝም ምንመና [ፍጥነት] ሲታይ የመሬት የ 4.5 ቢሊዮን ዓመታት ታሪክ ሊሆን የማይችል ነው። ማስረጃው ከ 10,000 ዓመታት ያልበለጠ የመሬት ታሪክን የሚደግፍ ነው።" - *R. E. Wahl and K.L. Segraves, The Creation Explanation (1975), p. 194.*

ባርነስም በተመሳሳይ እንዲህ ይላል፤

"አንድ ሰው ወደ ኋላ ተመልሶ ከ 10 ሺ ዓመታት በፊት የነበረውን ማግኔታዊ መስክ ቢለካ፤ የመሬት ማግኔታዊ መስክ ጥንካሬ ከአንዳንድ ኮከቦች ማግኔታዊ መስክ ጥንካሬ ጋር እኩል ሆኖ ያገኘዋል። [ነገር ግን] መሬት ከኮከቦች ጋር እኩል የሆነ ማግኔታዊ መስክ እንዳልነበራት የሚወስድ ምክንያታዊ የሆነ እምንታ አለ።

"የመጀመሪያው የመሬት ማግኔታዊ መስክ ጥንካሬ ከኮከብ ማግኔታዊ መስክ ያነሰ ነው በሚል መሰረት ስንነሳ፥ የመጀመሪያው የመሬት ማግኔታዊ መስክ ከ 10 ሺህ ዓመታት ያነሰ ዕድሜ ያለው ሆኖ እናገኘዋለን።

"በመሬት ውስጥ ኃይል ማመንጫ ጣቢያ ስለሌለ፥ ጅማሬው [የመሬት ማግኔታዊ መስክ] በፍጥረት ወቅት [በመሬት መገኘት ወቅት] መሆን አለበት። ይህ ማለት፥ ወጣት የመሬት ማግኔታዊ ዕድሜ ማለት የራሷ የመሬት ወጣት ዕድሜ ማለትም ነው። እነዚህ ማጠቃለያዎች በመሬት የማግኔታዊ መስክ ምንመና ቲዎሪ ላይ የተመሰረቱ ናቸው።"- *Thomas G. Barnes, "Earth's Young Magnetic Age Confirmed," in Creation Research Society Quarterly, June 1986, p. 33.*

ኢቮሉሽኒስቶች፥የመሬት ማግኔታዊ መስክ በከፍተኛ ፍጥነት በእርብ (exponentially) እንደማይቀንስና፥ ነገር ግን በየረጅም ጊዜ ውስጥ (በአማካኝ በ የ 780,000 ዓመታት አንዴ) አቅጣጫውን የሰሜኑን ወደ ደቡብ እና የደቡቡን ወደ ሰሜን እንደሚገለብጥና፥ በእርግጥ በእነዚህ የግልበጣ ወቅቶች መካከል ማግኔታዊ መስኩ በዝግታ እየመነመነ እንደሚሄድ ይገልጻሉ። ነገር ግን የመሬት ማግኔታዊ መስክ በከፍተኛ ፍጥነትና በእርብ (exponentially) እየቀነሰ መሆኑን የ ናሳ ሳተላይት ጨምሮ የተለያዩ ምርምሮች አረጋግጠዋል።

ለኮሌጅ መማርያ የሚጠቅም የኤሌክትሪክሲቲ እና ማግኔቲዝም መማሪያ መጽሐፍ ያወጣው የቴክሳስ ዩኒቨርስቲው ፊዚስት ዶክተር ቶማስ ጂ. ባርንስ፥ ከ 1835 ዓ.ም ጀምሮ እስከ 1965 ዓ.ም ድረስ ለ 130 ዓመታት የተሰበሰቡ ዳታዎች ላይ በመስራት፥የመሬት ማግኔታዊ መስክ ጥንካሬ በእርብ (exponentially) እየቀነሰ በመሄድ ላይ መሆኑን አሳይቷል - የሬዲዮአክቲቭ ኤለመንቶች የፍርሰት ሕግ ጋር ተመሳሳይ በሆነ ሁኔታ!

"የመሬት ማግኔታዊ መስክ፥ከሌላ ከማንኛውም የዓለማችን ጂኦፊዚካል ክስተቶች ይልቅ በፍጥነት እየመነመነ በመሄድ ላይ መሆኑ ታውቋል. . . በቀጥታዊ መስመር [ምንመና] የመሬት ማግኔታዊ መስክ በ 3991 ዓ.ም እንደሚጠፋ ሪፖርቱ ይጠቅሳል። ነገር ግን ምንመናው በእርብ (exponentially) ነው፤በዚህ ሁኔታ የ 1400 ዓመት ግማሽ-ሕይወት (half-life) አለው። በአንጻራዊነት የቅርብ የሚባለው የ ናሳ የሳተላይት ሪፖርት፥ ፈጣን የሆነ የመሬት ማግኔታዊ መስክ መመናመንን ያሳያል።"- *T.G. Barnes, "Depletion of the Earth's Magnetic Field," in Creation: the Cutting Edge, p. 155.*

Magsat ከተሰኘች የ ናሳ ሳተላይት ከአክቶበር 1979 ዓ.ም እስከ ጁን 1980 ዓ.ም የመሬትን ማግኔታዊ መስክ መረጃዎች አሰባስባ ነበር። ሳተላይቷ ዲዛይን የተደረገችው የመሬትን ማግኔታዊ መስክ እንድታጠና ሲሆን፥ ያሰባሰበችው መረጃ በፕሮጀክቱ መሪ ሳይንቲስት በ ሮበርት ላንጅል ተመርምሯል።

"ናሳ በ 1979 ዓ.ም ያመጠቃት ሳተላይት የመሬት ማግኔታዊ መስክ እየቀነሰ መሄድን የሚያሳይ አዳዲስ መረጃዎችን አሰባስባለች። Magsat በስምንት ወራት የዕድሜ ዘመኗ የመሬትን ዋነኛ ማግኔታዊ መስክ ለካታለች።

"በዚህም የመሬት ማግኔታዊ መስክ አጠቃላይ ጥንካሬው በዓመት 26 ናኖ ቴስላ (26 X 10^{-9} Tesla) በመቀነስ ላይ መሆኑና የ 830 ዓመት የግማሽ-ሕይወት ያለው መሆኑ ታውቋል። ቶማስ ባርንስ ቀደም ሲል በተሰበሰቡ ዳታዎች በመነሳት የመሬት ማግኔታዊ መስክ በዓመት 16 ናኖ ቴስላ እየቀነሰ መሆኑንና 1400 ግማሽ-ሕይወት ዓመት ያለው መሆኑን አስልቶት ነበር . . . ከዚህ በመነሳት የተደረጉ የማቲማቲክስ ስሌቶች በ 1200 ዓመታት ጊዜ ውስጥ የመስኩ ጥንካሬ ዜሮ እንደሚሆን ያሳያሉ። መሬት ብዙዎች ከሚያስቡት ገና ወጣት ናት።" - *Donald B. Deyoung, "Decrease of Earth's Magnetic Field Confirmed, " in Creation Research Society Quarterly, December 1980, pp. 187-188.*

"አንድ ሰው የላንጅልን ፕሮጀክሽን ቢወስድ የመሬት ማግኔታዊ ከለላ በ 3180 ዓ.ም ሙሉ በሙሉ ይጠፋል። የ 1967ቱን የ ESSA ን ቴክኒካል ሪፖርት ቢጠቀም ደግሞ የመሬት ማግኔታዊ መስክ የሚጠፋው በ 3991 ዓ.ም ይሆናል።" - *TG. Barnes, "Satellite Observations Confirm the Decline of the Earth's Magnetic Field " in Creation Research Society Quarterly, June 1981, p. 40.*

በ1835 ዓ.ም ጀርመናዊው ፊዚስት ኬ. ኤፍ. ጋውስ ለመጀመሪያ ጊዜ የመሬትን ማግኔታዊ ጥንድ-ዋልታ ድብራ (magnetic dipole moment) ለካ - ይህ የመሬት ውስጣዊ የማግኔት ጥንካሬ ነው። ከዚያ ጊዜ ጀምሮ በየአስር ዓመታቱ ግድም ተጨማሪ ልኬቶች ሲከናወኑ ቆይተዋል። ከ1835 ዓ.ም እስከ 1965 ዓ.ም ከተሰበሰቡ ዳታዎች የተሰላው በመጀመሪያው የመሬት ማግኔታዊ መስክ ግማሽ-ሕይወት (half-life) 1400 ዓመት

መሆኑን አሳይቶ የነበረ ቢሆንም፤ከዚያ በኋላ የተደረገው ሌላ ጥናት ግማሽ-ሕይወቱን ወደ 830 ዓመት ቀንሶታል - ይህ ማለት ይብስ ፈጣን የማግኔታዊ መስክ ምንመና ወይም ቅነሳ ማለት ነው።

Science News እንዲህ ይላል፤

> "የጠቅላላው የመስኩ ጥንካሬ በዓመት በ 26 ናኖ ቴስላ ፍጥነት እየቀነሰ ነው . . . የቅነሳው ፍጥነት በቋሚነት ከቀጠለ ከ 1200 ዓመታት በኋላ የመስኩ ጥንካሬ ዜሮ ይሆናል።" - *"Magnetic Field Declining," Science News, June 28, 1980*

ኮኖላንም እንዲህ ይላል፤

> "ባለፉት 150 ዓመታት ጊዜ ውስጥ የማግኔታዊ መስክ ጥንካሬ በ10 ፐርሰንት ቀንሷል። ይህ ቅነሳ በዚህ ፍጥነቱ ከቀጠለ ከ 1500 ዓመታት በኋላ መስኩ ዜሮ ይሆናል። የዛሬው [የመሬት ማግኔታዊ] መስክ በየክፍለዘመኑ በ 7 ፐርሰንት እየቀነሰ ያለ ይመስላል።"- *Roberta Conlan, Frontiers of Time (1991), pp. 15, 21.*

ችግሩ አሳሳቢ ነው፤

> "በቅርቡ ስለ ተፈጥሮ ሃብቶቻችን መመናመን እየተወሩ ያሉ ሥጋቶች፥ አንድ ዋነኛ የማይታደስ የተፈጥሮ ሃብታችንን ሳይጠቅሱ አልፈውታል - በከፍተኛ ፍጥነት እየተመናመነ ያለውን የመሬት ማግኔታዊ መስክ!" - *Fredrick B. Jueneman, "Magnetic Depletion" in Industrial Research and Development, 20(8):13 (1978*

የቢሊየኖች ዓመት ዕድሜ አማኞች ችግር፥የመሬት ማግኔታዊ መስክ ግልበጣ የሚፈጸመው በየ 780,000 ዓመታት መሆኑን የሚገልጹ መሆናቸውና፥ ነገር ግን ከላይ እንዳየነው በአሁኑ የምንመና ፍጥነት ሲሰላ፥ ከ 10,000 ዓመታት በፊት መሬት ምንም ሕይወት ሊያኖርባት የማይችል እጅግ ከፍተኛ ሙቀት የሚፈጠር መሆኑ ነው። የቀድሞው የመሬት የማግኔታዊ መስክ ምንመና ከዛሬው ያነሰ ዝግተኛ ነበር ብለን ብንወስድ እንኳን፥በምድር ላይ ሕይወት ሊኖር የሚችለው እስካለፉት 10,000 ዓመታት ጊዜ ውስጥ ብቻ ሆኖ እናገኘዋለን።

ባርንስ እንዲህ ይላል፤

> "የማክስዌል ኢኩኤሽንን ለኤሌክትሪክ ኮረንቲ (electric current) እና ለተያያዡ ለመሬት ማግኔታዊ መስክ ስናውለው በመሬት ማዕከላዊው እምብርት ውስጥ 6.16 ቢሊዮን አምፒር የሚደርስ የኤሌክትሪክ ኮረንቲ

ፍሰት ያለ መሆኑንና በአሁኑ ጊዜ እያጣ ያለው ኃይል (ወደ ሙቀት የሚቀየረው) 813 ሜጋ ዋት መሆኑን ያሳያል። ይህ የማግኔታዊ መስክ ምንመና ከጥቂት ሺህ ዓመታት በላይ ሲካሄድ የነበረ ሊሆን እንደማይችል ግልጽ ነው - [ካለበለዚያ] ማግኔታዊ መስኩ ሊታመን የማይችል እጅግ ትልቅ ስለሚሆን። ይህ የኤሌክትሮማግኔት ምንጭ፥ በአንጻራዊነት የቅርብ ጊዜ ጅማሬ ያለው መሆኑን የሚያሳይ ጠንካራ ፊዚካላዊ ማስረጃ ነው።" - *Thomas G. Barnes, S.I.S. Review, 2:42-46 (1977).*

ይህ የመሬት ማግኔታዊ መስክ ምንመና በዩራኒየም ማዕድን ውስጥ እንደምናየው ዓይነት የአንድ የተወሰነ አካባቢ ሂደት ሳይሆን፥በመላው ዓለም እየተከሰተ ያለና ጠቅላላዋ መሬትን የሚነካ ሂደት ነው። በመሬት ከውስጠኛው ክፍል ውስጥ የሚፈጸም ክስተት ስለሆነ በአካባቢ ለውጥ ምክንያት ሊሆን አይችልም።

ባለፈው ምዕራፍ ውስጥ እንዳየነው፥የካርቦን-14 ግማሽ-ሕይወት ወደ 5,730 ዓመታት ግድም ነው። የመሬት ማግኔታዊ መስክ ምንመና ፍጥነት፥ ከካርቦን-14 ምንመና ስምንት ጊዜ ያህል የፈጠነ ነው። ይሁን እና ያለ ማግኔታዊ መስክ በምድር ላይ ያሉ ሕያው ፍጥረታት ከህዋ ከሚመጣው አደገኛ ኮስማዊ ጨረር የሚከልላቸው ነገር አይኖርም። ከእነዚህ አደገኛ ጨረሮች አብዛኞቹ በመሬት ማግኔታዊ መስክ እየነጠሩ ወደ ህዋ የሚመለሱ ሲሆን፥ሰርገው የሚገቡት ጥቂቶቹ በአትሞስፌር ውስጥ ሁለተኛ ጨረሮችን በመፍጠር ወደታች ወደ ምድር ይወርዳሉ። በጥልቅ ሐይቆች ወለል ላይም ተገኝተዋል። በአትሞስፌራችን ውስጥ ያለውን ካርቦን-14 የሚፈጥረው ኮስማዊ ጨረር ስለሆነ፥ ይህ ቀጣይ የሆነው የመሬት ማግኔታዊ መስክ ምንመና በአትሞስፌር ውስጥ ካርቦን-14 የሚመሰረትበትን ፍጥነትና መጠን በየጊዜው ይለውጠዋል። ይህ ማለት ደግሞ የካርቦን-14 ን የዕድሜ መለኪያ ሰዓት አቆጣጠርን በማዛባት በዚህ ዘዴ የሚለኩ ዕድሜዎችን አስተማማኝ እንዳይሆኑ ያደርጋቸዋል።

ታዋቂው ኢቮሉሽኒስት አይዛክ አሲሞቭ ስለ ፕላኔታችን ማግኔታዊ መስክ እየቀነሰ መምጣት እንዲህ ብሏል፤

"የመሬት ማግኔታዊ መስክ እየተዳከመ ነው። ከ 1687 ወዲህ ብቻ ከጠቅላላ ጥንካሬው 15 ፐርሰንቱን ያጣ ይመስላል። በአሁን የመቀነስ ፍጥነቱ በ 2000 ዓመታት ጊዜ ውስጥ ዜሮ ይደርሳል። በ 3500 ዓ.ም እና በ 4500 ዓ.ም መካከል ባሉት ጊዜያት ውስጥ ማግኔታዊ መስኩ ከውጭያዊ ህዋ የሚመጡትን ጨረሮች ለመከላከል በቂ ጥንካሬ አይኖረውም።" - *Asimov's Book of Facts (1979), p. 326.*

በ 2014 ዓ.ም የካሊፎርኒያ ቴክኖሎጂ ኢንስቲትዩት ጂኦፊዚስት ዴቪድ ስቴቨንሰን፥ የመሬት ማግኔታዊ መስክ የኢቮሉሽኒስቶች የረጅም ጊዜ ዶግማ ላይ የጋረጣቸውን ችግሮች

አምኗል፤እንዲህ ብሏል፤

> “በአሁኑ ጊዜ ስለ መሬት እምብርት ያለን መረዳት ላይ ችግር አለ፤ይህም ባለፈው አንድ ወይም ሁለት ዓመት የመጣ ነው። ችግሩ ትልቅ ነው። የመሬት ማግኔታዊ መስክ እንዴት ለቢሊዮኖች ዓመታት እንደቆየ አናውቅም። መሬት ባብዛኛው ታሪኳ የማግኔታዊ መስክ እንደነበራት እናውቃለን። መሬት ያን እንዴት እንዳገኘች አናወቅም። የመሬት እምብርት በታሪክ ውስጥ እንዴት እንደሚሰራ ከአሥር ዓመታት በፊት አለን ብለን እናስብ ከነበረው መረዳት ዛሬ ያለን መረዳት ትንሽ ነው።” - *Cited in: Folger, T., Journeys to the Center of the Earth: Our planet's core powers a magnetic field that shields us from a hostile cosmos. But how does it really work? Discover, July/August 2014*

አስተማማኝ የሆነ የመሬትን ዕድሜ የሚጠቁም ነገር ካለ፥ ያ የመሬት ማግኔታዊ መስክ መሆን አለበት - ይህ ደግሞ የመሬትን ዕድሜ የላይኛውን ጣሪያ በማያሻማ ሁኔታ ከ 10,000 ዓመት ያነሰ አድርጎታል።

2) <u>ፖሊስትሬት ፎሲሎች (Polystrate fossils)</u> – ኢቮሉሽናዊ የአለት ንብብራት ቲዎሪ፥ የዓለት ንብብራት ባለፉት ሁለት ቢሊዮን ዓመታት ጊዜ ውስጥ ቀስ በቀስ እንደተመሰረቱ ይገልጻል። ነገር ግን የዛፍ ፎሲሎች ብዙውን ጊዜ በቁመታቸው በርካታ የአለት ንብብራትን (strata) ሸፍነው/አካለው/ ይገኛሉ። እነዚህ በርካታ ንብብራትን የሚያካልሉ ቀጥ ብለው የቆሙ የዛፍ ፎሲሎች *polystrate trees* በመባል ይታወቃሉ።

የተለያዩ ንብብራት ቀስ በቀስ ከስር ወደላይ ፖሊስትሬት ዛፎችን እየዋጡ እስኪቀብሯቸው ድረስ ዛፎቹ ለሚሊዮኖች ዓመታት ሳይበሰብሱ ቆመው ሊጠብቁ አይችሉም፤የዛፎቹ የወደላይ ክፍላቸው በንብብራት ከመሸፈናቸው ከሚሊዮኖች ዓመታት በፊት መበስበስ ስላለበት። ፖሊስትሬት ፎሲሎች፥ የአለት ንብብራቱ በቢሊዮኖች ዓመታት ጊዜ ውስጥ ሳይሆን፥በአጭር ጊዜ ውስጥ የተመሰረቱ መሆን እንዳለባቸው የሚያሳዩ ጠንካራ ማስረጃዎች ናቸው።

ፖሊስትሬት ፎሲሎች፥ ፈጣን ቀብርንና ፈጣን የአለት ንብብራት ምስረታን የሚያሳዩ ቀጥተኛ ማስረጃዎችና ኢቮሉሽናዊውን የቢሊዮኖች ዓመታት የንብብራት ምስረታ ትክክል አለመሆኑን በማሳየት ወጣት መሬትን የሚጠቁሙ ናቸው።

<u>ጅራታም ኮከቦች (Comets)</u> - በተለምዶ ‘ጅራታም ኮከብ’ በመባል የሚታወቁት በጸሐይ ዙሪያ የሚዞሩ ኮሜቶች፥ ጸሐይና ፕላኔቶቿ (ሶላር ሲስተም) ከቢሊዮኖች ዓመታት እጅግ ያነሰ የወጣት ዕድሜ ያላቸው መሆኑን የሚያሳዩ ማስረጃዎች ናቸው። እነዚህ በረዷማ ኮሜቶች ጸሐይን ተጠግተው በሚዞሩበት ጊዜ ሁሉ፥ በርካታ ክብደታቸውን በትነት ስለሚያጡ ረጅም ዕድሜ አይኖራቸውም።

ኮሜቶች ሊቆዩ ወይም ሊታዩ የሚችሉት ለተወሰኑ ዙሮች ብቻ ነው - ከተወሰኑ ዙሮች በኋላ ጅራታቸውን (ኮማ) መስራት ስለሚያቆሙ (ማቴሪያላቸውን በትነት ስለሚያጡ) በሺዎች ዓመታት ጊዜ ውስጥ መታየት ያቆማሉ ወይም ይጠፋሉ። የኮሜቶች የሕይወት ዘመን በትክክል ምን ያህል እንደሆነ እርግጠኝነት ባይኖርም፥ ነገር ግን በአጠቃላይ በሺዎች የሚቆጠር ዓመታት ብቻ እንደሆነ ይታወቃል። ሚሊዮኖች ወይም ቢሊዮኖች ዓመታት ሊቆዩ አይችሉም።

በርካታ ኮሜቶች በአንጻራዊነት አጭር በሚባል ጊዜ ውስጥ ጠፍተዋል። በ19ኛው ክፍለ ዘመን በመደበኛት ይታዩ የነበሩ አንዳንዶቹ አሁን ጠፍተዋል። አብዛኞቹ ኮሜቶች ከ 10,000 ዓመት ያነሰ ዕድሜ ያላቸው ናቸው።

ይህ ተበታትኖ የመፈራረስ ሂደት በአጭር ፒሬድኮሜቶች ላይ የሚያመጣው ውጤት ላይ የብሪቲሹ ኢቮሉሽናዊ አስትሮኖመር አር. ኤ. ሌይትልተን ያደረገው ጥናት፥ በ 10,000 ዓመታት ጊዜ ውስጥ ሙሉ በሙሉ እንደሚያጠፉቸው ያሳያል።

> "በብሪቲሹ አስትሮኖመር በአር. ኤ. ሌይትልተን እና በሌሎች የተደረጉ ጥንቃቄ የተሞሉባቸው ጥናቶች ጠቅላላ ባለ አጭር ፒሬድ ኮሜቶች በ 10,000 ዓመታት ጊዜ ውስጥ መጥፋት ያለባቸው መሆኑን ወደሚያሳይ መደምደሚያ አምርተዋል።"- *R.E. Kofahl and ICL Seagraves, The Creation Explanation (1975), p. 144 .*

ሶላር ሲስተም የቢሊዮኖች ዓመታት ዕድሜ ቢኖራት ኖሮ፥ ሁሉም ኮሜቶች ገና ድሮ ተነውና ተጋጭተው ማለቅ ነበረባቸው። ነገር ግን እነዚህ በሺዎች ዓመታት የሚቆጠር ዕድሜ ያላቸው ኮሜቶች ዛሬም ድረስ ገና አሉ። ሁሉም ኮሜቶች ገና ፈርሰው አለማለቃቸው፥ ጸሐይና ፕላኔቶቿ በሺዎች ዓመታት የሚቆጠር ዕድሜ ያላቸው ገና ወጣቶች መሆናቸውን የሚያሳይ ነው።

ኮሜቶች በ dirty iceberg' ቲዎሪ መሰረት፥ ከ 'ቆሻሻማ በረዶ' (dirty iceberg) የተሰሩ ሲሆን፥ይህም በርካታ ኪሎሜትር ስፋት የሚሸፍን ጥቃቅን አቧራማ ፓርቲክሎች፣ የጠጠሩ ማቴሪያሎች፣በረዷማ ውሃ፣ ካርቦንዳይኦክሳይድ፣ ሜታን እና አሞኒያ የያዘ ነው። ኮሜቶች ጸሐይን በሚዞሩበት በእያንዳንዱ ወቅት በጸሐይ ሙቀት በረዶዎቹ እየቀለጡ የሚተኑ ሲሆን፥ ጋዞቹም እየተፍለቀለቁ ህዋ ውስጥ ይበታተናሉ። በተጨማሪም በግራቪቲያዊ ስበት፣በጅራት ምስረታ፣ በሚትዮር ፍሰት እና በጨረራዊ ኃይሎች ምክንያት ተጨማሪ ማቴሪያሎች ይጠፋሉ። የኮሜቶች ለዐይን ማረኪ የሆነ ክፍላቸው ጅራታቸው ነው፤ነገር ግን ይህ ጅራታቸው የሚሠራው፥ በጸሐይ ራዲየሽን ኢነርጂ ምክንያት ከአናታቸው ላይ እየተላቀቁ በሚወጡ ማቴሪያሎች ነው። ጅራታም ኮከቦች በጸሐይ አጠገብ ሲያልፉ፥ በጸሐይ ሙቀትና ብርሃን ከአናታቸው ላይ ማቴሪያሎች እየለቀቁ በአናታቸውና በጅራታቸው ዙሪያ እስከ ሚሊዮን ኪሎሜትር የሚረዝም ደመና ይሰራሉ። ኮሜቶቹ በህዋ ውስጥ በሚጓዙበት ጊዜ ሁሉ ጅራታቸው

ላይ ያሉ ማቴሪያሎች ቀስ በቀስ በህዋ ውስጥ እየተበታተኑ ይጠፋሉ።

<u>የኢቮሉሽኒስቶች ገለጻ</u> - ኢቮሉሽኒስቶች ይህን ችግር ለመፍታት፥ በየጊዜው አዳዲስ ኮሜቶችን የሚያመነጩ ስፍራዎች ያሉ መሆናቸውንና ስለዚህም አዳዲስ ኮሜቶች በየጊዜው እየተጨመሩ መሆኑን የሚገልጹ በተለይ ሁለት መላምቶችን አውጥተዋል - ኦርት ክላውድ (Oort Cloud) መላምት እና የኩፐር መቀነት (Kuiper Belt) ።

የእነዚህ መላምቶች ችግሮች ተራ በተራ እንይ፤

<u>ኦርት ክላውድ (Oort Cloud) መላምት</u> - ይህ "Oort cloud" ተብሎ ከተሰየመ ከፑሉቶ ማዶ ከሚገኝ ሥፍራ፥ ባለረጅም ፒሬድ (ከ 200 ዓመት የበለጠ ፒሬድ ያላቸው) አዳዲስ ኮሜቶች በየጊዜው እየተወነጨፉ ወደ ጸሐይ የሚመጡ መሆናቸውን የሚገልጽ መላምት ነው። መላምቱ፥ አልፎ አልፎ በዚያ አቅራቢያ የሚያልፉ ኮከቦች ወይም የጋዝ ደመናዎች ወይም ጋላክሲያዊ ማዕበል፥ ኮሜቶችን ከ Oort cloud ወደ ውስጥ ወደ ጸሐይ እንዲወነጨፉ እንደሚያደርጉ ይገልጻል። ነገር ግን ይህ መላምት ችግሮች አሉበት፤

- <u>የምልከታ ድጋፍ የለውም፤</u> የዚህ መላምት ትልቁ ችግር፥ይህ የሚባለው ሃሳባዊ "Oort cloud" በእውነት ስለመኖሩ ምንም ዓይነት የምልከታ ማስረጃ የሌለ መሆኑ ነው። ስለዚህ እንደ ሳይንሳዊ ቲዎሪ ተደርጎ መቆጠር የማይቻል ደካማ ነው። የቢሊዮን ዓመት ዶግማን እንዳይወድቅ ለመደገፍ ተብሎ ብቻ የረጅም ፒሬድ ኮሜቶች ለምን እንደኖሩ ለመግለጽ የወጣ የአንድ ሁኔታ መላምት ብቻ ነው።
- <u>ግጭቶች አብዛኞቹን ኮሜቶቹን ያወድሟቸዋል፤</u> - እንደ ኢቮሉሽናዊው ሃሳብ፥ የኮሜት ኒኩለሶች የተሰሩት ከፕላኔቶች ምስረታ ከተርፉ ማቴሪያሎች ነው። እንደ መላምቱ፥ እነዚህ በረዷማ ማቴሪያሎች አዲስ ከተሰሩ ፕላኔቶች ጋር በተደረገ ኢንተርአክሽን ወደ ሶላር ሲስተም ጠርዝ ወደ "Oort cloud" ተልከዋል። ነገር ግን በቅርብ የተደረገ ቲዎሪያዊ ጥናት ግጭቶች አብዛኞቹን ኮሜቶች ማውደም እንዳለባቸው አሳይቷል። ስለዚህ በእርግጥ ቢኖሩ፥ሊኖሩ የሚችሉት የጠቅላላ ኮሜቶች ድምር ክብደት ቀድሞ ይታሰብ የነበረውን 40 መሬቶችን የሚያህል ሳይሆን፥ የአንድ ነጠላ መሬትን ያህል ወይም ብዛ ቢል የ 3.5 መሬቶችን ያህል ብቻ እንደሚሆን ታውቋል።

<u>የኩፐር መቀነት (Kuiper Belt)</u> – ይህ፥ ከኔፕትዮን ምህዋር ጀርባ ጸሐይን እንደ ቀለበት ከከበበና ትናንሽ በረዷማ አካላትን ከያዘ የኩፐር መቀነት (Kuiper Belt) ከሚባል ስፍራ ባለ አጭር ፒሬድ (ከ 200 ዓመት ያነሰ ፒሬድ ያላቸው) ኮሜቶች በየጊዜው ወደ ውስጥ ወደ ፀሐይ እንደሚወነጨፉ የሚገልጽ መላምት ነው።

በእርግጥ አስትሮነመሮች ከኔፕትዮን ምህዋር ጀርባ የተወሰኑ አካላትን አግኝተዋል። ነገር ግን እነዚህ አካላት ኢቮሉሽኒስቶች እንደሚጠብቁት የ Kuiper Belt መኖርን ወይም

የኮሜቶች ምንጭ መኖርን ያረጋግጣሉ?

ሶላር ሲስተማችን ከፕሉቶ ምህዋር ጀርባ ድንገት ታቆማለች ብሎ ማንም አይጠብቅም፤ ወይም ከኔፕትዮን ምህዋር ጀርባ ትናንሽ ድንክ ፕላኔቶች አይኖሩም ተብሎ አይጠበቅም። በሶላር ሲስተም ውስጠኛው ክፍል ውስጥ በርካታ ሺህ አስትሮይዶች አሉ፤ከኔፕትዮንና ከፕሉቶን ምህዋር ጀርባም አንዳንድ አካላት ሊኖሩ ይችላል። በመቶዎች የሚቆጠሩ አካላት ከኔፕትዮን ምህዋር ጀርባ ተገኝተዋል። ነገር ግን ኢቮሉሽናዊውን ችግር ለመፍታት፥ በቢሊዮኖች የሚቆጠሩ የኮሜት ኒኩለሶች እዛ መኖር አለባቸው። ይሁንና ወደዚህ ብዛት በትንሹ እንኳን የሚጠጋ ሊገኝ አልተቻለም - እስከ 2003 ዓ.ም ድረስ የተገኙት 651 አካላት ብቻ ናቸው።

ሌላው ተጨማሪ ችግር፥ እስካሁን ኩፐር መቀነት ውስጥ የተገኙት አካላት ከኮሜት እጅግ የገዘፉ ትላልቆች መሆናቸው ነው። የአንድ መካከለኛ ኮሜት ኒኩለስ ዲያሜትር 10 ኪ.ሜ ሲሆን፥ ከኔፕትዮን ምህዋር ጀርባ (“Kuiper Belt”) የተገኙት አካላት ግን ከ 100 ኪ.ሜ እስከ 1000 ኪ.ሜ ዲያሜትር ያላቸው ትላልቅ ናቸው፤ትልቁ ደግሞ 1300 ኪ.ሜ ዲያሜትር አለው። ለምሳሌ ሲንዳ (Sedna) የሚባለው አካል፥ የአንድ መካከለኛ ኮሜትን 100 ጊዜ እጥፍ ዲያሜትር አለው - ይህ ማለት በግዝፈትና በክብደት ከሚሊዮን ጊዜ እጥፍ በላይ ማለት ነው። ሌሎቹም አካላት ከኮሜቶች ቢያንስ 10 ጊዜ እጥፍ የሚሆን ዲያሜትርና 1000 ጊዜ እጥፍ ክብደት ያላቸው ግዙፎች ናቸው። ይህ፥ እነዚህ አካላት በእርግጥ ኮሜቶችን የሚሰሩ ናቸው ወይ የሚል ጥያቄ ያስነሳል? በእርግጥ ከኔፕትዮን ምህዋር ጀርባ ወደ ኮሜትነት እየተለወጠ ተወንጭፎ ሲወጣ የታየ ነገርም የለም።

ስለዚህ ከኔፕትዮን ምህዋር ጀርባ የተገኙ አካላት፥ የኮሜቶች ምንጭ የሆነ የ Kuiper Belt መኖርን አያረጋግጡም። በእርግጥ *‘የ Kuiper Belt አካላት’* የሚለው ቃል አሳሳች ነው።

ስለዚህም በርካታ አስትሮነመሮች፥ እነዚህን አካላት የሚጠሯቸው *Trans-Neptunian Objects (TNO)* እያሉ ነው - ከኮሜት ምንጭ ጋር የተያያዙ ስለመሆናቸው ምንም ዓይነት እመንታ ሳይወስዱ፥የሚገኙበትን ከኔፕቱዮን ጀርባ ያለውን ስፍራቸውን ብቻ በመጠቀም!

አብዛኞቹ የ TNO አካላት፥እርስ በርስ የሚዟዟሩ ጥንድ ሲስተሞች[2] (binary) መሆናቸውን፥ አስትሮነመሮች በቅርቡ አረጋግጠዋል። ጥንድ ሲስተሞች፥ቀድሞ ይታሰብ ከነበረው በብዛት እየተገኙ ናቸው።

አንዳንድ አስትሮነመሮች፥ ድንክ ፕላኔት ውስጥ የተመደበችውን ፕሉቶን *Trans-Neptunian Objects (TNO)* አድርገው ይቆጥሯታል። በእርግጥም ፕሉቶ የ TNO

[2] ፀሐይን በሚዞሩበት በዚያኑ ሰዓት፥እርስ በርስ የሚዟዟሩ ሁለት አካላት የያዘ ሲስተም።

አካላት ባህሪያት አሏት - ለምሳሌ በረዷማነቷና የጸሐይ ዙሪያ ፒሬዷ። አዲስ የተገኙ የ TNO አካላት የምህዋር ፒሬዳቸው፥ ከፐሉቶ ጋር አንድ ዓይነት ወይም እጅግ የተቀራረበ መሆኑ ታውቋል። እነዚህ ፐሉቲኖ (Plutinos - ትንሽ ፐሉቶ) በመባል ይታወቃሉ። ኔፐትዮን በጸሐይ ዙሪያ ለምታደርጋቸው ሶስት ዙሮች፥ ፐሉቶንና ፐሉቲኖዎች ሁለት ዙር ያካሂዳሉ። ስለዚህ ፐሉቶ ድንክ ፕላኔት (dwarf) ብትሆንም፥ ምናልባት የፐሉቲኖዎች ንጉስ ትሆናለች። የፐሉቶ ጨረቃ ቻሮን (Charon) ከፐሉቶ አንጻር ትልቅ የሚባል ስለሆነ፥ፐሉቶ ብዙውን ጊዜ የጥንድ ሲስተም ተደርጋ ትቆጠራለች። ስለዚህ ፐሉቶ ምናልባት ትልቋ የ TNO አካል ብቻ ሳይሆን፥ትልቋ የ TNO ጥንድ ሲስተምም ተደርጋ ልትቆጠር ትችላለች።

ኢቮሉሽኒስቶች አዳዲስ ኮሜቶችን በየጊዜው የሚያመነጩ የተለያዩ ዓይነት ምንጮችን ለማቅረብ ሞክረዋል፤ነገር ግን እውነተኛ የምልከታ ማስረጃዎች የሉም፤በተጨማሪም በርካታ ያልተፈቱ ቲዎሪያዊ ችግሮች አሉባቸው።

ሶላር ሲስተም ኢቮሉሽኒቶች ከሚሉት እጅግ ወጣት ከሆነች፥ የ Kuiper Belt ም ሆነ የ Oort cloud መላምቶች ፈጽሞ አያስፈልጉም። የኮሜቶች መኖር፥ ሶላር ሲስተም የጥቂት ሺህ ዓመታት ዕድሜ ያላት መሆኑን የሚያሳዩ ማስረጃዎች ናቸው። ኮሜቶች ገና ከመጀመሪያውኑ ከጸሐይ ጋር አብረው ተቀራኝተው የነበሩና፥ ነገር ግን አንዳንዶቹ አሁንም ገና ተነው ወይም ከፐላኔቶች ጋር ተጋጭተው ያልጠፉ፥ የሶላር ሲስተምን የጥቂት ሺህ ዓመታት ዕድሜ የሚጠቁሙ አካላት አድርጎ መውሰድ ሎጂካዊ ይመስላል።

3) <u>የጋላክሲዎች ቅርጽ እስካሁን አለመበላሸት፤</u> ፤ በርካታ ኮከቦች የጋላክሲያቸውን ማእከል የሚዞሩት ሁሉም እንደ አንድ አካል አንድ ላይ ተያይዘው ሳይሆን፥በተለያየ ፍጥነት ነው፤በዚህም ምክንያት በአንጻራዊነት አጭር በሚባል ጊዜ ውስጥ ጋላክሲዎች ቅርጻቸውን ማጣት እንዳለባቸው የሕዋ መካኒክስ (የፊዚክስ) ህግ ያሳየናል። ነገር ግን ጋላክሲዎች እስካሁን ቅርጻቸውን አላጡም። -

የእኛዋ ጋላክሲ ሚልኪዌይ ጎረቤት የሆኑ አንዳንድ ድንክ ጋላክሲዎች[3] ውስጥ የሚገኙ በካርታ ኮከቦች፥ አንዱ ከሌላው አንጻር ከ 10 እስከ 12 ኪሎሜትር/በሰዓት በሆነ ከፍተኛ የፍጥነት ልዩነት በመጓዝ ላይ ናቸው። በዚህ እጅግ ከፍተኛ የፍጥነት ልዩነት ኮከቦቹ በ 100 ሚሊዮን ዓመት ጊዜ ውስጥ ሁሉም ተለያይተው መበታተን ነበረባቸው። ነገር ግን አሁንም ድረስ አብረው መሆናቸው፥ የቢሊዮኖች ዓመታት ዕድሜ የማይሞላቸው መሆኑን የሚጠቁም አድርጎ መውሰድ ይቻላል።

> "ከዋክብት ብዙውን ጊዜ በተቀራረበ ስብስብ እየሆኑ በተለያየ ፍጥነት . . . እየተጓዙ ነው! ለቢሊዮኖች ዓመታት እየተጓዙ ቢሆን ኖሮ አሁን በእንዲህ

---

[3] ድንክ ጋላክሲዎች ጥቂት ሚሊዮን ኮከቦችን የያዙ ትናንሽ ጋላክሲዎች ናቸው።

ዓይነት አብረው ሊገኙ አይችሉም ነበር፤ምክንያቱም በመካከላቸው ያለ አነስተኛ የፍጥነት ልዩነት እንኳን ከረጅም ዘመን በፊት እንዲለያዩ ሊያደርጋቸው ይገባ ነበር። በጋላክሲዎችና በጋላክሲ-ኩአሳር ቅንጅቶች ላይም ተመሳሳይ ነገር ይታያል - ትልቅ የሆነ የፍጥነቶች ልዩነት፤ነገር ግን አንድ ላይ የመያያዝ የመሰለ ነገር።" - *Walter T. Brown, In The Beginning (1989), p. 19.*

የእኛዋ ጋላክሲ ሚልኪዌይም፥አሁን ከሚታወቀው ፍጥነቷ ጋ ከጥቂት መቶ ሚሊዮን ዓመታት (ከ 200 ሚሊዮን ዓመት) በላይ የሆነ ዕድሜ ያላት ከሆነ፥ባለ ጥምዝምዝ ቅርጽ ያላት ከመሆን ፈንታ ቅርጽ-አልባ የኮከቦች ዲስክ ትሆን እንደነበር ስሌቶች አሳይተዋል። *(Scheffler, H. and Elsasser, H., Physics of the Galaxy and Interstellar Matter, Springer-Verlag (1987) Berlin, pp. 352–353, 401–413)*።

"ጋላክሲዎች የቢሊዮኖች ዓመታት ዕድሜ ያላቸው ከሆነ፥ የጥምዝምዝ ጋላክሲዎች (spiral galaxies) እና የፍርግርግ ጥምዝ ጋላክሲዎች (barred spiral galaxies) ጅራቶች ቅርጽ በከፍተኛ ሁኔታ መበላሸት ያለበት መሆኑን ምህዋራዊ መካኒክስ ያሳያል። [ነገር ግን] ቅርጻቸውን ጠብቀው ያሉ ስለሆነ፥ ወይ ጋላክሲዎቹ ወጣቶች ናቸው ወይንም ደግሞ የማይታወቁ ፊዚካላዊ ክስተቶ በጋላክሲዎች ውስጥ እየተካሄዱ ናቸው።" - *Walter T. Brown, In The Beginning (1989),p.13.*

"የጥምዝምዝ ጋላክሲዎች የኮምፒውተር መሰል-እንቅስቃሴ (simulation) በከፍተኛ ሁኔታ እርጉ እንዳልሆኑ ያሳያል። ከሚባለው የዩኒቨርስ ኢቮሉሽናዊ ዕድሜ አነስተኛ ከፋይ ዘመን ውስጥ ቅርጻቸውን ሙሉ በሙሉ መቀየር ነበረባቸው። የእኛዋ ሚሊኪዌይን ጨምሮ እጅግ በርካታ ጥምዝምዝ ጋላክሲዎች የመኖራቸው እውነታ ቀላሉ ገለጻ፥እነሱና ዩኒቨርስ እስካሁን ከሚባለው ያነሰ እጅግ ወጣት መሆናቸው ነው።" - *የላኛው ጥቅስ ምንጭ ገጽ 18*

እዚህ ጋ 100 ወይም 200 ሚሊዮን ዓመት የዩኒቨርስ ዕድሜ ነው እየተባለ አይደለም፤200 ሚሊዮን ዓመት የጋላክሲዎቹ ቅርጽ ሳይበላሽ ሊቆይ የሚችልበት ከፍተኛው የዕድሜ ጣሪያ ነው። አሁንም ድረስ ቅርጻቸው ሳይበላሽ የተጠበቀ መሆኑ፥ ዕድሜያቸው ከዚያ ጣሪያ ያነሰ፥ ምናልባትም ጥቂት ሺዎች ዓመታት ሊሆን እንደሚችል የሚያሳይ አድርጎ መውሰድ ይቻላል።

ይሁንና ኢቮሉሽኒስት አስትሮኖመሮች፥ዩኒቨርስ ቢሊዮኖች ዓመታት ዕድሜ እንዳላት አድርገው ስለሚጀምሩ፥ የጋላክሲዎቹን ጥምዝምዝ ከንድ ከመበታተን የሚጠብቅ የሆነ ዓይነት መካኒዝም መኖር እንዳለበትና፥ ይህም ጽልመታዊ-ቁስአካል (dark matter)

እንደሆነ ያምናሉ። ይሁንና የጽልመታዊ-ቁስአካል መኖርን የሚያረጋግጥ ቀጥታዊ ማስረጃ እስካሁን ድረስ ሊገኝ እንዳልተቻለ በምዕራፍ 1 አፔንዲክስ ውስጥ አይተናል።

4) <u>ሰማያዊ ኮከቦች፤</u> ከዋክብት ኢነርጂ የሚያመነጩት፥ ኑክለር ፉሺን (nuclear fusion) በሚባል ሂደት፥ማዕከላዊ ዕምብርታቸው ውስጥ ኃይድሮጂኖችን እያጣመሩ ወደ ሂሊየም አተም በመቀየርና፥በዚህ ሂደት የሚጠፋ አነስተኛ መጠነቁስን ወደ ኢነርጂ በመለወጥ ነው ($E=mc^2$)። በዚህም ምክንያት፥ ጊዜ በሄደ ቁጥር ከዋክብት ውስጥ ያሉት የሃይድሮጂን አተሞች እየቀነሱ ይሄዳሉ። በቲዎሪ ደረጃ፥ የእኛዋ ፀሐይን የመሰሉ ኮከቦች ለአስር ቢሊዮኖች ዓመታት ማንደድ የሚችሉት በቂ ሃይድሮጂን አተሞች በማዕከላዊ እምብርታቸው ውስጥ አላቸው። ሰማያዊ ከዋክብት ውስጥ ግን ሁኔታው እንደዚህ አይደለም።

ሰማያዊ ከዋክብት ከፀሐይ ይበልጥ የሚከብዱ ናቸው። ይህ ማለት የበለጠ የሃይድሮጂን ነዳጅ አላቸው። ይሁንና ሰማያዊ ከዋክብት ከፀሐይ ይበልጥ ብሩህ ናቸው፤አንዳንዶቹም ከፀሐይ 200,000 ጊዜ ይበልጥ ብሩህ ናቸው[4]። ይህ ማለት፥ከፀሐይ ይበልጥ እጅግ በፍጥነት ኃይድሮጂናቸውን እያነደዱ ስለሆነ፥ለቢሊዮኖች ዓመታት ሊቆዩ አይችሉም። ከሚታየው ብሩህነታቸው በመነሳት፥ አብዛኞቹ ከባባድ ሰማያዊ ኮከቦች ነዳጃቸውን ለመጨረስ ከአንድ ሚሊዮን ዓመት የሚበልጥ ጊዜ አይኖራቸውም። ይህ ለወጣት የ 7,000 ዓመት ዕድሜ ዩኒቨርስ ምንም ችግር የሚፈጥር አይደለም። ዩኒቨርስ 13.7 ቢሊዮን ዓመት ዕድሜ ያላት ከሆነ ግን፥ ሰማያዊ ከዋክብት ፈጽሞ መኖር አልነበረባቸውም። ነገር ግን ሰማያዊ ከዋክብት በሁሉም ጥምዝምዝ ጋላክሲዎች ውስጥ ይገኛሉ። ሁኔታው፥ እነዚህ ጋላክሲዎች ገና አንድ ሚሊዮን ዓመት እንኳን የሞላቸው እንዳልሆነ የሚያሳይ ነው። ኢቮሉሽናዊ አስትሮነመሮች፥ የቢሊዮኖች ዓመት ዕድሜ ቲዎሪያቸውን ለመጠበቅ፥ አዳዲስ ሰማያዊ ኮከቦች በቅርቡ እንየተፈጠሩ መሆን እንዳለበት ይገልጻሉ። ነገር ግን በምዕራፍ 2 ውስጥ እንዳየነው፥የአዲስ ኮከከብ ምስረታ ቲዎሪዎች ቢኖሩም፥ እውነተኛ ማስረጃ ግን የለም። የአዲስ ኮከብ ምስረታ ችግር አሁን ድረስ ያልተፈታ ችግር ነው።

5) <u>እጅግ ሩቅ ያሉ ጋላክሲዎች፥ቅርብ ካሉት ጋ ተመሳሳይ መሆናቸው፤</u> በቅርቡ አስትሮነመሮች እስከ 12 ቢሊዮን የብርሃን-ዓመት የሚርቁ እጅግ ሩቅ ያሉ ጋላክሲዎችን ፎቶግራፍ አንስተው ነበር። ለውይይት ያህል ቢግባንግ ከ 13.7 ቢሊዮን ዓመታት በፊት ተፈጽሟል ብንል፥ እነዚህ ጋላክሲዎች በዩኒቨርስ ውስጥ ወጣት ከሚባሉት ጋላክሲዎች መካከል የሚመደቡ ናቸው። ስለዚህ በኢቮሉሽኒስቶች ዘንድ፥እነዚህ የሩቅ ጋላክሲዎች

---

[4] Alnilam—the center star in Orion's belt—is a blue supergiant with a luminosity that is 275,000 times greater than the sun.

(ወጣት ጋላክሲዎች)፥ በቅርብ ካሉት (ያረጁ ከሚባሉት) ጋላክሲዎች የተለዩ መሆን እንዳለባቸው ይጠበቅ ነበር። ነገር ግን አንድ ዓይነት ሆነው ተገኝተዋል። በሌላ አባባል ትንሽ ኢቮሉሽን ብቻ ነው የተካሄደው። በፍጥረተኞች የወጣት ዩኒቨርስ ሞዴል፥ሩቅ ያሉ ጋላክሲዎች፥ ቅርብ ካሉት ጋላክሲዎች ጋር ተመሳሳይ እንደሚሆን ይጠበቃል፤ በአሮጌ ዩኒቨርስ ኢቮሉሽናዊ ሞዴል ግን፥ይህ የሚጠበቅ አይደለም።

6) __**በርካታ ሂደቶች፥የሚባለውን ያህል ሚሊዮኖች ዓመታት አይወስዱም፤**__ ሚሊዮኖች ወይም ሺዎች ዓመታት እንደሚወስዱ በየጊዜው የሚነገሩ በርካታ ሂደቶች፥ያን ያህል ዘመን እንደማይወስዱ የሚያሳዩ ማስረጃዎች አሉ። ከእነዚህ ውስጥ አንዳንዶቹን እንይ፤

ሀ) __**ፈጣን የዋሻ ምስረታ፤**__ - ኢቮሉሽኒስቶች የዋሻዎች ምስረታ ሚሊዮኖች ዓመታት እንደሚፈጅ ይገልጻሉ። ነገር ግን ተስማሚ ሁኔታዎች ካሉ ዋሻዎች በጥቂት ሺህ ዓመታት ጊዜ ውስጥ በፍጥነት ሊሰሩ ይችላሉ - በተለይ በዓለምአቀፉ የጥፋት ውኃ ወቅትና ማብቂያው ላይ፥የመጀመሪያው የዋሻ ቡርቦራ ከምድር ውስጥ በሚወጣ በሞቃት ፍልውሃና በአሲዶች ሊጀመርና በጥቂት ሺህ ዓመታት ጊዜ ውስጥ እየሰፋና እየረዘመ ሊመጣ ይችላል።

ዶ/ር ሚካኤል አርድ በሰልፈሪክ አሲድ ፈጣን የዋሻ ምስረታ ይቻል እንደሆን ለማረጋገጥ ምርምር አድርጎ ነበር። ለዋሻዎች ምስረታ እንደ ዋነኛ ምክንያት ተደርጎ በሚታሰበው በካርቦኒክ አሲድ ፈንታ፥ምናልባት ሰልፈሪክ አሲድ ዋነኛው ምክንያት ሳይሆን እንደማይቀር የሚጠቁም ማስረጃ አግኝቷል። ሰልፈሪክ አሲድ ከፍተኛ አሲዳዊ ባህሪ ስላለው የዋሻ ቡርበራን አስቀድሞ ይታሰብ ከነበረው በአጭር ጊዜ ውስጥ እንዲፈጸም ማድረግ የሚችል ነው። ይህ ግኝት ትላልቅ ዋሻዎች ሳይቀሩ በጥቂት ሺህ ዓመታት ጊዜ ውስጥ መመስረት የሚችሉ መሆናቸውን የሚጠቁም ነው። (Rapid cave formation by sulfuric acid dissolution Technical Journal: Volume 12, issue 3)

ለ) __**ፈጣን የዋሻ ውስጥ ዓለቶች ምሥረታ፤**__ በዋሻ ውስጥ የሚገኙ ሁለት ዓይነት የአለት ምሥረታዎች አሉ - እነዚህ Stalactites እና stalagmites በመባል ይታወቃሉ። Stalactites ከዋሻው ጣሪያ ላይ የሚንጠለጠል ሲሆን stalagmites ታች ወለሉ ላይ የሚያድግ ነው። ሁለቱም የሚመሰረቱት ካልሲየም ባይካርቦኔት ከሚንጠባጠበው ውኃ እየወጣ ሲጠራቀም ነው። ኢቮሉሽኒስቶች የ Stalactites እና የ stalagmites እድገት ከአስር ሺዎች እስከ ሚሊዮኖች ዓመታት እንደሚፈጅ የሚገልጹ ቢሆንም፥ ነገር ግን በአጭር ጊዜ ውስጥ የሚያድጉ መሆኑን የሚጠቁሙ ማስረጃዎች አሉ።

ለምሳሌ ሴኩዋ ካቨርንስ ውስጥ ከ 1977-1987 ዓ.ም ከቱሪስቶች የተጠበቁ Stalactites 10 ኢንች አድገው ተገኝተዋል፤ይህ ማለት 1 ኢንች/በዓመት ማለት ነው። በዚህ ፍጥነት በ 3,600 ዓመት ውስጥ ብቻ 300 ጫማ ማደግ ይችላሉ። ከዚህ የምናየው፥ እነዚህ ምስረታዎች ከ 5,000 ዓመት ባነሰ ጊዜ ውስጥ በፍጥነት መሰራት የሚችሉ መሆናቸውን

ነው።

ሐ) <u>ፈጣን የበረዶ ግግር ምስረታ - ባለ "3,375 ዓመት ዕድሜ" አውሮፕላኖች ?</u> ፤

10,000 ጫማ ጥልቀት ያለው የግሪንላንድ የበረዶ ግግር ምስረታ ከ 120 ሺህ እስከ 135 ሺህ ዓመታት እንደወሰደበት ይነገራል። ነገር ግን በሁለተኛው የዓለም ጦርነት ወቅት ግሪንላንድ በረዶ ላይ ጠፍተው የነበሩ የአሜሪካን ስኳድሮን አውሮፕላኖች፥ ከ 50 ዓመታት ግድም በኋላ 250 ጫማ ጥልቀት ውስጥ በበረዶ ግግር ተቀብረው የተገኙበትን ሁኔታ ተጠቅመን ቀላል ስሌት ብናሰላ፥ ጠቅላላው የግሪንላንድ በረዶ ግግር ከ 2,000 ዓመት ባነሰ ጊዜ ውስጥ ሊመሰረት እንደሚችል እናያለን።

በሁለተኛው የዓለም ጦርነት ወቅት በ 1942 ዓ.ም የአሜሪካ አየር ኃይል ስኳድሮን ስምንት P-38 ተዋጊ አውሮፕላኖች ግሪንላንድ ከሚገኘው የአሜሪካ የጦር ቤዝ ወደ እንግሊዝ ጉዞ ጀምረው ነበር። ነገር ግን ኃይለኛ የበረዶ ቸነፈር አውሮፕላኖቹ ወደመጡበት እንዲመለሱና መንገድ ላይ እንዲያርፉ አስገድዷቸው ነበር። በወቅቱ ሁሉም ፓይለቶች ከአደጋው ተርፈው በሕይወት አውጥተዋቸዋል። የዩናይትድ ስቴትስ አየር ኃይል በ 1988 ዓ.ም እነዚያን አውሮፕላኖች መልሶ ሊያመጣቸው ወሰነ። ነገር ግን ያገኙት እነሱ ጠብቀውት እንደነበረው ከላያቸው ላይ የሚራገፍ አስተኛ በረዶ አልነበረም። አውሮፕላኖቹን ያገኟቸው ከበረዶ በታች 250 ጫማ (76.2 ሜትር) ጥልቀት ውስጥ ተቀብረው ነበር። (Life, December 1992)

አሁን እነዚህን መረጃዎች ተጠቅመን፥የግሪንላንድ የበረዶ ግግር ለመመስረት ምን ያህል ዓመታት እንደሚፈጅበት በቀላል ማቲማቲክስ ማስላት ይቻላል፤

- 250 ጫማን ለ 46 ዓመት አካፍለው፤ 5.43 ጫማ በዓመት ይሆናል።
- አሁን ደግሞ የግሪንላንድ የበረዶ ግግር ውፍረት የሆነውን 10,000 ጫማን ለ 5.43 ጫማ በዓመት አካፍለው፤ 1,842 ዓመት ይሆናል።

ይህ ጠቅላላው የግሪንላንድ በረዶ ለመሰራት የሚፈጅበት ከፍተኛው ጊዜ ነው። ይህ አንዳንድ ሊሆኑ የሚችሉ እመንታዎች ትኩረት ውስጥ ቢገቡ ከዚህም ሊቀንስ የሚችል አጭር ዓመት ነው።

እነዚህ አይሮፕላኖች በረዶ ውስጥ ሰጥመው ሳይሆን፥ነገር ግን በረዶው ላያቸው ላይ ቀስ በቀስ ተሰርቶባቸው መሆኑን የሚያሳን፥ አውሮፕላኖቹን ያወጧቸው በረዶው ላይ አድካሚ በሆነ ቁፋሮ ጥልቅ ጉድጓድ ከሰሩ በኋላ መሆኑ ነው። በመጀመሪያ አውሮፕላኖቹ የነበሩበትን ትክክለኛ ቦታ ለማወቅ ራዳር ተጠቅመዋል።

አሁንም ሌላ ቀላል ማትስ እንስራ፤

እንደ Denver National Ice Core Laboratory 10,000 ጫማን በረዶ ለመሰራት 135,000 ዓመት ይፈጃል። ይህን መረጃ ተጠቅመን፥ ከተቀበሩት አውሮፕላኖች በላይ

ያለው የ 250 ጫማ ጥልቀት በረዶ ለመሰራት ምን ያህል ዓመታት እንደፈጀበት እናስላ።

- 135,000 ዓመትን ለ 10,000 ጫማ አካፍለው፤ 13.5 ዓመት ለአንድ ጫማ ይሆናል።

- አሁን ደግሞ ከአውሮፕላኖቹ በላይ የተቆለለውን በረዶ ውፍረት 250 ጫማን በ 13.5 አባዛው፤ በትክክል 3,375 ዓመት ይሆናል።

እነዚህ አውሮፕላኖች እድሜያቸው 3,375 ዓመት ነው ማለት ነው? ይህ ኢቮሉሽኒስቶች ለእድሜ ስሌት የሚጠቀሙባቸው እመንታዎች ምን ያህል የተሳሳተ ረጅም ዕድሜ እንደሚያስገኙ ከሚያሳዩ ማስረጃዎች አንዱ ብቻ ነው።

መ) <u>ፈጣን የነዳጅ ዘይት ምስረታ፤</u> አውስትራሊያ ሲዲኒ የሚገኘው የ CSIRO (Commonwealth Scientific and Industrial Research Organisation) ሳይንቲስቶች ከተፈጥሮ ጋር ተመሳሳይ በሆነ ላቦራቶሪ ውስጥ፥ ከበርካታ ኦርጋኒክ ማቴሪያሎች ሃይድሮካርቦን (ነዳጅ ዘይትና ጋዝ) በ ስድስት ዓመታት ውስጥ መስራት ችለዋል። ሚሊዮኖች ዓመታት አላስፈለጋቸውም። *(Saxby, J. D. and Riley, K. W., 1984. Petroleum generation by laboratory-scaled pyrolysis over six years simulating conditions in a subsiding basin. Nature, vol. 308, pp. 177–179.)*

እንግዲያው የነዳጅ ዘይት ካምፓኒዎች፥ለምን በዚህ ዘዴ ነዳጅ ዘይት እያመረቱ አይሸጡም? ከሚወስደው የስድስት ዓመት ረጅም ጊዜና ከሚያስወጣው ወጪ አንፃር አትራፊ አይደለም።

ሠ) <u>ፈጣን የድንጋይ-ከሰል (coal) ምስረታ፤</u> የድንጋይ-ከሰል ምስረታ በርካታ መቶ ሚሊዮኖች ዓመታት እንደሚወስድ ኢቮሉሽኒስቶች ይገልጻሉ። ነገር ግን አሜሪካ ውስጥ ቺካጎ አቅራቢያ በሚገኘው አርጎኒ ብሔራዊ ላቦራቶሪ (Argonne National Laboratories) ውስጥ ከተፈጥሯዊ ኃይሎችና ሁኔታዎች ጋር ተመሳሳይ የሆኑ ሁኔታዎችን በመጠቀም እንጨትንና ሸክላን በታሸገ ኩአርትዝ ውስጥ በ 150°C ቴምፐሬቸር (ከምድር ውስጥ ያነሰ ቴምፐሬቸር) ከ 2 እስከ 8 ወራት በማሞቅ ቡኒማ ድንጋይ ከሰልና ጥራት ያለው ጥቁር ድንጋይ-ከሰል መስራት ተችሏል። ይህም ሚሊዮኖች ዓመታት አላስፈለገውም። *(Hayatsu, R., McBeth, R.L., Scott, R.G., Botto, R.E. and Winans, R.E., Artificial coalification study preparation and characterization of synthetic macerals, Organic Geochemistry (in press), 1984.)*

ረ) <u>ፈጣን የደሴት ምሥረታ፤</u> ከደቡብ አይስላንድ 32 ኪ.ሜ ርቀት ላይ የምትገኘው የሱርሲ (Surtsey) ደሴት፥ ከአትላንቲክ ውቅያኖስ ውስጥ በጎመራ ፍንዳታ ተወልዳ ወደ ላይ መውጣት የጀመረችው በኖቬምበር 1963 ዓ.ም ነበር። ኢቮሉሽኒስቶች፥መቶዎችና ሺዎች ዓመታት እንደሚወስዱ የሚያስቧቸው ሥነምድራዊ ገጽታዎች በጥቂት ቀናት ጊዜ

ውስጥ በደሴቷ ላይ መታየታቸው ብዙዎችን አስደንቋል።

አይስላንዳዊው ጂኦሎጂስት ሲጉርዱር ቶራሪንሰን በ *National Geographic* ላይ እንዲህ ብሏል፤

> “. . . በሌሎች ቦታዎች ዐሥርት ዓመታት ወይም ከፍለዘመናት የሚወስዱ ለውጦች፥በአንድ ሳምንት ጊዜ ውስጥ ሲፈጸሙ አይተናል . . . ምንም እንኳን ደሴቷ እጅግ ልጅ ብትሆንም፥ሊታመን ከሚቻለው በላይ የተለያዩ ዓይነት መልካምድሮች ገጥመውናል።” - *Sigurdur Thorarinsson, ‘Surtsey, island born of fire’, National Geographic* **127**(5):712–726, 1965.

እንዲህም ሲል ምስክርነቱን ሰጥቷል፤

> “ጂኦሎጂና ጂኦሞርፎሎጂ ውጭ አገር ዩኒቨርሰቲዎች ውስጥ የተማረ አይስላንዳዊ፥ የተማራቸው ሥነምድራዊ ዕድገቶችን የሚያሳዩ የዘመን ሰሌዳዎች አሳሳች መሆናቸውን፥ በኋላ ላይ በራሱ አገር አይስላንድን በቀርጹና እየቀረጹ ካሉ ኃይሎች ካገኘው ተሞክሮ ተምሯል።” - *Sigurdur Thorarinsson, Surtsey: The New Island in the North Atlantic (English translation by Viking Press in 1967, now out of print), pp. 39–40.*

7) <u>እጅግ የጥንቶቹ ዛፎች ዕድሜ</u> - ዛሬም ድረስ በሕይወት ያሉ የዓለማችን እጅግ የጥንቶቹ ዛፎች ዕድሜ፥ከወጣት መሬት ዕድሜ ጋር የሚስማሙ ናቸው። ዛሬም ድረስ በሕይወት ባሉ በእነዚህ የድሮ ዛፎች ላይ በግንድ ቀለበቶቻቸው አማካኝነት የተደረገ የዕድሜ ልኬት የአብዛኞቹ ዕድሜ ከ 4,000 እስከ 4,500 ዓመት ሆኖ ተገኝቷል። ይህ ከመሬት ወጣት ዕድሜ ጋር የሚስማማ ነው። ዘዴው ፍጹም ላይሆን ይችላል፤ነገር ግን የዛፎችን ዕድሜ ለመወሰን የሚረዳ ዘዴ ነው። በተጨማሪም ከ 4,500 ዓመታት በፊት (ዘሮቻቸውን ብቻ አስቀርቶ) ዘረግንዶቻቸውን ያጠፋ አንድ ታላቅ ጥፋት በምድራችን ላይ የተፈጸመ መሆኑንም ይጠቁሙናል።

ነገር ግን ኢቮሉሽኒስቶች፥ከወጣት መሬት ዕድሜ የሚበልጡ እስከ 7 ሺና 10 ሺህ ዓመት ዕድሜ ያላቸው ዛፎች መገኘታቸውንና ይህም የሚባለውን የመሬትን 6 ሺህ ዓመት ዕድሜ የሚቃረን መሆኑን ይገልጻሉ።

በእርግጥ አንዳንድ የጥንት ዛፎች እስከ 7 ሺና አስር ሺህ የግንድ ቀለበቶች ያላቸው ሆነው ተገኝተዋል። ነገር ግን የግንድ ቀለበቶች ቁጥር የግድ የዛፎቹ ዕድሜ ነው ማለት አይደለም። በርካታ ዛፎች - ለምሳሌ የ Bristlecone Pines ዛፍ - በአንድ ዓመት ውስጥ እንደ አካባቢው ሁኔታ በርካታ ቀለበቶችን መስራት እንደሚችሉ የሚያሳዩ የምርምር ማስረጃዎች አሉ። በአንድ ዓመት አንድ ቀለበት ወይም ጥንድ ቀለበት የሚለው እመንታ

ሁልጊዜም የሚሰራ አይደለም። ስለዚህም አንዳንድ ዛፎች በ 4,000 ወይም ከዚያ ባነሰ ዓመት ዕድሜያቸው ውስጥ፥እንዴት 7 ሺና አስር ሺህ ቀለበቶች ሊኖራቸው እንደቻለ ይህ ሊገልጽልን ይችላል።

በተጨማሪም እዚህ ጋ መነሳት ያለበት ትልቁ ጥያቄ፣ በቀላሉ ሊስማሙ በሚችሉት በፍጥረተኞች የ6 ሺህ ዓመት የወጣት መሬት ዕድሜና በ 10 ሺህ ዓመት የዛፎች ዕድሜ መካከል እንዴት አለመጣጣም ሊፈጠር ቻለ የሚል ሳይሆን፥እጅግ በሚራራቁትና ፈጽሞ ሊገጥሙ በማይችሉት በኢቮሉሽኒስቶቹ የቢሊዮኖች ዓመታት የመሬት ዕድሜና እና በ10 ሺ ዓመት የዛፎቹ ዕድሜ መካከል እንዴት አለመጣጣም ሊፈጠር ቻለ የሚለው መሆን አለበት።

8) **<u>እጅግ ጥቂት የሱፐርኖቫ ቅሪት</u>**፤ ሱፐርኖቫ (supernova)፥ ከፍተኛ የኮከብ ፍንዳታ ነው። በአስትሮኖሚያዊ ምልከታዎች መሰረት የእኛን ዓይነት ጋላክሲዎች በየ 25 ዓመት አንድ ሱፐርኖቫ እንደሚፈጸምባቸው ይጠበቃል። ከዚህ ፍንዳታ የሚተርፉ የጋዝና የአቧራ ቅሪቶች (ክራብ ኔቡላን የመሰሉ) በፍጥነት ወደ ውጭ እየሰፉ ከአንድ ሚሊዮን ዓመት በላይ መታየት አለባቸው። ይሁንና በእኛዋ ጋላክሲ ሚልኪዌይ እና በሳተላይት ጋላክሲዎቿ በማጂላኒክ ዳመናዎች ውስጥ እስካሁን ሊገኙ የተቻሉት ወደ 200 ሱፐርኖቫ ቅሪቶች ብቻ ነው። ይህ ቁጥር በ 5,000 ዓመታት ጊዜ ውስጥ ከሚከሰቱ ሱፐርኖቫዎች ብዛት ጋር የሚጣጣምና የዩኒቨርስን ወጣት ዕድሜ የሚጠቁም ነው። *(Davies, K., Distribution of supernova remnants in the galaxy, Proceedings of the Third International Conference on Creationism, vol. II, Creation Science Fellowship (1994), Pittsburgh, PA, pp. 175–184, order from http://www.creationicc.org/)*

9) **<u>የሳተርን ቀለበቶች</u>** - የሳተርን ቀለበቶች ለረጅም ጊዜ ሊቆዩ የማይችሉ በቀላሉ ተሰባባሪና በሚትዮሮይዶች (Meteoroids) ድብደባ በአጭር ጊዜ ውስጥ የሚጠፉ መሆናቸው ተረጋግጧል። ይህ የሳተርን ቀለበቶች ለቢሊዮኖች ዓመታት ሊቆዩ የማይችሉ ወጣት ዕድሜ ያላቸው መሆኑን የሚያሳይ ነው።

> "የመሬታችንን ክብደት አንድ መቶ ጊዜ እጥፍ ግድም የምትከብደው ሳተርን በቀለበት መልክ በዙሪያዋ የሚዞሯት አስደናቂ ተሰባባሪ ጠጣር አካላት አሏት . . . ዕድሜዋ እንደሚባለው በእርግጥ 4.5 ቢሊዮን ዓመታት ከሆነ ይህ ስብርባሪ ቀለበት መሰል መዋቅር ከፍተኛውን የግራቪቲ ሃይልና ሌሎች ሃይሎችን ተቋቁሞ [ለዚያ ያህል ጊዜ] መቆየት መቻሉ አጠራጣሪ ነው።" - *H. M. Morris W. W. Boardman, and R. F. Koontz, Science and Creation (1971), p. 73.*

እነዚህ ቀለበቶች በእርግጥ በቢሊዮን የሚቆጠር ዓመት ዕድሜ ያላቸው ከሆነ፥

ከውጭያዊው ህዋ በሚመጡ ሚትዮሮይዶችና መሰል አካላት በሚያደርሱባቸው ድብደባ ከረጅም ጊዜ በፊት መጥፋት ነበረባቸው፤

> "በቀለበቶቹ ላይ የሚደርሰው የማያቋርጠው ድብደባ ለሳተርን ቀለበቶች ህልውና ትልቁ ፈተና ነው - የሚገመተው የድብደባ መጠን ጠቅላላ ሲስተሙን ቢበዛ ለ 10,000 ዓመታት ያህል ብቻ ቢያቆየው ነው! አብዛኞቹ እነዚህ ማቴሪያሎች እዛው ቀለበቱ ውስጥ ስፍራ ቀይረው ይቀመጣሉ፤ነገር ግን [በየጊዜው] ከመካከላቸው አነስተኛ መጠን ብቻ እንኳን ቢጠፉ (ለምሳሌ ወደ ተንነት እየተለወጡ) ከሶላር ሲስተም ምስረታ ጊዜ ጀምሮ [በኢቮሉሽኒስቶች እንደሚገመተው] ቀለበቱን እንዳለ ለመጠበቅ ተአምር ያስፈልጋል . ." - *Jeffrey N. Cuzzi, "Ringed Planets: Still Mysterious-II, "Sky & Telescope, January 1985, pp. 22-23.*

ከሳተርን በተጨማሪም ጁፒተርና ዩራነስ በዙሪያቸው የሚዞሩ ቀለበቶች እንዳሏቸው የ ናሳ የህዋ አሳሽ ቮየጀር (Voyager) አረጋግጣለች። በተመሳሳይ በ1989 ዓ.ም በኔፕቱዮን አጠገብ ያለፈች መንኮራኩር፥ ፕላኔቷ አራት ስስ ቀለበቶች ያሏት መሆኗን አሳይታለች። እነዚህ ረጅም ዘመን ሊቆዩ የማይችሉ ስስ ቀለበቶች ግኝት በኢቮሉሽኒስቶች የሚጠበቅ አልነበረም።

የ Voyager ሳይንቲስት የሆነው ብራድፎርድ ስዋዝ ስለ ጠቅላላ ችግሮቹ በወቀቱ እንዲህ ብሎ ነበር፤

> "የሳተርን ቀለበቶች በ 4.6 ቢሊዮን ዓመታት የሶላር ሲስተም ኢቮሉሽን ውስጥ እንዴት ሊቆዩ እንደቻሉ የሚያስረዳው ቲዎሪ፥ ቀለበት ሊኖራት የምትችል ብቸኛዋ ፕላኔት ሳተርን መሆኗንም ይገልጽ ነበር።
>
> "[ዩራነስ ቀለበቶች እንዳሏት ሲረጋገጥ ግን] እነዚህ ቲዎሪዎች የዩራነስ ቀለበቶችንም ለመግለጽ እንደገና ተስተካክለው መውጣት ነበረባቸው። ይህኛው የተሻሻለው ቲዎሪ ጁፒተር ቀለበት ሊኖራት እንደማይችል ያሳያል። አሁን ግን ጁፒተርም ቀለበቶች እንዳሏት ስለተረጋገጠ አዲስ ቲዎሪ መፍጠር ሊኖርብን ነው. . . የጁፒተርን ቀለበት በዋነኛነት የሰሩት አቧራና አፈር የሚያክሉ ጥቃትን ጠጣር ነገሮች ናቸው። በጁፒተር ማግኔታዊ መስክ ውስጥ ያለው ከፍተኛ ጨረር ቀስ በቀስ ጠራርጎ ሊያስወግዳቸው ይገባ ነበር . . . እነዚህ ሶስት ፕላኔቶች ለረጅም ዘመን ያህል እንዴት ቀለበቶቻቸውን ይዘው ሊዘልቁ እንደቻሉ የሚያስረዳ ቲዎሪ እስካሁን አልወጣም።" - *Bradford Swath, quoted in Mark Tippetts, "Voyager Scientists on Dilemma's Horns," In Creation Research Society Quarterly, December 1979, p. 185*

እነዚህን ቀለበቶች የሚደበድቡ ሚትዮሮይዶች (Meteoroids) ከ 20,000 ዓመታት ባነሰ ጊዜ ውስጥ ቀለበቶቹን ሙሉ በሙሉ ማወደም እንደሚችሉ ይገመታል።

> "ሳተርንን፣ዩራነስን፣ጁፒተርን እና ኔፕቱዮንን የሚዞሩ ቀለበቶች በፍጥነትና በተከታታይ በሚትዮሮይዶች እየተደበደቡ ይገኛሉ። ለምሳሌ የሳተርን ቀለበቶች በ 10,000 ዓመታት ጊዜ ውስጥ ወደ ዱቄትነት ተለውጠው መበታተን ነበረባቸው።" - *W.T. Brown, In the Beginning (1989), p 18 [former engineering professor at MIT, and later chief of Science and Technology Studies, U. S. Air-War College].*

በ1997 ዓ.ም ናሳ እና ESA (European Space Agency) በጋራ ባካሄዱት የ Cassini/Huygens የህዋ ተልእኮ የተገኘው መረጃ እንደሚያሳየው፥ የሳተርን ቀለበቶች - በተለይ የውስጠኛው ዲ ቀለበት በመባል የሚታወቀው - በ 16 ዓመታት ልዩነት ውስጥ ብቻ የመደብዘዝ ምልክት አሳይቷል። ከ16 ዓመታት በፊት በ1981 Voyager የጠፈር መንኮራኩር ካሰባሰበችው መረጃ ጋር ተነጻጽሮ ሊታወቅ እንደተቻለው፥ የሳተርን ዲ ቀለበት በ 200 ኪሎ ሜትር ወደ ሳተርን የተጠጋ መሆኑም ተደርሶበታል። ይህ በአጭር ጊዜ ውስጥ የሚፈጸም ፈጣን ለውጥ ለቢሊዮን ዓመት አማኞች እጅግ አስደንጋጭ ነበር።

የአሮጌ-መሬት አማኞች 'የቢሊዮኖች ዓመት' እምነታቸውን ለማዳን ያላቸው አንድ አማራጭ፥ የሳተርን ቀለበቶች በቅርብ ከጥቂት ሺህ ዓመታት በፊት የተሰሩ መሆናቸውን የሚገልጹ መላምቶችን ማውጣትና በዚህም ቀለበቶቹ የሳተርንን 'የቢሊዮኖች' ዕድሜ እንደማይወክሉ መግለጽ ነው።

10) <u>DNA የ "ጥንት" በሚባሉ ፎሲሎች ውስጥ</u> - እንስሳትና እጽዋት ሲሞቱ በውስጣቸው ያለው DNA መፈራረስ ይጀምራል። በተመራማሪዎች መሠረት፥ በሞተ ሕያው ኦርጋኒዝም ውስጥ DNA ሳፈርስ ሊቆይ የሚችለው ለጥቂት ዐሥር ሺዎች ዓመታት ያህል ብቻ ነው። በዋልታዎች ቀዝቃዛ ቴምፐሬቸሮች ውስጥ እስከ 100,000 ዓመታት ሊራዘም እንደሚችል ሌሎች ጥናቶች ያሳያሉ። ስለዚህ በሚሊዮኖች የሚቆጠሩ ዓመታት ዕድሜ አላቸው በሚባሉ የፍጥረታት ፎሲሎች ውስጥ ምንም DNA መገኘት የለበትም። ይሁንና 17 ሚሊዮን ዓመት ዕድሜ እንዳለው ከተነገረለት የማግኖሊያ ቅጠል ላይ እና ከ 11 እስከ 425 ሚሊዮን ዓመት አለው የሚባል የጨው ክርስቲያል ውስጥ፥ DNA መገኘቱ ሪፖርት ተደርጓል። በተመሳሳይ 130 ሚሊዮን ዓመት ዕድሜ እንዳላቸው በሚታሰቡ በጢንዚዛና ንብ ቅሪቶች ውስጥ DNA ተገኝቷል[5]። ድንጋይ-ከሰል መደብ ውስጥ በተቀበረ

---

[5] *Cano, R. J., H. N. Poinar, N. J. Pieniazek, A. Acra, and G. O. Poinar, Jr. Amplification and sequencing of DNA from a 120-135-million-year-old weevil, Nature **363**:536–8 (10 June 1993).*

የ 80 ሚሊዮን ዓመት ዕድሜ እንዳለው በሚታመን የዳይኖሰር አጥንት ላይ እና 200 ሚሊዮን ዓመት ዕድሜ አለው በተባለለት የአሳ ፎሲል ቅርፊት ላይ የ DNA ስብርባሪዎች መገኘታቸው ተዘግቧል። ከ 25 - 120 ሚሊዮን ዓመት ዕድሜ አላቸው በተባሉ የተባይና የ ተክል ፎሲሎች ላይ DNA መገኘቱ በርካታ ጊዜ ሪፖርት ተደርጓል። 250 ሚሊዮን ዓመታት ዕድሜ እንዳለው በሚታሰብ ባክቴሪያ ውስጥ ያልተበላሸ DNA ተገኝቷል።[6]

ከነዚህ የምናየው፥ ዳኖሰሮችና እነዚህ ፍጥረታት ከሚሊዮኖች ዓመታት በፊት ሳይሆን ከጥቂት ሺህ ዓመታት በፊት የጠፉ ወይም የሞቱ መሆናቸውንና ምድራችንም የሚባለውን ያህል ያረጀች አለመሆኗን ነው።

11) <u>የቀይ-ደም ሕዋስ እና ፕሮቲኖች፤</u> ከ 65 ሚሊዮን እስከ 220 ሚሊዮን ዓመታት ዕድሜ እንዳላቸው በሚታመኑ በዳይኖሰርስ አጥንቶች ውስጥ ፕሮቲኖች፣ለስላሳ ሕብረህዋሳት (soft tissue) እና የደም ኮምፓውንዶች በጥሩ ሁኔታ ተጠብቀው ተገኝተዋል[7]። ልክ እንደ DNA እነዚህ ቅሪቶችም፥ ለሚሊዮኖች ዓመታት ሳይፈራርሱ ሊቆዩ አይችሉም - በጥቂት ሺዎች ዓመታት ጊዜ ውስጥ ፈራርሰው የሚጠፉ ናቸው። በዳይኖሰር አጥንቶች ውስጥ ቀይ ደም ህዋስ መኖሩ የሚጠቁመው፥ አጥንቶቹ በእርግጥ ወጣት መሆናቸውን - ምናልባትም ከ 10,000 ዓመታት ያነሰ ዕድሜ ሊኖራቸው እንደሚችል ነው።

ተመራማሪዋ ዶ/ር ሜሪ ሽዊትዘር ላቦራቶሪ ውስጥ በዳይኖሰር አጥንት ውስጥ የደም ህዋሳትን ለመጀመሪያ ጊዜ ስታይ የተሰማትን በ Science መጽሔት ላይ እንዲህ ነበር የገለጸችው፤

> “በትክክል የዘመናዊ አጥንት ቁራጭን እንደማየት ነበር። ነገር ግን በእርግጥ ማመን አልቻልኩም ነበር። ለላብ ቴክኒሻሉ እንዲህ አልኩት፤ ‘ቀድሞ ነገር አጥንቶቹ 65 ሚሊዮን ዕድሜ ያላቸው ናቸው። ይህን ሁሉ ዘመን የደም ህዋሳት እንዴት ሊቆዩ ቻሉ?’ ”- *Schweitzer, M.H., Montana State University Museum of the Rockies; cited on p. 160 of Morell, V., Dino DNA: The hunt and the hype, Science 261(5118):160–162, 9 July 1993.*

---

[6] *Vreeland, R. H.,W. D. Rosenzweig, and D. W. Powers, Isolation of a 250 million-year-old halotolerant bacterium from a primary salt crystal, Nature **407**:897–900 (19 October 2000).*

[7] *Schweitzer, M., J. L. Wittmeyer, J. R. Horner, and J. K. Toporski, Soft-Tissue vessels and cellular preservation in Tyrannosaurus rex, Science **207**:1952–1955 (25 March 2005)*

ይህን ወጣት ዕድሜ መቀበል የተሳናቸው ኢቮሉሽኒስቶች እንዲህ የሚል ሃሳብ ይዘው መጥተዋል፤ "የአጥንቱ ውጫዊ ክፍል ፎሲላይዝድ ሆኖ፥ በውስጡ ያሉት ለስላሳ ህብረህዋሳት ግን በዚህ ሁሉ ሚሊዮኖች ዓመታት ጊዜ ፎሲሉ ውስጥ ተጠምደው ሳይበላሹ ቅርጻቸውን እንደጠበቁ ሊቆዩ ይችላሉ።"

ደህና! ነገር ግን እንዲህ የሚል ሌላ አማራጭም አለ፣ "የጠቅላላ ፎሲሉ ዕድሜ 65 ሚሊዮን ዓመት ሳይሆን፥ገና ጥቂት ሺህ ዓመት ብቻ ስለሆነው ነው።"

12) <u>እጅግ በርካታ ሂሊየሞች በዚርኮን ክሪስታል ውስጥ (Zircon/Helium Ratios)</u>

ይህን ባለፈው ምዕራፍ በሌላ ዓይነት መልክ የጠቀስነው ቢሆንም፥ለዚህ ምዕራፍም ጠቃሚ ነጥብ ስለሆነ ደግመን እናነሳዋለን።

ዚርኮን (Zircon) በትናንሽ ክሪስታል መልክ ብቻ የሚገኝ ብርቅዬ ማእድን ነው። የዚርኮን ክርስቲያል በውስጡ አነስተኛ መጠን ያላቸው ዩራኒየምና ቶሪየም የያዘ ሲሆን፥እነዚህ ቀስ በቀስ እየፈረሱ ወደ ሊድ (radiogenic lead) ይለወጣሉ። በዚህ በዩራኒየምና በቶሪየም ሬዲዮአክቲቭ ፍርሰት (decay) ወቅት፥አልፋ ፓርቲክሎች ይለቀቃሉ - እነዚህ ኤሌክትሮናቸውን ያጡ የሂሊየም አተም ኒውኩለሶች ናቸው።

ኒውሜክሲኮ (ዩ.ኤስ.ኤ) ውስጥ፥ ከፍተኛ ቴምፐሬቸር ካላው ጥልቅ ጉድጓድ ውስጥ በወጡ 1.5 ቢሊዮን ዓመት ዕድሜ እንዳላቸው በሚታመኑ በዚርኮን (zircon) ክሪስታሎች ላይ በተደረገ ምርመራ፥ በውስጣቸው ከፍተኛ ብዛት ያላቸው ሂሊየሞች መያዛቸው በተለያዩ ጊዜያት በተለያዩ ሳይንቲስቶች ተረጋግጧል። በዩራኒየም ፍርሰት ከተገኙት ጠቅላላ ሂሊየሞች ውስጥ፥ 58 % የሚሆኑት አሁንም ድረስ ዚርኮን ክሪስታል ውስጥ ይገኛሉ። ነገር ግን ሂሊየም በሙቀት ውስጥ በፍጥነት የሚተን ጋዝ በመሆኑና ዚርኮኖቹም እጅግ ትንሽ በመሆናቸው፥ይህ ሁኔታ የተጠበቀ አልነበረም - በተባለው የ 1.5 ቢሊዮን ዓመት ጊዜ ውስጥ ሁሉም የሂሊየም ጋዞች ከክሪስታሉ ወጥተው ማለቅ ነበረባቸው።

ዘመናዊ በተባለ ላቦራቶሪ ውስጥ በተረጋገጠው የሂሊየም የማምለጥ ፍጥነት በመጠቀም የተሰላው የዚርኮን ክሪስታሉ ዕድሜ 5,680 (±2,000) ዓመት ሆኖ ተገኝቷል።

ከፍተኛ ብዛት ያላቸው ሂሊየም ጋዞች ዛሬም ድረስ ዚርኮን አለት ውስጥ መገኘታቸው የሚያሳየው፥ (1ኛ) የሂሊየም ጋዞቹ ተነው ለማለቅ ገና በቂ ጊዜ ያላገኙ መሆናቸውንና ይህም በተራው መሬት የጥቂት ሺህ ዓመታት ወጣት ዕድሜ ያላት መሆኑን (2ኛ) ዩራኒየም በዛሬው የፍርሰት ፍጥነቱ በቢሊዮኖች ዓመታት ጊዜ ውስጥ ማስገኘት የሚችለውን ያህል ብዛት ያላቸው ሂሊየሞችን፥ ባለፉት ጥቂት ሺህ ዓመታት ጊዜ ውስጥ እጅግ በተፋጠነ ፍርሰት ያስገኘ መሆኑን ነው - ማለትም የሬዲዮአክቲቭ ኤለመንቱ (ዩራኒየም) በቀድሞ ጊዜ ከዛሬው ይልቅ እጅግ በተፋጠነ ፍጥነት ይፈርስ የነበረ መሆኑን ነው።

ስንጠቀልለው፥ግራኒት አለቶች ውስጥ ባሉ በዚርኮን ክሪስታሎች ውስጥ ከፍተኛ ብዛት ያላቸው (58 %) የሂሊየም ጋዞች አሁንም ድረስ አምልጠው ያልወጡ መሆናቸው፥ከመሬት የ 7,000 ዓመት ግድም ዕድሜ ጋር የሚጣጣም ነው።

13) <u>የዚርኮን ለሊድ ንጻሬ (Zircon/Lead Ratios)</u> - ዚርኮን ክርስቲያል ውስጥ፥ ከሂሊየሞች በተጨማሪ፥ የዩራኒየም ኤለመንቶች ፍርሰት ውጤት የሆኑት ሊድ (lead) ኤለመንቶችም ከዚርኮኑ እያመለጡ ይወጣሉ። በላይኛው ምድር ላይ ያለው አነስተኛ የሆነው የሙቀት መጠን ሊዶች እጅግ በዝግታ ከዚርኮን እያመለጡ እንዲወጡ ያደርጋቸዋል። ነገር ግን የሙቀት መጠኑ እጅግ ከፍተኛ [313°C] በሆነበት በ 4.5 ኪሎሜትር ጥልቅ ምድር ውስጥ ሊዶች በከፍተኛ ፍጥነት ከዚርኮን ክሪስትያል እያመለጡ ይወጣሉ።

መሬት በእርግጥ በቢሊዮን ዓመታት የሚቆጠር ዕድሜ ያላት ከሆነ፥እነዚህ ጠቅላላ ሬዲዮጄኒክ ሊዶች (radiogenic lead) በዚህ ረጅም ዘመን ውስጥ ከዚርኮን ክርስትያል ውስጥ ሙሉ በሙሉ አምልጠው በመውጣት፥ በአሁኑ ሰዓት ክሪስታሉ ውስጥ ምንም ሊድ መገኘት የለበትም። ነገር ግን የመሬት ዕድሜ በጥቂት ሺ ዓመታት የሚቆጠር ብቻ ከሆነ፥ አብዛኞቹ ሊዶች አምልጠው ለመውጣት ገና በቂ ጊዜ ስለማይኖራቸው፥እዚያው መገኘት አለባቸው- በዚያ ከፍተኛ ሙቀት ውስጥም ቢሆን!

በዚህ ላይ በተደረገ ምርመራ፥እጅግ ሞቃት ከሆነው ዚርኮን ውስጥ ሳይቀር አብዛኞቹ ሬዲዮጄኒክ ሊዶች ገና አምልጠው ያልወጡ መሆናቸው ታውቋል። ይህ መሬት ቢሊዮኖች ዓመት ዕድሜ የማይሞላት ወጣት መሆኗን የሚጠቁም ነው።

14) <u>የደብዛዛዋ ወጣት ጸሐይ እንቆቅልሽ (faint young sun paradox)</u> –ጸሐይ ኢነርጂዋን የምታመነጨው እጅግ ሞቃት በሆነው ማእከላዊ እምብርቷ ውስጥ፥ አራት የሃይድሮጂን ኒውኩለሶች እየተጣመሩ ወደ አንድ የሂሊየም ኒውኩለስ የሚለውጥ ቴርሞኒኩለር ሪአክሽን (fusion) በማካሄድ ነው። በዚህ የጥምረት ሂደት ወቅት የተወሰነ መጠን ያለው ቁስአካል ይጠፋና በአነስታይን ታዋቂ ቀመር በ $E = mc^2$ ወደ ኢነርጂነት ይለወጣል። የጸሐይና የከዋክብት የኢነርጂ ምንጭ ከዚህ ከሚጠፋው ቁስአካል የሚገኘው ኢነርጂ ነው። በእኛዋ ጸሐይ ውስጥ በየሰከንዱ 4 ሚሊዮን ቶን ቁስአካል ወደ ኢነርጂ ይለወጣል። ይህ ለእኛ ትልቅ ቢሆንም፥ከጸሐይ ጠቅላላ ክብደት ከ $1.99x10^{30}$ ኪ.ግ ጋር ሲነጻጸር ግን ጥቂት የሚባል ነው።

የትልቁ የሂሊየም ኒውኩለስ ከአራቱ የሃይድሮጂን ኒውኩለሶች ያነሰ ስፍራ ስለሚይዝና በዚህም እፍጋቱ (ዴንሲቲው) ስለሚጨምር፥ጸሐይ ማእከላዊ እምብርቷ ውስጥ ሃይድሮጂንን 'ስታነድ' ከጊዜ ወደ ጊዜ ወደ ውስጥ እየተሸማቀቀች ትሄዳለች። በዚህም ምክንያት የሚፈጠር ከፍተኛ ግፊት (pressure) እና ቴምፕሬቸር፥የ fusion ሪአክሽኑን በቀላሉና በፍጥነት እንዲካሄድ ያደርገዋል፤ ይህም ማእከላዊ እምብርቱ ይበልጥ እንዲሞቅ

ያደርገዋል። ስለዚህ የፀሐይ ዕድሜ እየጨመረ ሲሄድ ቡርህነቷና ሙቀቷም ይበልጥ እየጨመረ ይሄዳል።

ይህ ማለት የጸሐይ የቢሊዮኖች ዓመታት ዕድሜ እውነት ከሆነ፥ ጸሐይ ባለፈው የቀድሞ ጊዜ እጅግ ደብዛዛ መሆን አለባት። ከ 3.8 ቢሊዮን ዓመታት በፊት ጸሐይ እጅግ ደብዛዛ በመሆን ከዛሬው ከ 20% እስከ 30% ያነሰ የጸሐይ ብርሃን በማመንጨት፥መሬት በአማካኝ ከዜሮ በታች -3 ºC ቴምፐሬቸር ትቀዘቅዝ ነበር ማለት ነው። (የአሁኑ የመሬት አማካኝ ቴምፐሬቸር 15 ºC ነው።) ይህ፥ የያኔዋን መሬት ሙሉ በሙሉ በበረዶ የተሸፈነች የበረዶ ኳስ ያደርጋታል። (ከ 2 እስከ 5% የሚሆን አነስተኛ የጸሐይ ጨረር ቅነሳ የበረዶ ዘመን እንደሚያስከትል ይታወቃል።)

ይሁንና ባዮሎጂስቶች፣ጂኦሎጂስቶችና ፖሊንቶሎጂስቶች ባለፉት ዘመናት ውስጥ መሬት ከሞላ ጎደል ቋሚ የሆነ አማካኝ ቴምፐሬቸር እንደነበራት፥ ምናልባትም ባለፈው ዘመን ካሁኑ ሞቅ ያሉ ሁኔታዎች እንደነበሩ ያምናሉ። ይህ ችግር - የጸሐይ ድምቀቷን እየጨመረች መምጣት ያለበት መሆኑና ነገር ግን መሬት ቋሚ የሆነ አማካኝ ቴምፐሬቸር ይዛ መቆየቷ *faint young sun paradox* በመባል ይታወቃል።[8]

ኢቮሉሽኒስቶች ይህን የጸሐይን እንቆቅልሽ ለመፍታት የሚያቀርቡት ሃሳብ፥ ምንም እንኳ ያኔ ጸሐይ አነስተኛ ጨረር ታመነጭ የነበረ ቢሆንም፥ መሬት ግን ከአሁኑ አትሞስፌር ይበልጥ በርካታ ግሪን ሃውስ ስለነበራት ይህ ምድርን ያሞቅ ነበር የሚል ነው። ለግሪን ሃውሱ ምክንያት ብለው ያቀረቡት አንዱ የመፍትሄ ሃሳብ ደግሞ፥ በቀድሞ ጊዜ አትሞስፌር ውስጥ እንደነበር አድርገው የሚያስቡት ከዛሬው የበለጠ እጅግ በርካታ ካርቦንዳይኦክሳይድ ነው። ነገር ግን ይህ በተለይ ሁለት ችግሮች አሉበት። በመጀመሪያ ይህ እንዲሆን የዚያ ወቅት አትሞስፌር የዛሬውን 1,000 ጊዜ እጥፍ የሆነ ካርቦንዳይኦክሳድ (CO_2) የያዘ መሆን አለበት፤ሁለተኛ ጸሐይ ድምቀቷን እየጨመረች ስትመጣ መሬትም የዚህን ጭማሬ ውጤት በትክክል በሚያጠፋ መልኩ የግሪንሃውስ ጋዞቿን መቀነስ አለባት።

ሌላው ለግሪን ሃውሱ ምክንያት ያቀረቡት የመፍትሄ ሃሳብ፥ በርካታ መጠን ያለው የውሃ ተን አትሞስፌር ውስጥ እንደነበር የሚገልጽ ነው። ነገር ግን ይህም የሚረዳ ሆኖ አልተገኘም፤ ምክንያቱም የውሃ ተኑ ወደ ውሃ ሲጠል ዳመናዎች ጫፍ ላይ አንጸባራቂነትን እንዲጨምር በማድረግ ከመፍትሄነት በተቃራኒ ሁኔታውን የከፋ እንደሚያደርገው በቅርቡ ታውቋል[9]።

---

[8] Molnar, G.I. and Gutowski, Jr., W.J., The 'faint young sun paradox': further exploration of the role of dynamical heat-flux feed backs in maintaining global climate stability, Journal of Glaciology 41(137):87–90, 1995.

[9] Kasting, J.F., Faint young sun redux, *Nature* 464:687–689, 2010.

በተጨማሪም ሁለቱም የመፍትሄ ሃሳቦች ምንም ዓይነት የማስረጃ ፍንጭ ሊገኝላቸው የማይቻል መላምቶች ብቻ ናቸው። ይህ ሊሆን የመቻል እድልም ያለ አይመስልም።

ነገር ግን የጸሐይ ዕድሜ ከመጽሐፍ ቅዱስ ውስጥ እንደምናገኘው ጥቂት ሺህ ዓመታት ብቻ ከሆነ፥ ይህ እንቆቅልሽ አይኖርም። ሳይንሳዊ ማስረጃው፥ መጽሐፍ ቅዱስ ውስጥ ከሚጠቁመን ከጸሐይ የጥቂት ሺዎች ዓመት ዕድሜ ጋር ይስማማል - ምክንያቱም በ 7,000 ዓመታት ወይም በዚያ አካባቢ ባለው ጊዜ ውስጥ ከጸሐይ የሚለቀቀው የጨረር መጠን በአንጻራዊነት ብዙ በሚባል ደረጃ የሚጨምር አይደለም።

15) **<u>የጨረቃ ሽሽት (Lunar Recession)</u>** - በመሬትና በጨረቃ መካከል ያለ የግራቪቲ መሳሳብ የውቅያኖሶችን ማእበል ያስነሳል። በመሬት ጠጣሩ ክፍልና በላዩ ላይ በሚሄደው የውቅያኖስ ውሃ መካከል የሚፈጠረው ማዕበላዊ ሰበቃ (tidal friction) የመሬትን የመሽከርከር ካይናቲክ ኢነርጂና ዘዌያዊ እንድርድረት (angular momentum) እንዲቀንሱ ያደርጋል። በዘዌያዊ እንድርድረት ጥበቃ ሕግ (conservation of angular momentum) መሰረት፥መሬት ያጣችውን ይህን ዘዌያዊ እንድርድረት ጨረቃ ማግኘት አለባት። ስለዚህ ጨረቃ በራሷ ዛቢያ ላይ የመሽከርከር ፍጥነቷን ትጨምራለች፤ይህ የፍጥነት መጨመር ከመሬት እየሸሸች እንድትሄድ ያደርጋታል።[10] በዚህም ምክንያት ጨረቃ በአሁኑ ጊዜ በዓመት 4 ሴንቲሜትር በሆነ ፍጥነት ከመሬት እየራቀች በመሄድ ላይ መሆኗ ተሰልቷል። ይህ *Lunar Recession* በመባል ይታወቃል።

ይህ ከሆነ፥በቀድሞው ጊዜ ጨረቃ ለመሬት የተጠጋች እንደነበረች እናያለን። በግራቪቲያዊ ስበቶች እና በአሁኑ የጨረቃ የሽሽት ፍጥነት ላይ ተመስርተን ጨረቃ በተወሰኑ ባለፉ ዓመታት ጊዜ ውስጥ ምን ያህል ከመሬት ርቃ እንደሄደች ማስላት እንችላለን።

መሬት የ 7,500 ዓመት ዕድሜ ያላት ከሆነ ምንም ችግር አይኖርም፤ምክንያቱም በዚህ ጊዜ ውስጥ ጨረቃ ከመሬት ርቃ የምትሄደው 240 ሜትር ግድም ብቻ ነው። ነገር ግን የኢቮሉኒስቶችን ከ 4 ቢሊዮን ዓመት በላይ ዕድሜ ብንጠቀም ችግር ይፈጠራል - ጨረቃ ከ Roche Limit[11] ተነስታ አሁን ያለችበት ስፍራ ለመድረስ የሚወስድባት ጊዜ 1.37

---

[10] በዘዌያዊ እንድርድረት ጥበቃ ሕግ (conservation of angular momentum) ምክንያት ጨረቃ ከመሬት እየሸሸች መሄድ እንዳለባት በመጀመሪያ ጊዜ የተረዳው የ 19ኛው ክ/ዘመን ታዋቂ ፍጥረተኛ ሳይንቲስት ሎርድ ኬልቪን ነበር። በጨረቃ ስበት በሚነሳ በውቅያኖስ ማእበል ምክንያት መሬት ዘዌያዊ እንድርድረት (angular momentum) እያጣች (መሽከርከሯን እየቀነሰች)፤ጨረቃ ደግሞ በተቃራኒው እየጨመረች ነው - ይህ ጨረቃ ከእኛ እየራቀች እንድትሄድ ያደርጋታል።

[11] Roche Limit ፥ ጨረቃ ወደ መሬት ልትቀርብ የምትችልበት የመጨረሻው ቅርቡ ድንበር ነው። ጨረቃ ከዚህ 18,400 ኪሎሜትር ያነሰ ወደ መሬት መቅረብ አትችልም።

ቢሊዮን ዓመት ብቻ ይሆናል። ይህ የጨረቃ ሊሆን የሚችል ትልቁ ዕድሜ ሲሆን፥ የመሬት-ጨረቃ ሲስተምን ኢቮሉሽናዊው 4.5 ቢሊዮን ዓመት ዕድሜ ሊሆን የማይችል መሆኑን ያሳየናል። እዚህ ጋ ይህ 1.37 ቢሊዮን ዓመት፥ጨረቃ ሊኖራት የሚችል ከፍተኛው የዕድሜ ጣሪ እንጂ እውነተኛው ዕድሜዋ ነው ማለት አይደለም።

> "ከ 1754 ጀምሮ በጨረቃ ምህዋር ላይ የተደረጉ ምልከታዎች ቀስ በቀስ ከመሬት እየራቀች በመሄድ ላይ መሆኗን ያሳያሉ. . . ይሁንና ኢቮሉሽኒስቶች ከሚያስቡት ከመሬት/ጨረቃ የ 4.6 ቢሊዮን ዓመት ዕድሜ በበርካታ ቢሊዮን ዓመታት ባነሰ ጊዜ ውስጥ ጨረቃ ከመሬት ቅርፊት አጠገብ ተነስታ ወደ አሁኑ ቦታዋ መሄድ አለባት።" - *W. T. Brown, In the Beginning (1989), p 17*

ይሁንና ጨረቃ የግድ ከ Roche Limit ነው የጀመረችው ማለት አይደለም፤ይህ ለመሬት ልትቀርብ የምትችልበት የመጨረሻው ቅርቡ ርቀት ብቻ ነው። ነገር ግን ጨረቃ ከ Roche Limit ማዶ እንድትጀምር ዲዛይን ተደርጋለች ብንል፥ በጥቂት ሺህ ዓመታት ውስጥ አሁን ያለችበት ቦታዋ ልትደርስ ትችላለች። ይህ ከመሬት የ 7,000 ዓመት ግድም ዕድሜ ጋር የሚስማማ ነው።

16) <u>ሕያው ቅሪተአካላት (living fossil)</u> - ሕያው ቅሪተአካላት (living fossil) የሚባሉት፥ በኢቮሉሽኒስቶች ከሚሊዮኖች ዓመታት በፊት ዝርያቸው እንደጠፋ ተደርጎ ይታሰቡ የነበሩና በፎሲላቸው ብቻ ይታወቁ የነበሩ ነገር ግን ዛሬ ድንገት በሕይወት የተገኙ እንስሳትና ተክሎች ናቸው። እንደ ኢቮሉሽናዊ ቲዎሪ፥ እነዚህ አንድ ወቅት ይኖሩ ነበር፤ከዚያም ለሚሊዮን ዓመታት ያህል ጠፍተዋል፤ከዚያ ዛሬ ተመልሰው መኖር ጀምረዋል። ለምሳሌ አንድ ወቅት "ጠቋሚ ቅሪተአካል" (Index Fossils) ውስጥ ተመድቦ የነበረው ኮላካንዝ ዐሣ (Coelacanth fish) በቅሪተአካሉ ብቻ ይታወቅ ነበር። ይህ ዓሣ እስከ 1.5 ሜትር የሚረዝም ሲሆን፥ በህይወት ያሉ ዝርያዎቹ ውቅያኖስ ውስጥ እስከተገኙበት እስከ 1938 ዓ.ም ድረስ በኢቮሉሽኒስቶች አቆጣጠር ከ *"65 ሚሊዮን ዓመታት"* በፊት እንደጠፉ ይታሰብ ነበር። የመጀመሪያው በሕይወት ያለ ኮላካንዝ የተገኘው ዲሴንበር 25, 1938 ዓ.ም በማዳጋስካር የባህር ዳርቻ በአንድ አሳ አጥማጅ መረብ ውስጥ ነበር። የደቡብ አፍሪካው ዙኦሎጂስት ጄ. ኤል. ቢ ስሚዝ ምርመራ ካካሄደበት በኋላ ኮላካንዝ መሆኑን አረጋገጠ። ከዚያ በኋላም በርካታ ተጨማሪ ኮላካንዞች በሕይወት ተገኝተዋል።

የእንዲህ ዓይነት የ "ሕያው ቅሪተአከላት" (living fossil) ሌሎች ምሳሌዎችም አሉ፤

(1) ሜታሲኮያ (Metasequoia) (ዛፍ)፤ ከማዮሲን ዘመን ጀምሮ “ጠፍቷል”። ያለፉት “60 ሚሊዮን ዓመታት” ንብብራት ውስጥ አይገኝም። ዛሬ ግን በሕይወት ይበቅላል።

(2) ቱአታራ (Tuatara) (የምድር ተሳቢ)፤ ከክሪታሺየስ ዘመን ጀምሮ “ጠፍቷል”። ከ “135 ሚሊዮን ዓመት” ያነሰ እድሜ ባላቸው የላይኞቹ ንብብራት ውስጥ ቅሪተአካሉ ፈጽሞ አይገኝም። ዛሬ ግን በሕይወት ይኖራል!”

(3) ኒዮፒሊና (Neopilina) (አነስተኛ የጥልቅ ባህር ሞሉስክ)፤ ከዲቮኒያን ጀምሮ “ጠፍቷል”። ቅሪተአካሉ ያለፉት “500 ሚሊዮን ዓመታት” ንብብራት ውስጥ ፈጽሞ የማይገኝ ቢሆንም ዛሬ ግን በሕይወት እየኖረ ነው።

(4) ሊንጉላ (Lingula) (የባህር ፍጥረት)፤ ከኦርዶቪሲያን ጀምሮ “ጠፍቷል”። ያለፉት “500 ሚሊዮን ዓመታት” ንብብራት ውስጥ የለም፤ዛሬ ግን በሰላም በደስታ እየኖረ ነው።

(5) ዎለሚ ጥድ (Wollemi pine) ፤ ከጁራሲክ ዘመን ጀምሮ ለ ‘150 ሚሊዮን’ ዓመታት ጠፍቶ የነበረ ዛፍ ቢሆንም፥ በ 1994 ዓ.ም አውስትራሊያ ውስጥ በሕይወት ተገኝቶ ቦታኒስቶችን አስደንግጧል።

ሌሎች ምሳሌዎችን መጥቀስ ይቻላል፤ነገር ግን አሁን ትልቁ ጥያቄ ይህ ነው - ይህን ሁሉ *“ሚሊዮን ዓመታት”* ከላይኞቹ የአለት ንብብራት ውስጥ ጠፍተው የት ነበሩ? እነዚህ ፍጥረታት ለ *“ሚሊዮኖች ዓመታት”* ጠፍተው እንዴት አሁን ሊገኙ ቻሉ? አንድ ፍጥረት ለዚህ ያህል ረጅም ዘመን “የጠፋ” ተብሎ ከመመዝገቡ በፊት በመጀመሪያ ቅሪተአካሉ በጥንቶቹ (በታችኞቹ) ንብብራት ውስጥ በፔሊዮንቶሎጂስቶች መገኘትና በቅርቦቹ ንብብራት ውስጥ ግን መታጣት አለበት።

ግልጽ የሆነው እውነታ ግን እነዚህ ፍጥረታት ፈጽሞ ያልጠፉ መሆናቸው ነው። ለመጨረሻ ጊዜ በታየው የፍጥረቱ ፎሲልና፥ አሁን በሕይወት በተገኘው ፍጥረቱ መካከል ያለው የጊዜ ክፍተት ምንም ያህል ይሁን፥ እነዚህ ፍጥረታት እየተራቡና እየተባዙ መኖራቸውን ቀጥለዋል። ነገር ግን ፍጥረታቱ ምንም የፎሲል ቅሪት ሳይተዉ ይህን የጊዜ ክፍተት ወደ ሚሊዮኖች ዓመታት መለጠጥ ሊሆን የማይችልና የማይታመን ይሆናል። ነገር ግን ይህ የጊዜ ክፍተት ወደ አጭር ጊዜ ቢጠብ፥ጠቅላላ ችግሮቹ ይጠፋሉ። ፎሲሉ ለመጨረሻ ጊዜ በታየበት ዘመንና በዛሬው ዘመን መካከል ጥቂት ሺህ ዓመታት እንዳላለፉ አድርጎ መውሰድ ሎጂካዊ ይሆናል። በእርግጥ ይህ የሚያሳየን የአለት ንብብራቱ በሚሊዮኖች ዓመታት የሚለያዩ ሊሆኑ እንደማይችሉ ነው። “ሕያው ቅሪተአከላት” (living fossil) ኢቮሉሽናዊውን የዘመን ሰሌዳ የሚቃረኑና የሚሊዮኖች ዓመታት እሳቤ ትክክል እንዳልሆነ የሚያሳዩ ናቸው።

ሕያው ቅሪተ-አካላት፥የሴዲመንተሪ ንብብራት በሚሊዮኖች ዓመታት ጊዜ ውስጥ ቀስ በቀስ የተሰሩ ሳይሆኑ፥በዓለም አቀፍ የውሃ መጥለቅለቅ ወቅት በተፈጸመ ፈጣን የሴዲሜንቶች መነባበር በአጭር ጊዜ ውስጥ - ምናልባትም በጥቂት ወራት ጊዜ ውስጥ የተሰሩ መሆናቸውን ይጠቁማሉ።

17) <u>የውቅያኖስ የኒትሬት (nitrates) ክምችት</u> - በውቅያኖስ ውስጥ ምን ዓይነት የኬሚካል አሌመንቶች እንዳሉ፣ በምን ያህል ብዛት እንደሚገኙ፣ በየዓመቱ በወንዞች፣ በምንጮች፣በዝናብና በሌሎች መንገዶች ምን ያህል ወደ ውቅያኖስ እንደሚጨመሩና ምን ያህል እንደሚቀነሱ የሚያሳይ በቂ እውቀት አለ። በእነዚህ መረጃዎች ላይ በመመስረት የተደረጉ የዕድሜ ስሌቶች የውቅያኖስንና የመሬትን ወጣት ዕድሜ የሚጠቁሙ ናቸው።

በውቅያኖስ ውስጥ ያለው ጠቅላላ ኒትሬት (nitrate) በ 13,000 ዓመታት ጊዜ ውስጥ አሁን ያለበት መጠን ሊከማች ይችላል። በውቅያኖስ ውስጥ ያለው የናይትሮጂን ኮምፓውንድ በአብዛኛው በኒትሬት መልክ የሚገኝ ሲሆን፥ መጠኑ በየጊዜው እየጨመረ በመሄድ ላይ ነው። በወንዞችና በዝናብ፥በየዓመቱ እየተጨመረ ያለው ወደ 77 ሚሊዮን ቶን እንደሚሆን ይገመታል፤ በውቅያኖሶች ውስጥ ያለው ጠቅላላ ብዛት ወደ 1,000 ቢሊዮን ቶን እንደሚሆን ይታሰባል። ውቅያኖስ ውስጥ መጀመሪያ ላይ ምንም ኒትሬት እንዳልነበረና በየዓመቱ ወደ ውቅያኖስ ውስጥ የሚገባው መጠን ሁሌም አንድ ዓይነት ወይም ተቀራራቢ ነው ብለን ብንወስድ - አሁን የያዘውን መጠን ያህል ለመከማቸው ጠቅላላ የሚፈጅበት ጊዜ 13,000 ዓመት ግድም ነው - ይህ የውቅያኖሶችን ብሎም የመሬትን ወጣት ዕድሜ የሚጠቁም ነው። በተለይ ኒትሬት ውቅያኖስ ውስጥ ርጉ (stable) የመሆኑን እውነት፥ ማስረጃውን ጠንካራ ያደርገዋል - አንዴ ውቅያኖስ ውስጥ ከገቡ የመውጣት አዝማሚያ አያሳዩም።

ነገር ግን ከመጀመሪያውኑም በርካታ መጠን ያለው የኒትሬት ክምችት እዚያው ውቅያኖስ ውስጥ መኖር አለበት - ምክንያቱም ውቅያኖስ ውስጥ ያሉት phytoplankton ለምግብ ዝግጅት ኒትሬቶችን በእጅጉ ይፈልጋል፤ይህ ደግሞ ዕድሜውን ከ 13,000 ዓመት እንዲቀንስ የሚያደርግ ነው። ለኢቮሉሽኒስቶች ሁኔታዎችን ይበልጠ አስከፊ የሚያደርገው ደግሞ በውቅያኖስ ውስጥ ያሉ ሰማያዊ-አረንጓዴ አልጌዎች (algae) ጊዜያቸውን የሚያሳልፉት ናይትሮጂንን ከአትሞስፌር እየሳቡ ወደ ውቅያኖስ ኒትሬት በመቀየር መሆኑ ነው።

ከኒትሬት በተጨማሪም በባህር ውሃ ውስጥ ካሉት ከሃምሳ አንዱ ዋነኛ ኤሌመንቶች መካከል ሃያ የሚሆኑት ኤሌመንቶች በ 1000 ዓመት ወይም ባነሰ ጊዜ ውስጥ፣ ዘጠኝ ኤለመንቶች ከ10,000 ዓመት ባልበለጠ ጊዜ ውስጥ፣ ሌሎች ስምንት ደግሞ ከ 100,000 ዓመት ባልበለጠ ጊዜ ውስጥ አሁን ባሉበት መጠን መከማቸት እንደሚችሉ ታውቋል።

18) <u>የባህር የጨው ክምችት</u> - በየዓመቱ በወንዞችና በሌሎች ኤጀንቶች አማካኝነት 457 ሚሊዮን ቶን ሶዲየም (ጨው) ወደ ውቅያኖሶች ውስጥ ይገባል። ከዚህ ውስጥ 27 ፐርሰንት ግድም የሚሆነው ብቻ (ማለትም 122 ሚሊዮን ቶን) በትነትና በሌሎች መንገዶች ከውቅያኖስ ወደ ውጭ ይወጣል። ቀሪው እዛው ውቅያኖስ ውስጥ ይጠራቀማል። ስለዚህም የውቅያኖሶች ጨዋማነት ከጊዜ ወደ ጊዜ እየጨመረ በመሄድ ላይ ነው። ውቅያኖሶች መጀመሪያ ላይ ምንም ሶዲየም ባይኖራቸው እንኳን፥ በዛሬው የውጣትና የግባት ፍጥነት አሁን የያዙትን የሶዲየም ብዛት ለማጠራቀም 62 ሚሊዮን ዓመት ያህል ጊዜ ብቻ ይበቃቸዋል። ይህ ከኢቮሉሽናዊው የውቅያኖሶች የቢሊዮኖች ዓመት ዕድሜ እጅግ ያነሰ ነው። ይህ ለኢቮሉሽኒስቶች የሚስማሙ እመንታዎችንና ዳታዎች በመጠቀም የተሰላው ስሌት፥ የውቅያኖሶች ከፍተኛው የዕድሜ ጣሪያ እንጂ፥ እውነተኛው ዕድሜ ነው ማለት አይደለም። ነገር ግን ለባህር ውስጥ ሕይወት አስፈለጊ የሆነ ጨው በመጀመሪያም ውቅያኖሶች ውስጥ እንደነበርና በጥፋት ውኃው ወቅት ከፍተኛ መጠን ያለው ጨው በአጭር ጊዜ ውስጥ ወደ ውቅያኖሶች ውስጥ ገብቷል የሚሉ እጅግ ሊሆኑ የሚችሉ አስተማማኝ እመንታዎችን ብንጠቀም፥ይህ የውቅያኖሶችን ከፍተኛው የዕድሜ ጣሪያ ከሚሊዮኖች ወደ ጥቂት ሺህዎች ሊያወርደው ይችላል። *(የዚህ ተጨማሪ ገለጻ በምዕራፉ መጨረሻ ላይ አፔንዲክስ ውስጥ ታገኛለህ።)*

19) <u>የነዳጅ ዘይት ግፊት (Oil Pressure)</u> - በነዳጅ ዘይት ፍለጋ ቁፋሮ ወቅት፥ነዳጅ ዘይቱ ሁልጊዜም የሚገኘው በከፍተኛ ግፊት (pressure) ውስጥ ነው። ነገር ግን ይህ በነዳጅ መደብ ውስጥ በአሁኑ ወቅት የሚታየው ትልቅ ግፊት እስካሁን ሊቆይ የሚችለው ላለፉት ጥቂት ሺዎች ዓመታት ያህል ብቻ ነው። ይህ ለቢሊዮኖች ዓመት ዕድሜ አማኞች ትልቅ ችግር ነው።

ዘይትና የተፈጥሮ ጋዝ ብዙውን ጊዜ የሚገኙት፥ፈሳሽ በሚመጡና በውስጣቸው በሚያሳልፉ እንደ አሸዋ-ድንጋይ (sandstone) እና ኖራ-ድንጋይ (limestone) በመሳሰሉ አለቶች ውስጥ ሲሆን፤ እነዚህም ዘወትር ከላይ ፈሳሽ በቀላሉ በማያሰርግ ድንጋይ የታሸጉ [የተሸፈኑ] ናቸው። ፈሳሽና ጋዝ በውስጠኞቹ አለቶች ውስጥ በቀላሉ የሚያልፉ ቢሆንም፥ዝግ በሆነው ውጭያዊው አለት ውስጥ ግን የሚያልፉት በዝግታ ነው። በዙሪያው ያሉት አለቶች ያላቸው የማስረግ ባህሪ ላይ የተደረጉ ጥናቶች፥በነዳጁ መደብ ውስጥ ያለው ግፊት (pressure) በጥቂት ሺህ ዓመታት ጊዜ ውስጥ ነዳጁን ወደ ውጭ ገፍቶ በማፍሰስ ግፊቱ መቀነስ እንዳለበት ያሳያሉ። አንዳንድ ተመራማሪዎች በ 10,000 ዓመት ውስጥ ጥቂት ግፊት ብቻ መቅረት እንደነበረበት ይገልጻሉ። ነገር ግን ይህ ገና ስላልሆነ፥የነዳጅ ክምችቶቹ ዕድሜ ከ 10,000 ዓመት ያነሰ መሆን አለበት። በተጨማሪም የነዳጅ ዘይት ክምችቶች፥ ከ 4,300 ዓመታት ግድም በፊት የተከሰተው የኖህ ዘመን ዓለምአቀፍ የጥፋት ውኃ ውጤቶች እንደሆኑ ከሚያምኑ ፍጥረተኞች ጋር የሚጣጣም ነው።

መሬት የቢሊዮኖች ዓመታት ዕድሜ ቢኖራት ኖሮ፥ሁሉም የተፈጥሮ ጋዞች ገና ድሮ

አምልጠው ያልቁ ነበር።

በቀድሞ ጊዜ፥የነዳጅ ዘይት ቆፋሪዎች ለመጀመሪያ ጊዜ የነዳጁ ቦታ ላይ ሲቆፍሩ፥ውርውር ድፍድፍ ነዳጅ በራሱ ተስፈንጥሮ ይወጣ ነበር - በከፍተኛ ግፊቱ ምክንያት። ቴክሳስ ስፒንድልቶፕ ውስጥ ያለው የሉካስ የነዳጅ ዘይት ጉድጓድ በ1901 ዓ.ም ለመጀመሪያ ጊዜ ሲቆፈር፥ በአየር ላይ እስከ 61 ሜትር ተተኩሶ ወጥቶ ነበር፤የነዳጅ ፍሰቱ በቀን እስከ 84,000 በርሜል ነበር። ዛሬ ግን ዘመናዊ የቁፋሮ ቴክኒኮች የውስጡን የነዳጅ ግፊት ስለሚቆጣጠሩ፥ በአሁኑ ጊዜ ውርውር ነዳጅ አይኖርም፤በቀን መውጣት ያለበት የነዳጅ ብዛትም አስቀድሞ መወሰን ይቻላል። ነገር ግን ግፊቱ አሁንም ከውስጥ አለ። ነዳጅ ዘይት ወደ ላይ የሚወጣው፥ ከስር ያለው የነዳጁ ግፊት ከላይ ካሉት አለቶች ክብደት የበለጠ ሲሆን ነው። በዚህም ግፊት ምክንያት ቀስ በቀስ በላይ ባሉት አለቶች ውስጥ እየሰረገ ወደ ላይ ይወጣል። ዛሬም ድረስ ያለው ይህን ከፍተኛ የነዳጅ ዘይት ግፊት፥በጥቂት ሺህዎች ዓመት ዕድሜ ወጣት መሬት በቀላሉ ሊገለጽ ይችላል።

> “የነዳጅ ጉድጓድ ሲቆፈር ለምንድነው ውርውር ነዳጅ ወደ ላይ ሲፈነዳ የምናየው? ምክንያቱም እንደ ተፈጥሮ ጋዝ ሁሉ፥ ነዳጅ ዘይትም ምድር ውስጥ በ 10,000 ጫማ ጥልቀት ላይ ወደ 5,000 ፓውንድ በካሬ ኢንች የሆነ ከፍተኛ ግፊት ውስጥ ያለ ስለሆነ ነው። የነዳጅ ዘይትና ጋዝ እዚያ ለሚሊዮኖች ዓመታት ያህል እንደነበሩ ይታሰባል። ነገር ግን በዚህ ከፍተኛ ግፊት እንዴት ያን ሁሉ ዓመታት ወደ ላይ ሳይሰርጉ ወይም ሳይባከኑ ሊቆዩ ቻሉ?” - *James Perloff, Tornado in a Junkyard (1999), p. 136.*

20) **<u>የአህጉራት ሽርሽራ</u>** - አህጉራት በፍጥነት እየተሸረሸሩ ስለሆነ፥ መሬት የቢሊዮኖች ዓመታት ዕድሜ ቢኖራት ኖሮ፥ሙሉ በሙሉ ተሸርሽረው ያልቁ ነበር። የሁሉም አህጉራት አማካኝ የቁመት ቅነሳ በ የ 100 ዓመት 6 ሚሊ.ሜትር ነው[12]። ይህ ማለት 150 ኪሎ ሜትር የወደላይ ከፍታ ያለው አህጉር በ 2.5 ቢሊዮን ዓመት ውስጥ ተሸርሽሮ ያልቃል። በእርግጥ ግን ይህን የሚያህል ከፍታ ያለው አህጉር የለም - ረጅሙ ኤቨረስት ተራራ ከፍታው ወደ 9 ኪ.ሜትር ግድም ብቻ ነው። ሽርሽራ ለቢሊዮኖች ዓመታት ተካሂዶ የነበረ ከሆነ፥በመሬት ላይ ምንም አህጉር አይተርፍም ነበር። ለምሳሌ ሽርሽራ በአማካኝ ፍጥነት የሚፈጸም ከሆነ፥ ሰሜን አሜሪካ በ 10 ሚሊዮን ዓመታት ጊዜ ውስጥ ተሸርሽራ ታልቅ ነበር። ይህ የኢቮሉሽኒስቶች ቢሊዮኖች ዓመታትን የሚቃረን ነው።

በስፋሃን ንጥነጣ የሚከሰቱ የተራሮች ወደ ላይ ማደግና ሌሎች የሪሳይክሊንግ ሂደቶች

---

[12] Roth, A., 1998. *Origins: Linking Science and Scripture*, Review and Herald Publishing, Hagerstown, p. 271, cites Dott and Batten, *Evolution of the Earth,* McGraw-Hill, NY, USA,p. 155, 1988, and a number of others.

ይህን ሊያካክሱት ወይም ሊያመጣጥኑት አይችሉም[13]።

21) <u>የውቅያኖስ ውስጥ ሽርሽራ</u> - በአሁኑ ጊዜ የሚታየው የውቅያኖስ ውስጥ ሽርሽራ ለሚሊዮኖች ዓመታት ያህል እንኳን ተካሂዶ የነበረ ቢሆን ኖሮ፥የውቅያኖሶች ውስጥ ገደላ ገደሎችን፤ያልተስተካከሉ የባህር ውስጥ ተራራዎችን እና በሴዲመንት ያልተሞሉ ውቅያኖሶችን ማግኘት አይቻልም ነበር። ነገር ግን እነዚህ ሁሉ አሉ።

ለዚህ የሚሆነን ምሳሌ፥ቀጥ ባሉ የውሃ ውስጥ ገደላ ገደሎች የተሞላው የካሊፎርኒያው የሞንቴሪ ባህረ ሰላጤ ነው። ገደሎቹ ቀጥ ያሉ ከመሆናቸው የተነሳ ዘወትር ትናንሽ ናዳዎች ይከሰታሉ። *("Between Monterrey Tides" in National Geographic, February 1990, pp. 2-43)* መሬት በቢሊዮኖች የሚቆጠር ዕድሜ ያላት ከሆነ፥እነዚህ ሁሉ ገና ድሮ ተሸርሽረውና ተንደው በማለቅ ጠፍጣፋና የተስተካከሉ መሆን ነበረባቸው።

22) <u>የመሬት መሽከርከር</u> - መሬት በራሷ ዛቢያ የምትሽከረከርበት ፍጥነት (rotational speed)፥ ቀስ በቀስ እየቀነሰ በመሄድ ላይ ነው። የዚህም ምክንያቱ የጸሐይና የጨረቃ ግራቪቲያዊ ስበትና ሌሎች ፋክተሮች ናቸው።

የ 19ኛው ክፍለ ዘመን ታዋቂ ፊዚስት ሎርድ ኬልቪን መሬት እጅግ ያረጀች ልትሆን የማትችልበትን ምክንያት ለማሳየት፥ይህን እየቀነሰ በመሄድ ላይ ያለውን የመሬት የመሽከርከር ፍጥነት እንደ ማስረጃ ተጠቅሞ ነበር። መሬት ላለፉት 7.2 ቢሊዮን ዓመታት የነበረች ከሆነ፥ የመሽከርከር ፍጥነቷ የአሁኑ ፍጥነቷን ሁለት ጊዜ እጥፍ እንደሚሆን ሎርድ ኬልቪን አስልቶት ነበር። ይህ ዛሬ በዋልታ (polar) እና በምድር ወገብ (equatorial) ራዲየሶች መካከል የ 86 ኪ.ሜ ልዩነት የሚፈጥር ነው። ነገር ግን በአሁኑ ጊዜ የተለካው የራዲየሶቹ ልዩነት ግን 21 ኪ.ሜ ነው።

በአሁኑ ጊዜ በተደረጉ የተሻሻሉ ስሌቶች መሠረት ደግሞ፥መሬት ለ 5 ቢሊዮኖች ዓመታት ግድም የነበረች ከሆነ፥በዋልታ (polar) እና በምድር ወገብ (equatorial) ራዲየሶች መካከል የሚኖረው ልዩነት ከእውነተኛው ልዩነት (21 ኪ.ሜ) የበለጠ 64 ኪ.ሜ ይሆን ነበር። በተጨማሪም አህጉራት በትሮፒካል አካባቢ ይሰራጩ ነበር፤ውቅያኖሶች ደግሞ ቴምፐሬትና ዋልታ አካባቢዎች ይሰበሰቡ ነበር። ኬልቪንም ገምቶት የነበረው ይህን ዓይነት ስርጭት ነበር፤ ነገር ግን ይህ ዓይነት ስርጭት አለመገኘቱ የመሬትን የቢሊዮኖች ዓመት ረጅም ዕድሜን የሚቃረን ነው። (Thomas G.Barnes, “Physics: A Challenge to ‘Geologic Times’ ” Impact 16,July 1974).

23) <u>ተጠባብቀው የታጠፉ ወፋፍራም የአለት ንብብራት</u> - አንድ ጠጣር አለት ሲታጠፍ ይሰነጣጠቅና ይሰባበራል። አለቶች ሳይሰነጣጠቁ ሊታጠፉ የሚችሉት በሁለት ሁኔታዎች

---

[13] Walker, T., Eroding ages, Creation 22(2):18–21, 2000.

ነው፤ (1) በከፍተኛ ሙቀት ለስላሳ ከሆኑ እና (2) ሴዲመንቱ ገና ሙሉ በሙሉ ያልጠጠረ ከሆነ። በመላው ዓለም በሚገኙ ተራሮችና የአለት ንብብራት ውስጥ (ታዋቂው ግራንድ ካንየንን ጨምሮ) እስከ ሺህ ጫማ የሚወፍሩ የአለት ንብብራት እጅግ ተጠባብቀው እንደ ጸጉር ማስያዣ ታጥፈው ይታያሉ - ያለምንም የመቅለጥና የመሰነጣጠቅ ምልክት! የአለት ንብብራት በሚሊዮኖች ዓመታት ልዩነት ተራ በተራ አንዱ በሌላው ላይ እየተነባበሩ እንደተመሰረቱ ለሚያምኑ ኢቮሉሽኒስቶች፥ ይህ ችግር ነው።

ያለ ስንጥቅጣቂ ምልክት ታጥፈው የሚታዩት ወፋፍራም አለት ንብብራት የሚሳዩን ነገር፥ የተለያዩ ንብብራት ገና እርጥብ ሆነው ሳሉ አብረው በፍጥነት የታጠፉ መሆናቸውን ነው። ይህ በአጭር የጊዜ ልዩነት ውስጥ በፍጥነት የተፈጸመ ፈጣን የሴዲሜንት ክምችትንና ፈጣን የአለት ንብብራት ምስረታን የሚያሳይ ነው። ይህ፥ ኢቮሉሽኒስቶች የመሬትን ረጅም ዕድሜ ለማሳየት የሚጠቀሙበትን የዓለት ንብብራቱን የሚሊዮኖች ዓመታት የምስረታ ጊዜን የሚቃረንና፥ ንብብራቱ በዓለም አቀፍ የጥፋት ውኃ ወቅት በአጭር ጊዜ ውስጥ እንደተመሰረቱ ለሚያምኑ ለፍጥረተኞች ትርጉም የሚሰጥ ነው።

24) <u>የሳተርን ጨረቃ ሚቴን ጋዝ</u> - የሳተርን የአንደኛዋ ጨረቃ የቲታን (Titan) አትሞስፌር፥ ከናይትሮጂን፣ ከሚቴንና ከሌሎች ኦርጋኒክ ጋዞች የተሰራ ሲሆን፥ከመሬት አትሞስፌር የወፈረ ነው። ቲታን አትሞስፌር ውስጥ ያለው ሚቴን ጋዝ ያለማቋረጥ ወደ ሌሎች ኦርጋኒክ ሞሎኪውሎች እየተለወጠ ነው። በነዚህ ሪአክሽኖች የሚፈጠረው ሃይድሮጂን ጋዝ ወደ ህዋ ውስጥ ስለሚጠፋና እነዚህ ሂደቶች ኢ-ተቀልባሽ ሂደቶች ስለሆኑ፥ሚቴን ጋዝ ከቲታን አትሞስፌር ውስጥ ያለማቋረጥ እየጠፋ ነው። ከቲታን አትሞስፌረር ውስጥ የሚጠፋውን ሚቴን የሚተካ ምንጭ ከሌለ በስተቀር፥ የቲታን ሚቴን ጋዝ በአሥር ሚሊዮን ዓመታት ውስጥ ሙሉ በሙሉ ከጨረቃዋ አትሞስፌር ውስጥ መጥፋት እንዳለበት ተሰልቷል። በእርግጥ ሳተርንና ጨረቃዋ ቲታን የቢሊዮኖች ዓመታት ዕድሜ ያላት ከሆነ፥በአሁኑ ጊዜ ምንም ሚቴን ጋዝ በጨረቃዋ አትሞስፌር ውስጥ መቅረት እንደሌለበት ሳይንቲስቶች ተረድተዋል።[14] የሳተርን አሳሽ መንኮራኩር *Cassini* በቅርቡ ባደረገችው ምርምር፥ ከጨረቃዋ (ቲታን) አካል ላይ እየተነነ አትሞስፌር ውስጥ የሚቀላቀል አነስተኛ የሚቴን ጋዝ መኖሩን ያረጋገጠች ቢሆንም፥ነገር ግን ይህ ችግሩን ለመፍታት በቂ ሆኖ አልተገኘም።

በተጨማሪም፥የሚቴን ውጤት የሆነው ሃይድሮጂን ጋዝ ብቻ ሳይሆን ነገር ግን የሚቴን ጋዞች ራሳቸውም ከጨረቃዋ አትሞስፌር ወደ ውጭ ህዋ እያመለጡ ሳይወጡ

---

[14] Mitri, G., Showman, A.P., Lunine, J.I. and Lorenz, R.D., Hydrocarbon lakes on Titan, Icarus 186:385–394, 2007

እንደማይቀር ይገመታል[15, 16] - ይህ የቲታንን ከፍተኛውን የዕድሜ ጣሪያ ይብስ ከ 10 ሚሊዮን ዓመት የሚቀንስና፥ የሶላር ሲስተም የቢሊዮኖች ዓመት ዕድሜን የሚቃረን ነው።

25) <u>የባህር ወለል ላይ በቂ ሴዲመንት የለም</u> - በየዓመቱ በወንዞችና በአቧራ ንፋስ አማካኝነት እስከ 20 ቢሊዮን ቶን የሚሆን ቆሻሻ፣አፈርና አለቶች ውቅያኖስ ውስጥ ይገባሉ።[17] እነዚህ ማቴሪያሎች በጠንካራው የውቅያኖስ ባዛልታዊ ወለል ላይ ይከማቻሉ። በአሁኑ ጊዜ በጠቅላላው ውቅያኖስ ውስጥ ያለው ዝቅጥ ሴድመንቶች (ጭቃ) አማካኝ ጥልቀት ከ 400 ሜትር ያነሰ ነው።[18] ከውቅያኖስ ወለል ላይ እነዚህን ጭቃዎች (ሴድመንቶች) የሚያስወግድ በአሁኑ ጊዜ የሚታወቀው ዋነኛው መንገድ፥ የስፍሃን ግብተ-ምድር (plate subduction) ነው። ይህ የባህር ወለል እጅግ በዝግታ (ጥቂት ሴ.ሜ በዓመት በሆነ ፍጥነት) ወደታች ወደ ጥልቅ ምድር ውስጥ የሚገባበት ሂደት ሲሆን፥ ሴድመንቶችን አብሮ ይዞ ይገባል። እንደ አንዳንድ ጥናቶች፥ ይህ ሂደት በአሁኑ ጊዜ በዓመት አንድ ቢሊዮን ቶን ጭቃ ከውቅያኖስ ወለል ላይ ያስወግዳል። ቀሪው 19 ቢሊዮን ቶን ግን በየዓመቱ ውቅያኖስ ውስጥ ይጠራቀማል። በዚህ ፍጥነት በአሁኑ ጊዜ በውቅያኖሶች ወለል ላይ ያለው ጠቅላላ ሴዲመንት ለመጠራቀም 12 ሚሊዮን ዓመታት ብቻ በቂ ነው።

ይሁንና እንደ ኢቮሉሽናዊ ቲዎሪ፥የወንዞች ሽርሽራና የስፍሃን ግብተ-ምድር (plate subduction) ለ 3 ቢሊዮኖች ዓመታት ሲካሄዱ የነበሩ ሂደቶች ናቸው። ውቅያኖሶች ለቢሊዮኖች ዓመታት የነበሩ ከሆነ፥ በአሁኑ ጊዜ በደርዘኖች ኪሎሜትር የሚቆጠር ከፍታ ያለው ሴዲመንቶች መያዝ ነበረባቸው። ነገር ግን ያን ያህል ክምችት የለም። ይህ በትክክል የመሬትን የቢሊዮኖች ዓመት ዕድሜን የሚቃረን ነው።

ስለዚህ፥በውቅያኖስ ወለል ላይ ከፍተኛ መጠን ያለው ዝቃጭ አለመኖር፥ከቢሊዮኖች

---

[15] Michael, M., et al., Ejection of nitrogen from Titan's atmosphere by magnetospheric ions and pick-up ions, Icarus 175:263–267, 2005.

[16] Sillanpaa, I., et al., Hybrid simulation study of ion escape at Titan for different orbital positions, Advances in Space Research 38(4):799–805, 2006.

[17] Milliman, John D. and James P. M. Syvitski, Geomorphic/tectonic control of sediment discharge to the ocean: the importance of small mountainous rivers, The Journal of Geology, vol. 100, pp. 525–544 (1992)

[18] Hay, W. W., et al., Mass/age distribution and composition of sediments on the ocean floor and the global rate of sediment subduction, Journal of Geophysical Research, 93(B12):14,933–14,940 (10 December 1988

ዓመት እድሜ መሬት መላምት ይልቅ፥ከጥቂት ሺህ ዓመት እድሜ መሬት ጋር በጥሩ ሁኔታ ይገጥማል።

እዚህ ጋ አንድ ሰው እንዲህ ሊጠይቅ ይችላል "ደህና! ነገር ግን 12 ሚሊዮን ዓመታት የሚፈጅ የዝቃጭ ክምችት፥እንዴት ከጥቂት ሺህ ዓመት እድሜ መሬት ጋር ሊስማማ ይችላል?"

መልስ - ከ 4,000 ዓመታት ግድም በፊት የተከሰተው የዘፍጥረቱ ጥፋት ውሃ፥አሁን የምናየውን (12 ሚሊዮን ዓመታት እንደሚፈጅ የተሰላለትን) አብዛኛውን ዝቃጭ በአጭር ጊዜ ውስጥ ውቅያኖስ ወለሎች ውስጥ ማከማቸት ይችላል።

26) <u>ሚትዮራይት (Meteorites)</u> - የተለያዩ ዓይነት ሚትዮሮች ከመሬት አትሞስፌር ጋር ያለማቋረጥ ይጋጫሉ። ከእነዚህ ውስጥ አንዳንዶቹ ምድር ላይ የሚደርሱ ሲሆን፥ ይሄኔ ሚትዮራይት (Meteorites) ተብለው ይጠራሉ። እንደ ኢቮሉሽናዊ ቲዎሪ ምድር የቢሊዮኖች ዓመታት ዕድሜ ያላት ከሆነ፥ይህ ለዚያን ያህል ዘመን መፈጸም ስላለበት፥ ሚትዮራይቶች በጥልቅ የሴዲመንተሪ ንብብራት (ንጣፍ) ውስጥ መገኘት አለባቸው። ነገር ግን እስካሁን የተገኙት ጠቅላላ ሚትዮራይቶች፥የመሬት የላይኛው ክፍል አካባቢ ላይ ብቻ ነው፤በጥልቅ የሴዲመንተሪ ንብብራት (ንጣፍ) ውስጥ የተገኘ ሚትዮራት የለም።

> "በስነ-ምድራዊ አምድ *(geologic column)* ውስጥ እስካሁን ምንም ሚትዮራይት ተገኝቶ አያውቅም።" - *Whipple F, "Comets," in The New Astronomy, N Henbest and M Marten, Cambridge, UK: Cambridge University Press, 28 August 1996 (ISBN 9780521408714), p. 207.*

ኢቮሉሽናዊ ቲዎሪ፥የስነ-ምድራዊ አምድ *(geologic column)* የአለት ንብብራት፥በመቶ ሚሊዮኖች ዓመታት ጊዜ ውስጥ ቀስ በቀስ አንዱ በሌላው ላይ እየተነባበሩ የተመሰረቱ መሆኑን ይገልጻል። ይህ እውነት ከሆንና መሬት ያን ያህል እጅግ የጥንት ከሆነች፥ በርካታ ሚትዮራይቶች በጥልቅ መሬት ውስጥ መገኘት ነበረባቸው። ነገር ግን የሉም! ይህ የሴዲመንተሪ ንብብራት (ንጣፎች) በአጭር ጊዜ ውስጥና እጅግ በቅርቡ ተነባብረው የተሰሩ መሆናቸውንና ስለዚህም መሬት ገና ወጣት መሆኗን የሚጠቁም ማስረጃ ነው።

> "ከላይኛው ምድር ጥቂት ጫማዎች ጥልቀት ውስጥ በርካታ ሚትዮራይቶች ያሉ ቢሆንም፥ወደ ታች ግን፥ በተለይም ሥነ-ምድራዊ አምድ በሚባሉት ውስጥ ምንም የለም። በእርግጥ ይህ እንግዳ የሆነ ሁኔታ ነው. . . በሌላ በኩል ግን ፍጥረተኞች (Creationist) ይህ ለምን ሊሆን እንደቻለ ለማየት ምንም ችግር የለባቸውም - አምዶቹ ሚትዮራይቶቹን ለማከማቸት [ለሚሊዮን]

> ዓመታት እዚያ አልነበሩም፤ [አምዶቹ] በፍጥነት የዘቀጡ (የተከማቹ) ናቸው።" - *News note, Creation Research Society Quarterly, June 1978, p. 88. (See also K Hindley, "Fallen Stars by the Ton" in New Scientist, 75(1059:20-22 (1977).*

ታርም እንዲህ ይላል፤

> "ለበርካታ ዓመታት ሚትዮራይቶችን ወይም ሚትዮራዊ ማቴሪያሎችን በሴዲመንተሪ አለቶች [በስነ ምድራዊ ንብብራት] ውስጥ ስፈልግ ኖሬያለሁ . . የዩ. ኤስ ብሔራዊ ሙዚየም ዶ/ር ጂ. ፒ. ሜሪል እና የብሪቲሽ የተፈጥሮ ቅርጽ ሙዚየም ዶ/ር ጂ. ቲ. ፕሪዮርን ቃለመጠይቅ አድርጌላቸ ዋለሁ፤ ሁለቱም የሚትዮራይት ታዋቂ ተመራማሪዎች ናቸው፤ አንዳቸውም በሴዲመንተሪ አለቶች ውስጥ ያለ አንድም ሚትዮራይት አያውቁም።" - *W.A. Tarr, "Meteorites in Sedimentary Rocks?" Science 75, January 1932.*

በተመሳሳይ ሜትዮሮች የሚፈጥሩትን ስርጉድ ጉድጓድ በጥልቅ የሴዲመንተሪ ንብብራት ውስጥ ለማግኘት ጥረት የተደረገ ቢሆንም፥ነገር ግን ማግኘት አልተቻለም። ሁልጊዜም የሚገኙት የምድር የላይኛው ገጸ-ምድርና እዚያ አካባቢ ብቻ ነው፤ ለምሳሌ አሪዞና ውስጥ ዊንስሎው አጠገብ የሚገኘው የ 1.2 ኪሎሜትር ዲያሜትር ስፋትና የ 182 ሜትር ጥልቀት ያለው የሚትዮር ጉድጓድ እናገኛለን። እነዚህ መረጃዎች በመሬት ላይ የተሰሩ ጠቅላላ የሚትዮር ጉድጓዶች የጥቂት ሺህ ዓመታት ዕድሜ ብቻ ያላቸው መሆናቸውን የሚጠቁሙ ናቸው።

27) <u>የዛጎል ተሬ (coral reefs) እድገት</u> - በውቅያኖሶች ላይ የሚገኙት የዛጎል ተሬዎች (coral reefs)፥ ከኮራል እንስሳት ድንጋያማ ቅሪተ አካል የተሰሩ፥ለመርከብ ጉዞ አስቸጋሪ የሆኑ ድንጋያማ ደሴቶች ናቸው። በፓሲፊክ ውቅያኖስ ላይ በዛጎል ተሬዎች የተሰሩ በርካታ ደሴቶች አሉ።

እንደ ድንጋይ የጠነከረው ዛጎል፥ የባህር ውስጥ ትናንሽ አከርካሪ-አልባ እንሰሳት ውጫዊ አካልና ቅሪተአካል ሲሆን፥ድንጋያማ ዛጎል በውቅያኖሶች ውስጥ እስከ 6,000 ሜትር ጥልቀት ድረስ ይገኛሉ።

በውቅያኖሶች ውስጥ ያለው የዛጎል ተሬ (coral reefs) በተወሰነ ፍጥነት እያደገ ነው። በዚህ በዛጎል ተሬ ፈጣን እድገት ላይ የተደረገ ምርምር የመሬትን ወጣት ዕድሜ የሚጠቁም ሆኖ ተገኝቷል።

> "የመሬት ረጅም ዕድሜ ብዙውን ጊዜ የሚገመተው ዛሬ በዝግታ በሚቆጥሩ

> 'ሰዓቶች' ነው። ለምሳሌ የዛጎል ተሬ እድገት ፍጥነት ለበርካታ ዓመታት እጅግ ዝግተኛ እንደሆነ ይታሰብ ነበር - የአንዳንድ የዛጎል ተሬዎች ዕድሜ እስከ መቶ ሺዎች ዓመታት እንዲደሚደርስ የሚያሳይ ነበር። ነገር ግን በተስማሚ የእድገት ሁኔታዎች ውስጥ [በቅርብ] የተለካው የበለጠ ትክክለኛ የእድገት ፍጥነቱ፥ማንኛውም የዛጎል ተሬ ከ 3,500 ዓመት በላይ ዕድሜ እንደሌለው አሳይቷል።" - *A.A. Roth, 'Coral Reef Growth,' Origins, Vol. 6, No. 2, 1979, pp. 88-95). "— W. T. Brown, In the Beginning (1989), p. 14.*

በሰሜን-ምስራቅ አውስትራሊያ የባህር ዳርቻ ፓሲፊክ ውቅያኖስ ላይ የሚገኘው *The Great Barrier Reef* በመባል የሚታወቀው ዛጎል ተሬ፥ በ 20 ዓመት ውስጥ ባሳየው የእድገት ፍጥነት ላይ በመመስረት የተለካው ዕድሜው ከ 4,200 ዓመት ያነሰ ሆኖ ተገኝቷል።

28) <u>ካርቦን-14 በአልማዝና በድንጋይ-ከሰል (coal) ውስጥ መኖር፤</u> ይህን ነጥብ ባለፈው ምዕራፍ ውስጥ አንስተነዋል፤ይሁንና ለዚህ ምዕራፍም ጠቃሚ ነጥብ ስለሆነ እዚህ ጋ ደግመን እናነሳዋለን።

ባለፈው ምዕራፍ 4 ውስጥ እንዳየነው፥ካርቦን-14 (C-14) በማንኛውም ዓይነት ማቴሪያል ውስጥ ለሚሊዮን ዓመታት ሊቆይ የማይችል፥በአንጻራዊነት በፍጥነት የሚፈርስ (በ 5730 ዓመት ግማሽ-ሕይወት) ሬዲዮአክቲቭ ኤለመንት ነው። በአንዳንድ ስሌቶች መሰረት በማንኛውም ማቴሪያል ውስጥ ከ 100,000 ዓመት (እጅግ ቢበዛ ከ 250,000 ዓመት) በኋላ አንዲትም የካርቦን-14 አተም ሳትፈርስ ልትቀር አትችልም። ይሁንና ከ 1 እስከ 2 ቢሊዮን ዓመታት ዕድሜ እንዳላቸው በሚታሰቡ ከተለያዩ ቦታዎች በተገኙ በበርካታ የአልማዝ[19] እና የድንጋይ-ከሰል (coal) ማእድናት ውስጥ ሳይንቲስቶች ካርቦን-14 ን አግኝተዋል። የአልማዝና የድንጋይ ከሰል ማዕድናት በእርግጥ የሚሊዮኖች ዓመታት ዕድሜ ቢኖራቸው ኖሮ፥ምንም የካርቦን-14 ኤለመንት በእነዚህ ማእድናት ውስጥ ሊቆይ አይችልም ነበር።

በፍጥነት ፈርሰው የሚያልቁ የካርቦን-14 ኤለመንቶች፥ መገኘት በሌለባቸው እስከ ቢሊዮን ዓመታት ዕድሜ እንዳላቸው በሚታሰቡ ማእድናት ውስጥ መገኘት

---

[19] አልማዝ ከካርቦን የሚሰራ ማእድን ሲሆን፥ በተፈጥሮ ውስጥ የሚገኘው በጥልቅ ምድር ውስጥ ነው። በከፍተኛ ግፊት (pressure) የሚሰራው አልማዝ፥ ምናልባትም ከ 100 ኪ.ሜ እስከ 200 ኪ.ሜ ጥልቅ ምድር ውስጥ እንደሚሰራ ይገመታል። ገጸ-ምድር አካባቢ በቅርብ የምናገኛቸው የአልማዝ ማእድኖች፥ ከ ጥልቅ ምድር ውስጥ በፍንዳታና በሌሎች የምድር ውስጥ እንቅስቃሴዎች ወደ ላይኛው ገጸ-ምድር የሚመጡትን እንደሆነ ይታሰባል።

የሚያሳየን፥በእርግጥ ማዕድናቱ የቢሊዮኖች ዓመታት ዕድሜ የሌላቸው መሆኑንና መሬትም ገና ወጣት መሆኗን ነው።

አልማዝ እጅግ ጠንካራና በኬሚካል ልውውጥ ሊመጣ የሚችል ብክለትን በከፍተኛ ሁኔታ የሚከላከል ማእድን ነው።

ነገር ግን እዚህ ጋ ኢቮሉሽኒስቶች ለዚህ እንደ ምክንያት የሚያቀርቧቸው አንዳንድ ሃሳቦች አሉ፤ የመጀመሪያው፥ድንጋይ ከሰል (coal) ውስጥ ያለው ካርቦን-14 እዛው በዩራኒየም ክፍለት (uranium- fission) (በትክክል ለማስቀመጥ - የዩራኒየም የፍርሰት ውጤት በሆነው በራዲየም አይሶቶፕ ፍርሰት) ሂደት የሚጠራቀም መሆኑን የሚገልጽ ነው። ነገር ግን በዚህ መንገድ ሊገኝ የሚችለው ካርቦን-14 ከተለካው መጠን እጅግ ጥቂት ክፋይ ብቻ ስለሆነ፥ይህ ሁኔታውን መግለጽ አይችልም። የሚታየውን የ ካርቦን-14 መጠን ለመግለጽ፥ የድንጋይ-ከሰሉ 99% ዩራኒየም መያዝ አለበት፤እንደዛ ከሆነ ደግሞ ናሙናው ‘የድንጋይ-ከሰል’ ተብሎ ሳይሆን ‘ዩራኒየም’ ተብሎ መጠራት አለበት[20]።

ሌላው የሚያቀርቡት ሃሳብ፥አልማዝ ውስጥ ያለው የካርቦን-14 ምንጭ፥ አልማዝ ውስጥ የሚገኙ የናይትሮጂን-14 (N-14) ኤለመንቶች ኒውትሮኖችን እየያዙ ወደ ካርቦን-14 ኤለመንቶች በመለወጥ ተጠራቅመው መሆንን የሚገልጽ ነው።

ነገር ግን በዚህ ዓይነት ሂደት ሊገኝ የሚችለው ከተለካው ከአንድ-አስር ሺኛ (1/10,000) ያነሰ ብቻ ነው። ዶ/ር ፓውል ጊም እንዲህ ይላል፤

> “በኤክስፐርመንት ናሙናዎች ውስጥ እጅግ በርካታ ካርቦን-14 ያሉት፥ አንድ ወቅት ኒውትሮኖች ዛሬ ካሉት ይበልጥ እጅግ በርካታ ስለነበሩ ነው ብሎ አንድ ሰው መላምት (hypothesis) ሊያወጣ ይችላል። ነገር ግን የሚያስፈልጉት የኒውትሮኖች ብዛት ዛሬ ከሚገኙት ከአንድ ሚሊዮን ጊዜ እጥፍ በላይ መሆን አለበት . . . ናይትሮጂን-14 (N-14) ከካርቦን-13 ይልቅ በ 110,000 ጊዜ እጥፍ በቀላሉ ኒውትሮኖችን ስለሚይዙ፥ 0.0000091% ናይትሮጂን ያለው ናሙና ምንም ናይትሮጂን ከሌለው ናሙና የሚበልጥ እጥፍ የካርቦን-14

[20] Rotta, R.B., Evolutionary explanations for anomalous radiocarbon in coal? Creation Research Society Quarterly 41(2):104–112, September 2004. 14C in coal was reported by: Baumgardner, J., Humphreys, D., Snelling, A. and Austin, S., The Enigma of the Ubiquity of 14C in Organic Samples Older Than 100 ka, Eos Transactions of the American Geophysical Union 84(46), Fall Meeting Suppl., Abstract V32C-1045, 2003. And also: Lowe, D., Problems associated with the use of coal as a source of 14C free background material, Radiocarbon 31:117–120, 1989.

ይዘት ሊኖረው ይገባል። በአንድ ናሙና ውስጥ የካርቦን-14 ዋነኛው ምንጭ ኒውትሮን መያዝ (neutron capture) ከሆነ፥ የሬዲዮካርቦን (C-14) የዕድሜ መለኪያ ዘዴ ከናሙናው የናትሮጂን ይዘት ጋር አብሮ በሰፊው የሚለዋወጥ መሆን አለበት። እንደዚህ ዓይነት የማውቀው ዳታ የለም። ምናልባት ይህ፥በርካታ ብዛት ያለው ካርቦን-14 በኒኩለር ሲንቴሳይዝ ይገኛል ብሎ ከልቡ በሚገልጽ ሰው የሚፈለግ ውጤት መሆን አለበት።" - *Giem, P., Carbon-14 content of fossil carbon, Origins 51:6–30 (2001); www.grisda.org/ origins/ 51006.htm.*

የኒኩለር ፍርሰት በቀድሞው ጊዜ እጅግ የተፋጠነ ከነበረ - ለምሳሌ የ 500 ሚሊዮን ዓመት የፍርሰት ውጤትን በአጭር ጊዜ የሚያስገኝ ከነበረ - ይህ አሁን የታዩትን አብዛኞቹን መግለጽ ይችላል። የ RATE አባላት የቀድሞ ጊዜ የፍርሰት ፍጥነት እጅግ የተፋጠነ እንደነበር የሚያሳዩ ማስረጃዎችን ማግኘታቸውን ባለፈው ምዕራፍ ውስጥ አይተናል።

ኢቮሉሽኒስቶች በተጨማሪ የሚጠቅሱት ነጥብ፥ በካርቦን-14 ዘዴ የተለካው የአልማዞቹ የ 55,700 ዓመት ዕድሜ፥ከመጽሐፍ ቅዱሱ የመሬት ዕድሜ የሚበልጥ እጅግ ትልቅ መሆኑን የሚገልጽ ነው። ነገር ግን እዚህ ጋ፥ 55,700 ዓመት የአልማዞቹ 'ዕድሜ' ትክክለኛ ዕድሜ ነው እየተባለ አይደለም፤ ነገር ግን እዚህ ጋ ለማሳየት የተፈለገው፥ መሬት 4.6 ቢሊዮን ዓመት ይቅርና አንድ ሚሊዮን ዓመት ዕድሜ ቢኖራት ኖሮ እንኳን፥ አንድም ካርቦን-14 መገኘት የሌለበት መሆኑን ነው።

29) <u>ፈጣን የግራኒት አለት ምስረታ</u> - የረጅም-ዕድሜ አማኞች፥ መሬት እጅግ ያረጀች ባለ ቢሊዮኖች ዓመት ዕድሜ መሆኗን ለማሳየት የሚያነሱት አንዱ ነጥብ፥ማግማ (ቅልጥ አለት) ከጥልቅ ምድር ወደ ላይኛው የመሬት ቅርፊት አካባቢ ለመውጣትና ለመቀዝቀዝ በርካታ ሚሊዮኖች ዓመታት ይወስድበታል የሚል ነው። 'ደረቅ' ግራኒታዊ ማግማ እጅግ ዝልግልግ (viscous - 10^9 pascal seconds) ስለሆነ የግራኒት አለቶች ለመመስረት መቶ ሚሊዮኖች ዓመታት እንደሚወስድባቸው ይታሰብ ነበር። ስለዚህም፥ከሴዲመንተሪ አለቶች በታችና፥ በአንዳንድ ቦታዎችም በላይኛው ገጸ-ምድር ላይ በሽርሽራ ምክንያት ተጋልጦ የሚታየው ሰፊ የግራኒት አለት ንጣፍ፥ከማግማ ለመቀዝቀዝ መቶ ሚሊዮኖች ዓመታት እንደሚወሰድበት ኢቮሉሽኒስት ይገልጻሉ።

ይሁንና በቅርቡ የተደረጉ ምርምሮች፥ማግማዎች አስቀድሞ የሚታሰበውን ያህል ዝልግልግ እንዳልሆኑና ዝልግልግነታቸው ከ 10^5–10^7 Pa s መሆኑን ሳይተዋል። በተጨማሪም በርካታ ፐርሰንት ውኃ የያዘ ማግማ፥ ከ 'ደረቅ' ማግማ ይልቅ ቢያንስ በመቶ ጊዜ ያነሰ ዝልግልግለት እንዳለው ታውቋል። አንዳንድ የኤክስፐርመንት ዳታዎች፥እጅግ ሞቃትና እርጥብ ግራኒታዊ ማግማ፥ እስከ 1 Pa s የሚደርስ እጅግ አነስተኛ ዝልግልግነት

(Viscosity) ሊኖረው እንደሚችል ይጠቁማሉ።[21,22,23] እነዚህ ማስረጃዎች፥ ማግማዎች ወደ ላይኛው የምድር ክፍል ለመውጣትና የግራኒት አለቶች ለመመስረት፥አጭር ጊዜ እንደሚበቃቸው የሚያሳዩ ናቸው - ሚሊዮኖች ዓመታት አያስፈልጋቸውም።

በተጨማሪም ወፍራም ፐሉቶኖች (የግራኒት አለት ንጣፎች)፥ አንድ ወቅት ይታሰብ እንደነበረው ከጥልቅ ምድር ወደ ገጸ-ምድር በዝግታ የሚሰርጉ የግዙፍ ማግማ ውጤቶች ሳይሆኑ፥ነገር ግን በአንጻራዊነት በአጭር ጊዜ ውስጥ አብረው ወደላይ የወጡ ስስ የማግማ ቁርጥራጮች ውጤት መሆናቸውን አዳዲስ ማስረጃዎች ያሳያሉ። እነዚህ ስስ ቁራርጥራጮች እያንዳንዳቸው - ቢያንስ በከፊል - በተናጥል ቀዝቅዘዋል፤በዚህም ቅዝቀዛውን በከፍተኛ ሁኔታ አፋጥነውታል።

አንድ መካከለኛ የማግማ ቁራጭ፥በአንድ ቀን ውስጥ በስንጥቅጥቆች በኩል እስከ 800 ሜትር ወደላይ ሊወጣ እንደሚችል ስሌቶች ያሳሉ።[24] በዚህ ፍጥነት 6,000 ኩቢክ ኪሎሜትር ይዘት ያለው የሰሜን ምዕራብ ፔሩው የኮርዲላር ብላንካ ፐሉቶን፥ ከ 30 ኪ.ሜ ከሚበልጥ ጥልቅ ምድር ውስጥ፥ 6 ሜትር በ 10 ኪ.ሜ ስፋት ባለው ስንጥቅ በኩል በ 350 ዓመታት ጊዜ ውስጥ ወደ ላይ በወጡ ማግማዎች ሊሰራ እንደሚችል ተሰልቷል።

በተጨማሪም የማግማው የውኃ ይዘት ከፍተኛ ከሆነ፥ በፍጥነት የሚቀዘቅዝ መሆኑን ምርምሮች አሳይተዋል።[25] ማግማው ቀዝቅዞ ግራኒቱ ክሪስታላይዝ ሲሆን፥ የተያዘው ውኃ ከሶሉሽኑ ውስጥ በስንጥቅጣቂዎች በኩል ሙቀት ይዞ ወደ ውጭ ይወጣል። በዚያኑ ሰዓት ቀዝቃዛ ውኃ ከውጭ ወደ ፐሉቶኑ ሰርጎ ሊገባ ይችላል፤ይህም ውስጥ ይሞቅና በተራው ሙቀት ይዞ ይወጣል። ይህ ሃይድሮተርማል ዙረት (hydrothermal

[21] Baker, D.R., Granitic melt viscosities: empirical and configurational entropy models for their calculation, American Mineralogist 81:126–134, 1996

[22] Schulze, F. et al., The influence of H2O on the viscosity of a haplogranitic melt, American Mineralogist 81:1155–1165, 1996.

[23] Hess, K.-U. and Dingwell, D.B., Viscosities of hydrous leucogranitic melts: A non-Arrhenian model, American Mineralogist 81:1297–1300, 1996

[24] N. Petford, R.C. Kerr and J.R. Lister, Dike transport of granitoid magmas, Geology 21:845–848, 1993

[25] F.J. Spera, Thermal evolution of plutons: a parameterized approach, Science 207:299–301, 1982

circulation) በመባል የሚታወቀውን ሂደት ይፈጥራል።[26] ይህ ፐሉቶኑን በፍጥነት ያቀዘቅዘዋል። ቀደም ብሎ ግን፥ የፐሉቶኖች ቅዝቀዛ በንክኪት (conduction) ብቻ እንደሚፈጸም ይታሰብ ነበር፤ስለዚህም ስሌቶች ለቅዝቀዛ ሚሊዮኖች ዓመታት እንደሚያስፈልግ ያሳዩ ነበር።

ቅዝቀዛው በምን ያህል ፍጥነት ነው የሚፈጸመው? አንድ ትልቅ ፐሉቶን ለመቀዝቀዝ የሚያስፈልገው ጊዜ ቀድሞ ይታሰብ ከነበረው ከበርካታ ሚሊዮኖች ቢበዛ ወደ ጥቂት ሺህ ዓመታት መውረዱን ማቲማቲክሳዊ የቅዝቀዛ ሞዴል ላይ በመመስረት የተደረጉ ምርምሮች ያሳያሉ።[30, 27, 28] ሌሎች የቅርብ ሞዴሎች ደግሞ፥የቅዝቀዛ ጊዜውን እንደ ፐሉቶኖቹ መጠን ከመቶዎች ዓመታት እስከ ጥቂት ሺህ ዓመታት መሆኑን አሳይተዋል።

አብዛኞቹ ፐሉቶኖች (ወፍራም የግራኒት ንጣፎች) ለመቀዝቀዝ ከ 3,000 ዓመት ያነሰ ጊዜ ብቻ ይበቃቸዋል። የግራኒት አለቶች ቅዝቀዛና ምስረታ፥ ከመሬት የ 6,000 ወይም የ 7,500 ዓመት ዕድሜና ከ 4,300 እስከ 5,000 ዓመታት በፊት ከነበረው የዓለም አቀፍ የጥፋት ውኃ ጋር የሚስማማ ነው።

30) <u>የሕዝብ ብዛት እድገት፤</u> በአሁኑ ጊዜ የዓለም ሕዝብ በየቀኑ በ 74 ሚሊዮን እየጨመረ በመሄድ ላይ ነው(www.worldometers.info /world-population/)። በአሁኑ ጊዜ ያለው የሕዝብ እድገት፥የዓለም ሕዝብ በ የ 70 ዓመት በእጥፍ እንደሚጨምር ያሳያል። ያለፉ ዘመናት ሂደቶች፥በዛሬው ጊዜ ያሉ ሂደቶች ባላቸው ፍጥነት ዓይነት ሲሰሩ እንደነበር የሚገልጸውን የኢቮሉሽኒስቶችን የመሠረተ-አሁን እምንታን በመጠቀም፥በአሁኑ ጊዜ ያለውን 7.3 ቢሊዮን የሚሆነውን የዓለም ሕዝብ፥ በግማሽ እየከፈልንና ለእያንዳንዱ ከፋይ 70 ዓመት እየደመርን ብንሄድ፥በጥቂት ሺህ ዓመታት ጊዜ ውስጥ ዜሮ የሕዝብ ብዛት ላይ እንደርሳለን። ይህ የሚያሳየን፥ሰው በዚህች ምድር ላይ የኖረው ላለፉት ጥቂት ሺዎች ዓመታት ብቻ መሆኑን ነው።

ሌላ ዓይነት ስሌትም ተመሳሳይ ውጤት ያሳየናል።

---

[26] L.M. Cathles, An analysis of the cooling of intrusives by ground-water convection which includes boiling, Economic Geology 72:804–826, 1977

[27] L.M. Cathles, Fluid-flow and genesis of hydrothermal ore deposits, Economic Geology: 75th Anniversary Volume, B.J. Skinner (ed.), pp. 424–457, 1981.

[28] A.A. Snelling and J. Woodmorappe, The cooling of thick igneous bodies on a young Earth, Proceedings of the Fourth International Conference on Creationism, R.E. Walsh (ed.), Creation Science Fellowship, Pittsburgh, Pennsylvania, pp. 527–545, 1998

እስካሁን የሚታወቀው ከፍተኛው የዓለም ሕዝብ እድገት መጠን በ 1963 ዓ.ም የተመዘገበው 2.19% በዓመት ነው። በአሁኑ ጊዜ ያለው የሕዝብ እድገት መጠን ደግሞ 1.14% በዓመት ነው። ከሁለት ሰዎች በመጀመርና 2% በዓመት የሕዝብ እድገት በመጠቀም፥በአሁኑ ጊዜ ያለው 7.3 ቢሊዮን የዓለም ሕዝብ ብዛት ላይ ለመድረስ ምን ያህል ጊዜ ይፈጅብናል? 1,100 ዓመታት ብቻ!

31) <u>የፖሎኒየም ከባቢጸዳል (Polonium radiohalos)</u> – ይህን ነጥብ ባለፈው ምዕራፍ ውስጥ ለተፋጠነ የፍርሰት ፍጥነት ማስረጃነት ያነሳነው ቢሆንም፥ነገር ግን የወጣት መሬት ማስረጃም ስለሆነ እዚህ ጋም ደግመን እናነሳዋለን።

ከባቢጸደሎች (Radiohalos)፥ማይካንና ግራኒትን በመሳሰሉ በአንዳንድ ማእድናት ክሪስታሎች ውስጥ የሚገኙና አንድ የጋራ ማእከልን የሚካበቡ ቀለበት መሰል ባለ ቀለም ስፌሮች (sphere) ናቸው።

የ ጥቁር ማይካ (ባዮቲት) ቁራጭ በባዶ ዓይን ሲታይ ለስላሳና ጠፍጣፋ መስሎ ይታያል፤ በማይክሮስኮፕ ሲታይ ግን በተለይ ዚርኮንን (zircons) የመሳሰሉ የሌሎች ሚኒራሎች ጥቃቅን ክሪስታሎች ይታያሉ። እነዚህ የዚርኮን ክሪስታሎች በከባቢጸዳሎች - halos (ባለ ቀለም ቀለበቶች) የተከበቡ ናቸው። እነዚህ ከባቢጸዳሎች (halos) ስለ መሬት ዕድሜ የሚናገሩት አስደናቂ ታሪክ አለ። ከባቢጸዳሎች (halos) ውስጥ፥ በቀድሞ ጊዜ ዩራኒየም በከፍተኛ ፍጥነት ይፈርስ እንደነበርና የመሬት ዕድሜ እጅግ ወጣት መሆኑን የሚያሳይ ማስረጃ አለ።

ዘርዘር አርገን እንየው፤

ዚርኮን ውስጥ በሚገኙ ዩራኒየሞች ፍርሰት ወቅት የሚለቀቁ አልፋ ፓርቲክሎች ማይካውን በመጉዳት ቀለሙን ይለውጡታል። ከባቢጸዳል ወይም Radiohalos በመባል የሚታወቁት ባለ ቀለም ስፌራዊ ክቦች የሚፈጠሩት በዚህ ጊዜ ነው። የክቦቹ የጋራ ማእከል *radiocentre* በመባል ይታወቃል። ይህ ማዕከላዊው እምብርት (ቢያንስ መጀመሪያ ላይ) ፈራሹ ሬዲኤአክቲቭ ኤለመንት የነበረበት ስፍራ ነው።

የዩራኒየም ፍርሰት፥ በበርካታ የፍርሰት ሠንሰለቶች የሚፈጸም ስለሆነ በርካታ የከባቢጸዳል ቀለበቶችን ይሰራል። በዩራኒየም የፍርሰት ሠንሰለት ውስጥ ካሉ ከ 15 አይሶቶፖች (ኤለመንቶች) መካከል በስምንቱ[29] ፍርሰት ወቅት አልፋ ፓርቲክሎች ስለሚለቀቁ፥ በጠቅላላ ስምንት ቀለበቶች ይሰራሉ (ይሁንና በአንዳንድ ቀለበቶች መደራረብ ምክንያት ብዙውን ጊዜ በግልጽ የሚታዩት አምስቱ ቀለበቶች ብቻ ናቸው)።

---

[29] በሌሎቹ ሰባቱ አይሶቶፖች ፍርሰት ወቅት የሚለቀቁት ቤታ ፓርቲክሎች ናቸው። ቤታ ፓርቲክሎች ከባቢጸዳል አይሰሩም።

የቀለበቶቹ ማእከላዊው እምብርት ላይ በዩራኒየም ፈንታ በፍርሰት ሰንሰለቱ ውስጥ ካሉ አይሶቶፖች መካከል አንዱን የያዘ ከሆነ ግን የቀለበቶቹ ቁጥር ይቀንሳል። ስለዚህ የቀለበቶቹን ቁጥር በመቁጠር ወይም በዲያሜትራቸው ማእከላዊ እምብርቱ ላይ በመጀመሪያ የነበረው አይሶቶፕ የትኛው እንደሆነ - ማለትም ምን ዓይነት ኤለመንት እንደፈረሰ በቀላሉ መወሰን ይቻላል።

<u>የፖሎኒየም ከባቢጸዳሎች፤</u> የዩራኒየም ከባቢጸዳል የመጨረሻዎቹ ሶስት ቀለበቶች የሚሰሩት፥ ፖሎኒየም[30] (polonium) በሚባል ኤለመንት ነው። ይህ ሬዲዮአክቲቭ ኤለመንት በተፈጥሮ ውስጥ ብዙ መቆየት የማይችል በፍጥነት የሚፈርስና[31] ብዙም የማይገኝ ኤለመንት ነው (ሶስት ዓይነት የፖሎኒየም አይሶቶፖች አሉ)። ይሁንና በዩራኒየም ፍርሰት ወቅት ያለማቋረጥ የሚመነጭ ነው፤ስለዚህ ፖሎኒየም ሁልጊዜም ከዩራኒየም ጋር የተሳሰረ ነው።

ይሁንና በፖሎኒየም ብቻ የተሰሩ ከባቢጸዳሎች መኖራቸው ሲታወቅ ተመራማሪዎችን ያስደነቀና ያልጠተበቀ ጉዳይ ነበር። በነዚህ ከባቢጸዳሎች ማዕከላዊ እምብርት ላይ ፖሎኒየም ብቻውን እንዴት ሊኖር ቻለ?

በመጀመሪያ ግን ከባቢጸዳሎቹ በእርግጥ የፖሎኒየም ከባቢጸዳሎች መሆናቸውን

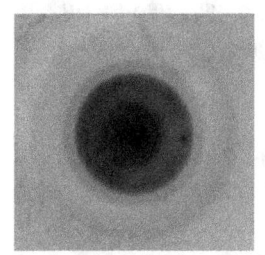

የምናውቀው እንዴት ነው? የፖሎኒየም ከባቢጸዳል በቀለበቶቹ ቁጥርና በቀለበቶቹ ስፋት በቀላሉ ይለያል። ይህ በኤክስፐርመንት ተረጋግጧል። በዚህም ፖሎኒየም-218 ሶስት ቀለበቶች፣ፖሎኒየም-214 ሁለት ቀለበቶች፣ ፖሎኒየም-210 አንድ ቀለበት እንደሚሰሩ ታውቋል።

አሁን ወደላይኛውና ዋናው ጥያቄ እንመለስ? በፖሎኒየም ብቻ የተሰሩ ከባቢጸዳሎች እንዴት ሊኖሩ ቻሉ?

ፖሎኒየም አጭር የሕይወት ዘመን ስላለው የፖሎኒየም ከባቢጸዳሎች እጅግ በፍጥነት መሠራት አለባቸው - በሰዓታት ወይም በቀናት ጊዜ ውስጥ። በተጨማሪም የፖሎኒየም ማእከላዊ እምብርትን ለመፍጠር፥በዚያ አካባቢ የበርካታ ፖሎኒየሞች ምንጭ (ማለትም ዩራኒየም) መኖር አለበት። ካለበለዚያ ፖሎኒየሙ በራሳቸው ሊኖሩና ከባቢጸዳሎች ሊሰሩ

---

[30] ፖሎኒየም (polonium) ሜሪ ኩሪ (ከባለቤቷ ፔሪ ኩሪ ጋር) በ 1898 ዓ.ም ያገኘችውና በትውልድ አገሯ በፖላንድ የተሰየመ ፈራሽ ሬዲዮአክቲቭ ኤለመንት ነው።

[31] ሶስት ዓይነት ዓይነት የፖሎኒየም አይሶቶፖች ያሉ ሲሆን፥ ሁሉም እጅግ አጭር የሕይወት ዘመን ያላቸው ሬዲዮአክቲቭ ኤለመንት ናቸው። የፖሎኒየም-210 (^{210}Po) ግማሽ-ሕይወት (half-life) 138 ቀናት ሲሆን፣ የፖሎኒየም-214 (^{214}Po) ግማሽ-ሕይወት 164 ማይክሮሰከንድ፣ የፖሎኒየም-218 (^{218}Po) ደግሞ 3 ደቂቃ ነው።

አይችሉም።

ከአብዛኞቹ የፖሎኒየም ከባቢጸዳሎች ጎን - ከአንድ ሚሊሜትር ባነሰ ርቀት ላይ የዩራኒየም ከባቢጸዳሎች ይገኛሉ። በዩራኒየም ከባቢጸዳሎች ማእከላዊ እምብርት (radiocentre) ላይ ዩራኒየም እየፈረሰ የከባቢጸዳል ቀለበቶች ሲፈጠሩ ፖሎኒየሞችንም አብሮ ያመነጫል። በመቀዝቀዝ ላይ ባለ ግራኒት ውስጥ የሚፈስ ሞቃት ውኃ ፖሎኒየሞችን አጭር ርቀት በመውሰድ አዳዲስ ማእከላዊ እምብርቶች (radiocentres) ላይ ሊያከማቻቸው ይችላል። ከእነዚህ የፖሎኒየም ብቻ ከባቢጸዳሎች ሊፈጠሩ ይችላሉ።

<u>አስደናቂዎቹ አንደምታዎች፤</u> የእነዚህ ፖሎኒየም ከባቢጸዳሎች መኖር ምን ማለት ነው?

<u>በመጀመሪያ፤</u> የፖሎኒየም ከባቢጸዳሎችን ለመፈጠር እጅግ በርካታ የፖሎኒየም ኤለመንቶች ፍርሰት ያስፈልጋል - ዩራኒየም በዛሬው የመፍረስ ፍጥነቱ በ 100 ሚሊዮን ዓመታት ጊዜ ውስጥ ፈርሶ የሚያስገኛቸው የፖሊኒየሞች ብዛት ያህል ያስፈልጋል። ይሁንና እነዚህ እጅግ አጭር የሕይወት ዘመን ያላቸው ፖሎኒየሞች ከባቢጸዳል ለመስራት ሁሉም በፍጥነት አንድ ላይ መገኘት አለባቸው። ሁሉም በሰዓታት ወይም በቀናት ጊዜ ውስጥ በበቂ ሁኔታ መከማቸው አለባቸው። ካለበለዚያ ከባቢጸዳሎችን መስራት አይችሉም። ስለዚህ የፖሎኒየም ብቻ የሆኑ ከባቢጸዳሎች ተፈጥረዋል ማለት፥ በዛሬው የመፍረስ ፍጥነቱ 100 ሚሊዮን ዓመታት የሚፈጅ የዩራኒየም የሬዲዮአክቲቭ ፍርሰት በጥቂት ቀናት ውስጥ ተፈጽሟል ማለት ነው!

በሌላ አባባል የቀድሞው የዩራኒየም የሬዲዮአክቲቭ የፍርሰት ፍጥነት ከዛሬው በቢሊዮኖች ጊዜ እጥፍ የተፋጠነ ነበር። (ይህኛውን አንደምታ የተመለከተ ምዕራፍ 4 ውስጥ ተጨማሪ ታገኛለህ።)

<u>ሁለተኛ፤</u> ዩራኒየም ፍርሰት በቀድሞ ጊዜ እንዲህ እጅግ የተፋጠነ ከነበረ፥ የሌሎች ሬዲዮአክቲቭ ኤለመንቶች ፍርሰትም በቀድሞ ጊዜ የተፋጠነ ሊሆን ይችላል። የሬዲአክቲቭ ዘዴዎች የአለቶችን ዕድሜ እስከ ‘ቢሊዮኖች ዓመታት’ አድርገው ሲለኩ፥ የሬዲአክቲቭ የፍርሰት ፍጥነት ሁልጊዜም በዛሬው ጊዜ ከተለካው የፍርሰት ፍጥነት ጋር አንድ አይነት እንደሆነ አድርጎ በመውሰድ ነው። ስለዚህ፥በቀድሞ ጊዜ የፍርሰት ፍጥነት የተፋጠነ ከነበረ፥ዛሬ በሬዲዮአክቲቭ የዕድሜ መለኪያ ዘዴዎች የቢሊዮኖች ዓመታት ‘ዕድሜ’ የሚለካላቸው ዓለቶች፥ በእርግጥ ዕድሜያቸው ጥቂት ሺህ ዓመታት ዕድሜ ናቸው ማለት ነው።

በዚህ ክፍል ውስጥ በዋነኛነት የምንፈልገው ግን ከዚህ በታች ያለውን ነው፤

<u>ሶስተኛ፤</u> ከባቢጸዳሎች ሊፈጠሩ የሚችሉት፥ እነሱን የያዘው ግራኒት ቀዝቅዞ ጠጣር ክርስቲያል ዓለት ከሆነ በኋላ ብቻ ነው። በሌላ አባባል ከባቢጸዳሎች በቅልጥ ፈሳሽ አለት ውስጥ ሊሰሩ አይችሉም - የቀለጠ አለት ምንም ዓይነት ክርስቲያል ገጽታ ስለሌለው።

ለምሳሌ ከባቢጸዳሎችን የያዘ አንድ አለት ቢቀልጥ ከባቢጸዳሎቹ ይጠፋሉ።

ስለዚህ ፖሎኒየሞችን የሚያስገኘው የዩራኒየም ሬዲዮአክቲቭ ፍርሰት ግራናይቶቹ (አለቶቹ) ቅዝቀዛ እንደጀመሩ ወዲያውኑ መጀመርና የፖሎኒየም ከባቢጸዳሎች እስኪሰሩ ድረስ መቀጠል አለበት። የግራኒት አለቶች ቀዝቅዘው ጠጣር ለመሆን ሚሊዮኖች ዓመታት የሚፈጅባቸው ቢሆን ኖሮ፥ዛሬ በግራኒት አለቶች ውስጥ ምንም ከባቢጸዳሎች ሊኖሩ አይችሉም ነበር፤ ምክንያቱም (1ኛ) በቅልጥ አለት ውስጥ የከባቢጸዳል ቀለበቶች ሊሰሩ አይችሉም (2ኛ) አለቱ እስከሚጠጥር ድረስ ይህን ያህል ረጅም ጊዜ ፖሎኒየሞቹ መቆየት አይችሉም - ቢበዛ በወራት ጊዜ ውስጥ ሁሉም ፖሎኒየሞች ፈርሰው ያልቃሉ። ስለዚህ የፖሎኒየም ብቻ የሆኑ ከባቢጸዳሎች ተሰርተዋል ማለት፥የግራኒት አለቶቹ ከ 6 እስከ 10 ቀናት ጊዜ ውስጥ ቀዝቅዘው ጠጥረዋል ማለት ነው።

በመላው ዓለም በሚገኙ የግራኒት አለቶች ውስጥ የእነዚህ ከባቢጸዳሎች መኖር፥ መሬትና አለቶቿ ሚሊዮኖችና ቢሊዮኖች ዓመታት በፈጀ ቅዝቀዛ የተገኙ ባለ ቢሊዮኖች ዓመታት ዕድሜ ሳይሆኑ፥ ነገር ግን ባለ ጥቂት ሺህ ዓመታት ዕድሜ መሆናቸውን የሚጠቁሙ ማስረጃዎች ናቸው!

32) **<u>የሰው ልጅ ታሪክ እጅግ አጭር ነው፤</u>** ስለ ሰው ልጅ ስልጣኔ፣ የጽሕፈት ጅማሬ፣ የእርሻ ሥራ አጀማመር. . . ወዘተ የሚያሳዩ በሰው ልጆች የተመዘገቡ ታሪካዊ መዛግብቶችና አርኪዮሎጂያዊ ግኝቶች ወደ ኋላ የሚሄዱት ከክርስቶስ ልደት በፊት ቢበዛ እስከ 10,000 ዓመት ግድም ብቻ ነው።

ቀደምት የጹሕፍ መረጃዎች እስከ 3100 ዓ.ዓ ወይም ብዛ ቢል እስከ 4000 ዓ.ዓ ድረስ ብቻ ቢርቁ ነው። በተጨማሪም እነዚህ መረጃዎች ሲገኙ፥ ሁልጊዜም የሚያሳዩን በወቅቱ በአንጻራዊነት ያደገ ሥልጣኔ የነበረ መሆኑን ነው። የቀድሞው ሰው የጽሑፍ፣ የቋንቋና የባህል እሴቶቹ የጀመሩት፥ ድንገትና በሙሉ እድገት ሊባል በሚቻልበት ሁኔታ ከጥቂት ሺህ ዓመታት በፊት መሆኑን አርኪዎሎጂካዊ መረጃዎች ያሳሉ።

ከ 4000 ዓ.ዓ በፊት ምንም ዓይነት የሰው ልጅ ስልጣኔ አልነበረም፤

> "ከ 4000 ዓ.ዓ በፊት የነበረን ምንም ዓይነት የሰው ልጅ ሥልጣኔ [የሚያሳዩ] ታሪካዊ ጹሁፎች ሙሉ በሙሉ የሉም።" - *H. Enoch, Evolution or Creation (1967), p. 137.*

የሰው ልጅ ስልጣኔ የታየው ድንገት ነው፤

> "ከስድስት ወይም ከሰባት ሺህ ዓመታት በፊት. . የሰውን ዓለም መገንባት የሚያስችለን ስልጣኔ ድንገት ታየ።" - *Jonathan Schell, The Fate of the Earth (1982), p. 181.*

ሔኖክም በተመሳሳይ እንዲህ ይላል፤

> “ስልጣኔ መታየት የጀመረው ድንገት ነው።” *H. Enoch, Evolution or Creation (1967), p. 131.*

ከ 3000 ዓ.ዓ. ያለፉ የጹህፍ መረጃዎች የሉንም፤

> “ያሉን የመጀመሪያቹ የሰው ልጅ ታሪክ የጹሁፍ መረጃዎች ወደኋላ 5,000 ዓመታት ብቻ የሚሄዱ ናቸው።” - *World Book Encyclopedia, 1966 edition, Vol. 6, p. 12.*

ኮሊን ሬንፍሪውም በተመሳሳይ እንዲህ ይላል፤

> “የግብጻዊያን ነገስታት ዝርዝር እስከ መጀመሪያው የግብጽ ሥርወ መንግስት እስከ 3000 ዓ.ዓ ድረስ ይሄዳል። ከዚያ በፊት ግን አንድም የጹህፍ መረጃ የትም ቦታ የለም።” - *Colin Renfrew, Before Civilization (1983), p. 25. edition, Vol. 6, p. 12.*

የሰው ልጅ እርሻ የጀመረው ከአስር ሺህ ዓመታት ባነሰ ጊዜ ውስጥ ነው።

> “በድሮው ዓለም አብዛኛው ወሳኝ የሆኑ የእርሻ አብዮቶች የተከናወኑት በ 10,000 እና በ 5000 ዓመታት መካከል ነው።” - *Reader's Digest,The Last Two Million Years (1984), pp. 9, 29.*

ከተወሰነ ጥቂት ሺህ ዓመት በፊት የሰው ልጅን ስልጣኔ የሚያሳይ ምንም ፍንጭ የለም። ከተወሰነ ነጥብ በኋላ ግን ሥልጣኔ፣ጹሕፍ፣ ቋንቋ፣እርሻ፣ለማዳ እንሰሳ እና ሌሎች ድንገት ፈንድተው ሲወጡ እናያለን!

የእርሻ ሥራን፣የእንሰሳት እርባታን፣የብረት ሥራ ጅማሬን፣ የከተማ ግንባታን የተመለከቱ እጅግ ቀደምቶቹ የጹህፍና የቁፋሮ መረጃዎች የቅርብ ምሥራቆች ናቸው። ይህ ደግሞ ታላቁ የጥፋት ውኃ ማብቂያ ላይ የኖህ መርከብ

ያረፈችበት የአራራት ተራሮች አካባቢ ነው። ይህ ተራራ የሚገኘው በአሁኗ ቱርክ ምስራቅ ግዛት ውስጥ ቀድሞ ፐርሺያና ባቢሎን በሚል ይታወቁ በነበሩት በኢራንና በኢራቅ ድንበር አጠገብ ነው።

እንግዳ በሆነ ሁኔታ፥ካለፉት መቶ ሺዎች ዓመታት ይልቅ በመጨረሻዎቹ 6,000 ዓመታት፥የሰው ልጅ በሚያስደንቅ እመርታ ማደጉ ኢቮሉሽኒስቶችን አስደንቋል።

> “ሰው ካለፉት የሚሊዮን ዓመታት ቅድመ-ታሪክ ቆይታው ይልቅ ባለፉት 6,000 ዓመታት እጅግ ከፍተኛ በሆነ ፍጥነት አድጓል።” - *Louise Eisman and Charles Tanzer, Biology and Human Progress (1958), p. 509.*

ምዕራፍ 5 የወጣት መሬት ማስረጃዎች

“ጅራታም ኮከብ፣የማግኔቲክ ፊልድ ምንመና፣ የዚርኮን ሂሉየም፣ የፖሎኒየም ከባቢጸዳል፣ የግራኒት ፈጣን ቅዝቀዛ. . ስለነዚህ ነገሮች አትጨነቅ፤ ሕዝብ ስለዚህ የሚያወቀው ነገር የለም፤ዝም ብለህ መሬት የቢሊዮኖች ዓመት ዕድሜ እንዳላት ንገራቸው።”

“ለ የ 30 ግራም የጨረቃ ድንጋይ 3 ሚሊዮን ዶላር አወጣን - በየቦታው ያገኘነው ግን ጥቂት ሺህ ዓመት ዕድሜ እንዳላት የሚያረጋግጡ አይሶቶፖችን ነው - መልሰህ ውሰድና እዛው ጣላቸው!”

“ከ 3.8 ቢሊዮን ዓመታት በፊት የመሬት አትሞስፌር የዛሬውን 1,000 ጊዜ እጥፍ ካርቦን ዳይኦክሳይድ ይዞ እንደነበር አድርገን ብንወስድ፥ የደብዛዛዋ ፀሐይ ችግር ይፈታልናል።”

“ችግሩ፥ጨረቃና መሬት ከ 1.7 ቢሊዮን ዓመት በላይ ዕድሜ ካላቸው፥ ጨረቃ እጅግ አጠገባችን ትሆንና ላያችን ላይ ትወድቃለች።”

ኢቮሉሽኒስቶች፥ ከ ስድስት ሺህ ዓመታት በፊት የሆነን፥ የሰው ልጅ ታሪካዊ መዛግብቶች መረጃ ሊያገኙ ያልቻለበትን ሃሳባዊ ዘመን "ቅድመ-ታሪክ" ዘመን ብለው ሰይመውታል።

> "ከ 6000 ዓመታት በፊት የነበረው ጊዜ የቅድመ-ታሪክ ዘመን በመባል ይታወቃል።" - *Mark A. Hall and Milton S. Lesser, Review Text in Biology (1966) p. 354.*

ማጠቃለያ

ለመሬት 'ያረጀች' ወይም 'ወጣት' የሚሉ ቃላት አጠቃቀም፥አንጻራዊ ነው። ለምሳሌ፥መሬት ያረጀች - እጅግ ያረጀች ነች ማለት ይቻላል። በሺህ የሚቆጠር - እንደውም እስከ ስድስት ሺህ ዓመት የሚሆን ዕድሜ ያላት እጅግ ያረጀች ናት! በዚህ አገላለጽ የምንገረመው፥'ረጅም ዘመን' ማለት በርካታ ሚሊዮኖችና ቢሊዮኖች ዓመታት አድርገን እንድንቆጥርና፥ አንድ ሺህ ዓመት ግን (በእውነት ግን ሊታመን የማይችል እጅግ እጅግ ረጅም ጊዜ) ልክ እንደ 'ትላንት' አድርገን እንድንቆጥር፥ ገና ከልጅነት ጀምረን በትምህርት ቤት በኢቮሉሽናዊ ትምህርቶች ስለሚነገረን ነው።

ለዚህ ነው፥ቱሪስቶች ምዕራብ አውስትራሊያ ውስጥ 'የደነገዩ (ወደ ድንጋይነት የተለወጡ) የጉድጓድ ውሃ ማውጫ መዘውሮች የመቼ ዘመን እንደነበሩ ሲነገራቸው፥በመገረምና ባለማመን "ይህ ነገር በጠጣር ድንጋይ ለመሸፈን ስልሳ ዓመት ብቻ ነው የፈጀበት?" በማለት የሚጠይቁት። ውኃ ያዘለ ኖራ-ድንጋይ ስልሳ ዓመት ሙሉ ቀንና ሌሊት ሲንጠባጠብበት መኖር፥ በእርግጥ እጅግ ረጅም ጊዜ ነው።

መጽሐፍ ቅዱስ ውስጥ ግን 'የጥንት' እያለ የሚጠቅሳቸው ዘመናት ጥቂት ሺህ ዓመታትን ነው - ቢሊዮኖችን አይደለም። ለምሳሌ "የዱሮውን ዘመን አስብ፥የብዙ ትውልድንም ዓመታት አስተውል፤አባትህን ጠይቅ፥ ያስታውቅህማል፤ሽማግሌዎችህን ጠይቅ ይነግሩህማል።" (ዘዳግም 32፥7) እንዲሁም "ከድሮ ጀምሮ የታወቀ...ወንዝ" (መሳ 5:21) በሌላ ቦታ ላይም "የቀድሞውን የጥንቱን ነገር አስቡ" (ኢሳ 46:10) የሚሉት ቃላት፥ ከሰዎቹ የሕይወት ዘመን ጋር ሲስተያዩ፥በእርግጥም የጥንት ናቸው - ከሺህዎች ዓመታት በፊት የነበሩ። ከዘላለማዊነት ውጭ የ "ሚሊዮኖች ዓመታት" ሃሳብን መጽሀፍ ቅዱስ ውስጥ የትም ስፍራ አይገኝም።

'ወጣት' ወይም 'ያረጀ' የሚሉ ቃላትን በምትረዳበት ዓይነት፥ ጥቂት ሺዎች ዓመታትን በምትፈልገው ዓይነት ልትጠራው ትችላለህ። በየትኛውም ዓይነት ጥራው፥ነገር ግን የእግዚአብሔር ቃልና ፍጥረቱ ሁለቱም አንድ ዓይነት ነገር እየነገሩን ነው፤ በመሬት ሰዓት አቆጣጠር፥ እግዚአብሔር ምድራችንን ከፈጠራት ጥቂት ሺህ ዓመታት - ከ 10 ሺህ ያነሰ ምናልባትም ወደ 6 ወይም 7 ሺህ ዓመታት ግድም ያለፉ መሆናቸውን ይነግሩናል።

****

አፔንዲክስ

<u>የባህር የጨው ክምችትና ዕድሜ</u>

ውቅያኖሶቻችን የመሬትን አካል 71% የሚሸፍኑ ሲሆን፥ 1,347 ሚሊዮን ኩቢክ ኪሎ ሜትር ውሃ ይዘዋል። ይሁንና ውኃው እጅግ ጨዋማ ስለሆነ ለመጠጥ የሚሆን አይደለም። መደበኛው ጨው ከሶዲየምና ከክሎሪን አዮኖች (Na^+ እና Cl^-) ጥምረት የሚሰራ ሲሆን፥ በባህር ውስጥ ያሉት ዋነኞቹ አዮኖችም እነዚሁ ሶዲየምና ክሎሪን ናቸው።

የባህርን የጨው መጠን የሚጨምሩ በርካታ ሂደቶች አሉ። ጨው አንዴ ባህር ውስጥ ከገባ በቀላሉ አይወጣም። በዚህም ምክንያት የባህር ውኃ ጨዋማነት ከጊዜ ወደ ጊዜ በመደበኛነት እየጨመረ ይገኛል። ምን ያህል ጨው በባህር ውስጥ እንዳለና በተወሰነ ጊዜ ወደ ባህር ውስጥ የሚገባውንና የሚወጣውን የጨው መጠን ማስላት ከተቻለ፥ ከእነዚህ መረጃዎች ተነስቶ የባህሩን ከፍተኛ ዕድሜ ማስላት ይቻላል።

ይህ ሃሳብ ለመጀመሪያ ጊዜ የቀረበው፥የሰር አይዛክ ኒውተን የሥራ ባልደረባ በነበረው በኤድሞንድ ሀሊ (1656-1742) ነበር። ከዚያ ወዲህ ጂኦሎጂስት፣ ፊዚስትና የሬዲየሽን ቴራፒስት ፈር ቀዳጅ የነበረው ጆን ጆሊ (1857-1933) በዚህ ዘዴ በመጠቀም፥ ውቅያኖሶች ቢበዛ ከ 80 እስከ 90 ሚሊዮን ዓመት የበለጠ ዕድሜ እንደማይኖራቸው ገምቶ ነበር። ሕይወት ከቢሊዮኖች ዓመታት በፊት በባህር ውስጥ እንደጀመረ ለሚያምኑ ለኢቮሉሽኒስቶች ይህ እጅግ ወጣት ዕድሜ ነው።

በቅርቡ ደግሞ ጂኦሎጂስቱ ዶክተር ስቴቭ አስቲን እና ፊዚስቱ ዶክተር ሩሴል ሐምፍሬይስ በውቅያኖስ ውስጥ ያለውን የሶዲየም አዮን (Na^+) መጠንና ወደ ውቅያኖስ ውስጥ የሚገባበትንና የሚወጣበትን መጠን የሚያሳዩ ከበርካታ የጂኦሳይንስ ምንጮች የተሰባሰቡ መረጃዎች ላይ ጥናት አካሂደው ነበር።

እያንዳንዱ ኪሎ ግራም የባህር ውኃ ከ 10.8 ግራም (በክብደት ወደ አንድ ፐርሰንት ግድም) የሶዲየም አዮን Na^+ ይዟል። ይህ ማለት በጠቅላላ 1.47×10^{16} ቶን (14,700 ሚሊዮን ሚሊዮን ቶን) የሶዲየም አዮን (Na^+) በውቅያኖስ ውስጥ አለ። (በጠቅላላው ጨው ካየነው ደግሞ፥ እያንዳንዱ ኪሎግራም የባህር ውኃ በአማካኝ 35 ግራም ክፍሉ ጨው ነው።)

ሶዲየም ወደ ውቅያኖስ የሚገባበት ዋነኛው መንገድ በወንዞች አማካኝነት ነው። በርካታ

መጠን ያለው ጨው ከምድር ውስጥ ለውስጥ በውሃ አማካኝነት በቀጥታ ባህር የሚገባ ሲሆን፥ ይህም submarine groundwater discharge (SGWD) በመባል ይታወቃል። እንዲህ ዓይነት ውኃዎች ብዙውን ጊዜ በማዕድን የተሞሉ ናቸው። ሌላው መንገድ የውቅያኖስ ወለል ዝቃጭ ደለል ሲሆን፥ከዚህ በርካታ ሶዲየምን ይለቀቃሉ። በውቅያኖስ ወለል ላይ ያሉ ሞቃት ምንጮችም (Hydrothermal vents) የተወሰነ ጨው ይለቃሉ። የባህር ውስጥ የእሳተ ጎመራዎችም አቧራዎችም የተወሰነ ሶዲየም ያዋጣሉ።

በየአመቱ ወደ ባህር የሚገባው የሶዲየም መጠን ወደ 457 ሚሊዮን ቶን እንደሚጠጋ ኦስቲን እና ሐምፍሬይስ አስልተውታል። ይሁንና እና የኢቮሉሽኒስቶችን እመንታዎች (assumptions) በመውሰድ የተሰላው ዝቅተኛው መጠን በዓመት 356 ሚሊዮን ቶን ነው። በእርግጥ በቅርቡ የተደረገ ሌላ ጥናት ኦስቲን እና ሐምፍሬይስ ካሰሉት በበለጠ ፍጥነት ጨው ወደ ውቅያኖስ እየገባ መሆኑን ያሳያል። *(ይህ ማለት ሊሆን የሚችለውን ትልቁን የውቅያኖስን ዕድሜ ይበልጥ እንዲያንስ የሚያደርግ ነው።)*

በተቃራኒው ሶዲየም ከውቅያኖስ ውሃ ውስጥ የሚቀንስባቸው መንገዶች አንዱ ትነት ነው[1]። ሌላኛው መንገድ ደግሞ የአዮን ልውውጥ (ion exchange) በመባል የሚታወቀው ነው - ሸክላ የሶዲየም አዮንን ከውሃው ውስጥ ወስዶ፥ የካልሲየም አዮን ውቅያኖስ ውስጥ መልቀቅ ይችላል። ውሃ በውቅያኖስ ወለል ላይ ባሉ የዝቃጭ ጥቃቅን ቀዳዳዎች ሲያዝ አንዳንድ ሶዲየሞች ከውቅያኖስ ውሃ ውስጥ ይቀንሳሉ። በክሪስታላቸው ውስጥ ትላልቅ ገታ (cavity) ያላቸው አንዳንድ ማዕድናት [zeolite] ከውቅያኖስ ውስጥ ሶዲየምን ሊመጡ ይችላሉ።

ይሁንና በእነዚህ ሁሉ መንገዶች ሶዲየም ከውቅያኖስ ውሃ ውስጥ የሚቀንስበት ፍጥነትና መጠን፥ ወደ ውቅያኖስ ውስጥ ከሚገባበት ጋር ሲነጻጸር እጅግ አነስተኛ ነው። ኦስቲን እና ሐምፍሬይስ ወደ 122 ሚሊዮን ቶን የሚጠጋ ሶዲየም በየዓመቱ ከባህር ውስጥ እንደሚቀንስ አስልተዋል። ይህ ማለት ከሚጨመረው 27% ማለት ነው። ኢቮሉሽኒስቶች የሚሉትን ከፍተኛውን መጠን 206 ሚሊዮን ቶን በዓመት ብንወስድም እንኳን፥ አሁንም እየገባ ካለበት መጠን እጅግ ያነሰ ነው። (ከፍተኛ የውጣት ፍጥነትና ዝቅተኛ የግባት ፍጥነት፥ትልቅ የውቅያኖስ ዕድሜ ያስገኛል ነው።)

ኦስቲን እና ሐምፍሬይስ፥ የኢቮሉሽኒስቶችን እመንታ በመጠቀም - ማለትም ሶዲየም ከውቅያኖስ የሚወጣበትን ከፍተኛውን መጠን [በዓመት 206 ሚሊዮን ቶን] እና ወደ ውቅያኖስ ውስጥ የሚቀላቀልበትን ዝቅተኛውን መጠን [በዓመት 356 ሚሊዮን ቶን] በመጠቀም የውቅያኖስን ዕድሜ አስልተውት 62 ሚሊዮን ዓመት ሆኖ አግኝተውታል።

---

[1] በባህር አካባቢ የሚኖሩ ሰዎች ብዙውን ጊዜ በእቃዎቻቸው ላይ የዝገት ችግር ያጋጥማቸዋል። ይህ የሚሆነው ከባህር እያመለጡ የሚወጡ ጥቃቅን የውሃ ነጠብጣቦች ካረፉበት እቃ ላይ በሚተኑበት ወቅት የጨው ክርስትያሎችን እቃዎቹ ላይ ትተው ስለሚተኑ ነው።

ይህ የራሳቸውን የኢቮሉሽኒስቶችን ዳታዎችና እመንታዎች ተጠቅመው ሊያሰሉት የቻሉት የመጨረሻው *ከፍተኛው የዕድሜ ጣሪያ ነው!*

እዚህ ጋ ፥ (1ኛ) ለአንዳንድ የባህር ውስጥ ሕይወት /አሣዎች/ ተስማሚ እንዲሆንና በቅዝቃዜ ወቅት ባህሩ ፈጥኖ ወደ በረዶነት እንዳይረጋ ለመከላከል ከመጀመሪያውኑም ጨው ባህሩ ውስጥ መኖር ያለበት የመሆኑ እውነታን ግምት ውስጥ ስናስገባና (2ኛ) በታላቁ ዓለም አቀፍ የጥፋት ውኃ ወቅት፥በጥቂት ቀናት ውስጥ በርካታ ጨው ሚሙቶ ባህር ውስጥ የሚቀላቀል የመሆኑን እውነታ ግምት ውስጥ ስናስገባ - ከፍተኛው የውቅያኖስ ዕድሜ ከሚሊዮኖች ወደ ሺዎች ዓመታት ሊወርድ እንደሚችል በቀላሉ ማየት እንችላለን።

በመጨረሻም የ SGWD መጠን ከተገመተው በላይ (ከ 10 ፐርሰንት ወደ 40 ፐርሰንት) ሆኖ መገኘት ዕድሜውን ይበልጥ እንዲቀንስ ያደርገዋል።

ምዕራፍ ፩

የሩቅ ከዋክብት ብርሃን እንዴት በጥቂት ሺህ ዓመታት መሬት ሊደርስ እንደሚችል

የጥቂት ሺህ ዓመታት ዕድሜ ባላት ዩኒቨርስ ውስጥ፥
ቢሊዮኖች የብርሃን ዓመታት ርቀት ላይ ካሉ ኮከቦች የሚለቀቅ
ብርሃን እንዴት በአጭር ጊዜ እኛ ጋ ሊደርስ እንደሚችል

1 - በጉዞ ላይ የተፈጠረ ብርሃን
2 - የብርሃን ፍጥነት መቀነስ ቲዎሪ (C-Decay)
3 - የሐምፍሬይስ ኮስሞሎጂ
4 – የሃርተኔት Cosmological relativity
5 - የ ሊስሊ ASC ሞዴል

*****

መግቢያ

ሩቅ ያሉ ጋላክሲዎችን እንተውና ቅርባችን ካሉ ጎረቤት ጋላክሲዎች ብርሃን እኛ ጋ ለመድረስ ከፍጥረት ጀምሮ ያሉት ዓመታት (7,000 ዓመት ግድም) በቂ አይደለም። ታዲያ እንዴት ልናያቸው ቻልን?

ኢቮሉሽኒስቶች፥ የጥቂት ሺህ ዓመት ዕድሜ ያላት 'ወጣት ዩኒቨርስ' ላይ ዘወትር የሚያቀርቡት ትልቁ ተቃውሞ፥ 'የሩቅ ኮከብ ብርሃን ችግር' (distant starlight problem) በመባል የሚታወቀው ይህን እንቆቅልሽ የመሰለ ክስተት ነው[1]። ጥያቄው፥

---

[1] ነገር ግን የራሳቸው የኢቮሉሽኒስቶች መደበኛው የቢግባንግ ቲዎሪ ሊገልጸው የማይችለው 'የአድማስ ችግር' (horizon problem) በመባል የሚታወቅ የራሱ የብርሃን-ጉዞ ጊዜ ችግር (*light-travel–time*

ምዕራፍ 6 የሩቅ ከዋከብት ብርሃን እንዴት በጥቂት ዓመታት ምድር ሊደርስ እንደሚችል

ዩኒቨርስ የጥቂት ሺህ ዓመት እድሜ ብቻ ያላት ከሆነ፥ከእኛ በርካታ ቢሊዮን የብርሃን-ዓመት ርቀት[2] ላይ የሚገኙ ጋላክሲዎችን እንዴት ልናያቸው ቻልን? ይህ ጥያቄ፥ሰዎች የጥቂት ሺህ ዓመት ዕድሜ ያላትን ወጣት-ዩኒቨርስን ሲያስቡ በአእምሯቸው የሚመጣ ግልጽ ጥያቄ ነው።

ዩኒቨርስ እጅግ ሰፊ መሆኗ ከአንድ ክፍለ ዘመን ግድም ጀምሮ ይታወቃል። አንዳንድ ጋላክሲዎች ከእኛ እጅግ ሩቅ ከመሆናቸው የተነሳ፥ከእነሱ የሚነሳ ብርሃን 300,000 ኪ.ሜ/በሰከንድ ፍጥነት እየተጓዘ እኛ ጋ ለመድረስ ቢሊዮኖች ዓመታት ይፈጅበታል። ዛሬ እነዚህን ጋላክሲዎች እያየናቸው ስለሆነ፥እነዚህ ብርሃኖች ከዚያ ወደዚህ የተጓዙ መሆን አለባቸው። ጉዟቸው ቢሊዮኖች ዓመታት መውሰድ እንዳለበት ስለሚታሰብ፥ዩኒቨርስ ወይም ቢያንስ እነዚያ ጋላክሲዎች ቢሊዮኖች ዓመት ዕድሜ ሊኖራቸው ይገባል።

ነገር ግን ይህ፥ዩኒቨርስ ከጥቂት ሺህ ዓመታት በፊት እንደተፈጠረች ከሚጠቁመን ከመጽሐፍ ቅዱስ ቀጥተኛ ንባብ ጋር የሚጋጭ ይመስላል። በዚህም ምክንያት አንዳንድ ጊዜ ክርስትያኖች ስለ ዩኒቨርስ ዕድሜ መወያየት አይፈልጉም። ፤

ምንም እንኳን ዩኒቨርስና ምድራችን የጥቂት ሺህ ዓመት እድሜ ብቻ ያላቸው መሆኑን የሚያሳዩ በርካታ ሳይንሳዊ ማስረጃዎች (ምዕራፍ 5) እና መጽሐፍ ቅዱሳዊ ማስረጃዎች ያሉ ቢሆንም፥ይህ ከላይ ያየነው 'የሩቅ ኮከብ ብርሃን ችግር' የዘፍጥረት ገለጻን የሚቃረን መስሎ ይታያል።

> ነገር ግን የሩቅ ኮከብ ብርሃን በአጭር ጊዜ ውስጥ እዚህ ሊደርስ የሚችልባቸው በሳይንስ ሊገለጹ የሚችሉ የተለያዩ ተፈጥሯዊ መንገዶች አሉ። በዚህ ምዕራፍ ውስጥ፥የጥቂት ሺህ ዓመታት ዕድሜ ባላት ዩኒቨርስ ውስጥ፥ ቢሊዮኖች የብርሃን ዓመታት ርቀት ላይ ካሉ ኮከቦች የሚለቀቅ ብርሃን እንዴት በአጭር ጊዜ እኛ ጋ ሊደርስ እንደሚችል የሚያሳዩ የተለያዩ ሳይንሳዊ መንገዶችን እናያለን።

ምናልባት እዚህ ጋ አንዳንዶች ይህን ችግር መሠል ነገር እንዲህ በሚል ሊያልፉት ይሞክሩ ይሆናል፤ "እግዚአብሔር ኮከቦችን የፈጠራቸው በምድር ላይ ብርሃንን እንዲሰጡ ስለሆነ፥የኮከብ ብርሃን እኛ ጋ ሊደርስ የቻለበት መንገድ፥ልእለ-ተፈጥሮ በሆነ በመለኮታዊ አሰራር ሊሆን ይችላል፤ በተለይ በመጀመሪያው የፍጥረት ሳምንት ውስጥ እግዚአብሔር ከተፈጥሮ በላይ በሆነ በመለኮታዊ ኃይል ይሰራ ስለነበር፥የሩቅ ኮከብ ብርሃንን በአንድ ቀን ውስጥ ምድር ማድረስ ይችላል።"

ነገር ግን እዚህ ጋ ጥያቄው፥ከልዕለ ተፈጥሮ አሠራር ውጭ በሳይንሳዊ መንገድ ሊገለጽ

---

problem) ያለው መሆኑን ምዕራፍ አንድ ቁጥር 11 ውስጥ አይተናል።

[2] አንድ የብርሃን-ዓመት ርቀት ማለት፥ብርሃን በአንድ ዓመት ጊዜ ውስጥ የሚጓዘው ርቀት ማለት ሲሆን ይህም 9.47 ትሪሊዮን ኪሎሜትር ግድም ነው።

ምዕራፍ 6 የሩቅ ከዋክብት ብርሃን እንዴት በጥቂት ዓመታት ምድር ሊደርስ እንደሚችል

የሚቻልበት መንገድ አለ ወይ ነው?

ሩቅ ያሉ የኮከብ ብርሃኖች እንዴት በወጣት ዩኒቨርስ ውስጥ ሊታዩ ይችላሉ የሚለውን ጥያቄ ለመፍታት ፍጥረተኛ ተመራማሪዎችና ሳይንቲስቶች ለበርካታ ዓመታት ተመራምረዋል፤ የተለያዩ ተመራማሪዎችም የሩቅ ኮከብ ብርሃን በአንጻራዊነት አጭር በሆነ ጊዜ ውስጥ እንዴት ምድር ሊደርስ እንደሚችል የሚያሳዩ የተለያዩ ሞዴሎችን አውጥተዋል።

በዚህ ምዕራፍ ውስጥ አምስቱን እናያለን - በእርግጥ የመጀመሪያዎቹ ሁለቱ በአሁኑ ጊዜ በአብዛኞቹ ፍጥረተኛ ሳይንቲስቶች ዘንድ ሙሉ በሙሉ የተጣሉ ናቸው። እነዚህም (1) በጉዞ ላይ የተፈጠረ ብርሃን፣ (2) የሴተርፊልድ የብርሃን ፍጥነት መቀነስ ቲዎሪ (C-Decay) 1981 ዓ.ም፣ (3) የአነስታይንን ግራቪቲያዊ የጊዜ-ስፈት (gravitational time-dilation) በመጠቀም የወጣው የፊዚስት ዶክተር የሐምፍሬይስ ሞዴል 1994, 1998, 2007, 2008 ዓ.ም (4) በሐምፍሬይስ ሞዴል ላይ ማሻሻያ ተደርጎበት የወጣው የፊዚስቱ የዶክተር ጆን ሃርትኔት *cosmological relativity* ሞዴል 2007 ዓ.ም እና (5) የአስትሮፊዚስቱ የዶክተር ጃሰን ሊስሊ ASC ሞዴል (Anisotropic Synchrony Convention model 2010 ዓ.ም) ናቸው።

1) <u>በጉዞ ላይ የተፈጠረ ብርሃን</u> - ይህ፥እግዚአብሔር ብርሃንን "በመሄድ ላይ እንዳለ" የፈጠረው መሆኑን የሚገልጽ ቀየት ያለ መላምት ነው። ስለዚህ አዳም የከዋክብት ብርሃን ወደ ምድር እስኪደርስ ሚሊዮኖች ዓመታት መጠበቅ ሳያስፈልገው በፍጥረት በ6ኛው ቀን ከዋክብትን ወዲያውኑ ሊያያቸው ይችላል።

ነገር ግን ይህ የማይሰራና ሊሆን የማይችል መሆኑ ታምኖበት በአሁኑ ጊዜ ሙሉ በሙሉ ውድቅ የተደረገ ነው። ምክንያቱም የኮከብ ብርሃን በውስጡ በርካታ መረጃዎችን የያዘ ነው፤(ለምሳሌ የኮከቦች ፍንዳታ፣ የጋላክሲዎች መሽከርከር . . .ወዘተ)፤ ብርሃኑ ከኮከብ ያልተነሳ በመንገድ ላይ የተፈጠረ ከሆነ፥ዛሬ በብርሃኑ ውስጥ የምናገኘው መረጃዎች በሙሉ በእርግጥ ያልተፈጸሙ የውሸት ናቸው ማለት ነው።

እግዚአብሔር ብርሃንን በመንገድ ላይ የፈጠረው ከሆነ፥ብርሃኑ በእርግጥ ከኮከቦቹ የመጣ ስላልሆነ፥ሩቅ ሕዋ ውስጥ የምናያቸው ነገሮች ሁሉ በእውነት የተፈጸሙ ክስተቶች አይደሉም ማለት ነው - ብርሃኑ ውስጥ ያለ መረጃን ብቻ ነው የምናየው ማለት ነው። ሩቅ ያሉ ሰማያዊ ክስተቶች በእግዚአብሔር የተፈጠሩ ልብ ወለድ ፊልሞች ብቻ ናቸው ማለት ነው። ነገር ግን ይህ ከእግዚአብሔር ባህሪ ጋር የሚጣጣም አይደለም። የእውነት አምላክ እግዚአብሔር የውሸት ታሪክ ፈጥሮ እያሞኘን ሊሆን አይችልም። በዚህም ምክንያት "በመንገድ ላይ የተፈጠረ ብርሃን" ለ 'ሩቅ ኮከብ ብርሃን ችግር' አሳማኝ ገለጻ እንዳልሆነ በማየት ፍጥረተኛ ሳይንቲስቶች ሙሉ በሙሉ ውድቅ አድርገውታል።

2) <u>የብርሃን ፍጥነት መቀነስ ቲዎሪ (C-Decay)</u> - አውስትራሊያዊው ባሪ ሴተርፊልድ፥ በፍጥረት ቀናት የብርሃን ፍጥነት እጅግ ትልቅ እንደነበርና ከዚያ ጊዜ ጀምሮ እየቀነሰና የመጣ መሆኑን የሚገልጽ C-Decay በመባል የሚታወቅ ቲዎሪ በ 1981 ዓ.ም አውጥቶ ነበር[3]።

በእርግጥ የብርሃን የቀድሞ ፍጥነቱ የአሁኑን ቢሊዮኖች ጊዜ ያህል የነበረ ከሆነ፥ብርሃን በቢሊዮኖች የሚቆጠር የብርሃን-ዓመት ርቀትን በ 7 ሺህ ዓመት ጊዜ ውስጥ ተጉዞ ሊያጠናቅቅ ይችላል።

ምንም እንኳን C-Decay የሩቅ ኮከብ ብርሃን ችግርን በቀላሉ የሚፈታ ሞዴል ቢሆንም፥ ነገር ግን ሌሎች በርካታ ችግሮችን የሚያስከትል በመሆኑ በአሁኑ ጊዜ በአጠቃላይ በፍጥረተኛ ሳይንቲስቶች ዘንድ C-Decay ተቀባይነት ያለው አይደለም።

የ CDK ሞዴል ዋነኛው ችግር፥ C (የብርሃን ፍጥነት) ፊዚክስ ውስጥ ከበርካታ አቶማዊ መጠኖችና ፊዚካላዊ ኢ-ተለዋዋጮች ጋር የተያያዘ ስለሆነ፥የ ብርሃን ፍጥነት (C) በዚያ ያህል ከፍተኛ መጠን የቀነሰ ከሆነ፥በርካታ ነገሮችንም እንዲለወጡ በማድረግ ውስብስብ ችግሮችን የሚያስከትል መሆኑ ነው። C ን መለወጥ፥ፊዚክስ ውስጥ ከብርሃን ፍጥነት ጋ በፎርሙላ የተያያዙ እርግጠኝነታቸው የተረጋገጡና በትክክል እየተሰራባቸው ያሉ በርካታ ኳንቲቲዎችን አብሮ እንዲለወጡ በማድረግ በርካታ ችግሮችን ይፈጥራል። ስለዚህ በአሁኑ ጊዜ በፍጥረተኛ ሳይንቲስቶች ዘንድ ውድቅ የተደረገ ቲዎሪ ነው።

3) <u>የሐምፍሬይስ ሞዴል</u> - ይህ በፍጥረተኛ ፊዚስት በዶክተር ሩሴል ሐምፍሬይስ በ 1994 ዓ.ም የወጣ ኮስሞሊጂ፥ዩኒቨርስ በመሬት ሰዓት አቆጣጠር ጥቂት ሺህ ዓመታት እድሜ ብቻ ኖሯት፥ዩኒቨርስ ጠርዝ ላይ ባለ ሰዓት ግን የቢሊዮኖች ዓመት ዕድሜ ሊኖራት እንደሚችል የሚያሳይ ኮስሞሎጂ ነው። ይህ ሞዴል የአነስታይንን አጠቃላይ ንጽጽራዊነት ቲዎሪን (general relativity theory) የሚጠቀም ሲሆን፥ቁልፍ ሃሳብ፥ በአራተኛው መደበኛው የፍጥረት ቀን መሬት በዩኒቨርስ ማዕከል አካባቢ ከፍተኛ ግራቪቲ ክልል ውስጥ የነበረች መሆኑና እየሰፋ ከነበረው ከሌላው የዩኒቨርስ ክፍል ጋር ሲነጻጸር መሬት ላይ 'ጊዜ' እጅግ በዝግታ ያልፍ የነበረ መሆኑ ነው።

---

[3] ሴተርፊልድ እና በኋላ አብሮት ይሰራ የነበረው የደቡብ አውስትራሊያ ፍሊንደርስ ዩኒቨርስቲ ማቲማቲሺያን ትሪቮር ኖርማን ይህን ቲዎሪ የሚደግፉ ማስረጃዎችን አቅርበው ነበር። እንዳቀረቡት ገለጻ ከሆነ ባለፉት 320 ዓመታት ጊዜ ውስጥ በ 16 የተለያየ ዓይነት ዘዴዎች የተደረጉ 163 የብርሃን ፍጥነት ልኬቶች በሙሉ የሚያሳዩት ቅነሳ ቀጥታዊ ያልሆነ መሆኑንና ነገር ግን ቅነሳው በቀድሞው ጊዜ የእይል ባህሪ (exponential) የነበረው መሆኑን ቀስ በቀስ ግን በረድ እያለ በመምጣት ከጥቂት አስርት ዓመታት በፊት አሁን የያዘው መጠን C ላይ እንደደረሰ ያስረዳሉ።

ምዕራፍ 6 የሩቅ ከዋክብት ብርሃን እንዴት በጥቂት ዓመታት ምድር ሊደርስ እንደሚችል

ይህን ሞዴል ዘርዘር አርገን እንየው፤

ብዙ ሰው፥ 'ጊዜ' በሁሉም ቦታና በሁሉም ሁኔታ ውስጥ በአንድ ዓይነት ፍጥነት የሚያልፍና ፍጥነቱ የማይለዋወጥ ፍጹም የሆነ አድርጎ ያስባል። በደምሳሳው ሲታይ ይህ ትክክል ቢመስልም፥ ነገር ግን ይህ ሃሳብ ስህተት ነው። አነስታይን 'ጊዜ' የሚያልፍበት ፍጥነት ወይም የጊዜ አቆጣጠር በሁለት ነገሮች - በግራቪቲ እና በፍጥነት (የጊዜ መቁጠሪያ ሲስተሙ በሚጓዝበት ፍጥነት) ላይ ጥገኛ እንደሆነ አሳይቷል። እነዚህ ሁለት ነገሮች (ግራቪቲ እና ፍጥነት) ትልቅ ከሆኑ፥የጊዜ አቆጣጠርን ወይም ጊዜ የሚያልፍበትን ፍጥነት ዝግ እንደሚያደርጉት የአነስታን አጠቃላይ የንጽጽራዊነት ቲዎሪው (general relativity theory) ያሳያል።

እንደ አንስታይን ቲዎሪ አንድ በከፍተኛ ፍጥነት ህዋ ውስጥ የሚጓዝ አስትሮነመር ጋ ያለ ሰዓት፥ በሌላ ስፍራ ባለ ተመልካች ሲታይ ጊዜው በዝግታ ሲያልፍ ያስተውላል። ይህ የጊዜ-ስፊት ወይም time-dilation ተብሎ ይጠራል። ስለዚህ አንድ ሰዓት መቁጠሪያን በብርሃን ፍጥነት በሚጠጋ ከፍተኛ ፍጥነት በህዋ ውስጥ ማስኬድ ብንችልና ከሩቅ ሆነን ብናየው፥ ሰዓቱ የሚቆጥረው በዝግታ ነው።

በተመሳሳይ በከፍተኛ ግራቪቲ ውስጥም ጊዜ የሚያልፈው በዝግታ ነው። እዚሁ ምድራችን ላይ ሳይቀር ግራቪቲ በትንሹ በለጥ በሚልበት በባህር ወለል ላይ ያለ ሰዓት፥ተራራ ጫፍ ላይ ካለ ተመሳሳይ ሰዓት ይልቅ ትንሽ ቀስ እያለ ይቆጥራል። ይህ አንድ ዓይነት ዘመናዊ አቶሚክ ሰዓቶችን በመጠቀም በሙከራ ተረጋግጧል። ግራቪቲው በትንሹ አነስ ከሚልበት ረጅም ህንጻ ጫፍ ላይ ያሉ ሰዓቶች ታች ምድር ላይ ካሉ ተመሳሳይ ሰዓቶች ይልቅ በፍጥነት እንደሚሄዱ ተረጋግጧል - ይህ የአነስታይን የአጠቃላይ ንጽጽራዊነት ቲዎሪ የሚገልጸው ነው። የ GPS ሳተላይቶች ሰዓት በምድር ላይ ካሉ ሰዓቶች ይልቅ ፈጠን ብለው ይሮጣሉ፤እዚያ ግራቪቲ በመጠኑ ቀነስ ስለሚል።

እዚሁ መሬት ላይ ባሉ ቦታዎች መካከል የሚኖር የግራቪቲ ልዩነት እጅግ አነስተኛ ስለሆነ፥ የሚፈጠረው የጊዜ-ስፊትም (time-dilation) ሊታወቀን የማይችል እጅግ አነስተኛ ነው። ይሁንና የጊዜ-ስፊት፥ የተረጋገጠ የአነስታይን ፊዚክስ ነው።

ዶክተር ሐምፍሬይስ የከዋከብት ብርሃን ችግር ለመፍታት የተጠቀመው ይህን ከላይ ያየነውን የአነስታይንን የአጠቃላይ ንጽጽራዊነት ቲዎሪ (general relativity theory) ነው - በግራቪቲ ምክንያት የሚመጣን የጊዜን ቀስ ብሎ የማለፍ ባህሪን (gravitational time dilation)!

ይህ እንዴት እንደሆነ ከማየታችን በፊት የሐምፍሬይስ ኮስሞሎጂ የተጠቀመባቸውን አንዳንድ ተጨማሪ እመንታዎችን እንመልከት፤

ምዕራፍ 6 የሩቅ ከዋክብት ብርሃን እንዴት በጥቂት ዓመታት ምድር ሊደርስ እንደሚችል

ሐምፍሬይስ የወሰዳቸው እምንታዎች፤

(1) የሐምፍሬይስ ኮስሞሎጂ፥ድንበርና ማዕከላዊ ስፍራ ያላትን ዩኒቨርስ ይጠቀማል። ይህ ማለት፥ ወደ ውጫዊ ህዋ ብትጓዝ በመጨረሻ ምንም ቁስአካል የሌለበት ቦታ ትደርሳለህ። ዩኒቨርስ ማዕከላዊ ስፍራ እንዳላት የሚያሳዩ ማስረጃዎች አሉ። ጋላክሲዎች በተዘበራረቀ ነሲባዊ ሁኔታ በመገኘት ፈንታ የኛን የዩኒቨርስ ክፍል የጋራ ማዕከል ባደረጉ በተወሰነ ሚሊዮን የብርሃን ዓመት ርቀት በሚራራቁ አንዱ በሌላው ውስጥ በሚገኝ ሉላዊ ሼሎች የመሰባሰብ አዝማሚያ እንደሚያሳዩ በቀይ ሽግሽጋቸው ላይ በተደረገ ጥናት ለማወቅ ተችሏል[4] (ምዕራፍ 1 ቁጥር 10 ተመልከት)።

(2) በተጨማሪም እየሰፋች የምትሄድ ዩኒቨርስን ይጠቀማል። በመጽሐፍ ቅዱስ ውስጥ ስለ ሰማያት መዘርጋት በጠቅላላ አስራ አራት ጊዜ ተጠቅሶ እንደሚገኝ ምዕራፍ አንድ ውስጥ ቀይሽግሽግ የሚለው ክፍል ውስጥ አይተናል።

(3) እንዲሁም መሬት (ወይም የእኟዋ ሶላር ሲስተም) በፍጥረት ቀናት ግራቪቲው ከፍተኛ በሆነበት መሃል አካባቢ[5] "ኩነት አድማስ" (event horizon)[6] ውስጥ እንደነበረች አድርጎ ይወስዳል።

---

[4] ይህ፥ ከመደበኛው የቢግባንግ ሞዴልና ከኮስሞሎጂያዊ መርህ ጋር የሚጣጣም አይደለም። ኮስሞሎጂያዊ መርህ፥ የተረጋገጠ ሳይንስ ሳይሆን ኢቮሉሽናዊ እምነት ነው። ነገር ግን ከመጽሐፍ ቅዱሳዊው ሃሳብ ጋር ሙሉ በሙሉ የሚስማማ ነው። መዝሙር 147፥4 እና ኢሳያስ 40፥26 ላይ በዩኒቨርስ ውስጥ ያሉ ኮከቦች ብዛት የተወሰነ እንደሆነ ይነግሩናል። ስለዚህ መጽሐፍ ቅዱስ፥ወሰን ያለው ዩኒቨርስ ውስጥ እንደምንኖር የሚያስተምር ይመስላል። ከዚህ በተቃራኒው የቢግባንግ ኮስሞሎጂ የተመሰረተው፥ድንበርና ማዕከል የለም የሚል ኮፐርኒካን መርህ ላይ ነው። ኮፐርኒካን መርህ የተረጋገጠ ሳይንስ ሳይሆን ኢቮሉሽናዊ እምነት ብቻ ነው።

[5] እግዚአብሔር ፀሐይን፣ጨረቃንና ከዋክብትን በ4ኛው ቀን ከመፍጠሩ በፊት በመጀመሪያው ቀን መሬትን ስለፈጠረ (ዘፍጥረት 1፥1)፥ ዩኒቨርስ ወደ ውጭ የተዘረጋችው፥መሬት ማዕከል ወይም ማዕከላዊ ስፍራ አጠገብ ከሆነችበት ስፍራ በሁሉም አቅጣጫ እንደሆነ አድርጎ መውሰድ ምክንያታዊ ይመስላል።

[6] "ኩነት አድማስ" ምንድነው? የቁስአካላት እፍጋት (density) እጅግ ትልቅ ከሆነ ግራቪቲያዊው ስበቱም እጅግ ትልቅ ይሆናል። እፍጋቱ እጅግ ከፍተኛ ከሆነ ከግራቪቲ ስበት አምልጦ መውጣት የሚችል የብርሃን ጨረር ሊኖር የማይችልበት ደረጃ ሊደርስ ይችላል። ይሄኔ ለማምለጥ የሚሞክር ማንኛውም የብርሃን ጨረር ወደ ቁስአካሉ በመሳብ ተመልሶ ይታጠፋል። ለዚህ ጥሩ ምሳሌ የሚሆኑን ጥቁር ጉድጓዶች (black holes) ናቸው። ይህ የብርሃን ጨረር ማምለጥ የማይችልበት ድንበር "ኩነት አድማስ" (event horizon) በመባል ይታወቃል። በአድማሱ ክልል ውስጥ የሚፈጸም ነገር ወይም የሚለቀቅ ብርሃን ከኩነት አድማሱ ውጭ ያለ ተመልካች ጋ አይደርስም። ውጭ ካለው ተመልካች ወደ ኩነት አድማሱ የሚለቀቅ ማንኛውም ነገር ደግሞ ተሰውሮ ይቀራል - አቋርጦ አይሄድም። በ "ኩነት አድማስ" ክልል ውስጥ የሚፈጸም ማንኛውም ክስተት ከኩነት አድማሱ ውጭ ባለ ተመልካች የሚታወቅበት መንገድ የለም። "ኩነት አድማስ" ላይ "ጊዜ" ከሞላ ጎደል ይቆማል።

<u>የሩቅ ኮከብ ብርሃን እንዴት በአጭር ጊዜ እንደሚደርስ፤</u> - አሁን የሩቅ ኮከብ ብርሃን እንዴት በጥቂት ሺህ ዓመት ውስጥ ምድር ሊደርስ እንደሚችል መረዳት የሚያስችሉ ቁልፍ ነጥቦች ይዘናል።

ከላይ ከአነስታይን የንጽጽራዊነት ቲዎሪ እንዳየነው፥ ከከፍተኛ ግራቪቲ ውጭ ያለ ተመልካች፥ ከፍተኛ ግራቪቲው ውስጥ ያለ ሰዓትን ሲመለከት ጊዜ በፍጥነት ሲያልፍ ይመለከታል፤ በተቃራኒው ከፍተኛ ግራቪቲ ውስጥ ያለ ተመልካች ከከፍተኛ ግራቪቲው ውጭ ያለ ሰዓትን ሲመለከት ጊዜ በፍጥነት ሲያልፍ ይመለከታል። ይህ ማለት በአንድ ቦታ ሲለኩ ረጅም ጊዜ የሚወስዱ ሂደቶች፥ ከፍተኛ ግራቪቲ ውስጥ ባለ በሌላ ሰው በራሱ ሰዓት አቆጣጠር ሲለኩ አጭር ጊዜ ብቻ ይወስዳሉ - በአጭር ጊዜ ይጠናቃሉ።

መሬት አንድ ወቅት ከፍተኛ ግራቪቲ ውስጥ የነበረች ከሆነ፥ይህ ከላይ ያየነው ሃሳብ ሩቅ ላለ የኮከብ ብርሃን ላይም ይሰራል።

በአራተኛው የፍጥረት ቀን ፀሐይ፣ ጨረቃና ከዋከብትን ከተፈጠሩ በኋላ ዩኒቨርስ መዘርጋት የጀመረች ከሆነና የቀድሞዋ ዩኒቨርስ የአሁኗን 1/50 ኛ ጊዜ ያህል ብቻ እንኳን ያነሰች ከነበረች (እንደ ሐምፍሬይስ ስሌት)፥ ዩኒቨርስ ከፍተኛ እፍጋትና መሃሏ ላይ ከፍተኛ ግራቪቲ ስለሚኖራት፥ በአጠቃላይ ንጽጽራዊነት ቲዎሪ ላይ የተመሰረተ የዚህ ሳይንሳዊ ድምዳሜ - ዩኒቨርስ በ “ኩነት አድማስ” (event horizon) ተከባ ከነበረችበት ካለፈው ሁኔታዋ ወጥታ እየሰፋች ሄዳለች።

ያኔ መሬት መሃል አካባቢ ከፍተኛ ግራቪቲ ውስጥ ስለነበረች፥ እጅግ ሩቅ አካባቢ ያለ ሰዓት ምድር ላይ ካለ ሰዓት ይልቅ በፍጥነት ይሄድ ነበር፤በሌላ አገላለጽ ሩቅ ካሉ ቦታዎች ይልቅ ምድር ላይ (ወይም በእኛ ሶላር ሲስተም ውስጥ በየትኛውም ቦታ) ጊዜ በአንጻራዊነት በዝግታ ያልፍ ነበር። ይህ ሁኔታ፥በመሬት ላይ የ 24 ሰዓት ጥቂት ቀናት ብቻ ሲያልፉ፥ውጫዊ ኮስሞስ ውስጥ ግን ሚሊዮኖችና ቢሊዮኖች ዓመታት እንዲያልፉ ይፈቅዳል። መሬት ላይ አንድ መደበኛው የ 24 ሰዓት ቀን ሲያልፍ፥ ውጫዊ ጠርዝ ላይ የቢሊዮኖች ዓመታት ኮስማዊ ሰዓታት አልፈዋል።

ከፍተኛ ግራቪቲ ውስጥ በነበረችው ምድር ላይ ያሉ ሰዓቶች እጅግ ሩቅ ቦታ ካሉ ሰዓቶች ይልቅ የሚቆጥሩት እጅግ በዝግታ ስለሆነ፥ ከፍተኛ ግራቪቲ ውስጥ ወደ ነበረችው ወደ መሬት ቢሊዮኖች ዓመታት የተጓዘ የሩቅ ኮከብ ብርሃን፥ከፍተኛ ግራቪቲ ውስጥ በነበረችው መሬት ላይ ባለ ሰዓት ሲለካ ግን በጥቂት ጊዜ ውስጥ ሲደርስ ይታያል። በዚህም ምክንያት በአሁኑ ወቅት እጅግ ሩቅ ካለ ጋላክሲ የሚመጣ ብርሃን በምድር ላይ ባለ ሰዓት ሲለካ የሚፈጅበት ጊዜ ጥቂት ሺህ ዓመታት ብቻ ይሆናል።

በዩኒቨርስ መስፋት ወቅት ቁስአካላት ኩነት አድማሱ ጋ በደረሱ ቁጥር፥ የዩኒቨርስ መስፋት (የሰማያት መዘርጋት ኃይል) ቁስአካላትን በከፍተኛ ኃይል ከኩነት አድማሱ ተራ በተራ እያወጣቸው ስለሚሄድ ኩነት አድማሱ ቀስ በቀስ እየተሸማቀቀና እያነሰ በመሄድ

በመጨረሻም ሶላስ ሲስተማችን ውስጥ ይጠፋል።

ይህ ከመሆኑ በፊት ግን፥ሌሎች ሩቅ ወይም ዳር ያሉ ጋላክሲዎች ከኩነት አድማስ ውጭ በነበሩበትና፥የእኛዋ ጋላክሲና መሬት ግን መሃል አካባቢ በከፍተኛው ግራቪቲ ውስጥ (ኩነት አድማስ ውስጥ) በነበሩበት ወቅት፥ የመሬት መደበኛው የ 24 ሰዓት "ጊዜ" እጅግ ዝግተኛ ነበር።

ያኔ ኮከቦችን የያዘው ውጭያዊ ክፍል ቢሊዮኖች ዓመታት ሲያሳልፍ፥ የእኛዋ መሬት *(ኩነት አድማሱን እየጠበበ መጥቶ የሚያልቅባት ወይም በሌላ አባባል ኩነት አድማሱን እየለቀቁ በመውጣት ላይ ከነበሩ የመጨረሻዎቹ አካላት አንዷ የሆነችው መሬት)* ላይ ግን የሚያልፈው አንድ ቀን ነው። ያኔ በምድር ላይ አንድ ቀን ብቻ የሚፈጅ የሆነ ክስተት፥ ከኩነት አድማስ ውጭ በነበረው የዩኒቨርስ ክፍል ውስጥ ግን ቢሊዮን ዓመታትን ያስቆጥራል። በዚያ ወቅት መሬት ላይ ያለ ተመልካች ቢኖር ልዩነቱን የሚረዳበት ምንም መንገድ የለም፤ለሱ የሚታወቀው መደበኛው የ 24 ሰዓት ቀን ማለፉ ብቻ ነው።

ከኩነት አድማስ ክልሉ ውጭ ቢሊዮኖች ዓመታት ሲያልፍ፥እዚህ ኩነት አድማስ ክልል ውስጥ ግን አንድ ወይም ሁለት ቀናት ብቻ ስለሚያልፍ፥ ይህን ከኩነት አድማስ ውስጥ የነበረውን ክልል በአንጻራዊነት "ጊዜ አልባ ክልል" ብለን ልንጠራው እንችላለን።

ከዋክብት እድሜያቸውን በቢሊዮን ዓመታት ሲያስቆጥሩ፣ብርሃን ወደ ምድር ለመጓዝ በቢሊዮን የሚቆጠር የብርሃን ዓመታት ሲያሳልፍ - ምድር ላይ ያለፈው ጊዜ ግን አንድ መደበኛ ቀን ወይም ቢበዛ ሁለት ቀን ብቻ ነው።

ይህ ግዙፍ ግራቪቲያዊ የጊዜ-ስፊት (gravitational time dilation) በፍጥረት ቀን ወይም እግዚአብሔር ኮከቦችን በፈጠረበት በዚያው በአራተኛው ቀን (በመሬት አቆጣጠር) ብርሃን መሬት ላይ እንዲደርስ ያስችለዋል።

ስለዚህ አዳም በስድስተኛው ቀን ሲፈጠር፥ በዚያኑ ምሽት ማለትም በመሬት ሰዓት አቆጣጠር ከሁለት ቀናት በፊት የተፈጠሩ ኮከቦችን ብርሃን ማየት ይችላል። አዳም በስድስተኛው ቀን ሲፈጠር የሚያየው የዩኒቨርስ እድሜ ስድስት ቀናት ብቻ ነው - በምድር ሰዓት አቆጣጠር! ነገር ግን በዚህ ጊዜ ውስጥ ሩቅ ካለ ኮከብ የሚመጣ ብርሃን ለቢሊዮኖች ዓመታት እየተጓዘ ነበር - በኮስማዊ ሰዓት አቆጣጠር!

ስለዚህ አንድ ሰው 'የዩኒቨርስ እድሜ ስንት ነው?' ብሎ ቢጠይቅ መልሱ እንዲህ ነው፤ 'በማን ሰዓት አቆጣጠር?' በሚመለከተን በእኛ በምድር ሰዓት አቆጣጠር ዩኒቨርስ ከ10,000 ዓመት ያነሰ - ምናልባትም 7,000 ዓመት ግድም ዕድሜ ያላት ወጣት ነች!

በአሁኑ ጊዜ እኛ ጋ እየደረሱ ያሉ የከዋክብት ብርሃን አብዛኛውን ጉዟቸውን ያጠናቀቁት (ወይም የበርካታ ሚሊዮኖች ወይም ቢሊዮኖች ዓመታት ጉዟቸውን ያጠናቀቁት)፥

ምዕራፍ 6 የሩቅ ከዋክብት ብርሃን እንዴት በጥቂት ዓመታት ምድር ሊደርስ እንደሚችል

ምድራችን ከፍተኛ ግራቪቲ (ኩነት አድማስ) ውስጥ በነበረችበትና እዚህ ጥቂት ቀናት ያህል ብቻ ባለፉበት በፍጥረት ቀናት ነው፤ቀሪውን አነስተኛ የጥቂት ሺህ ዓመታት ጉዟቸውን ደግሞ፥ መሬት ከከፍተኛው ግራቪቲ ውስጥ ከወጣች በኋላ ተጉዘው ዛሬ እየደረሱ ነው።

ለምሳሌ የሱፐርኖቫ 1987A ብርሃን አብዛኛውን ጉዞውን በምድር ሰዓት አቆጣጠር ምናልባት በ 4ኛው ወይም በ5ኛው የፍጥረት ቀን አጠናቆ በ 1987 ዓ.ም ምድር ደርሷል።

ዛሬ ጋላክሲዎችን የምናያቸው ከተፈጠሩ በአንጻራዊነት ጥቂት ከሚባል ጊዜ በኋላ በነበሩበት ሁኔታቸው ነው፤ዛሬ ባሉበት ሁኔታ አይደለም፤ ሁሉም ከዚያ ጊዜ ጀምሮ በቢሊዮኖች ዓመታት (በራሳቸው ሰዓት) እድሜ አርጅተዋል። ዛሬ እነሱን ስናይ የአሁኑን ሁኔታቸውን ሳይሆን፥ ያለፈውን እያየን ነው። በእርግጥ ይህ "ያለፈውን ጊዜ መመልከት"፥ብርሃን በተወሰነ ቋሚ ፍጥነት የሚሄድበት የሁሉም ዓይነት ኮስሞሎጂዎች ባህሪ ነው።

እንደ ሀምፍሬይስ ኮስሞሎጂ፥በመጽሐፍ ቅዱስ ውስጥ "ጥልቁ"[7] ተብሎ የተጠቀሰው ጠቅላላ የዩኒቨርስን ክብደት የያዘ 1 የብርሃን-ዓመት ራዲየስ ያለው የውሃ ኳስ (ስፌር) ነበር። መሬት በዚህ መሃል ላይ የምትገኝ ሙሉ በሙሉ በውኃ የተሸፈነች ነበረች (ዘፍ 1፥9)። ይህ ከፍተኛ እፍጋት ያለው የውኃ ስፌር እስከ 0.5 ቢሊዮን (500 ሚሊዮን) የብርሃን ዓመት ራዲየስ ያለው የኩነት አድማስ (event horizon) ነበረው።

በሁለተኛው ቀን እግዚአብሔር በውኖች መካከል ጠፈር ይሁን ብሎ በውሃና በውሃ መካከል ጠፈርን ከከፈለ በኋላ

ይህን ከጠፈር በታችና ከጠፈር በላይ ያሉትን ውኖች ለየ። "እግዚአብሔርም ጠፈርን አደረገ፥ ከጠፈር በታችና ከጠፈር በላይ ያሉትንም ውኖች ለየ፤ እንዲሁም ሆነ።" (ዘፍ 1፤6-7)

በሶስተኛው ቀን እግዚአብሔር ከሰማይ በታች መሬት ላይ ያለውን ውኃ አንድ ቦታ እንዲሰበሰብ በማድረግ ደረቅ የብስ እንዲገለጥ አደረገ (ዘፍ 1፤9)።

ከጠፈር በላይ ያለው ውኃስ? (ዘፍ 1፤7) ስለዚህ መጽሐፍ ቅዱስ አይናገርም። ነገር ግን ይህን በተመለከተ ሁለት ዓይነት ሃሳቦች አሉ፤ አንድ መላምት፥በኖህ ዘመን በታላቁ የጥፋት የውሃ መጥለቅለቅ ወቅት የሰማይ መስኮቶች ተከፍተው በዝናብ መልክ የወረደው አትሞስፌር ውስጥ በተን መልክ ተቀምጦ የነበረው ውሃ መሆኑን ይገልጻል፤

---

[7] በመጀመሪያ እግዚአብሔር ሰማይና ምድርን ፈጠረ። ምድር በውኃ የተሸፈነች ባዶና ጭለማ ነበረች። "ምድርም ባዶ ነበረች፥አንዳችም አልነበረባትም፥ጨለማም በጥልቁ ላይ ነበረ፤ የእግዚአብሔርም መንፈስ በውኃ ላይ ሰፍፎ ነበር።" (ዘፍጥረት 1፤2)

ምዕራፍ 6 የሩቅ ከዋከብት ብርሃን እንዴት በጥቂት ዓመታት ምድር ሊደርስ እንደሚችል

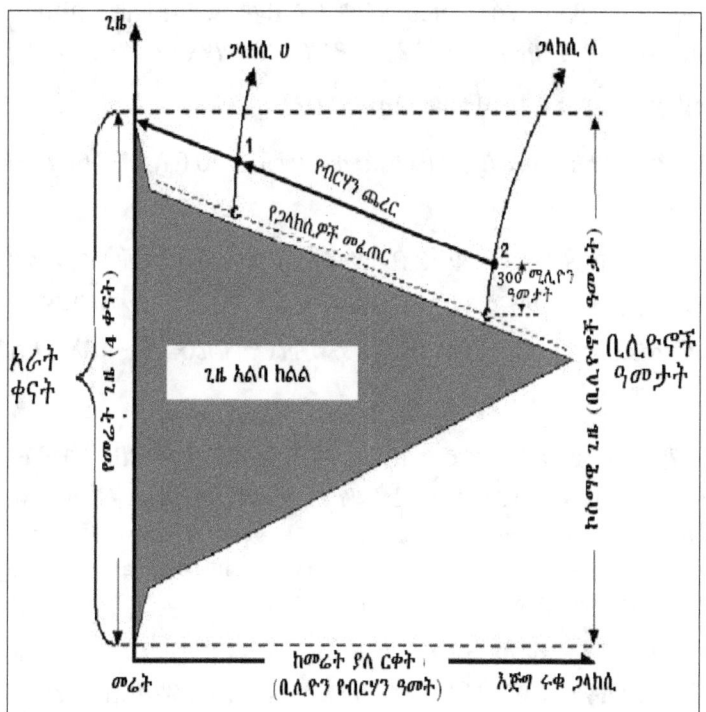

መሃል ላይ ያለው የትሪአንግል ቅርጽ፥ጊዜ እጅግ በዝግታ የሚያልፍበትና በአንጻራዊነት የጊዜ አልባ ሊባል የሚቻል ክልል ነው። ጊዜ አልባው ክልል፥ የጋላክሲዎች ብርሃን ወደ ምድር በፍጥነት እንዲደርስ ያስችላል። በሰማይ መዘርጋት ወቅት የእኛዋ ጋላክሲና መሬት በጊዜ አልባው ክልል በኩነት አድማስ ውስጥ ስለነበሩ፥በመሬትና በውጫዊ ጥልቅ ሕዋ ውስጥ የነበረው የሰዓት አቆጣጠር ይለያያል። ሌሎች ጋላክሲዎችን የያዘው ውጫዊው ክፍል ቢሊዮኖች ዓመታትን ሲያሳልፍ፥ የእኛዋ መሬት ላይ ግን የሚያልፈው አንድ ወይም ሁለት ቀናት (አራተኛውና አምስተኛው የፍጥረት ቀናት) ብቻ ነው። ብርሃን ወደ ምድር ለመጓዝ በቢሊዮን የሚቆጠር የብርሃን ዓመታት ሲያሳልፍ፥ ምድር ላይ ያለፈው ጊዜ ግን ከሁለት መደበኛ ቀናት ያነሰ ጊዜ ብቻ ነው።

ምዕራፍ 6 የሩቅ ከዋክብት ብርሃን እንዴት በጥቂት ዓመታት ምድር ሊደርስ እንደሚችል

ነገር ግን አብዛኞቹ ፍጥረተኞች በአሁኑ ጊዜ በዚህ አይስማሙም[8]። ሌላኛው ሳይንሳዊ መረጃዎች እየደገፉት ያለው ሃሳብ ከዚህ እጅግ ርቆ በመሄድ፥ ከሁሉም ኮከቦች ማዶ ዩኒቨርስ ጠርዝ ላይ እጅግ ግዙፍ የውኃ ስፌር ሳይኖር እንደማይቀር የሚገልጽ ነው።

ከጠፈር በላይ ያለው ውኃ ምናልባት ዛሬ በጠጣር በረዶ

በተሸፈኑ በበርካታ ግዙፍ የውኃ ስፌሮች መልከ ተበታትኖ ከ 20 ቢሊዮን የብርሃን ዓመት ርቀት በላይ ይገኝ ይሆናል።

ሐምሌ 2011 ዓ.ም ጥልቅ ህዋ ውስጥ 12 ቢሊዮኖች የብርሃን ዓመት ርቀት ላይ የተገኘው ከፍተኛ የውሃ ክምችት፥ ምናልባት ይህ በዘፍጥረት 1፥6 እና በመዝ.148፤4 ላይ የተጠቀሰው ከጠፈር በላይ ያለ ውኃ ሊሆን እንደሚችል የሚገልጹ አሉ - በእርግጠኝነት መናገር ባይችሉም!

በ 2011 ዓ.ም ሁለት የአስትሮኖመሮች ቡድን ዩኒቨርስ ጠርዝ አካባቢ ከኩዋሳር ጋር የተያያዘ ከፍተኛ መጠን ያለው የውኃ ክምችት ማግኘታቸው ይፋ ሆኗል። Clavin, W. and A. Buis. Astronomers Find Largest, Most Distant Reservoir of Water. *Jet Propulsion Laboratory* news release, July 22, 2011, (Astronomers Find Largest, Oldest Mass of Water in Universe *Space.com.* Posted on space.com July 22, 2011)

በእርግጥ ይህ መሬት ላይ ካለው ጠቅላላ ውኃ 140 ትሪሊዮን ጊዜ እጥፍ የሆነ ከፍተኛ የውኃ ክምችት ከሁሉም ኮከቦች ማዶ የተገኘ አይደለም፤ነገር ግን ዩኒቨርስ ጠርዝ አካባቢ ካለ ኩዋሳር ጋር የተገናኘ ነው፤ ስለዚህም ምናልባት ለመዝ 148፥4 ቀጥተኛ ማስረጃ ላይሆን ይችላል። ነገር ግን ምናልባት ወደፊት ከዚህም የራቀ ጠርዝ ላይ ሌላ ይገኝ ይሆናል።

4) <u>የሃርትኔት Cosmological relativity</u> – በ 2007 ዓ.ም በአውስትራሊያዊው ፊዚስት በዶክተር ጆን ሃርትኔት የወጣው ይህ አዲስ ሞዴል ከላይ ያየነውን የሐምፍሬይስን ሃሳብ ላይ ማሻሻያ ያደረገ አዲስ ኮስሞሎጂ ነው። ይህ አዲሱ የሃርትኔት ሞዴል፥የእስራኤላዊው አስትሮፊዚስት ዶክተር ሞሺ ካርሚልስን ኮስሞሎጂያዊ ንጽጽራዊነት (cosmological relativity) ቲዎሪን የሚጠቀም ሲሆን፥ከሐምፍሬይስ ኮስሞሎጂ ጋር ተመሳሳይና በተገደበች ዩኒቨርስ ውስጥ የጊዜ ስፈትን (time dilation) የሚጠቀም ነው።

የሃርትኔት ኮስሞሎጂ፥ልክ እንደ ሐምፍሬይስ ኮስሞሎጂ፥ በፍጥረት ቀን በመሬት ላይ የ 24-ሰዓት አንድ ቀን ብቻ ሲያልፍ፥በውጫዊ ኮስሞስ ውስጥ ግን እንዴት ሚሊዮኖችና

---

[8] የዚህም አንዱ ምክንያት፥ ዳዊት በመዝሙሩ ይህን ከሰማይ በላይ ያለን ውኃ የጠቀሰው፥ ከታላቁ የጥፋት ውኃ በኋላ በመሆኑ ነው። "ሰማየ ሰማያት፥ አመስግኑት የሰማያት በላይም ውኃ።" (መዝ. 148፤4)

ምዕራፍ 6 የሩቅ ከዋክብት ብርሃን እንዴት በጥቂት ዓመታት ምድር ሊደርስ እንደሚችል

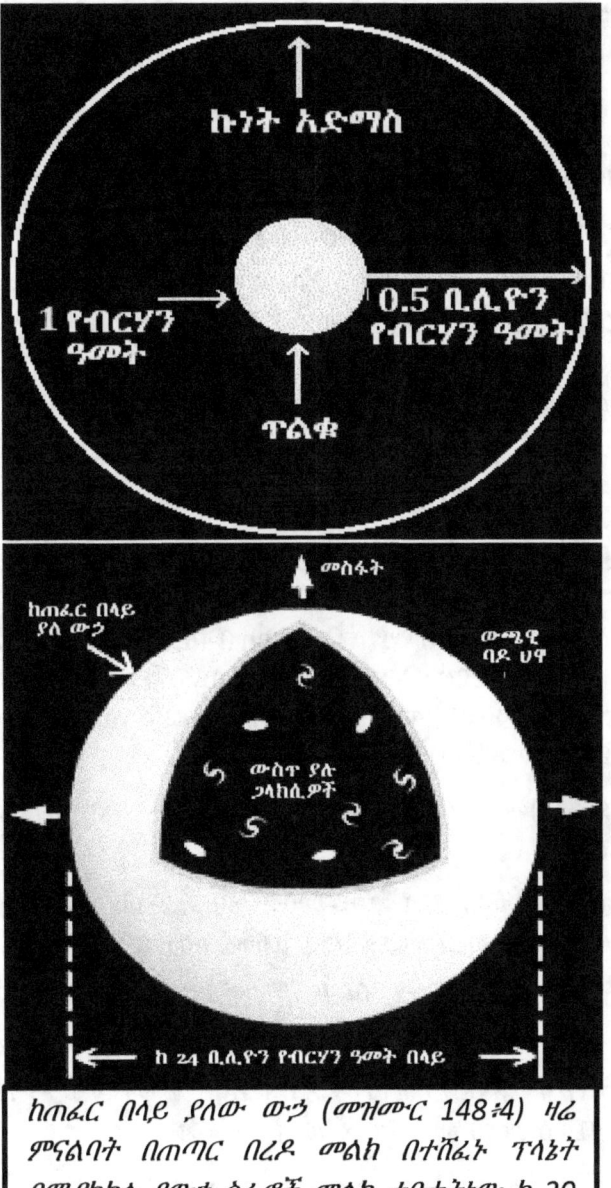

ከጠፈር በላይ ያለው ውኃ (መዝሙር 148፥4) ዛሬ ምናልባት በጠጣር በረዶ መልክ በተሸፈኑ ፕላኔት በሚያካክሉ የውኃ ስፈሮች መልክ ተበታትነው ከ 20 ቢሊዮን የብርሃን ዓመት ርቀት በላይ ይገኙ ይሆናል።

ምዕራፍ 6 የሩቅ ከዋክብት ብርሃን እንዴት በጥቂት ዓመታት ምድር ሊደርስ እንደሚችል

ቢሊዮኖች ዓመታት ሊያልፉ እንደሚችሉ ያሳያል።

የሃርትኔት እና የሐምፍሬይስ ሞዴሎች ዋኛው ልዩነታቸው፥ ሐምፍሬይስ ጠቅላላው የጊዜ-ስፊት በግራቪቲ የሚፈጠር አድርጎ የሚወስድ መሆኑና ሃርትኔት ግን ለጊዜ-ስፊት የሕዋ በፍጥነት መዘርጋትን የሚጠቀምና በካርሚልስ ኮስሞሎጂያዊ ንጽጽራዊነት (cosmological relativity) ላይ የተመሰረተ መሆኑ ነው፤ በዚህም በሐምፍሬይስ ሞዴል ላይ የሚታየውን የቀይ-ሽግሽግ ችግር የሚፈታ መሆኑ ታውቋል።

የሃርትኔት ኮስሞሎጂ የኮከብ ብርሃን ችግርን ከመፍታት በተጨማሪ፥ያለ ምንም ጽልመታዊ-ቁስአካልና (dark matter) እና ያለ ምንም ጽልመታዊ-ኢነርጂ (dark energy) የዩኒቨርስን ግዙፍ መዋቅሮችን መግለጽ ይችላል። (እነዚህ ለቢግባንግ ቲዎሪ የሚያስፈልጉ ነገር ግን በእርግጥ ስለመኖራቸው እስካሁን ሊረጋገጥ ያልተቻሉ መሆናቸውን በምዕራፍ አንድ ውስጥ አይተናል።)

የሃርትኔት ኮስሞሎጂ እና የሐምፍሬይስ ኮስሞሎጂ፥ በአሁኑ ጊዜ በፍጥረተኞች ዘንድ በሰፊው ተቀባይነት ያላቸው ኮስሞሎጂዎች ናቸው።

5) <u>የ ሊስሊ ASC ሞዴል (Anisotropic Synchrony Convention model)</u> - ይህ የሩቅ ኮከብ ብርሃን ችግርን ለመፍታት በ 2010 ዓ.ም በ አስትሮፊዚስቱ በዶክተር ጃሰን ሊስሊ የወጣ አዲስ ሞዴል ነው። ይህ ሞዴል፥ የሩቅ ኮከብ ብርሃን ምንም ጊዜ ሳይወስድ እንዴት ምድር በመቅስበት ሊደርስ እንደሚችል የሚያሳይና፥ የኮከብ ብርሃን ችግር በምልከታና በተጨባጭ ሳይንስ የምንመረምረው ነገር ሳይሆን ይበልጥ የስምምነት ወይም የምርጫ ጉዳይ ላይ ያረፈ መሆኑን የሚገልጽ ሞዴል ነው።

ይህን ግልጽ ለማድረግ በመጀመሪያ አንድ በሰፊው የማይታወቅ የአነስታይንን ፊዚክስ በአጭሩ እንመልከት።

<u>የአነስታይን ፊዚክስ፤</u> የአነስታይን ግኙቶች፥ሳይንቲስቶች ስለ ሕዋ፣ስለ ጊዜና ስለ ብርሃን የነበራቸውን አስተሳሰብ አስለውጧቸዋል። ከላይ በቁጥር ሶስት ውስጥ ስለ ጊዜ-ስፊት (time-dilation) በአጭሩ አይተናል። ያ በሰፊው የሚታወቅ የአነስታይን ፊዚክስ ነው።

ነገር ግን ብዙም በሰፊው የማይታወቅ ከዚህ ጋ የተያያዘ አንድ የአነስታይን ፊዚክስ አለ፤ይህም የአንድ-አቅጣጫ የብርሃን ፍጥነት ፈጽሞ ሊለካ የማይቻል መሆኑና ነገር ግን በስምምነት ብቻ የሚወሰድ መሆኑን የሚገልጽ ነው።

የብርሃን ፍጥነትን መለካት የሚቻለው ሁልጊዜም የሁለት አቅጣጫ የደርሶ-መልስ አማካኝ ፍጥነቱን ብቻ ነው። ብርሃን ከ ሀ ወደ ለ ቢሄድና ተመልሶ ወደ ሀ ቢመጣ፥ የደርሶ-መልስ ጉዞውን ለማጠናቀቅ ሁሌም የሚፈጅበት አንድ ዓይነት ጊዜ ነው፤አንድ ጊዜ-መለኪያ ሰዓትን ብቻ በመጠቀም ይህን የደርሶ-መልስ ጊዜውን በትክክል መለካት

ይቻላል። ይህን የደርሶ-መልስ ጊዜ በመጠቀምም የብርሃንን የደርሶ-መልስ አማካኝ ፍጥነት በትክክል ማስላት ይቻላል (በቀላሉ ከ ሀ እስከ ለ ያለውን ርቀት እጥፍ አድርጎ ለደርሶ-መልስ ጉዞው በፈጀበት ጊዜ በማካፈል) ።

ነገር ግን የአንድ-አቅጣጫ ጉዞው ብቻ፥ማለትም ከ ሀ ወደ ለ (ወይም ከ ለ ወደ ሀ) ለመሄድ የፈጀበት ጊዜ ሊለካ የሚቻል አይደለም። በዚህም ምክንያት የአንድ-አቅጣጫ የብርሃን ፍጥነት ሊለካ ስለማይቻል በስምምነት የሚወሰን ነው።

በሌላ አባባል የአንድ-አቅጣጫ የብርሃን ፍጥነት ስንት እንደሚሆን ለመምረጥ ነጻ ነን፤ይሁንና የደርሶ-መልስ አማካኝ ፍጥነቱ ሁልጊዜም የማይለዋወጥ አንድ ዓይነት ቋሚ አድርገን መጠበቅ አለብን - 300,000 ኪ.ሜ/ሰከንድ።

የአንድ-አቅጣጫ የብርሃን ፍጥነት ሊለካ የማይችልበት ምክንያት፥የብርሃኑ መነሻና መድረሻ ቦታ ላይ ሁለት ጊዜ-መለኪያ ሰዓቶች የሚያስፈልጉ መሆናቸውና፥ እነዚህ በተለያዩ ቦታዎች ያሉ ሁለት ሰዓቶች እኩል እንዲቆጥሩ፥ ሰዓቶቹን በአንድ ዓይነት ጊዜ አስተካክሎ መሙላት (synchronize ማድረግ) የማይቻል መሆኑ ነው። ምክንያቱም፥ሁለት የተራራቁ ሰዓቶችን እኩል እንዲቆጥሩ ለማስተካከል የአንድ-አቅጣጫ የብርሃን ፍጥነትን ማወቅ ያስፈልጋል። ነገር ግን ሰዓቶቹን አስተካክሎ መሙላት ያስፈለገን ይህን የአንድ አቅጣጫ የብርሃን ፍጥነት እንዲለኩልን ስለሆነ፥ ይህን ፍጥነት ገና አናውቀውም። ስለዚህ ያለ ክባዊ አመክንዮት ሊፈጸም አይችልም።

አነስታይን ይህን ችግር ተረድቶት ነበር። እንዲህ ብሏል፤

> “እዚህ ጋ በሎጂካዊ ክብ ውስጥ የምንዞር ይመስላል።” - *A. Einstein, Relativity: The Special and General Theory, authorized translation by R. W. Lawson (New York: Crown Publishers, 1961), pp. 22–23.*

ለዚህ ችግር የአነስታይን መፍትሄ፥የአንድ-አቅጣጫ የብርሃን ፍጥነት የተፈጥሮ ባህሪ አለመሆኑና ይልቁንም ግን በስምምነት የሚወሰድ መሆኑን የሚገልጽ ነበር - ልትመርጠው የምትችለው ነገር! ፊዚስቶች ነገሮችን ቀላል ለማድረግና ለሌሎች ምክንያቶች ብርሃን በሁሉም አቅጣጫ በተመሳሳይ ፍጥነት (isotropic) እንደሚጓዝ አድርገው ይወስዳሉ። ይህ ISC (*Isotropic Synchrony Convention*) በመባል ይታወቃል።

ነገር ግን የደርሶ-መልስ ፍጥነት በ 300,000 ኪ.ሜ/ሰከንድ የተጠበቀ እስከሆነ ድረስ ሌላ ዓይነት ምርጫም ክፍት ነው፤ይህን የሚከለክል ሕግ የለም። የብርሃን አማካኝ የደርሶ መልስ ፍጥነቱ በትክክል *c* (300,000 ኪ.ሜ/ሰከንድ) አድርጎ በሚያስጠብቅ ሁኔታ፥ብርሃን ከ *c* በላይ በሆነ ፍጥነት ወደ አንድ ተመልካች እንደሚጓዝና ከተመልከቹ

ወደ ማዶ ደግሞ ከ c ባነሰ ፍጥነት እንደሚጓዝ አድርጎ መውሰድ ይቻላል። ይህ ስምምነት *Anisotropic Synchrony Convention* ወይም ASC በመባል ይታወቃል። ይህ ብርሃን በተለያየ አቅጣጫ በተለያየ ፍጥነት (anisotropic) እንደሚሄድ የሚገልጽ ነው። እጅግ በርካታ ዓይነት ASC ማውጣት ይቻላል።

አነስታይን የንጽጽራዊ ቲሪውን ሲያወጣ፥ብርሃን በሁሉም አቅጣጫ በአንድ አይነት ፍጥነት ይጓዛል የሚለውን (ISC) በመምረጥ ነበር። አነስታይን እንዲህ ብሏል፤

> የአንድ-አቅጣጫ የብርሃን ፍጥነት "ስለ ብርሃን ፊዚካላዊ ተፈጥሮ እመንታ ወይም መላምት አይደለም፤ነገር ግን የእብረትነት (simultaneity) ትርጉም ላይ ለመድረስ በራሴ ነጻ ምርጫ ላደርግ የምችለው ስምምነት ነው።" - *A. Einstein, Relativity: The Special and General Theory, authorized translation by R. W. Lawson (New York: Crown Publishers, 1961), pp. 22–23.*

ይሁንና በመርህ ደረጃ ASC ን መጠቀም የሚከለክል ሕግ የለም።

Wikipedia encyclopedia, One-way speed of light በሚል ርዕሱ ስር፥ ከመነሻው ወደ መለኪያው የሚሄድ የአንድ-አቅጣጫ የብርሃን ፍጥነት ያለ ስምምነት ሊለካ እንደማይችል እንዲህ ሲል ገልፆታል፤

> " The "one-way" speed of light from a source to a detector, cannot be measured independently of a convention as to how to synchronize the clocks at the source and the detector. What can however be experimentally measured is the round-trip speed (or "two-way" speed of light) from the source to the detector and back again. Albert Einstein chose a synchronization convention (see Einstein synchroniz ation) that made the one-way speed equal to the two-way speed. The constancy of the one-way speed in any given inertial frame, is the basis of his special theory of relativity although all experimentally verifiable predictions of this theory do not depend on that convention." - *Wikipedia, the free encyclopedia, One-way speed of light, 5 September 2013*

<u>**ASC ለኮከብ ብርሃን ችግር ሲውል፤**</u> የሊስሊ አዲሱ ሞዴል የሩቅ ኮከብ ብርሃን ችግርን ለመፍታት ከላይ ያየነውን ASC ይጠቀማል። የሊስሊ ሞዴል፥የብርሃን የደርሶ-መልስ አማካኝ ፍጥነት በ 300,000 ኪ.ሜ/ሰከንድ የተጠበቀ ሆኖ፥የሩቅ ኮከብ ብርሃን ወደ

ምዕራፍ 6 የሩቅ ከዋከብት ብርሃን እንዴት በጥቂት ዓመታት ምድር ሊደርስ እንደሚችል

ተመልካች (ወደ መሬት) ሲመጣ ፍጥነቱን ቅጽበታዊ አድርጎ፥የመልስ ጉዞውን ፍጥነት ደግሞ ከ C (300,000 ኪ.ሜ/ሰከንድ) ያነሰ አድርገን ይወስዳል። በዚህ ሁኔታ ከሩቅ ኮከብ የሚመጣ ብርሃን መሬት ለመድረስ ጊዜ አይወስድበትም።

ስለዚህ በዚህ ሞዴል መሠረት የሩቅ ኮከብ ብርሃን ችግር አይደለም።

የኮከቦች ብርሃን በአጭር ጊዜ ውስጥ ምድር ለመድረስ፥ በ ISC ከሆነ ይህ ችግር ነው፤በ ASC ግን ይህ ችግር አይደለም። በ ASC የሩቅ ኮከብ ብርሃን ችግር ይጠፋል፤ከዋከብት በአራተኛው ቀን እንደተፈጠሩ ብርሃናቸው ወደ ምድር ለመድረስ ጊዜ አይወስድባቸውም።

ነገር ግን ይህ የሊስሊ ASC ሞዴል በሚፈጥራቸው በአንዳንድ ችግሮች ምክንያት በአብዛኞቹ የወጣት መሬት ፍጥረተኛ ሳይንቲስቶች ዘንድ ብዙም ተቀባይነት ሊያገኝ የቻለ አይደለም።

ምንም እንኳን የአንድ አቅጣጫ የብርሃን ፍጥነት ሊለካ የማይቻልና ለአንድ አቅጣጫ የብርሃን ፍጥነት ASC ወይንም ISC ለመምረጥ መንገዱ ክፍት መሆኑ እውነት ቢሆንም፥ነገር ግን በፊዚክስ ጥሩ ትርጉም የሚሰጠው፥ አነስታይን የመረጠው በሁሉም አቅጣጫ አንድ ዓይነት የሆነ የብርሃን ፍጥነት (ISC) ነው።

የብርሃን ፍጥነት በሁሉም አቅጣጫ አንድ አይነት አለመሆን (ASC)፥ በተለይ በማክስዌል ኢኩዌሽን (Maxwell's equations)፣ በፓርቲክል ማሸምጠጫ (particle accelerators)፣ በ GPS ሲስተሞችና በሌሎች በርካታ የቴክኖሎጂ መሣሪያዎች ላይ በሚፈጥረው ችግር ምክንያት፥ አብዛኞቹ የወጣት መሬት ፍጥረተኛ ሳይንቲስቶች ከዚህ ከአዲሱ ከሊስሊ ሞዴል ጋር ወደ አለመስማማት ያዘነብላሉ።

<u>**ማጠቃለያ**</u> - የሩቅ ኮከብ ብርሃን ችግር ሊፈታ የማይቻል እንዳልሆነ ከላይ አይተናል። እንዴት እንደተፈጸመ መረዳት የሚያስችሉ ቢያንስ ሶስት የተለያዩ ዓይነት ሳይንሳዊ ሞዴሎችን ማውጣት እንደተቻለ አይተናል። ፍጥረተኞች አንዱ ሞዴል ላይ ጠቁመው፥የተፈጸመበት እውነተኛው መንገድ ይኼኛው ነው ማለት አይችሉም። ምናልባት ከእነዚህም የተለየ ሌላ ዓይነት ሊሆንም ይችላል። አንዳንድ ሰዎች በዚህ ይሰጋሉ። ነገር ግን ፈጽሞ መስጋት የለባቸውም። የተሟላ እውቀት ሊኖረን ፈጽሞ ስለማይችል ሁልጊዜም የምንማራቸው ነገሮች ይኖራሉ። መጽሐፍ ቅዱስ የኮከብ ብርሃን በአጭር ጊዜ ውስጥ እንዴት መሬት ሊደርስ እንደቻለ ግልጽ መልስ አይሰጠንም፤ስለዚህ ሳይንሳዊ ሞዴሎችን ማውጣት እንችላለን። ይሁንና እነዚህን ሞዴሎች ፈጽሞ ከእግዚአብሔር ቃል እኩል አናስቀምጣቸውም። መጽሐፍ ቅዱስ ፍጹም እውነት ነው። ሞዴሎቻችን ግን ፍጹም እውነት አይደሉም - እውነታዎችን በመጽሐፍ ቅዱሳዊ መሠረት ለመግለጽ የሚሞከሩ ሞዴሎች ብቻ ናቸው።

ምዕራፍ 6 የሩቅ ከዋክብት ብርሃን እንዴት በጥቂት ዓመታት ምድር ሊደርስ እንደሚችል

ስለ ብርሃን ፍጥነት የምናውቀው

የብርሃንን የደርሶ-መልስ ፍጥነት፥አንድ የጊዜ መለኪያ ሰዓት ብቻ በመጠቀም መለካት እንችላለን። ለምሳሌ መስታወት ላይ ስናበራ ብርሃን ነጥሮ ይመለሳል። ሰዓታችን ለደርሶ መልስ ጉዞው 2 ሰከንድ ካነበበልን በዚህ ሰዓት እርግጠኛ መሆን እንችላለን።

የአንድ-አቅጣጫን የብርሃን ፍጥነት መለካት አይቻልም። የአንድ አቅጣጫ የብርሃን ፍጥነት ለመለካት ሁለት የተራራቁ የጊዜ-መለኪያ ሰዓቶች ያስፈልጋሉ። ነገር ግን ሁለቱ የተራራቁ ሰዓቶችን እኩል እንዲቆጥሩ ማስተካከል የሚቻልበት መንገድ የለም። ሁለቱን ሰዓቶች አንድ ቦታ ላይ አስተካክለን፤ አንዱን ወደ መስታወቱ ጋ መውሰድ አንችልም?

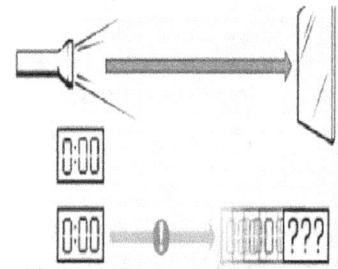

ስለ ብርሃን ፍጥነት የማናውቀው

ለደርሶ መልስ ጉዞ የሚፈጀውን ጊዜ በእርግጠኝነት መለካት የምንችል ቢሆንም፥ነገር ግን ብርሃን ወደ መስታወቱ ወይም ከመስታወቱ ለመመለስ የሚፈጅበትን ጊዜ መለካት አንችልም። ብርሃን በሁለቱም አቅጣጫዎች ለመጓዝ እኩል ጊዜ ወስዶበታል ብለን ማሰብ እንችላለን። ይህ ISC ይባላል።

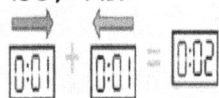

ነገር ግን ብርሃን በእያንዳንዱ አቅጣጫ በተለያየ ፍጥነት ሊጓዝ ይችላል። ይህ ASC ይባላል።

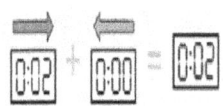

አንችልም፤በአነስታይን ቲዎሪ መሠረት፥ ጉዞ የጊዜ አቆጣጠርን ይለውጠዋል፤ ሰዓቱን ወደ መስታወቱ ማስኬድ የሰዓቱን ጊዜ (አቆጣጠር) ይለውጠዋል። ስለዚህ አንደኛው ሰዓት ወደ መስታወቱ ከሄደ በኋላ ሁለቱም ሰዓቶች በእኩል ይቆጥሩ እንደሆን እርግጠኛ መሆን አንችልም። አንዱን ሰዓት መስታወቱ ጋ ወስደን፥ከዚያ በአንድ ላይ እንዲቆጥሩ ማስተካከል አንችልም?

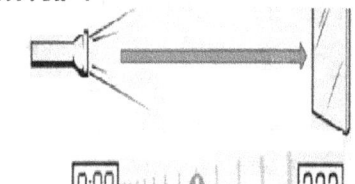

አንችልም፤ ምክንያቱም ከአንደኛው ሰዓት በብርሃን ፍጥነት የሬዲያ መልእክት ወደሌላኛው መላክ አለብን፥ ነገርግን የአንድ አቅጣጫ የብርሃን ፍጥነትን ገና ስለማናውቀው መልእክቱ እዚያ ለመድረስ ምን ያህል ጊዜ እንደወሰደበት ማወቅና ሰዓቱን ማስተካከል አንችልም።

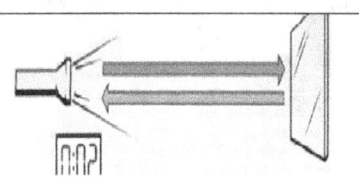

ምዕራፍ 6 የሩቅ ከዋክብት ብርሃን እንዴት በጥቂት ዓመታት ምድር ሊደርስ እንደሚችል

አብዛኞቹ ፍጥረተኛ ኮስሞሎጂስቶች ለማወቅ የሚጥሩት፥ የሩቅ ኮከብ ብርሃን እንዴት በአጭር ጊዜ ውስጥ መሬት ሊደርስ እንደቻለ እንጂ፥በእውነት በአጭር ጊዜ ውስጥ ደርሶ እንደሆን ለማወቅ አይደለም። አብዛኞቹ በአጭር ጊዜ ውስጥ እንደደረሰ ያምናሉ፤ በርካታ ሳይንሳዊ (ምዕራፍ 5) እና መጽሐፍ ቅዱሳዊ (ምዕራፍ 35) መረጃዎች ያ መሆኑን ይነግሩናል። በእርግጠኝነት የማናውቀው እንዴት እንደሆነ ብቻ ነው።

እንዴት እንደሆነ ለማወቅ መሞከር ወይም ቢያንስ ያሉንን የምልከታ ዳታዎች በመጠቀም እንዴት ሊሆን እንደቻለ የሚገልጹ አሳማኝ የሆኑ ቲዎሪዎችን ማውጣት ጠቃሚ ነው። የዘፍጥረት ምዕራፍ አንድ ገለጻ በእውነተኛ ህዋ-ጊዜ-ቁስአካል ውስጥ የተፈጸመ መሆኑን፣ከእውነተኛው ዓለም ጋር ግንኙነት የሌለው 'ኃይማኖታዊ' ሃሳብ አለመሆኑንና የምልከታ ማስረጃዎች ከዘፍጥረት ምዕራፍ አንድ ጋር እንደሚስማሙ ለ ኢ-አማንያንና ለተጠራጣሪዎች ለማሳየት ይጠቅማል።

ስናጠቃልለው፥የሩቅ ከዋክብት ብርሃን ችግር እንዴት ሊፈታ እንደሚችል የሚያሳዩን በተለይ በአሁኑ ጊዜ በበርካታ ፍጥረተኞች ተቀባይነት ያገኙ የሐምፍሬይስና የሃርትኔት ሞዴሎች አሉን።

ነገር ግን ሞዴሎችን ሁልጊዜም ላላ አድርገን መያዝ አለብን። ቀደም ብላ የማትታወቅ አንዲት ትንሽ እውነት ወይም መነሻ ሃሳብ ላይ ያለ አንድ ለውጥ ጠቅላላ ስዕሉን ሙሉ በሙሉ ሊለውጠውና "እውነት" የተባለው ነገር ውሸት ሊያደርገው ይችላል። ይህ በሁሉም ሳይንሳዊ ቲዎሪዎች ላይ ሊሆን የሚችል እውነት ነው። እግዚአብሔር ብቻ ፍጹምና የማያልቅ እውቀት አለው። ነገር ግን ሳይንሳዊ ምርምራችንን የርሱ ቃል እውነትና ትክክል ነው በሚል ጽኑ መሠረት ላይ ተመስርተን ብንነሳ፥ሳይንሳዊ ቲዎሪዎቻችን ከረጅም ጊዜ በኋላም ቢሆን እውነታውን በትክክል የሚያሳዩ የመሆን እድላቸው የበለጠ ይሆናል።

****

ከዚህ መጽሐፍ ጠቃሚ መረጃዎችን ያገኙበት ከሆነ፥
ለምን ከፍል 2 እና ከፍል 3 መጽሐፎችንም አትሞክራቸውም?

የጸሐፊው ሌሎች መጽሐፎች

- የብልጽግና ወንጌል ወደ ገሃነም የሚመራ የተለየ ወንጌል
- አ ኳንተም በስምሽ ስንት ውሸት ተነገረ!
  (የሐኪም አቡሽ አያሌው "አልፋና ኦሜጋ" መጽሐፍ
  ውሸቶችና ማጭበርበሮች)
- ሳይንስና ኢቮሉሽን ክፍል 2
- ሳይንስና ኢቮሉሽን ክፍል 3
- ሳይንስና ኢቮሉሽን ክፍል 4
  (ቻው ቻው ሉሲ)
- የቃል ኪዳኑ ታቦት እውነተኛ ታሪክ
  (የግርሃም ሐንኮክ መጽሐፍ ውሸቶችና ማጭበርበሮች)
- አስደናቂ የእግዚአብሔር እጅ ስራዎች
- ዲሴፐሽን

www.ingramcontent.com/pod-product-compliance
Lightning Source LLC
Chambersburg PA
CBHW071447220526
45472CB00003B/696
9798482625859